“十二五”普通高等教育本科国家级规划教材

过程控制工程

Guocheng Kongzhi Gongcheng

第四版

俞金寿　顾幸生　编著

高等教育出版社·北京

内容提要

《过程控制工程》第一版于1992年获得第二届普通高等学校优秀教材全国优秀奖，《过程控制工程》第二版于2002年获得全国普通高等学校优秀教材一等奖，《过程控制工程》第三版被评为普通高等教育“十一五”国家级规划教材并荣获2011年上海市普通高校优秀教材一等奖。由俞金寿教授主持的“过程控制工程”课程于2009年被评为国家精品课程。

本书在分析过程稳态和动态数学模型的基础上，主要讨论了简单控制系统、复杂控制系统、先进控制系统的结构、原理、特点、适用场合、系统设计及应用等问题，并阐述了过程工业(石化、化工、轻工、医药等)生产过程中典型单元操作的控制方案，还介绍了典型工业生产过程(合成氨过程、常减压过程、催化裂化过程、乙烯过程、聚合过程、生化过程、制浆造纸过程和冶金过程)的控制。本书的特点是基本理论与新的发展并重，理论与实际结合，内容切合信息时代的需要，并力求深入浅出，着重物理概念。

本书可作为过程控制课程的教材、继续教育教材或参考书，还可供从事过程控制的自动化工作者和高校师生参考。

图书在版编目（CIP）数据

过程控制工程/俞金寿，顾幸生编著．—新1版．—北京：高等教育出版社，2012．2（2020.12重印）
ISBN 978-7-04-034165-2

Ⅰ.①过…　Ⅱ.①俞…②顾…　Ⅲ.①过程控制-高等学校-教材　Ⅳ.①TP273

中国版本图书馆CIP数据核字(2012)第008560号

策划编辑　韩　颖　　责任编辑　韩　颖　　封面设计　于文燕　　版式设计　余　杨
插图绘制　尹　莉　　责任校对　窦丽娜　　责任印制　赵义民

出版发行	高等教育出版社	咨询电话	400-810-0598
社　　址	北京市西城区德外大街4号	网　　址	http://www.hep.edu.cn
邮政编码	100120		http://www.hep.com.cn
印　　刷	北京中科印刷有限公司	网上订购	http://www.landraco.com
开　　本	787mm×1092mm　1/16		http://www.landraco.com.cn
印　　张	27	版　　次	2012年2月第1版
字　　数	590千字	印　　次	2020年12月第7次印刷
购书热线	010-58581118	定　　价	41.80元

物 料 号　34165-A0

前　言

《过程控制工程》第一版于1992年获得第二届普通高等学校优秀教材全国优秀奖，《过程控制工程》第二版于2002年获得全国普通高等学校优秀教材一等奖，《过程控制工程》第三版被评为普通高等教育"十一五"国家级规划教材并荣获2011年上海市普通高校优秀教材一等奖。由俞金寿教授主持的"过程控制工程"课程于2009年被评为国家精品课程。

近年来，过程控制与整个的工业自动化一样，出现了很大变化，现代控制理论在继续完善和发展，然而并没有像一些理论界所希望的那样在工业上得到足够的推广应用，但是，来自工业界的一些先进控制策略发展很迅速，预测控制作为先进控制技术代表，在国际和国内都备受关注，得到了广泛的应用，取得了明显的经济效益；智能控制的热潮也已到来，像模糊控制、神经网络控制、专家系统等在过程控制中开始应用；自动化的范畴进一步扩大，现在早已不局限于检测和控制，操作优化带来显著的经济效益，故障检测和诊断提高了生产的安全性和可靠性，与生产管理的结合进而走向综合自动化的目标。这次再版，我们努力保持前三版的优点，克服原书的缺点。在认真总结教学实践经验、努力适应当前技术发展需要的基础上，更新了部分内容。例如，将工业生产过程监控与操作优化单列一章，加强了自控设计内容，增加应用案例。为使篇幅保持适当，删除了某些比较次要和陈旧的内容。

本书大体上保持原来的体系，保持紧密结合工业过程实际、理论联系实际，基础与先进紧密结合，教学与科研紧密结合，既讲清楚过程控制工程这门传统学科的基础理论，又及时反映本学科领域的最新科技成果，反映我们最近的科研成果。

本书是在俞金寿、蒋慰孙编著的《过程控制工程》第三版的基础上，由俞金寿、顾幸生任主编，刘爱伦、罗健旭、刘漫丹参加了编写。北京化工大学孙洪程教授在百忙之中仔细审阅了书稿，提出了很好的修改建议，在此致以衷心的感谢。由于编者能力和水平有限，书中定有不妥之处，欢迎读者批评指正。编者 E-mail：jshyu1939@126.com，xsgu@ecust.edu.cn。

编　者

2011年10月于华东理工大学

目　录

绪　论

0.1　过程控制技术的发展与趋势

20 世纪 40 年代开始形成的控制理论被称为“20 世纪上半叶三大伟绩之一”，在人类社会的各个方面有着深远的影响。控制理论与其他任何学科一样，源于社会实践和科学实践。在自动化的发展中，有两个明显的特点：第一，任务的需要、理论的开拓与技术手段的进展三者相互推动，相互促进，显示了一幅交错复杂，但又轮廓分明的画卷，三者间表现出清晰的同步性；第二，自动化技术是一门综合性的技术，控制论更是一门广义的学科，在自动化的各个领域，移植和借鉴起了交流汇合的作用。

自动化技术的前驱，可以追溯到我国古代，如指南车的出现。至于工业上的应用，一般以瓦特的蒸汽机调速器作为正式起点。工业自动化的萌芽是与工业革命同时开始的。这时候的自动化装置是机械式的，而且是自力型的。随着电动、液动和气动这些动力源的应用，电动、液动和气动的控制装置开创了新的控制手段。

到第二次世界大战前后，控制理论有了很大发展。电信事业的发展导致了 1932 年 Nyquist 频率域分析技术和稳定判据的产生。Bode 于 1945 年开发了易于实际应用的 Bode 图分析方法。1948 年，Evans 提出了一种易于工程应用的求解闭环特征方程根的简单图解方法——根轨迹方法。至此，自动控制技术开始形成一套完整的，以传递函数为基础，在频率域对单输入单输出控制系统进行分析与设计的理论，这就是今天所谓的经典控制理论。经典控制理论最辉煌的成果之一要首推 PID 控制规律。PID 控制原理简单，易于实现，对无时间延迟的单回路控制系统极为有效，直到目前为止，在工业过程控制中有 80%~90%的系统还使用 PID 控制规律。经典控制理论最主要的特点是：线性定常对象，单输入单输出，完成镇定任务。即便对这些极简单对象的描述及控制任务，理论上也尚不完整，从而促使现代控制理论的发展。

20 世纪 60 年代航空航天领域对运载火箭、人造卫星、导弹、飞机等各类飞行器进行精确控制的需求催生了现代控制理论，现代控制理论是以状态空间方法为基础，以极小值原理和动态规划方法等最优控制理论为特征的，而以采用 Kalman 滤波器的随机干扰下的线性二次型系统（LOG）宣告了时域方法的完成。现代控制理论在航天、航空、制导等领域取得了辉煌的成果。现代控制理论中首先得到透彻研究的是多输入多输出系统，其中特别重要的是对描述控制系统本质的基本理论的建立，如可控性、可观性、实现理论、典范型、分解理论等，使控制由一类工程设计方法提高成为一门新的科学。为了扩大现代控制理论的适用范围，相继产生和发展了系统辨识与参数估计、随机控制、自适应控制以及鲁棒控制等各种理论分支，使控制理论的内容愈来愈丰富。现代控制理论虽然在航天、航空、制导等领域取得了辉煌的成果,在其他领域也有一些应用,但总体上远不如经典控制理论,特别是工业过程控制领域。究其原因是实际工业过程存在很多不确定因素,难于建立精确数学模型,现代控制理论对于复杂的工业过程却显得无能为力。

从20世纪60年代开始,为了解决大规模复杂系统的优化与控制问题,现代控制理论和系统理论相结合,逐步发展形成了大系统理论。其核心思想是系统的分解与协调,多级递阶优化与控制正是应用大系统理论的典范,实际上,大系统理论仍未突破现代控制理论的基本思想与框架,除了高维线性系统之外,它对其他复杂系统仍然束手无策。

20世纪80年代发展起来的智能控制,对于含有大量不确定性和难于建模的复杂系统,基于知识的专家系统、模糊控制、人工神经网络控制、学习控制和基于信息论的智能控制等应运而生,它们在许多领域都得到了广泛的应用,成为自动控制的前沿学科之一。

智能控制(Intelligent Control,IC)是20世纪80年代以来极受人们关注的一个领域。学术界有不少人认为智能控制将是继经典控制理论方法和现代理论控制方法之后,成为新一代的控制理论方法。理论和应用研究很多,在国内外都是受人瞩目的热点。加上近年来在洗衣机、空调器、摄像机等家电产品中广泛采用模糊控制,而像智能仪表、智能大厦等术语在一般报刊上常会看到,智能控制已走进千家万户。

什么是智能控制呢?最直观的定义显然是引入人工智能(Artificial Intelligence,AI)的控制,也就是人工智能与自动控制的结合。人工智能与自动控制两者是不可或缺的。它一方面表明智能控制范围很广,而且会不断接纳新的内容;另一方面也给出明显的界限,与人工智能无关的控制不是智能控制。后来还有各式各样的提法,如美国的Saridis教授提出了把运筹学也结合起来的思想等等。但是,从交集的角度看,还是以二元结构为宜。

人工智能的内容很广泛,如知识表示、问题求解、语言理解、机器学习、模式识别、定理证明、机器视觉、逻辑推理、人工神经网络、专家系统、模糊理论、智能调度和决策、自动程序设计、机器人学等都是人工智能的研究和应用领域。人工智能是指智能机器所执行的通常与人类智能有关的功能,如判断、推理、证明、识别、感知、理解、设计、思考、规划、学习和问题求解等思维活动。

人工智能中有不少内容可用于控制,当前最主要的是三种形式:① 专家系统;② 模糊控制;③ 人工神经网络控制。它们可以单独应用,也可以与其他形式结合起来;可以用于基层控制,也可用于过程建模、操作优化、故障诊断、计划调度和经营决策等不同层次。

从控制系统结构来看,已经经历了四个阶段。20世纪50年代是以基地式控制仪表等组成的控制系统,像自力式温度控制器、就地式液位控制器等,它们功能往往限于单回路控制,时至今日,这类控制系统仍没有被淘汰,而且还有了新的发展,但在控制系统中所占的比重大为减少。

20世纪60年代出现了单元组合仪表组成的控制系统,单元组合仪表有电动和气动两大类,已延续四十多年,目前国内还广泛应用。由单元组合仪表组成的控制系统,控制策略主要是PID控制和常用的复杂控制系统(如串级、均匀、比值、前馈、分程和选择性控制等)。

20世纪70年代出现了计算机控制系统,最初是直接数字控制(DDC)实现集中控制,代替常规控制仪表。由于集中控制的固有缺陷,未能普及推广就被集散控制系统(DCS)所替代。DCS在硬件上将控制回路分散化,数据显示、实时监督等功能集中化,有利于安全平稳生产。就控制策略而言,DCS仍以简单PID控制为主,再加上一些复杂控制算法,并没有充分发挥计算机的功能和控制水平。

20世纪80年代以后出现二级优化控制,在DCS的基础上实现先进控制和优化控制。在硬件上采用上位机和DCS或电动单元组合仪表相结合,构成二级计算机优化控制。

随着计算机及网络技术的发展,DCS出现了开放式系统,实现多层次计算机网络构成的管控一体化系统即综合自动化。同时,以现场总线为标准,实现以微处理器为基础的现场仪表与控制系统之间进行全数字化、双向和多站通信的现场总线控制系统(FCS)。它将对控制系统结构带来革命性变革,开辟控制系统的新纪元。

0.2 当前过程控制系统发展的一些主要特点

一、生产装置实施先进控制成为发展主流

早期的简单控制由于受到经典控制理论和常规仪表的限制,难以处理工业过程中存在的耦合性、非线性和时变性等。尽管在20世纪70年代以后,许多生产装置采用了DCS系统,但由于当时的理论和技术原因,控制水平仍停留在单回路PID控制、联锁保护控制等。随着企业提出的高柔性、高效益的要求,上述控制方案已经不能适应,以多变量预测控制为代表的先进控制策略的提出和成功应用以后,先进控制受到了过程工业界的普遍关注。先进过程控制(Advanced Process Control,APC)是指一类在动态环境中,基于模型、借助充分计算能力,为工厂获得最大利润而实施的运行和技术策略。这种新的控制策略实施后,系统运行在最佳工况,实现所谓"卡边生产"。

先进控制策略的实现 一般有三种实施方法:用先进控制算法取代原有的PID控制系统;用先进控制算法改变原有PID控制系统的设定值;先进控制算法与原有的PID控制系统结合为一个整体,从表面上看,它是PID控制系统,实质上,它是一个先进控制系统。

目前,国内许多大企业纷纷投资,在装置自动化系统中实施先进控制。国外许多控制软件公司和DCS生产商都在竞相开发先进控制和优化控制的商品化工程软件包,这些软件包成功应用于石油化工中的催化裂化、常减压、连续重整、延迟焦化、加氢裂化等许多重要装置,取得了明显经济效益。全世界应用APC有数千项,APC软件应用年增长率达到30%左右。先进控制策略主要有:过程变量的采集与处理;过程模型的辨识;故障检测、预报、诊断与处理;产品化的软件与技术服务;多变量预测控制,推理控制及软测量技术,自适应控制,鲁棒控制,智能控制(专家控制、模糊控制和神经网络控制)等,尤其智能控制已成为开发和应用的热点。

二、过程优化得到迅速发展

在过程控制中,过程优化已得到迅速发展。在连续流程工业中,往往上游装置的部分产品是下游装置的原料,整个生产过程存在装置间的物流分配、物料平衡和能量平衡等一系列的问题。借助优化可使得整个生产过程获得很大的经济效益和社会效益。在过程优化中,主要寻找最佳的工艺参数设定值以获得最大的经济效益,这称之为稳态优化。稳态优化采用静态模型,进行离线或在线优化计算。离线优化是指利用各种建模优化方法在约束条件下,求解最优的工艺参数,提供操作指导。在线优化是周期性完成模型计算、模型修正和参数寻优,并将最优的工艺参数值直接送到控制器作为设定值。为获得稳态最优,要求系统工作在一种特定的,保守程度较小的工况之下,但一旦偏离了这种工况,各项指标会明显变差,操作难度增加,有时会导致生产的不安全。随着稳态优化的深入研究,直接影响过程动态品质的最优动态控制也显示出其重要性。

生产过程的优化是在各种优化条件下,求取目标函数的最优值,通常是复杂的非线性优化问题。应用传统优化理论往往遇到困难。在过程优化中,由于系统的复杂性,求全局最优值十分困难,然而实际过程并不一定要求最优值,而只要求得"优化区域"或"满意解"就可满足要求。在过程优化中,有许多是受工艺的限制。最近有人提出把工艺设计与控制整体考虑,在工艺设计的同时考虑到控制的实施方案及效果,就可以在工艺设计阶段消除那些可能导致控制困难的因素,这种方法正在受到人们的关注。

基于模型的优化算法有解析法、线性规划、梯度搜索法、数值搜索法、整数规划法等。这些算法比较成熟。当前流程工业一方面向大型化发展,另一方面向精细化发展。采用传统的优化方法,经常会出现由于问题太复杂导致需要搜索的空间太大而引起的"组合爆炸"、搜索不收敛或收敛太慢而找不到最优解、收敛在局部最优点而无法抵达全局最优点等问题。为克服这些问题,出现了一些新的现代优化算法,如模拟退火算法(SAA——Simulated Annealing Algorithm);趋化性算法(CA——Chemotaxis Algorithm);遗传算法(GA——Genetic Algorithm);混沌算法(COA——Chaos Optimization Algorithm);免疫算法(IA——Immune Algorithm);蚁群算法(ACA——Ant Colony Algorithm);微粒群优化算法(PSOA——Particle Swarm Optimization Algorithm)等。

三、故障检测与诊断受到各方面普遍关注

故障检测与诊断技术(Fault Detection and Diagnosis Technology)是发展于上世纪中叶的一门科学技术,是指对系统的异常状态的检测、异常状态原因的识别以及包括异常状态预测在内的各种技术的总称。

随着现代工业及科学技术的迅速发展,生产设备日趋大型化、高速化、自动化和智能化,系统的安全性、可靠性和有效性日益变得重要化和复杂化,故障检测与诊断技术也愈来愈受到人们的重视。

故障诊断技术是一门综合性技术,它的开发涉及多门学科,如现代控制理论、可靠性理论、数理统计、模糊集理论、信号处理、模式识别、人工智能等学科理论。

故障检测诊断系统要提高故障的正确检测率。要降低故障的漏报率和误报率,漏报指发生了故障未报警,误报指未发生故障反而报警。

故障诊断技术经过十几年的迅速发展,到目前为止已经出现了基于各种不同原理的众多的方法。同以前相比,这些方法不论是检测性能、诊断性能,还是鲁棒性能都有很大提高,而且对于线性时不变系统已经形成了相对较为完整的体系结构。

对于基于解析冗余的方法,国际故障诊断权威,德国的 P.M.Frank 教授认为所有的故障诊断方法可以划分为基于知识的方法、基于解析模型的方法和基于信号处理的方法。

故障诊断是一个新兴的研究领域,尽管经过多年的发展,已经取得了很大进步,内容充实很多,在工程实践中也得到了一些应用,取得了较为满意的效果;但同时也暴露出许多尚待解决的问题,例如:自适应性、综合诊断、阈值、实际应用等。

四、综合自动化系统是发展方向

流程工业自动化在 20 世纪 90 年代以前仍是自动化孤岛模式。进入 20 世纪 90 年代,国内外企业在国际市场剧烈竞争的刺激下,特别是流程工业还受到环境保护的巨大社会压力。节能降耗、少投入多产出的高效生产和减少污染的洁净生产成为企业的生产模式,企业把提高综合自动化水平作为挖潜增效、提高竞争能力的重要途径。集常规控制、先进控制、过程优化、生产调度、企业管理、经营决策等功能于一体的综合自动化成了当前自动化发展的趋势。

综合自动化系统结构如图 0-1 所示,综合自动化系统可以分为过程控制系统(Process Control System ,PCS)、制造执行系统(Manufacturing Execusion System,MES)和经营计划系统(Business Planning System,BPS),此层又称为企业资源规划层(Enterprise Resourse Planning,ERP)等三层结构。

过程控制系统主要包括过程的数据采集与处理,简单控制系统、常用复杂控制系统、基本数据的统计与分析等;经营计划系统包括资产管理、财务管理和人力资源在内的生产企业资源计划、产品和工艺设计、供应链管理、电子商务以及销售服务管理等涉及经营与生产管理的内容;其中间层制造执行系统主要完成:① 全流程价值链分析,给出产量、质量、消耗、成本及效益等有关的综合生产指标的目标值;② 生产计划与调度,在满足各种约束条件下编制产量、质量、消耗、成本、设备运行等生产计划,并提出不同时间尺度的生产计划分解以及相应的生产调度计划;③ 综合生产指标优化,根据全流程模型和约束条件,求解出最优工艺操作指标和工艺约束范围;④ 生产运作管理,给出生产质量、物耗等作业标准、操作允许限等,指挥生产过程的进行和资源的供应和配送。同时还要对生产设备进行动态管理,包括设备的故障诊断与预报维修等;⑤ 先进控制与操作优化,通过先进控制策略和优化模型的求解,保证各项生产指标的实现,使生产运作在优化状态;⑥ 生产过程的实时监控,对整个生产过程进行检测,并不断与各种保证的标准和指标进

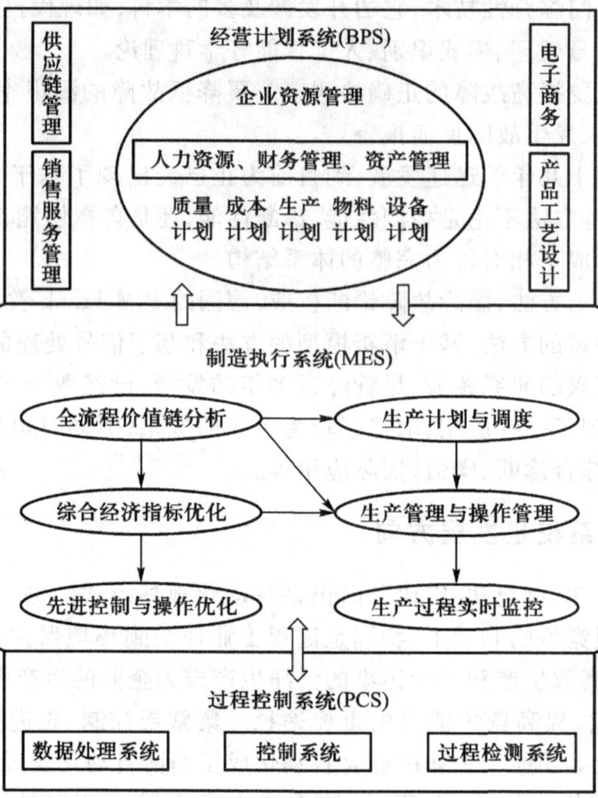

图 0-1　综合自动化系统结构图

行比较和分析,对异常工况进行监督报警和提示。所以 MES 层既执行生产的实时控制与操作管理,又实现了 BPS 与 PCS 这两层的连接,起到了承上启下的作用。

综合自动化就是在计算机通信网络和分布式数据库的支持下,实现信息与功能的集成,进而充分调动人的因素的经营系统、技术系统及组织系统(humanware)的集成,最终形成一个能适应生产环境不确定性和市场需求多变性的全局优化的高质量、高效益、高柔性的智能生产系统。综合自动化系统主要特点有:

1. 系统主线采用递阶系统结构形式

人的介入程度是自下而上逐步增加的,人工智能的应用程度也是自下而上逐步增加的,但是工作频率的周期是自下而上逐步减少的,如基础控制级的周期在秒级,先进控制的周期在分级,操作优化的周期在小时级,调度的周期以天计,计划的周期以月、季、年计。

2. 系统的主线是控制与管理两个方面

综合自动化系统需选择合适的计算机和网络,实行结构集成。通常由 DCS 或现场总线系统完成控制任务,由中、小型机或微机完成管理任务。

3. 系统信息的集成至关重要

来自基础控制级的直接测量信息,经过数据处理后变成先进控制中不可直接测量变量的估计信息以及车间核算信息和工况信息,经统计、分析和汇总送到调度级和管理级,再经深度加工后进入决策级作为企业领导决策的依据。决策级除来自企业内部的综合信息外,还要掌握市场信息、同行信息等外部信息。

0.3 过程控制工程的研究对象与任务

过程控制工程是自动化的一门分支学科,研究的任务是对过程控制系统进行分析与设计。工业生产过程对过程控制要求主要是安全性、经济性和稳定性。安全性是指在整个生产过程中,确保人身和设备的安全,这是最重要的也是最基本要求。通常是采用参数越限报警、事故报警和连锁保护等措施加以保证。经济性是指在生产同样数量和质量产品所消耗的能量和原材料最少,需花费的各项生产和管理的支出最少,也就是要求生产成本最低而生产效率最高。最后稳定性是指系统具有抑制各种干扰,保持生产过程长期稳定运行的能力。过程控制的任务就是在了解、掌握工艺流程和生产过程静态和动态特性基础上,应用相关理论对控制系统进行分析和设计以满足安全性、经济性和稳定性。

过程控制工程的第一个任务是对已有的控制系统进行分析,总结控制系统的特点,发现存在的不足并加以改进。第二个任务是生产过程的工艺流程确定后,设计出满足工艺要求的控制方案。第三个任务是在控制方案确定后,如何使控制系统能够正常运行,并发挥其功能。

过程控制工程是以过程控制系统为主体,控制理论为基础,生产过程与工艺为一翼,自动化仪表和计算机为另一翼,学科结构如图 0-2 所示。

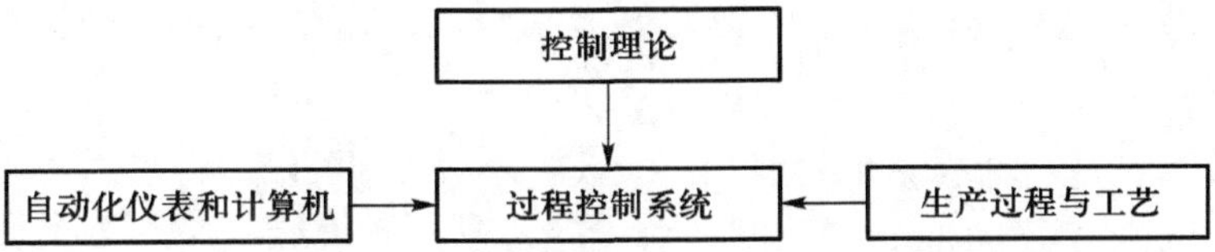

图 0-2 过程控制工程学科的结构

过程控制工程是控制理论在过程控制系统的重要应用。控制理论的移植和改造、控制系统结构的研究、控制算法的设计及控制系统的实现等是控制理论与生产工艺过程、自动化仪表和计算机的有机结合,是它们在过程控制系统的成功应用。

生产工艺过程的工艺变量(被控变量)要求保持在工艺操作所需的指标(设定值),为此需要检测元件和变送器获得这些被控变量,在控制装置中与设定值比较后,按一定的控制规律输出信号到执行器，调整操纵变量，使被控变量达到和保持在设定值。如何按工艺要求，选择被控变量、操纵变量、控制算法、执行器，设计简单合理控制方案。总的说来，过程控制工程要解决图 0-3 所示控制系统的方案设计、分析和应用问题。

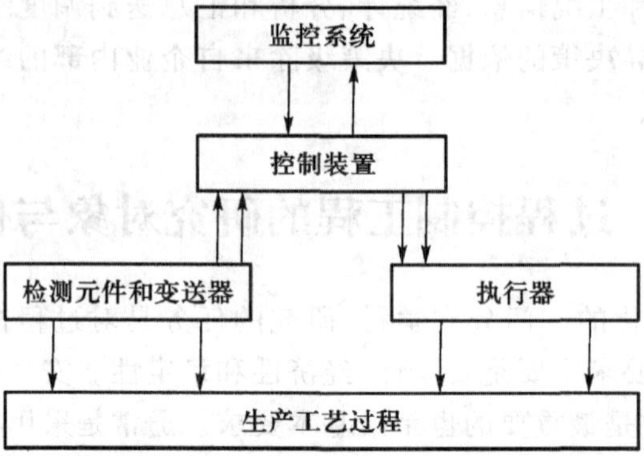

图 0-3　控制系统的控制结构

从发展的观点来看，早期过程控制工程是凭经验、凭直觉、凭定性说理的实际控制系统，逐渐上升为科学性、条理性、有定量理论的指导阶段。把控制理论、生产过程与工艺、自动化仪表和计算机有机结合起来，构成一门综合性工程学科。

过程控制对过程工业带来了十分明显的经济效益和社会效益，如保证产品质量、提高产量、降低能耗、安全运行、改善劳动条件、提高生产管理水平等。其中有些经济效益可直接计算得到，有些经济效益带有潜在的性质，如长期稳定运行、减少开停车等，还有提高劳动生产率、改善生存环境等重要的社会效益。

第 1 章　过程动态数学模型

所谓模型就是把实际过程的本质部分信息抽象成有用的描述形式。它可以用来描述过程的运动规律，是对象的一种客观写照或缩影，是分析系统和预报控制系统行为特性的有力工具。

按模型的描述形式分类，可以分为直觉模型、物理模型、图表模型和数学模型，在过程控制中，主要研究的是过程的数学模型。数学模型用数学结构的形式来反映实际过程的行为特点，常有代数方程、微分方程、差分方程、状态方程等。

1.1　过程动态特性

工业生产过程的数学模型有静态和动态之分。静态数学模型是过程输出变量和输入变量之间不随时间变化时的数学关系。动态数学模型是过程输出变量和输入变量之间随时间变化时动态关系的数学描述，动态数学模型也称为动态特性。建立控制系统中各组成环节和整个系统的数学模型不仅是分析和设计控制系统方案的需要，也是控制系统投运、控制器参数整定的需要，它在先进控制、操作优化、故障检测和诊断、操作方案制定等方面也是极其重要的。对所建立数学模型的要求随实际应用的不同而不同。例如，用于先进控制、在线控制的数学模型要有较高的精确度，而简单控制系统中数学模型的精确度就要低得多。对所建模型的基本要求是力求简单实用、在满足控制精确度的条件下能正确可靠地反映过程输入和输出之间的动态关系。

1.1.1　典型过程动态特性

以阶跃响应分类，典型的工业过程动态特性分属下列 4 类。

1. 自衡的非振荡过程

自衡的非振荡过程亦称非周期过程，这是一大类在工业生产过程中最常见的过程。该类过程在阶跃输入信号作用下的输出响应曲线没有振荡地从一个稳态趋向于另一个稳态。图 1-1 是自衡非振荡过程典型的阶跃响应曲线。

过程能自动地趋于新稳态值的特性称为自衡性。在外部阶跃输入信号作用下，过程原有平衡状态被破坏，并在外部信号作用下自动地非振荡地稳定到一个新的稳态，这类工业过程称为具有自衡的非振荡过程。

例如，图 1-2 中，液位储罐在进料阀开度增大（Q_i 增加）时，原来的稳定液位会上升，由于出料阀开度未变，随着液位的升高使静压增大，出料流量也增大。因此，液位上升逐渐变慢，直到液位达到一个新的稳定位置。

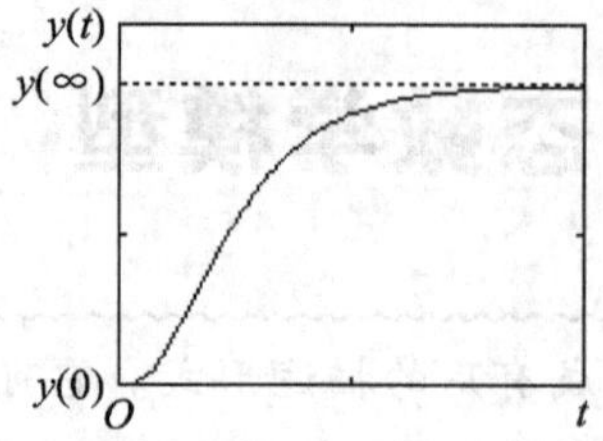

图 1-1　自衡非振荡过程的阶跃响应

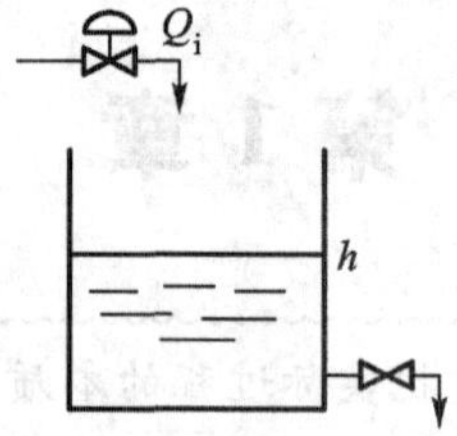

图 1-2　液位储槽自衡非振荡过程

具有自衡的非振荡过程的特性可用式(1-1)、式(1-2)的传递函数描述。

具有时滞的一阶环节：

$$G(s)=\frac{K}{Ts+1}e^{-\tau s} \tag{1-1}$$

具有时滞的二阶非振荡环节：

$$G(s)=\frac{K}{(T_1s+1)(T_2s+1)}e^{-\tau s} \tag{1-2}$$

第一种形式是最常用的。其中，K 是过程的增益或放大系数，T(或 T_1、T_2)是过程的时间常数，τ 是过程的时滞(纯滞后)。

2. 无自衡的非振荡过程

该类过程没有自衡能力，它在阶跃输入信号作用下的输出响应曲线无振荡地从一个稳态一直上升或下降，不能达到新的稳态。无自衡非振荡过程的阶跃响应如图 1-3 所示。

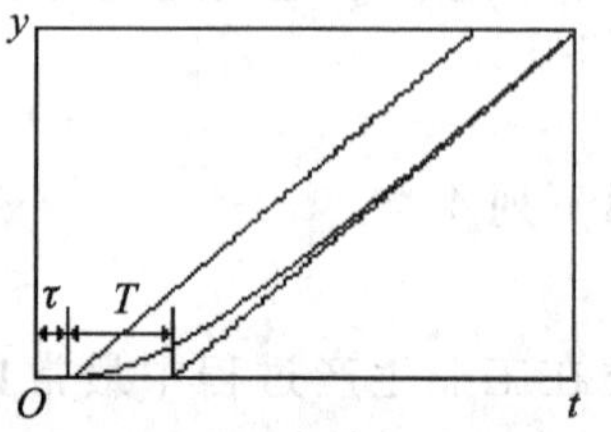

图 1-3　无自衡非振荡过程的阶跃响应

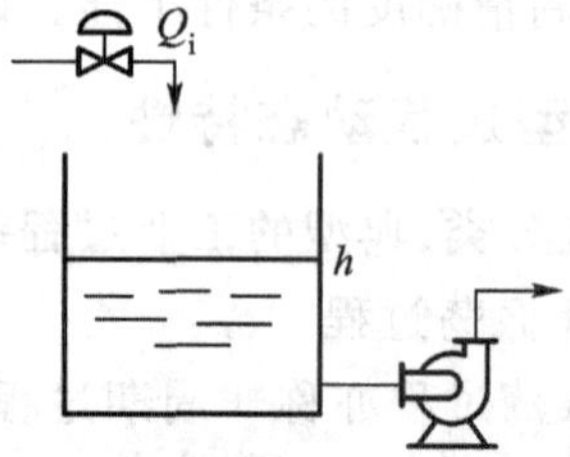

图 1-4　液位储槽无自衡非振荡过程

例如，图 1-4 中，某些液位储罐的出料采用定量泵排出，当进料阀开度阶跃变化时，液位会一直上升到溢出或下降到排空。

具有无自衡的非振荡过程的特性可用式(1-3)、式(1-4)的传递函数描述：

具有时滞的积分环节：

$$G(s)=\frac{K}{s}e^{-\tau s} \tag{1-3}$$

具有时滞的一阶和积分串联环节：

$$G(s)=\frac{K}{(Ts+1)s}e^{-\tau s} \tag{1-4}$$

该过程的增益 K 由输出响应曲线的斜率确定。过程输出响应曲线的渐近线与时间轴交点处的时间是时间常数 T 和时滞 τ 之和（如图 1-3 所示）。其中，响应曲线在初始段没有发生变化的时间是时滞 τ。

3. 自衡振荡过程

该类过程具有自衡能力，在阶跃输入信号作用下，输出响应呈现衰减振荡特性，最终过程会趋于新的稳态值。图 1-5 是自衡振荡过程的阶跃响应，工业生产过程中这类过程不多见。它具有位于 s 左半平面的共轭复极点，其传递函数形式如下：

$$G(s)=\frac{K}{s^2+2\zeta\omega s+\omega^2}e^{-\tau s},(0<\zeta<1) \tag{1-5}$$

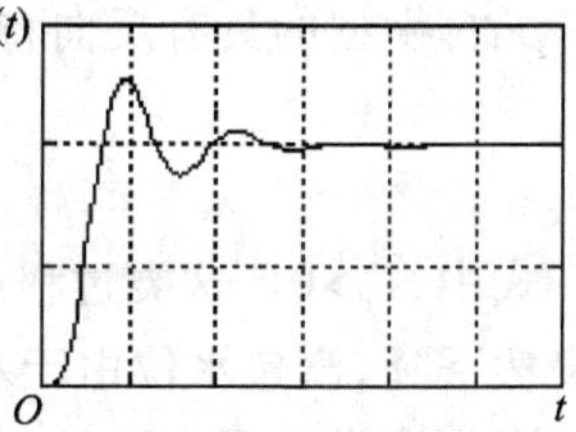

图 1-5 自衡振荡过程的阶跃响应

根据响应曲线的衰减比和振荡频率可以确定过程的阻尼比 ζ 和频率 ω，根据输出的新稳态值和原始稳态值及阶跃的幅值可以确定过程的增益 K，过程的时滞 τ 可根据响应曲线初始段没有发生变化的时间确定。

4. 具有反向特性的过程

该类过程在阶跃输入信号作用下开始时刻与终止时刻呈现相反的变化，即有：

$$若\ K>0,则:\begin{cases}y'(t)\mid_{t\to 0}<0\\ y(t)\mid_{t\to\infty}>0\end{cases};若\ K<0,则:\begin{cases}y'(t)\mid_{t\to 0}>0\\ y(t)\mid_{t\to\infty}<0\end{cases} \tag{1-6}$$

反向特性过程的阶跃响应曲线如图 1-6 所示（图中表示了 $K>0$ 的情况）。

这类过程具有位于 s 右半平面的零点。它有自衡和无自衡两种类型，可表示为两个环节的差，即 $G(s)=G_1(s)-G_2(s)$，其中，$G_1(s)=\frac{K_1}{T_1s+1}$，而 $G_2(s)$ 则根据类型确定。

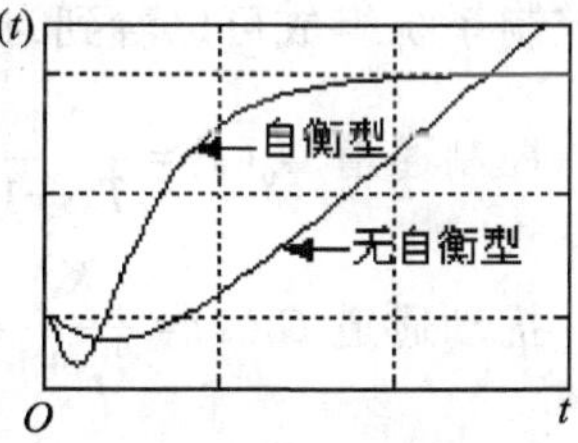

图 1-6 反向特性过程的阶跃响应

对于自衡型，$G_2(s)=\frac{K_2}{T_2s+1}$，则：

$$G(s)=G_1(s)-G_2(s)=\frac{(K_1-K_2)+(K_1T_2-K_2T_1)s}{(T_1s+1)(T_2s+1)}=\frac{K(1-T_ds)}{(T_1s+1)(T_2s+1)} \tag{1-7}$$

上式中，$K=K_1-K_2$，$T_d=\frac{K_2T_1-K_1T_2}{K_1-K_2}$。$T_d>0$ 时，过程将出现反向响应。

对于无自衡型，$G_2(s)=\frac{K_2}{s}$，则

$$G(s)=G_1(s)-G_2(s)=\frac{(K_1-K_2T_1)s-K_2}{s(T_1s+1)}=\frac{K(1-T_ds)}{s(T_1s+1)} \tag{1-8}$$

上式中，$K=-K_2$，$T_d=\frac{K_1-K_2T_1}{K_2}$。$T_d>0$ 时，过程将出现反向响应。

若过程含有纯滞后，则传递函数表示为

自衡型的具有反向特性的过程

$$G(s)=\frac{K(1-T_ds)}{(T_1s+1)(T_2s+1)}e^{-\tau s} \tag{1-9}$$

无自衡型的具有反向特性的过程

$$G(s)=\frac{K(1-T_ds)}{(T_1s+1)s}e^{-\tau s} \tag{1-10}$$

式中，$T_d>0$。这类过程的典型例子是锅炉汽包水位。当蒸汽用量阶跃增加时，引起蒸汽压力突然下降，汽包水位由于水的闪急汽化，造成虚假水位上升，但因用汽量的增加，最终，水位反而下降。这类过程由于控制器根据水位的上升会作出减少给水量的误操作，因此，控制这类过程最为困难。

1.1.2 过程特性对控制性能指标的影响

本节讨论自衡的非振荡过程特性对控制性能指标的影响。其他类型的过程对控制性能指标的影响可作类似分析。

为使讨论具有广泛性，假设过程特性是广义对象的动态特性，简单控制系统如图 1-7 所示。从控制系统组成可以看到，控制系统有两个通道，即控制通道和扰动通道。设各通道传递函数为

控制通道 $G_0(s)=\frac{K_0}{T_0s+1}e^{-\tau_0 s}$

扰动通道 $G_f(s)=\frac{K_f}{T_fs+1}e^{-\tau_f s}$

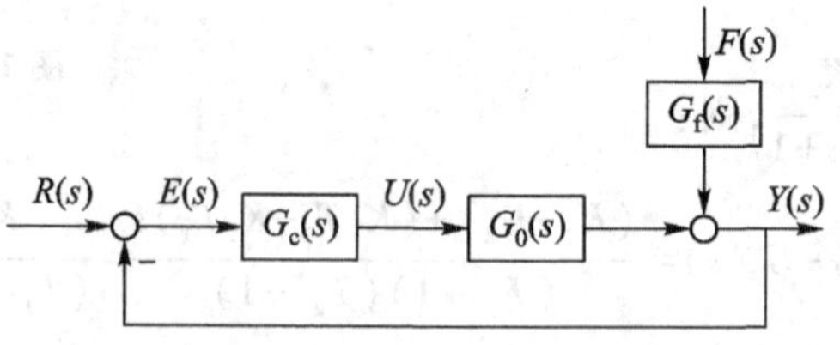

图 1-7 简单控制系统方块图

一、增益的影响

1. 控制通道增益的影响

定值控制系统中，采用比例控制时控制器增益为 K_c，设阶跃扰动幅值为 F，根据终值定理，计算出新稳态值为

$$y(\infty)=\lim_{s\to 0}s\frac{Y(s)}{F(s)}\cdot\frac{F}{s}=\frac{K_fF}{1+K_cK_0} \tag{1-11}$$

余差为

$$e(\infty)=-y(\infty)=-\frac{K_fF}{1+K_cK_0} \tag{1-12}$$

若该控制系统为二阶衰减振荡过程，最大偏差为 A

$$A=\frac{K_fF}{1+K_cK_0}\left[1+\exp\left(-\frac{\zeta\pi}{\sqrt{1-\zeta^2}}\right)\right]=\frac{K_fF}{1+K_cK_0}\left(1+\frac{1}{\sqrt{n}}\right) \tag{1-13}$$

可见，随着过程增益 K_0 的增加，余差减小，最大偏差减小，控制作用增强，但稳定性变差。在其他因素相同的条件下，如果过程增益 K_0 越大，则控制作用就越大，克服扰动的能力也越强。

2. 扰动通道增益的影响

从式(1-12)和式(1-13)可见，在其他因素相同的条件下，K_fF 越大，余差越大，最大偏差越大。

二、时间常数的影响

1. 控制通道时间常数的影响

在时滞 τ_0与时间常数 T_0之比不变条件下进行讨论。控制系统的闭环特征方程为

$$1+G_c(s)G_0(s)=1+\frac{K_cK_0}{T_0s+1}e^{-\tau_0 s}=0 \tag{1-14}$$

相位条件为

$$-\omega\tau_0-\arctan(T_0\omega)=-\pi\Rightarrow-\frac{\tau_0}{T_0}(T_0\omega)-\arctan(T_0\omega)=-\pi \tag{1-15}$$

若 τ_0/T_0固定，则相位条件 $T_0\omega$ 不变，对稳定性没有影响。

若 τ_0/T_0固定，时间常数 T_0大，则为使稳定性不变，ω 应减小，因此，时间常数大时，为保证系统的稳定性，振荡频率减小，回复时间变长，动态响应变慢。反之，若 τ_0/T_0固定，时间常数 T_0小，则振荡频率增大，回复时间变短，动态响应变快。换言之，时间常数越大，过渡过程越慢。

2. 扰动通道时间常数的影响

扰动通道时间常数 T_f大，扰动对系统输出的影响缓慢，有利于通过控制作用克服扰动的影响，因此，控制质量高。扰动通道时间常数 T_f小，扰动作用快，对系统输出的影响也快，控制作用不能及时克服扰动。

如果不考虑时滞 τ_0和 τ_f，则有

$$\frac{Y(s)}{F(s)}=\frac{K_f}{1+K_cK_0+T_0s}\cdot\frac{1+T_0s}{1+T_fs} \tag{1-16}$$

当$\frac{T_0}{T_f}>1$时，扰动对系统输出有微分作用，使控制品质变差；当$\frac{T_0}{T_f}<1$时，扰动对系统输出有滤波作用，减小了扰动对输出的影响。

三、时滞的影响

1. 控制通道时滞的影响

当检测变送环节存在时滞时，被控变量的变化不能及时传送到控制器；当被控对象存在时滞时，控制作用不能及时使被控变量变化；当执行器存在时滞时，控制器的信号不能及时引起操纵变量的变化。因此，开环传递函数存在时滞，引起相位滞后，从而使交界频率和临界增益降低，使控制不及时，超调增大，稳定性下降，使闭环系统的控制品质下降。

用τ_0/T_0反映时滞的相对影响。通常，当$\tau_0/T_0<(0.3\sim0.5)$时，系统尚可用简单控制系统进行控制，当$\tau_0/T_0>(0.3\sim0.5)$时，应采用其他控制方案对该类过程进行控制。因此，在设计和应用时应尽量减小时滞，有时可增大时间常数以减小τ_0/T_0。

2. 扰动通道时滞的影响

时滞τ_f的存在不影响系统闭环极点的分布，因此，不影响系统稳定性。它仅表示扰动进入系统的时间先后，即不影响控制系统控制品质。

四、扰动进入系统位置的影响

进入系统的扰动位置远离被控变量，等效于扰动传递函数中的时间常数增大，因此，与扰动通道时间常数的影响相似。

五、被控变量与操纵变量的选择

根据上述分析，被控变量的选择原则为：深入了解工艺过程，选择能够反映工艺过程的被控变量；控制通道的K_0尽量大；过程的τ_0/T_0应尽量小；过程的T_0/T_f应尽量小；扰动进入系统的位置应尽量远离被控变量。

操纵变量的选择原则为：选择对被控变量影响较大的操纵变量，即K_0尽量大；选择对被控变量有较快响应的操纵变量，即过程的τ_0/T_0应尽量小；过程的T_0/T_f应尽量小；使过程的K_fF尽量小；工艺的合理性与动态响应的快速性应有机结合。

控制方案的选择原则为：在满足工艺控制要求的前提下，控制方案应尽量简单实用。

1.2 过程动态数学模型概论

1.2.1 动态数学模型的作用和要求

过程的动态数学模型，是表示输出向量（或变量）与输入向量（或变量）间动态关系的数学描述。从控制系统的角度来看，操纵变量和扰动变量都属于过程模型的输入变量，被控变量属于过程模型的输出变量。

随着自动控制水平的提高,过程动态数学模型的重要性已越来越受到人们的重视。对于简单控制系统和串级控制系统来说,如果对过程的数学模型有所了解,控制器的参数可以整定得更好更快。然而,如果知之不多,也可通过试凑法把控制器整定好。对于复杂控制系统,至少要知道控制通道与扰动通道放大系数的比值;对于解耦控制系统,要知道各条控制通道的传递函数;对于最优控制系统,如果没有可靠的数学模型,最优控制将成为无的放矢,毫无意义。过程的特性又往往随时间而变化,有时需要随时求取模型参数(在线辨识),不断修改控制规律,实行自适应控制。表1-1列出了动态数学模型的部分应用要求。

表1-1 动态数学模型的应用和要求

应用目的	过程模型类型	精确度要求（在输入输出特性方面）
控制器参数整定	线性,参量(或非参量),时间连续	低
前馈,解耦,预估控制系统设计	线性,参量(或非参量),时间连续	中等
控制系统的计算机辅助设计	线性,参量(或非参量),时间离散	中等
自适应控制	线性,参量,时间离散	中等
模式控制,最优控制	线性,参量,时间离散或连续	高

除了用于自动控制系统的分析和设计外,动态数学模型还用于很多方面,例如,作为工艺结构设计的参考依据,作为间歇过程操作方案确定的依据,作为过程参数监测和故障检测的依据等。

对动态数学模型的具体要求,随其用途而异,总的来说是要求简单和正确可靠。

要求正确可靠是不言自明的。模型是实际过程的数学仿真,如果误差很大,必将导致错误的结论。

要求简单的原因有:如果进行在线实时控制,模型越复杂,要按照目标函数计算最优控制作用就越费时,计算工作量大,难于及时完成任务。如果模型用于前馈控制、解耦控制及模式控制,模型越复杂,控制规律也就越复杂,不易实施。如果模型参数是依据输入输出数据用估计方法得出的,那么模型结构越复杂,需要估计的参数就越多,此时难于保证所得参数的精度。所以,实际应用的动态数学模型,传递函数的阶次一般不高于三阶,有时宁可用具有时滞的二阶形式,最常用的是有时滞的一阶形式。

1.2.2 建立数学模型的基本方法

建立系统的数学模型主要有机理分析法、系统辨识法以及两者的混合方法。

1. 机理分析法

通过分析系统的运动规律,应用一些已知的定律、定理和原理,如化学动力学原理、生物学定律、牛顿定理、物料平衡方程、能量平衡方程和传质传热原理等,利用数学方法进行推导,建立起系统的数学模型,这种方法也称为理论建模。

由过程机理推导得到的几种类型的数学模型如表1-2所示。

表1-2 数学模型的类型

过程类型	静态模型	动态模型
集中参数过程	代数方程	微分方程
分布参数过程	微分方程	偏微分方程
多级过程	差分方程	微分-差分方程

2. 系统辨识方法

系统的输入输出信号一般是可以测量的,由于系统的动态特性必然表现在这些输入输出数据之中,因此可以利用这些数据所提供的信息来建立系统的数学模型。这种建模方法就是系统辨识方法。

由系统辨识所得模型结构,一般比较简单。以单输入-单输出为例,最常用的是下列形式的线性时间连续模型和线性时间离散模型。

① 线性时间连续模型可写成微分方程或传递函数形式:

$$a_n y^{(n)}(t)+\cdots+a_1 y^1(t)+y(t)=b_m u^{(m)}(t-\tau)+\cdots+b_1 u^1(t-\tau)+b_0 u(t-\tau) \tag{1-17}$$

或

$$\frac{Y(s)}{U(s)}=\frac{b_0+b_1 s+\cdots+b_m s^m}{1+a_1 s+\cdots+a_n s^n}\mathrm{e}^{-\tau s} \tag{1-18}$$

式中,y 为输出变量,u 为输入变量,τ 为纯滞后时间(时滞)。

② 线性时间离散模型可写成差分方程或脉冲传递函数形式:

$$a_n y(k-n)+a_{n-1}y(k-n+1)+\cdots+a_1 y(k-1)+y(k)=b_m u(k-m-d)+\cdots+b_1 u(k-1-d)+b_0 u(k-d) \tag{1-19}$$

即

$$y(k)=\frac{b_0+b_1 q^{-1}+\cdots+b_m q^{-m}}{1+a_1 q^{-1}+\cdots+a_n q^{-n}}q^{-d}u(k) \tag{1-20}$$

式中,d 为纯滞后(采样周期整数倍),q^{-1} 为后向差分算符,与 z 变换中的 z^{-1} 相当。

若考虑随机干扰时,式(1-19)右边再加上一项随机干扰项 $n(k)$。

当然时间连续和时间离散模型是可以在一定条件下转换的。

3. 上述两种方法的结合

机理分析法适用于简单系统的建模,并要求对系统的机理有足够清晰的了解。对于复杂的实际工业过程,这种方法则存在很大的局限性。因为在理论建模时,对所研究的对象必须提出合理的简化假设,否则造成问题过于复杂,但是这些假设往往与实际情况不符,使得模型与实际系统之间存在较大的误差。

与机理分析法相比,系统辨识方法无需深入了解系统的内在机理,但所用的输入输出数据必须能够完全反映系统特性,这往往是比较困难的。

在实际使用过程中,可以把两种方法相结合。瑞典学者 Åström 把理论建模问题称作“白箱”,把系统辨识问题称作“黑箱”,理论建模与系统辨识相结合的问题则称为“灰箱”。这种方法对于机理已知的部分采用机理分析的方法,对于机理未知的部分采用系统辨识的方法,这将充分发挥两种方法各自的优点。

1.3 机理建模方法

1.3.1 动态方程的一般列写方法

从机理出发,用理论的方法得到过程动态数学模型,其主要依据是物料平衡和能量平衡关系式,一般可用下式表示:

单位时间内进入系统的物料量(或能量)-单位时间内由系统流出的物料量(或能量)=系统内物料(或能量)蓄藏量的变化率

在建立过程动态数学模型时,输出变量 y 与输入变量 u 可用三种不同形式,即可用绝对值 Y 和 U 表示,用增量 ΔY 和 ΔU 表示,用无因次形式的 y 和 u 表示。

在控制理论中,增量形式得到广泛的应用。它不仅便于把原来非线性的系统线性化,而且通过坐标的移动,把工作点作为原点,使输出输入关系更加清晰,且便于运算;另外,在控制理论中普遍应用的传递函数,就是在初始条件为零的条件下定义的,采用增量形式可以方便地求得传递函数。

对于线性系统,增量方程式的列写很方便。只要将原方程中的变量用它的增量代替即可。对于非线性系统,则需要进行线性化,在系统输入和输出工作范围内,把非线性关系近似为线性关系。最常用的是切线法,在静态特性上用经过工作点的切线代替原来的曲线。在列写动态方程后,将输入变量与输出变量间的非线性函数,在工作点附近展开成泰勒级数,忽略高次项后,即可得到变量(增量)的线性函数关系式。如果系统的静态特性曲线在工作点附近区域没有间断点、折断点和非单值区域就可以用这种方法进行。

最后还需指出,在列写动态方程时,式中除了输出变量、输入变量和系数外,常常会出现一些中间变量,应先将这些中间变量通过相平衡关系式、传热传质及化学反应速率关系式等化为输入或输出变量的函数,然后进行线性化和增量化。

1.3.2 机理模型建立的示例

[**例 1**] 串联水槽动态数学模型的建立。

如图 1-8,对于 1#水槽,设 V_1 表示水槽的液体体积,根据物料平衡关系

$$\frac{\mathrm{d}V_1}{\mathrm{d}t}=q_{\mathrm{in}}-q_{\mathrm{m}} \tag{1-21}$$

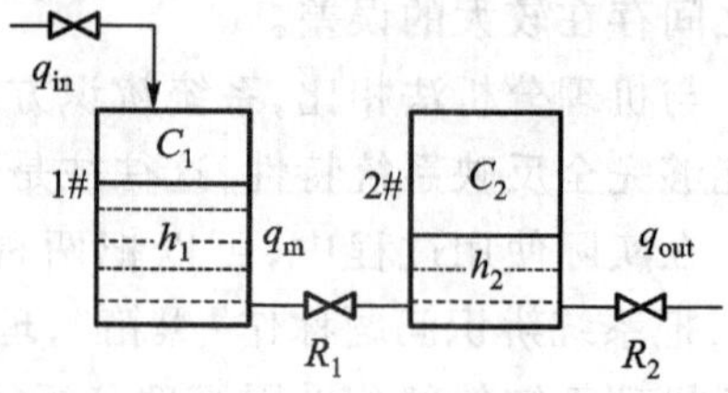

图 1-8 串联水槽

若水槽是等截面的，其截面积为 A_1，是常数。则水槽内液体体积 $V_1=A_1h_1$。式(1-21)可写为

$$A_1\frac{\mathrm{d}h_1}{\mathrm{d}t}=q_{\mathrm{in}}-q_{\mathrm{m}} \tag{1-22}$$

上式中，输入流量 q_{in} 与液位 h_1 无关。而当液体呈紊流状态时，1#水槽输出流量 q_{m} 与液位 h_1 满足如下关系

$$q_{\mathrm{m}}=\alpha_1 f_1\sqrt{h_1} \tag{1-23}$$

其中，α_1 是紊流状态下的节流系数，f_1 是调节阀的开启面积。

因此，式(1-22)可写为

$$A_1\frac{\mathrm{d}h_1}{\mathrm{d}t}=q_{\mathrm{in}}-\alpha_1 f_1\sqrt{h_1} \tag{1-24}$$

对于 2#水槽，可知

$$A_2\frac{\mathrm{d}h_2}{\mathrm{d}t}=q_{\mathrm{m}}-\alpha_2 f_2\sqrt{h_2} \tag{1-25}$$

将式(1-23)代入式(1-25)可得

$$A_2\frac{\mathrm{d}h_2}{\mathrm{d}t}=\alpha_1 f_1\sqrt{h_1}-\alpha_2 f_2\sqrt{h_2} \tag{1-26}$$

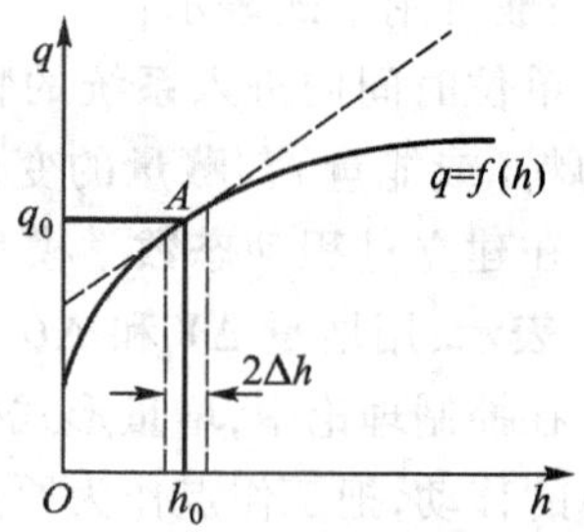

图 1-9 线性化示意图

式(1-24)和式(1-26)是非线性微分方程，为了便于分析计算，需将非线性微分方程线性化。线性化示意图如图 1-9 所示，原理如下：

在式(1-24)中，1#水槽输出流量 $q_{\mathrm{m}}=\alpha_1 f_1\sqrt{h_1}$，工作点处 $q_{\mathrm{m0}}=\alpha_1 f_{10}\sqrt{h_{10}}$，考虑到阀 R_1 不进行调节，因此 f_1 不变，而 h_1 是变量，则

$$q_{\mathrm{m}}=q_{\mathrm{m0}}+\left.\frac{\mathrm{d}q_{\mathrm{m}}}{\mathrm{d}h_1}\right|_{h_1=h_{10}}\Delta h_1=\alpha_1 f_{10}\sqrt{h_{10}}+\frac{1}{2}\alpha_1 f_{10}h_{10}^{-\frac{1}{2}}\Delta h_1 \tag{1-27}$$

将 $h_1=h_{10}+\Delta h_1$、$q_{\mathrm{in}}=q_{\mathrm{in0}}+\Delta q_{\mathrm{in}}$ 和式(1-27)代入式(1-24)可得

$$A_1\frac{\mathrm{d}(h_{10}+\Delta h_1)}{\mathrm{d}t}=q_{\mathrm{in0}}+\Delta q_{\mathrm{in}}-\alpha_1 f_{10}\sqrt{h_{10}}-\frac{1}{2}\alpha_1 f_{10}h_{10}^{-\frac{1}{2}}\Delta h_1 \tag{1-28}$$

考虑到 $\frac{\mathrm{d}h_{10}}{\mathrm{d}t}=0$ 和 $q_{\mathrm{in0}}=\alpha_1 f_{10}\sqrt{h_{10}}$，则式(1-28)可写为

$$A_1\frac{\mathrm{d}(\Delta h_1)}{\mathrm{d}t}=-\frac{1}{2}\alpha_1 f_{10}h_{10}^{-\frac{1}{2}}\Delta h_1+\Delta q_{\mathrm{in}} \tag{1-29}$$

如上节所述，动态数学模型大多采用消去静态项后的增量微分方程。上式中，将 Δ 去掉，主

要是为了简化方程的表达，但变量的含义仍是增量：

$$A_1\frac{\mathrm{d}h_1}{\mathrm{d}t}=-\frac{1}{2}\alpha_1 f_{10}h_{10}^{-\frac{1}{2}}h_1+q_{\text{in}} \tag{1-30}$$

同样，可对式(1-26)进行线性化，2#水槽输出流量 $q_{\text{out}}=\alpha_2 f_2\sqrt{h_2}$，工作点处 $q_{\text{out}0}=\alpha_2 f_{20}\sqrt{h_{20}}$，考虑到 f_2 和 h_2 都为变量，则

$$\begin{aligned}q_{\text{out}}&=q_{\text{out}0}+\left.\frac{\partial q_{\text{out}}}{\partial h_2}\right|_{h_2=h_{20}}\Delta h_2+\left.\frac{\partial q_{\text{out}}}{\partial f_2}\right|_{f_2=f_{20}}\Delta f_2\\&=\alpha_2 f_{20}\sqrt{h_{20}}+\frac{1}{2}\alpha_2 f_{20}h_{20}^{-\frac{1}{2}}\Delta h_2+\alpha_2\sqrt{h_{20}}\Delta f_2\end{aligned} \tag{1-31}$$

将 $h_2=h_{20}+\Delta h_2$、式(1-27)和式(1-31)代入式(1-26)可得

$$\begin{aligned}A_2\frac{\mathrm{d}(h_{20}+\Delta h_2)}{\mathrm{d}t}=&\alpha_1 f_{10}\sqrt{h_{10}}+\frac{1}{2}\alpha_1 f_{10}h_{10}^{-\frac{1}{2}}\Delta h_1\\&-\alpha_2 f_{20}\sqrt{h_{20}}-\frac{1}{2}\alpha_2 f_{20}h_{20}^{-\frac{1}{2}}\Delta h_2-\alpha_2\sqrt{h_{20}}\Delta f_2\end{aligned} \tag{1-32}$$

考虑到 $\frac{\mathrm{d}h_{20}}{\mathrm{d}t}=0$，以及稳态项 $q_{\text{m}0}=q_{\text{out}0}$，即 $\alpha_1 f_{10}\sqrt{h_{10}}-\alpha_2 f_{20}\sqrt{h_{20}}=0$。并记 $\Delta q_{\text{out}}=\alpha_2\sqrt{h_{20}}\Delta f_2$ 为调节阀开度改变引起的流量变化，则式(1-32)可写为

$$A_2\frac{\mathrm{d}(\Delta h_2)}{\mathrm{d}t}=\frac{1}{2}\alpha_1 f_{10}h_{10}^{-\frac{1}{2}}\Delta h_1-\frac{1}{2}\alpha_2 f_{20}h_{20}^{-\frac{1}{2}}\Delta h_2-\Delta q_{\text{out}} \tag{1-33}$$

同样地，为了简化方程，将 Δ 去掉

$$A_2\frac{\mathrm{d}h_2}{\mathrm{d}t}=\frac{1}{2}\alpha_1 f_{10}h_{10}^{-\frac{1}{2}}h_1-\frac{1}{2}\alpha_2 f_{20}h_{20}^{-\frac{1}{2}}h_2-q_{\text{out}} \tag{1-34}$$

令

$$\begin{cases}\left.\dfrac{\mathrm{d}q_m}{\mathrm{d}h_1}\right|_{h_1=h_{10}}=\dfrac{1}{2}\alpha_1 f_{10}h_{10}^{-\frac{1}{2}}=\dfrac{1}{2}\cdot\dfrac{\alpha_1 f_{10}}{\sqrt{h_{10}}}=\dfrac{1}{2}\cdot\dfrac{\alpha_1 f_{10}\sqrt{h_{10}}}{h_{10}}=\dfrac{1}{2}\cdot\dfrac{q_{\text{m}0}}{h_{10}}=\dfrac{1}{R_1}\\[2ex]\left.\dfrac{\partial q_{\text{out}}}{\partial h_2}\right|_{h_2=h_{20}}=\dfrac{1}{2}\alpha_2 f_{20}h_{20}^{-\frac{1}{2}}=\dfrac{1}{2}\cdot\dfrac{q_{\text{out}0}}{h_{20}}=\dfrac{1}{R_2}\end{cases} \tag{1-35}$$

上式中，$R_1=\frac{2h_{10}}{q_{\text{m}0}}$ 和 $R_2=\frac{2h_{20}}{q_{\text{out}0}}$ 称为液阻，代表阻止液体流失的能力。用容量系数 C_1 代表 A_1，C_2 代表 A_2，则对于 1#水槽，式(1-30)可写为

$$\frac{\mathrm{d}h_1}{\mathrm{d}t}=-\frac{1}{C_1R_1}h_1+\frac{1}{C_1}q_{\text{in}} \tag{1-36}$$

对于 2#水槽，式(1-34)可写为

$$\frac{\mathrm{d}h_2}{\mathrm{d}t}=\frac{1}{C_2R_1}h_1-\frac{1}{C_2R_2}h_2-\frac{1}{C_2}q_{\text{out}} \tag{1-37}$$

为了消去中间变量 h_1,由式(1-37)可知

$$h_1=C_2R_1\frac{dh_2}{dt}+\frac{R_1}{R_2}h_2+R_1q_{out} \tag{1-38}$$

对上式求导

$$\frac{dh_1}{dt}=C_2R_1\frac{d^2h_2}{dt^2}+\frac{R_1}{R_2}\frac{dh_2}{dt}+R_1\frac{dq_{out}}{dt} \tag{1-39}$$

将式(1-38)和式(1-39)代入式(1-36)得

$$C_2R_1\frac{d^2h_2}{dt^2}+\frac{R_1}{R_2}\frac{dh_2}{dt}+R_1\frac{dq_{out}}{dt}=-\frac{C_2}{C_1}\frac{dh_2}{dt}-\frac{1}{C_1R_2}h_2-\frac{1}{C_1}q_{out}+\frac{1}{C_1}q_{in} \tag{1-40}$$

上式整理后,可得

$$C_1R_1C_2R_2\frac{d^2h_2}{dt^2}+(C_1R_1+C_2R_2)\frac{dh_2}{dt}+h_2=-C_1R_1R_2\frac{dq_{out}}{dt}-R_2q_{out}+R_2q_{in} \tag{1-41}$$

记 $T_1=C_1R_1$ 和 $T_2=C_2R_2$ 为时间常数,则式(1-41)为

$$T_1T_2\frac{d^2h_2}{dt^2}+(T_1+T_2)\frac{dh_2}{dt}+h_2=-T_1R_2\frac{dq_{out}}{dt}-R_2q_{out}+R_2q_{in} \tag{1-42}$$

对于串联水槽,输出变量是 h_2,输入变量是 q_{in} 和 q_{out},式(1-42)是该串联水槽的输入-输出模型,是一个二阶的线性微分方程。

[例 2] 换热器动态数学模型的建立。

图1-10所示的换热器,两侧流体皆为温度均一的集中参数。假设间壁热容和热损失忽略不计,传热系数 U 和比热 c 均为常数。根据热量动态平衡关系可得方程(1-43)。

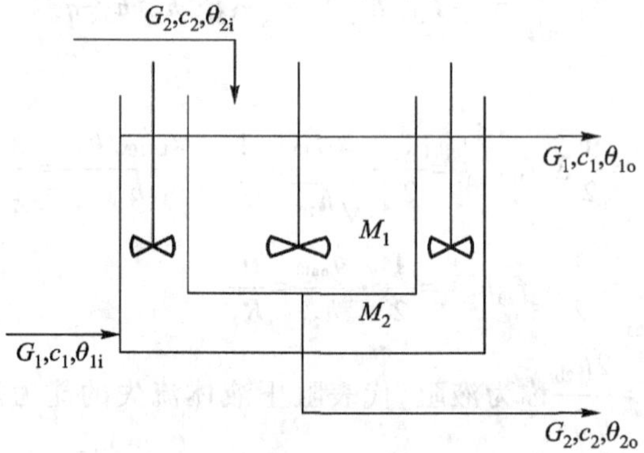

图 1-10 换热器

$$\begin{cases} M_1c_1\dfrac{d\theta_{1o}}{dt}=G_1c_1(\theta_{1i}-\theta_{1o})-UA(\theta_{1o}-\theta_{2o}) \\ M_2c_2\dfrac{d\theta_{2o}}{dt}=G_2c_2(\theta_{2i}-\theta_{2o})-UA(\theta_{2o}-\theta_{1o}) \end{cases} \tag{1-43}$$

式中：

M_1、M_2——换热器两侧流体的质量；

G_1、G_2——换热器两侧流体的质量流量；

c_1、c_2——换热器两侧流体的比热；

θ_{1i}、θ_{2i}——流体入口温度；

θ_{1o}、θ_{2o}——流体出口温度；

U——传热系数；

A——传热面积。

式(1-43)中输出变量有两个：流体1和流体2的出口温度 θ_{1o}、θ_{2o}，而输入变量有四个：流体1和流体2的入口温度 θ_{1i}、θ_{2i}，流体1和流体2的质量流量 G_1、G_2。

对式(1-43)进行线性化，并整理化简得到增量方程式：

$$\begin{cases} T_1\dfrac{\mathrm{d}\theta_{1o}}{\mathrm{d}t}=-(1+a_1)\theta_{1o}+a_1\theta_{2o}+\theta_{1i}+(\bar{\theta}_{1i}-\bar{\theta}_{1o})\dfrac{G_1}{\bar{G}_1} \\ T_2\dfrac{\mathrm{d}\theta_{2o}}{\mathrm{d}t}=a_2\theta_{1o}-(1+a_2)\theta_{2o}+\theta_{2i}+(\bar{\theta}_{2i}-\bar{\theta}_{2o})\dfrac{G_2}{\bar{G}_2} \end{cases} \tag{1-44}$$

上式中，$T_i=\dfrac{M_i}{\bar{G}_i}$；$a_i=\dfrac{UA}{\bar{G}_i c_i}(i=1,2)$。

式(1-44)中的变量字母上方有“-”的表示变量的稳态值，不加“-”是增量。

式(1-44)亦可写成矩阵形式如下：

$$\dot{\boldsymbol{\theta}}_o=\boldsymbol{A\theta}_o+\boldsymbol{Bu} \tag{1-45}$$

其中，$\boldsymbol{\theta}_o=[\theta_{1o}\quad \theta_{2o}]^{\mathrm{T}}$；$\boldsymbol{u}=[\theta_{1i}\quad \theta_{2i}\quad G_1\quad G_2]^{\mathrm{T}}$；

$$\boldsymbol{A}=\begin{bmatrix} -\dfrac{1+a_1}{T_1} & \dfrac{a_1}{T_1} \\ \dfrac{a_2}{T_2} & -\dfrac{1+a_2}{T_2} \end{bmatrix};$$

$$\boldsymbol{B}=\begin{bmatrix} \dfrac{1}{T_1} & 0 & \dfrac{\bar{\theta}_{1i}-\bar{\theta}_{1o}}{T_1\bar{G}_1} & 0 \\ 0 & \dfrac{1}{T_2} & 0 & \dfrac{\bar{\theta}_{2i}-\bar{\theta}_{2o}}{T_2\bar{G}_2} \end{bmatrix}。$$

若用传递矩阵来表示，对式(1-45)进行拉氏变换，经运算整理可得

$$\boldsymbol{\theta}_o(s)=(s\boldsymbol{I}-\boldsymbol{A})^{-1}\boldsymbol{BU}(s) \tag{1-46}$$

或

$$\begin{bmatrix}\theta_{1o}(s)\\ \theta_{2o}(s)\end{bmatrix}=\frac{\begin{bmatrix}(T_2s+a_2+1) & a_1 & \dfrac{\overline{\theta}_{1i}-\overline{\theta}_{1o}}{\overline{G}_1}(T_2s+a_2+1) & \dfrac{\overline{\theta}_{2i}-\overline{\theta}_{2o}}{\overline{G}_2}a_1\\ a_2 & (T_1s+a_1+1) & \dfrac{\overline{\theta}_{1i}-\overline{\theta}_{1o}}{\overline{G}_1}a_2 & \dfrac{\overline{\theta}_{2i}-\overline{\theta}_{2o}}{\overline{G}_1}(T_1s+a_1+1)\end{bmatrix}}{(T_2s+a_2+1)(T_1s+a_1+1)-a_1a_2}\begin{bmatrix}\theta_{1i}(s)\\ \theta_{2i}(s)\\ G_1(s)\\ G_2(s)\end{bmatrix} \tag{1-47}$$

由式(1-47)可以很方便地得到各通道的传递函数。

［例 3］　二元物系精馏塔动态数学模型的建立。

图 1-11 所示是一个二元组分精馏塔。全塔有 N 块塔板,加料板是第 s 块(塔板数自上而下计数)。进料是达到泡点的饱和液体,流量为 F(kg · mol/h),易挥发组分含量为 x_F(摩尔分率)。采用全冷凝器,塔顶汽相全部冷凝后进入回流罐,回流罐的蓄液量是 M_D(kg · mol/h)。假设回流罐内液体完全混合,其成分为 x_D。回流罐液体温度恰好为它的泡点温度,回流由泵送回至第一块塔板,回流量为 L_R(kg · mol/h),馏出液流量是 D(kg · mol/h)。忽略塔顶至回流罐汽相管线及回流液管线下的延时。值得注意的是由于回流罐内蓄液量的存在,y_1 虽然在定态时等于 x_D,但在动态过程中两者不一定相等。塔底产品流量是 B(kg · mol/h),成分是 x_B。由再沸器产生

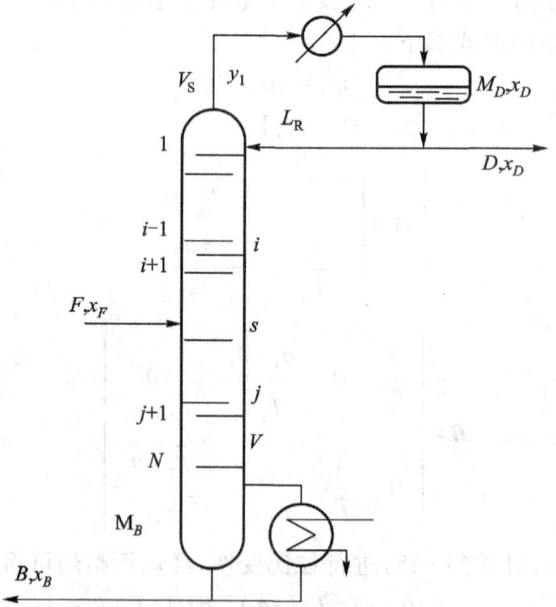

图 1-11　二元精馏塔

的上升蒸汽量是 V(kg·mol/h),假设塔底和再沸器内液体完全混合,且有相同成分 x_B,上升蒸汽的成分是 y_B,与液相成分 x_B 达到相平衡,再沸器和塔底的总蓄液量是 M_B(kg·mol)。

为简化方程又引入如下假设:

(1) 每块塔板达到充分混合,汽、液相成分为 y_n 和 x_n($n=1,2,\cdots,N$)都可按集中参数处理。

(2) 塔内压力恒定。

(3) 每块塔板上的液相蓄存量是 M_n(kg·mol)($n=1,2,\cdots,N$),汽相蓄存量较之液相少得多,可忽略不计。

(4) 两组分的摩尔汽化潜热近似相等,热损和显热效应可忽略不计。所以,提馏段各板 V_S 和 L_S 都保持不变,精馏段的 V_R 和 L_R 亦保持不变。由于假设进料在泡点温度,因此提馏段的 V_S 和 L_S 与精馏段的 V_R 和 L_R 之间关系为

$$L_S=L_R+F \tag{1-48}$$

$$V_S=V_R=V \tag{1-49}$$

(5) 相平衡关系中 y_n 与 x_n 满足近似线性关系:

$$y_n=K_nx_n+C \quad (n=1,2,\cdots,N) \tag{1-50}$$

式中:

K_n——相平衡常数;

C——常数。

依据以上关系和假设,可列出精馏塔各部分的动态物料平衡式:

(1) 冷凝器及回流罐

总的物料衡算式为:

$$\frac{\mathrm{d}M_D}{\mathrm{d}t}=V-L_R-D \tag{1-51}$$

式中:

M_D——回流罐蓄液量,$M_D(0)=\overline{M}_D$ 由初始条件决定;

D——馏出液,闭环时由相应的控制器及控制阀方程式决定;

L_R——回流量,闭环时由相应的控制器及控制阀方程式决定。

易挥发组分的物料衡算式:

$$\frac{\mathrm{d}(M_Dx_D)}{\mathrm{d}t}=Vy_1-(L_R+D)x_D \tag{1-52}$$

(2) 精馏段第 i 板

精馏段第 i 板物料流动情况如图 1-12 所示。

易挥发组分的物料衡算式

$$M_i\frac{\mathrm{d}x_i}{\mathrm{d}t}=L_Rx_{i-1}-L_Rx_i+Vy_{i+1}-Vy_i \quad (i=1,2,\cdots,s-1) \tag{1-53}$$

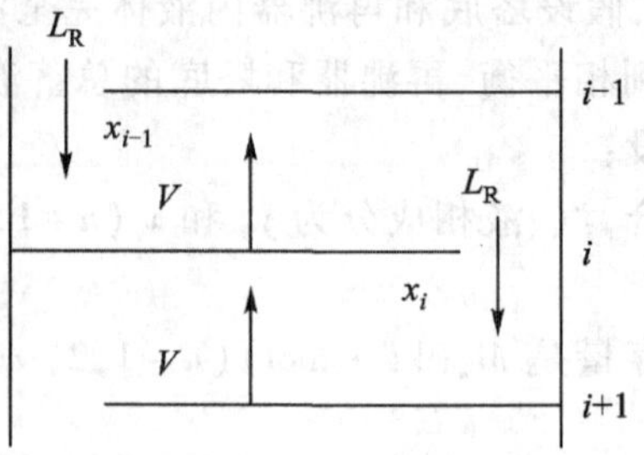

图 1-12 精馏塔第 i 板物料流动情况

(3) 加料板第 s 板

易挥发组分的物料衡算式

$$M_s \frac{dx_s}{dt} = L_R x_{s-1} - L_s x_s + V y_{s+1} - V y_s + F x_F \tag{1-54}$$

(4) 提馏段第 j 板

易挥发组分的物料衡算式

$$M_j \frac{dx_j}{dt} = L_S x_{j-1} - L_S x_j + V y_{j+1} - V y_j \quad (j = s+1, s+2, \cdots, N) \tag{1-55}$$

(5) 再沸器和塔底

总的物料衡算式

$$\frac{dM_B}{dt} = L_S - V - B \tag{1-56}$$

式中：

M_B——再沸器和塔底的蓄液量，$M_B(0) = \overline{M}_B$ 由初如条件给出；

B——塔底产品流量，由相应的控制器和控制阀方程式决定；

V——再沸器产生的上升蒸汽，由相应的控制器和控制阀方程式决定。

易挥发组分的物料衡算式：

$$\frac{d(M_B x_B)}{dt} = L_S x_N - V y_B - B x_B \tag{1-57}$$

至此，可以把待求的变量数与方程数作一总结。假设输入（扰动）变量是进料流量 F 和成分 x_F，则待求变量如表 1-3 所示。

表 1-3 待求变量列表

变量名称	变量个数
各塔板的成分 x_n 和 y_n	$2N$
回流罐的蓄液量 M_D 及液相成分 x_D	2
回流量 L_R 和馏出液流量 D	2
再沸器内成分 x_B 和 y_B	2
再沸器上升蒸汽量 V 和采出量 B	2
再沸器的蓄液量 M_B	1

待求变量数共计 $2N+9$ 个。而方程数如表 1-4 所示。

表 1-4 方程式列表

方程式	方程个数	公式编号
各塔板易挥发组分的物料衡算式	N	(1-53)、(1-54)、(1-55)
相平衡关系(各塔板及再沸器)	$N+1$	(1-50)
回流罐总物料及易挥发组分的物料衡算式	2	(1-51)、(1-52)
再沸器总物料及易挥发组分的物料衡算式	2	(1-56)、(1-57)

方程数共计 $2N+5$ 个。

方程数比未知变量数少 4 个。从控制观点看,还有四个变量(B、V、L_R、D)可以控制。所以,通常需要设置四个控制器(其中两个是液位控制器),这样各未知变量都可求出,系统也就完全确定了。

在得到上述动态方程之后,可以通过线性化转换成线性微分方程组,并列成状态方程形式,以便清晰地揭示各变量之间的关系。

为了使方程不过分复杂,再作如下假设:

(1) 回流罐蓄液量 M_D 和再沸器及塔底蓄液量 M_B 都保持恒定,它们分别用液位控制系统来很好地控制。

(2) 汽液相平衡关系可表示为

$$\Delta y_n = k_n \Delta x_n \quad (n=1,2,\cdots,N) \tag{1-58}$$

这样,可把塔的各部分物料衡算式经线性化写成增量方程式。为了标记方便,变量符号上有“-”号的表示稳态值,不加标记的表示增量,而把 Δ 号略去。

1. 回流罐

由于 M_D为定值,总的物料和易挥发组分的物料衡算式分别是

$$V-L_R-D=0 \text{ 或 } V=L_R+D \tag{1-59}$$

$$\frac{dx_D}{dt}=\frac{\overline{V}k_1}{\overline{M}_D}x_1-\frac{\overline{V}}{\overline{M}_D}x_D \tag{1-60}$$

2. 精馏段第 i 板

易挥发组分的物料衡算式

$$\frac{dx_i}{dt}=\frac{\overline{L}_R}{\overline{M}_i}x_{i-1}-\frac{\overline{L}_R+\overline{V}k_i}{\overline{M}_i}x_i+\frac{\overline{V}k_{i+1}}{\overline{M}_i}x_{i+1}+\frac{\overline{x}_{i-1}-\overline{x}_i}{\overline{M}_i}L_R+\frac{\overline{y}_{i+1}-\overline{y}_i}{\overline{M}_i}V \quad (i=1,2,\cdots,s-1) \tag{1-61}$$

3. 加料板第 s 板

易挥发组分的物料衡算式

$$\frac{dx_s}{dt}=\frac{\overline{L}_R}{\overline{M}_s}x_{s-1}-\frac{\overline{L}_S+\overline{V}k_s}{\overline{M}_s}x_s+\frac{\overline{V}k_{s+1}}{\overline{M}_s}x_{s+1}+\frac{\overline{x}_{s-1}-\overline{x}_s}{\overline{M}_s}L_R+\frac{\overline{y}_{s+1}-\overline{y}_s}{\overline{M}_s}V+\frac{\overline{x}_F-\overline{x}_s}{\overline{M}_s}F+\frac{\overline{F}}{\overline{M}_s}x_F \tag{1-62}$$

4. 提馏段第 j 板

易挥发组分的物料衡算式

$$\frac{dx_j}{dt}=\frac{\overline{L}_S}{\overline{M}_j}x_{j-1}-\frac{\overline{L}_S+\overline{V}k_j}{\overline{M}_j}x_j+\frac{\overline{V}k_{j+1}}{\overline{M}_j}x_{j+1}+\frac{\overline{x}_{j-1}-\overline{x}_j}{\overline{M}_j}L_R+\frac{\overline{y}_{j+1}-\overline{y}_j}{\overline{M}_j}V+\frac{\overline{x}_{j-1}-\overline{x}_j}{\overline{M}_j}F \quad (j=s+1,s+2,\cdots,N) \tag{1-63}$$

5. 再沸器和塔底

由于 M 是定值,所以总的物料和易挥发组分的物料衡算式分别是:

$$L_S-V-B=0 \quad \text{或} \quad B=L_S-V \tag{1-64}$$

$$\frac{dx_B}{dt}=\frac{\overline{L}_S}{\overline{M}_B}x_N-\frac{\overline{V}k_B+\overline{B}}{\overline{M}_B}x_B+\frac{\overline{x}_N-\overline{x}_B}{\overline{M}_B}L_R+\frac{\overline{x}_B-\overline{y}_B}{\overline{M}_B}V+\frac{\overline{x}_N-\overline{x}_B}{\overline{M}_B}F \tag{1-65}$$

以上各式组合在一起,就成为矩阵形式的状态方程:

$$
\begin{pmatrix} \frac{\mathrm{d}x_D}{\mathrm{d}t} \\ \frac{\mathrm{d}x_1}{\mathrm{d}t} \\ \vdots \\ \frac{\mathrm{d}x_s}{\mathrm{d}t} \\ \vdots \\ \frac{\mathrm{d}x_N}{\mathrm{d}t} \\ \frac{\mathrm{d}x_B}{\mathrm{d}t} \end{pmatrix}
=
\begin{bmatrix}
-\frac{\overline{V}}{\overline{M}_D} & \frac{\overline{V}k_1}{\overline{M}_D} & 0 & 0 & \cdots & \cdots & \cdots & 0 \\
\frac{\overline{L}_R}{\overline{M}_1} & -\frac{\overline{L}_R+\overline{V}k_1}{\overline{M}_1} & \frac{\overline{V}k_2}{\overline{M}_1} & 0 & \cdots & \cdots & \cdots & 0 \\
\vdots & \ddots & \ddots & & \ddots & & & \vdots \\
0 & \cdots & \frac{\overline{L}_R}{\overline{M}_s} & -\frac{\overline{L}_S+\overline{V}k_s}{\overline{M}_s} & \frac{\overline{V}k_{s+1}}{\overline{M}_s} & \cdots & 0 & 0 \\
\vdots & & & \ddots & \ddots & \ddots & & \vdots \\
0 & \cdots & \cdots & \cdots & \cdots & \frac{\overline{L}_S}{\overline{M}_N} & -\frac{\overline{L}_S+\overline{V}k_N}{\overline{M}_N} & \frac{\overline{V}k_B}{\overline{M}_N} \\
0 & \cdots & \cdots & \cdots & \cdots & \cdots & \frac{\overline{L}_S}{\overline{M}_B} & -\frac{\overline{V}k_B+\overline{B}}{\overline{M}_B}
\end{bmatrix}
\begin{bmatrix} x_D \\ x_1 \\ \vdots \\ x_s \\ \vdots \\ x_N \\ x_B \end{bmatrix}
$$

$$
+\begin{bmatrix}
0 & 0 \\
\frac{\overline{x}_D-\overline{x}_1}{\overline{M}_1} & \frac{\overline{y}_2-\overline{y}_1}{\overline{M}_1} \\
\vdots & \vdots \\
\frac{\overline{x}_{s-1}-\overline{x}_s}{\overline{M}_s} & \frac{\overline{y}_{s+1}-\overline{y}_s}{\overline{M}_s} \\
\vdots & \vdots \\
\frac{\overline{x}_{N-1}-\overline{x}_N}{\overline{M}_N} & \frac{\overline{y}_B-\overline{y}_N}{\overline{M}_N} \\
\frac{\overline{x}_N-\overline{x}_B}{M_B} & \frac{\overline{x}_B-\overline{y}_B}{\overline{M}_B}
\end{bmatrix}
\begin{bmatrix} L_R \\ V \end{bmatrix}
+\begin{bmatrix}
0 & 0 \\
0 & 0 \\
\vdots & \vdots \\
\frac{\overline{F}}{\overline{M}_s} & \frac{\overline{x}_F-\overline{x}_s}{\overline{M}_s} \\
\vdots & \vdots \\
0 & \frac{\overline{x}_{N-1}-\overline{x}_N}{\overline{M}_N} \\
0 & \frac{\overline{x}_N-\overline{x}_B}{\overline{M}_B}
\end{bmatrix}
\begin{bmatrix} x_F \\ F \end{bmatrix}
\tag{1-66}
$$

或用向量形式表示：

$$\dot{\boldsymbol{X}} = \boldsymbol{A}\boldsymbol{X}+\boldsymbol{B}\boldsymbol{U}+\boldsymbol{P}\boldsymbol{d} \tag{1-67}$$

在上式中，把 L_R 和 V 作为控制变量，即 $\boldsymbol{U}=[L_R \quad V]^{\mathrm{T}}$，$x_F$ 和 F 作为扰动变量，即 $\boldsymbol{d}=[x_F \quad F]^{\mathrm{T}}$，而把 $\boldsymbol{X}$（$\boldsymbol{X}=[x_D \quad x_1 \quad x_2 \quad \cdots \quad x_{Ns} \quad \cdots \quad x_N \quad x_B]^{\mathrm{T}}$）作为状态变量，输出变量可以根据需要确定。如要把 D 和 B 作为控制变量，则可以通过物料衡算关系转换。

由式(1-66)可以看出,对于上下浓度差($\bar{x}_{n-1}-\bar{x}_n$)较大的塔板,在遇到 L_R 变化时,初始的变化速度较快,即响应较快;对于($\bar{y}_n-\bar{y}_{n+1}$)越大,在遇到 V 变化时,初始的变化速度越快,即响应越快。总的来说,凡是上下浓度差较大的塔板,也就是温度分曲线上温度变化较快的塔板就是灵敏板,这就是设计控制方案时用灵敏板作为被控变量的依据。

由式(1-66)还可以看到,对于整个精馏塔来说是一个多容量的,相互间交叉联接的复杂过程,要整理成为整个塔的传递函数相当复杂。从20世纪70年代开始,现代控制理论的时域分析方法在控制系统分析中已占相当优势。因此,对式(1-66)状态方程组可以应用矩阵函数及状态传递矩阵理论,直接解出系统的时间响应。

最后,还必须指出,由于推导方程时假设两组分的摩尔汽化潜热近似相等,所以仅考虑物料平衡关系。若两组分的摩尔汽化潜热不相等时,还需考虑热量平衡关系。此时,精馏塔系统更加复杂。

1.4 系统辨识概述

1.4.1 辨识的定义

美国学者 L.A.Zadeh 在1962年给辨识下了这样的定义:“辨识就是在输入输出数据的基础上,从一组给定的模型类中,确定一个与所测系统等价的模型”。在这个定义中,包含了辨识的三大要素:① 输入输出数据;② 模型类;③ 等价准则。其中,输入输出数据是辨识的基础,等价准则是辨识的优化目标,模型类是寻找模型的范围。

然而实际中要找到与所测系统等价的模型通常是非常困难的。从实用观点出发,对模型的要求并非如此苛刻,为此对辨识又有一些比较实用的定义。1978年,瑞典学者 L. Ljung 定义辨识为:“辨识有三个要素——数据、模型类和准则。辨识就是按照一个准则在一组模型类中选择一个与数据拟合得最好的模型”。图1-13系统辨识的结构是 L. Ljung 给出的系统辨识的示意图。

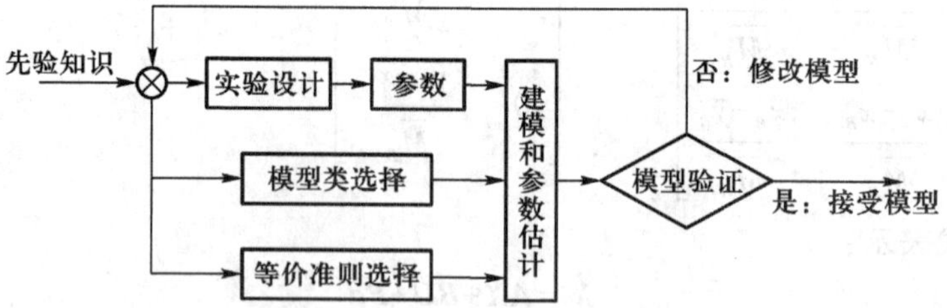

图1-13 系统辨识的结构

过程输入输出数据在一定程度上反映了过程的动态特性,理想的输入输出数据能够反映被辨识过程的所有信息。输入输出数据是通过实验获得的,是辨识的基础。对于待辨识的过程,如果先验知识有限,获取的输入输出数据也有限的话,则无法得到可实际应用的模型。

模型类是指辨识模型可采用的模型结构,如连续时间模型或离散时间模型,输入输出模型或状态空间模型,确定性模型或随机性模型等。模型类的规定是根据人们对实际过程的了解以及建立模型的目的设定的。

等价准则是辨识问题中不可缺少的三要素之一,它是用来衡量模型接近实际过程的标准,通常被表示成一个误差的泛函。因此,等价准则也叫做误差准则、损失函数或准则函数,记为

$$J(\theta)=\sum_{k=1}^{L} f(\varepsilon(k)) \tag{1-68}$$

其中,$f(\cdot)$是$\varepsilon(k)$的函数。用得最多的是平方函数,即

$$f(\varepsilon(k))=\varepsilon^2(k) \tag{1-69}$$

$\varepsilon(k)$是定义在区间$(0,L)$上的误差函数,这个误差函数可以广义地理解为模型与实际过程之间的"误差",它可以是输出误差,也可以是输入误差或广义误差。

例如,建立一个热交换器(如图 1-14 所示)的数学模型,即建立 T/Q 模型,经观测得到一组输入输出数据,记作$\{Q(k)\}$和$\{T(k)\}$,$k=1,2,\cdots,L$。同时选定一组模型类:

$$T(k)+a_1T(k-1)+\cdots+a_nT(k-n)=b_1Q(k-1)+\cdots+b_nQ(k-n)+e(k) \tag{1-70}$$

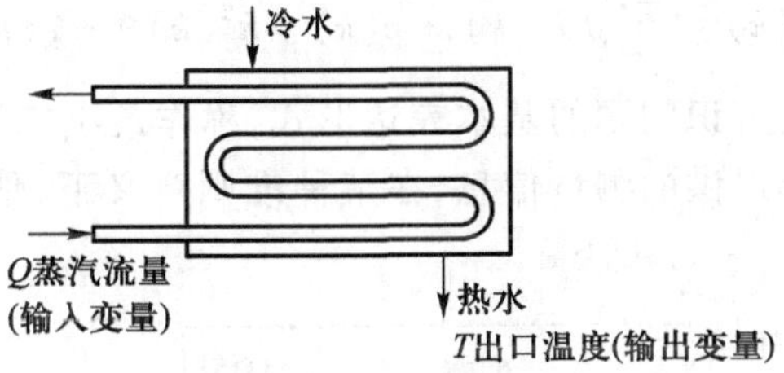

图 1-14 热交换器示意图

和一个等价准则

$$\begin{aligned} J &= \sum_{k=1}^{L} e^2(k) \\ &= \sum_{k=1}^{L}[T(k)+a_1T(k-1)+\cdots+a_nT(k-n)-b_1Q(k-1)-\cdots-b_nQ(k-n)]^2 \end{aligned} \tag{1-71}$$

那么所谓热交换器的蒸汽流量 Q——热水温度 T 通道的数学模型辨识问题就是根据所观测到的数据$\{Q(k)\}$和$\{T(k)\}$,从模型类式(1-70)中寻找一个模型,即确定式(1-70)中的未知参数 n 及 $a_i,b_i,i=1,2,\cdots,n$,使得式(1-71)表达的准则 J 最小。

1.4.2 辨识算法的基本原理

本节针对线性离散模型的辨识问题说明辨识算法的基本原理。所谓离散模型是指一个或几个变量可以表示成其他一些变量在时间或空间的离散点上的线性组合。图 1-15 说明了线性离散模型的数学表达形式。

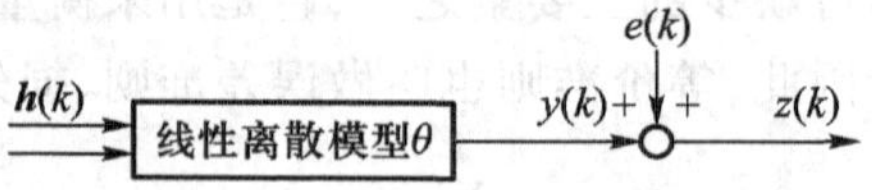

图 1-15 线性离散模型的数学表达形式

图中,$\boldsymbol{h}(k)$是模型的输入变量,$z(k)$是输出变量,$e(k)$表示模型噪声,$\boldsymbol{\theta}$为未知模型参数,模型输入 $\boldsymbol{h}(k)$和输出 $z(k)$是可以测量的。记为

$$\begin{cases}\boldsymbol{h}(k)=[h_1(k),h_2(k),\cdots,h_N(k)]^{\mathrm{T}}\\ \boldsymbol{\theta}=[\theta_1,\theta_2,\cdots,\theta_N]^{\mathrm{T}}\end{cases} \tag{1-72}$$

则线性离散模型的输出可表示成

$$z(k)=\sum_{i=1}^{N}\theta_i h_i(k)+e(k)=\boldsymbol{h}^{\mathrm{T}}(k)\boldsymbol{\theta}+e(k) \tag{1-73}$$

这种线性组合关系就是辨识问题的基本表达形式,称作最小二乘格式。

辨识的目的是根据系统提供的测量信息,在某种准则意义下,估计模型的未知参数,基本原理如图 1-16 所示。

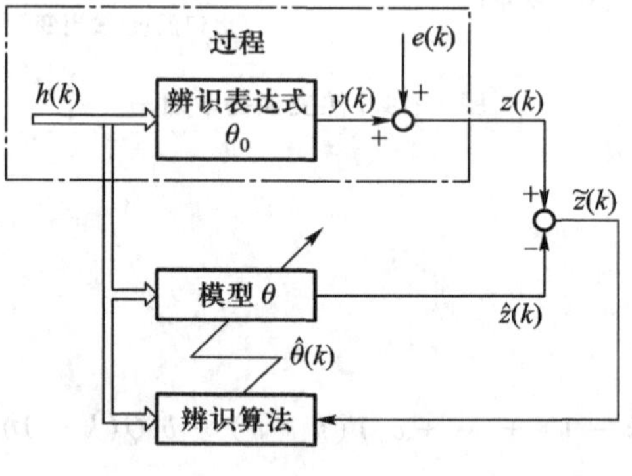

图 1-16 辨识算法的基本原理

通常采用逼近的方法获得模型参数 $\boldsymbol{\theta}$ 的估计值 $\hat{\boldsymbol{\theta}}$。在每一时刻 k,根据当前的输入值 $h(k)$和前一时刻的参数估计值 $\hat{\boldsymbol{\theta}}(k-1)$计算出 k 时刻的模型输出,即过程输出预报值

$$\hat{z}(k)=\boldsymbol{h}^{\mathrm{T}}(k)\hat{\boldsymbol{\theta}}(k-1) \tag{1-74}$$

同时计算输出预报误差(称为新息)

$$\tilde{z}(k)=z(k)-\hat{z}(k) \tag{1-75}$$

其中,$z(k)$是过程的实际输出

$$z(k)=\boldsymbol{h}^{\mathrm{T}}(k)\boldsymbol{\theta}_0+e(k) \tag{1-76}$$

然后将新息$\tilde{z}(k)$反馈到辨识算法中,在某种准则条件下,计算出k时刻的估计参数$\hat{\boldsymbol{\theta}}(k)$,更新模型参数。然后再进行$k+1$时刻的计算,这样反复迭代下去,直到对应的准则函数最小。这时模型的输出$\hat{z}(k)$在该准则意义下最好地逼近了输出$z(k)$,从而获得了所需要的数学模型。由此可见,辨识算法的选择是系统辨识的关键。

1.4.3 辨识的内容和步骤

就辨识方法所涉及的模型形式来说,辨识方法可以分为两类:非参数模型辨识和参数模型辨识。

非参数模型辨识(经典辨识方法)获得的模型是非参数模型,例如系统的脉冲响应、阶跃响应、频率响应等。它在假定过程是线性的前提下,不必事先确定模型的具体结构,因而可以用于复杂的系统建模,至今在工程上仍经常使用。

参数模型辨识(现代辨识方法)必须假定一种模型结构,通过极小化模型与过程之间的误差准则函数来确定模型的参数。如果模型的结构事先无法确定,则必须利用结构辨识方法先确定模型的结构参数(如阶次、纯滞后等),再进一步辨识模型的参数。

无论哪种辨识方法,辨识的内容基本上都包括这四个方面:实验设计、模型结构辨识、模型参数辨识和模型检验。除此之外,还有一些相关的辅助工作。

辨识的一般步骤如图1-17所示。对于一种给定的辨识方法,从实验设计到获得最终模型,一般经历以下一些步骤:根据辨识目的,利用先验知识,初步确立模型结构——→采集数据——→进行模型参数和结构辨识——→验证,获得最终模型。这些步骤是紧密相关而不是孤立的,下面简单地介绍各步骤所要做的主要工作。

一、辨识目的和先验知识

对于一个待辨识的系统,首先应明确辨识目的,辨识目的决定了模型的类型、精度要求以及辨识算法的选择。例如,用于定值控制系统的辨识模型,精度要求可以低一点,用于随动控制系统的辨识模型,精度要求则高一些。表1-5列出了辨识目的对辨识精度的要求的一些简单的例子。

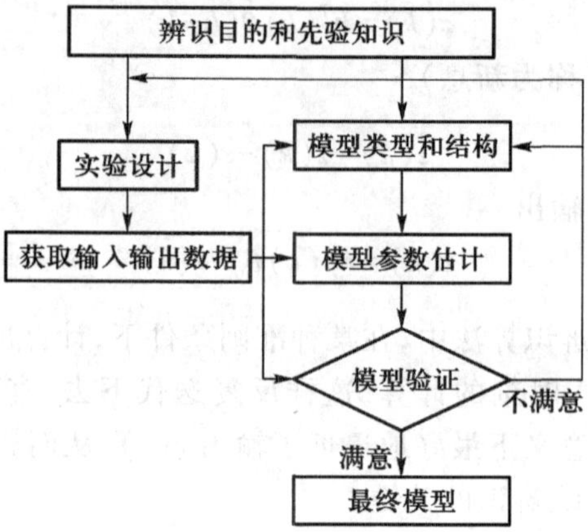

图 1-17 辨识的一般步骤

表 1-5 辨识目的对辨识精度的要求

辨识目的	模型类型	精度要求	辨识方法
验证理论模型	线性、连续、非参数、参数模型	中等/较高	离线、阶跃响应
控制	线性、连续、非参数、参数模型	中等	离线、在线
故障诊断、监控	线性、非线性、参数模型	较高	在线
预报	线性、非线性、参数模型	较高	离线、在线

在进行辨识之前，要尽可能地对系统有一定的了解，如系统的非线性程度、时变或非时变、比例或积分特性、时间常数、过渡过程时间、截止频率、纯滞后、静态放大系数、噪声特性、操作条件等。这些先验知识对模型类型选取和实验设计将起到指导性的作用。

二、实验设计

实验设计的目标是获取系统的输入输出数据，并使这些数据包含尽量多的系统动态特性信息。实验设计的好坏直接影响到辨识模型的精度、速度和经济性等。实验设计的内容主要包括：

1. 输入信号的选择

为了使系统可辨识，输入信号必须满足一定的条件。即在辨识时间内系统必须被输入信号持续激励，且输入信号的选择应能使给定问题的辨识模型精度最高。从工程意义上考虑，输入信号的选择还应注意：

（1）输入信号的功率或幅度不宜过大，以免工况进入非线性区；也不能太小，否则数据所含的信息量将下降，直接影响辨识的精度；

（2）输入信号对过程的“净扰动”要小，即正、负向扰动机会几乎均等；

(3) 工程上易于实现,成本低。

理论分析表明,选用白噪声作为辨识输入信号可以保证获得较好的辨识效果,但是在工程上不宜实现,最长线性移位寄存器序列(简称 M 序列)是一种很好的辨识输入信号,它具有近似白噪声的性质,可保证有好的辨识精度,而且工程上易于实现。

M 序列是二进制伪随机码序列(PRBS)的一种形式,它的自相关函数接近脉冲函数,具有输入净扰动小,幅值、周期、时钟节拍易于控制等优点。

设有一无限长的二元序列 $x_1x_2\cdots x_px_{p+1}\cdots$,各元素之间存在如下关系

$$x_i=a_1x_{i-1}\oplus a_2x_{i-2}\oplus\cdots\oplus a_px_{i-p} \tag{1-77}$$

其中,$i=p+1,p+2,\cdots$,系数 $a_1,a_2,\cdots,a_{p-1}$ 取 0 或 1,而系数 a_p 则总为 1。$\oplus$表示异或运算。只要适当选择系数 $a_1,a_2,\cdots,a_{p-1}$ 就可以使序列以最长周期 $N_p\Delta t$($N_p=2^p-1$,Δt 为采样间隔)循环。这种具有最长循环周期的二元序列就称为 M 序列。

M 序列的统计特性与白噪声非常近似,其自相关函数(当 $N_p\to\infty$ 时)近似于 δ 函数。在实际应用时,总是把 M 序列的逻辑"0"和逻辑"1"变换为幅度为 a 和 $-a$ 的序列,如图 1-18 所示。

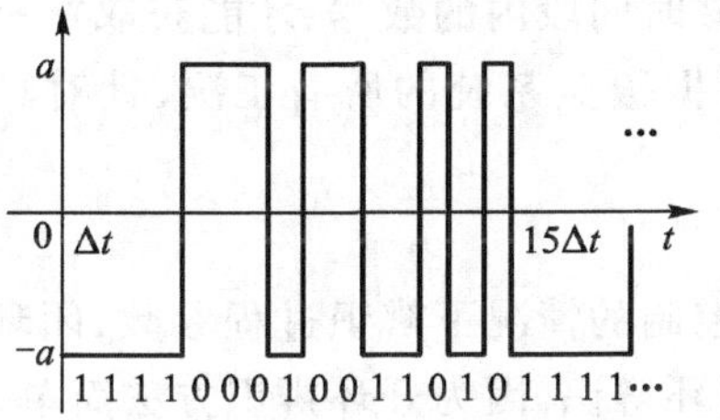

图 1-18 4 级($p=4$)幅度为 a 和 $-a$ 的 M 序列

将 M 序列作为辨识输入信号时,选择 N_p 使 M 序列的循环周期大于过程的过渡过程时间 T_s,一般情况下,可选择

$$\begin{cases}\dfrac{1}{3\Delta t}\geqslant f_{\max}\\(N_p-1)\Delta t>T_s\end{cases} \tag{1-78}$$

上式中,$f_{\max}$ 为过程的最高工作频率,通常 $N_p=(1.2\sim1.5)\dfrac{T_s}{\Delta t}$。

此外,M 序列的幅度不能选择过大,以免过程进入非线性区或影响生产,但也不能过小,以保证一定的信噪比。

2. 采样时间

对连续时间系统进行辨识时,输入输出信号需要进行采样处理,才能在计算机中进行辨识算法的实现。采样时间的选择直接影响辨识模型的精度,可以通过理论计算得出最优的采样时间,

但计算复杂,难以在工程上实现。一般从实际情况出发适当选择合理的数值,在确定采样时间时,应考虑以下因素:

(1) 必须满足香农采样定理,即采样速度不低于信号截止频率的两倍;

(2) 与模型最终应用时的采样时间尽可能保持一致,并且尽量顾及辨识算法、控制算法的计算速度和执行机构、检测元件的响应速度等问题;

(3) 如果采样时间太长,信号的信息量损失太多,将直接影响模型的精度,有些高阶的过程也会自动退化成低阶的模型,大大降低模型的性能。若采样时间太小,可能会碰到硬件速度和数值出现病态,还会显著影响静态增益的估计值。当然,对于大多数待辨识问题,采样时间可选取的范围还是很宽的。

一般地,工程上可以采用下面的经验公式

$$T_0 = T_{95}/(5\sim15) \tag{1-79}$$

其中,T_0表示采样时间,T_{95}是过程阶跃响应达到95%的调节时间。

3. 数据长度

一般要求有足够数量和足够时间段内的数据,才能获取“一致性”的统计特性。在工程实际问题中,应尽量使得输入输出数据覆盖系统的所有工况,针对具体的辨识问题确定所需的数据长度。

4. 开环或闭环辨识

开环辨识指对系统不施加控制的情况下辨识过程参数,闭环辨识指辨识的同时系统存在着控制作用。一般情况下,采用开环辨识,因为开环辨识方法简单,易于实现,但有可能会对安全生产或产品质量造成一定影响。闭环辨识方法则不会对生产过程产生影响,但闭环辨识算法比较复杂,且必须满足闭环系统的可辨识条件。

5. 离线或在线辨识

如果系统的模型结构已经选好,阶数也已确定,在获得全部记录数据之后,用最小二乘法、极大似然法或其他估计方法,对数据进行集中处理后,得到模型参数的估计值,这种方法称为离线辨识,如图 1-19 所示。离线辨识的优点是参数估计值的精度较高,缺点是需要存储大量数据,辨识时运算量也比较大。

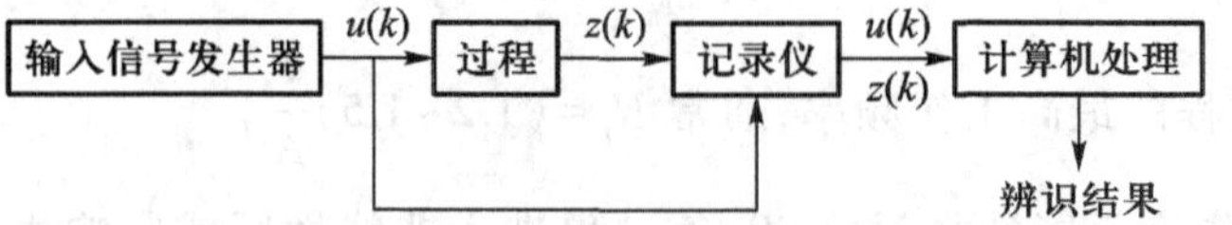

图 1-19 离线辨识

进行在线辨识时,系统的模型结构和阶数须事先确定好,在当前采样时刻,用当前获得的输入和输出数据进行处理,得到模型参数的估计值,下一采样时刻,再利用新获得的输入输出数据对原来的参数估计值进行修正,得到新的模型参数估计值,如图 1-20 所示。因此在线辨识要用到递推最小二乘法、递推极大似然法或其他递推估计算法。在线辨识的优点是要求的计算机储存量小,辨识计算量小,适合于实时控制的场合,缺点是参数估计精度差一些。

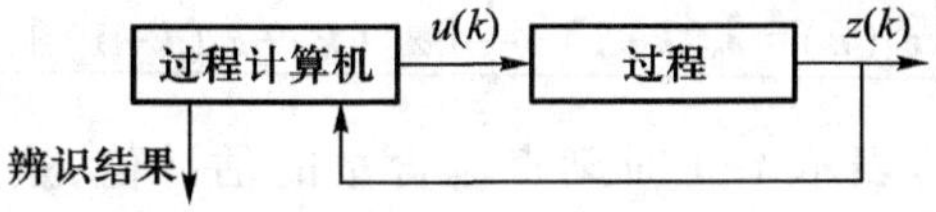

图 1-20 在线辨识

三、数据预处理

输入输出数据通常都含有直流成分或低频成分,用任何方法都无法消除它们对辨识精度的影响,此外数据中的高频成分对辨识也是不利的。因此,一般都要对数据进行零均值化和剔除高频成分的预处理。处理得当可以提高辨识的精度。

1. 零均值化

设 $u^*(k)$,$z^*(k)$ 为实际观测到的输入、输出数据,则零均值化后的数据为

$$\begin{cases} u(k)=u^*(k)-u_0 \\ z(k)=z^*(k)-z_0 \end{cases} \tag{1-80}$$

其中,u_0、z_0 分别为输入、输出数据的直流分量。但在实际应用时,u_0、z_0 并不知道,上式并没有实用价值,可以采用以下较为实用的方法。

方法 1　差分法

对于采用差分方程形式描述的辨识模型

$$A(z^{-1})z(k)=B(z^{-1})u(k)+v(k) \tag{1-81}$$

上式中的 $z(k)$、$u(k)$ 应为经过零均值化处理后的数据,但实际观测到的数据是 $u^*(k)$ 和 $z^*(k)$,而 $z(k)$、$u(k)$ 是不知道的,如果式(1-81)两边同乘以$(1-z^{-1})$,则有

$$A(z^{-1})\Delta z(k)=B(z^{-1})\Delta u(k)+\Delta v(k) \tag{1-82}$$

其中,

$$\begin{cases} \Delta u(k)=u(k)-u(k-1)=u^*(k)-u^*(k-1) \\ \Delta z(k)=z(k)-z(k-1)=z^*(k)-z^*(k-1) \end{cases} \tag{1-83}$$

则 $\Delta u(k)$、$\Delta z(k)$ 不含直流分量,可以直接利用 $\Delta u(k)$ 和 $\Delta z(k)$ 进行辨识,这样实际上间接地对输入输出数据进行了零均值化处理。但模型的噪声性质也相应变化了,$\Delta v(k)$ 不一定是白噪声了,在采用辨识算法时,应考虑到这一点。

方法 2　平均法

输入输出数据直流分量的估计值应该等于观测数据的平均值,因此在时刻 k,它们的递推形式为:

$$\begin{cases}\hat{u}_0(k)=\hat{u}_0(k-1)+\dfrac{1}{k}[u^*(k)-\hat{u}_0(k-1)]\\ \hat{z}_0(k)=\hat{z}_0(k-1)+\dfrac{1}{k}[z^*(k)-\hat{z}_0(k-1)]\end{cases}\tag{1-84}$$

其中，$\hat{u}_0(k-1)$和$\hat{z}_0(k-1)$表示$k-1$时刻直流含量的估计值，这样可以用下式对数据进行零均值化处理

$$\begin{cases}u(k)=u^*(k)-\hat{u}_0(k)\\ z(k)=z^*(k)-\hat{z}_0(k)\end{cases}\tag{1-85}$$

2. 剔除高频

可以采用低通滤波器来剔除数据中的高频成分

$$\begin{cases}\overline{u}(k)=\alpha\,\overline{u}(k-1)+u(k)-u(k-1)\\ \overline{z}(k)=\alpha\,\overline{z}(k-1)+z(k)-z(k-1)\end{cases}\tag{1-86}$$

其中，$\alpha=e^{-T_0/T}$，T_0为采样时间，T为过程时间常数。

四、模型结构辨识

模型结构辨识包括模型验前结构的假定和模型结构参数的确定这两部分内容。模型验前结构的假定就是根据辨识目的，利用先验知识，对具体的问题进行分析，包括机理分析、实验研究和近似技巧，确定所要辨识的对象的验前假定模型，再用模型鉴别方法选出可用的模型类型。为此，首先要明确所要建立的模型是静态的还是动态的，是连续的还是离散的，是线性的还是非线性的，是参数模型还是非参数模型等等。模型的验前结构并不一定是最终的模型形式，必须经过模型验证后才能确认。模型结构参数的确定就是在假定模型结构的前提下，利用辨识的方法确定模型结构参数。例如，若模型结构选用差分方程的形式

$$A(z^{-1})z(k)=z^{-d}B(z^{-1})u(k)+e(k)\tag{1-87}$$

其中

$$\begin{cases}A(z^{-1})=1+a_1z^{-1}+a_2z^{-2}+\cdots+a_nz^{-n}\\ B(z^{-1})=b_1z^{-1}+b_2z^{-2}+\cdots+b_nz^{-n}\end{cases}\tag{1-88}$$

则模型结构参数辨识就是确定模型阶次n和纯滞后时间d。

五、模型参数辨识

当模型结构确定后，就要进行模型参数辨识，对于式(1-87)表达的模型，就是要确定a_i和b_i $(i=1,2,\cdots,n)$。

模型参数辨识也称参数估计，可采用常用的最小二乘类法。

六、模型验证

模型验证是系统辨识不可缺少的步骤，但是，并没有统一的方法可循。它和模型结构问题密切相关，如果模型结构不合理，模型验证一般是不能通过的。在验证中必须注意到，辨识得到的

模型只能是近似的,不能期望能建立一个和实际过程完全一致的模型,如果模型的特性和实际过程基本一致,那么就应该认为模型是满意的,最后检验模型的标准是模型的实际应用效果。

模型是否可靠必须经过多方面的检验,检验的内容通常包括以下几点:

(1) 利用在不同时间区段内采集的数据,分别建立模型,如果模型的特性(如零极点分布等)基本相符,则模型是可靠的。

(2) 利用两组不同的数据,独立辨识模型,并分别计算它们的损失函数,然后将两组数据进行交叉使用,再计算出各自的损失函数,若对应的损失函数没有明显变化,则模型是可靠的。

(3) 增加辨识中使用的数据长度,若损失函数不再显著下降,则模型是可靠的。

(4) 检验模型与过程输出残差序列$\{\varepsilon(k)\}$的白色性,若残差序列$\{\varepsilon(k)\}$可以视为零均值的白噪声序列,则认为模型是可靠的。

1.5 非参数模型辨识方法

经典辨识方法也称非参数辨识方法,获得的模型是非参数模型,是工程上常用的辨识方法。

在经典控制理论中,线性过程的动态特性通常用传递函数、频率响应、脉冲响应和阶跃响应的形式来表达,后三种为非参数模型,其表现形式是以时间或频率为自变量的实验曲线。对过程施加特定的实验信号,同时测定过程的输出,可以求得这些非参数模型。经过适当的数学处理,它们又可以转化成参数模型——传递函数形式。获取上述非参数模型,并把它们转化成传递函数的主要方法有:阶跃响应法、脉冲响应法、频率响应法、相关分析法、谱分析法等,本节介绍其中的几种方法。

1.5.1 阶跃响应法

在被辨识过程上施加一个阶跃扰动信号,然后测定出过程的输出响应随时间的变化曲线,该曲线就是利用阶跃响应法得到的非参数模型,再根据该曲线获得待辨识过程的传递函数。上述过程称为阶跃响应法。阶跃响应法是一类常用的非参数模型辨识方法,采用阶跃响应法辨识的步骤主要有两步,第一步实际测取过程的阶跃响应,第二步由阶跃响应求取过程的传递函数。

进行实验时,通过手动操作使过程工作在所需测试的负荷下,待过程稳定后,再加入阶跃输入信号,用数据采集装置同时记录过程输入输出的变化曲线,待过程重新进入稳态后,得到的记录曲线就是过程的阶跃响应。为了得到相对准确的阶跃响应,必须合理选择阶跃输入信号的幅度,阶跃信号幅度过大,会对过程造成冲击,影响正常生产,阶跃信号幅度过小,与其他随机干扰信号幅度近似,则不易于观察测量,得到的模型误差较大。在相同实验条件下,还应注意要重复多次实验,直至得到两条基本相同的响应曲线,以消除偶然性干扰的影响。在不允许使用阶跃干扰的情况下,可用矩形脉冲扰动,将获得的矩形脉冲响应曲线进行换算得到相应的阶跃响应曲线。

由阶跃响应曲线求取过程传递函数的方法很多,常用方法有近似法、半对数法、切线法、两点法、面积法等。

1. 近似法

当过程传递函数可用一阶惯性特性描述时(阶跃响应曲线如图 1-21 所示):

$$G(s)=\frac{K}{1+Ts} \tag{1-89}$$

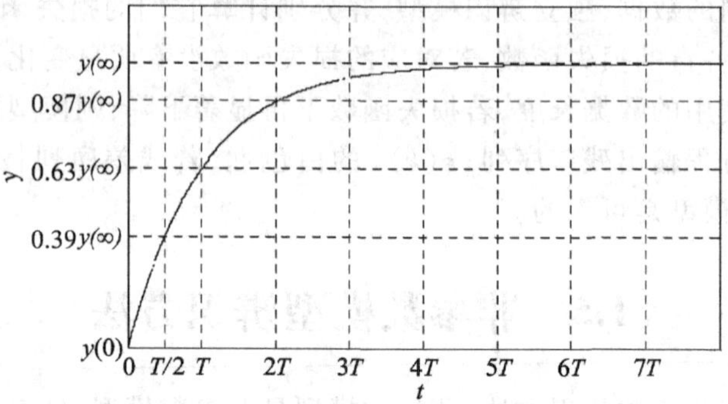

图 1-21 一阶惯性环节的阶跃响应曲线

参数 K 和 T 可以通过近似法得到。对于放大系数 K,有

$$K=\frac{y(\infty)-y(0)}{\Delta u} \tag{1-90}$$

其中,Δu 为阶跃信号的幅度。

对于时间常数 T,由于 $t=T$ 时,$y(t)=0.63y(\infty)$,所以取 $y(t)=0.63y(\infty)$ 时对应的 t 就是过程的时间常数 T。

当过程传递函数可用一阶惯性加纯滞后描述时(阶跃响应曲线如图 1-22 所示):

$$G(s)=\frac{K}{1+Ts}e^{-\tau s} \tag{1-91}$$

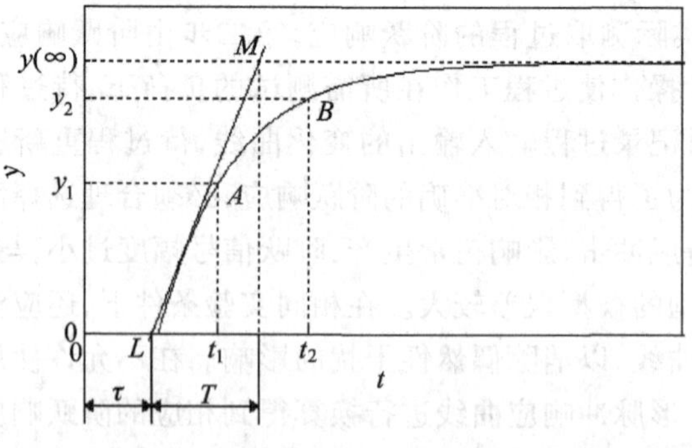

图 1-22 一阶惯性加纯滞后环节的阶跃响应曲线

K 的求法与前面相同，T 和 τ 可通过图解求得。在响应曲线的拐点处作一切线，该切线与时间轴相交于 L，与稳态值渐近线相交于 M，则线段 $0L$ 的长度即为 τ 值，切线 ML 在时间轴上的投影就是 T。

2. 两点法

当过程传递函数可用式(1-91)描述时，若用近似法求解参数 T 和 τ，寻找拐点时会存在一定程度上的误差，在这种情况下，可以使用两点法计算出参数 T 和 τ。在响应曲线上取两点 $A(t_1, y_1)$ 和 $B(t_2, y_2)$，如图 1-22 所示，联立求解得

$$\begin{cases} T=\dfrac{t_2-t_1}{M_1-M_2} \\ \tau=\dfrac{t_2M_1-t_1M_2}{M_1-M_2} \end{cases} \tag{1-92}$$

其中，$M_1=\ln\left(1-\dfrac{y_1}{K}\right)$，$M_2=\ln\left(1-\dfrac{y_2}{K}\right)$。

为了正确反映过程的动态特性，输出响应曲线上的两点可以按表 1-6 来匹配：

表 1-6 具有一阶惯性加纯滞后环节的常用配对点和参数计算

y_1	y_2	T	τ
0.284	0.632	$1.5(t_2-t_1)$	$(3t_2-t_1)/2$
0.393	0.632	$2(t_2-t_1)$	$2t_1-t_2$
0.55	0.865	$(t_2-t_1)/1.2$	$(2.5t_1-t_2)/1.5$

另外一种确定 T 和 τ 的方法，是把达到 39% 和 63% 输出响应的时间读出来，分别用 $t_{0.39}$ 和 $t_{0.63}$ 来表示，按下式计算：

$$T=2(t_{0.63}-t_{0.39}) \tag{1-93}$$

$$\tau=2t_{0.39}-t_{0.63} \tag{1-94}$$

1.5.2 脉冲响应法

1. 直接法

阶跃响应法尽管有许多优点，但也存在一些问题，特别是使工况长期偏离正常值，有时会对生产带来不利的影响。为了解决这个矛盾，一种方法就是在施加阶跃响应后，隔一段时间再施加一个反向的阶跃输入，合起来就是用脉冲作为输入信号，如图 1-23 所示。

既然输入是正向和反向阶跃作用之和，因而把输出变化过程折算为阶跃响应并不困难。输入信号为

$$\Delta u(t)=\Delta u_1(t)+\Delta u_2(t)=\Delta u_1(t)-\Delta u_1(t-\Delta t) \tag{1-95}$$

而输出信号为

$$\Delta y(t)=h_1(t)+h_2(t)=h_1(t)-h_1(t-\Delta t) \quad (1-96)$$

因此可得

$$h_1(t)=\Delta y(t)+h_1(t-\Delta t) \quad (1-97)$$

式(1-97)为输出响应曲线关系式,在 $0\sim\Delta t$ 时间内,$h_1(t)$ 等于脉冲响应,即 $h_1(t)=\Delta y(t)$,而当 $t>\Delta t$ 时,$h_1(t)$ 等于当时的脉冲响应 $\Delta y(t)$ 加 Δt 时间以前的阶跃响应 $h_1(t-\Delta t)$,随着时间推移就可得到完整阶跃响应曲线 $h_1(t)$。得到阶跃响应曲线后,可以通过前述有关方法求取过程的数学模型。

这个方法精确度不高,同时对工况漂移等干扰比较敏感,所以应用不很广泛。

2. 伪随机相关法

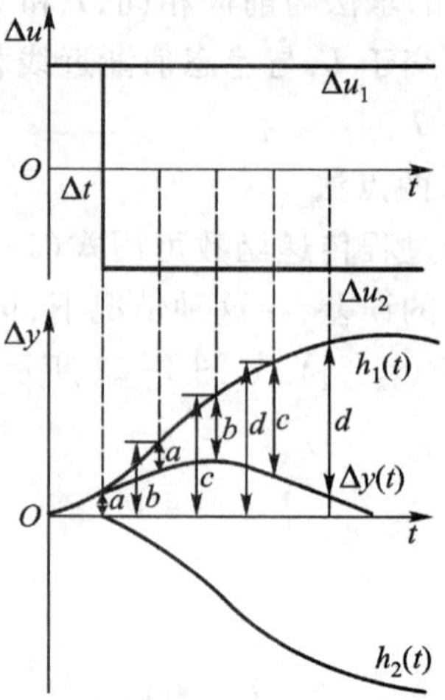

图 1-23 脉冲响应折算为阶跃响应

当过程存在噪声时,利用相关分析法辨识过程的脉冲响应可以收到比较满意的效果。相关分析法的原理如图 1-24 所示。

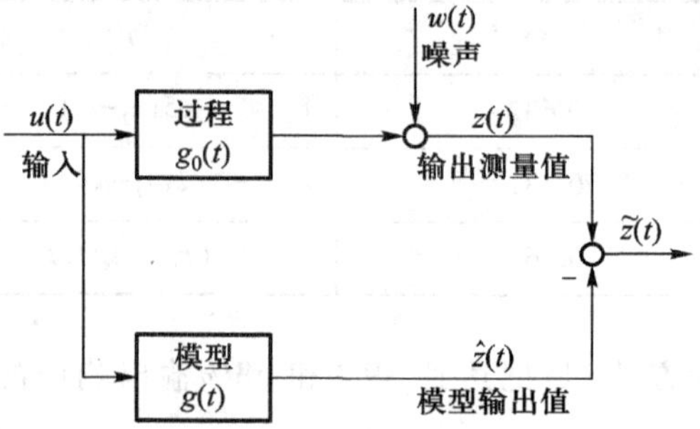

图 1-24 相关分析法辨识原理

上图中,$w(t)$是均值为零的噪声,$\tilde{z}(t)$是过程与模型的输出误差,即 $\tilde{z}(t)=z(t)-\hat{z}(t)$。

辨识的任务是根据过程的输入输出数据,确定模型的脉冲响应 $g(t)$,使得误差准则函数 $J=\lim\limits_{T\to\infty}\frac{1}{T}\int_0^T\tilde{z}^2(t)\mathrm{d}t$ (其中,T 为积分周期)最小。求解 $\min J$,可得如下方程:

$$R_{uz}(\tau)=\int_0^{\infty}\hat{g}(t)R_u(t-\tau)\mathrm{d}t \quad (1-98)$$

上式中,$R_{uz}(\tau)$为输入输出数据的互相关函数,$R_u(\tau)$为输入数据的自相关函数。该方程称为 Wiener-Hopf 方程。

如果输入数据的自相关函数 $R_u(\tau)$ 具有特殊形式，如输入信号为均值为零的白噪声，则由 Wiener-Hopf 方程可直接解得脉冲响应估计量 $\hat{g}(t)$。但采用白噪声作为输入信号，计算互相关函数 $R_{uz}(\tau)$ 所需时间很长，且理想的白噪声信号难以实现，一般可采用 M 序列作为输入信号。

根据 Wiener-Hopf 方程有

$$R_{Mz}(\tau) = \int_0^{N_p\Delta t} \hat{g}(t) R_M(t-\tau)\,dt \tag{1-99}$$

当 N_p 充分大时，

$$R_{Mz}(\tau) \approx a^2 \hat{g}(\tau) \tag{1-100}$$

此时脉冲响应估计值计算比较简单，而且互相关函数 $R_{Mz}(\tau)$ 只需在一个循环周期内计算就可以了。

将 Wiener-Hopf 方程写成离散形式，且由于 $N_p\Delta t>T_s$，脉冲响应在时间大于 $N_p\Delta t$ 后基本衰减为 0，有

$$R_{Mz}(k) = \sum_{j=0}^{N_p-1} \hat{g}(j) R_M(k-j)\Delta t \tag{1-101}$$

其中，相关函数可按下式计算

$$\begin{cases} R_{Mz}(k) = \dfrac{1}{N_p}\displaystyle\sum_{i=0}^{N_p-1} M(i-k)z(i) \\ R_M(k) = \dfrac{1}{N_p}\displaystyle\sum_{i=0}^{N_p-1} M(i-k)M(i) \end{cases} \tag{1-102}$$

根据 M 序列性质，其自相关函数为

$$R_M(k) = \begin{cases} a^2, & k=0, N_p, 2N_p, \cdots \\ -\dfrac{a^2}{N_p}, & k\neq 0, N_p, 2N_p, \cdots \end{cases} \tag{1-103}$$

把上式代入式(1-101)，得

$$R_{Mz}(k) = \frac{(N_p+1)a^2\Delta t}{N_p}\hat{g}(k) - \frac{a^2\Delta t}{N_p}\sum_{j=0}^{N_p-1}\hat{g}(j) \tag{1-104}$$

则

$$\hat{g}(k) = \frac{N_p}{(N_p+1)a^2\Delta t}\left[R_{Mz}(k) + \frac{a^2\Delta t}{N_p}\sum_{j=0}^{N_p-1}\hat{g}(j)\right] \tag{1-105}$$

上式中，令 $c=\dfrac{a^2\Delta t}{N_p}\displaystyle\sum_{j=0}^{N_p-1}\hat{g}(j)$，对于一个稳定的过程来说，$c$ 是有界常数，而且很小，在工程上，一般取 $c=-R_{Mz}(N_p-1)$。

则脉冲响应估计值可按下式计算

$$\hat{g}(k)=\frac{N_p}{(N_p+1)a^2\Delta t}[R_{Mz}(k)-R_{Mz}(N_p-1)] \tag{1-106}$$

1.6 最小二乘类系统辨识方法

最小二乘法是提供“观测组合”的主要工具之一,它依据对某事件的大量观测而获得“最佳”结果或“最可能”的表现形式。例如,已知两变量 x 和 y 存在线性关系 $y=a+bx$,对其进行 n 次观测($n>2$)而获得 n 对数据。若将这 n 对数据代入方程求解参数 a、b,则无确定解。最小二乘法提供了一个求解方法,其基本思想就是寻找“最接近”这 n 个观测点的直线。最小二乘法不仅是19世纪最重要的统计方法,而且还可以称为数理统计学之灵魂。相关回归分析、方差分析和线性模型理论等数理统计学的几大分支都以最小二乘法为理论基础。作为其进一步发展或纠正其不足而采取的对策,不少近现代的数理统计学分支也是在最小二乘法基础上衍生出来的。正如美国统计学家 S. M. Stigler 所说,“最小二乘法之于数理统计学犹如微积分之于数学”。

最小二乘类参数辨识方法包括最小二乘法、增广最小二乘法、广义最小二乘法、辅助变量法、相关二步法等,其中最小二乘法是最基本的,也是应用最广泛的一种方法,这些方法都是以最小二乘原理为基础的。

我们把待辨识的过程看作“黑箱”,不考虑过程的内部机理。“黑箱”结构如图1-25所示,$u(k)$ 和 $z(k)$ 分别是过程的输入和输出,$G(z^{-1})$ 是用来描述输入输出关系的模型,称为过程模型。

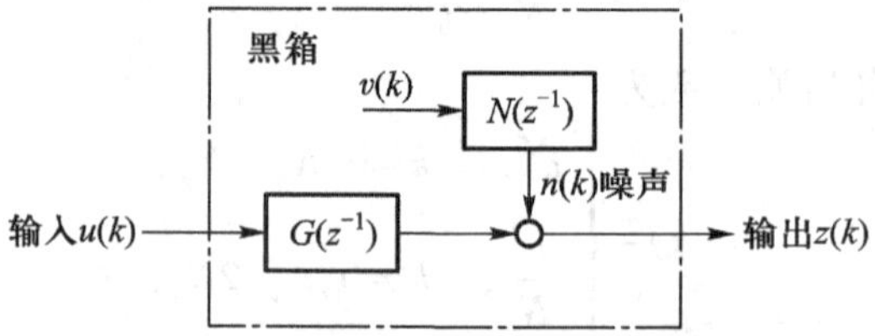

图1-25 过程的“黑箱”结构

$G(z^{-1})$ 通常可以表示成

$$G(z^{-1})=\frac{B(z^{-1})}{A(z^{-1})} \tag{1-107}$$

式中:

$$\begin{cases}A(z^{-1})=1+a_1z^{-1}+a_2z^{-2}+\cdots+a_{n_a}z^{-n_a}\\B(z^{-1})=b_1z^{-1}+b_2z^{-2}+\cdots+b_{n_b}z^{-n_b}\end{cases} \tag{1-108}$$

过程的输出除了受输入量 $u(k)$ 作用之外,往往还要受到其他一些不确定因素的影响,通常把这些不确定因素都归结为附加噪声 $n(k)$,$n(k)$ 可以表示成均值为零的平稳随机系列:

$$n(k)=N(z^{-1})v(k) \tag{1-109}$$

其中,$v(k)$是白噪声,$N(z^{-1})$是噪声模型,通常可以表示为

$$N(z^{-1})=\frac{D(z^{-1})}{C(z^{-1})} \tag{1-110}$$

式中:

$$\begin{cases}C(z^{-1})=1+c_1z^{-1}+c_2z^{-2}+\cdots+c_{n_c}z^{-n_c}\\ D(z^{-1})=1+d_1z^{-1}+d_2z^{-2}+\cdots+d_{n_d}z^{-n_d}\end{cases} \tag{1-111}$$

最小二乘类方法基本原理相同,但所用的辨识模型结构略有不同。

最小二乘法所用模型为

$$A(z^{-1})z(k)=B(z^{-1})u(k)+v(k) \tag{1-112}$$

增广最小二乘法所用模型为

$$A(z^{-1})z(k)=B(z^{-1})u(k)+D(z^{-1})v(k) \tag{1-113}$$

广义最小二乘法所用模型为

$$A(z^{-1})z(k)=B(z^{-1})u(k)+\frac{1}{C(z^{-1})}v(k) \tag{1-114}$$

经比较可知,各种方法所用的过程模型都一样,只是噪声模型有所不同。

1.6.1 基本概念

最小二乘法是 1795 年高斯(K.F.Gauss)预测行星和彗星运动的轨道时提出的,后来成了估计理论的奠基石。这一估计方法的特点是计算原理简单,不需要随机变量的任何统计特性,是动态系统辨识的主要手段。

最小二乘法的基本结果有两种形式,一种是经典的一次完成算法,另一种是现代的递推算法。前者在理论研究上相对比较方便,后者则更适于计算机的在线辨识。

假设过程的输入输出关系可以描述成以下的最小二乘格式:

$$z(k)=\boldsymbol{h}^{\mathrm{T}}(k)\boldsymbol{\theta}+n(k) \tag{1-115}$$

其中,$z(k)$是过程的输出,$\boldsymbol{h}(k)$是可观测的数据向量,$n(k)$是均值为零的随机噪声,$\boldsymbol{\theta}$是模型参数。利用数据序列$\{z(k)\}$和$\{\boldsymbol{h}(k)\}$,极小化下列准则函数:

$$J(\boldsymbol{\theta})=\sum_{k=1}^{L}\left[z(k)-\boldsymbol{h}^{\mathrm{T}}(k)\boldsymbol{\theta}\right]^2 \tag{1-116}$$

使 J 最小的 $\boldsymbol{\theta}$ 的估计值记作 $\hat{\boldsymbol{\theta}}$,称为 $\boldsymbol{\theta}$ 的最小二乘估计。未知模型参数 $\boldsymbol{\theta}$ 最可能的值是在实际观测值与计算值之累次误差的平方和达到最小处,所得到的这种模型输出能最好地接近实际过程的输出。

1.6.2 最小二乘问题的提法

设时不变 SISO 动态过程的数学模型为

$$A(z^{-1})z(k)=B(z^{-1})u(k)+n(k) \tag{1-117}$$

其中,$u(k)$和$z(k)$是过程的输入输出量,$n(k)$是噪声,$A(z^{-1})$和$B(z^{-1})$如式(1-108)所示。所要解决的问题是如何利用过程的输入、输出数据,确定多项式$A(z^{-1})$和$B(z^{-1})$的系数。

在最小二乘问题中,一般对模型作以下假设:

(1) 假设模型的阶次n_a,n_b已定,且一般$n_a>n_b$。

(2) 将模型(1-117)写成最小二乘格式:

$$z(k)=\boldsymbol{h}^{\mathrm{T}}(k)\boldsymbol{\theta}+n(k) \tag{1-118}$$

式中:

$$\begin{cases}\boldsymbol{h}(k)=[-z(k-1),\cdots,-z(k-n_a),u(k-1),\cdots,u(k-n_b)]^{\mathrm{T}}\\ \boldsymbol{\theta}=[a_1,a_2,\cdots,a_{n_a},b_1,b_2,\cdots,b_{n_b}]^{\mathrm{T}}\end{cases} \tag{1-119}$$

对于$k=1,2,\cdots,L$,式(1-118)构成一个线性方程组,可以写成

$$\boldsymbol{z}_L=\boldsymbol{H}_L\boldsymbol{\theta}+\boldsymbol{n}_L \tag{1-120}$$

式中:

$$\begin{cases}\boldsymbol{z}_L=[z(1),z(2),\cdots,z(L)]^{\mathrm{T}}\\ \boldsymbol{n}_L=[n(1),n(2),\cdots,n(L)]^{\mathrm{T}}\end{cases} \tag{1-121}$$

$$\boldsymbol{H}_L=\begin{bmatrix}\boldsymbol{h}^{\mathrm{T}}(1)\\ \boldsymbol{h}^{\mathrm{T}}(2)\\ \vdots\\ \boldsymbol{h}^{\mathrm{T}}(L)\end{bmatrix}=\begin{bmatrix}-z(0) & \cdots & -z(1-n_a) & u(0) & \cdots & u(1-n_b)\\ -z(1) & \cdots & -z(2-n_a) & u(1) & \cdots & u(2-n_b)\\ & & \vdots & & \vdots & \\ -z(L-1) & \cdots & -z(L-n_a) & u(L-1) & \cdots & u(L-n_b)\end{bmatrix} \tag{1-122}$$

(3) 设模型的噪声$n(k)$的特征为

$$E\{\boldsymbol{n}_L\}=\begin{bmatrix}E\{n(1)\}\\ E\{n(2)\}\\ \vdots\\ E\{n(L)\}\end{bmatrix}=\boldsymbol{0} \tag{1-123}$$

$$\mathrm{Cov}\{\boldsymbol{n}_L\}=E\{\boldsymbol{n}_L\boldsymbol{n}_L^{\mathrm{T}}\}=\begin{bmatrix}E\{n^2(1)\} & E\{n(1)n(2)\} & \cdots & E\{n(1)n(L)\}\\ E\{n(2)n(1)\} & E\{n^2(2)\} & \cdots & E\{n(2)n(L)\}\\ \cdots & \cdots & \cdots & \cdots\\ E\{n(L)n(1)\} & E\{n(L)n(2)\} & \cdots & E\{n^2(L)\}\end{bmatrix} \tag{1-124}$$

在最小二乘法中,必须假设$\{n(k)\}$是白噪声序列,即

$$\begin{cases}E\{\boldsymbol{n}_L\}=\boldsymbol{0}\\ \mathrm{Cov}\{\boldsymbol{n}_L\}=\sigma_n^2\boldsymbol{I}\end{cases} \tag{1-125}$$

其中,σ_n^2为$n(k)$的方差。此外,还认为噪声$n(k)$和输入$u(k)$是不相关的,即

$$E\{n(k)u(k-l)\}=0,\quad \forall k,l \tag{1-126}$$

(4) 数据长度 L 的选择，需满足 $L>(n_a+n_b)$，才能保证方程(1-120)得到一个最优的模型参数的解，一般地，为了保证辨识的精度，L 必须充分大。

1.6.3 最小二乘问题的解

式(1-115)中，$z(k)$ 和 $\boldsymbol{h}(k)$ 是可通过观测得到的数据，$\boldsymbol{\theta}$ 是待估计参数，准则函数取为

$$J(\theta)=\sum_{k=1}^{L}\Lambda(k)[z(k)-\boldsymbol{h}^{\mathrm{T}}(k)\boldsymbol{\theta}]^2 \tag{1-127}$$

其中，$\Lambda(k)$ 称为加权因子，$\forall k, \Lambda(k)>0$。如，可取 $\Lambda(k)=\mu^{L-k}(0<\mu<1)$，当 $k=1$ 时，$\Lambda(1)=\mu^{L-1}\ll 1$；当 $k=L$ 时，$\Lambda(L)=1$，这体现了对不同时刻的数据的信任度的不同，对较早时间的数据信任度较小，对较近时间的数据信任度较大。$\Lambda(k)$ 的选择一定程度上取决于人为因素，如果对象是线性时不变过程，或者对数据的信任度缺乏先验知识，可以选择 $\Lambda(k)=1$。

准则函数 $J(\theta)$ 可写成二次型形式：

$$J(\theta)=(\boldsymbol{z}_L-\boldsymbol{H}_L\boldsymbol{\theta})^{\mathrm{T}}\boldsymbol{\Lambda}_L(\boldsymbol{z}_L-\boldsymbol{H}_L\boldsymbol{\theta}) \tag{1-128}$$

其中，$\boldsymbol{\Lambda}_L$ 为加权矩阵，一般为正定的对角矩阵，与 $\Lambda(k)$ 的关系是

$$\boldsymbol{\Lambda}_L=\begin{bmatrix}\Lambda(1) & 0 & \cdots & 0\\ 0 & \Lambda(2) & \cdots & 0\\ 0 & \cdots & \ddots & 0\\ 0 & 0 & \cdots & \Lambda(L)\end{bmatrix} \tag{1-129}$$

式(1-128)中，$\boldsymbol{z}_L$ 是过程的实际输出，$\boldsymbol{H}_L\boldsymbol{\theta}$ 是过程的估计输出，$J(\theta)$ 的含义可理解为衡量实际输出和估计输出的接近程度，我们希望过程的估计输出最大程度地接近过程的实际输出，即希望 $J(\theta)$ 最小。

设有 $\hat{\boldsymbol{\theta}}_{WLS}$ 使 $J(\theta)\mid_{\hat{\boldsymbol{\theta}}_{WLS}}=\min$，则

$$\left.\frac{\partial J(\theta)}{\partial(\theta)}\right|_{\hat{\boldsymbol{\theta}}_{WLS}}=\left.\frac{\partial}{\partial(\theta)}(\boldsymbol{z}_L-\boldsymbol{H}_L\boldsymbol{\theta})^{\mathrm{T}}\boldsymbol{\Lambda}_L(\boldsymbol{z}_L-\boldsymbol{H}_L\boldsymbol{\theta})\right|_{\hat{\boldsymbol{\theta}}_{WLS}}=\boldsymbol{0} \tag{1-130}$$

可得

$$(\boldsymbol{H}_L^{\mathrm{T}}\boldsymbol{\Lambda}_L\boldsymbol{H}_L)\hat{\theta}_{WLS}=\boldsymbol{H}_L^{\mathrm{T}}\boldsymbol{\Lambda}_L\boldsymbol{z}_L \tag{1-131}$$

当 $\boldsymbol{H}_L^{\mathrm{T}}\boldsymbol{\Lambda}_L\boldsymbol{H}_L$ 可逆时(称为正则)，有

$$\hat{\boldsymbol{\theta}}_{WLS}=(\boldsymbol{H}_L^{\mathrm{T}}\boldsymbol{\Lambda}_L\boldsymbol{H}_L)^{-1}\boldsymbol{H}_L^{\mathrm{T}}\boldsymbol{\Lambda}_L z_L \tag{1-132}$$

另外，有

$$\left.\frac{\partial^2 J(\theta)}{\partial\boldsymbol{\theta}^2}\right|_{\hat{\boldsymbol{\theta}}_{WLS}}=2\boldsymbol{H}_L^{\mathrm{T}}\boldsymbol{\Lambda}_L\boldsymbol{H}_L>0 \tag{1-133}$$

满足式(1-132)的 $\hat{\boldsymbol{\theta}}_{WLS}$ 使 $J(\theta)\mid_{\hat{\boldsymbol{\theta}}_{WLS}}=\min$，并且 $\hat{\boldsymbol{\theta}}_{WLS}$ 是唯一的。

通过极小化式(1-128)计算 $\hat{\boldsymbol{\theta}}_{WLS}$ 的方法称为加权最小二乘法，对应的 $\hat{\boldsymbol{\theta}}_{WLS}$ 称为加权最小二乘

估计值。如果 $\boldsymbol{\Lambda}_L=\boldsymbol{I}$,则式(1-132)变化为:

$$\hat{\boldsymbol{\theta}}_{LS}=(\boldsymbol{H}_L^{\mathrm{T}}\boldsymbol{H}_L)^{-1}\boldsymbol{H}_L\boldsymbol{z}_L \tag{1-134}$$

这时的 $\hat{\boldsymbol{\theta}}_{LS}$ 称为最小二乘估计值,对应的方法称为最小二乘法,它是加权最小二乘法的一种特例。

上述最小二乘法的计算步骤为:首先获取一批足够数量的过程输入输出数据 $\boldsymbol{z}_L$ 和 $\boldsymbol{H}_L$,并确定加权矩阵 $\boldsymbol{\Lambda}_L$,计算 $\boldsymbol{H}_L^{\mathrm{T}}\boldsymbol{\Lambda}_L\boldsymbol{H}_L$ 的逆矩阵(要求 $\boldsymbol{H}_L^{\mathrm{T}}\boldsymbol{\Lambda}_L\boldsymbol{H}_L$ 必须是正则矩阵),按照式(1-132)即可计算出过程参数 $\boldsymbol{\theta}$ 的估计值 $\hat{\boldsymbol{\theta}}_{WLS}$。这种方法称为"一次完成算法",它为理论分析提供了便利,但在计算时需要对矩阵求逆,如果矩阵维数过大,矩阵求逆的计算量将急剧增加,对计算机造成一定的负担。较为实用的方法是"递推算法",即把式(1-132)化成递推计算的形式,这样便于实现在线辨识。

1.6.4 最小二乘参数估计的递推算法

递推算法的基本思想可以表示成:

当前估计值 $\hat{\theta}(k)$= 上一时刻估计值 $\hat{\theta}(k-1)$+修正项

当前参数估计值是在上一时刻估计值的基础上修正而成的。最小二乘法的递推算法与一次完成算法相比,可以减少计算量和存储量,能够实现在线辨识。

首先,将一次完成算法(式(1-132))中的逆矩阵 $(\boldsymbol{H}_L^{\mathrm{T}}\boldsymbol{\Lambda}_L\boldsymbol{H}_L)^{-1}$ 记为 $\boldsymbol{P}(L)$,则

$$\boldsymbol{P}^{-1}(L)=\boldsymbol{H}_L^{\mathrm{T}}\boldsymbol{\Lambda}_L\boldsymbol{H}_L=\sum_{i=1}^{L}\Lambda(i)\boldsymbol{h}(i)\boldsymbol{h}^{\mathrm{T}}(i) \tag{1-135}$$

因此有

$$\begin{cases}\boldsymbol{P}^{-1}(k)=\displaystyle\sum_{i=1}^{k}\Lambda(i)\boldsymbol{h}(i)\boldsymbol{h}^{\mathrm{T}}(i)\overset{\Delta}{=\!=}\boldsymbol{H}_k^{\mathrm{T}}\boldsymbol{\Lambda}_k\boldsymbol{H}_k\\ \boldsymbol{P}^{-1}(k-1)=\displaystyle\sum_{i=1}^{k-1}\Lambda(i)\boldsymbol{h}(i)\boldsymbol{h}^{\mathrm{T}}(i)\overset{\Delta}{=\!=}\boldsymbol{H}_{k-1}^{\mathrm{T}}\boldsymbol{\Lambda}_{k-1}\boldsymbol{H}_{k-1}\end{cases} \tag{1-136}$$

其中,$\boldsymbol{H}_k=\begin{bmatrix}\boldsymbol{h}^{\mathrm{T}}(1)\\ \boldsymbol{h}^{\mathrm{T}}(2)\\ \vdots\\ \boldsymbol{h}^{\mathrm{T}}(k)\end{bmatrix}$,$\boldsymbol{H}_{k-1}=\begin{bmatrix}\boldsymbol{h}^{\mathrm{T}}(1)\\ \boldsymbol{h}^{\mathrm{T}}(2)\\ \vdots\\ \boldsymbol{h}^{\mathrm{T}}(k-1)\end{bmatrix}$,$\boldsymbol{\Lambda}_k=\begin{bmatrix}\Lambda(1) & 0 & \cdots & 0\\ 0 & \Lambda(2) & \cdots & 0\\ \vdots & \vdots & \ddots & 0\\ 0 & 0 & \cdots & \Lambda(k)\end{bmatrix}$,

$\boldsymbol{\Lambda}_{k-1}=\begin{bmatrix}\Lambda(1) & 0 & \cdots & 0\\ 0 & \Lambda(2) & \cdots & 0\\ \vdots & \vdots & \ddots & 0\\ 0 & 0 & \cdots & \Lambda(k-1)\end{bmatrix}$。

由上式可知

$$\boldsymbol{P}^{-1}(k)=\boldsymbol{P}^{-1}(k-1)+\Lambda(k)\boldsymbol{h}(k)\boldsymbol{h}^{\mathrm{T}}(k) \tag{1-137}$$

式(1-132)可写成

$$\hat{\boldsymbol{\theta}}_{WLS}=(\boldsymbol{H}_L^{\mathrm{T}}\boldsymbol{\Lambda}_L\boldsymbol{H}_L)^{-1}\boldsymbol{H}_L^{\mathrm{T}}\boldsymbol{\Lambda}_L\boldsymbol{z}_L=\boldsymbol{P}(L)\boldsymbol{H}_L^{\mathrm{T}}\boldsymbol{\Lambda}_L\boldsymbol{z}_L \tag{1-138}$$

可知

$$\begin{cases}\hat{\boldsymbol{\theta}}(k)=\boldsymbol{P}(k)\boldsymbol{H}_k^{\mathrm{T}}\boldsymbol{\Lambda}_k\boldsymbol{z}_k=\boldsymbol{P}(k)\left[\sum\limits_{i=1}^{k}\Lambda(i)\boldsymbol{h}(i)z(i)\right]\\ \hat{\boldsymbol{\theta}}(k-1)=\boldsymbol{P}(k-1)\boldsymbol{H}_{k-1}^{\mathrm{T}}\boldsymbol{\Lambda}_{k-1}\boldsymbol{z}_{k-1}=\boldsymbol{P}(k-1)\left[\sum\limits_{i=1}^{k-1}\Lambda(i)\boldsymbol{h}(i)z(i)\right]\end{cases} \tag{1-139}$$

其中，$\boldsymbol{z}_k=[z(1),z(2),\cdots,z(k)]^{\mathrm{T}}$，$\boldsymbol{z}_{k-1}=[z(1),z(2),\cdots,z(k-1)]^{\mathrm{T}}$。

根据式(1-137)和式(1-139)，可得

$$\begin{aligned}\hat{\boldsymbol{\theta}}(k)&=\hat{\boldsymbol{\theta}}(k-1)+\boldsymbol{P}(k)\boldsymbol{h}(k)\Lambda(k)[z(k)-\boldsymbol{h}^{\mathrm{T}}(k)\hat{\boldsymbol{\theta}}(k-1)]\\&=\hat{\boldsymbol{\theta}}(k-1)+\boldsymbol{K}(k)[z(k)-\boldsymbol{h}^{\mathrm{T}}(k)\hat{\boldsymbol{\theta}}(k-1)]\end{aligned} \tag{1-140}$$

其中，$\boldsymbol{K}(k)=\boldsymbol{P}(k)\boldsymbol{h}(k)\Lambda(k)$，称为增益矩阵。

将式(1-137)带入 $\boldsymbol{K}(k)=\boldsymbol{P}(k)\boldsymbol{h}(k)\Lambda(k)$ 中，并利用矩阵反演公式，可得

$$\begin{cases}\boldsymbol{K}(k)=\boldsymbol{P}(k-1)\boldsymbol{h}(k)\left[\boldsymbol{h}^{\mathrm{T}}(k)\boldsymbol{P}(k-1)\boldsymbol{h}(k)+\dfrac{1}{\Lambda(k)}\right]^{-1}\\ \boldsymbol{P}(k)=[\boldsymbol{I}-\boldsymbol{K}(k)\boldsymbol{h}^{\mathrm{T}}(k)]\boldsymbol{P}(k-1)\end{cases} \tag{1-141}$$

综合式(1-140)和式(1-141)，可得到加权最小二乘参数估计递推算法。当 $\Lambda(k)=1,\forall k$ 时，加权最小二乘递推算法退化为最小二乘递推算法。

加权最小二乘递推算法的计算流程可分为以下步骤：

1. 选择初始状态

需要确定的初始状态为 $\hat{\boldsymbol{\theta}}(0)$ 和 $\boldsymbol{P}(0)$，选择的方法有两种：

(1) 根据一批数据，利用一次完成算法，预先求得：

$$\begin{cases}\boldsymbol{P}(L_0)=(\boldsymbol{H}_{L_0}^{\mathrm{T}}\boldsymbol{\Lambda}_{L_0}\boldsymbol{H}_{L_0})^{-1}\\ \hat{\boldsymbol{\theta}}(L_0)=\boldsymbol{P}(0)\boldsymbol{H}_{L_0}^{\mathrm{T}}\boldsymbol{\Lambda}_{L_0}\boldsymbol{z}_{L_0}\end{cases} \tag{1-142}$$

其中，L_0 是一次完成算法的数据长度。

置 $\boldsymbol{P}(0)=\boldsymbol{P}(L_0)$，$\hat{\boldsymbol{\theta}}(0)=\hat{\boldsymbol{\theta}}(L_0)$。

(2) 直接给定初始值

$$\begin{cases}\boldsymbol{P}(0)=a^2\boldsymbol{I}\\ \hat{\boldsymbol{\theta}}(0)=\boldsymbol{\varepsilon}\end{cases} \tag{1-143}$$

其中，a 取充分大的实数，$\boldsymbol{\varepsilon}$ 为充分小的实向量。

2. 计算增益矩阵

利用式(1-141) 中的 $\boldsymbol{K}(k)=\boldsymbol{P}(k-1)\boldsymbol{h}(k)\left[\boldsymbol{h}^{\mathrm{T}}(k)\boldsymbol{P}(k-1)\boldsymbol{h}(k)+\dfrac{1}{\Lambda(k)}\right]^{-1}$,计算增益矩阵 $\boldsymbol{K}(k)$。其中,$\Lambda(k)$是事先确定的,$\boldsymbol{h}(k)$是当前时刻已知的过程输入输出数据,$\boldsymbol{P}(k-1)$是上一时刻的递推结果,递推的第一步 $k=1$ 时,$\boldsymbol{P}(0)$由初始状态给出。

3. 计算当前时刻的参数估计值

根据式(1-140),即 $\hat{\boldsymbol{\theta}}(k)=\hat{\boldsymbol{\theta}}(k-1)+\boldsymbol{K}(k)[z(k)-\boldsymbol{h}^{\mathrm{T}}(k)\hat{\boldsymbol{\theta}}(k-1)]$,计算 k 时刻的参数估计值。其中,$z(k)$是当前时刻过程的输出数据,是已知的,$\hat{\boldsymbol{\theta}}(k-1)$是上一时刻的参数估计值,递推的第一步 $k=1$ 时,$\hat{\boldsymbol{\theta}}(0)$由初始状态给出。

式(1-140)表明,当前时刻的参数估计值 $\hat{\boldsymbol{\theta}}(k)$ 等于上一时刻参数估计值 $\hat{\boldsymbol{\theta}}(k-1)$ 加上修正项 $\boldsymbol{K}(k)[z(k)-\boldsymbol{h}^{\mathrm{T}}(k)\hat{\boldsymbol{\theta}}(k-1)]$,该修正项正比于 k 时刻的新息(记作 $\tilde{z}(k)$,$\tilde{z}(k)=z(k)-\boldsymbol{h}^{\mathrm{T}}(k)\hat{\boldsymbol{\theta}}(k-1)$),增益矩阵 $\boldsymbol{K}(k)$是时变的。

值得注意的是,新息与残差的概念有所不同,新息描述的是 k 时刻的输出预报误差,残差用来描述 k 时刻的输出偏差,定义为 $\varepsilon(k)=z(k)-\boldsymbol{h}^{\tau}(k)\hat{\boldsymbol{\theta}}(k)$。它们之间存在以下关系

$$\varepsilon(k)=\frac{\tilde{z}(k)}{1+\Lambda(k)\boldsymbol{h}^{\mathrm{T}}(k)\boldsymbol{P}(k-1)\boldsymbol{h}(k)} \tag{1-144}$$

4. 计算 $\boldsymbol{P}(k)$

利用式(1-141)中的 $\boldsymbol{P}(k)=[\boldsymbol{I}-\boldsymbol{K}(k)\boldsymbol{h}^{\mathrm{T}}(k)]\boldsymbol{P}(k-1)$,计算 $\boldsymbol{P}(k)$,供下一时刻计算增益矩阵时使用。

5. 计算准则函数

如果进行模型阶次辨识,还需计算准则函数。按照式(1-127)的定义,必须等到 L 时刻参数估计完成之后才能计算准则函数,这样的计算量比较大。可以利用下式对准则函数进行递推计算

$$J(k)=J(k-1)+\frac{\tilde{z}^2(k)}{\boldsymbol{h}^{\mathrm{T}}(k)\boldsymbol{P}(k-1)\boldsymbol{h}(k)+\dfrac{1}{\Lambda(k)}} \tag{1-145}$$

6. 判断终止条件

返回至第2步,计算下一时刻的 $\boldsymbol{K}(k+1)$、$\hat{\boldsymbol{\theta}}(k+1)$、$\boldsymbol{P}(k+1)$和 $J(k+1)$,直至满足终止条件。终止条件可参考下面的准则

$$\max_{\forall i}\left|\frac{\hat{\theta}_i(k)-\hat{\theta}_i(k-1)}{\hat{\theta}_i(k-1)}\right|<\eta \tag{1-146}$$

其中,η 为一适当小的数。上式表明,当所有的参数估计值变化不大时,可以终止递推计算。

习题和思考题

1. 工业过程稳态数学模型的作用是什么？
2. 数学模型的建立途径有哪些？
3. 动态数学模型的作用和要求是什么？
4. 常见的过程动态特性的类型有哪几种？并用传递函数近似描述它们的动态特性。
5. 简述动态数学模型的一般列写方法。
6. 简述对象增益对控制性能指标的影响。
7. 简述对象时间常数对控制性能指标的影响。
8. 简述对象时滞对控制性能指标的影响。

第 2 章　简单控制系统

简单控制系统指的是单输入-单输出(SISO—Single-Input Single-Output)的线性控制系统,是控制系统的基本形式。其特点是结构简单、应用相当广泛且适应性很强。在普遍采用集散控制系统(DCS—Distributed Control System)的今天,即使在高水平的自动控制方案中,简单控制系统仍占控制回路的绝大多数,一般在 85%左右。控制系统设计的基本准则是力求简单、可靠、经济与保证控制效果。

2.1　控制系统组成和控制性能指标

2.1.1　控制系统的组成

在生产过程中有各种各样的控制系统,图 2-1 是几个简单控制系统的示例。其中图 2-1(a)是列管换热器温度控制系统;(b)是泵出口压力控制系统;(c)是储槽液位控制系统;(d)是泵出口流量控制系统。在这些控制系统中都有一个需要控制的过程变量,例如,图中的温度(a)、压力(b)、液位(c)、流量(d)等,这些需要控制的变量称为被控变量。为了使被控变量与希望的设定值保持一致,需要有一种控制手段,例如,图中的蒸汽流量、回流流量和出料流量等,这些用于调节的变量称为操纵变量或操作变量。设计这些控制系统的目的是在系统受到干扰或系统的被控变量设定值需要调整时,保持系统的被控变量不变或者达到新的设定值。被控变量偏离设定值的原因是过程中存在扰动,例如,蒸汽压力、泵的转速、进料量的变化等。图中用 TT、PT、LT 和 FT 分别表示温度、压力、液位和流量变送器,用 TC、PC、LC 和 FC 表示相应的温度、压力、液位和流量控制器,图中的执行器都用控制阀表示。

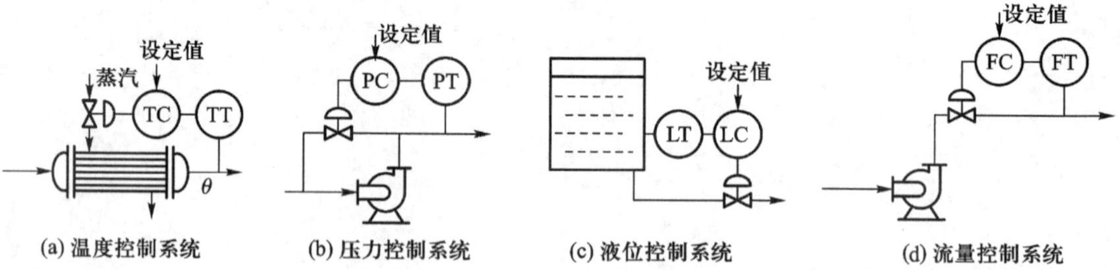

图 2-1　简单控制系统示例

在这些控制系统中,当系统受到扰动或被控变量的设定值发生变化时,被控变量将发生变化,检测变送装置(检测元件和变送器)将被控变量的变化检测出来,检测变送信号在控制器中与设定值比较,控制器将偏差值按一定的控制规律运算,并输出控制信号驱动执行机构(控制阀)改变操纵变量,使被控变量回复到设定值。可见,简单控制系统由检测元件和变送器、控制器、执行器和被控对象所组成。

检测元件和变送器用于检测被控变量(物理参数),并将检测到的信号转换为标准信号输出,例如,热电阻或热电偶和温度变送器、压力变送器和液位变送器、流量变送器等。

控制器用于将检测变送单元的输出信号与设定值信号进行比较,按一定的控制规律对其偏差信号进行运算,运算结果输出到执行器。控制器可以采用模拟仪表的控制器或由微处理器组成的数字控制器,或用 DCS 中的控制功能模块等实现。

执行器是控制系统回路中的最终元件,直接用于控制操纵变量变化。执行器接收控制器的输出信号,通过改变执行器节流件的流通面积来改变操纵变量。它可以是气动薄膜控制阀、带电气阀门定位器的电动控制阀等。执行器也可用变频调速电机等实现。

被控对象是以被控变量表现其特征的装置、设备或过程,例如,图中的换热器、泵、液位储罐和管道等。

简单控制系统的框图如图 2-2 所示。图 2-3 是用传递函数描述的简单控制系统框图。这是通用的单输入单输出控制系统。

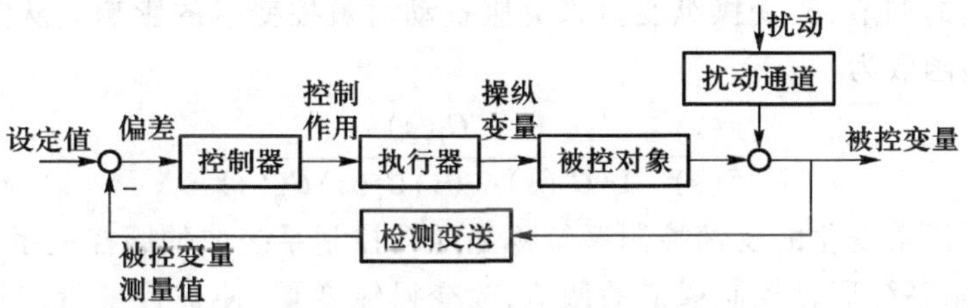

图 2-2 简单控制系统的框图

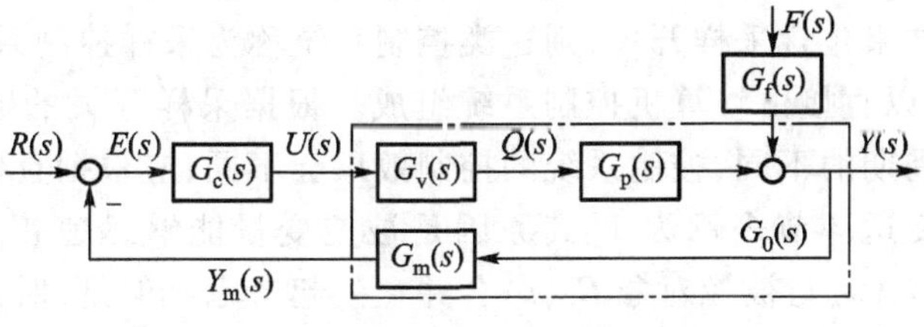

图 2-3 简单控制系统传递函数描述

需要对图 2-3 说明几点：

(1) 框图中的各个信号都是增量。增益和传递函数都是在稳态值为零时得到的。图中的箭头表示信号的流向，并非物流或能流的方向。如在液位控制系统中，控制阀不论是装在入口或出口管线道，框图中 $Q(s)$ 的箭头方向不变。

(2) 各环节的增益有正、负之别。各环节的增益可根据在稳态条件下该环节输出增量与输入增量之比确定。当该环节的输入增加时，其输出增加，则该环节的增益为正；反之，如果输出减小则增益为负。在液位控制系统中，控制阀装在入口处，对象的增益是正的；如果装在出口处，则对象的增益是负的。气开控制阀的增益是正的，气关控制阀的增益是负的。检测元件和变送器的增益一般为正。控制器有正、反作用之分，正作用控制器的增益是负的；反作用控制器的增益是正的。整个控制系统必须是一个负反馈系统，所以回路中各环节增益的乘积必须为正值，一个设计好的控制系统通过选择控制器正反作用来达到负反馈的要求。

(3) 通常将执行器、被控对象和检测变送环节合并为广义对象，广义对象传递函数用 $G_0(s)$ 表示，即广义对象的传递函数为 $G_0(s)=G_v(s)G_p(s)G_m(s)$。因此，简单控制系统也可表示为由控制器 $G_c(s)$ 和广义对象 $G_0(s)$ 组成的闭合回路。

(4) 简单控制系统有控制通道和扰动通道两个通道：控制通道是操纵变量作用到被控变量的通道。扰动通道是扰动作用到被控变量的通道。

(5) 设定值保持不变的反馈控制系统称为定值控制系统，当扰动影响被控变量时，简单控制系统通过控制通道的调节，改变操纵变量来克服扰动对被控变量的影响。从图 2-3 可以获得定值控制系统的传递函数为

$$\frac{Y(s)}{F(s)}=\frac{G_f(s)}{1+G_c(s)G_v(s)G_p(s)G_m(s)} \tag{2-1}$$

(6) 设定值是任意变化的反馈控制系统称为随动控制系统或伺服控制系统。当控制系统的设定值变化时，控制系统通过控制通道的调节，改变操纵变量，使被控变量能跟随设定值的变化而变化。从图 2-3 可以获得随动控制系统的传递函数为

$$\frac{Y(s)}{R(s)}=\frac{G_c(s)G_v(s)G_p(s)}{1+G_c(s)G_v(s)G_p(s)G_m(s)} \tag{2-2}$$

(7) 控制系统中如果包含采样开关，则这类控制系统称为采样控制系统，它可以由常规仪表加采样开关组成，也可以直接由计算机控制系统组成。根据采样开关的数量、设置的位置、采用保持器的类型和采样周期的不同，控制系统的控制效果会不同，应根据具体情况分析。

(8) 通常将检测变送环节表示为 1，其原因是被控变量能够迅速正确地被检测和变送，此外，为了简化，也常将 $G_m(s)$ 与被控对象 $G_p(s)$ 合并在一起考虑。但是，对于有非线性特性的检测和变送环节，例如采用孔板和差压变送器测量流量时，应分别列出。

简单控制系统的设计主要是被控变量和操纵变量的选择。被控变量选择原则是：尽可能选用直接被控变量，有足够的灵敏度，工艺合理等。操纵变量选择原则是：静态合理，动态迅速，稳

定性和经济性等。

2.1.2 控制系统的控制性能指标

对于一个稳定的系统(所有正常工作的反馈系统都是稳定系统)要分析其稳定性、准确性和快速性,常以阶跃作用为输入时的被控变量的过渡过程为例进行分析,因为阶跃作用很典型,实际上也经常遇到,且这类输入变化对系统来讲是比较严重的情况。如果一个系统对这种输入有较好的响应,那么对其他形式的输入变化就更能适应。

控制系统的控制性能指标应根据工艺过程的控制要求确定。不同的工艺过程对控制的要求会不同。例如,简单液位控制系统通常只需要保证液位不溢出或排空,而精密精馏塔温度控制的控制精度可能要求在正负零点几度。

图 2-4 是定值控制系统和随动控制系统在阶跃作用下的过渡过程响应曲线。一个控制系统在受到外作用时,要求被控变量要平稳、迅速和准确地趋近或恢复到设定值。因此,在稳定性、快速性和准确性三个方面提出各种单项控制指标和综合性控制指标。这些控制指标仅适用于衰减振荡过程。

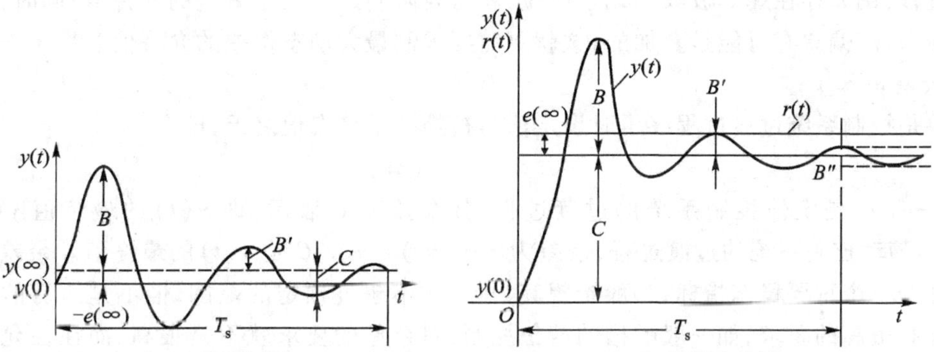

(a) 扰动作用　　(b) 设定作用

图 2-4 阶跃作用下的过渡过程响应曲线

一、单项控制性能指标

1. 衰减比 n

衰减比是衡量过渡过程稳定性的动态指标,它的定义是第一个波的振幅与同方向第二个波的振幅之比。在图 2-4 中,若用 B 表示第一个波的振幅,B'表示同方向第二个波的振幅,则衰减比 $n = B/B'$。显然,对衰减振荡而言,n 恒大于 1。n 越小,意味着控制系统的振荡过程越剧烈,稳定度也越低,n 接近于 1 时,控制系统的过渡过程接近于等幅振荡过程;反之,n 越大,则控制系统的稳定度也越高,当 n 趋于无穷大时,控制系统的过渡过程接近于非振荡过程。衰减比究竟以多大为合适,没有确切的定论,根据实际操作经验,为保持足够的稳定裕度,一般希望过渡过程有两个波左右，与此对应的衰减比在 4 : 1 到 10 : 1 的范围内。也有人用衰减率 η 来反映衰减情况，$\eta = (B-B')/B$。$n = 4:1$ 相当于 $\eta = 0.75$；$n = 10:1$ 相当于 $\eta = 0.90$。

2. 最大动态偏差 e_{max} 或超调量 σ

最大动态偏差或超调量是描述被控变量偏离设定值最大程度的物理量，也是衡量过渡过程稳定性的一个动态指标。在设定作用下的控制系统（随动控制系统）中，通常采用超调量这个指标来表示被控变量偏离设定值的程度，它的定义是第一个波的峰值与最终稳态值之差，见图 2-4(b)中的 B。一般超调量以百分数给出，即

$$\sigma = \frac{B}{C} \times 100\% \tag{2-3}$$

对于定值控制系统，系统稳态值是 0 或是很小的数值，仍用 σ 作为衡量指标就不合适了，这时采用最大动态偏差指标。过渡过程的最大动态偏差是指被控变量第一个波的峰值与最终稳态值之和，如图 2-4(a)中的

$$|e_{max}| = |B+C| \tag{2-4}$$

最大动态偏差或超调量越大，生产过程瞬时偏离设定值就越远。对于某些工艺要求比较高的生产过程，例如存在爆炸极限的化学反应，就需要限制最大动态偏差的允许值；同时，考虑到扰动会不断出现，偏差有可能是叠加的，这就更需要限制最大动态偏差的允许值。

3. 余差 $e(\infty)$

余差是控制系统过渡过程终了时设定值与被控变量稳态值之差，即

$$e(\infty) = r - y(\infty) \tag{2-5}$$

图 2-4(a)是定值控制系统的过渡过程，其余差以 C 表示，即 $y(t)$ 的最终值 $y(\infty)$。图 2-4(b)是随动控制系统的过渡过程，余差为 $r-y(\infty)=r-C$，C 是 $y(t)$ 的最终值。余差是反映控制准确性的一个重要稳态指标，一般希望其为零，或不超过预定的范围，但不是所有的控制系统对余差都有很高的要求，如一般贮槽的液位控制，对余差的要求就不是很高，而往往允许液位在一定范围内变化。

4. 回复时间 T_s 和振荡频率 ω

回复时间 T_s 也称调整时间，表示控制系统过渡过程的长短，也就是控制系统在受到阶跃外作用后，被控变量从原有稳态值达到新的稳态值所需要的时间。严格地讲，控制系统在受到外作用后，被控变量完全达到最终稳态值需要无限长时间。但实际上当被控变量的变化幅度衰减到足够小，并保持在一个较小的范围内所需要的时间还是有限的。对于输入作用下的控制系统，被控变量进入工艺允许的稳态值所需要的时间称回复时间。对于设定作用下的控制系统（即随动控制系统），被控变量进入工艺允许的稳态值所需要的时间称为回复时间。回复时间短，表示控制系统的过渡过程快，即使扰动频繁出现，系统也能适应；反之，过渡时间长。显然，回复时间越短越好。它是反映控制快速性的一个指标。

在衰减比相同的条件下，振荡频率 ω 与回复时间成反比，振荡频率越高，回复时间越短。因

此振荡频率也可作为衡量控制快速性的指标,定值控制系统常用振荡频率来衡量控制系统的快慢。

需要注意,这些控制指标在不同的控制系统中各有其重要性,而且相互之间又有着内在的联系。高标准地同时要求满足这几个控制指标有时是很困难的,因此,我们应根据工艺生产的具体要求分清主次,区别轻重,对于主要的控制指标应优先保证。

二、综合控制性能指标

由于过渡过程中动态偏差越大,或是回复时间越长,则控制品质越差。所以综合控制指标采用积分鉴定的形式。

$$J=\int_0^{\infty} f(e,t)\,\mathrm{d}t \tag{2-6}$$

式中,J 为积分鉴定值,e 为动态偏差,t 为时间,$f(e,t)$ 是偏差 e 和时间 t 的函数。一般来说,过渡过程的动态偏差越大,或是回复得越慢,则 J 值越大,说明控制品质越差。

通常采用三种表达形式:

(1) 平方积分鉴定 ISE(Integral Squared Error criterion)

$$f(e,t)=e^2\,,\quad J=\int_0^{\infty} e^2\mathrm{d}t \tag{2-7}$$

(2) 绝对值积分鉴定 IAE(Integral of Absolute value of Error criterion)

$$f(e,t)=|e|,\quad J=\int_0^{\infty}|e|\mathrm{d}t \tag{2-8}$$

若用动态偏差 e 作为 $f(e,t)$ 函数,正、负偏差将相互抵消。即使 e 值很大或剧烈波动,J 值仍然可以很小,所以采用 e^2 或 $|e|$,一般用于评定定值控制系统质量指标。

(3) 时间乘以绝对值的积分鉴定 ITAE(Integral of Time multiplied by the Absolute value of Error criterion)

$$f(e,t)=|e|\cdot t\,,\quad J=\int_0^{\infty}|e|\cdot t\mathrm{d}t \tag{2-9}$$

上式是为了突出快速性的要求,一般用于随动控制系统的质量指标评定。

对于有余差的系统,存在 $e(\infty)$,三种形式的积分鉴定值 J 都将趋于无穷大,无法鉴定系统的控制质量,为此采用 $e(t)-e(\infty)$ 作为动态偏差项代入。

2.2 检测变送环节

2.2.1 检测变送原理

检测变送环节的作用是将工业生产过程的参数(如流量、压力、温度、物位、成分等)经检测、变送单元转换为标准信号。在模拟仪表中,标准信号通常采用 4~20 mA、1~5 V、0~10 mA 电流或电压信号,20~100 kPa 气压信号;在现场总线仪表中,标准信号是数字信号。图 2-5 是检测变送环节的工作原理。

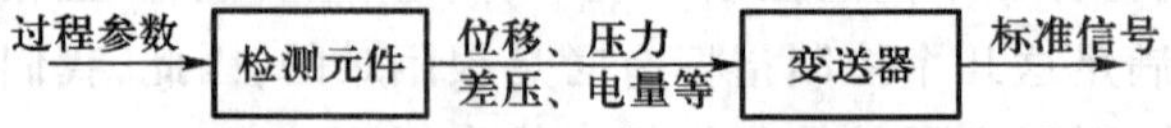

图 2-5 检测变送环节工作原理图

检测变送环节包括传感器与变送器两个部分,传感器的作用是将工业过程中的非电学物理量(如位移、速度、压力、温度、湿度、流量、声强、光照强度等)通过各种物理、化学、光学等原理转换成易于测量、传输、处理的电学量(如电压、电流、电容等)的一种元器件。

传感器通常根据其基本感知功能可分为热敏元件、光敏元件、气敏元件、力敏元件、磁敏元件、湿敏元件、声敏元件、放射线敏感元件、色敏元件和味敏元件等十大类。按照用途可以分为压力敏和力敏传感器、位置传感器、液面传感器、能耗传感器、速度传感器、加速度传感器、射线辐射传感器、热敏传感器、雷达传感器等。工业过程常见的有热电阻、热电偶、光敏电阻等测量温度;电感式位移传感器、电容式位移传感器和霍尔式位移传感器等用来测量压力或压差;超声波测距离传感器用来测量物位;应用动压能和静压能转换原理、流体振荡原理、电磁感应原理、超声波、流体动量矩原理等测量流量。

变送器将物理测量信号或普通电信号转换为标准电信号输出或能够以通讯协议方式输出的设备。一般分为:温度/湿度变送器,压力变送器,差压变送器,液位变送器,电流变送器,电量变送器,流量变送器,重量变送器等。输出信号一般为电流或电压(0~10 mA,4~20 mA,或 1~5 V)。

变送器信号传输方式有二线制与四线制两种,二线制传输方式中,供电电源、负载电阻、变送器是串联的,即二根导线同时传送变送器所需的电源和输出电流信号(电源为 24 V 直流),目前大多数变送器均为二线制变送器;四线制方式中,供电电源、负载电阻是分别与变送器相连的,即供电电源(220 V 交流)和变送器输出信号分别用两根导线传输。

目前应用广泛的智能变送器是由传感器和微处理器(微机)相结合构成的。它充分利用了微处理器的运算和存储能力,可对传感器的数据进行处理,包括对测量信号的调理(如滤波、放大、A/D 转换等)、数据显示、自动校正和自动补偿等,微处理器是智能式变送器的核心。它不但可以对测量数据进行计算、存储和数据处理,还可以通过反馈回路对传感器进行调节,以使采集数据达到最佳。由于微处理器具有各种软件和硬件功能,因而它可以完成传统变送器难以完成的任务。智能式变送器具有以下特点:① 具有自动补偿能力,可通过软件对传感器的非线性、温漂、时漂等进行自动补偿。可自诊断,通电后可对传感器进行自检,以检查传感器各部分是否正常,并作出判断。数据处理方便准确,可根据内部程序自动处理数据,如进行统计处理、去除异常数值等。② 具有双向通信功能。微处理器不但可以接收和处理传感器数据,还可将信息反馈至传感器,从而对测量过程进行调节和控制。可进行信息存储和记忆,能存储传感器的特征数据、组态信息和补偿特性等。③ 具有数字量接口输出功能,可将输出的数字信号方便地和计算机或现场总线等连接。

2.2.2 检测变送环节的性能

检测变送环节的性能包括静态特性和动态特性。

传感器的静态特性是指对静态的输入信号,传感器的输出量与输入量之间所具有的相互关系。因为这时输入量和输出量都和时间无关,所以它们之间的关系,即传感器的静态特性可用一个不含时间变量的代数方程,或以输入量作横坐标,把与其对应的输出量作纵坐标而画出的特性曲线来描述。表征传感器静态特性的主要参数有:线性度、灵敏度、迟滞、重复性、漂移等。

(1) 线性度:指传感器输出量与输入量之间的实际关系曲线偏离拟合直线的程度。定义为在全量程范围内实际特性曲线与拟合直线之间的最大偏差值与满量程输出值之比。

(2) 灵敏度:灵敏度是传感器静态特性的一个重要指标。其定义为输出量的增量与引起该增量的相应输入量增量之比。用 S 表示灵敏度。

(3) 迟滞:传感器在输入量由小到大(正行程)及输入量由大到小(反行程)变化期间其输入输出特性曲线不重合的现象称为迟滞。对于同一大小的输入信号,传感器的正反行程输出信号大小不相等,这个差值称为迟滞差值。

(4) 重复性:重复性是指传感器在输入量按同一方向作全量程连续多次变化时,所得特性曲线不一致的程度。

(5) 漂移:传感器的漂移是指在输入量不变的情况下,传感器输出量随着时间变化,此现象称为漂移。产生漂移的原因有两个方面:一是传感器自身结构参数;二是周围环境(如温度、湿度等)。

所谓动态特性,是指传感器在输入变化时,它的输出特性。在实际工作中,传感器的动态特性常用它对某些标准输入信号的响应来表示。这是因为传感器对标准输入信号的响应容易用实验方法求得,并且它对标准输入信号的响应与它对任意输入信号的响应之间存在一定的关系,往往知道了前者就能推定后者。最常用的标准输入信号有阶跃信号和正弦信号两种,所以传感器的动态特性也常用阶跃响应和频率响应来表示。

检测元件和变送器的类型繁多,现场总线仪表的出现使检测变送器呈现模拟和数字并存的状态。一般地,检测元件和变送器的动态特性都可用时滞的一阶环节近似。其传递函数为

$$G_{\mathrm{m}}(s)=\frac{K_{\mathrm{m}}}{T_{\mathrm{m}}s+1}\mathrm{e}^{-s\tau_{\mathrm{m}}} \tag{2-10}$$

式中,K_{m}、T_{m} 和 τ_{m} 分别是检测变送环节的增益、时间常数和时滞。

2.2.3 检测变送器的选择原则

检测元件和变送器的基本要求是准确、迅速和可靠。准确指检测元件和变送器能正确反映

被控或被测变量，误差应小；迅速指应能及时反映被控或被测变量的变化；可靠是检测元件和变送器的基本要求，它应能在环境工况下长期稳定运行。

由于检测元件直接与被测或被控介质接触，因此，在选择检测元件时应首要考虑该元件能否适应工业生产过程中的高低温、高压、腐蚀性、粉尘和爆炸性环境；能否长期稳定运行；其次，应考虑检测元件的精确度和响应的快速性等。除了这些选择检测元件和变送器的要求外，还应考虑检测元件和变送器的线性特性等。

仪表的精确度影响检测变送环节的准确性。应合理选择仪表的精确度，以满足工艺检测和控制要求为原则。检测变送仪表的量程应满足读数误差的精确度要求，同时应尽量选用线性特性。仪表量程大则 K_m 小，而仪表量程小则 K_m 大。

检测元件和变送器增益 K_m 的线性度与整个闭环控制系统输入输出的线性度有关，当控制回路的前向增益足够大时，整个闭环控制系统输入输出的增益是 K_m 的倒数。例如，采用孔板和差压变送器检测变送流体的流量时，由于差压与流量之间的非线性，造成流量控制回路呈现非线性，并使整个控制系统开环增益非线性。

相对于过程的时间常数，大多数检测变送环节的时间常数是较小的。但成分检测变送环节的时间常数和时滞会很大；气动仪表的时间常数较电动仪表要大；采用保护套管温度计检测温度要比直接与被测介质接触检测温度有更大的时间常数。此外，应考虑时间常数随过程运行而变化的影响。例如，由于保护套管结垢，造成时间常数增大，保护套管磨损，造成时间常数减小等。对检测变送环节时间常数的考虑主要应根据检测变送、被控对象和执行器三者时间常数的匹配，即增大最大时间常数与次大时间常数之间的比值。

减小时间常数的措施包括检测点位置的合理选择；选用小惯性检测元件；缩短气动管线长度，减小管径；正确使用微分单元；选用继动器等放大元件等。为了增大最大时间常数与次大时间常数之间的比值，对于快速响应的被控对象，例如，流量、压力等，有时需要增大检测变送环节的时间常数，常用的措施有合理选用微分单元（反微分）；并联大容量的电容或气容；串联阻容滤波环节等。

检测变送环节中时滞产生的原因是检测点与检测变送仪表之间有一定的传输距离 l，而传输速度 w 也有制约，因此，产生时滞

$$\tau_m = l / w \tag{2-11}$$

传输速度 w 并非被测介质的流体流速，例如，孔板检测流量时，流体流速是流体在管道中的流动速度，而检测元件孔板检测的信号是孔板两端的差压，因此，检测变送环节的传输速度是差压信号的传输速度，对不可压缩的流体，该信号的传输速度是极快的。但对于成分的检测变送，由于检测点与检测变送仪表之间有距离 l，被检测介质经采样管线送达仪表有流速 w，因此，存在时滞 τ_m。

减小时滞的措施包括选择合适的检测点位置，减小传输距离 l；选用增压泵、抽气泵等装置，提高传输速度 w。在考虑时滞影响时，应考虑时滞与时间常数之比，而不应只考虑时滞的大小，

应减少时滞与时间常数的比值。

相对于流量、压力、物位等过程变量的检测变送，过程成分等物性数据的检测变送有较大的时滞，有时温度检测变送的时间常数较大，应充分考虑它们的影响。

2.2.4 对检测变送信号的处理

检测变送信号的数据处理包括信号补偿、线性化、信号滤波、数学运算、信号报警和数学变换等。

一、信号补偿

热电偶检测温度时，由于产生的热电势不仅与热端温度有关，也与冷端温度有关，因此需要进行冷端温度补偿；热电阻到检测变送仪表之间的距离不同，所用连接导线的类型和规格不同，线路电阻不同，需要进行线路电阻补偿；气体流量检测时，若检测点温度、压力与设计值不一致，需要进行温度和压力的补偿；精馏塔内介质成分与温度、塔压有关，正常操作时，塔压保持恒定，可直接用温度进行控制，当塔压变化时，需要用塔压对温度进行补偿等。

二、线性化

检测变送环节是根据有关的物理化学规律检测被控变量的，它们有些存在非线性，例如，热电势与温度、差压与流量等，这些非线性会造成控制系统的非线性，因此，应对检测变送信号进行线性化处理。可以采用硬件组成非线性环节实现，例如，采用开方器对差压进行开方运算，也可用软件实现线性化处理。

三、信号滤波

由于存在环境噪声，例如，泵出口压力的脉动，储罐液位的波动等，它们使检测变送信号波动并影响控制系统的稳定运行，因此，需要对信号进行滤波。信号滤波有硬件滤波和软件滤波，有高频滤波、低频滤波、带通、带阻滤波等。

硬件滤波通常采用阻容滤波环节，可以用电阻电容组成低通滤波，也可用气阻和气容组成滤波环节。可以组成有源滤波无源滤波等。由于需要硬件投资，因此，成本提高。软件滤波采用计算方法，用程序编制各种数字滤波器实现信号滤波，具有投资少，应用灵活等特点，受到用户欢迎。在智能仪表、DCS 等装置中通常采用软件滤波。

过程控制中常用的数学滤波算法有下列几种。

1. 一阶低通滤波

计算公式是

$$\bar{y}(k)=(1-\beta)\bar{y}(k-1)+\beta y(k) \tag{2-12}$$

式中，$\bar{y}(k)$ 和 $y(k)$ 分别是滤波器的第 k 次输出和输入信号，β 是低通滤波器的滤波系数，介于 0~1 之间，其值越小，高频衰减越大，通过滤波器信号的频率上限越低。$\beta=\frac{T_s}{T}$；T_s 是采样周期，T 是滤波器时间常数。该滤波器等价于传递函数 $\frac{1}{Ts+1}$，常用于去除信号中夹带的高频噪声。这种滤波器被广泛应用在计算机控制系统中，如智能仪表和 DCS 中对测量信号的高频滤波。

2. 一阶高通滤波

计算公式有两种形式：

$$\bar{y}(k)=\bar{y}(k-1)+\beta[y(k)-y(k-1)-\bar{y}(k-1)]=(1-\beta)\bar{y}(k-1)+\beta[y(k)-y(k-1)] \quad (2-13)$$

$$\bar{y}(k)=\alpha\bar{y}(k-1)+[y(k)-y(k-1)]; \quad (2-14)$$

式中符号的意义与式(2-12)相同。该滤波器常用于去除信号中夹带的低频噪声，例如，零漂、直流分量等。分别等价于传递函数$\dfrac{\bar{Y}(z)}{Y(z)}=\dfrac{\beta(1-z^{-1})}{1-(1-\beta)z^{-1}}$和$\dfrac{\bar{Y}(z)}{Y(z)}=\dfrac{1-z^{-1}}{1-\alpha z^{-1}}$。

3. 递推平均滤波

递推平均滤波是一种低通滤波器，以第 k 次采样时刻为基准，依次将该时刻以前时刻共 m 个采样值的平均值作为滤波器的输出，并进行递推。计算公式为

$$\bar{y}(k)=\frac{1}{m}\sum_{i=0}^{m-1}y(k-i) \quad (2-15)$$

写成递推形式为

$$\bar{y}(k)=\bar{y}(k-1)+\frac{[y(k)-y(k-m+1)]}{m} \quad (2-16)$$

这种滤波方法根据越早的信息对输出影响越小的原则，不断剔除老信息，添加新信息。在此基础上，还可对老信息和新信息进行加权，得到递推加权平均滤波器的计算公式

$$\bar{y}(k)=\sum_{i=0}^{m-1}c_i y(k-i) \quad (2-17)$$

式中，$\sum\limits_{i=0}^{m-1}c_i=1$；并有 $0\leqslant c_i\leqslant 1$；$(i=0,\cdots,m-1)$

根据被测和被控对象不同，采样次数 m 可按表 2-1 选取。加权系数 c_i 按新信息的加权系数大的原则，按：$c_0:c_1:c_2:\cdots:c_{m-1}=\dfrac{T}{\tau}:\dfrac{T}{\tau+T_s}:\dfrac{T}{\tau+2T_s}:\cdots:\dfrac{T}{\tau+(m-1)T_s}$设置。

表 2-1 采样次数的选择

被控对象	流量	液位	压力	温度
m	11	3	3	1

4. 程序判别滤波

程序判别滤波采用程序判别，确定滤波器输出信号的数值。常用于剔除跳变的误码。计算公式为：

$$\begin{cases} |y(k)-y(k-1)| \leqslant b & 则\ \bar{y}(k)=y(k) \\ |y(k)-y(k-1)| > b & 则\ \bar{y}(k)=y(k-1) \end{cases} \tag{2-18}$$

b 是规定的阈值。当相邻两次采样值之差大于该阈值，表明有尖峰干扰，因此，滤波器输出保持上次的采样值不变；当相邻两次采样值之差小于该阈值，滤波器输出等于输入信号。应用时应合适选取 b 值，来达到剔除尖峰干扰的滤波效果。

四、数学运算、信号报警和数学变换

当检测信号与被控变量之间有一定的函数关系时，需要进行数学运算获得实际的被控变量数值。例如，节流装置差压的开方与流量是线性关系，因此，测得的差压数据应进行开方运算；累积流量是瞬时流量对时间的积分关系，因此，根据测得的瞬时流量应进行积分运算获得累积流量等。有时，对检测的信号要进行一些复合的数学运算，例如，对气体流量的温度和压力补偿运算就包含加、乘和除的运算。

信号的数字变换也常常被应用于检测变送信号的处理。例如，快速傅里叶变换、小波变换等。除了数字变换外，在计算机控制系统中，模数转换和数模转换是经常使用的。

如果检测变送信号超出工艺过程的允许范围，就要进行信号报警和联锁处理。同样，在计算机控制系统中如果检测到检测元件处于异常状态时，也需要为操作人员提供相关报警信息。因此，对检测变送信号的报警处理也是十分重要的功能。

2.3 控制阀的选择

控制阀是自动控制系统中的一个重要组成部分，其作用是根据控制器输出的信号，直接控制能量或物料等介质的输送量，达到控制工艺参数的目的。

由于控制阀安装在生产现场，长年与生产介质直接接触，且不少控制阀往往工作在高温、高压、深冷、强腐蚀、易堵塞等恶劣条件下，因此如果对控制阀选择不当或维护不善，就会使整个控制系统不能可靠工作，或严重影响系统的控制质量。

根据使用的能源种类，控制阀可分为气动、电动和液动三种。其中气动控制阀具有结构简单，工作可靠，价格便宜，防火防爆等优点，在自动控制中用得最多，故以下的讨论仅涉及气动控制阀。

控制阀选择的内容包括：结构形式及材质的选择，口径大小及开闭形式的选择，流量特性的选择，以及阀门定位器的选择等。

2.3.1 结构形式及材质的选择

控制阀由执行机构和调节机构两部分组成。执行机构将控制器的输出信号转换成直线位移或角位移，两者之间为比例关系；调节机构则将执行机构输出的直线位移或角位移转换成流通截面积的变化，从而改变操纵变量的大小。

图 2-6 为控制阀的结构图，它包括执行机构和调节机构（阀体）两部分。

执行机构有三种类型：薄膜式、活塞式和长行程式。其中薄膜式和活塞式输出直线位移，长行程式输出转角位移（0~90°）。薄膜式结构简单，价格便宜，使用最为广泛；活塞式输出推力大，常用于高静压、高压差和需较大推力的场合；长行程式输出的行程长、转矩大，适用于转角的蝶阀、风门等。

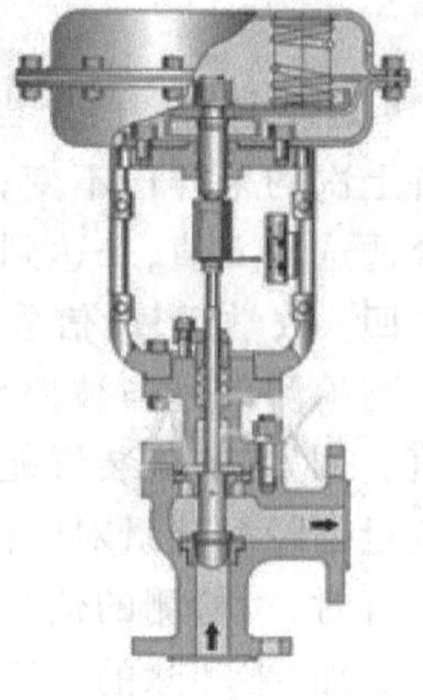

图 2-6　控制阀结构

调节机构的类型有：直通阀（双座式和单座式）、角阀、三通阀、球形阀、阀体分离阀、隔膜阀、蝶阀、高压阀、偏心旋转阀和套筒阀等。直通阀和角阀供一般情况下使用，其中直通单座阀适用于要求泄漏量小的场合；直通双座阀适用于压差大、口径大的场合，但其泄漏量要比单座阀大；而角阀适用于高压差、高粘度、含悬浮物或颗粒状物质的场合。三通阀适用于需要分流或合流控制的场合，其效果比两个直通阀要好；蝶阀适用于大流量、低压差的气体介质；而隔膜阀则适用于有腐蚀性的介质。总之，调节机构的选择应根据不同的使用要求而定。表 2-2 是控制阀选用简明参考表。

表 2-2　控制阀选用参考表

序号	名称	主要优点	应用注意事项
1	直通单座阀	泄漏量小	阀前后压差小
2	直通双座阀	流量系数及允许使用压差比同口径单座阀大	耐压较低
3	波纹管密封阀	适用于介质不允许泄漏的场合，如氰氢酸、联苯醚等有毒物质	耐压较低
4	隔膜阀	适用于强腐蚀、高粘度或含有悬浮颗粒以及纤维的流体。在允许压差范围内可作切断阀用	耐压、耐温较低，适用于对流量特性要求不严的场合（近似快开）
5	小流量阀	适用于小流量和要求泄漏量小的场合	
6	角形阀	适用于高粘度或含悬浮物和颗粒状物料	输入与输出管道成角形安装
7	高压阀（角形）	结构较多级高压阀简单，用于高静压、大压差、有气蚀、空化的场合	介质对阀芯的不平衡力较大，必须选配定位器
8	多级高压阀	基本上解决以往控制阀在控制高压差介质时寿命短的问题	必须选配定位器

续表

序号	名称	主要优点	应用注意事项
9	阀体分离阀	阀体可拆为上、下两部分,便于清洗。阀芯、阀体可采用耐腐蚀衬压件	加工、装配要求较高
10	三通阀	在两管道压差和温差不大的情况下能很好地代替两个二通阀,并可用作简单配比控制	两流体的温差 Δt < 150 ℃
11	蝶阀	适用于大口径、大流量和浓稠浆液及悬浮颗粒的场合	流体对阀体的不平衡力矩大,一般蝶阀允许压差小
12	套筒阀(笼式阀)	适用阀前阀后压差大和液体出现闪蒸或空化的场合,稳定性好,噪音低,可取代大部分直通单座、双座阀	不适用于含颗粒介质的场合
13	低噪音阀	比一般阀可降低噪音 10~30 dB,适用于液体产生闪蒸、空化和气体在缩流面处流速超过音速且预估噪声超过 95 dB(A)的场合	流通能力为一般阀的 1/2~1/3,价格贵
14	超高压阀	公称压力达 350 MPa,是化工过程控制高压聚合釜反应的关键执行器	价格贵
15	偏心旋转阀(凸轮挠曲阀)	流路阻力小,流量系数较大,可调比大,适用于大压差、严密封的场合和粘度大及有颗粒介质的场合。很多场合可取代直通单、双座阀	由于阀体是无法兰的,一般只能用于耐压小于 6.4 MPa的场合
16	球阀(O形,V形)	流路阻力小,流量系数大,密封好,可调范围大,适用于高粘度、含纤维、固体颗粒和污秽流体的场合	价格较贵,O形球阀一般作二位控制用。V形球阀作连续控制用。
17	卫生阀(食品阀)	流路简单,无缝隙、死角积存物料,适用于啤酒、番茄酱及制药、日化工业	耐压低
18	二位式二(三)通切断阀	几乎无泄漏	仅作位式控制用
19	低压降比(低 s 值)阀	在低 s 值时有良好的控制性能	可调比 $R\sim10$
20	塑料单座阀	阀体、阀芯为聚四氟乙烯,用于氯气、硫酸、强碱等介质	耐压低
21	全钛阀	阀体、阀芯、阀座、阀盖均为钛材,耐多种无机酸、有机酸	价格贵
22	锅炉给水阀	耐高压,为锅炉给水专用阀	

下面结合一些比较特殊的情况进行讨论。

1. 闪蒸和空化

当压力为 P_1 的液体流经节流孔时，流速突然急剧增加，而静压力骤然下降，当节流孔后压力 P_2 达到或者低于该流体所在工况的饱和蒸汽压 P_v 时，部分液体就汽化成气体，形成汽液两相共存的现象，这种现象就是闪蒸。产生闪蒸之后，P_2 不是保持在饱和蒸汽压以下，在离开节流孔之后又急骤上升，这时气泡产生破裂并转化为液态，这个过程就是空化作用。所以空化作用的第一阶段是闪蒸阶段，在液体内部形成空腔或气泡；第二阶段是空化阶段，使气泡破裂。在闪蒸阶段，对阀芯和阀座环的接触线附近造成破坏，阀芯外表面产生一道道磨痕。在空化阶段，由于气泡的突然破裂，所有的能量集中在破裂点，产生极大的冲击力，严重冲撞和破坏阀芯、阀体和阀座，将固体表层撕裂成粗糙的、渣孔般的外表面。空化过程产生的破坏作用十分严重，在高压差恶劣条件的空化情况下，极硬的阀芯和阀座也只能使用很短的时间。

为避免或减小闪蒸与空化的发生，可以从压差上考虑，选择压力恢复系数小的控制阀，如球阀、蝶阀等；从结构上考虑，选择特殊结构的阀芯、阀座，如阀芯上带有锥孔等，使高速液体通过阀芯、阀座时的每一点的压力都高于在该温度下的饱和蒸汽压，或者使液体本身相互冲撞，在通道间导致高度紊流，使控制阀中液体动能由于相互摩擦而变为热能，减少气泡的形成；从材料上考虑，一般来说，材料越硬，抵御空化作用的能力越强，但在有空化作用的情况下很难保证材料长期不受损伤，因此选择阀门结构时必须考虑阀芯、阀座便于更换。

2. 磨损

阀芯、阀座和流体介质直接接触，由于不断节流和切换流量，当流体速度高并含有颗粒物时，磨损是非常严重的。为减小磨损，选择控制阀时尽量要求流路光滑，采用坚硬的阀内件，如套筒阀，材料应选抗磨性强的。也可以选有弹性衬里的隔膜阀、蝶阀、球阀等。

3. 腐蚀

在腐蚀流体中工作的控制阀要求其结构越简单越好，以便于添加衬里。可选用适应于所用腐蚀介质的隔膜阀、加衬蝶阀等。如果介质是极强的有机酸和无机酸，则可以用价格昂贵的全钛控制阀。

4. 高温

选择耐高温材料的球阀、角阀、蝶阀，并且在阀体结构上考虑装上散热片，阀内件采用热硬性材料，或者考虑采用有陶瓷衬里的特殊阀门。

5. 低温

当温度低于-30 ℃时要保护阀杆填料不被冻结。在-30 ℃～-100 ℃的低温范围要求材料不脆化。可以在控制阀上安装不锈钢阀盖，其内部装有高度绝热的冷箱。角阀、蝶阀等可以利用特制的真空套以减少热传递。

6. 高压降

阀芯、阀座的表面材料必须能经受流体的高速和大作用力影响，可选择角阀等。在高压降下很容易使液体产生闪蒸和空化作用,因此可以选择防空化控制阀。

2.3.2 口径大小及控制阀作用方式的选择

1. 口径大小的选择

控制阀口径的大小直接决定着其流过介质的能力。从控制的角度来看,如果控制阀口径选得过大,控制阀将经常工作在小开度的情况下,使控制阀的可调比减小,控制性能变差。当然,如果把控制阀口径选得过小也是不合适的,不仅使阀的特性不好,而且也不适应生产发展的需要。因此,通常选择阀门口径应满足在最大流量时,阀门开度为85%左右;在最小流量时,阀门开度为15%左右。

阀门口径的估算一般采用下面的节流公式:

$$Q=C_V\sqrt{\frac{\Delta P_V}{\rho}} \tag{2-19}$$

式中,Q 为流量(单位为 m^3/h);ΔP_V 为阀两端压差(单位为 10^5 Pa 或 0.1 MPa);ρ 为流体密度(单位为 g/cm^3);C_V 为比例系数,如在阀门全开条件下,此时的 C_V 称为阀门的流通能力 C。

显然在规定了各个变量的单位后,系数 C_V 取决于流通截面积,故与阀门类型、口径和开度都有关,而流通能力 C 却仅与阀门的类型和口径有关。

确定阀门口径有两种方法:一是按正常工况下的流量数据计算 C_V;二是按照预订的阀门全开时的流量数据计算 C 值。如按前一方法,应把求得的 C_V 值乘上一定的倍数(2~5,线性阀取低值,对数阀取高值)作为流通能力 C,对照产品规格,确定口径。如按方法二,阀门全开时的流量应比最大实际流量再大一些,把得到的 C 值按产品规格去查取口径。

2. 控制阀气开和气关作用方式

气动控制阀有气开和气关两种作用方式。采用气开作用时,输入的气压信号越高,阀门的开度也越大,而在失气时则全关,故称 FC(Fault Close)型;采用气关作用时,输入的气压信号越高,阀门的开度则越小,而在失气时则全开,故称 FO(Fault Open)型。

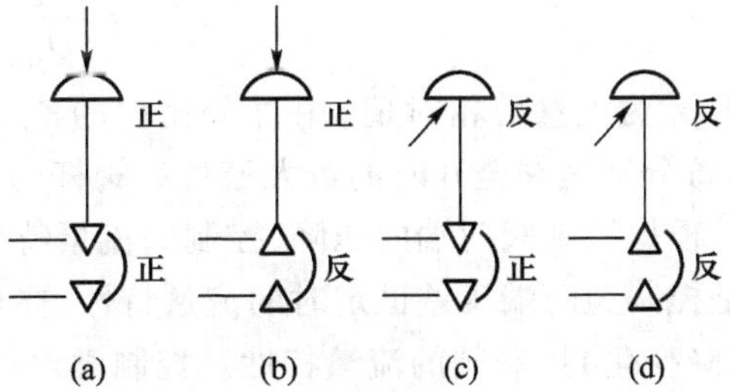

图 2-7 气动控制阀气开、气关组合方式图

气动薄膜控制阀的执行机构和调节机构组合起来可以实现气开和气关式两种调节。由于执行机构有正、反两种作用方式,控制阀也有正、反两种作用方式,因此就可以有四种组合方式组成气开或气关型式,见图 2-7 和表 2-3。

表 2-3 气动控制阀气开、气关组合方式表

序号	执行机构	阀体	控制阀
a	正	正	气关
b	正	反	气开
c	反	正	气开
d	反	反	气关

气开或气关作用的选择首先要从工艺生产上的安全要求出发,考虑的原则是:信号压力中断时,应保证设备和操作人员的安全。例如,装在液体或气体燃料烧嘴前的控制阀往往采用气开式,这样一旦信号中断便切断燃料。又如,锅炉供水的控制阀通常采用气关式,以保证在信号中断后不致把锅炉烧坏。

其次,要从保证产品质量出发,使在信号压力中断时,不降低产品的质量。例如,精馏塔回流量的控制阀常采用气关式,这样一旦发生事故,阀门完全打开,使生产处于全回流状态,从而防止了不合格产品输出。

另外,还可以从降低原料、动力损耗,从介质的特点等方面来考虑。

2.3.3 控制阀的流量特性

控制阀的流量特性指的是介质流过阀门的流量与阀杆行程之间的关系,通常用相对值来表示,即

$$q=\frac{Q}{Q_{\max}}=f(l)=f\left(\frac{L}{L_{\max}}\right) \tag{2-20}$$

式中,q 为流量的相对值,用百分比(%)表示,L 为阀杆的行程,单位为 mm,$Q_{\max}$(m^3/s)和 $L_{\max}$(mm)分别是阀全开时的最大流量和阀杆的最大行程。

根据控制阀两端的压降,控制阀流量特性分为理想流量特性和工作流量特性。理想流量特性是控制阀两端压差恒定时的流量特性,亦称为固有流量特性。工作流量特性是在工作状况下(压降变化)控制阀的流量特性。控制阀出厂所提供的流量特性指理想流量特性。

理想流量特性可分为线性、等百分比(对数)、抛物线、双曲线、快开、平方根等多种类型。国内常用的理想流量特性有线性、等百分比和快开等几种。

1. 线性流量特性

线性流量特性是指控制阀的流量与阀杆的行程成线性关系,即单位行程变化引起的流量的变化是常数。线性流量特性控制阀的流量与行程的函数关系用下式描述

$$\mathrm{d}q=K_{\mathrm{v}}\mathrm{d}l \tag{2-21}$$

当 $l=0$ 时,$Q=Q_{\min}$;当 $l=L_{\max}$时,$Q=Q_{\max}$。

定义控制阀的可调比

$$R=\frac{Q_{\max}}{Q_{\min}} \tag{2-22}$$

则线性流量特性表示为

$$q=\frac{Q}{Q_{\max}}=\frac{1}{R}\left[1+(R-1)\frac{L}{L_{\max}}\right]=\frac{R-1}{R}l+\frac{1}{R}; \tag{2-23}$$

增益

$$K_{v}=\frac{\mathrm{d}q}{\mathrm{d}l}=\frac{R-1}{R}=C_{L} \tag{2-24}$$

上式中，$C_{L}=\frac{R-1}{R}$为常数，K_{v} 是常数，线性流量特性控制阀的增益 K_{v} 与可调比有关，与最大流量 $Q_{\max}$和流过控制阀的流量 Q 无关。

2. 对数流量特性

对数流量特性是指单位行程变化引起的流量变化与此点的流量成正比关系，即控制阀的放大系数是变化的，随流量的增加而增大。等百分比流量特性控制阀的流量与行程的函数关系用下式描述：

$$\mathrm{d}q=K_{v}\mathrm{d}l \tag{2-25}$$

用上述的边界条件代入，求解得到等百分比流量特性的函数关系为

$$q=\frac{Q}{Q_{\max}}=R^{\left(\frac{L}{L_{\max}}-1\right)}=R^{(l-1)} \tag{2-26}$$

等百分比流量特性控制阀的增益

$$K_{v}=\frac{\mathrm{d}q}{\mathrm{d}l}=R^{l-1}\ln R=C_{E}q \tag{2-27}$$

上式中，$C_{E}=\ln R$ 为常数，等百分比流量特性的增益 K_{v} 与流量 q 成正比，由式(2-26)，可知，$\ln q \propto l$，即流量的对数与行程成正比，因此，这种流量特性称为对数流量特性。又因$\frac{\Delta Q}{Q}=R^{\Delta l}-1$；因此，当行程增加相同的间隔时，流量增加相同的百分比，因此，又称为等百分比流量特性。

3. 快开流量特性

快开流量特性是指单位行程变化引起的流量变化与此点的流量成反比关系，快开流量特性控制阀的流量与行程的函数关系用下式描述

$$\mathrm{d}q=K_{v}\mathrm{d}l \tag{2-28}$$

$$K_{v}=C_{Q}q^{-1} \tag{2-29}$$

代入边界条件，求解得到快开流量特性的函数关系为

$$q=\frac{Q}{Q_{\max}}=\frac{1}{R}\sqrt{1+(R^{2}-1)\frac{L}{L_{\max}}}=\frac{1}{R}\sqrt{1+(R^{2}-1)l} \tag{2-30}$$

$$K_v=\frac{dq}{dl}=\frac{1}{R}\cdot\frac{1}{2}\cdot\frac{R^2-1}{\sqrt{1+(R^2-1)l}}=\frac{R^2-1}{2R^2}\cdot\frac{R}{\sqrt{1+(R^2-1)l}}=C_Q\frac{1}{q} \tag{2-31}$$

上式中，$C_Q=\frac{R^2-1}{2R^2}$为常数。

快开流量特性的增益 K_v 与流量 q 的倒数成正比，即 $K_v\propto 1/q$；流量增大，增益反而减小。具有这种流量特性的控制阀，在阀门开度较小时就有较大的流量，随着阀门开度的增加，流量很快就接近最大值；此后再增加阀门开度，流量的变化甚小，故称为快开型。

实际工厂使用的快开流量特性的函数关系为

$$q=\frac{Q}{Q_{max}}=1-\left(1-\frac{1}{R}\right)\left(1-\frac{L}{L_{max}}\right)^2=1-\left(1-\frac{1}{R}\right)(1-l)^2 \tag{2-32}$$

实际快开流量特性的增益

$$K_v=\frac{2Q_{max}}{L_{max}}\cdot\left(1-\frac{1}{R}\right)\left(1-\frac{L}{L_{max}}\right) \tag{2-33}$$

图 2-8 给出以上三种流量特性的曲线。

控制阀的理想流量特性是在阀两端压降恒定条件下的流量特性，实际应用时，控制阀两端的压降下降，因此，控制阀理想流量特性发生畸变。图 2-9 是线性、等百分比和实际工厂快开理想流量特性发生畸变的曲线。

图 2-9 中，s 称为压降比，压降比 s 定义为控制阀全开时，阀两端压降占系统总压降的比值，如图 2-10 所示。

图中，P_V 是控制阀两端的压降，P_P 是系统中其他管路的阻力，包括静压头、管路阻力等。系统的总压降为 P_T。则有：

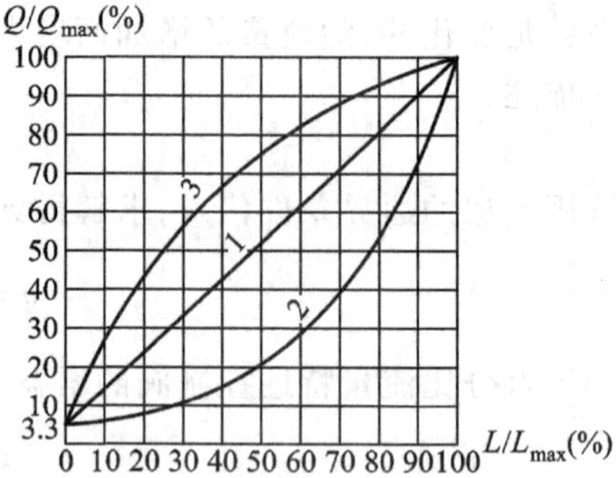

1—线性；2—对数(等百分比)；3—快开

图 2-8　阀的流量特性

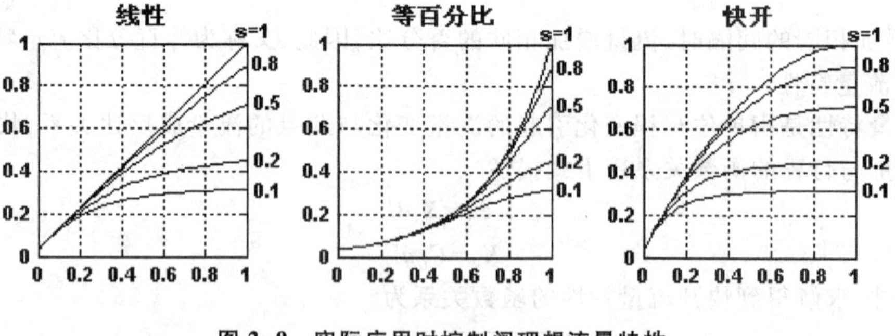

图 2-9　实际应用时控制阀理想流量特性

$$s=\frac{P_{\mathrm{Vmin}}}{P_{\mathrm{t}}}=\frac{P_{\mathrm{Vmin}}}{P_{\mathrm{Vmin}}+P_{\mathrm{P}}};\tag{2-34}$$

可见,一般运行情况下,压降比 $s\leqslant 1$。并有:

(1) 当系统压降全部损失在控制阀时,$s=1$,这时工作流量特性与理想流量特性相同;

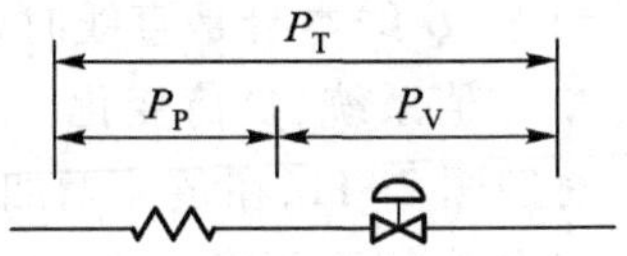

图 2-10 阀与管路串联

(2) 随 s 的减小,管道总阻力增大,控制阀全开时的最大流量相应减小,因此,实际可调比随 S 的减小而减小;

(3) 随 s 的减小,控制阀的流量特性发生畸变,特性曲线上凸,线性理想流量特性畸变为快开;等百分比理想流量特性趋向于线性特性;为了减小控制阀流量特性的畸变,应增大压降比 s。当希望通过降低控制阀压降来节能而效果不明显时,可提高压降比来减小特性曲线畸变,改善控制系统性能。

2.3.4 控制阀流量特性的选择

根据控制系统稳定运行准则,扰动或设定变化时,控制系统静态稳定运行的条件是控制系统各开环增益之积基本恒定;控制系统动态稳定运行的条件是控制系统总开环传递函数的幅频特性和相频特性基本恒定,特别是在工作频率下的幅值比要基本不变。控制阀的工作特性在一定程度上可以补偿广义对象其余部分的非线性。

选择控制阀工作流量特性的目的通过控制阀调节机构的增益来补偿因对象增益变化而造成开环总增益变化的影响。即用 K_v 的变化补偿 K_p 的变化,使 $K_{开}=K_cK_vK_pK_m$ 基本恒定。讨论时,假设控制器增益(或比例度)、执行机构增益、检测变送环节增益不随负荷或设定而变化。这样,当对象增益 K_p 随负荷或设定变化时,通过选择合适的控制阀流量特性,使控制阀增益 K_v 与 K_p 之积保持基本不变。

1. 工作点基本不变

图 2-11 所示是一个换热器的出口温度(被控变量)与载热体流量(操纵变量)间的关系曲线。因为要在操纵变量 Q 的整个工作区域内进行分析,所以不采用增量形式,出口温度用 Y 表示。如果工作点始终在 A 点附近,那么 $K_pK_m=\dfrac{\mathrm{d}Y}{\mathrm{d}Q}$ 也基本不变,采用任何特性类型的控制阀都没有多大问题。

2. 随动控制系统

随动控制系统的设定值变化,对照图 2-11,设定值提高或降低时,工作点由 A 点变为 B 或 C 点,可以看出,各工作点的 K_pK_m 值随着流量 Q 的增加而下降。如果采用对数型的控制阀,K_v 值随着流量 Q 的增加而上升,此时,广义对象的增益

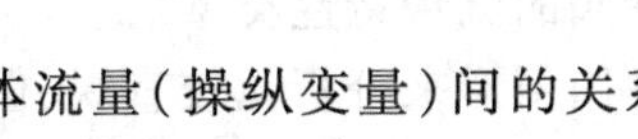

图 2-11 换热器的稳态特性

$K_0=K_pK_mK_v$ 的值就有望基本不变。

当 $Y\sim Q$ 线本身是直线时,应该采用线性型控制阀。其他情况可类似进行分析。

3. 定值系统,负荷变化

对照图 2-11,在负荷增加时,工作点将由 A 点移向 D 点。在图示情况下,K_pK_m 值也是随着流量 Q 的增加而下降的,结论同样是采用对数型控制阀。

当 $Y\sim Q$ 线本身是直线时,如果该线的斜率要随负荷而变化,则仍不应采用线性型控制阀。

4. 定值系统,阀前压力扰动

此时在 $Y\sim Q$ 平面上,工作点是不变的,然而,在阀门方面,阀前压力扰动将使 Q_{max} 起变化,也使阀的 $Q\sim L$ 线发生变化;要保持同样的流量,阀门开度必须在新的位置。此时要看哪种类型的阀门仍能保持 K_v 值不变。

对于线性阀:

$$\frac{\Delta Q}{Q_{max}}\bigg/\frac{\Delta L}{L_{max}}=k \tag{2-35}$$

$$K_V=\frac{\Delta Q}{\Delta L}=k\frac{Q_{max}}{L_{max}} \tag{2-36}$$

K_v 值要随 Q_{max} 而变。

对于对数阀:

$$\frac{\Delta Q}{Q_{max}}\bigg/\frac{\Delta L}{L_{max}}=k\frac{Q}{Q_{max}} \tag{2-37}$$

$$K_V=\frac{\Delta Q}{\Delta L}=k\frac{Q}{L_{max}} \tag{2-38}$$

K_v 值与 Q_{max} 无关,只要 Q 不变,K_v 值就不变。因此选用对数阀是合适的。

然而,有的系统同时兼有几种变化和扰动,得出的结论不全一致。此时应按最主要的变动来选择阀的流量特性类型。

用图形来分析比较直观,但需要有 $Y\sim Q$ 关系的足够数据。如果事先了解对象的稳态方程形式,也可以用解析方法处理。

在利用稳态方程选择工作特性时,不应该从线性化以后的增量方程着手,因为线性化增量方程只适用于小范围的扰动,无法考虑对于整个工作范围的非线性补偿;同时,一经假定了线性关系,K_pK_m 值必然与 Q 无关,结论必然是线性阀门,这样的推理过程显然是不正确的。正确的方法是考虑全部工作区域内 K_pK_m 值与 Q 的函数关系。

下面举一个例子。设被控变量为流量,控制阀与节流装置串联在同一管路上,采用节流装置作为检测元件。现分别就是否采用开方运算两种情况,确定适用于设定值变化的控制阀流量特性。此时被控变量与操纵变量同为 Q,对象增益 $K_p=1$。在引入开方运算后,变送器输出信号与 Q 成正比,K_m 为恒值,这样 K_pK_m 也是恒值,因此控制阀的 K_v 也应为恒值,即选用线性型控制阀。在不进行开方运算时,变送器的输出信号与差压成正比,即与 Q^2 成正比:

$$Y=KQ^2$$

$$K_m=\frac{dY}{dQ}=2KQ$$

也就是说，K_pK_m 的乘积与 Q 成正比。为补偿这一非线性，K_v 应与 Q 成正比，快开型的流量特性可满足这一要求，因此选用快开型控制阀，但为了工作可靠，往往选用线性阀。

5. 示例

以换热器定值控制系统（如图 2-12 所示）为例说明控制阀工作流量特性的选择。

假设两种流体均未发生相变，根据热量平衡方程有

$$G_1c_1(\theta_{1i}-\theta_{1o})=G_2c_2(\theta_{2o}-\theta_{2i}) \quad (2-39)$$

若讨论换热器出口温度 θ_{1o} 与热流体 G_2 之间的关系，由上式可知

$$\theta_{1o}=\frac{G_2c_2}{G_1c_1}(\theta_{2i}-\theta_{2o})+\theta_{1i} \quad (2-40)$$

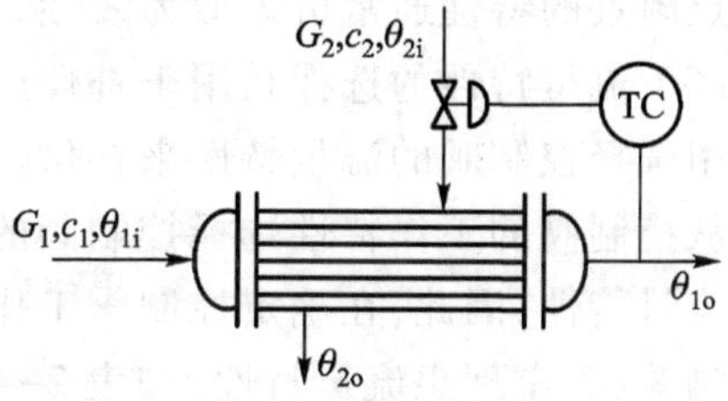

图 2-12 换热器控制阀的选择

对象增益

$$K_p=\frac{c_2}{G_1c_1}(\theta_{2i}-\theta_{2o}) \quad (2-41)$$

（1）负荷 G_1 变化：如图 2-13(a) 所示，被控对象随负荷线 G_1 变化时，当 G_2 大时，K_p 小；G_2 小时，K_p 大，根据稳定运行准则，选择控制阀流量特性，使 G_2 大时，K_v 大，G_2 小时，K_v 小，选用等百分比特性。

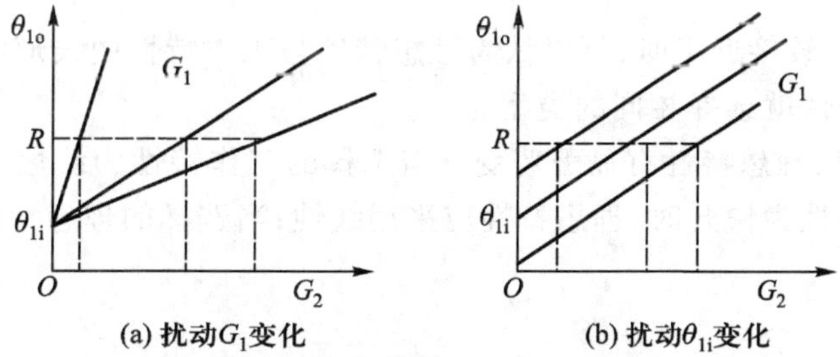

图 2-13 换热器被控对象的特性

（2）温度 θ_{1i} 变化：如图 2-13(b) 所示，被控对象的负荷线随 θ_{1i} 变化，K_p 不随 G_2 大小的变化而变化，即 K_p 为常数，根据稳定运行准则，选择控制阀流量特性，使 K_v 不随 G_2 变化而变化，因此，选用线性特性。

（3）扰动为控制阀前压力变化：设定值不变，负荷线也不变。工作点不变，即流过控制阀的

流量 Q 不变,因此,对象增益 K_p 不变,应选择控制阀的增益 K_v,使之不随 Q_{max} 变化,即应选择等百分比流量特性的控制阀。

6. 控制阀工作特性的选择

在选择控制阀工作流量特性时应注意下列事项:

(1) 控制系统通常受到多种扰动的影响,因此,在选择控制阀工作流量特性时应抓住主要矛盾,即对控制系统有主要影响的扰动,并据此选择控制阀工作流量特性;

(2) 在考虑被控对象特性时,应从整个工作范围考虑,而不能仅局限在工作点附近,因为,在工作点附近的特性通常可近似为线性,从而不能获得正确的分析结果;

(3) 流量特性的选择是用于补偿广义被控对象的非线性特性,有时,被控对象的非线性并不能够用选择控制阀的流量特性来补偿。例如,pH 控制系统。

从控制阀的工作特性选择控制阀的理想特性。由于控制阀制造厂提供的控制阀流量特性是理想流量特性,因此,在确定控制阀工作流量特性后,应根据被控变量类型和对象特性、压降比 s 的影响等,确定理想流量特性,如表 2-4 所示。

表 2-4 根据压降比 s 确定控制阀理想流量特性

压降比 s	$s>0.6$			$0.3<s<0.6$			$s<0.3$
所需工作流量特性	线性	等百分比	快开	线性	等百分比	快开	宜用低 s 控制阀
应选理想流量特性	线性	等百分比	快开	等百分比	等百分比	线性	

当 s 值大于 0.6,比较接近 1 时,可以认为理想特性与工作特性曲线形状相近,此时如工作特性选什么类型,理想特性就选择相同的类型。

当 s 值小于 0.6 时,理想特性有显著畸变。当选择的工作特性为线性时,理想特性应采用对数型;当选择的工作特性为快开时,理想特性应采用线性;当选择的理想特性为对数时,理想特性仍用对数。

s 值的选择

从控制特性上看,s 值接近于 1,或者取比较大的数值,肯定可以减少阀门流量特性的畸变,这是有益的,然而,我们还要考虑其他因素:

(1) 有时由于流体输送机械的能力限制,能够留给控制阀的压降值很小,阀必须在低 s 值下运行;

(2) 由于结构上的原因,阀两端的压降不能超过一定的限值,高压差的减压阀很容易磨损,这时往往须加限流孔板,适当进行分压,使 Δp_V 不超过预定的限值,s 值也必须降低;

(3) 近年来,节能问题受到相当重视,不少情况下阀门造成的摩擦损失耗用了能量,减小 s

值可以节约能耗。

低 s 值会使阀的流量特性产生严重的畸变,可以考虑以下三条途径解决:

(1) 改变阀芯的型面,使其理想特性的曲线比对数型凹得更甚,这样在低 s 值下仍能有合适的工作特性。而在采用阀门定位器时可利用凸轮形状来改变其理想特性;

(2) 采用串级控制系统,用一个流量控制副回路代替单一的控制阀,这时只要将该副回路整定得可以正常工作就行,阀的流量特性对主被控变量的过渡过程将不起显著影响。

控制阀选择哪一种流量特性,要根据具体对象的特性来考虑,原则是希望控制系统的广义对象是线性的,即当工况发生变化,如负荷变动、阀前压力变化、或设定值变动时,广义对象的特性基本不变,这样才能使整定后的控制器参数在经常遇到的工作区域内都适应,以保证控制质量。如果当工况发生变化后,广义对象的特性有变化,由于不可能随时修改常规控制器的参数,控制质量将会下降。

由于控制阀也是广义对象中的一部分,其又有不同的流量特性可供选择,因此可以根据不同的对象特性选择不同的流量特性,使控制阀在控制对象或测量变送环节的特性发生变化时,起到一个校正环节的作用。

2.3.5 阀门定位器的选择

阀门定位器有气动阀门定位器和电-气阀门定位器两种,后者还兼有电-气转换功能。阀门定位器有以下三方面的功能:

1. 改善控制阀的动、静态特性

由于定位器和控制阀组成了一个随动系统,引入了负反馈,从而大大削弱控制阀的动、静态参数的影响。另外,由于阀门定位器的气源压力可以提高,从而能够增大控制阀执行机构的输出力,加快控制阀执行机构的动作速度。因此,使用阀门定位器可以减少控制信号的传递滞后,克服阀杆的摩擦力,消除介质对阀芯的不平衡力,加快阀杆的移动速度,实现快速准确定位,提高控制精度。

在以下场合使用阀门定位器,可以改善控制阀的动、静态特性:即高压差的场合;高压、高温或低温介质、含有固体悬浮物的介质以及粘性介质的场合;大口径控制阀的场合;控制器与控制阀之间距离较大的场合。

2. 改善控制阀的流量特性

控制阀由执行机构和调节机构两部分组成,控制阀的流量特性由调节机构的特性所决定。配上定位器之后,由于阀杆位置是反馈到定位器的反馈凸轮上,因此,改变反馈凸轮的形状就可以改变执行机构的特性,从而使控制阀的流量特性得到修改。

3. 实现分程控制

在某种复杂控制系统中,需要用一台控制器去操纵两台控制阀,每台控制阀工作在不同的信号范围内。此时就需要使用阀门定位器来实现各控制阀的零位和量程的调整。

但在有些情况下使用阀门定位器后,反而使控制品质变差。因为阀门定位器的动作在动态上并不是瞬时完成的,有它的时间常数。如果这一时间常数比广义对象其余部分的时间常数小得多,则它对总的动态特性不起多大影响。反之,如果对象本身的时间常数与它在同一数量级,则广义对象的两个主要时间常数比较接近,反而不易调节。有些流量控制回路和快速的压力控制回路就存在这一问题,此时以不用阀门定位器为宜。

2.3.6 其他执行器

除了控制阀外,其他的执行器有执行电动机、液压伺服机构等。

1. 执行电动机

执行电动机是一种电动机,它是根据控制系统发来的指令执行运动的机电一体化产品。它具有一般电动机的基本功能和特点,除了将电能转化为机械能外,还具有如下列特点:

(1) 可控性:能够将控制信号对应地转变为机械运动;

(2) 快速性:能满足控制系统快速信号变化的要求,及时作出响应;

(3) 高精确性:能精确地将机械定位在所需的位置,满足控制系统的要求;

(4) 环境适应性:能够适应环境的变化,例如,克服温度、湿度等变化的影响。

执行电动机按电动机原理可分为直流电动机、步进电动机、交流同步电动机、交流异步电动机、开关磁阻电动机等。按控制方式可分为调压调速、变频调速和电磁调速等。

2. 液压传动和控制

在需要大功率、高精度控制的场合,通常可采用流体传动控制系统。流体传动控制系统包括液压传动系统和电液控制系统。

液压传动系统是以液体为工作介质,通过动力元件(例如液压泵)将原动机的机械能转换为液体的压力能,并经管道和控制元件,借助执行元件(例如液压缸或液压马达)使液压能转化为机械能,驱动负载完成直线或回转角度的运动。

基本的液压传动系统由方向控制回路、压力控制回路和流量控制回路等组成。方向控制回路可采用换向阀、单向阀等;压力控制回路可采用压力继电器、减压阀、顺序阀等;流量控制回路可采用节流阀、调速阀等。此外,还需要一些辅助控制回路,例如,平衡控制回路、卸压控制回路、增压和增速控制回路等。

电液控制系统是将电信号放大和转换为液压功率输出的控制系统。通常,电液伺服控制系统包括位置伺服控制系统、速度伺服控制系统和力伺服控制系统等。

电液比例阀是简单的电液控制元件,它介于一般阀与电液伺服阀之间,能够根据电信号对系统的流量、压力和液流方向进行连续的远程控制。按控制的参数不同,可分为比例压力阀、比例调速阀、换向阀和复合阀等。

3. 其他执行装置

随着机器人技术和其他高新科学技术的发展,执行装置也得到飞速的发展。其他执行装置包括新型直流电动机、形状记忆合金驱动执行器、压电驱动执行器、磁致伸缩驱动执行器、仿生步进驱动执行器、超导驱动执行器、橡胶驱动执行器等,可参见有关资料。

2.4 控制器的控制算法

在生产过程的自动控制系统中,控制器是很重要的组成部分。控制器将系统被控变量的测量值与设定值相比较,如果存在偏差,就按预先设置的不同控制规律,发出控制信号,去控制生产过程,使被控变量的测量值与设定值相等。控制器的输出信号随偏差信号的变化而变化的规律称为控制规律。常用的控制规律有比例(P)控制、比例积分(PI)控制、比例微分(PD)控制和比例积分微分(PID)控制。

2.4.1 连续 PID 控制算法

1. 比例控制

比例(P)控制,其数学表达式为

$$u(t)=K_c e(t)+u_0 \tag{2-42}$$

写成增量式为

$$\Delta u(t)=K_c e(t) \tag{2-43}$$

其中,$e(t)=r(t)-y(t)$既是增量,又是实际值。$r(t)$为参考输入(或设定值),$y(t)$为输出(或被控变量),$u(t)$为控制器输出,$u_0(t)$是在偏差为零时的初值。因此,比例控制器传递函数为:

$$G_c(s)=\frac{U(s)}{E(s)}=K_c \tag{2-44}$$

使用比例控制作用时应注意以下事项:

(1) 控制器输出与偏差之间在一定范围内保持比例关系(如图 2-14 所示)。

在 K_c 值较大的情况下,式(2-43)只有在一定范围内起作用。设令 e 的范围为$-50\%\sim+50\%$,u 的范围为 $0\sim100\%$,则在 $K_c>1$ 的情况下,当$|e(t)|$达到 $50\%/K_c$ 时,u 将到达 0 或 100%,即使$|e(t)|$继续增大,u 不再变化。这是具有饱和区的比例特性,从局部范围看,它是线性的,但从整体范围看,却是一种非线性关系。

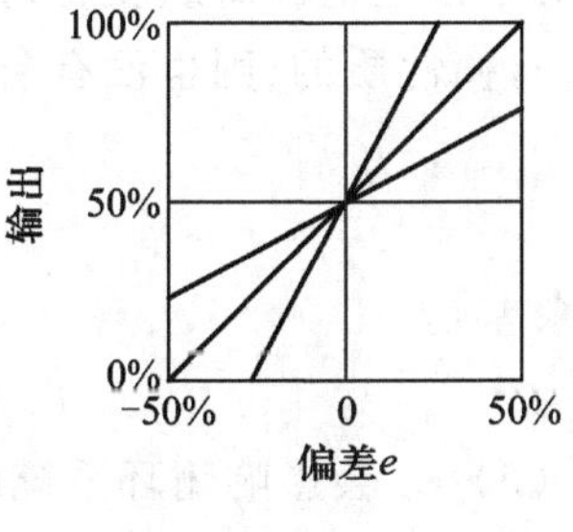

图 2-14 *P* 作用下的 *u*~*e* 关系

(2) 通常用比例度表示控制器输出与偏差成线性关系的比例控制器输入(偏差)的范围。因此,又称为比例带。

比例度的定义为

$$\delta=\frac{\dfrac{e}{|e_{max}-e_{min}|}}{\dfrac{\Delta u}{u_{max}-u_{min}}}\times100\% \tag{2-45}$$

当 u 和 e 都采用无量纲形式时，$|e_{max}-e_{min}|=|u_{max}-u_{min}|=1$。采用计算机控制时，$u$ 和 e 具有相同的量纲，即 $|e_{max}-e_{min}|=|u_{max}-u_{min}|$ 成立，此时

$$\delta=\frac{1}{K_c}\times100\% \tag{2-46}$$

总的来说，δ 与 K_c 成反比。由图 2-14 可以看出，δ 正好是 Δu 与 e 间成比例的偏差范围，因此 δ 亦称为比例带或比例区域。

（3）控制器增益 K_c 和比例度 δ 习惯上都用绝对值表示。实际上反作用控制器的增益 K_c 为正，正作用控制器增益 K_c 为负。控制器正反作用的选择是使控制器增益与广义对象增益 K_0 的乘积为正值。

（4）比例控制一般来说是有余差的控制，对于广义对象为自衡过程，K_c 越大，余差越小。稳态关系的系统框图如图 2-15 所示，设在初始稳态下没有偏差，则在设定值或扰动作阶跃变化后，被控变量测量值的余差为

$$e(\infty)=\frac{1}{1+K_cK_0}\Delta r \tag{2-47}$$

$$e(\infty)=\frac{1}{1+K_cK_0}\Delta f \tag{2-48}$$

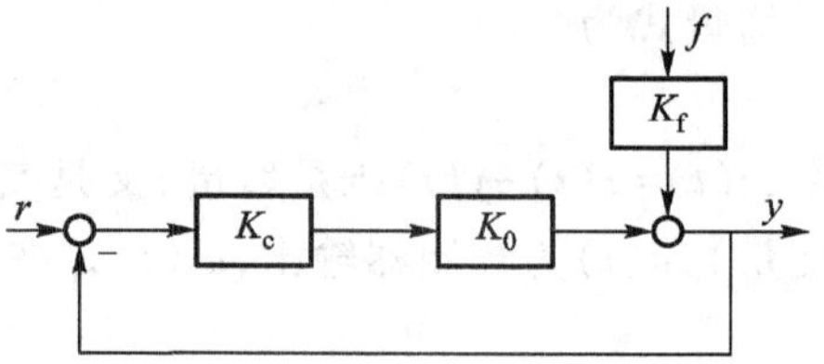

图 2-15 表明稳态关系的系统框图

然而，当广义对象具有非自衡特性，如

$$G_0=\frac{K_0}{s(Ts+1)} \tag{2-49}$$

时，对于设定值的阶跃变化，只要 K_c 不为零，系统就没有余差。对于扰动的阶跃变化，如果 G_f 是具有自衡性质的，则也没有余差；如果 G_f 也具有非自衡性质，则将有余差，如

$$G_f=\frac{K_f}{s(T_fs+1)} \tag{2-50}$$

时，余差是

$$e(\infty)=-(K_f/K_cK_0)\Delta f \tag{2-51}$$

（5）K_c 会影响闭环系统的稳定性。一般地说，不论是设定值变化还是负荷变化，K_c 越大，闭环系统的稳定性越是降低。图 2-16(a)和(b)分别是设定值和负荷作阶跃变化时的过渡过程曲线示图。可以看出，在定值控制情况下，K_c 越大，则最大偏差越小，振荡频率越高，但振荡倾向越强。在随动控制情况下，增大 K_c，也使稳定性下降。

对于开环不稳定过程，或条件稳定过程，K_c 在一定范围内，闭环系统才能稳定。

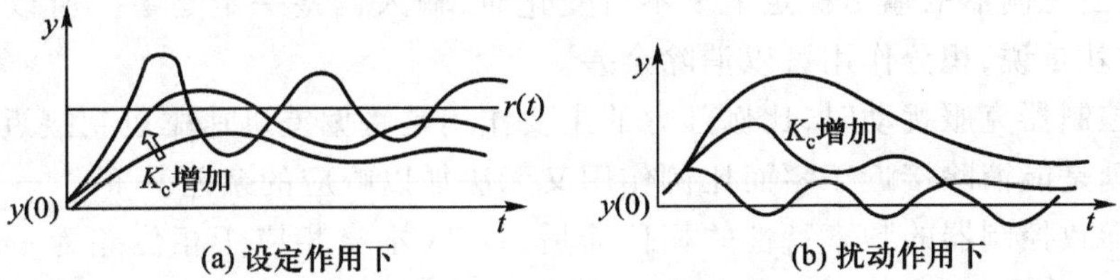

图 2-16 K_c 对过渡过程的影响

比例增益 K_c 的选取与对象的特性有关。如果对象是较稳定的，即对象的纯滞后较小、时间常数较大以及放大系数较小时，K_c 可以取得大一些，以提高整个系统的灵敏度，使反应加快，以得到比较平稳且余差又不太大的衰减过渡过程；反之，如果对象的纯滞后较大、时间常数较小以及放大系数较大时，K_c 就应该取得小一些，否则达不到稳定的要求。

通常，工业上常见系统的比例度 δ 的参考选取范围为：

压力控制系统 30%~70%；

流量控制系统 40%~100%；

液位控制系统 20%~80%；

温度控制系统 20%~60%。

比例控制是一种最基本的控制规律，具有反应速度快、控制及时等特点，但由于控制结果有余差，仅适用于干扰较小、对象的时滞较小而时间常数并不太小，控制质量要求不高，允许有余差的场合。

2. 比例积分控制

在工业上，为了保证控制质量，许多控制系统中是不允许存在余差的，因此，必须在比例控制的基础上引入积分控制。

比例积分控制规律的数学表达式为

$$\Delta u(t) = K_c\left(e(t) + \frac{1}{T_i}\int_0^t e(t)\,\mathrm{d}t\right) \tag{2-52}$$

其传递函数为

$$\frac{U(s)}{E(s)} = K_c\left(1+\frac{1}{T_i s}\right) \tag{2-53}$$

式中，T_i 是积分时间，是在阶跃作用下，继立即发生作用的比例项 $\Delta u_P = K_c e$ 项之后，积分作用项 Δu_I 由开始积分到上升至与 Δu_P 相等所需要的时间。T_i 越小，则积分作用越强。

比例积分控制器的输出是比例作用和积分作用两部分之和。

从积分作用的数学表达式可以看出，输出信号 Δu 的大小不仅与偏差信号 e 的大小有关，而且还取决于偏差 e 存在时间的长短。当输入偏差存在时，控制器的输出会不断变化，而且偏差存在的时间越长，输出信号的变化量也越大。直到偏差等于零时，控制器的输出不再变化而稳定下来。反过来说，当控制器的输出稳定下来不再变化时，输入偏差一定是零。所以在积分控制时，余差等于零，也就是说，积分作用可以消除余差。

比例积分控制器克服扰动时，比例部分的主要作用是将偏差迅速驱赶到接近于零，而积分部分的主要作用则是能消除接近于零而比例作用又无法加以响应的余差。

积分作用导致控制器的频率特性的相位滞后，$1/T_i s$ 本身相应于相位差为 $-\pi/2$ 的环节。因此对于同一对象，减小 T_i，将使系统开环特性的相位滞后增大，导致闭环系统的振荡倾向加强，稳定裕度下降。因此，要保持原有的稳定裕度，必须减小比例增益 K_c，这又使系统的其他控制指标有所下降，如最大动态偏差将增加，振荡频率将变慢，回复时间将延长。图 2-17 给出了在同样的 K_c 下和保持同样的衰减比条件下减少 T_i 值对过渡过程影响的情况。

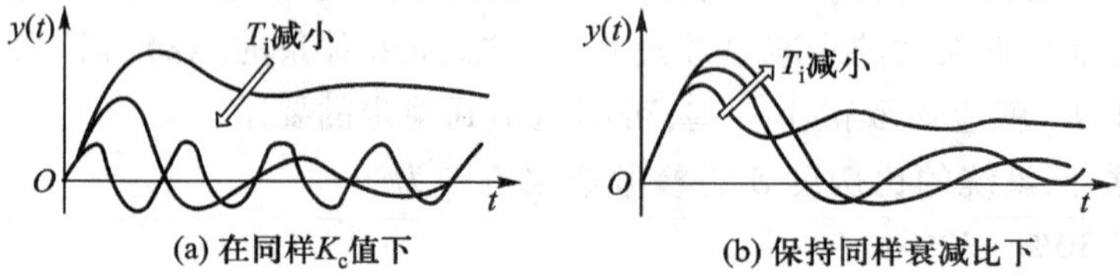

图 2-17 T_i 对定值控制系统过渡过程的影响

由于比例积分控制器既保留了比例控制器响应及时的优点，又能消除余差，故适应范围比较广，大多数控制系统都能使用。

积分时间 T_i 越小积分作用越强，滞后越大，使稳定性裕度下降，当 T_i 趋向无穷大时无积分作用。其积分时间 T_i 应根据不同的对象特性加以选择。

一般情况下 T_i 的大致范围是：

压力控制 $T_i=0.4\sim3$ min；

流量控制 $T_i=0.1\sim1$ min；

温度控制 $T_i=3\sim10$ min；

液位控制　一般不需积分作用。

3. 比例微分控制

虽然在比例作用的基础上增加了积分作用后，可以消除余差，但为了抑制超调，必须减小比例增益，使控制器的整体性能有所变差。当对象滞后很大，或负荷变化剧烈时，则不能及时控制。而且，偏差的变化速度越大，产生的超调就越大，需要越长的调整时间。在这种情况下，可以采用微分控制，因为比例和积分控制都是根据已形成的偏差而进行动作的，而微分控制却是根据偏差的变化趋势进行动作的，从而有可能避免产生较大的偏差，且可以缩短调整时间。

理想的 PD 作用是

$$u(t)=u_0(t)+K_c\left(e(t)+T_d\frac{\mathrm{d}e(t)}{\mathrm{d}t}\right) \tag{2-54}$$

或

$$U(s)=(1+T_d s)E(s) \tag{2-55}$$

式中 T_d 是微分时间。当偏差作阶跃变化和斜坡函数变化时，控制器输出 u 的变化过程分别如图 2-18(a)和(b)所示。在斜坡函数形式输入下，要达到同样的 u 值 PD 作用要比单纯 P 作用快些，提前的时间就是微分时间 T_d。

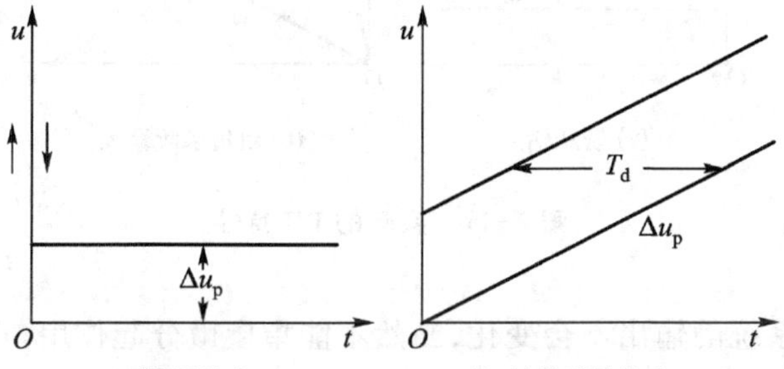

图 2-18 理想的 PD 特性

然而理想的 PD 作用要求对输入高频分量有很大的放大作用，既困难，又无益，同时在阶跃输入下所产生的突变在实际过程控制中又不合适，因此，工业上的微分控制器使用实际的微分控制规律。其数学表达式为

$$\frac{T_d}{K_D}\frac{d\Delta u(t)}{dt}+\Delta u(t)=T_d\frac{de(t)}{dt}+e(t) \tag{2-56}$$

或

$$U(s)=\frac{1+T_d s}{1+\frac{T_d}{K_D}s}E(s) \tag{2-57}$$

实际 PD 控制是在理想 PD 控制器后串接了一个一阶滞后环节。K_D 称为微分增益，这样对高频分量的动态增益有了一定限制，不会超过 $K_c K_D$ 倍。K_D 一般为 5~10。图 2-19 分别是它在阶跃与斜坡输入下的变化过程。

使用微分作用时，要注意以下几点：

(1) 微分作用的强弱要适当。引入微分作用的目的是改善高阶对象的控制品质。微分作用是按照偏差的变化趋势来控制，所以更加及时。从传递函数看，引入 D 作用后使控制器的传递函数 $G_c(s)$ 多了一个零点，由于相位超前，提高了系统的稳定性裕度，使控制质量得到了提高。如果微分作用太弱，即微分时间 T_d 太小，相位超前不够明显，对控制质量改善不大；但是微分时间 T_d 太大，微分作用太强，反而降低系统的稳定裕度。

(2) 微分作用适用于对象容量滞后较大的控制系统，如温度控制系统。对于这些系统，适当加入微分作用，可以使控制质量有较大程度的提高。但是，微分作用对于对象的时滞是不起作用

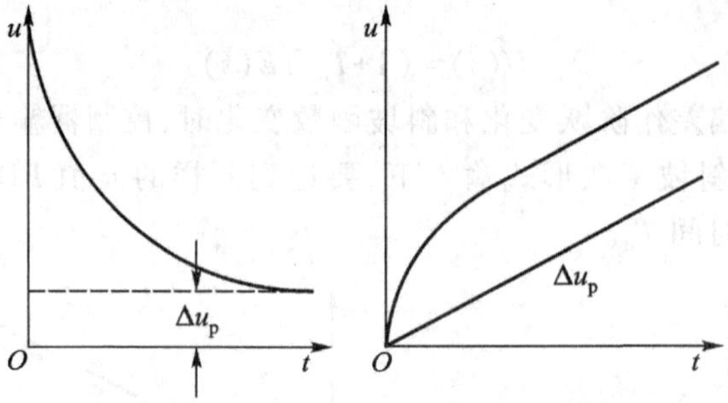

(a) 阶跃输入　　(b) 斜坡函数输入

图 2-19　实际的 PD 特性

的。因为在时滞期间,系统的输出不会变化,当然不能指望微分起作用。

(3) 对于具有大噪音对象的控制系统,如流量控制系统,微分作用会把这些高频干扰放得很大,反而降低了控制系统的调节质量,因此一般不引入微分作用。

(4) 在通常的微分作用中,微分增益 $K_D>1$。从式(2-57)中可以看出,如果 $K_D=1$,就等同于单纯的比例作用;如果 $K_D<1$,则比例微分环节产生的超前作用小于一阶滞后环节产生的滞后作用,故称为"反微分"。图 2-20 是在这三种情况下在阶跃输入时的输出曲线。反微分具有滤波作用,对于某些反应太快的流量控制系统,采用反微分作用可以起到很好的滤波效果。

(5) 对具有微分作用的控制器,如果一下子迅速提高或降低设定值,偏差 e 的阶跃变化会引起控制作用 u 的大幅突变,会使执行器全开或全关,这对调节过程一般是不利的。因此在采用一般的 PD 或 PID 控制器时,设定值的调整必须缓和进行。或者采用只对测量值进行微分运算,将微分环节移放在比例环节之前,这称为微分先行。这时设定值的调整便不受限了。

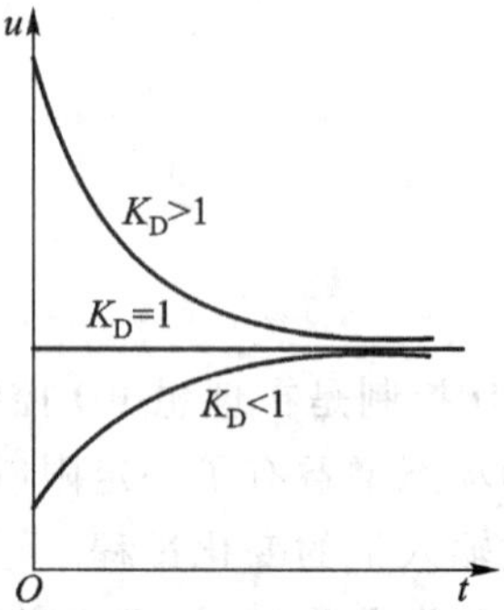

图 2-20　正反微分作用下的输出

4. 比例积分微分控制

从以上讨论中可知,比例、积分、微分三种控制规律各有其独特的作用。比例控制是基本的控制方式,自始至终起着与偏差相对应的控制作用;添入积分控制后,可以消除纯比例控制无法消除的余差;而添入微分控制,则可以在系统受到快速变化干扰的瞬间,及时加以抑制,增加系统的稳定裕度。将三种控制规律组合在一起,就是比例积分微分(PID)控制,理想的 PID 控制数学表达式为:

$$\Delta u(t)=K_c\left(e(t)+\frac{1}{T_i}\int_0^t e(t)\,dt+T_d\frac{de(t)}{dt}\right) \tag{2-58}$$

或

$$U(s)=K_c\left(1+\frac{1}{T_i s}+T_d s\right)E(s) \tag{2-59}$$

图 2-21 是 e 作阶跃作用时控制器输出 u 的变化过程，可以看出，P 作用是始终起作用的基本分量，I 作用一开始不显著，随时间逐渐增长；D 作用则相反，在前期的分量比较主要。

实际的 PID 作用与理想 PID 作用有两个主要区别：

（1）D 作用总是采用实际微分作用；

（2）P、I、D 三个作用间存在相互影响。

实际的 PID 控制数学表达式为：

$$\Delta u(t)=K_c\left(e(t)+\frac{1}{T_i}\int_0^t e(t)\mathrm{d}t+e(t)(K_D-1)e^{-\frac{K_D}{T_d}t}\right) \tag{2-60}$$

或

$$U(s)=K_c\left(1+\frac{1}{T_i s}+\frac{1+T_d s}{1+\frac{T_d}{K_D}s}\right)E(s) \tag{2-61}$$

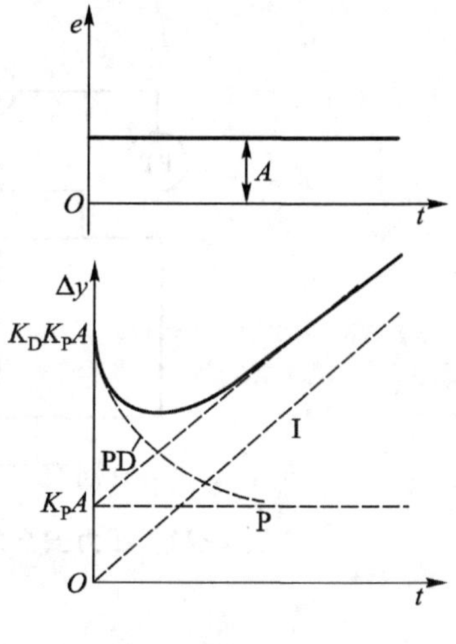

图 2-21 阶跃作用下的 PID 特性

比例积分微分（PID）控制器适用于被控对象负荷变化较大，容量滞后较大，干扰变化较强，工艺不允许有余差存在，且控制质量要求较高的场合。只要根据被控对象的特性，合理选择比例度、积分时间和微分时间，就能获得较高的控制质量。

5. 积分饱和及其防止

我们知道，当某一极性的偏差持续存在时，具有积分作用的控制器的输出将不断增大或减小，直至控制器的极限值。虽然，在一般的控制系统中，由于积分作用能够消除余差，因此在调节过程中能将偏差逐渐减至为零，即不会出现以上的现象。但是有些场合却不是这样，如一些为保障安全的控制系统（如图 2-22 所示的压力安全放空系统），或某些复杂控制系统（如有两个控制器的选择性控制系统）等。在这些系统中，控制器在正常工况下的输入偏差一直存在，使得该控制器的输出达到极限值。一旦需要动作时，控制器就无法及时使执行机构动作，从而造成调节过程中的动态偏差加大，甚至引起危险。这种现象就是所谓的积分饱和现象。

在图 2-22 所示的压力安全放空系统中，控制器的设定值为压力容器的容许限值。在正常操作情况下，实际压力总是低于该值，故偏差长期存在，使比例积分控制器的输出达到极限值。如果用的是气动仪表，控制器的输出将是气源压力 140 kPa/cm^2（而不是额定的最大值 100 kPa/cm^2）。虽然，该压力对于关紧阀门是有利的，但是一旦容器内的压力开始上升（即图 2-23 中的 $t=t_1$）时，由于偏差的极性未变，控制器的输出也不会变化，直至容器压力大于容许限值（$t=t_2$）时才从 140 kPa/cm^2 处开始下降。但因其值大于 100 kPa/cm^2，控制阀仍未动作，直到 $t>t_3$，控制器的输出小于 100 kPa/cm^2,控制阀才开始打开。可见,由于积分饱和现象的存在,使得控制系统在 $t_2 \sim t_3$ 时间段内未能进行正常的调节,从而可能造成不良后果。

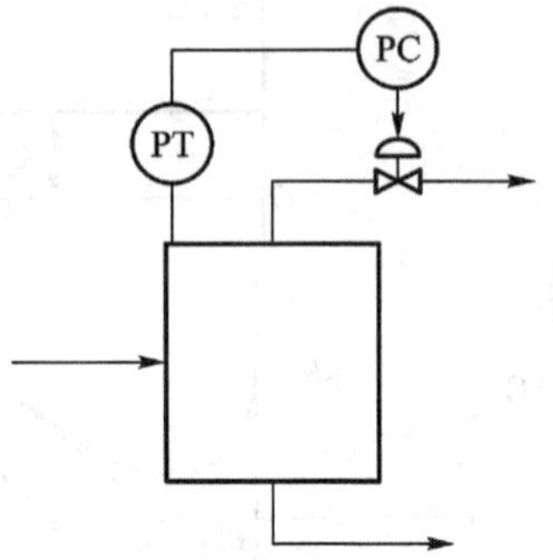

图 2-22 压力安全放空系统

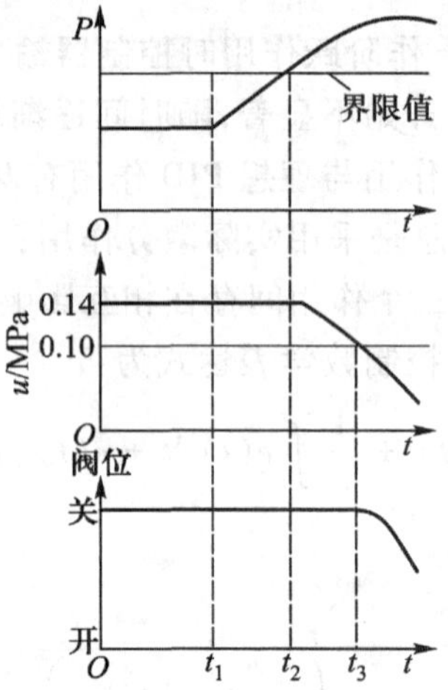

图 2-23 积分饱和现象

防止积分饱和现象有三种办法:

(1) 对控制器的输出加以限幅,使其不超过额定的最大值或最小值;

(2) 限制控制器积分部分的输出,使之不超出限值。对于气动仪表,可采用外部信号作为其积分反馈信号,使之不能形成偏差积分作用;对于电动仪表,可改进仪表内部线路;

(3) 积分切除法,即在控制器的输出超过某一限值时,将控制器的控制规律由比例积分自动切换成纯比例控制状态。

2.4.2 离散 PID 控制算法

一、离散 PID 控制算法

采用集散控制系统(DCS)或其他计算机装置进行控制时,对各个变量的处理在时间上是离散进行的。数字控制方式的特点是采样控制,每个被控变量的测量值按一定的周期定时采样,与设定值进行比较后,按照预定的控制算法得到输出值,并进行保持。这种控制系统的控制作用需要使用离散 PID 算法进行控制。

离散 PID 控制是根据对模拟控制器的理想 PID 算法加以离散化得来的,且有几种不同的基本形式:

1. 位置式 PID 控制算法

$$u(k) = K_c e(k) + \frac{K_c}{T_i}\sum_{i=0}^{k} e(i)\Delta t + K_c T_d \frac{e(k) - e(k-1)}{\Delta t}$$

$$= K_c e(k) + K_I \sum_{i=0}^{k} e(i) + K_D [e(k) - e(k-1)] \tag{2-62}$$

式中：

$K_I = \dfrac{K_c}{T_i}\Delta t$——积分系数；

$K_D = \dfrac{K_c T_d}{\Delta t}$——微分系数；

Δt——采样间隔时间（也常用 T_s 表示）。

注意到，$u(k)$不是控制器的输出的变化量，而是其实际的输出，经过数-模（D/A）转换后的模拟信号与阀门的位置一一对应，故有位置式之称。每次需计算阀的绝对位置，控制器输出需与数字式控制阀连接，否则需经 D/A 转换成模拟量，并需保持电路将输出信号保持到下一采样时刻，需采用必要措施来防止积分饱和和进行手自动切换。

2. 增量式 PID 控制算法

$$\begin{aligned}\Delta u(k) &= u(k) - u(k-1)\\ &= K_c \Delta e(k) + K_I e(k) + K_D[(e(k)-e(k-1))-(e(k-1)-e(k-2))]\\ &= K_c[e(k)-e(k-1)] + K_I e(k) + K_D[e(k)-2e(k-1)+e(k-2)]\end{aligned} \tag{2-63}$$

式中的 $\Delta u(k)$对应于两次采样时间间隔内控制阀开度的变化量，可通过步进电机等累积机构，将其转换成模拟量。

采用增量式 PID 控制算法时，可以从手动时的 $u(k-1)$出发，直接计算出投入自动运行时控制器应有的输出变化量 $\Delta u(k)$，从而方便了手自动切换。另外，由于这种算法对偏差不加以累积，从而不会引起积分饱和现象。因此，在实际中较多使用该算法。

3. 速度式 PID 控制算法

$$\begin{aligned}v(k) &= \Delta u(k)/\Delta t\\ &= K_c \frac{\Delta e(k)}{\Delta t} + \frac{K_c}{T_i}e(k) + \frac{K_c T_d}{(\Delta t)^2}[e(k)-2e(k-1)+e(k-2)]\end{aligned} \tag{2-64}$$

式中 $v(k)$为控制器输出的变化速率，表征控制阀在采样周期内的平均变化速度。由于一旦采样周期选定之后，Δt 是一个常数，故速度式与增量式控制算法在本质上没有什么区别。

二、离散 PID 控制算法的特点

与连续 PID 控制算法比较，离散 PID 控制算法具有下列特点：

（1）PID 三种控制作用是相互独立的，没有控制器参数之间的关联；

（2）离散 PID 控制器的参数可以在更大范围设置；

（3）离散 PID 控制器是采样控制，相当于引入时滞为 $T_s/2$ 的环节，所以控制品质差于连续 PID 控制。常用控制度表示连续控制与离散控制控制品质的差异程度。控制度定义为

$$\text{控制度} = \frac{\left[\min\int e^2 dt\right]_{DDC}}{\left[\min\int e^2 dt\right]_{ANA}} = \frac{\min(ISE)_{DDC}}{\min(ISE)_{ANA}} \tag{2-65}$$

上式中下标 DDC 和 ANA 分别表示直接数字控制和模拟连续控制,min[·]项是通过参数最优整定而能达到的最小平方误差积分鉴定准则值。控制度总是大于 1,采样周期 T_s 越小,控制度也越小;采样周期越大,控制度越大,离散 PID 控制的品质愈差。

(4) 采样周期 T_s 选择。T_s 选择要满足香农采样定理。实际应用中,选择采样周期 T_s 的原则是使控制度在 1.2~1.5 之间。一般 $T_s=(1/6\sim1/15)T_P$,通常取 $T_s=0.1T$。

流量:采样周期为 1~5 s,常用采样周期为 1 s。

压力:采样周期为 3~10 s, 常用采样周期为 5 s。

液位:采样周期为 5~8 s,常用采样周期为 5 s。

温度:采样周期为 10~20 s,常用采样周期为 15 s。

成分:采样周期为 15~30 s,常用采样周期为 20 s。

三、离散 PID 控制算法的改进

除了以上几种基本算法之外,在实际使用中还可以采用一些改进的方法,以提高控制质量。

1. 积分分离

所谓积分分离,就是仅在偏差处于较小的范围内才使用积分作用,当偏差大于一定的数值时,则取消积分作用。其算式为

$$\Delta u(k)=K_c[e(k)-e(k-1)]+K_L K_I e(k)+K_D[e(k)-2e(k-1)+e(k-2)] \tag{2-66}$$

其中,当 $e(k)\leqslant A$ 时,$K_L=1$,即引入积分作用;

当 $e(k)>A$ 时,$K_L=0$,即取消积分作用;A 为预定的阈值。

采用积分分离的算式后,可以避免在开、停车或大幅度改变设定值时,由于短时间内产生很大偏差而引起的严重超调或长时间的振荡。从图 2-24 中可以看出,其对提高控制质量有明显的效果。

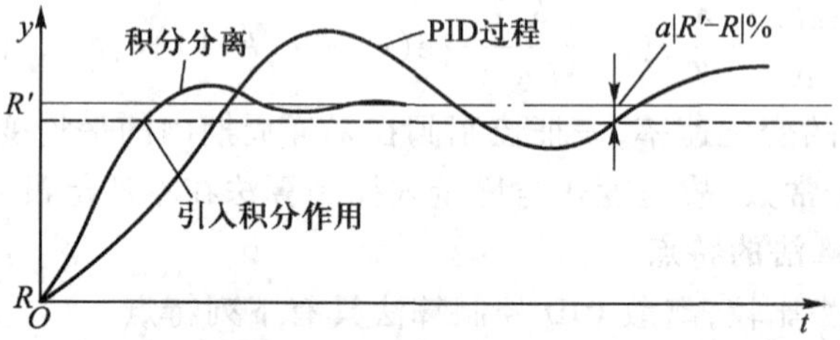

图 2-24 具有积分分离的 PID 控制过程

2. 不完全微分

在基本算法中,采用的是理想的微分作用。当被控变量变化较快时,虽然计算机的相应输出也较大,但步进电机无法在短时间内完成所要求的走步,从而限制了微分校正作用。所谓不完全微分是用实际的微分环节来代替理想的微分环节,其算式为:

$$\Delta u(k)=a\Delta u(k-1)+(1-a)\Delta u'(k) \tag{2-67}$$

式中，$a=\dfrac{T_d/K_D}{\Delta t+T_d/K_D}$；

$$\Delta u'(k)=K_c[e(k)-e(k-1)]+K_I e(k)+K_D[e(k)-2e(k-1)+e(k-2)] \tag{2-68}$$

理想微分(或完全微分)虽然作用强烈，但仅在扰动产生的第一个周期起作用。而不完全微分尽管在第一个周期的作用有所减弱，却可以维持一段时间，从总体上来看，微分作用还是增强了，从而可以提高控制质量。图 2-25 中是完全微分与不完全微分的比较。

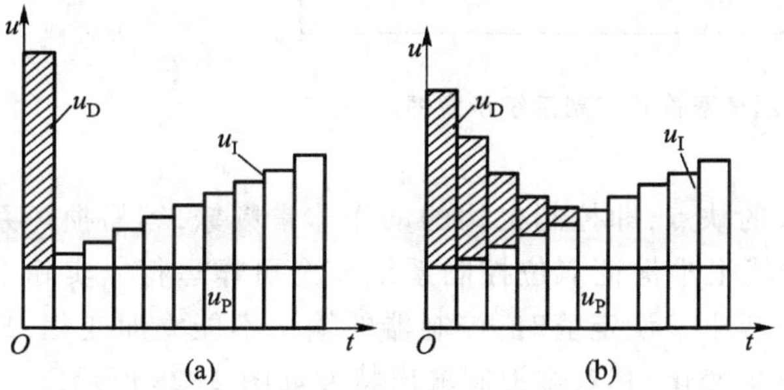

图 2-25 完全微分与不完全微分的阶跃响应

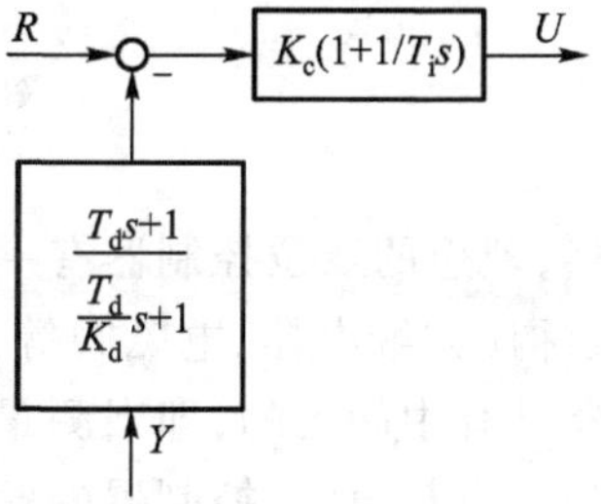

图 2-26 微分先行 PID 框图

3. 微分先行

所谓微分先行，是将微分环节移到测量值与设定值的比较点之前，即对测量值 $y(t)$ 而不是对偏差 $e(t)$ 进行微分运算，如图 2-26 所示。由于避开了对设定值的微分运算，这样在调整设定值时，输出就不会产生剧烈的跳变。而通常被控变量的变化总是比较和缓的。

对基本算式(2-63)加以修改，可导出采用微分先行时的如下算式

$$\Delta u(k)=K_c[e(k)-e(k-1)]+K_I e(k)-K_D[y(k)-2y(k-1)+y(k-2)] \tag{2-69}$$

2.4.3 双位控制

目前所采用的控制器中，最古老而简单的控制规律是双位控制，即控制器的输出只有两个值。当测量值大于(或小于)设定值，即偏差信号 $e(t)$ 大于零(或小于零)时，控制器的输出信号 $u(t)$ 为最大值；反之，则控制器的输出信号为最小值。因此，理想的双位控制规律的数学表达式为

当 $e\geqslant 0$(或 $e\leqslant 0$)时，$u(t)=u_{max}$；

当 $e<0$(或 $e>0$)时，$u(t)=u_{min}$。

图 2-27 是一个温度的双位控制系统。被控对象是一个电加热器，工艺要求控制热流体的出口温度。使用热电偶测量该温度，并把温度信号送到双位温度控制器，由控制器根据温度的变化情况来接通或切断电源。当出口温度低于设定值时，控制器的输出使电源接通，进行加热，流

体的温度上升；当出口温度高于设定值时，控制器的输出使电源断开，流体的温度又会逐渐下降。

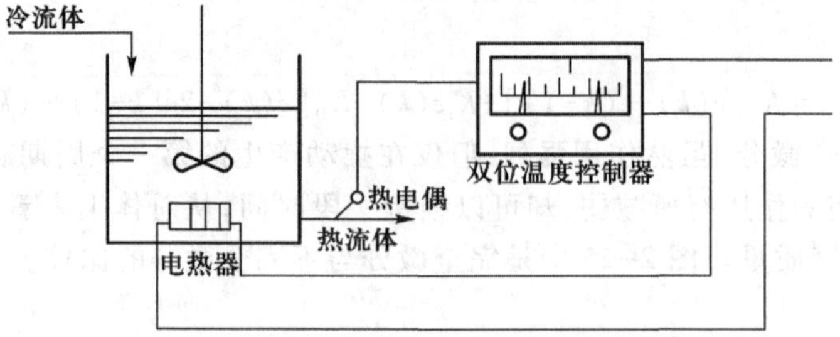

图 2-27 温度双位式控制系统示意图

显然，理想的双位控制器有一个很大的缺点，即控制机构的动作非常频繁，容易损坏系统中的执行机构（如继电器、电磁阀等），这样就很难保证双位控制系统安全可靠运行。实际上的双位控制器是有中间区的，即当测量值大于或小于设定值时，控制器的输出不能立即变化，只有当偏差达到一定数值时，控制器的输出才发生变化，其双位控制输出特性如图 2-28 所示。

有了中间区后，当出口温度高于设定值时，控制器的输出并不立即发生变化。加热器继续通电，流体温度继续上升，直至偏差达到中间区的上限，控制器的输出才发生变化，切断电源，使流体的温度逐渐下降。同理，当流体的温度低于设定值时，控制器的输出也不立即发生变化，一直要到其偏差达到中间区的下限时，才接通加热器的电源，使流体的温度再次上升，从而保证流体的温度在一定的范围内波动（如图 2-29 所示）。

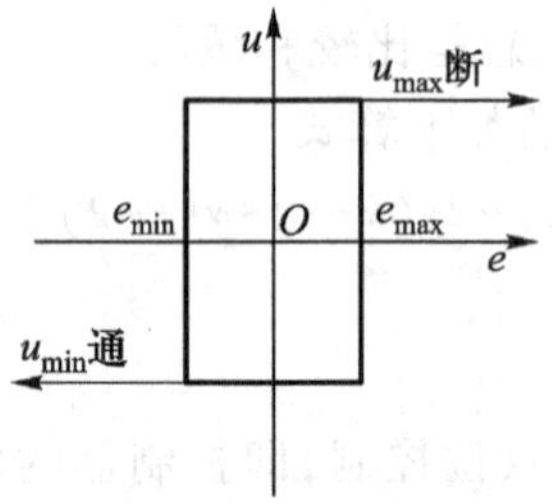

图 2-28 实际双位控制输出特性

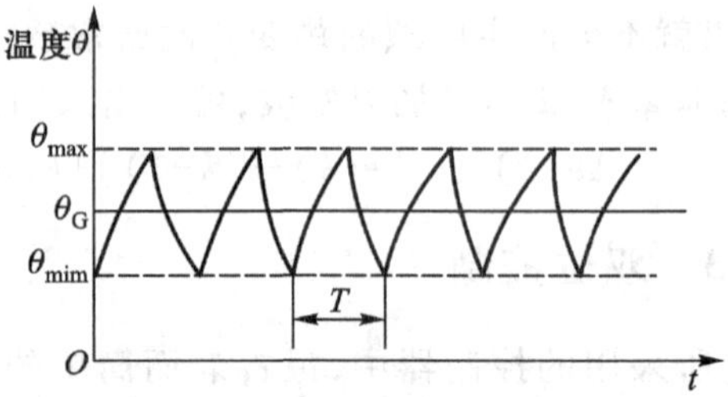

图 2-29 实际双位控制的过程曲线

由于双位控制是断续控制作用下的等幅振荡过程，因此分析双位控制过程时，一般使用振幅和周期作为品质指标。在图 2-29 中，振幅为 $\theta_{max}-\theta_{min}$，周期为 T。理想的情况是希望振幅小，周期长。但对于同一个双位控制系统来说，过渡过程的振幅和周期是有矛盾的，若要求振幅小，则周期必然短，使执行机构的动作次数增多，可动部件容易损坏；若要求周期长，则振幅必然大，使被控变量的波动超出允许范围。一般的设计原则是，满足振幅在允许的范围内后，尽可能使周期最长。

要注意的是系统中有时存在纯滞后环节(即时滞)。如果滞后时间为 τ,那么,即使控制器的输出已经切换,被控变量 $y(t)$ 仍将继续上升或下降 τ 时间(见图 2-30),然后才下降或上升,从而使等幅振荡的幅度加大,变为 $\theta'_{max}-\theta'_{min}$。系统的时滞越大,振荡的幅度也越大。因此,在系统设计时要考虑这个问题。

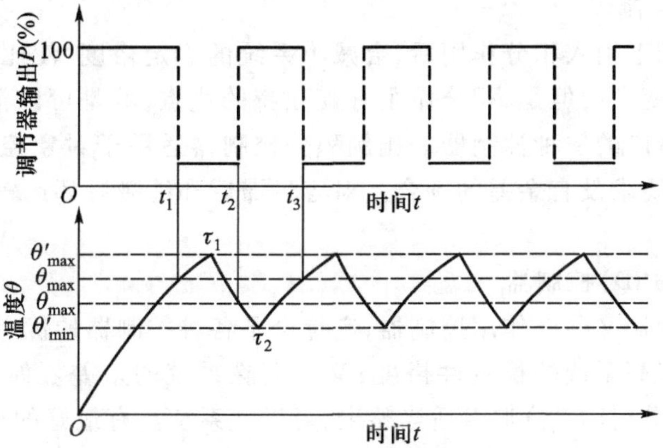

图 2-30　过程有纯滞后时的双位控制曲线

双位控制器结构简单,容易实现控制。适用于单容量对象且对象时间常数较大、负荷变化较小、过程时滞小、工艺允许被控变量在一定范围内波动的场合,如压缩空气的压力控制,恒温箱、管式炉的温度控制以及贮槽的水位控制等。

2.5　控制器控制规律选择与参数整定

2.5.1　控制器控制规律选择

控制器控制规律的选择应在详细研究广义对象的特性以及工艺要求的基础上进行。

1. 比例(P)控制器

比例控制是最简单、最基本的控制规律,能迅速有力地克服干扰的影响,或使被控变量能迅速跟踪设定值的变化,过渡过程时间短,而且只有一个参数需要整定。但是,过渡过程结束后有余差存在。因此,比例控制器适用于负荷变化较小,自衡能力较强,对象控制通道中的纯滞后时间和时间常数之比(τ/T)较小,工艺上允许有余差存在,控制质量要求不高的场合。

2. 比例微分(PD)控制器

在比例控制的基础上引入微分作用后,增大了系统的稳定裕度,使比例增益可以加大,从而可以加快过渡过程,减小动态偏差和余差,对克服对象的容量滞后有显著效果。但是,微分作用不能过强,否则会使系统对高频干扰特别敏感,反而可能引起系统振荡程度加剧。因此,比例微分控制器适用于对象控制通道时间常数较大、负荷变化较小、反应速度较慢的场合。但是,微分时间的设置要合适。对于容量滞后很小、干扰作用频繁的系统,应尽可能避免使用微分作用;对于存在测量噪音或周期性干扰的系统,则不宜采用微分控制。

3. 比例积分(PI)控制器

在比例控制的基础上引入积分作用后,会减小系统的稳定裕度,使比例增益减小,从而使过渡过程变慢,动态偏差变大。但是,积分作用有其独特的优点,就是可以消除余差。这使得比例积分控制器成为使用最广的一种控制器。比例积分控制器适用于对象控制通道时间常数较小,负荷变化不很大,工艺要求没有余差的场合。对容量滞后和纯滞后都比较大的系统,要尽量避免使用比例积分控制器。

4. 比例积分微分(PID)控制器

比例积分微分控制器又称三作用控制器,它综合了各种控制器的优点,既能克服对象的容量滞后,减小动态偏差,提高系统的稳定性裕度;又能消除系统的余差。如果能对三个参数(比例度 δ,积分时间 T_i 和微分时间 T_d)加以适当整定,可以使系统具有最好的控制性能。

比例积分微分控制器适用于控制对象负荷变化大,对象容量滞后较大,工艺要求无余差、控制质量要求较高的系统。但是,对于时滞(纯滞后)很大,负荷变化很大的系统,三作用控制器同样无能为力。

2.5.2 控制器的参数整定若干原则

系统投运之前,还需进行控制器的参数整定。所谓参数整定,就是对于一个已经设计并安装就绪的控制系统,选择合适的控制器参数($\delta(K_c)$,T_i,T_d),来改善系统的静态和动态特性,使系统的过渡过程达到最为满意的质量指标要求。

假设广义对象 $G_0(s)=\dfrac{K_0}{T_0s+1}e^{-s\tau_0}$;控制器参数 $K_c(\delta)$,T_i,T_d。

(1) 开环总增益 K_cK_0。在其他因素相同的情况下,如果增大了 K_0,则应相应减小相同倍数的 K_c;反之亦然。如变更了变送器的量程以后,控制器的 K_c 应该成比例调整。设某一温度控制系统的测量范围原为 0~500 ℃,现改为 200 ℃~300 ℃,则 K_c 应降为原来的 1/5。又如更换了控制阀的口径以后,K_c 也应调整。设用一个较小口径的控制阀代替了原来的阀,则 K_c 应加大。

(2) 广义对象的动态参数,可取$\dfrac{\tau_0}{T_0}$作为特征值。该值越大,控制系统越不易稳定,因此 K_c 应越小。同时 T_i、T_d 应取适当的值,一般地选取 $T_i=2\tau_0$,$T_d=0.5\tau_0$。

(3) P、I、D 三者中,P 是最基本的控制作用。可以从下列两种方法进行参数整定:

① 先采用单纯的 P 作用，选出合适的 K_c 作为基础，然后适当引入 T_i、T_d，对 T_i、T_d 进行挑选。

② 依据验前知识，即广义对象的 τ_0，设置合适的 T_i、T_d，最后调整 K_c。

(4) 积分(I)作用的引入既有利又有弊。必须尽量发挥它能消除余差的利，尽量缩小它不利于稳定的弊。一般 $T_i=2\tau_0$ 或 $T_i=(0.5\sim1)T_p$，T_p 是振荡周期。引入积分作用后，相位滞后小于 40°，幅值比增加小于 20%，K_c 应比单纯 P 作用时减少 10%~20%。

(5) 微分(D)作用的引入是为了减少(或消除)高阶对象的容量滞后对调节过程的不利影响。不难看出，微分对容量滞后有效，而对时滞无能为力。一般 $T_d=(0.25\sim0.5)T_i$ 或 $T_d=0.5\tau_0$，引入微分后可适当提高稳定性，K_c 可以提高 10%~20%。对含有高频噪声过程，不宜引入微分，有些流量控制系统可引入反微分。D 作用主要应用于以温度或成分为被控变量的控制系统。

(6) 稳定性是控制系统品质的基本性能，一般取衰减比 n 作为稳定性指标。对于 PI 控制器，满足衰减比 n，有多组 K_c 与 T_i，一般取$\dfrac{K_c}{T_i}$大的一组为好。因为 PI 控制器输出 $u=K_c e+\dfrac{K_c}{T}\int_0^t e\mathrm{d}t$，消除余差项 $\Delta u_I=\dfrac{K_c}{T_i}\int_0^t e\mathrm{d}t$，不论是设定值变动或负荷变化，要建立新的稳态并实现无静差(余差)要求，Δu_I 是一个与 K_c 与 T_i 等参数无关的定值，所以$\dfrac{K_c}{T_i}$越大，则 $\int_0^t e\mathrm{d}t$ 越小，控制品质亦越好。

(7) 衰减比 n 的选择：由于对定值系统和随动系统的控制要求不同，所采用的质量指标也应该是不相同的。对于定值系统，要求被控变量在受到干扰的影响之后，有一个衰减振荡的过渡过程，动态偏差小一些，过渡过程短一些。因此，当采用时域质量指标时，衰减比应取为 4∶1。对于随动系统，因要求能够紧跟，不作大幅度来回振荡，则可以采用 10∶1 的衰减比，甚至刚好达到临界阻尼状态。

(8) 上面所说的 K_c 越大，系统稳定性越低，指的是应用于自衡的非振荡过程的情况。在另外一些类型的过程，也会出现不同的甚至相反的情况。如当 $G_P(s)=\dfrac{K_P}{T_P s-1}$时，$K_c$ 小反而不稳定。

2.5.3 控制器参数工程整定法

1. 控制器参数整定的经验方法

控制器参数经验方法实质上是一种经验凑试法，是工程技术人员在长期生产实践中总结出来的。它不需要进行事先的计算和实验，而是根据运行经验，先确定一组控制器参数(如表 2-5 中所示)，并将系统投入运行，通过观察人为加入干扰(改变设定值)后的过渡过程曲线，根据各种控制作用对过渡过程的不同影响来改变相应的控制参数值，进行反复凑试，直到获得满意的控制质量为止。

表2-5列出了常见控制系统的过程特点及控制参数一般情况,对缩小人工搜索范围有一定帮助。

由于比例作用是最基本的控制作用,经验整定法主要通过调整比例度δ的大小来满足质量指标。整定途径有以下两条:

表2-5 控制器参数经验数据

被控变量	规律的选择	比例度 δ(%)	积分时间 T_i(min)	微分时间 T_d(min)
流 量	对象时间常数小,参数有波动,δ要大;T_i要短;不用微分	40~100	0.3~1	
温 度	对象容量滞后较大,即参数受干扰后变化迟缓,δ应小;T_i要长;一般需加微分	20~60	3~10	0.5~3
压 力	对象的容量滞后不算大,一般不加微分	30~70	0.4~3	
液 位	对象时间常数范围较大,要求不高时,δ可在一定范围内选取,一般不用微分	20~80		

(1) 先用单纯的比例(P)作用下试凑合适的比例度δ值,即找出满足规定衰减比下的比例度δ(%)。对于定值控制系统,将人为加入干扰的过渡过程调整为4∶1的衰减振荡过程;对于随动控制系统,取衰减比$n=10:1$,同时测出工作周期T_P。

然后再加入积分(I)作用,一般先取积分时间T_i为衰减振荡周期的一半左右。由于积分作用将使振荡加剧,在加入积分作用之前,要先减弱比例作用,通常把比例度增大10%~20%。调整积分时间的大小,直到出现4∶1的衰减振荡。

需要时,最后加入微分(D)作用,即从零开始,逐渐加大微分时间T_d。由于微分作用能抑制振荡,在加入微分作用之前,可把比例度调整到比纯比例作用时更小些,还可把积分时间也缩短一些。通过微分时间的凑试,使过渡时间最短,超调量最小。

(2) 先根据表2-5选取积分时间T_i和微分时间T_d,通常取$T_d=\left(\frac{1}{3}\sim\frac{1}{4}\right)T_i$,然后对比例度$\delta$进行反复凑试,直至得到满意的结果。如果开始时$T_i$和$T_d$设置得不合适,则有可能得不到要求的理想曲线。这时应适当调整T_i和T_d,再重新凑试,使曲线最终符合控制要求。

经验整定法适用于各种控制系统,特别适用对象干扰频繁、过渡过程曲线不规则的控制系统。但是,使用此法主要靠经验,对于缺乏经验的操作人员来说,整定所花费的时间较多。

2. 临界比例度法

所谓临界比例度法,是在系统闭环的情况下,用纯比例控制的方法获得临界振荡数据,即临

界比例度 δ_K 和临界振荡周期 T_K，如图 2-31 所示，然后利用一些经验公式，求取满足 4∶1 衰减振荡过渡过程的控制器参数。其整定计算公式如表 2-6 所示。具体整定步骤如下：

(1) 将控制器的积分时间放在最大值($T_i=\infty$)，微分时间放在最小值($T_d=0$)，比例度 δ 放在较大值后，让系统投入运行；

(2) 逐渐减小比例度，且每改变一次 δ 值时，都通过改变设定值给系统施加一个阶跃干扰，同时观察系统的输出，直到过渡过程出现等幅振荡为止。此时的过渡过程称为临界振荡过程，δ_K 为临界比例度，T_K 为临界振荡周期；

(3) 利用 δ_K 和 T_K 这两个试验数据，按表 2-6 中的相应公式，求出控制器的各整定参数。

(4) 将控制器的比例度换成整定后的值，然后依次放上积分时间和微分时间的整定值。

如果加入干扰后，过渡过程与 4∶1 衰减还有一定差距，可适当调整 δ 值，直到过渡过程满足要求。

临界比例度法应用时简单方便，但必须注意的是：

(1) 此方法在整定过程中必定出现等幅振荡，从而限制了此法的使用场合。对于工艺上不允许出现等幅振荡的系统，如锅炉水位控制系统就无法使用该方法；对于某些时间常数较大的单容量对象，如液位对象或压力对象，在纯比例作用下是不会出现等幅振荡的，因此不能获得临界振荡的数据，从而也无法使用该方法。

(2) 使用该方法时，控制系统必需工作在线性区，否则得到的持续振荡曲线可能是极限环，不能依据此时的数据来计算整定参数。

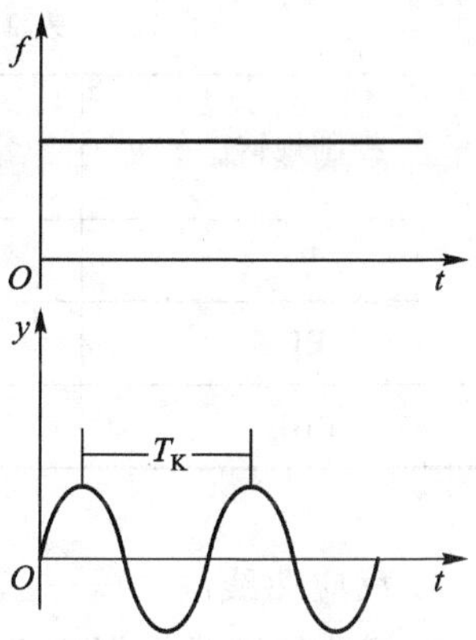

图 2-31 临界比例度法

(3) 在理论上说，$\delta<\delta_K$ 后，被控变量将呈现扩大振荡，但在实际上很多环节都有饱和特性，因此振幅将是有限的，与等幅振荡不好区别。所以在采用临界比例度法时，比例度必须自大而小，把开始出现等幅振荡的比例度作为临界比例度 δ_K。

表 2-6 临界比例度法控制器参数计算表

控制规律	比例度 δ(%)	积分时间 T_i(min)	微分时间 T_d(min)
P	$2\delta_K$		
PI	$2.2\delta_K$	$0.85T_K$	
PD	$1.8\delta_K$		$0.1T_K$
PID	$1.7\delta_K$	$0.5T_K$	$0.125T_K$

3. 衰减曲线法

该方法与临界比例度法的整定过程有些相似，即也是在闭环系统中，先将积分时间置于最大值，微分时间置于最小值，比例度置于较大值，然后让设定值的变化作为干扰输入，逐渐减小比例度 δ 值，观察系统的输出响应曲线。按照过渡过程的衰减情况改变 δ 值，直到系统出现 4∶1 的衰减振荡，如图 2-32 所示。记下此时的比例度 δ_S 和衰减振荡周期 T_s，然后根据表 2-7 中相应的经验公式，求出控制器的整定参数。

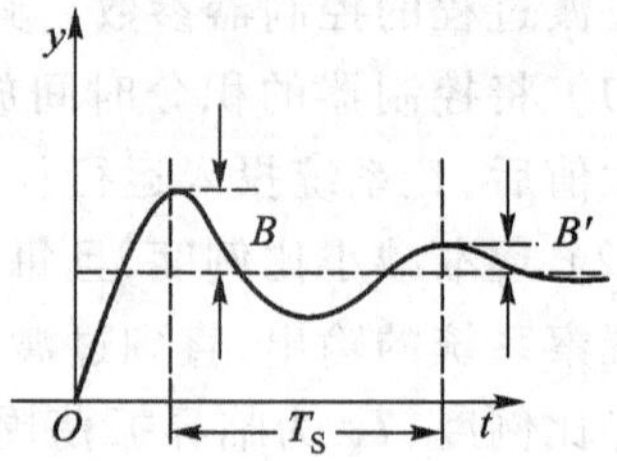

图 2-32　4∶1 衰减曲线法

衰减曲线法对大多数系统均可适用，且由于试验过渡过程振荡的时间较短，又都是衰减振荡，易为工艺人员所接受，故这种整定方法应用较为广泛。

表 2-7　衰减曲线法控制器参数计算表（4∶1 衰减比）

控制规律	比例度 $\delta(\%)$	积分时间 $T_i(\mathrm{min})$	微分时间 $T_d(\mathrm{min})$
P	δ_S		
PI	$1.2\delta_S$	$0.5T_S$	
PID	$0.8\delta_S$	$0.3T_S$	$0.1T_S$

4. 反应曲线法

反应曲线法是根据广义对象的时间特性，通过经验公式求取。这是一种开环的整定方法。

当操纵变量作阶跃变化时，被控变量随时间的变化曲线称为反应曲线。对自衡的非振荡过程，广义对象的传递函数常用 $G_0(s)=\dfrac{K_0}{T_0s+1}e^{-\tau s}$ 来近似，K_0、τ 和 T_0 则可由反应曲线用图解法得出。控制器参数整定的反应曲线法是根据广义对象的 K_0、τ 和 T_0 确定控制器参数的方法。

有了 K_0、τ 和 T_0 参数法，就可以根据表 2-8 中的经验公式，计算出满足 4∶1 衰减振荡的控制器整定参数。

表 2-8　反应曲线法控制器参数计算表（4∶1 衰减比）

控制规律	比例度 $\delta(\%)$	积分时间 $T_i(\mathrm{min})$	微分时间 $T_d(\mathrm{min})$
P	$K_0(\tau/T)$		
PI	$1.1K_0(\tau/T)$	3.3τ	
PID	$0.85K_0(\tau/T)$	2.2τ	0.5τ

2.5.4 控制系统的投运

所谓控制系统的投运，就是指当控制系统的设计、安装等工作已经就绪，或经过停车检修之后，使系统投入使用的过程。为了保证控制系统的顺利投运，以达到预期的效果，就必须正确掌握投运方法，严格地做好投运的各项工作。

1. 投运前的准备工作

（1）熟悉工艺生产过程，即了解主要的工艺流程、设备的功能、各工艺参数间的关系、控制要求、工艺介质的性质等。

（2）熟悉控制系统的控制方案，即掌握设计意图、明确控制指标、了解整个控制系统的布局和具体内容、熟悉测量元件、变送器、执行器的规格及安装位置、熟悉有关管线的布局及走向等。

（3）熟悉各种控制装置，即熟悉所使用的测量元件、测量仪表、控制仪表、显示仪表及执行器的结构、原理，以及安装、使用和校验方法。

（4）综合检查，即检查电源电路有无短路、断路、漏电等现象，供电及供气是否安全可靠；检查各种管路和线路等的连接，如孔板的上下游接压导管与差压变送器的正负压输入端的连接、热电偶的正负端与相应的补偿导线的连接等，是否正确；检查引压和气动导管是否畅通，有无中间堵塞；检查控制阀气开、气关形式是否正确，阀杆运动是否灵活、能否全行程工作，旁路阀及上下游截止阀是否按要求关闭或打开；检查控制器的正反作用、内外设定开关是否设置在正确位置。

（5）现场校验，即现场校验测量元件、测量仪表、显示仪表和控制仪表的精度、灵敏度及量程，以保证各种仪表能正确工作。

2. 投运过程

控制系统投运次序如下：

（1）检测系统投入运行。温度、压力等检测系统的投运比较简单，开表方便。而对采用差压变送器的流量或液位系统的投运必须注意各阀门的开启次序，要保证变送器不会受到突然的冲击，膜片不会单向受压，保证灌入联接导管的隔离液不被冲走。

（2）阀门手动遥控。在操作过程中要了解阀门在正常工况下的开度。

（3）控制器投运。完成以上两步，已能满足工艺开车的需要，等到各个回路的工况稍微平稳后，可以考虑逐一切入自动。

① 根据经验或估算，设置 δ、T_i 和 T_d，或者先将控制器设置为纯比例作用，比例度放较大的位置；

② 确认控制阀的气开、气关作用后确认控制器的正、反作用；

③ 现场的人工操作。控制阀安装示意图如图 2-33 所示，将控制阀前后的阀门 1 和 2 关闭，打开阀门 3，观察测量仪表能否正常工作，待工况稳定。

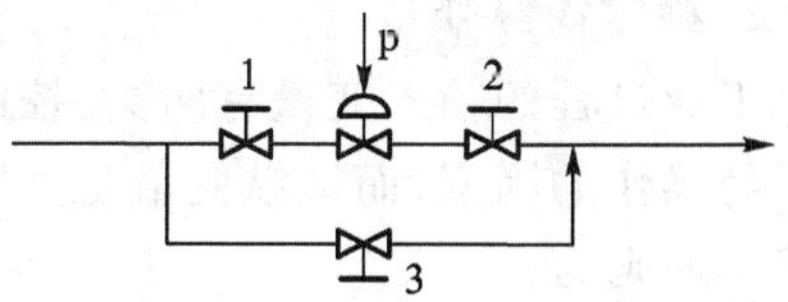

图 2-33 控制阀安装示意图

④ 手动遥控。用手操器调整作用于控制阀上的信号 p 至一个适当数值,然后,打开上游阀门1,再逐步打开下游阀门2,过渡到遥控,待工况稳定。

⑤ 投入自动。手动遥控使被控变量接近或等于设定值,观察仪表测量值,待工况稳定后,控制器切换到“自动”状态。至此,初步投运过程结束。但控制系统的过渡过程不一定满足要求,这时需要进一步调整 δ、T_i 和 T_d 三个参数。

系统投运以后,基本的任务是保持控制系统长期良好运行,保证生产安全,优质高产。为达到这一目的,要做好两方面的工作:

(1) 定期、经常性的检查与处理。如有些工厂采用查岗形式经常检查,有些工厂定期进行现场检验或系统校验。除了正常维护保养外,要及时发现事故隐患。

(2) 发生故障后的检查与处理。一旦出现故障,需要及时、迅速、正确地分析与处理。

2.6 简单控制系统设计案例——干燥器温度控制

以喷雾式干燥设备控制系统设计作为案例介绍,图2-34是喷雾式干燥设备温度控制流程图,工艺要求将浓缩的乳液用热空气干燥成奶粉。乳液从高位槽流下,经过滤器进入干燥器从喷嘴喷出。空气由鼓风机送到热交换器,通过蒸汽加热。热空气与鼓风机直接送来的空气混合以后,经风管进入干燥器,乳液中的水分被蒸发,成为奶粉,并随湿空气一起送出。干燥后的奶粉含水量不能波动太大,否则将影响奶粉质量。

2.6.1 控制方案设计

1. 确定被控变量

在条件许可的情况下,首先应尽量选择能直接反应控制目的的参数作为被控变量;其次要选择与控制目的有某种单值对应关系的间接参数作为被控变量;所选的被控变量必须有足够的变化灵敏度。

从工艺概况可知需要控制奶粉含水量。由于测水分的仪表精度不太高,因此不能直接选奶粉含水量作为被控变量。实际上,奶粉含水量与干燥温度密切相关,只要控制住干燥温度就能控制住奶粉含水量。所以选干燥温度作为被控变量。

2. 确定操纵变量

工业过程的输入变量有两类:控制变量和扰动变量。其中,干扰是客观存在的,它是影响系统平稳操作的因素,而操纵变量是克服干扰的影响,使控制系统重新稳定运行的因素。操纵变量的基本原则为:

(1) 选择对所选定的被控变量影响较大的输入变量作为操纵变量;

(2) 在以上前提下,选择变化范围较大的输入变量作为控制变量,以便于控制;

(3) 在(1)的基础上选择对被控变量作用效应较快的输入变量作为控制变量,使控制系统响应较快；

影响干燥器温度的因素有乳液流量、旁路空气流量和加热蒸汽量。粗略一看，选其中任一变量作为操纵变量，都能构成温度控制系统。

方案一：如果将乳液流量作为操纵变量，则滞后最小，对干燥温度控制作用明显。但是乳液流量是生产负荷，如果选它作为操纵变量，就不可能保证其在最大值上工作，限制了该装置的生产能力。这种方案是为保证质量而牺牲产量，工艺上是不合理的。因此不能选乳液流量作为操纵变量，该方案不能成立。

方案二：如果选择蒸汽流量作为操纵变量，由于换热过程本身是一个多容过程，因此从改变蒸汽量，到改变热空气温度，再来控制干燥温度，这一过程时滞太大，控制效果差。

方案三：如果选择旁路空气流量作为操纵变量，旁路空气与热风混合后经风管进入干燥器，其控制通道的时滞虽比方案一大，但比方案二小。

综合比较之后，确定将旁路控制流量作为操纵变量较为理想。其控制流程图如图 2-34 所示。

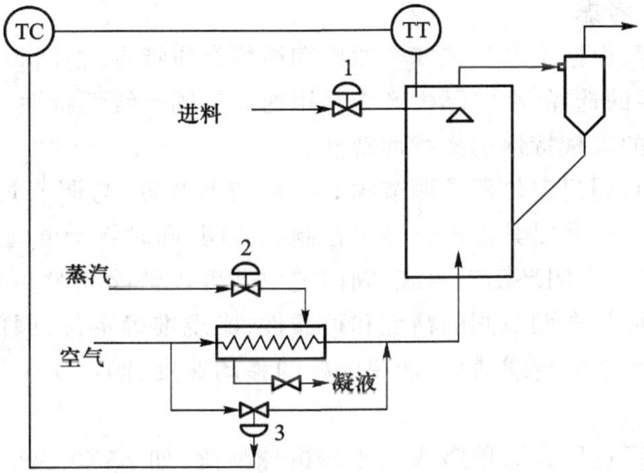

图 2-34 干燥器温度控制流程图

2.6.2 过程检测控制仪表的选用

系统设计中重要的一环是仪表选型，在本系统设计中，涉及的仪表较少，主要是温度变送器、调节器和调节阀。

1. 温度变送器选型

温度测量仪表采用热套热电偶，选用铂铑-铂热电偶。温度变送器选用二线制 4~20 mA，内加温度补偿，免冷端补偿。如 WP6075-EX 热电偶隔离式温度变送器。因为被控温度在 400 ℃，所以变送器量程选为 0~600 ℃。

如需显示温度，拟选用数字式温度显示仪，这种仪表可与国内生产的各种热电偶和热电阻配套，测量范围-200 ℃~1800 ℃，仪表采用了大规模集成电路，先进的线性校正技术和冷端温度补偿电路，使仪器测量精度高，温度线性特性好，性能稳定，体积小，重量轻，价格便宜。

2. 调节阀的选型

调节阀口径的大小，直接决定着控制介质流过它的能力。为了保证系统有较好的流通能力，需要使控制阀两端的压降在整个管线的总压降中占有较大的比例。口径计算具体见有关文献。

调节阀的开、关形式需要考虑到以下几种因素：

（1）生产安全角度：当气源供气中断，或调节阀出故障而无输出等情况下，应该确保生产工艺设备的安全，不至发生事故；

（2）保证产品质量：当发生控制阀处于无源状态而恢复到初始位置时，产品的质量不应降低；

（3）尽可能地降低原料、产品、动力损耗；

（4）从介质的特点考虑。

综合以上各种因素，根据生产工艺安全原则和被控介质特点，控制阀应为气关型。

调节阀的流量特性的选择，在实际生产中常用的调节阀有线性特性、对数特性和快开特性三种，在本系统中调节阀的流量特性选择线性特性。

阀门定位器的选用，阀门定位器是调节阀的一种辅助装置，与调节阀配套使用，它接受控制器来的信号作为输入信号，并以其输出信号去控制调节阀，同时将调节阀的阀杆位移反馈到阀门定位器的输入端而构成一个闭环随动系统，阀门定位器可以消除阀膜头和弹簧的不稳定以及各运动部件的干摩擦，从而提高调节阀的精度和可靠性，实现准确定位；阀门定位器增大了执行机构的输出功率，减少了系统的传递滞后，加快阀杆的移动速度；阀门定位器还可以改变调节阀的流量特性。

综上所述，调节阀可选用直通单座或双座铸造球型阀，如 ZAZN 型电动单座或双座调节阀，由 DDZ 型直行程电动执行机构和直通双座阀两部分组成。以单项交流 220 V 电源为动力，接受 0~10 mA 或 4~20 mA 直流信号，自动地控制调节阀开度，达到对管道内流体的压力、流量、温度、液位等工艺参数的连续调节。座阀有上、下两个阀芯球，流体作用在上、下阀芯上的推力，其方向相反而大小接近，不平衡力很小，允许压差大，额定流量系数比同口径的单座阀大，但该阀的泄漏较单座阀大。适用于对泄露量要求不严格，阀前后压差较大的干净介质场合。

3. 调节器选型

调节器选择具有比例、积分、微分（PID）三作用调节规律的数字调节器，如 STG-1003 数字调节器。

为了使控制回路构成一个稳定的系统，即负反馈，回路的总开环放大系数的符号必须为“正”。控制器正反作用选择时，可假设干燥温度偏高（即乳液中水分减少），则要求减少空气流量，由于控制阀是气关型，因此要求控制器输出增加。这样控制器应选择正作用。该调节器输入信号多样化，可方便地实现Ⅱ型仪表到Ⅲ型仪表的转换，组态简便。可对输入信号进行开方、折线、滤波等预处理。数字量输出为继电器式，各种状态之间实现无扰动切换。

习题和思考题

1. 一个简单控制系统由哪几部分组成？各部分作用是什么？

2. 在控制系统的设计中，被控变量的选择应遵循哪些原则？

3. 在控制系统的设计中，操纵变量的选择应遵循哪些原则？

4. 常见的过程动态特性的类型有哪几种？并用传递函数近似描述它们的动态特性。

5. 什么是对象的控制通道和扰动通道？若它们可用一阶加时滞环节来近似，试述 K_P、K_f、τ_p、τ_f 对控制系统质量的影响。

6. 已知广义对象的传递函数为 $\dfrac{K_P e^{-\tau_P s}}{(T_P s+1)}$，若 $\dfrac{\tau_P}{T_P}$ 的比值一定时，T_P 大小对控制质量有什么影响？为什么？

7. 控制阀气开、气关型式的选择应从什么角度出发？控制器的正、反作用是如何确定的，举例说明？

8. 如图 2-35 所示的蒸汽加热器。试问：

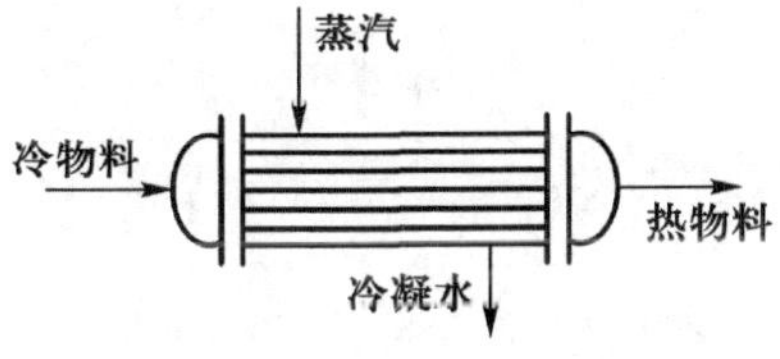

图 2-35　蒸汽加热器

（1）影响物料出口温度的主要因素有哪些？

（2）如果要设计一温度控制系统，你认为被控量与操纵变量应选谁？为什么？

（3）应如何选择控制阀的开闭形式及控制器的正反作用？

9. 某温度控制系统已经正常运行，大修后温度变送器量程由原来 0~500 ℃ 改变为200 ℃~300 ℃，控制系统会出现什么现象？应如何解决？

10. 某温度控制系统已经正常运行，大修后 25 口径控制阀改为 40 口径控制阀，控制系统会出现什么现象？应如何解决？

11. 某温度控制系统采用线性流量特性的控制阀，在运行过程中，控制阀开度小时系统输出振荡，开度大时系统输出呆滞，分析原因，并加以改进。

12. 原比例控制系统增加积分作用后，对系统质量有什么影响？

13. 原比例控制系统增加微分作用后，对系统质量有什么影响？

14. 数字控制算法有哪些改进？

15. 什么是控制器参数的工程整定？常用的控制器参数整定的方法有哪几种？

16. 如图2-36所示为加热炉温度控制系统。根据工艺要求，出现故障时炉子应当熄火。试说明调节阀的气开、气关型式，调节器的正、反作用方式，并简述控制系统的动作过程。

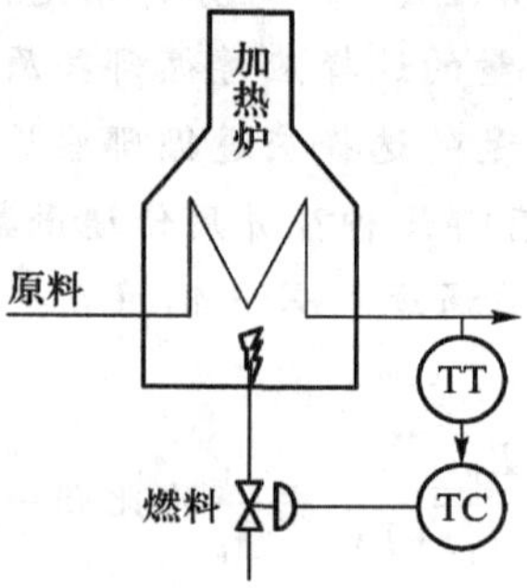

图2-36 加热炉控制系统简图

第 3 章　复杂控制系统

简单控制系统解决了大量的定值控制问题，但是生产的发展、工艺的革新必然导致变量间的相互关系更加复杂，对操作条件的要求更加严格。为适应生产发展的需要，在简单控制系统的基础上，再增加计算环节、控制环节或其他环节的系统称之为复杂控制系统。它们原来是经典控制理论的产物。当时用常规仪表来实现。但现在也可用现代控制理论来分析，更多用计算机来实现，在 DCS 装置中都备有很多种复杂控制系统的算法和模块。

在各自特定的条件下，采用复杂控制系统对提高控制品质，扩大自动化应用范围，起着关键性的作用。作粗略估计，通常复杂控制系统约占全部控制系统数的 10%左右。

依照系统的结构形式或所完成的功能，常用复杂控制系统有：串级、比值、均匀、前馈、选择、分程、双重、基于模型计算控制等种类。

3.1　串级控制系统

3.1.1　串级控制系统的基本原理和结构

采用不止一个控制器，而且控制器间相串接，一个控制器的输出作为另一个控制器的设定值的控制系统，称为串级控制系统。串级控制系统是按其结构命名的。

串级控制系统的作用可用图 3-1 所示的加热炉出口温度控制系统来说明。

该系统的被控变量是被加热物料的出口温度，而燃料量作为操纵变量。由简单控制系统知识可组成图 3-1(a)所示的温度定值控制系统。在有些场合，燃料气上游压力会有波动，即使控制阀开度不变，流量仍然无法恒定，从而逐渐影响出口温度。因为加热炉炉管等热容较大，自操纵变量至被控变量的时间常数较大，等温度控制器发现偏差再进行控制，显然不够及时，被控温度的最大动态偏差必然很大。若改用图 3-1(b)所示的流量定值控制系统，对温度来说则是开环的。此时对于阀前压力等扰动，可以迅速克服。但对进料负荷、燃料气热值变化等扰动，却无法克服。

操作人员的操作经验是：当温度偏高时，把燃料流量控制器的设定值减小一些；当温度偏低的时候，燃料流量控制器的设定值应该增大一些。结合上述操作经验，把两个控制器串接起来，流量控制器的设定值由温度控制器输出决定，即流量控制器的设定值不是固定的，系统构成如图 3-1(c)所示。这样既能迅速克服影响流量的扰动作用，又能使被控温度在其他扰动作用下也保持在设定值，这就是串级控制系统。

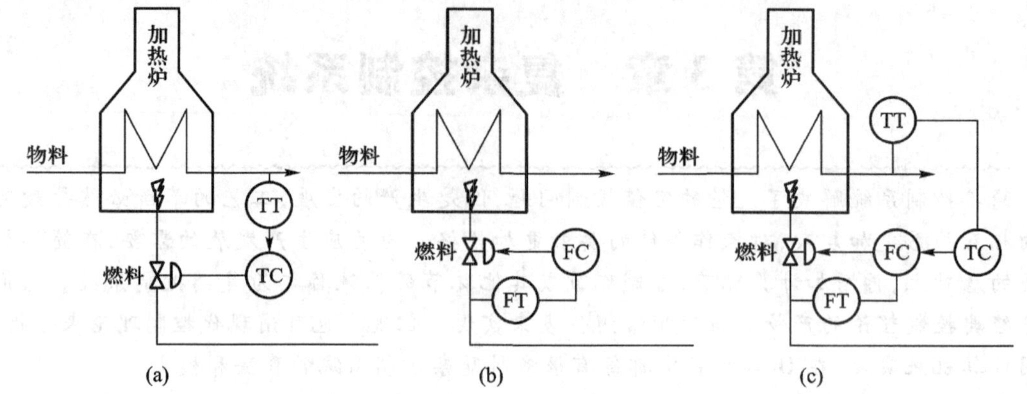

图 3-1 加热炉出口温度控制系统

串级控制系统的方块图如图 3-2 所示。

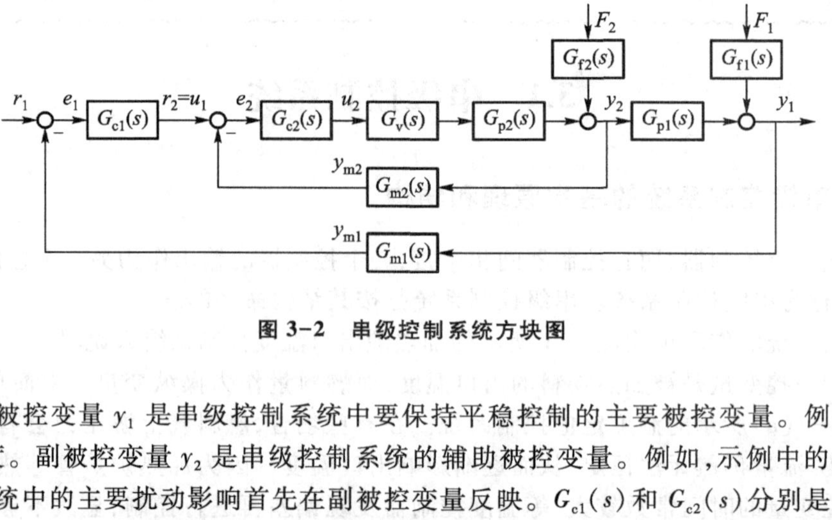

图 3-2 串级控制系统方块图

图中,主被控变量 y_1 是串级控制系统中要保持平稳控制的主要被控变量。例如,示例中的出口物料温度。副被控变量 y_2 是串级控制系统的辅助被控变量。例如,示例中的燃料气流量。通常,控制系统中的主要扰动影响首先在副被控变量反映。$G_{c1}(s)$ 和 $G_{c2}(s)$ 分别是主、副控制器的传递函数。主控制器的输出作为副控制器的设定值,组成串联连接的结构。主控制器输出 u_1 为副控制器的设定 r_2,副控制器是在外部设定情况下工作,随主控制器的输出变化而变化,此时是随动控制;而主控制器在内部设定情况下工作,是定值控制。示例中的温度控制器是主控制器,燃料流量控制器是副控制器。r_1 和 r_2 是主、副控制器的设定。$G_{p1}(s)$ 和 $G_{p2}(s)$ 分别是主、副被控对象传递函数。$G_{m1}(s)$ 和 $G_{m2}(s)$ 分别是主、副被控变量的检测变送环节传递函数。y_{m1} 和 y_{m2} 分别是主、副被控变量的测量值。F_1 和 F_2 分别是进入主、副被控对象的扰动。扰动通道传递函数分别为 $G_{f1}(s)$ 和 $G_{f2}(s)$。把由 $G_{c2}(s)$、$G_v(s)$、$G_{p2}(s)$ 和 $G_{m2}(s)$ 组成的控制回路称为副(控制)回路,或副环。把由 $G_{c1}(s)$ 和副回路、$G_{p1}(s)$ 和 $G_{m1}(s)$ 组成的控制回路称为主(控制)回路,或主环。

控制系统的调节过程如下：当燃料压力或流量波动时，加热炉出口温度尚未变化，因此主控制器输出不变，燃料流量控制器因扰动的影响，燃料流量测量值变化，根据偏差 e_2，副控制器改变控制阀开度，使燃料流量稳定；与此同时，燃料流量的变化也影响加热炉出口温度，使主控制器输出即副控制器的设定变化，副控制器的设定和测量同时变化，进一步加速了控制系统克服扰动的调节过程，使主被控变量快速回复到设定值。

当被加热物料出口温度和燃料流量同时变化时，主控制器通过主环及时调整副控制器的设定，通过调节燃料流量保持炉温恒定，而副控制器一方面接受主控制器的输出信号，同时，根据燃料流量测量值的变化进行调节，使燃料流量跟踪设定值变化，使燃料流量能根据被加热物料出口温度及时调整，最终使被加热物料出口温度迅速回复到设定值。

串级控制系统中有关的传递函数如下：

$$\frac{Y_{1(s)}}{R_1(s)}=\frac{G_{c1}(s)G_{c2}(s)G_v(s)G_{p2}(s)G_{p1}(s)}{1+G_{c2}(s)G_v(s)G_{p2}(s)G_{m2}(s)+G_{c1}(s)G_{c2}(s)G_v(s)G_{p2}(s)G_{p1}(s)G_{m1}(s)} \tag{3-1}$$

$$\frac{Y_1(s)}{F_1(s)}=\frac{G_{f1}(s)+G_{c2}(s)G_v(s)G_{p2}(s)G_{m2}(s)G_{f1}(s)}{1+G_{c2}(s)G_v(s)G_{p2}(s)G_{m2}(s)+G_{c1}(s)G_{c2}(s)G_v(s)G_{p2}(s)G_{p1}(s)G_{m1}(s)} \tag{3-2}$$

$$\frac{Y_1(s)}{F_2(s)}=\frac{G_{f2}(s)G_{p1}(s)}{1+G_{c2}(s)G_v(s)G_{p2}(s)G_{m2}(s)+G_{c1}(s)G_{c2}(s)G_v(s)G_{p2}(s)G_{p1}(s)G_{m1}(s)} \tag{3-3}$$

$$\frac{Y_2(s)}{R_2(s)}=G_{副}(s)=\frac{G_{c2}(s)G_v(s)G_{p2}(s)}{1+G_{c2}(s)G_v(s)G_{p2}(s)G_{m2}(s)} \tag{3-4}$$

串级控制系统是由两个或两个以上的控制器串联连接，一个控制器的输出作为另一个控制器的设定，主控制回路是定值控制系统，副控制回路，对主控制器的输出而言，是随动控制系统；对进入副回路的扰动而言，是定值控制系统。

3.1.2 串级控制系统的特点

串级控制系统增加了副控制回路，使控制系统性能得到改善，其主要特点如下：

1. 能迅速克服进入副回路扰动的影响

当扰动进入副回路后，首先，副被控变量检测到扰动的影响，并通过副回路的定值控制作用，及时调节操纵变量，使副被控变量回复到副设定值，从而使扰动对主被控变量的影响减少。即副环回路对扰动进行粗调，主环回路对扰动进行细调。因此，串级控制系统能迅速克服进入副回路扰动的影响。

图 3-3 所示是串级控制系统的等效方块图。副环扰动通道传递函数为：

$$\frac{Y_2(s)}{F_2(s)}=\frac{G_{f2}(s)}{1+G_{c2}(s)G_v(s)G_{p2}(s)G_{m2}(s)} \tag{3-5}$$

单回路控制中副环扰动的传递函数是：$\frac{Y_2(s)}{F_2(s)}=G_{f2}(s)$ （3-6）

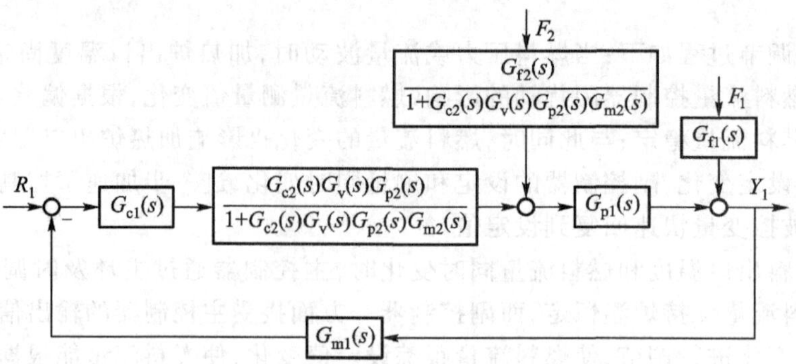

图 3-3 串级控制系统的等效方块图

可见，串级控制系统中进入副环扰动的等效扰动是简单控制系统中扰动的 $\frac{1}{1+G_{c2}(s)G_v(s)G_{p2}(s)G_{m2}(s)}$倍。静态时，其值为$\frac{1}{1+K_{c2}K_vK_{p2}K_{m2}}$倍。

同理，串级控制系统在副环进入的扰动作用下，控制系统的余差为简单控制系统余差的 $\frac{K_{c2}}{1+K_{c2}K_vK_{p2}K_{m2}}$倍。

因此，串级控制系统能够迅速克服进入副环扰动的影响，并使系统最大偏差、余差大为减小。

2. 由于副回路的存在，串级控制系统改善了对象特性、提高了工作频率

若把整个副回路看作主回路中的一个环节

$$\frac{Y_2(s)}{R_2(s)}=\frac{G_{c2}(s)G_v(s)G_{p2}(s)}{1+G_{c2}(s)G_v(s)G_{p2}(s)G_{m2}(s)} \tag{3-7}$$

取副对象为过程中常见的一阶惯性环节，副控制器、执行器、副变送器均为比例环节，则

$$G_{p2}(s)=\frac{K_{p2}}{1+T_{p2}s} \qquad G_{c2}(s)=K_{c2}$$

$$G_v(s)=K_v \qquad G_{m2}(s)=K_{m2}$$

将副对象、副控制器、执行器、副变送器等各环节的传递函数代入式(3-7)可得

$$\frac{Y_2(s)}{R_2(s)}=\frac{K_{c2}K_v\frac{K_{p2}}{1+T_{p2}s}}{1+K_{c2}K_vK_{m2}\frac{K_{p2}}{1+T_{p2}s}} \tag{3-8}$$

整理后得

$$\frac{Y_2(s)}{R_2(s)}=\frac{K'_{p2}}{1+T'_{p2}s} \tag{3-9}$$

式中：

$$K'_{p2}=\frac{K_{c2}K_vK_{p2}}{1+K_{c2}K_vK_{p2}K_{m2}} \tag{3-10}$$

$$T'_{p2}=\frac{T_{p2}}{1+K_{c2}K_vK_{p2}K_{m2}} \tag{3-11}$$

式(3-9)为副回路等效对象的特性，式(3-10)为副回路等效对象的放大倍数，式(3-11)为副回路等效对象的时间常数。由于放大倍数都为正值，所以$(1+K_{c2}K_vK_{p2}K_{m2})>1$，通常$K_{m2}\geqslant1$，所以

$$K'_{p2}<K_{p2}, \qquad T'_{p2}<T_{p2}$$

上述结果表明，由于副环的作用，副回路等效对象的时间常数T'_{p2}较副对象的时间常数T_{p2}缩小$(1+K_{c2}K_vK_{p2}K_{m2})$分之一。等效对象的时间常数缩小，使控制通道的控制过程时间加快，因此对于克服整个系统的惯性滞后大有帮助。惯性时间的减少对加快系统响应、减小超调量、提高控制品质很有利。至于等效对象放大倍数的减小，可以通过增加主控制器的增益来加以补偿。

由于副回路等效对象的时间常数有所缩小，串级控制系统的工作频率得到了提高，串级控制系统工作频率的提高表明控制系统的操作周期缩短，在相同衰减比条件下的回复时间缩短，因此，有利于提高控制系统的动态性能。

3. 串级控制系统具有自适应能力

串级控制系统，就其主回路来看，是一个定值控制系统；而就其副回路来看，则为一个随动控制系统。主控制器的输出能按照负荷或操作条件的变化而变化，从而不断地改变副控制器的设定值，使副控制器的设定值能随负荷及操作条件的变化而变化，这就使得串级控制系统对负荷的变化和操作条件的改变有一定的自适应能力。

众所周知，过程控制系统的控制器参数都是在一定的负荷即一定的工作点下，按一定的质量指标要求整定得到的。它只适应其特定的负荷及工作点情况。若对象含有非线性，那么，随着负荷的变化，工作点将会移动，对象特性就发生了改变。此时，控制器参数就不再适用了，应重新整定。否则将会引起控制品质下降。对于串级控制系统，此问题简单得多。串级控制系统依靠主控制器的输出实时地调整副控制器的设定值，使系统能随着其工作负荷及工作点的变化及时进行调整而保证系统的控制质量。

由副回路的等效放大倍数K'_{p2}来看，

$$K'_{p2}=\frac{K_{c2}K_vK_{p2}}{1+K_{c2}K_vK_{p2}K_{m2}}$$

当负荷变化时，将会引起过程特性K_{p2}的改变，但是，$K_{c2}K_vK_{p2}K_{m2}+1>1$，因而，$K_{p2}$的变化对等效对象的放大倍数$K'_{p2}$来说，影响却是很小的。所以，系统仍然具有较好的控制品质。由此可见，串级控制系统对负荷及操作条件的变化具有一定的适应能力。

4. 串级控制系统能够更精确控制操纵变量的流量

当副被控变量是流量时，未引入流量副回路，控制阀的回差、阀前压力的波动都会影响到操

纵变量的流量,使它不能与主控制器输出信号保持严格的对应关系。采用串级控制系统后,引入流量副回路,使流量测量值与主控制器的输出一一对应,从而能够更精确控制操纵变量的流量。

5. 串级控制系统可实现更灵活的操作方式

串级控制系统可以实现串级控制、主控和副控等多种控制方式。其中,主控方式是切除副回路,以主被控变量作为被控变量的简单控制,副控方式是切除主回路,以副被控变量为被控变量的简单控制。因此,串级控制系统运行过程中,如果某些部件故障时,可灵活地进行切换,减少对生产过程的影响。

3.1.3 串级控制系统的设计

1. 主、副回路的设计

串级控制系统的主回路仍是一个定值控制系统。主被控变量的选择和主回路的设计,仍可用简单控制系统的设计原则进行。

副回路的设计:由前面的分析可知,串级控制系统副回路具有调节速度快、抑制扰动能力强等特点。所以在设计时,副回路应尽量包含生产过程中主要的、变化剧烈、频繁和幅度大的扰动,并力求包含尽可能多的扰动。这样可以充分发挥副回路的长处,将影响主被控变量最严重、频繁、激烈的干扰因素抑制在副回路中,确保主被控变量的控制品质。

图 3-1 所示加热炉出口温度与燃料流量串级控制系统对克服燃料流量上游压力扰动是相当有效的,但对于进料负荷、燃料热值变化扰动就无能为力了,此时可采用图 3-4 所示加热炉出口温度与炉膛温度串级控制系统,该串级控制系统包含生产过程中主要的、变化剧烈、频繁和幅度大的扰动,并包含尽可能多的扰动,是一个较好的控制方案,但有的加热炉炉膛温度检测困难。

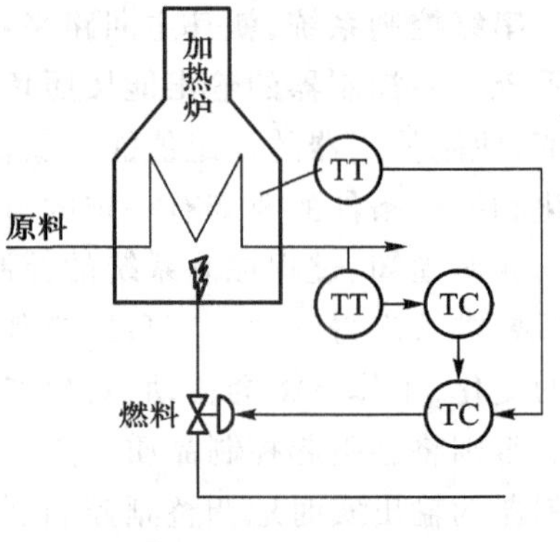

图 3-4 加热炉出口温度与炉膛温度串级控制系统

设计副回路应注意工艺上的合理性。过程控制系统是为工业生产服务的,设计串级控制系统时,应考虑和满足生产工艺的要求。由串级控制系统的方块图可以看到,系统的操纵变量是先影响副被控变量,然后再去影响主被控变量的。所以,应选择工艺上切实可行,容易实现,对主被控变量有直接影响且影响显著的变量为副被控变量来构成副回路。

设计副回路应考虑经济性。设计副回路时,应同时考虑实施的经济性和控制质量的要求,要统筹兼顾。

主、副对象的时间常数匹配。在选择副被控变量进行副回路设计时,必须注意主、副对象时间常数的匹配。因为它是串级控制系统正常运行的首要条件,是保证安全生产、防止系统“共振”的基础。设计时,为防止系统“共振”现象发生,应使主、副对象的时间常数和时滞时间错开,副对象的时间常数和时滞应比主对象小一些，一般选择 $T_{p1}/T_{p2}=3\sim10$ 为好。在投运时若发生“共振”现象，应使主、副回路工作频率拉开，如可以增加主控制器的比例度，这样降低了控制系统的敏感性，可以消除“共振”。

现以实例说明串级控制系统如何选择副被控变量。如图 3-5 所示的氨蒸发器，被冷却气体的出口温度是主被控变量。(a)方案以氨蒸发器液位为副被控变量，(b)方案以氨蒸发器蒸发压力为副被控变量，从调节的角度看，蒸发压力的方案要比调节液位的方案灵敏。但假设冷冻机入口压力相同，则方案(b)的蒸发压力要高些，才能有调节的余地，但这样使冷量利用不够充分，并且，为了维持一定的换热面积，该方案要增加一套液位控制系统，因此，投资相应要大。方案(a)虽然不够灵敏，但对出口温度控制要求不太高时，是一个较经济的控制方案。

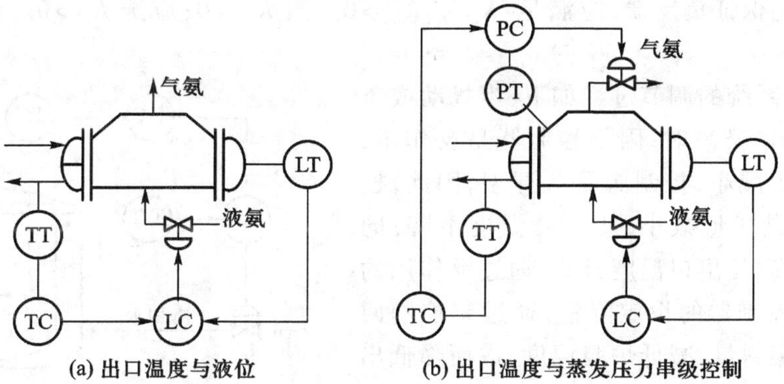

图 3-5 氨蒸发器出口温度的串级控制

2. 串级控制系统中主、副控制器的控制规律选择

串级控制系统中，主、副控制器所起的作用是不同的。主控制器起定值控制作用，副控制器对主控制器输出起随动控制作用，对扰动影响起定值控制作用，因此主被控变量要求无余差，副被控变量却允许在一定范围内变动。这是选择控制规律的基本出发点。

一般主控制器可采用比例、积分两作用或比例、积分、微分三作用控制规律，副控制器采用单比例作用或比例积分作用控制规律即可。

主控制器要采用 PI 控制规律，才能保证扰动作用下系统无余差。

3. 串级控制系统中主、副控制器的正、反作用选择

为保证所设计的串级控制系统的正常运行，必须正确选择主、副控制器的正、反作用。在具体选择时，先依据控制阀的气开、气关形式，副对象的增益极性，决定副控制器正反作用方式，即必须使 $K_{c2}K_vK_{p2}K_{m2}$ 的乘积为正值，通常 K_{m2} 总是正值，因此副控制器的正、反作用选择应使 $K_{c2}K_vK_{p2}$ 为正值。然后，决定主控制器的正、反作用方式。主控制器的正、反作用主要取决于主

对象的增益极性，控制阀的气开、气关形式不影响主控制器正、反作用的选择，控制阀已包含在副回路内。因此，选择时应使 $K_{c1}K_{p1}K_{m1}$ 的乘积为正值，通常 K_{m1} 总是正值，所以主控制器的正、反作用选择应使 $K_{c1}K_{p1}$ 为正值。

图 3-4 所示加热炉出口温度和炉膛温度串级控制系统中控制器正反作用的选择步骤如下：

控制阀：从安全角度考虑，选择气开型控制阀，$K_v>0$；

副被控对象：燃料油流量增加，炉膛温度升高，因此，$K_{p2}>0$；

副控制器：为保证负反馈，应满足：$K_{c2}K_vK_{p2}K_{m2}>0$。因 $K_{m2}>0$；应选 $K_{c2}>0$。即选用反作用控制器；

主被控对象：当炉膛温度升高时，出口温度升高，因此，$K_{p1}>0$；

主控制器：为保证负反馈，应满足：$K_{c1}K_{p1}K_{m1}>0$。因 $K_{m1}>0$；应选 $K_{c1}>0$。即选用反作用控制器。

该串级控制系统的调节过程如下：当扰动或负荷变化使炉膛温度升高时，因副控制器是反作用，因此，控制器输出减小，控制阀是气开型，因此，控制阀开度减小，燃料量减小，使炉膛温度下降；同时，炉膛温度升高，使出口温度升高，通过反作用的主控制器，使副控制器的设定降低，通过副控制回路的调节，减小燃料量，减低炉膛温度，进而降低出口温度，以保持出口温度恒定。

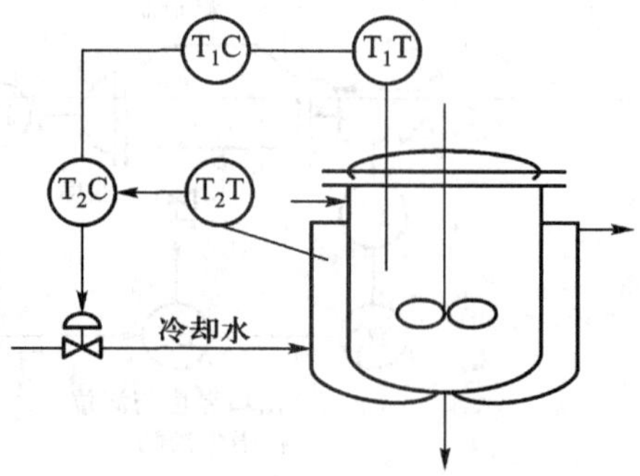

图 3-6 夹套反应釜的串级控制系统

图 3-6 所示夹套反应釜进行放热反应，串级控制系统控制器正反作用的选择步骤如下：

控制阀：从安全角度考虑，选择气关型控制阀，$K_v<0$；

副被控对象：冷却水流量增加，夹套温度下降，因此，$K_{p2}<0$；

副控制器：为保证负反馈，应满足：$K_{c2}K_vK_{p2}K_{m2}>0$。因 $K_{m2}>0$；所以应选 $K_{c2}>0$。即选用反作用控制器；

主被控对象：当夹套温度升高时，反应釜温度升高，因此，$K_{p1}>0$；

主控制器：为保证负反馈，应满足：$K_{c1}K_{p1}K_{m1}>0$。因 $K_{m1}>0$；所以应选 $K_{c1}>0$。即选用反作用控制器。

4. 串级控制系统的积分饱和及防止积分饱和的措施

串级控制系统中，如果主控制器有积分控制作用，并且偏差长期存在，则可能出现积分饱和现象，同样，如果副控制器有积分控制作用并且偏差长期存在，则也会出现积分饱和现象。

串级控制系统中，当副控制器进入积分饱和时，比简单控制系统进入积分饱和时更差，调节更不及时。

防止串级控制系统的积分饱和，可采用积分外反馈的方法。将副控制器的测量 y_2 作为主控制器的积分外反馈，如图 3-7 所示。

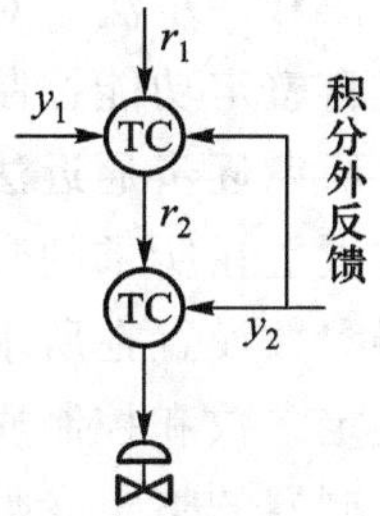

图 3-7 串级控制系统的防积分饱和

当副控制器有积分作用，稳态时有 $y_2=r_2=u_1$，与采用 u_1 作为积分正反馈时的效果相同。动态时，$U_1(s)=K_{c1}E_1(s)+\frac{1}{T_{i1}s+1}Y_2(s)$ (3-12)

即主控制器的输出与主控制器的偏差成比例，比例增益为 K_{c1}，由副控制器的测量信号确定其偏置值。当达到稳态时，$Y_2(s)=U_1(s)$，式(3-12)成为

$$U_1(s)=K_{c1}E_1(s)+\frac{1}{T_{i1}s+1}U_1(s)=K_{c1}\left(1+\frac{1}{T_{i1}s}\right)E_1(s) \tag{3-13}$$

即稳态时，主控制器是 PI 控制作用。当 $y_2<u_1$ 时，u_1 的增长不会超过一定的极限，即不会发生积分饱和。

在采用 DCS 或计算机控制装置时，除了可采用类似上述积分外反馈方式防止积分饱和外，也可采用制造厂商提供的防止积分饱和的办法。例如，用软件进行防积分饱和等。对电动单元组合仪表，通常采用 PI-P 切换的方法防止积分饱和。

5. 串级控制系统中副环检测变送环节的非线性

串级控制系统中，副被控变量是流量的使用最广泛。如果，检测变送环节采用孔板和差压变送器，则副环检测变送环节是非线性环节。副被控变量是流量，但检测变送环节的输出是差压，即：$y_{m2}=K_{m2}y_2^2$，式中，y_2 是流量值，y_{m2} 是差压值，K_{m2} 是检测变送环节的增益。稳态时，测量值等于设定值，因此，副回路的稳态增益 $K_{副}(0)$ 为

$$K_{副}(0)=\frac{\mathrm{d}y_2}{\mathrm{d}r_2}=\frac{\mathrm{d}y_2}{\mathrm{d}y_{m2}}=\frac{1}{2\sqrt{K_{m2}}}\cdot\frac{1}{\sqrt{y_{m2}}}=\frac{1}{2K_{m2}y_2} \tag{3-14}$$

上式表明，副环稳态增益随副被控变量的增大而减小。

由于副环是主控制回路的一部分，副环特性的非线性使控制系统控制品质变差。当流量增大时，由于副环稳态增益减小，使主环控制变得不灵敏，当流量减小时，副环增益增大，使主环控制出现振荡甚至不稳定。

根据稳定运行准则，简单控制系统中，当对象出现非线性特性时，可采用控制阀的流量特性进行补偿；但在串级控制系统中，副环因未采用开方器而造成的非线性却不能用控制阀的流量特性进行补偿，其原因是控制阀已经在副环内部。

当检测变送环节采用孔板、差压变送器和开方器（或流量变送器）时，由于副环输入输出间的关系是线性关系，这时，如果主被控对象是线性特性，就采用线性控制规律。如果主被控对象是非线性特性，则需用控制器的非线性控制规律来补偿，而不能用控制阀流量特性进行补偿。

3.1.4 串级控制系统控制器参数整定及投运

参数整定，就是通过调整控制器的 P、I、D 参数，改变控制系统的动、静态特性找到最佳的调

节过程,使控制品质最好。串级控制系统常用的控制器参数应验整定方法有三种:逐步逼近法、两步法和一步法。对新型智能控制仪表和 DCS 控制装置构成的串级控制系统,可以将主控制器选用自整定功能控制。下面介绍逐步逼近的整定方法。

所谓逐步逼近法就是在主回路断开的情况下,求取副控制器的整定参数,然后将副控制器的参数设置在所求的数值上,使串级控制系统主回路闭合求取主控制器的整定参数。然后,将主控制器参数设置在所求的数值上,再进行整定,求出第二次副控制器的整定参数值。比较上述两次的整定参数和控制质量,如果达到了控制品质指标,整定工作结束。否则,再按此法求取第二次主控制器的整定参数值,依次循环,直至求得合适的整定参数值止。这样,每循环一次,其整定参数与最佳参数值就更接近一步,故名逐步逼近法。

具体整定步骤如下:

(1) 首先断开主回路,闭合副回路,按单回路控制系统的整定方法整定副控制器参数。

(2) 闭合主、副回路,保持上步取得的副控制器参数,按单回路控制系统的整定方法,整定主控制器参数。

(3) 在闭合主、副回路、主控制器参数保持的情况下,再次调整副控制器参数。

(4) 至此已完成一个循环,如控制品质未达到规定指标,返回(2)继续。

串级控制系统的投运宜先副后主,由于设置副环的目的是提高主被控变量的控制品质,因此,对副控制器参数整定的结果不应作过多限制,应以快速、准确跟踪主控制器输出为整定参数的目标。当工艺过程对副被控变量也有一定控制指标要求时,例如,精确流量测量等,可采用逐步逼近法整定参数,使副被控变量也能够满足所需控制指标。

3.1.5 串级控制系统应用实例

图 3-8 是某大型氨厂引入驰放气作为辅助冲量的一段转化炉出口温度与燃料量串级控制系统。

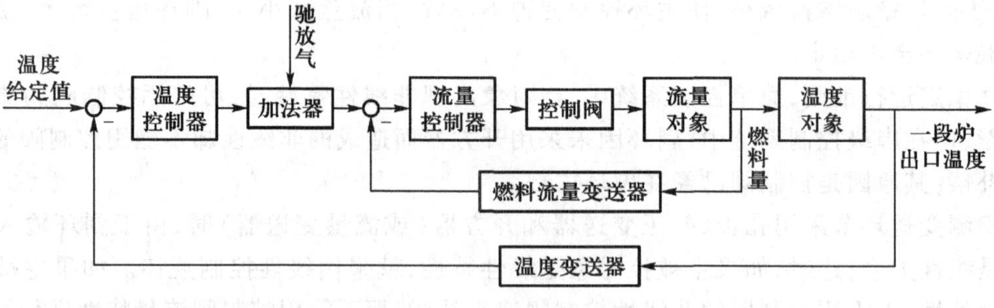

图 3-8 一段转化炉出口温度与燃料量串级控制系统

不考虑驰放气辅助冲量,该串级控制系统为一典型的加热炉燃料量与加热炉出口被加热物料温度的串级控制系统。

合成氨过程会产生一定的惰性气体，而惰性气体对合成反应不利，所以要将其排出。排出惰性气体的同时也排出了大量的可燃气体，这就是驰放气。为了减少污染，回收能量，驰放气通常送入一段炉作为燃料燃烧。驰放气量的多少是由合成氨过程中的惰性气体含量所决定的，经常变化。因此，它对一段炉出口温度有较大的影响并且若将其作为控制通道，通道滞后很大。此时基本串级控制系统的控制质量无法达到满意的要求。为此考虑引入驰放气流量信号——辅助冲量，经加法器与温度控制器的输出合成后作为流量控制器的给定输入，根据驰放气的流量的变化及时增减燃料气的流量。引入辅助冲量后系统结构并没有太大的改变，依然是串级控制系统，但它却可以较好地克服驰放气量变化所产生的扰动，保证控制品质。

3.2 比值控制系统

3.2.1 基本原理和结构

流程工业中经常需要按一定的比例控制两种或两种以上的物料量。例如：燃烧系统中的燃料与助燃剂量；参加化学反应的两种或多种化学物料量。一旦比例失调，将产生浪费，影响正常生产，甚至造成恶果。而比例得当，则可以保证优质、高产、低耗。为此，出现了比值控制系统。

比值控制系统中，需要保持比值关系的两种物料，必有一种处于主导地位，通常称此物料为主动量，用 F_1 表示，如燃烧比值系统中的燃料量；另一种物料称为从动量，通常用 F_2 表示，如燃烧比值系统中的空气量（氧含量）。比值控制系统就是要实现从动量 F_2 与主动量 F_1 的对应比值控制关系，即满足关系式：$F_2/F_1=k$，k 为工艺需求的从动量与主动量的比值。

凡是用来实现两个或两个以上的物料按一定比例关系进行控制以达到某种控制目的的控制系统，称为比值控制系统。比值控制系统是以功能来命名的。比值控制系统主要有：单闭环比值控制系统、双闭环比值控制系统和变比值控制系统。

1. 单闭环比值控制系统

单闭环比值控制系统在结构上与单回路控制系统一样。常用的控制方案有两种形式：一种是把主动量的测量值乘以某一系数后作为从动量控制器的设定值，这种方案称之为相乘的方案，是一种典型的随动控制系统，如图 3-9（a）所示；另一种是把流量的比值作为从动量控制器的被控变量，这种方案称之为相除方案，是典型定值控制系统，如图 3-9（b）所示。

2. 双闭环比值控制系统

双闭环比值控制系统如图 3-10 所示，图 3-10（a）所示为相乘方案，图 3-10（b）所示为相除方案。常有人提出问题，这种控制方案采用两个独立的流量控制系统岂不更为简单，的确，在正常工况（指主动量和从动量都能充分供应时），也能起到双闭环比值控制系统相同的作用，然而，当由于供应的限制而使主动量达不到设定值时，或因特大扰动而使主动量偏离设定值甚远时，采用双闭环比值控制系统能使两者的流量比例保持一致。

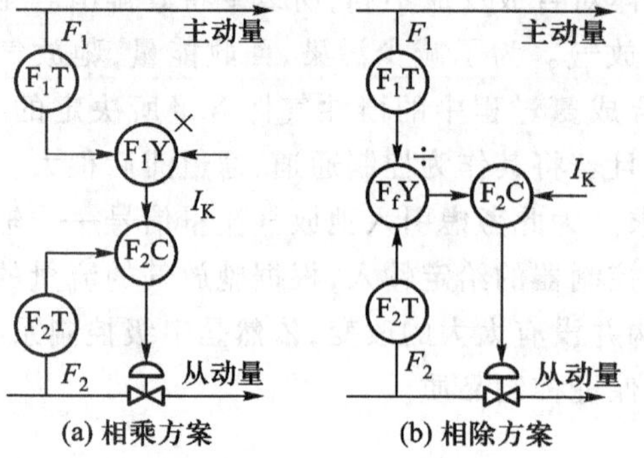

图 3-9 单闭环比值控制系统

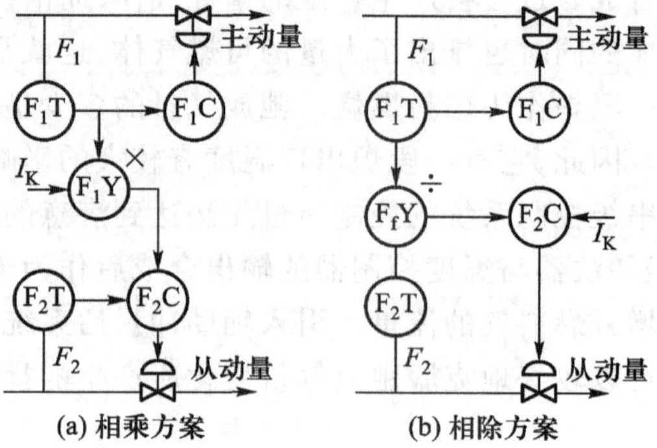

图 3-10 双闭环比值控制系统

3. 变比值控制系统

变比值控制系统的比值由另一个控制器设定。例如，在燃烧控制中，最终的控制目标是烟道气中的氧含量（反映燃料完全燃烧指标），而燃料与空气的比值实质上是控制手段，因此，比值的设定值由氧含量控制器给出。图 3-11 所示是分别采用相乘与相除的比值控制方案，从结构上看，这种方案是以比值控制系统为副回路的串级控制系统。

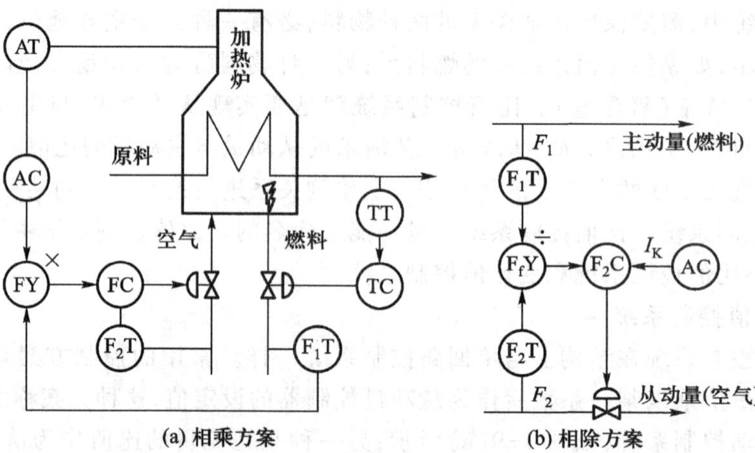

图 3-11 变比值控制系统

3.2.2 比值系数的计算

在此有必要把流量比值和设置于仪表的比值系数区别开来。虽然它们同属无量纲系数，但除了特定场合外，两者的数值是不相等的。

流量比值 k 是流量 F_2 与 F_1 的比值。F_2 与 F_1 可以同为质量流量、体积流量或折算成标准情况下的流量，现以一实例说明比值系数的计算。

合成氨一段转化反应中，为保证甲烷的转化率，需保持甲烷、蒸汽和空气三者的比值为 1∶3∶1.4。流量测量都采用节流装置和差压变送器，未装开方器，其中，蒸汽最大流量为 31 100 m^3/h；天然气最大流量为 11 000 m^3/h；空气最大流量为 14 000 m^3/h；采用相乘和相除方案，确定各差压变送器的量程，仪表比值系数 K_1 和 K_2，乘法器和除法器输入电流 I_{k1} 和 I_{k2}。

图 3-12 是甲烷转化过程比值控制系统的相乘结构图。

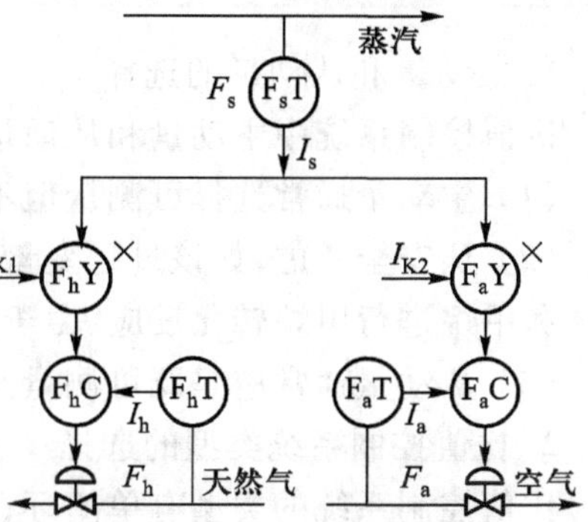

图 3-12 甲烷转化比值控制系统相乘结构图

从仪表精确度考虑，流量仪表测量范围分为十挡：1、1.25、1.6、2、2.5、3.2、4、5、6.3、8×10^n（n 为整数）。根据题意，各差压变送器的量程应选择为：

$$F_{smax}=32\ 000\ m^3/h;F_{hmax}=12\ 500\ m^3/h;F_{amax}=16\ 000\ m^3/h;$$

采用蒸汽作为主动量 F_s，天然气 F_h 和空气 F_a 为从动量。防止水碳比过低造成析碳。

工艺比值系数为：$k_1=F_h/F_s=1/3$；$k_2=F_a/F_s=1.4/3$。

因采用非线性检测变送环节，仪表比值系数的计算公式为

$$I_s=\frac{F_s^2}{F_{smax}^2}\cdot16+4$$

$$I_h=\frac{F_h^2}{F_{hmax}^2}\cdot16+4$$

$$I_a=\frac{F_a^2}{F_{amax}^2}\cdot16+4$$

电动乘法器的输出

$$I_{o1}=\frac{(I_s-4)(I_{k1}-4)}{16}+4=I_h$$

所以 $$I_{k1}=16k_1^2\frac{F_{smax}^2}{F_{hmax}^2}+4=16\frac{1}{3^2}\frac{32\ 000^2}{12\ 500^2}+4=15.56\ mA$$

电动乘法器的输出

$$I_{o2}=\frac{(I_s-4)(I_{k2}-4)}{16}+4=I_a$$

所以 $$I_{k2}=16k_2^2\frac{F_{smax}^2}{F_{amax}^2}+4=16\frac{1.4^2}{3^2}\frac{32\ 000^2}{16\ 000^2}+4=17.94\ \text{mA}$$

3.2.3 比值控制系统设计和工程应用中的问题

1. 主动量和从动量的选择

比值控制系统中主动量和从动量选择依据如下：

（1）主动量通常选择可测量但不可控制的过程变量；

（2）从安全考虑，如该过程变量供应不足会不安全时，应选择该过程变量为主动量，例如，水蒸气和甲烷进行甲烷转化反应，由于水蒸气不足会造成析碳，因此，应选择水蒸气作为主动量；

（3）从动量通常应是既可测量又可控制，并需要保持一定比值的过程变量。

2. 比值控制系统类型的选择

比值控制系统的类型有单闭环、双闭环和变比值三类，可根据工艺过程控制要求选择：

（1）主动量不可控时，选用单闭环比值控制系统，例如，主动量来自上一工序；

（2）主动量可控可测，并且变化较大时，宜选双闭环比值控制系统；

（3）当比值根据生产过程的需要由另一个控制器进行调节时，应选择变比值控制系统；

（4）当质量偏离控制指标需要改变流量的比值时，应采用变比值控制系统；

（5）变比值控制系统的第三过程变量通常选择过程的质量指标，例如，烟道气中的氧含量等。

比值控制系统的实施方案有相乘和相除两类。一般情况下，宜选择相乘控制方案。采用计算机或 DCS 控制时，应选择相乘控制方案。需要获得主从动量流量的实际比值时，建议用除法器作比值运算，但不包含在控制回路内部。

3. 比值函数环节的选择

采用常规仪表实施比值控制系统时，需要选择比值函数环节的仪表，根据比值控制系统类型的选择，比值控制系统宜采用相乘方案，因此，比值函数环节可从乘法器、分流器、加法器等仪表中选择。采用乘法器需要配套恒流给定器，但比值系数设置的精度较高；分流器比较简单，可直接用电位器实施，但精度不高；加法器实施时可直接用控制器的输入乘以比值系数，同样，设置比值系数的精度也不高。计算机控制装置或 DCS 实施比值控制时，仪表比值系数采用工艺比值系数直接设置，使用系统内部乘法运算或比值控制功能模块直接完成比值运算（采用相乘控制方案）。

采用常规仪表实施，如果 K 大于 1，应将比值函数环节设置在从动量控制回路内。用 DCS 或计算机实施时，K 可大于 1，比值函数环节仍设置在从动量控制回路设定值通道。

4. 变送器量程的选择

变送器量程的选择影响仪表比值系数的数据。常规仪表实施比值控制系统时，为提高控制精确度，通常应使 KF_1 的数值位于从动量控制器量程范围的中间（仪表比值系数小于 1），或者使

$K'F_2$ 的数值位于从动量控制器量程范围的中间(仪表比值系数大于 1)。采用计算机 DCS 组成比值控制系统时,为提高控制精确度,可适当缩小检测变送器的量程范围,并且,不需计算仪表比值系数。

采用常规仪表时,如果采用线性检测变送环节,主、从动量的仪表量程范围相等,则工艺比值系数 k 与仪表比值系数 K 相等;如果采用非线性检测变送环节,主、从动量的仪表量程范围满足:$k=\frac{F_{2\max}^2}{F_{1\max}^2}$,则工艺比值系数 k 与仪表比值系数 K 相等。

5. 流量的温度压力补偿

当采用孔板等节流装置测量气体流量时,如果设计计算时的工况温度和压力与实际运行时的工况温度和压力有偏差,就会对气体流量测量造成误差。因此,当被测气体的工况温度较高、变化较大或工况压力较高、变化较大时应对该气体流量进行温度压力补偿。其中,温度应换算到开氏温度,压力应换算到绝对压力。

3.2.4 比值控制系统的参数整定和投运

单闭环比值控制系统是随动控制系统,应按照随动控制系统的整定原则整定从动量控制器的参数。即整定为非振荡或衰减比 10 : 1 的过渡过程为宜。双闭环比值控制系统中主动量的控制系统是定值控制系统,以衰减比为 4 : 1 整定主控制器参数,从动量控制系统是随动控制系统为主的控制系统,以非振荡或衰减比为 10 : 1 整定从动量控制器参数。变比值控制系统中从动量控制系统是串级控制系统的副环,因此,按串级控制系统副环的整定方法整定参数,变比值控制器按串级控制系统主对象整定控制器参数。

比值控制系统的投运可按单回路控制系统的投运方法分别投运主、从动量控制系统。变比值控制系统按串级控制系统的投运方法进行投运。

3.2.5 比值控制系统应用实例

一段转化炉的主要功能是将原料转化为合成所需要的氢,该转化过程是在一定的温度条件下进行的,所以转化过程中原料量与加热燃料量有一定的比例关系,为此设计了双闭环比值控制系统。简化的控制系统方框图如图 3-13 所示。比值控制系统的主动量为原料量,从动量为燃料量,其目的是随着生产负荷的变化,相应实时地提高或减少加热燃料气量,以保证转化温度。同时,为了克服燃料气压力的扰动等影响,一段炉的温度还采用了串级控制系统。

该比值控制系统由单回路控制器来构成,其比值运算部分的组态见图 3-14。比值运算采用了两个乘法器,其中 U_1 为温度控制器的输出;U_3 为原料量;U_4 为燃料控制器的外给定值,而 PP_4 则为我们所要计算的比值系数 K,内部运算变量均为%型数据。流量信号都选取了开方、小信号切除、滤波平滑等预处理。

由燃料气热值和变换反应方程等工艺条件得到 $k=0.567$,即工艺要求的燃料气与原料气比

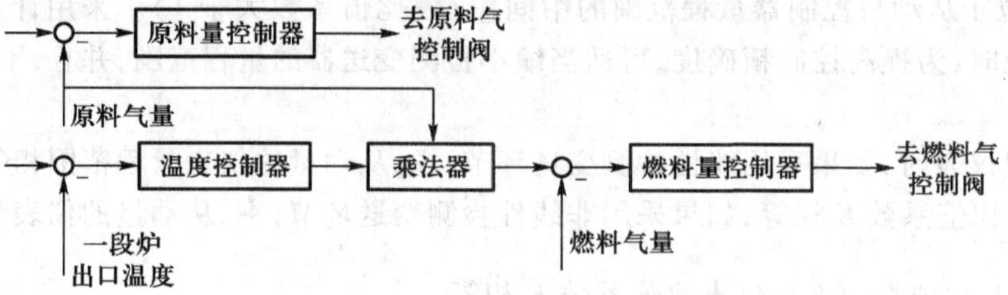

图 3-13 一段转化炉原料量与加热燃料量比值控制示意图

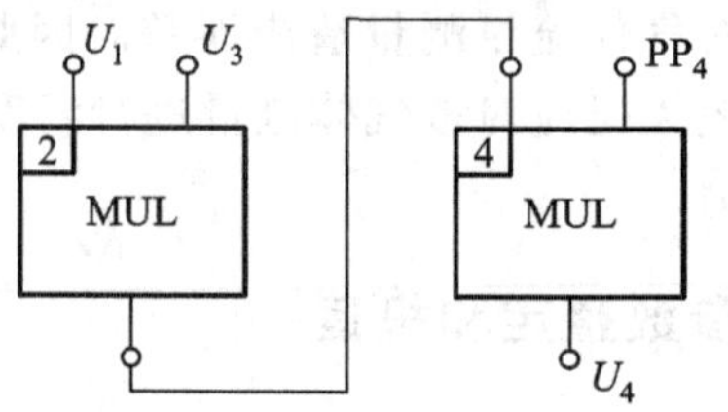

图 3-14 比值运算部分组态图

值关系。U_1 为温度控制器的输出，它表征了燃料量与原料量的动态比值关系，因此，U_1 也有一个量程问题，取工艺要求的 k 的两倍 k_{max} 为量程上限，表 3-1 给出了各运算块内部变量的量程。

表 3-1 各内部参数工作范围

内部变量	0.0%	100.0%	说明
U_1	0	113.4	温度控制器输出
U_3	0	41 577 Nm/h	原料量测量
U_4	0	20 000 Nm/h	燃料控制器的设定，燃料气量测量

若采用信号平衡时计算，稳态时，若主动量原料气流量为 x、从动量燃料气流量为 $0.567x$、温度控制器输出为 50%，根据信号平衡，有

$$50\%\times\frac{x}{41\ 577}\times PP_4=\frac{0.567x}{20\ 000}$$

$$PP_4=2\times56.7\times\frac{41\ 577}{20\ 000}\%=235.7\%$$

将 PP_4 按计算值设定好，投入运行后，该系统即可按与原料量一定的对应关系调节燃料量，完成比值控制。由图 3-13 我们还可看到，该比值控制系统是一种变比值控制系统。当燃料气

热值等设计因素发生变化时，通过温度控制器可以自动地改变燃料量与原料量的比值关系，以确保一段炉的出口温度恒定为目标值。

3.3 均匀控制系统

3.3.1 均匀控制系统的基本原理和结构

均匀控制系统是对一种控制方案所起的作用而言，因为就控制方案的结构来看，它可能像是被控变量为液位或压力的简单定值控制系统，也可能像是液位与流量或压力与流量所构成的串级控制系统。因此，我们只能从本质上来认识它们。

在连续生产过程中为了节约设备投资和紧凑生产装置，往往设法减少中间贮罐。这时，前一设备的出料往往就是后一设备的进料，多数情况下前一设备要求料位稳定，而后一设备要求进料平稳。此时，若采用液位定值控制，液位稳定可以得到保证，但流量扰动较大；若采用流量定值控制，流量稳定可以得到保证，但液位会有大幅度的波动。这就产生了矛盾。为协调此类矛盾，我们设计了均匀控制系统。均匀控制系统要兼顾表征前后供求矛盾的两个被控变量，既允许两个变量都有一定范围的变化，又要保证它们的变化不要过于剧烈。有下述三种实现方案。

1. 简单均匀控制系统

简单均匀控制系统如图 3-15 所示，从系统构成上看，它像一个简单液位定值控制系统，并且常被误解为简单液位定值控制系统，使设计思想得不到体现。该系统与定值控制系统的差异主要是在控制器的控制规律选择和参数整定问题上。

均匀控制系统中不应该选择微分控制作用，有时还需要选择反微分控制作用。在参数整定上，一般比例度要大于 100%，并且积分时间要长一些，这样液位仍会变化，但变化不会太剧烈，同时，控制器输出变化很和缓，阀位就变化不大，流量波动也相对小，从而实现了均匀控制的目的。

2. 串级均匀控制系统

图 3-16 所示为一精馏塔底液位与塔底流量的串级均匀控制系统。从结构上看，它与典型的串级控制系统没有区别，但是它的目的是实现均匀控制。

系统中副回路流量控制的目的是为了消除控制阀前后压力干扰及自衡作用对流量的影响。因此，副回路与串级控制中副回路一样，副控制器参数整定的要求与前面所讨论的串级控制对副回路的要求相同。而主控制器即液位控制器，则与简单均匀控制系统的控制器的参数整定相同，以满足均匀控制的要求，使液位与流量均在较小的幅度内缓慢地变化。

在有些装置中，液位是通过进料阀来控制的，用液位控制器对进料的流量控制，同样可以实现均匀控制的要求。

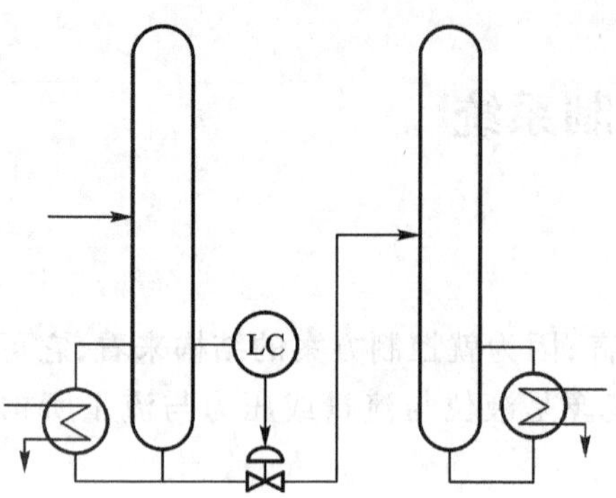

图 3-15 简单均匀控制系统

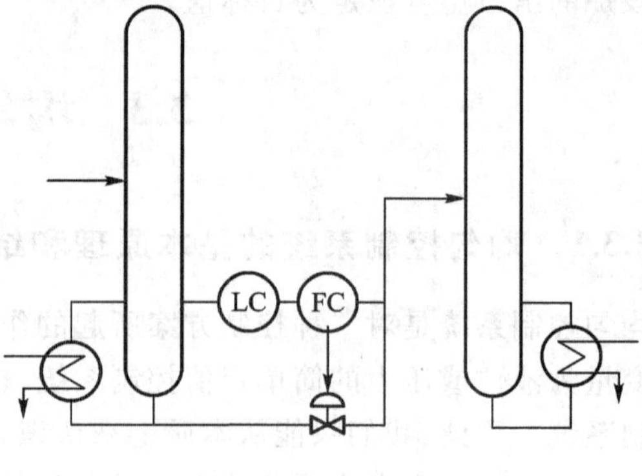

图 3-16 串级均匀控制系统

当物料为气体时,前后设备的均匀控制是前者的气体压力与后面设备的进气流量之间的均匀。它既保证了前设备压力的稳定又保证了后设备进料的平稳。

3. 双冲量均匀控制系统

这种控制系统是串级控制系统的变型,它将两个需兼顾被控变量的差(或和)作为被控变量。图 3-17 是双冲量控制系统的结构图。

当控制阀安装在出口时,液位偏高或流量偏低时,都应开大控制阀,因此,应取液位和流量信号之差作为测量值。正常情况下,该差值可能为零、负值或正值,因此,在加法器 FY 引入偏置值,用于改变零位,使正常情况下加法器的输出在量程的中间值。为调整两个变量的权重,可对这两个信号进行加权,即:

$$I_y = c_1 I_L - c_2 I_F + I_B \tag{3-15}$$

式中,I_y 是流量控制器的测量信号;I_L 是液位变送器输出电流;I_F 是流量变送器输出电流;I_B 是偏置值;c_1 和 c_2 是加权系数,它们在电动或计算机仪表的加法器中可方便地实现。

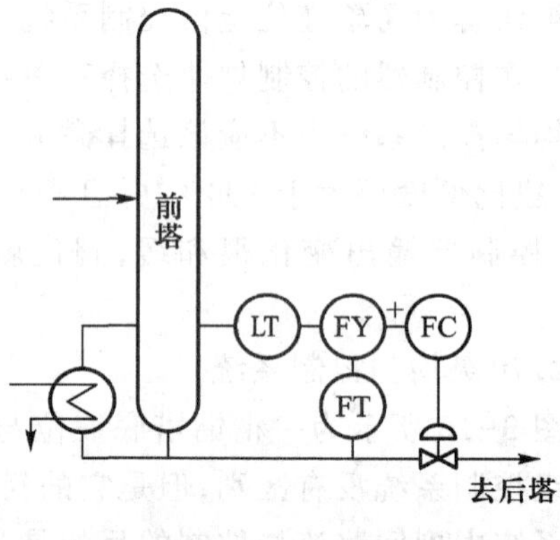

图 3-17 双冲量均匀控制系统结构图

当控制阀安装在入口时,应取液位和流量信号之和作为测量值,均匀控制系统的测量值应是液位和流量信号之和减去偏置值。即:$I_y = c_1 I_L + c_2 I_F - I_B$。

此时,当液位偏低或流量偏低时,都应打开控制阀,因此,取两个信号之和作为测量值,同样原因,应设置偏置值,但因正常时,两个信号都为正,因此,应减去偏置值,正常情况下使差值在量程范围的中间值。

图 3-18 是双冲量相减控制系统的方块图。流量控制器偏差为：$e=R-c_1I_L+c_2I_F-I_B$。可以看到，双冲量均匀控制系统的液位有余差。

双冲量均匀控制系统是串级均匀控制系统的变型。其主控制器是 1∶1 比例环节，副控制器是流量控制器。双冲量均匀控制系统具有类似串级均匀控制系统的结构，其控制效果比简单均匀控制系统要好，但不及串级均匀控制系统。

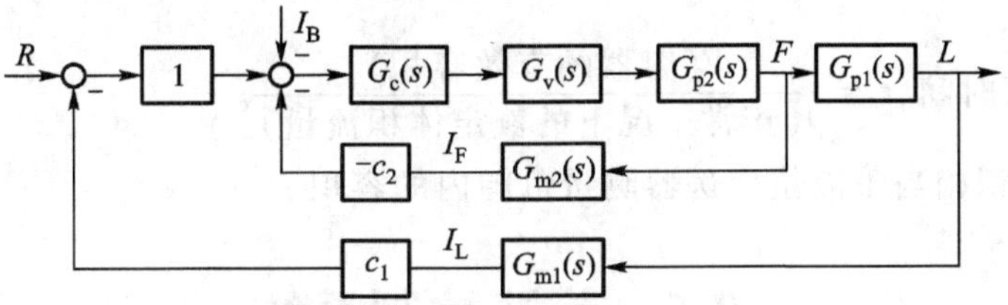

图 3-18 双冲量相减控制系统的方块图

3.3.2 均匀控制系统控制规律的选择及参数整定

1. 控制规律的选择

对一般的简单均匀控制系统的控制器，我们都可以选择纯比例控制规律，其原因是均匀控制系统所控制的变量都允许有一定范围的波动且对余差无要求，而纯比例控制规律简单明了，整定简单便捷，响应迅速。例如，对液位-流量的均匀控制系统，K_C 增加，液位控制作用加强，反之液位控制作用减弱而流量控制稳定性加强，我们可以根据需要选择适当的比例度。

对一些输送流量存在急剧变化的场合或液位存在"噪声"的场合，特别是希望液位正常稳定工况时保持在特定值附近时，则应选用比例积分控制规律。这样，在不同的工作负荷情况下，都可以消除余差，保证液位最终稳定在某一特定值。

2. 参数的整定

(1) 纯比例控制规律

- 先将比例度放置在不会引起液位超值但相对较大的数值，如 $\delta=200\%$ 左右。
- 观察液位记录趋势，若液位的最大波动小于允许的范围，则可增加比例度。
- 当发现液位的最大波动大于允许范围，则减小比例度。
- 反复调整控制器的比例度，直至液位的波动小于且接近于允许范围止。一般情况 $\delta=100\%\sim200\%$。

(2) 比例积分控制规律

- 按纯比例控制方式进行整定，得到所适用的比例度 δ 值。
- 适当加大比例度值，然后，投入积分作用。由大至小逐渐调整积分时间，直到记录趋势出现缓慢的周期性衰减振荡为止。大多数情况 T_i 在几分钟到十几分钟之间。

建议的整定参数见表 3-2。

表 3-2 均匀控制系统建议的整定参数值

停留时间 t_c/min	<20	20~40	>40
比例度 δ/%	100~150	150~200	200~250
积分时间 T_i/min	5	10	15

表中，t_c 是停留时间，$t_c=\dfrac{V(\text{容器的有效容积})}{Q(\text{正常工况下的额定体积流量})}$。

容器的有效容积相当于液位变送器测量范围内的容积。

3.4 前馈控制系统

3.4.1 基本原理

在前面所讨论的控制系统中，控制器都是按照被控变量与设定值的偏差来进行控制的，这就是我们所说的反馈控制，是闭环的控制系统。反馈控制中，当被控变量偏离设定值，产生偏差，然后才进行控制，这就使得控制作用总是落后于干扰对控制系统的影响。

前馈控制系统是一种开环控制系统，它是在苏联学者所倡导的不变性原理的基础上发展而成的。20 世纪 50 年代以后，在工程上，前馈控制系统逐渐得到了广泛的应用。前馈控制系统是根据扰动或设定值的变化按补偿原理而工作的控制系统，其特点是当扰动产生后，被控变量还未变化以前，根据扰动作用的大小进行控制，以补偿扰动作用对被控变量的影响。前馈控制系统运用得当，可以使被控变量的扰动消灭于萌芽之中，使被控变量不会因扰动作用或设定值变化而产生偏差或者降低由于扰动而引起的控制偏差和产品质量的变化，比反馈控制要及时，并且不受系统滞后的影响。

图 3-19 所示是换热器的前馈控制系统及其方块图。

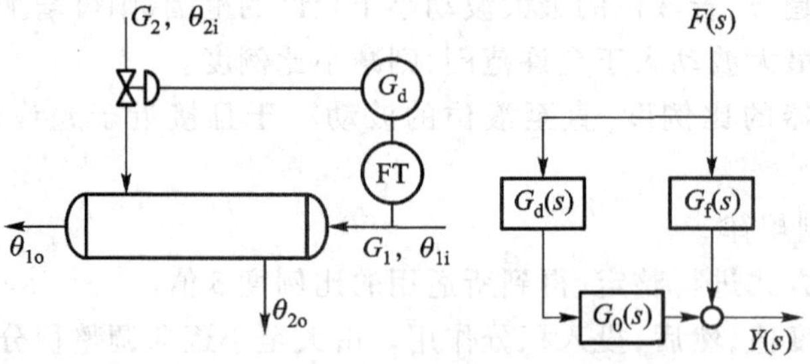

图 3-19 换热器的前馈控制系统及其方块图

设 $G_f(s)$ 为扰动通道的传递函数，$G_0(s)$ 为控制通道的传递函数，$G_d(s)$ 为前馈补偿控制单元的传递函数，如果把扰动值（进料流量）测量出来，并通过前馈补偿控制单元来进行控制，则

$$\begin{aligned} Y(s) &= G_f(s)F(s)+G_d(s)G_0(s)F(s) \\ &= [G_f(s)+G_d(s)G_0(s)]F(s) \end{aligned} \tag{3-16}$$

为了使扰动对系统输出的影响为零，应满足

$$G_f(s)+G_d(s)G_0(s)=0 \tag{3-17}$$

即

$$G_d(s)=-\frac{G_f(s)}{G_0(s)} \tag{3-18}$$

式（3-18）即为完全补偿时的前馈控制器模型。由此可见，前馈控制的好坏与扰动通道和控制通道的模型精度密切相关。对于精确的扰动通道和控制通道数学模型，前馈控制系统可以做到无偏控制。然而，这只是理论上的愿望。实际工业过程中，由于过程模型的时变性、非线性以及扰动的不可完全预见等影响，前馈控制只能在一定程度上补偿扰动对被控变量的影响。因此，在大多数实际应用中，往往都是将反馈控制与前馈控制结合起来，设计成前馈-反馈控制系统。这样，可以利用前馈控制来克服可以预见的主要扰动；而对于前馈控制补偿不完全的部分（即扰动依旧作用于被控变量所产生的偏离及其余扰动），由反馈控制来消除。这样的控制系统即使在大而频繁的扰动下，仍然可以获得优良的控制品质。

3.4.2 前馈控制的主要结构形式

1. 静态前馈

静态前馈是在扰动作用下，前馈补偿作用只能最终使被控变量回到要求的设定值，而不考虑补偿过程中的偏差大小。图 3-19 所示换热器的前馈控制系统中 $G_d(s)$ 为常数 K_d 时即为静态前馈。在有条件的情况下，可以通过物料平衡和能量平衡关系求得前馈控制模型。

现以蒸汽加热器出口温度为例说明，从静态前馈角度考虑，当负荷方面的流量和入口温度发生变化时，为了保证出口温度不变，则载热体也必须相应增加，但载热体要增加多少才能补偿负荷扰动对出口温度的影响，若条件允许，可以采用热量衡算关系式来求得。其热量恒算关系式如下：

$$G_2\lambda=G_1c_1(\theta_{1o}-\theta_{1i})$$

或

$$G_2=\frac{c_1}{\lambda}G_1(\theta_{1o}-\theta_{1i}) \tag{3-19}$$

根据式（3-19）可以组成图 3-20 所示静态前馈控制系统，从图中可以看出 G_1、θ_{1i} 是前馈信号。由式（3-19）可以看到，当 G_1、θ_{1i} 发生变化时，要想保持 θ_{1o} 不变，那么要相应改变加入蒸汽量

G_2,将计算结果$\frac{c_1}{\lambda}G_1(\theta_{1o}-\theta_{1i})$作为流量控制器的设定值,与蒸汽流量测量值比较后,调节蒸汽量 G_2,使 G_2 等于$\frac{c_1}{\lambda}G_1(\theta_{1o}-\theta_{1i})$,从而保证出口温度 θ_{1o}不变。

静态前馈控制不包含时间因子,实施简便。而事实证明,在不少场合,特别是控制通道和扰动通道的时间常数相差不大时,应用静态前馈控制可以获得很好的控制精度。

2. 前馈反馈控制系统

单纯的前馈控制是开环的,对补偿作用没有加以检验。在实际工业过程中单独使用前馈控制很难满足工艺要求,因此前馈与反馈相结合构成前馈-反馈控制系统,前馈控制克服主要扰动,而反馈控制克服其余次要扰动及前馈补偿不完全的部分扰动。

前馈-反馈控制系统有两种结构,其一是前馈控制作用与反馈控制作用相乘,如图 3-21 所示精馏塔出口温度的进料前馈反馈控制系统。其二是前馈控制作用与反馈控制作用相加,这是前馈-反馈控制系统中最典型的结构,如图 3-22(a)所示是加热炉出口温度的进料前馈反馈控制系统,图 3-22(b)所示是加热炉出口温度的串级控制与进料前馈反馈控制系统。

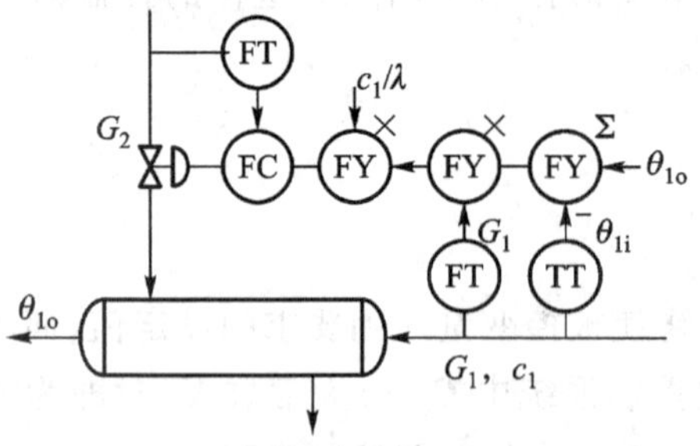

图 3-20 蒸汽加热器静态前馈控制系统

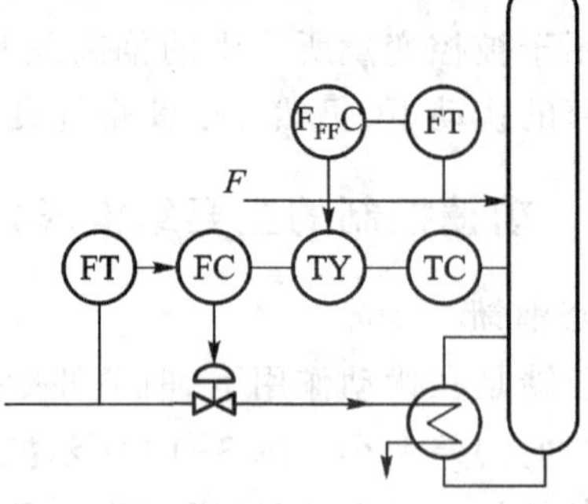

图 3-21 精馏塔前馈反馈控制系统(相乘型)

3. 多变量前馈控制系统

前馈控制只针对特定的扰动变量,当有多个扰动变量时可组成多变量前馈控制系统。分为多输入单输出的多变量前馈控制系统和多输入多输出的多变量前馈控制系统。当被控过程的扰动不止一个,而它们变化幅度较大且频繁时,可采用多输入单输出的多变量前馈控制系统。当被控过程是多输入多输出过程,为了消除相互之间的影响,可用多输入多输出的多变量前馈控制系统进行控制系统的解耦。

3.4.3 前馈控制系统的设计及工程实施中若干问题

1. 采用前馈控制系统的条件

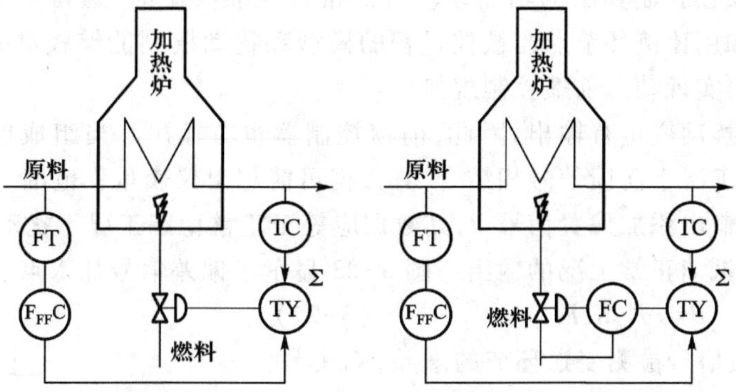

(a) 前馈加反馈　　(b) 前馈加串级反馈

图 3-22　加热炉前馈反馈控制系统(相加型)

如前所述,前馈控制是根据扰动作用的大小进行控制的。前馈控制系统主要用于克服控制系统中对象滞后大、由扰动而造成的被控变量偏差消除时间长、系统不易稳定、控制品质差等弱点,因此前馈控制系统常用于以下场合:

(1) 扰动可测但是不可控。

(2) 扰动变化频繁且变化幅度大。

(3) 扰动对被控变量影响显著,反馈控制难以及时克服,且过程对控制精度要求又十分严格。

2. 前馈控制算法

对大多数实际工业过程可用时滞加一阶滞后的结构形式,前馈控制器的传递函数为

$$G_d(s)=-\frac{G_f(s)}{G_0(s)}=-\frac{K_f}{K_0}\cdot\frac{T_0s+1}{T_fs+1}e^{-(\tau_f-\tau_0)s}=K_d\frac{T_1s+1}{T_2s+1}e^{-\tau_d s} \tag{3-20}$$

式中:

$K_d=-\dfrac{K_f}{K_0}$是增益项,为一比例环节;

$\dfrac{T_1s+1}{T_2s+1}=\dfrac{T_0s+1}{T_fs+1}$为一超前-滞后环节;$T_1>T_2$ 时具有超前特性,$T_1=T_2$ 时正好是比例环节,$T_1<T_2$ 时具有滞后特性。

在有些过程控制中,不需要输出信号中的直流分量(即静态分量),此时可采用传递函数为 $Ts/(Ts+1)$ 的前馈控制器。

3. 前馈补偿装置及偏置的选择

采用 DCS 或计算机控制时,前馈控制器的控制规律可方便地实现,例如,可采用超前滞后功

能模块,采用前馈-反馈控制算法的功能模块等。常规仪表实施时,通常采用静态前馈,即用前馈增益 K_d 实现,例如用比例环节。当被控过程的模型和扰动模型能够较准确获得时,也可采用相应的单元组合仪表实现动态前馈控制规律。

在正常工况下,扰动变量有输出,因此,前馈控制器也有输出。当组成前馈-反馈控制系统时,反馈信号与正常工况下前馈信号相结合,其数据可能超出仪表量程范围,因此,采用常规仪表时,应在前馈控制器输出添加偏置信号 B,其数据应等于正常稳态工况下扰动变量经前馈控制器后的输出,其符号应抵消正常工况的输出。图 3-23 显示了偏差信号加入点。

$$B=-K_m K_d F \tag{3-21}$$

式中,K_m 是前馈信号检测变送环节的增益,K_d 是静态前馈增益,F 是正常工况下扰动变量的数值。添加偏置值后,正常工况下,扰动引入的前馈信号与偏置值信号抵消,因此,送到执行器的信号是反馈控制信号。当扰动变量变化时,扰动变量引入的前馈信号减去偏置值后作为实际的扰动前馈信号,与反馈信号相加,实现了前馈-反馈控制功能。

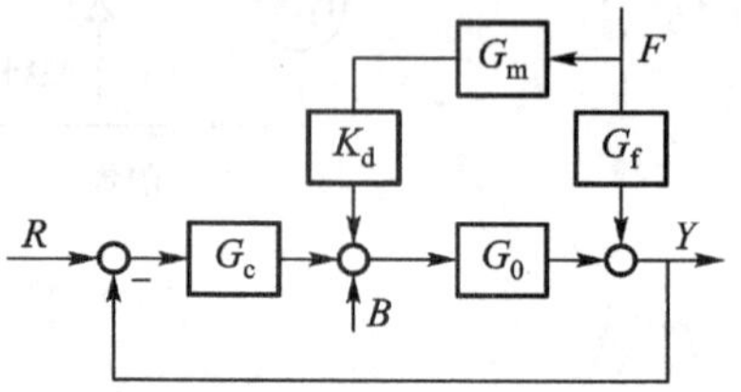

图 3-23 前馈反馈控制中偏置值的设置

采用 DCS 或计算机实现前馈-反馈控制系统时,也可如上述方法设置偏置值。

4. 前馈-反馈控制系统中流量副回路的引入

在前馈-反馈控制系统中,如果控制阀前压力或流量的波动较大,为了迅速消除这些扰动对操纵变量的影响,可发挥串级控制系统的特点,在前馈-反馈控制系统中引入流量副回路。当希望操纵变量与流量有精确的对应关系时,也可引入流量副回路。

当由于控制阀的回差较大,干摩擦严重,或者控制阀的流量特性希望改变时,宜采用阀门定位器,而不采用流量副回路。

当前馈信号是流量时,该信号的检测变送环节有线性和非线性两种选择。扰动变量变化时,为使前馈控制增益 K_d 为恒值,前馈检测变送环节的输入和输出应具有线性关系。即当采用差压变送器检测流量前馈信号后,应加开方器,使前馈检测变送环节的输出与扰动变量成线性关系。

3.4.4 前馈控制系统的投运和参数整定

前馈控制系统的参数整定有下列内容:确定静态前馈增益、设置偏置值、调整超前滞后环节的时间常数。

1. 静态前馈增益的确定

除了可根据机理分析计算静态前馈增益外,还可有两种实测确定方法。方法一是工况下实测扰动通道的增益和控制通道的增益,然后相除得到静态前馈增益。方法二是扰动变化量 Δf 影响下,通过反馈控制系统使被控变量回复到设定值,这时,控制器输出变化量为 Δu,则静态前馈

增益为 $K_{\mathrm{d}}=\dfrac{\Delta u}{\Delta f}$。

2. 偏置值的设置

根据已确定的静态前馈增益，在正常工况下，扰动变量经检测变送和前馈控制器后输出信号的负值作为偏置值。

3. 超前滞后环节的整定

当采用动态前馈时，需进行超前滞后环节的整定。有两种方法。方法一是实测扰动通道传递函数 $G_{\mathrm{F}}(s)$，实测前馈广义对象的传递函数 $G_0(s)$，广义对象 $G_0(s)$ 包含扰动变量的检测变送环节、执行器和被控过程。当扰动变量是流量时，可用实测的执行器和被控过程的传递函数近似，当扰动变量不是流量或动态时间常数较大时，应实测扰动变量检测变送环节的传递函数，然后确定动态前馈的超前滞后环节参数。方法二是经验法，根据输出响应曲线调试超前滞后环节参数。由于动态前馈的参数调整不合适时反而引入扰动，因此，一般过程控制中动态前馈应用较少。

前馈控制系统的投运通常与反馈控制系统投运结合。方法一是先投运反馈控制系统，然后投运前馈控制系统。方法二是反馈控制系统和前馈控制系统各自投运，整定好参数后再把两者结合。

3.4.5 前馈控制系统的应用实例

精馏塔在反馈控制过程中，若遇到进料扰动频繁，加上调节通道滞后较大等原因，使调节质量满足不了工艺要求，此时引入前馈控制可以明显改善系统的调节品质，图 3-24 所示是精馏塔前馈-反馈控制方案之一。前馈控制的静态模型主要由下式导出：

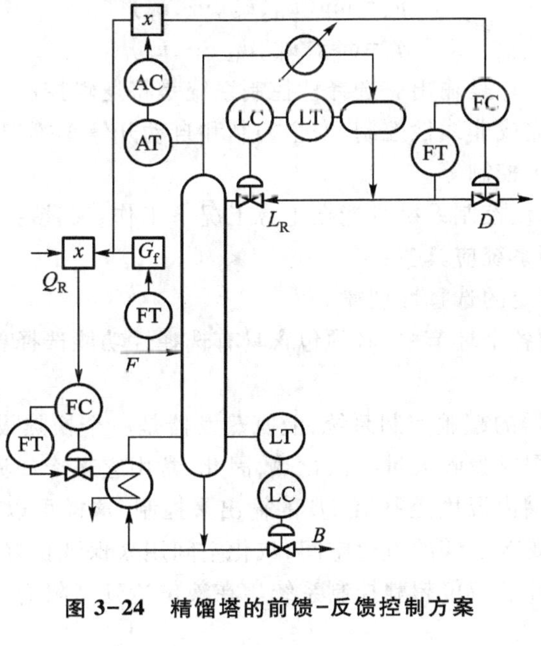

图 3-24 精馏塔的前馈-反馈控制方案

$$D/F=(x_F-x_B)/(x_D-x_B) \tag{3-22}$$

$$V/F=\beta \ln S \tag{3-23}$$

式中:F、D、V 分别是馏出液采出量、进料流量、上升蒸汽,x_F、x_D、x_B 分别是进料、馏出液及釜液中轻组分的摩尔分率,β、S 分别是塔的特性因子、分离度。

由式(3-22)、式(3-23)可知,只要保证 D/F 和 V/F 的比值恒定,即可达到前馈补偿的目的。例如,当进料流量增加时,只要成比例增加再沸器的加热蒸汽(即增加 V)和塔顶馏出液 D,就可基本保持塔顶或塔底的产品成分不变。实践证明,前馈控制可以克服进料流量扰动的大部分影响,余下小部分影响可以由反馈控制作用予以克服。

为了提高前馈补偿的精确度,还可以引入动态补偿环节,如图中 G_f 其为一简单的超前-滞后环节。本来顶部和底部系统的动态补偿环节的特性是不相同的,理应采用两个补偿环节,为简化起见,二者合用一个动态补偿环节,也基本可以满足要求。

3.5 选择性控制系统

3.5.1 基本原理和结构

在控制系统中含有选择单元的系统,通常称为选择性控制系统。常见的选择单元有低选器和高选器,它们各有两个或更多个输入,低选器把最低信号选中作为输出,高选器把最高信号选中作为输出,采用数学表述,分别为

$$u_o=\min(u_{i1},u_{i2},\cdots,u_{ij})$$

和

$$u_o=\max(u_{i1},u_{i2},\cdots,u_{ij}) \tag{3-24}$$

式中 u_{ij} 是第 j 个输入,u_o 是输出。选择性控制系统是将逻辑控制与常规控制结合起来,增强了系统的控制能力,可以完成非线性控制、安全控制和自动开停车等控制功能。选择性控制又称取代控制、超驰控制和保护控制等。

选择性控制系统是为使控制系统既能在正常工况下工作,又能在一些特定的工况下工作而设计的,因此,选择性控制系统应具备:

(1) 生产操作上有一定的选择性规律。

(2) 组成控制系统的各个环节中,必须包含具有选择性功能选择单元。

1. 超驰控制系统

图 3-25 为液氨蒸发器的超驰控制系统,液氨蒸发器是一个换热设备,在流程工业中有较广泛的应用。液氨的汽化,需要吸收大量的汽化热,因此,常用它来冷却流经管内的被冷却物料。

在正常工况下,控制阀由温度控制器 TC 的输出来控制,这样可以保证被冷却物料的温度为设定值。但是,蒸发器需要有足够的汽化空间,汽化空间用来保证良好的汽化条件以及避免出口氨气夹带液体,为此又设计了液位超驰控制系统。在液位达到高限的工况时,即便被冷却物料的

温度高于设定值,也不再增加氨液量,而由液位控制器 LC 取代温度控制器 TC 进行控制。这样,既保证了必要的汽化空间又保证了设备安全。

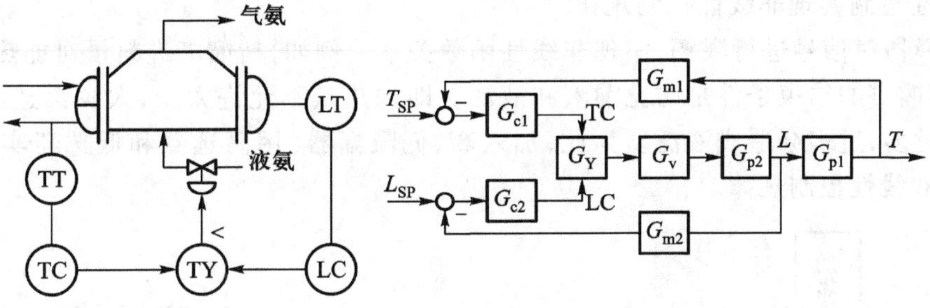

图 3-25 液氨蒸发器超驰控制系统及方块图

超驰控制系统设计步骤如下:

(1) 根据安全角度选择控制阀:本例为气开型,使事故时控制阀处于关闭位置,即 $K_v>0$;

(2) 确定被控过程特性:控制阀开度增大,进入液氨量增加,液位升高,$K_{p2}>0$;液位升高,温度下降,$K_{p1}<0$;

(3) 确定控制器的正反作用形式:根据负反馈准则,选择 $K_{c2}>0$,使 $K_{c2}K_vK_{p2}>0$(通常 $K_{m2}>0$)。因 $K_{p1}<0$,选择 $K_{c1}<0$,使 $K_{c1}K_vK_{p2}K_{p1}>0$。因此,液位控制器选反作用,温度控制器选正作用。

(4) 确定选择器类型:根据超过安全软限时应使液位控制器(又称取代控制器、超驰控制器)代替温度控制器(又称正常控制器),即根据在取代工况下取代控制器输出信号是增加(降低)确定选择器是高选器(低选器)。例中,因液位控制器是反作用控制器,液位高于安全软限时,液位控制器输出降低,因此,G_Y 选用低选器。低选器常用 LS 或小于符号<表示,高选器常用 HS 或大于符号>表示。

超驰控制系统和类似的控制系统结构也用于生产过程的自动开停车和逻辑提量和减量的控制系统中。

2. 操纵变量的选择性控制

在控制器与执行器或控制执行器的随动控制器之间引入选择单元的称为操纵变量的选择性控制。

加热炉燃料有低价燃料 A 和补充燃料 B,A 最大供应量为 A_H,燃料 A 超过 A_H 时启用补充燃料 B,为此设计了图 3-26 所示燃料燃烧的选择性控制系统。

正常工况时:$m<A_H$,温度控制器 TC 的输出 m 经低选器作为燃料 A 流量控制器 F_1C 的设定值,构成温度控制器 TC 与燃料 A 流量控制器串级控制。补充燃料 B 流量控制器 F_2C 设定值<0。

当 $m>A_H$,燃料 A 流量控制器 F_1C 为定值控制,设定值为 A_H。温度控制器 TC 的输出 m 至加法器,$m-n>0$ 作为补充燃料 B 流量控制器 F_2C 的设定值,构成温度控制器 TC 与燃料 B 流量控制器串级控制。

3. 选择性控制实现非线性控制规律

利用选择器对信号进行限幅,实现非线性函数关系。例如,精馏塔进料量对加热量的前馈控制系统中,精馏塔的约束条件是防止漏液和液泛。即加热量不允许太少,太少会造成漏液;加热量也不允许过多,过多会造成液泛。为此,加入高、低限幅器(用高选器和低选器实现),组成图3-27所示的非线性控制规律。

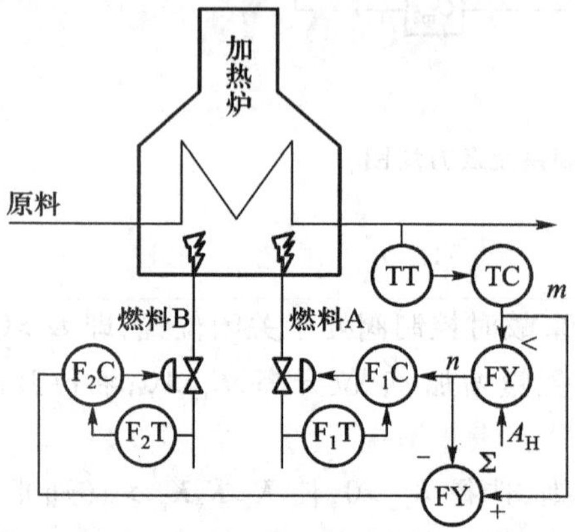

图 3-26 燃料燃烧的选择性控制系统

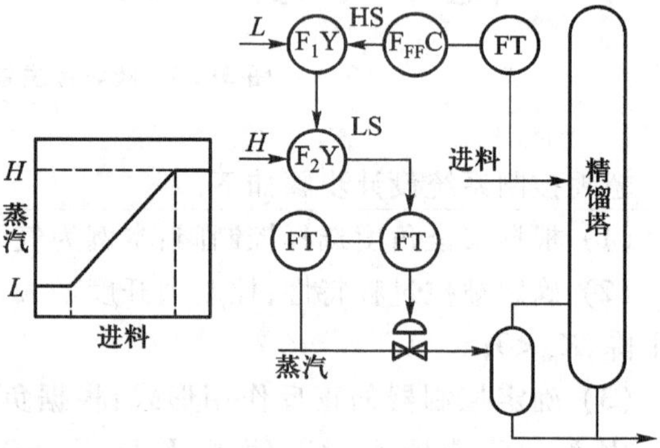

图 3-27 非线性控制规律

4. 被控变量的选择性控制

这类控制系统主要用于确定被控变量的选点。分为竞争控制系统和冗余系统。

(1) 竞争控制系统

这类控制系统选择几个检测变送信号的最高、最低信号用于控制。

图 3-28 所示反应器温度的竞争控制系统,为控制反应温度,选择其中高点温度用于控制。图中,T_1T、T_2T、T_3T 是三个温度检测变送环节,它们的输出送高选器 TY,将输入信号的高者作为控制器 TC 的测量值。这里,三个温度信号经竞争得到出线权,因此,称为竞争控制系统。通过竞争,可保证反应器温度不超限。

(2) 冗余控制系统

为防止因仪表故障造成事故,对同一检测点采用多个仪表测量,选择性控制选择中间值或多数值,作为该检测点的测量值,这类系统称为冗余控制系统。图 3-29 是分立单元选择中间值的连接图,在 DCS 或计算机控制系统中也可调用有关功能模块直接获得所需数值。

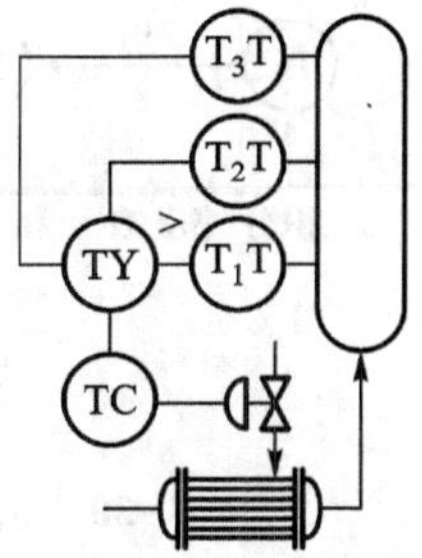

图 3-28 反应器温度的竞争控制系统

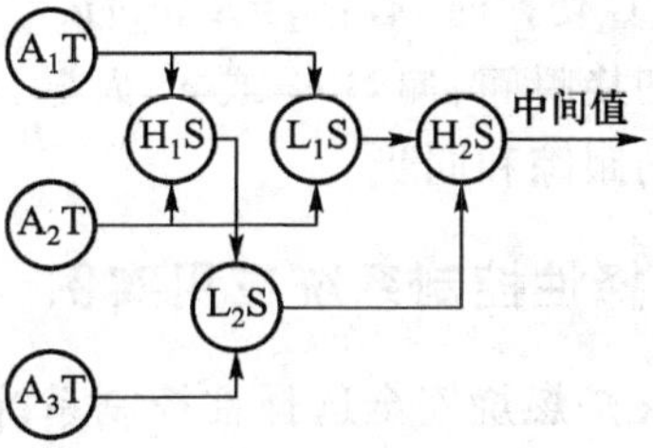

图 3-29 冗余控制系统选择中间值的连接图

3.5.2 选择性控制系统设计和工程应用中的问题

1. 选择器类型的选择

超驰控制系统的选择器位于两个控制器输出和一个执行器之间。选择器类型的选择可根据下述步骤进行。

(1) 从安全角度考虑,选择控制阀的气开和气关类型;

(2) 确定被控对象的特性,包括正常工况和取代工况时的对象特性;

(3) 确定正常控制器和取代控制器的正反作用方式;

(4) 根据超过安全软限时,取代控制器输出是增大还是减小,确定选择器是高选器还是低选器;

(5) 当选择高选器时,应考虑事故时的保护措施。

2. 控制器的选择

超驰控制系统的控制要求是超过安全软限时能够迅速切换到取代控制器。因此,取代控制器应选择比例度较小的比例或比例积分控制器,正常控制器与单回路控制系统的控制器选择相同。控制器的正反作用可根据负反馈准则,如上述进行选择。

3. 防积分饱和

超驰控制系统中,正常工况下,取代控制器的偏差一直存在,如果取代控制器有积分控制作用,就会存在积分饱和现象。同样,取代工况下,正常控制器的偏差一直存在,如果正常控制器有积分控制作用,就会存在积分饱和现象。当存在积分饱和现象时,控制器的切换就不能及时进行。这里,由于偏差为零时,两个控制器的输出不能及时切换的现象称为选择性控制系统的积分饱和。

分立仪表保持控制器切换时跟踪的方法是采用积分外反馈,即将选择器输出作为积分外反馈信号，分别送两个控制器。图 3-30 显示选择性控制系统防积分饱和的连接方法。

当控制器 TC 切换时，有：$u_1=K_{c1}e_1+u_o$

当控制器 LC 切换时，有：$u_2=K_{c2}e_2+u_o$

在控制器切换瞬间，偏差 e_1 或 e_2 为零，有：$u_1=u_2$，实现了输出信号的跟踪和同步。

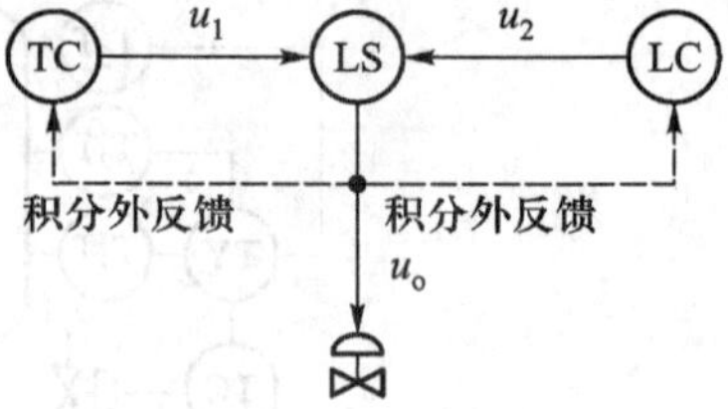

图 3-30 选择性控制系统的防积分饱和措施

3.5.3 选择性控制系统应用实例

1. 一段转化炉燃烧安全选择性控制系统

图 3-31 为一段转化炉的燃烧安全选择性控制系统方块图。正常工况时，由一段炉出口温度及弛放气流量来决定天然气的流量，但是非正常工况时，进入燃烧室的天然气流量会有较大的变化，若天然气流量大，则其压力相应会增高，这有可能引起脱火；反之，若天然气流量小，则其压力相应会减小，这有可能引起回火。不管脱火还是回火，都是很危险的。为了防止脱火，采用了燃烧安全选择性控制系统，一旦烧嘴的燃料压力高到接近脱火压力时，系统选择由烧嘴燃料压力来控制燃烧，保证生产安全。压力控制器为反作用工作方式。实际生产中还应用了火焰检测器监测天然气燃烧状况，紧急情况时，启动联锁切断天然气，防止回火或脱火。

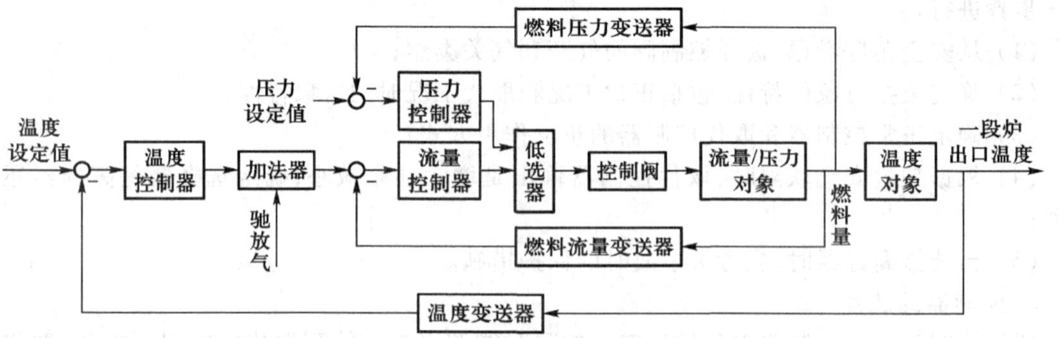

图 3-31 一段转化炉燃烧安全选择性控制系统方块图

2. 从动量供应不足时的比值控制系统

通常比值控制系统中的主、从动量是人为确定的，但一旦主、从动量关系确定后，就不能改变主、从关系。因此，主动量不足时，从动量可跟踪主动量的减小而减小，但当从动量供应不足时，主动量不会随从动量的减小而减小，使比值关系变化。为使从动量不足时能使主动量随之减小，可采用选择器组成从动量供应不足时的比值控制系统。

该控制系统在从动量供应充足时，从动量按正常比值关系跟随主动量变化而变化，从动量供应不足时，减小主动量控制阀开度，使主从动量保持所需比值关系。

图 3-32 是从动量不足的比值控制系统示意图。图中，VPC 是阀位控制器，其设定值为 95%；F_1Y 和 F_2Y 是低选和高选器；F_bY 和 F_cY 是乘法器比值函数环节，比值为 K_b 和 K_c；F_aT、F_bT 和 F_cT 为流量检测变送器；F_aC、F_bC 和 F_cC 为流量控制器。V_a、V_b 和 V_c 是控制阀。

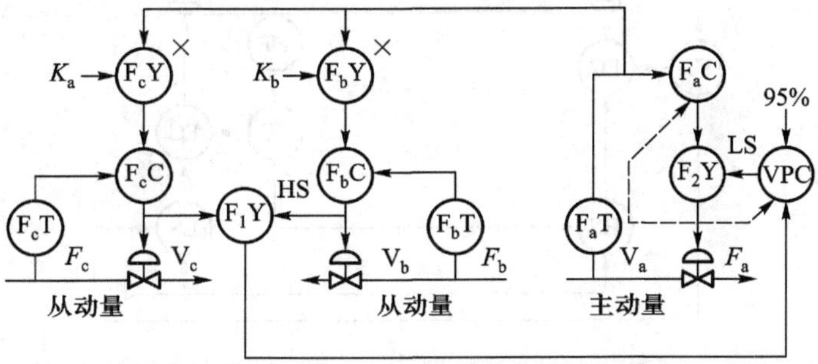

图 3-32 从动量不足的比值控制系统示意图

该控制系统判别从动量流量不足的方法是根据从动量控制阀的开度，即 VPC 控制器的测量值，如果开度大于 95%（VPC 的设定），则 VPC 输出减小，并被低选器选中，关小主动量控制阀 V_a。随着主动量控制阀的关小，主动量流量 F_a 下降，按比值关系自动减小从动量控制器的设定，使从动量也随之减小。达到从动量供应不足时，自动减小主动量流量的控制目的。示例中有两个从动量，因此，从动量控制阀的信号经高选器选出高值，作为从动量不足的标志，作为测量信号。为了防止积分饱和，采用积分外反馈信号，即图中 LS 输出到两个控制器的信号。

当从动量供应正常时，VPC 的测量值下降，输出升高，主动量控制器的输出被选中，该控制器成为正常控制器，实现主动量的定值控制。

正常工况下，如果主动量不组成闭环，只需要将 F_aC 取消，低选器另一输入信号改为 V_a 开度的上限值即可。这时，正常工况下 V_a 全开，主动量不足时，按该上限值开度开阀。

3. 具有逻辑规律的比值控制系统

要求两个物料具有比值关系的同时，还应根据物料提量和减量能够按一定先后次序变化，这类系统称为具有逻辑提量和减量规律的比值控制系统。下面举例说明。

合成氨一段转化炉内水蒸气和天然气（石脑油）反应生成氢气和一氧化碳，反应方程为

$$C_nH_{2n+2}+\frac{n-1}{2}H_2O\rightarrow\frac{3n+1}{4}CH_4+\frac{n-1}{4}CO_2$$

$$CH_4+H_2O\uparrow\longleftrightarrow CO+3H_2+Q$$

反应强烈放热。蒸汽和天然气的配比称为水碳比，它是重要的控制指标。水碳比过高，蒸汽消耗量过大，不经济；水碳比过低，催化剂表面会出现析碳现象，损坏催化剂。采用以蒸汽为主动量，天然气为从动量的双闭环比值控制系统。在提量和减量时的控制要求为：提量时，先提蒸汽量，后提天然气流量；减量时，先减天然气流量，后减蒸汽量。控制目的是确保水碳比不低于限

值,不出现析碳现象。同时,能够降低蒸汽消耗量,有利于节能。

图 3-33 是具有逻辑提量和减量规律的比值控制系统结构图。

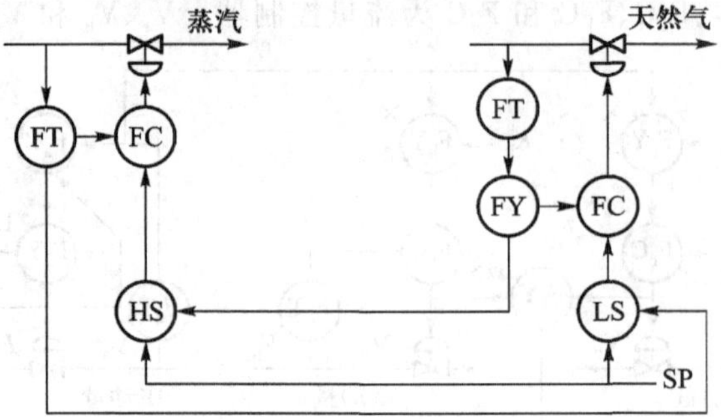

图 3-33 具有逻辑提量和减量规律的比值控制系统结构图

图中,FY 是比值函数环节,例如,乘法器。由于仪表比值系数大于 1,因此,设置在从动量回路 HS 和 LS 是高选器和低选器,SP 是提量和减量的设定信号。提量时,SP 增大,高选器输出选中 SP,蒸汽控制器调节蒸汽量使蒸汽量先增加,经检测后的信号被低选器选中,逐渐增大天然气控制器的设定值,使天然气流量跟随蒸汽流量,并按所需比值增大。达到提量时先提蒸汽量,后提天然气流量的控制目的。减量时,SP 减小,低选器输出选中 SP,使天然气控制器设定减小,并经调节后减小天然气流量,检测后按所需比值关系的信号被高选器选中,并逐渐减小,使蒸汽流量相应减小,达到减量时先减天然气流量,后减蒸汽量的控制目的。

这类具有逻辑提量和减量的比值控制系统应用广泛,例如,在锅炉控制系统中,燃料量和空气量比值控制系统也常采用。锅炉中的这种控制系统也称为双交叉燃烧控制系统。当蒸汽用量增大时,先提空气量,后提燃料量;蒸汽用量减小时,先降燃料量,后降空气量,从而使燃料能完全燃烧,不冒黑烟。

3.6 分程控制系统

一个控制器的输出同时送往两个或多个执行器,而各个执行器的工作范围不同,这样的系统称之为分程控制系统。例如,一个控制器的输出同时送往气动控制阀甲和乙,阀甲在气压 20~60 kPa 范围内由全开到全关,而阀乙在气压 60~100 kPa 范围内由全开到全关,控制阀分程工作。

采用两个控制阀的情况,分程动作可为同向与异向两大类,各自又有气开与气关的组合,因此共有四种组合,如图 3-34 所示。在采用三个或更多个控制阀时,组合方式更多。不过,总的分程数也不宜太多。否则每个控制阀在很小的输入区间内就要从全开到全关,要精确实现这样的规律相当困难。为了实现分程动作，一般需要引入阀门定位器。也可用于扩大控制阀的可调范围。

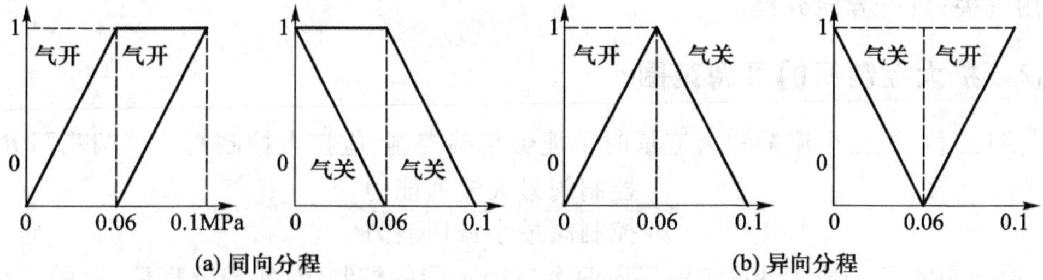

图 3-34 分程控制系统控制阀的分程组合方式

3.6.1 不同工况需要不同的控制手段

间歇式搅拌槽反应器的温度控制，在开始时需要加热升温，而到反应开始并逐渐剧烈时，反应放热，又需要冷却降温。热水阀 V_1 和冷却水阀 V_2 由同一个温度控制器操纵，需要分程工作。图 3-35 所示是间歇式搅拌槽反应器的温度分程控制示意图。

间歇式搅拌槽反应器的温度分程控制系统分析

（1）控制阀类型选择：从安全角度考虑，V_1 选气开型，V_2 选气关型。即 $K_{v1}>0$，$K_{v2}<0$。

（2）被控对象特性确定：开大冷却水阀 V_2，釜温下降，$K_{p2}<0$，开大热水阀 V_1，釜温升高，$K_{p1}>0$。

（3）控制器正反作用选择：根据稳定运行准则，$K_c>0$，即反作用控制器。

（4）控制过程分析：如图 3-36 所示，反应初期，釜内温度较低，釜温工作点位于图中 A 点，反作用控制器输出增加，应开大热水控制阀 V_1，直到反应开始放热。反应进行过程中应移走反应热，假设釜温工作点位于图中 B 点，则反作用控制器输出减小，逐渐开大冷却水控制阀 V_2，使反应釜温度恒定。因此，该控制系统应选用气关-气开异向分程控制。

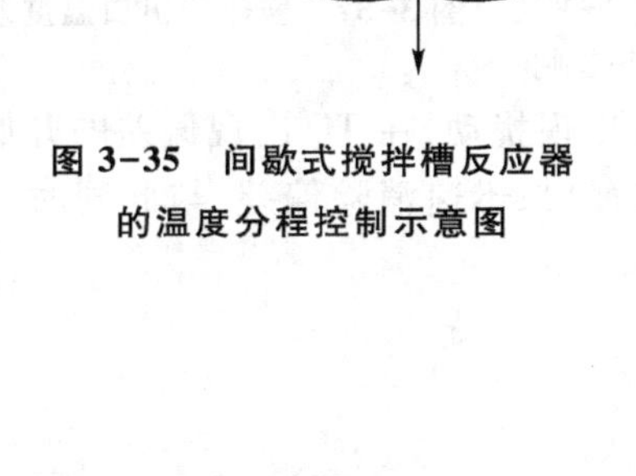

图 3-35 间歇式搅拌槽反应器的温度分程控制示意图

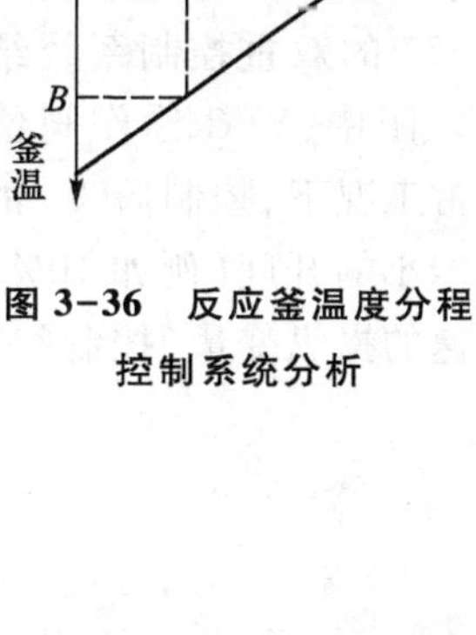

图 3-36 反应釜温度分程控制系统分析

分析时假设控制器为比例控制作用，如果选用气开-气关异向分程则不能满足控制要求，因此，应选用气关-气开异向分程。

3.6.2 扩大控制阀的可调范围

为了使控制系统在小流量和大流量时都能够精确控制，应扩大控制阀的可调范围 R，

$$R=\frac{控制阀最大流通能力}{控制阀最小流通能力}$$

国产控制阀的 R 一般为 30，如果采用两个口径不同的控制阀，实现分程后，总的可调范围可扩大。例如，大阀 A 的 $C_{\mathrm{Amax}}=100$，小阀 B 的 $C_{\mathrm{Bmax}}=4$，则 $C_{\mathrm{Bmin}}=4/30=0.133$；假设大阀泄漏量为 0，则分程控制后，最小总流通能力为 0.133，最大总流通能力为 100+4；系统的可调范围为 $(100+4)/0.133=780$。

在扩大控制阀可调范围的系统中，一般采用对数流量特性的控制阀，并且为了缓和分程点出现增益突变，应采用一段信号重叠的方式来进行分程。

3.7 双重控制系统

3.7.1 基本原理和结构

一个被控变量采用两个或两个以上的操纵变量进行控制的控制系统称为双重或多重控制系统。这类控制系统采用不止一个控制器，其中，一个控制器输出作为另一个控制器的测量信号。

系统操纵变量的选择需从操作优化的要求综合考虑。它既要考虑工艺的合理和经济，又要考虑控制的快速和稳定。而两者又常常在一个生产过程中同时存在。双重控制系统是综合这些操纵变量的各自优点，克服各自弱点进行优化控制的。

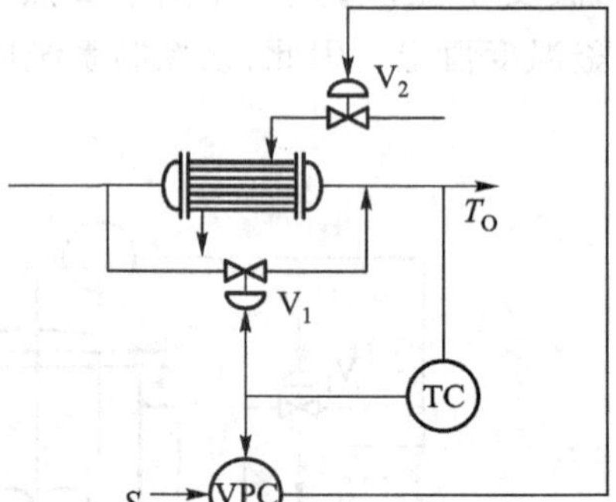

图 3-37 换热器出口温度双重控制系统

图 3-37 是双重控制系统的应用示例。换热器出口温度控制系统中，操纵变量有两个，一个是旁路流量，其响应较快，二是载热体流量，反应较慢，但工艺上更合理。图 3-37 的双重控制系统结合了上述两种控制方法的优点。图中，VPC 称作阀位控制器，TC 是温度控制器。正常工况下，控制阀 V_1 的开度处于快速响应条件下尽可能小的开度（例如 10%开度）。一旦出现扰动，在 TC 出现偏差的开始阶段，主要通过动态响应快速的操纵变量（控制阀 V_1 即主控制阀）来迅速消除偏差，与此同时，通过阀位控制

器 VPC 逐渐改变控制阀 V_2(副控制阀)的开度,使控制阀 V_1 平缓地回复到原来的设定开度。因此,双重控制系统既能迅速消除偏差,最终又能回复到较好的静态性能指标。

双重控制系统方块图如图 3-38 所示,与串级控制系统相比,双重控制系统主控制器的输出作为副控制器的测量,串级控制系统中则作为副控制器的设定。因此,串级控制系统中两个控制回路是串联的,双重控制系统中两个控制回路是并联的,因此被称为双重控制系统。它们都具有"急则治标,缓则治本"的控制功能,但解决的问题不同。

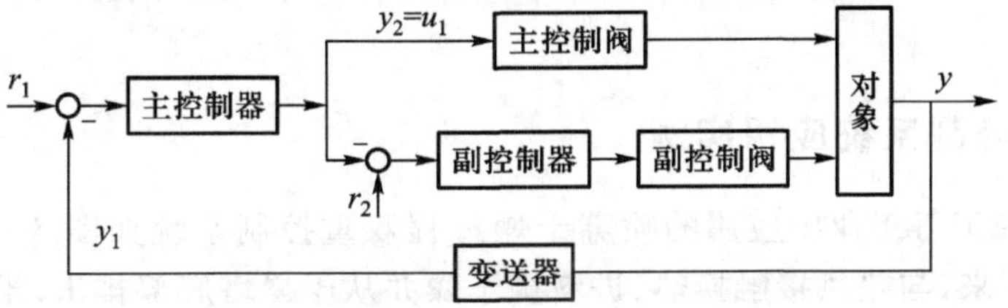

图 3-38 双重控制系统方块图

双重控制系统动静结合,快慢结合,"急则治标,缓则治本",这里的"快"指动态特性好,"慢"指静态性能好。由于双重控制回路的存在,使双重控制系统能先用主控制器的调节作用,将主被控变量 y_1 尽快地回复到设定值 R_1,保证控制系统有良好的动态响应,达到"急则治标"的功效。在偏差减小的同时,双重控制系统又充分发挥副控制器的调节作用,从根本上消除偏差,使副被控变量 y_2 回复到 R_2,使控制系统具有较好的静态性能,达到"缓则治本"的目的。双重控制系统较好地解决了动和静的矛盾,达到了操作优化的目标。

3.7.2 双重控制系统设计和工程应用中的问题

1. 主、副操纵变量的选择

双重控制系统通常有两个或两个以上的操纵变量,其中,一个操纵变量具有较好的静态性能,工艺合理,另一个操纵变量具有较快的动态响应。因此,主操纵变量应选择具有较快动态响应的操纵变量,副操纵变量则选择较好静态性能的操纵变量。

2. 主、副控制器的选择

双重控制系统的主、副控制器均起定值控制作用,为了消除余差,主、副控制器均应选择具有积分控制作用的控制器,通常不加入微分控制作用,当快被控对象的时间常数较大时,为加速主对象的响应,可适当加入微分。对于副控制器,由于起缓慢的调节作用,因此,也可选用纯积分的控制器。

3. 主、副控制器正反作用的选择

双重控制系统的主、副控制回路是并联的单回路,主、副控制器正反作用的选择与单回路控制系统中控制器正反作用的选择方法相同。一般先确定控制阀的气开、气关型式,然后根据快响应被控对象的特性确定主控制器的正反作用方式，最后根据慢响应被控对象的特性确定副控制器的正反作用方式。

4. 双重控制系统的投运和参数整定

双重控制系统的投运与简单控制系统投运相同。在手自动切换时应该无扰动切换；投运方式是先主后副，即先使快响应对象切入自动，然后再切入慢响应控制回路。

主控制器参数整定与快响应控制系统的参数整定相似，要求具有快的动态响应；副控制器参数整定以缓慢变化，不造成对系统的扰动为目标，因此，可采用宽比例度和大积分时间，甚至可采用纯积分作用。

3.7.3 双重控制系统应用实例

在化工、食品加工等工业中应用的喷雾干燥过程双重控制系统如图3-39所示。浆料经阀V_1后从喷头喷淋下来，与热风接触换热，进料被干燥并从干燥塔底部排出，干燥的程度由间接指标温度控制。为了获得高精度的温度控制及尽可能节省蒸汽的消耗量，采用图示的双重控制系统，取得良好的控制效果。

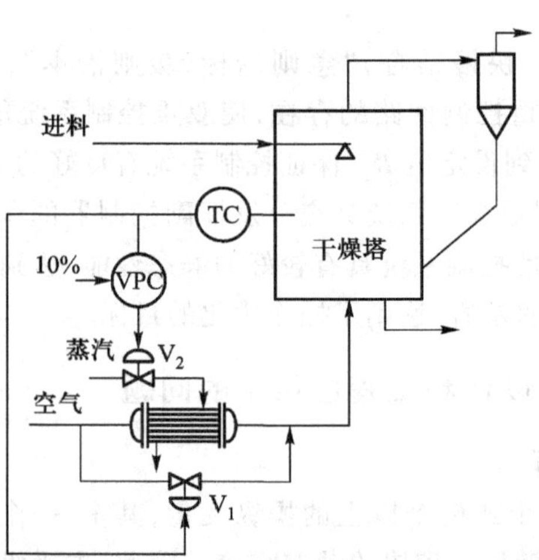

图 3-39 喷雾干燥的双重控制系统

喷雾干燥过程中操纵变量的选择十分重要。图中进料量由于受前工序来料的影响，一般不能控制；V_1是旁路冷风量控制阀，它具有快速响应特性，但经济性较差，V_2是蒸汽量控制阀，它具有工艺合理的优点，但动态响应慢。示例中，将调节V_1和V_2的优点结合起来，当温度有偏差时，先改变旁路风量，使温度快速回复到设定，同时，代表阀位的信号作为VPC的测量，直接说明蒸汽量是否合适，在VPC的调节下，蒸汽量逐渐改变，以适应热量平衡的需要，因此，扰动的影响最终通过改变载热体流量来克服。

3.8 基于模型计算的控制系统

若被控变量无法直接测量,但可根据有关数学模型计算间接获得,这类控制系统称为基于模型计算的控制系统,习惯上称这种系统为“按计算指标进行控制的控制系统”。基于模型计算的控制系统可分为根据模型计算测量值的控制系统和基于模型计算设定值的控制系统。这类系统在实际中应用不少,例如精馏塔中内回流控制,热焓控制,防喘振控制,湿含量控制等,在此介绍质量流量的控制,具有压力补偿的温度控制。

3.8.1 质量流量的控制

质量流量 G 与节流装置的压差 ΔP 之间存在下列关系:

$$G=K\sqrt{\Delta P\cdot\gamma}\tag{3-25}$$

式中,K 是常数,γ 是被测介质的重度,它随压力 P、温度 T 和被测介质成分而变化。当被测介质的压力、温度或成分变化时,应对重度进行校正。根据气体状态方程

$$\gamma=\frac{PM}{ZRT}\tag{3-26}$$

式中:P 为绝对压力;Z 为压缩系数,表示实际气体与理想气体的差异程度,对理想气体,$Z=1$;R 为气体常数;T 为绝对温度;M 为分子量。

代入,并整理后得

$$G=K_1\sqrt{\frac{PM}{T}\cdot\Delta P}\tag{3-27}$$

式中:$K_0=K\sqrt{\dfrac{1}{ZR}}$,通常,以常数处理。

假设设计条件下工艺参数用下标 n 表示。实际工况下用下标 1 表示,则有

$$\left(\frac{G_n}{K_0}\right)^2=\Delta P_n\cdot\frac{P_nM_n}{T_n};\left(\frac{G_1}{K_0}\right)^2=\Delta P_1\cdot\frac{P_1M_1}{T_1}$$

由于质量流量相等,因此,有

$$\Delta P_n\cdot\frac{P_nM_n}{T_n}=\Delta P_1\cdot\frac{P_1M_1}{T_1}$$

被测介质的分子量不变,得到

$$\Delta P_n=\Delta P_1\cdot\frac{P_1T_n}{P_nT_1}\tag{3-28}$$

由于实际测量的压力是表压,温度是摄氏温度(℃),因此,上式改写为

$$\Delta P_n=\Delta P_1\cdot\frac{(p_1+1.033\ 2)\cdot(t_n+273.15)}{(p_n+1.033\ 2)\cdot(t_1+273.15)}\tag{3-29}$$

式中,p_1、p_n、t_1、t_n分别是实际工况、设计工况下测量获得的表压和摄氏温度。

用常规仪表实现质量流量计算的结构图如图 3-40 所示。图中，F_1Y 是开方器，F_2Y 和 F_3Y 是加法器，F_4Y 是乘除器，加法器的另一输入信号是 1.0332 和 273.15。设计条件下的有关数据作为常数处理。

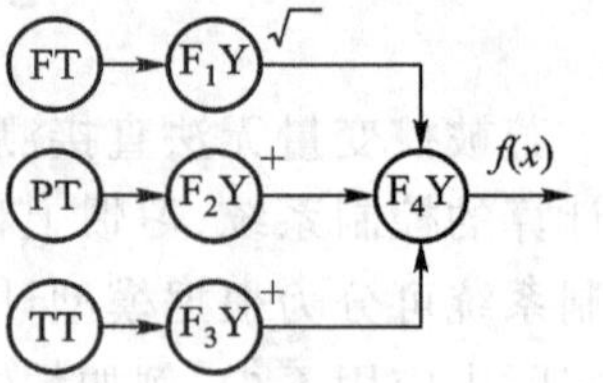

图 3-40 质量流量计算

采用 DCS 或计算机控制装置时，质量流量的计算更方便。可直接使用内部计算功能模块实现。

计算获得的质量流量可以组成控制系统，实现质量流量的定值控制或随动控制。

3.8.2 具有压力补偿的温度控制

精馏塔温度作为间接控制指标的前提是塔压恒定。当塔压恒定时，温度和产品组分有一一对应关系，因此，可用温度控制来间接控制产品的组分。对塔压波动较大的精密精馏操作，通常采用温差或双温差控制方案，通过对温差或双温差的检测和控制来补偿塔压波动对组分的影响。也可采用塔压对灵敏板温度进行补偿计算的设定值控制系统。

设塔压 P，灵敏板温度的设定值为 T_{SP}，则经塔压补偿后的灵敏板温度设定值模型为

$$T_{SSP}=T_{SP}+K_1(P-P_0)+K_2(P-P_0)^2 \tag{3-30}$$

式中，P_0 是塔压设计值。K_1 和 K_2 是补偿系数。通常采用二阶补偿公式的补偿效果即可。实施时应注意三个问题：塔压的信号应进行滤波，以减少高频分量对补偿后温度设定值的影响；补偿系数应合适，可根据物性手册查出，并在实际应用时作调整；灵敏板温度点的位置要合适。在 DCS 中实施上述公式十分方便，并能较好地反映塔压对组分的影响。本控制系统也可转换为根据模型计算测量值的控制系统。

温度的压力补偿也可采用其他模型。例如，过热蒸汽温度和压力之间的非线性关系，可用下列公式描述，

$$T_{SP}=97.233\ 4+65.539\ 3\cdot \lg P+1.740\ 3\cdot P \tag{3-31}$$

式中，P 是过热蒸汽的绝压（10^5 kPa），T_{SP} 是饱和温度控制器设定（℃）。图 3-41 是饱和温度控制系统和过热蒸汽温度-压力模型曲线。该控制系统使不同过热蒸汽压力下都能够获得该压力下的饱和蒸汽。

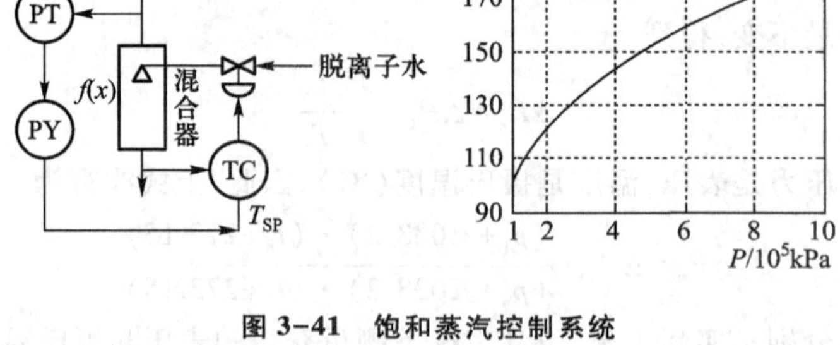

图 3-41 饱和蒸汽控制系统

习题和思考题

1. 与简单控制系统相比，串级控制系统有些什么特点？

2. 串级控制系统最主要的优点体现在什么地方？试通过一个例子与简单控制系统作一比较。

3. 对于如图3-42所示的加热器串级控制系统。要求：

(1) 画出该控制系统的方块图，并说明主被控变量、副被控变量分别是什么；

(2) 试确定控制阀的气开、气关型式；

(3) 确定主、副控制器的正反作用；

(4) 温度变送器量程由原来0~500 ℃改变为200~300 ℃，控制系统会出现什么现象？应如何解决？

(5) 流量变送器量程由原来0~250 kg/h改变为0~400 kg/h，控制系统会出现什么现象？应如何解决？

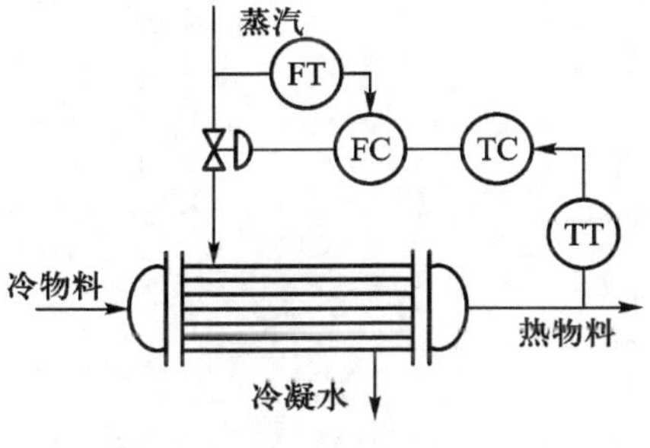

图3-42 加热器串级控制系统

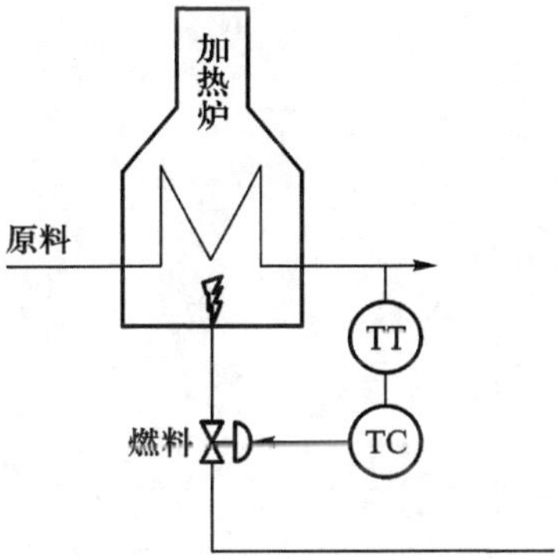

图3-43 加热炉出口温度控制

4. 对于图3-43所示加热炉出口温度简单控制系统；

(1) 在进料流量或燃料成分扰动下，设计合理串级控制系统，画出方块图，确定控制系统正反作用；

(2) 在燃料油压力扰动下，设计合理串级控制系统；

5. 为什么要采用均匀控制系统？均匀控制方案与一般的控制方案有什么不同？

6. 为什么说均匀控制系统的核心问题是控制器参数的整定问题？

7. 比值控制系统有哪些类型？各有什么特点？

8. 工艺要求$F_2/F_1=1/2$，F_1、F_2是体积流量。F_1的流量是不可控的，仪表量程是0~3 600 NM^3/h，

F_2 的流量是可控的，仪表量程是 0~2 400 NM^3/h，画出控制点流程图，并计算比值系数 K。若工艺要求改为 $F_2/F_1=1$，画出控制点流程图，并计算比值系数 K。

9. 什么是分程控制系统？它区别于一般的简单控制系统最大的特点是什么？

10. 分程控制系统应用于哪些场合？请分别举例说明其控制过程。

11. 与反馈控制系统相比，前馈控制系统有什么特点？为什么控制系统中不单纯采用前馈控制，而是采用前馈-反馈控制？

12. 什么情况下前馈控制系统需要设置偏置信号？应如何设置？

13. 选择性控制系统有哪些类型？各有什么特点？

14. 加热炉出口温度控制系统为防止阀后压力过高造成脱火，试设计防脱火控制系统。

第 4 章　流体输送设备的流量控制

4.1　概　　述

工业生产过程中,用于输送流体和提高流体压力的机械设备,通称为流体输送设备。其中输送液体、提高压力的机械称为泵;输送气体并提高压力的机械称为风机和压缩机。

在工艺过程中,为平稳生产,往往希望流体的输送量保持定值,这时如系统中有显著的扰动,就需要采用流量定值控制。在另一些过程中,要求各种物料保持合适的比例,保证物料平衡,就需要采用比值控制。此外,有时要求物料的流量与其他变量保持一定的函数关系,就采用以流量控制作用为副环的串级控制或采用基于模型计算的控制。

流体输送控制中,被控变量是流量,操纵变量也是流量,即被控变量和操纵变量是同一物料的流量,只是处于管路的不同位置,这样的过程接近 1 : 1 的比例环节,时间常数很小,因此广义对象的特性主要由测量变送环节和执行环节特性决定。过程中,测量变送环节和执行环节的时间常数相近且数值不大,这样组成的闭环系统其工作频率较高,可控性较差,所以控制器的比例度需设置较大,为消除余差,引入积分作用十分必要。积分时间可以设置为几秒到数十分钟。

流体输送控制中,采用节流装置测量流量时,检测信号常杂有高频扰动(噪声),所以流量控制系统中常检测信号需进行滤波或接入反微分器。

流体输送控制中,对象的静态特性往往存在着非线性,为此应采用开方器或通过控制阀的流量特性选择来加以补偿。

流体输送控制中的主要扰动是压力和阻力的变化,特别是同一台泵分送几支并联管道时,控制阀上游压力的变动更为显著,这时需采用适当的稳压措施或采用解耦控制。

4.2　泵与压缩机的流量控制

泵可分为离心式和容积式两大类,而容积式泵又可分为往复泵、旋转泵。由于流程工业中离心泵应用最为普遍,所以主要讨论离心泵的特性及控制方案,而对容积式泵、风机、真空泵及压缩机控制作一般介绍。

4.2.1　离心泵的流量控制

离心泵是应用最广的液体输送机械。离心泵的旋转翼轮作用于液体产生离心力,转速越高,则离心力越大,流体出口的压力(压头)也越高。离心泵的翼轮与机壳之间有空隙,如果将泵的出口阀完全关闭，液体就在泵内循环，其排出量为零，压力接近最高值。此时对泵所作的功将转化为热能，使泵内液体发热升温，所以不宜在泵运转状态关闭出口阀。随着出口阀的开启，排出量就逐渐增加，当增加到一定程度后，压力就逐渐下降。离心泵的出口压力 H、流量 Q 及转速 n 之间的关系，称为泵的工作特性，大体如图 4-1 所示，其数学描述可由式(4-1)的经验公式来近似，

$$H=k_1n^2-k_2Q^2 \tag{4-1}$$

式中的 k_1 和 k_2 是比例系数。

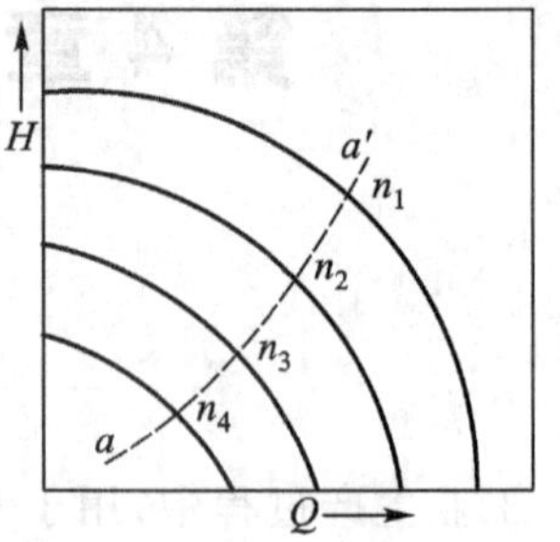

aa'—相应于最高效率的工作点轨迹，$n_1>n_2>n_3>n_4$

图 4-1 离心泵的工作特性曲线

当离心泵装在管路系统时，实际的排出量与出口压力是多少呢？那就需要与管路特性结合起来考虑。管路特性就是管路系统中流体的流量和管路系统阻力的相互关系，如图 4-2 所示。

图中 h_1 表示液体提升一定高度所需的压头，即升扬高度，这项是恒定的；h_P 表示克服管路两端静压差的压头，即为 $(P_2-P_1)/\gamma$ 这项也是比较平稳的；h_f 表示克服管路摩擦损耗的压头，这项与流量的平方近乎成比例；h_V 是控制阀两端的压头，在阀门的开启度一定时，也与流量的平方值成比例。同时，h_V 还取决于阀门的开启度。

设
$$H_L=h_1+h_P+h_f+h_V$$

则 H_L 和流量 Q 的关系称为管路特性，图 4-2 所示为一例。

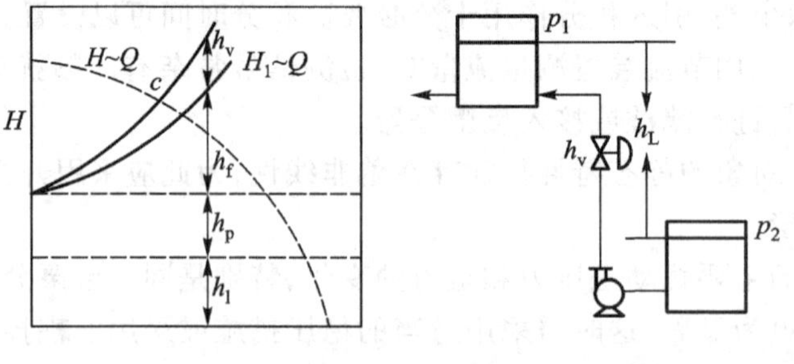

图 4-2 管路特性

当系统达到平稳状态时，泵的压头 H 必然等于 H_L，这是建立平衡的条件。从特性曲线上看，工作点 c 必然是泵的特性曲线与管路特性曲线的交点。

工作点 c 的流量应符合预定要求，它可以通过以下方案来控制：

(1) 泵出口直接节流。改变控制阀的开度改变了管路阻力特性，图 4-3(a)表明了工作点变动情况。图 4-3(b)所示即为用得较为广泛的直接节流控制方案。

采用这种控制方案时，控制阀一般是装在离心泵的出口端，而不是进口端。因为离心泵的汲入高度有限，如果进口压力过低会使液体部分汽化，气体膨胀使泵丧失排送能力，这叫气缚。而所夹带的蒸汽到出口又急剧地冷凝，气泡破裂，冲蚀很厉害，损坏翼轮和泵壳，这叫汽蚀。这两种

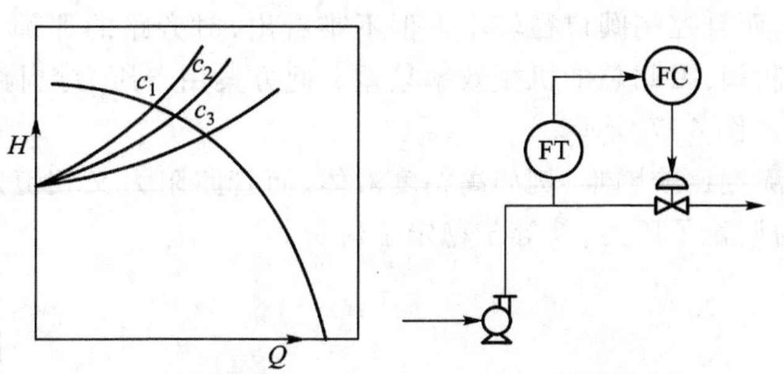

(a) 流量特性　　(b) 控制方案

图 4-3　直接节流以控制流量

现象都是不希望发生的。控制阀应装在检测元件(如孔板)的下游,这样有利于保证测量精度。

需要指出,采用直接节流控制流量方案,控制阀两端的压差并非恒值,而是随着流量而变化,且变化得很厉害。在流量增大的时候,提供给控制阀的压降反而减小。这种方案优点是简便易行,缺点是在小流量的情况下,总的机械效率较低。所以这种方案不宜使用在排出量低于正常值30%的场合。

(2) 调节泵的转速。泵的转速有了变化,就改变了特性曲线形状,图 4-4 表明了工作点的变动情况,泵的排出量随着转速的增加而增加。

改变泵的转速以控制流量的方法有:用电动机作原动机时,采用变频调速器,采用电动调速装置;用汽轮机作原动机时,调节导向叶片角度或蒸汽流量;利用在原动机与泵之间的联轴变速器,设法改变转速比。

采用调速控制方案时,液体输送管线上不安装控制阀,不存在 h_v 项的阻力损耗,机械效率较高,符合节能减排国策,所以大功率离心泵控制中常常采用。但实现这种方案,设备一次投资费用相对较高。

(3) 调节旁路流量。旁路阀控制方案如图 4-5 所示,可用改变旁路阀开启度的方法来调节实际排出量。

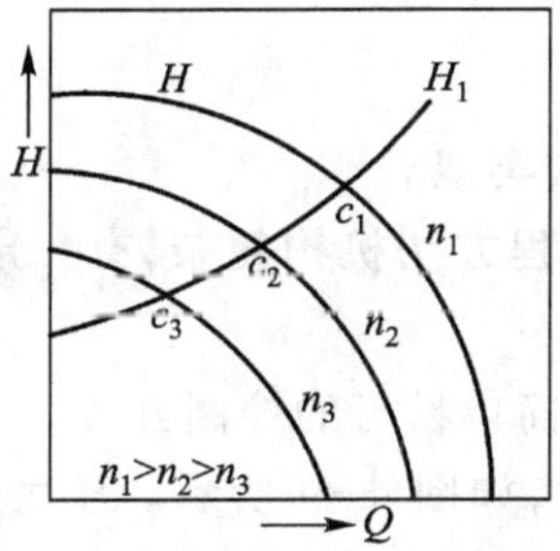

图 4-4　改变泵的转速以控制流量

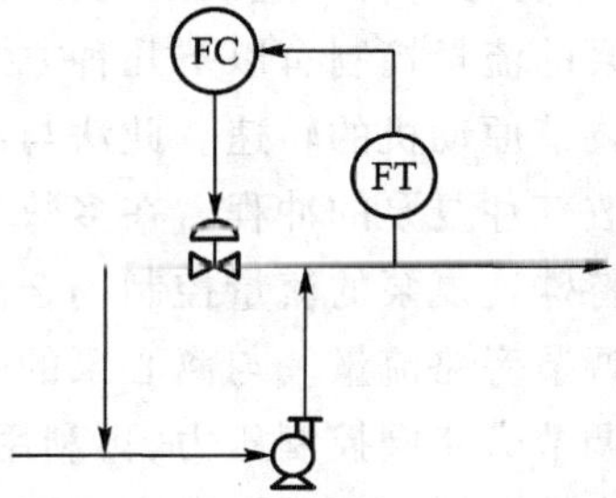

图 4-5　采用旁路以控制流量

这种方案颇简单,而且控制阀口径较小。但不难看出,对旁路的那部分液体来说,由泵供给的能量完全消耗于控制阀,因此总的机械效率较差。此方案用于压力控制和有分支管道控制时,其控制流程如图 4-6 和图 4-7 所示。

有时液体流量的测量比较困难,例如高粘度液体,而管路阻力又较恒定,此时可用压力作为反映流量的变量,因为调稳了压力,就等于稳定了流量。

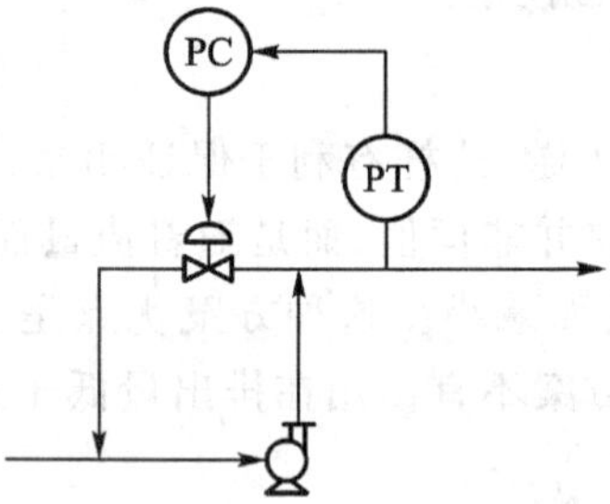

图 4-6　离心泵的压力控制

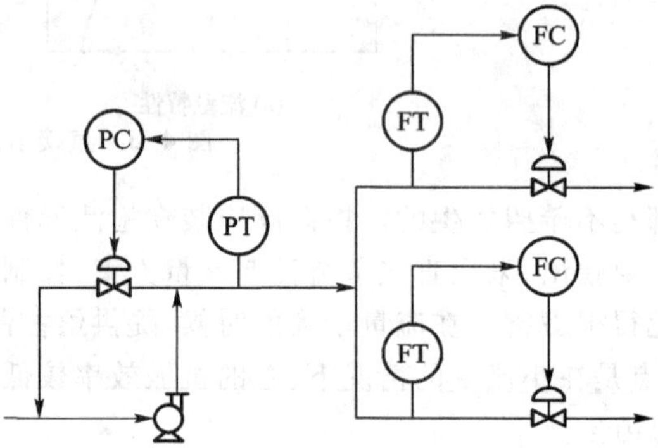

图 4-7　有分支管路离心泵的控制方案

4.2.2　容积式泵的流量控制

容积式泵有两类:一类是往复泵,包括活塞式、柱塞式等;另一类是直接位移旋转式,包括椭圆齿轮泵、螺杆式等。容积泵的共同特点是泵的运动部件与机壳之间的空隙很小,液体不能在缝隙中流动,所以泵的排出量与管路系统无关。往复泵只取决于单位时间内的往复次数及冲程的大小,而旋转泵仅取决于转速。它们的工作特性近似如图 4-8 所示。

既然它们的排出量与压头 H 的关系很小。因此不能在出口管线上用节流的方法控制流量,一旦将出口阀关死,将产生泵损、机毁的危险。

往复泵的流量控制有以下几种方式:

(1) 调节原动机的转速。此法与离心泵的调转速方式类似。

(2) 改变往复泵的冲程。在多数情况下,这种调节冲程方法机构复杂,有一定难度,仅用于计量泵等特殊往复泵的流量控制场合。

(3) 调节旁路流量。与离心泵的旁路控制类似,是最简单易行的控制方式。

(4) 调节旁路阀控制压力,再利用节流阀来控制流量,如图 4-9 所示。压力控制器可选用自立式压力控制器。这种方案由于压力和流量两个控制系统之间相互关联,动态上交互影响,为此需错开控制回路的工作频率,控制器参数整定过程中,应保证流量控制系统品质,而压力控制系统应调节的缓慢一些,最好整定成非周期的控制特性。

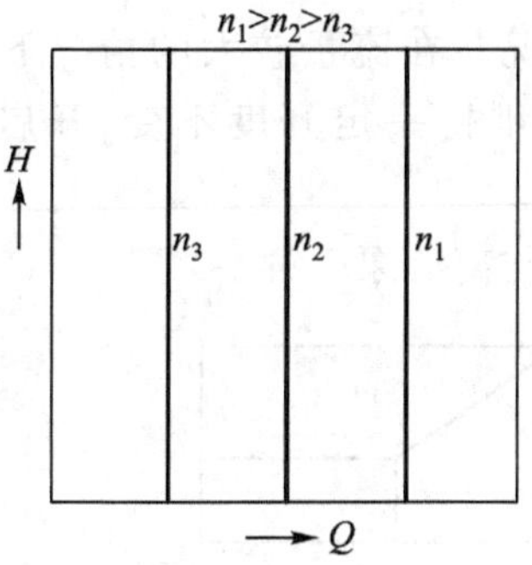

图 4-8 往复泵的工作特性曲线

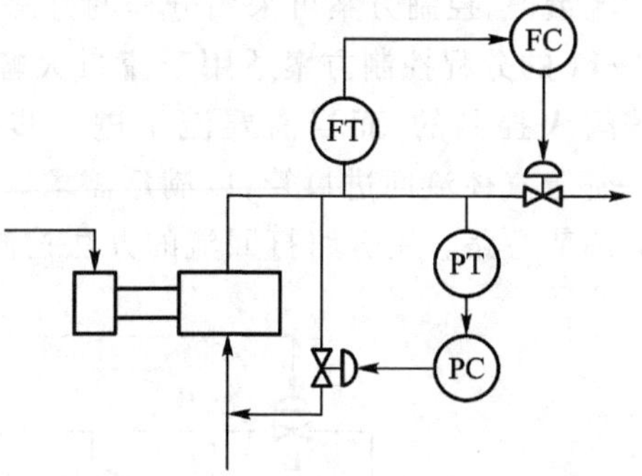

图 4-9 往复泵出口压力和流量控制

4.2.3 风机的控制

风机按其出口压力的不同可分为通风机和鼓风机，前者出口压力小于 10 kPa(表压)，后者出口压力在 10~30 kPa(表压)之间。风机有离心式、旋转式、轴流式等。离心式风机的作用原理、结构及工作特性与离心泵有相似之处，因此风机输送流量的控制方案类似于离心泵，其控制方案有三类。

(1) 调节转速。转速的变化改变风机工作特性曲线的工作点，从而达到了风量或压力的控制。这种方法从能量效率上说最经济，但在设施上比较复杂。大功率的风机，尤其用蒸汽透平带动的大功率风机应用调速的方案较多。

(2) 出口节流。对于风机来说，出口节流和进口节流均能达到流量控制的要求，由于管径较大往往采用蝶阀作为执行器。图 4-10 为风机直接节流法控制流量的工作特性曲线。对于出口节流调节，若使工作点由 M_1 移至 M_3，则风量将从 Q_1 降低到 Q_3，达到流量控制目的。对于进口管节流调节，由于进口管阻力增加，管路特性曲线发生变化，而且由于吸入阻力的增加，使吸入压力减小(并且减小气体重度)，显然输出压力随之减小，风机特性曲线也发生变化，由 $(P\sim Q)_1\rightarrow(P\sim Q)_2$。这样由于进口节流的结果，工作点由 M_1 移至 M_2，从图中可以看出，进口节流较出口节流消耗损失风压小一些。因此，在一般情况下，出口风压较小的通风机大多用进口节流方式调节。但出口风压较大的一些鼓风机，也常用出口节流方式调节。

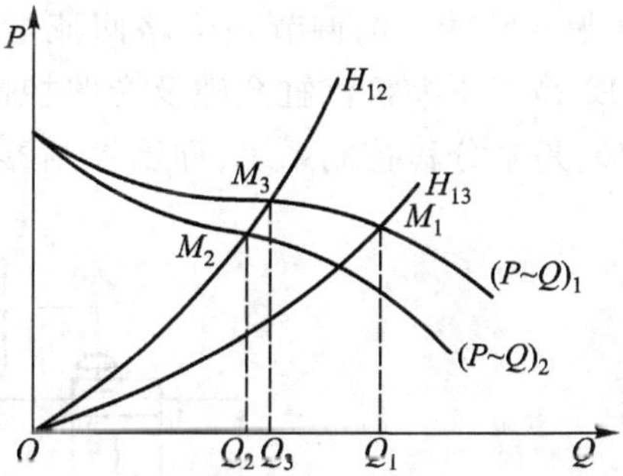

图 4-10 风机直接节流法调流量

对于进口节流调节方法，要注意通过吸入管线的流量不能低于某一临界流量，否则风机不能正常工作，产生喘振。关于喘振的现象及发生，将在第三节中进行讨论。如果流量实现需要量低于临界点流量值，控制方案可采用分程的方法。

图 4-11 的分程控制方案适用于流量大幅度变化的情况。在流量较大的情况下，流量是通过进口蝶阀 A 控制的，而当需要流量进一步减小时，A 阀维持一定开度不变，开启旁路阀（B 阀），使一部分气体流回进口管，以满足需求。

（3）调节旁路。用旁路打回流的办法控制流量的方案与离心泵一样。

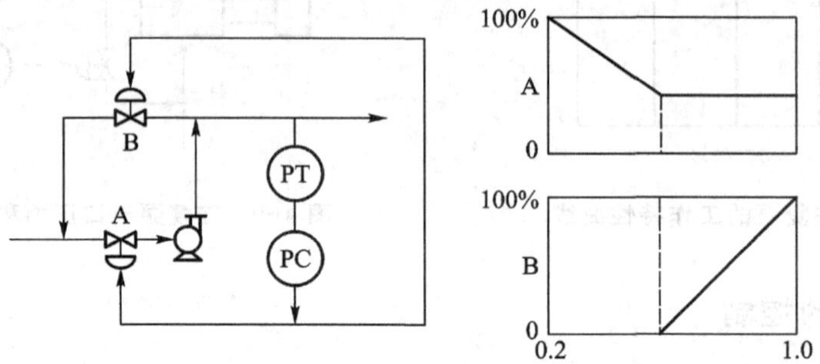

(a) 控制方案　　(b) 阀的特性

图 4-11　风机的分程控制

4.2.4　压缩机的控制

压缩机是指输送压力较高的气体机械，一般出口压力高于 300 kPa。压缩机分为往复式压缩机和离心式压缩机两大类。

往复式压缩机适用于流量小，压缩比高的场合，其常用控制方案有：汽缸余隙控制；顶开阀控制（吸入管线上的调节）；旁路回流量控制；转速控制等。这些控制方案有时是同时使用的。图 4-12 是氮压缩机汽缸余隙及旁路控制的流程图，这套控制系统允许负荷波动的范围为 100%～60%，是个分程控制系统，即当控制器输出信号在 20～60 kPa 时，余隙阀 V_1 动作。当余隙阀全部

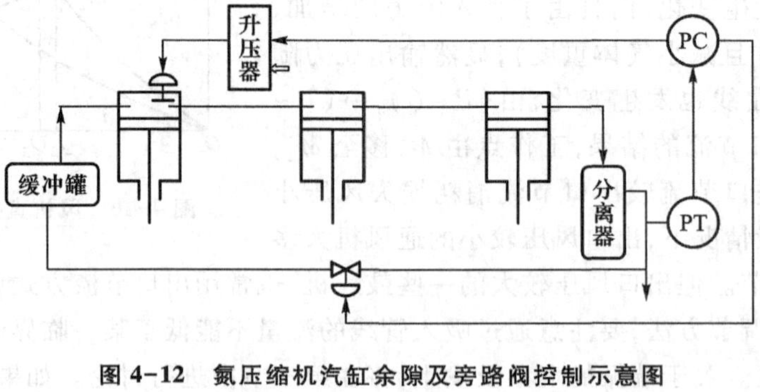

图 4-12　氮压缩机汽缸余隙及旁路阀控制示意图

打开，压力还下不来时，旁路阀动作，即输出信号在60%～100%时，旁路阀 V_2动作，以保持压力恒定。

离心式压缩机具有体积小，流量大，重量轻，运行效率高，易损件少，维护方便，气缸内无油气污染，供气均匀，运转平稳，经济性好等特点，因此得到了很广泛的应用。

离心式压缩机虽然有很多优点，但存在一些技术问题需要很好地解决，例如离心压缩机的喘振，轴向推力等。微小的偏差很可能造成严重的事故，且事故的发生又十分迅猛，单靠操作人员处理，常常措手不及。因此，为保证压缩机能在工艺所需工况下安全运行，必须设置一系列的自控系统和安全联锁系统。

一台大型离心式压缩机通常有下列控制系统：

1. 气量控制系统（即负荷控制系统）

常用气量控制方法有：

（1）出口节流法。改变进口导向叶片的角度，主要是改变进口气流的角度来改变流量，它比进口节流法节省能量，但要求压缩机设有导向叶片装置，这样机组在结构上就要复杂一些；

（2）调节压缩机转速法。此方法最节能，大型离心压缩机大都采用蒸汽透平作为原动机，实现调速较为简单，应用较为广泛。

此外，还可以在压缩机入口管线上设置调节模板，改变阻力也能实现气量控制，但这种方法过于灵敏，并且压缩机入口压力不能保持恒定，所以较少采用。

压缩机的负荷控制可以用流量控制来实现，有时也可以采用压缩机出口压力控制来实现。

2. 压缩机入口压力控制

入口压力控制方法有：

采用吸入管压力调节转速来稳定入口压力；

设有缓冲罐的压缩机，缓冲罐压力可以采用旁路控制；

入口压力与出口流量的选择控制，控制系统构成如图4-13所示。为保证前后工段生产负荷均衡，压缩机所输送的气量也不能超过前面工段的压力，可以把压缩机入口压力和流量结合在一起设计成选择性控制系统，正常生产时流量控制工作，压缩机按正常负荷输送气量。如果因前面工序负荷减低，而造成入口压力下降时，压力控制系统通过低选器自动切上去，把气量减下来，以保证入口压力并不被抽空。

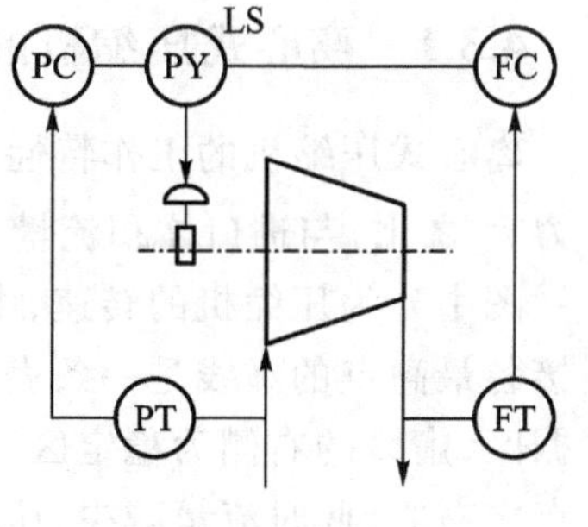

图4-13 入口压力与出口流量选择性控制

3. 防喘振控制系统

因为喘振是离心式压缩机的固有特性，必须设置防喘振控制系统加以防止。下一节详细介绍。

4. 压缩机各段吸入温度以及分离器的液位控制

气体经压缩后温度升高，为了保证下一段的压缩效率，进压缩机下一段前要把气体冷却到规定温度，为此要设置温度控制系统。

为了防止吸入压缩机的气体带液，造成叶轮受损，在各段吸入口均设置冷凝液分离罐，对分离罐液位需要设置液位控制或高液位报警。

5. 压缩机密封油、润滑油、调速油的控制系统

大型压缩机组一般均附有密封油、润滑油和调速油三个系统，为此应设置油箱液位、油冷却器后油温、油压等检测控制系统。

6. 压缩机振动和轴位移检测、报警、联锁

由于压缩机是高速运动的机械，有的转速可达每分钟上万转，一旦转子振动或轴位移超量将会造成严重设备事故，因此，大型压缩机组在轴瓦内设置温度测量探头，同时还在机组不同部位设置多个测量探头对转子的振动量和轴位移进行监测，并形成完整的报警联锁系统。

4.2.5 变频调速器的应用

控制阀的阻力降（约 0.02~2.5 Mpa 左右）占系统压降的比例较大，导致泵的能量在控制阀上的损失较大，同时控制阀的流量特性也畸变较大。由于芯片技术的快速发展，变频调速成本大为降低、可靠性大为提高，流程工业过程已越来越多地用其替代控制阀进行流量控制。变频调速具有大范围平滑无级变速特性，频率变化范围宽达 2.4~400 Hz，调速精度可达±0.5%。

变频调速器作为执行器，与工艺介质不接触，具有无腐蚀、无冲蚀的优点。因为电机的消耗功率与转速的立方成正比，所以当电机转速降低、泵的出口流量减少时，相应消耗的功率便大幅度下降，从而节电效果显著。变频调速时，转速增大，流量增加，输送出压力也增加；而控制阀调节时，开度增大，流量增大，但输送压力会随之降低。

使用变频调速器的一次性投资相对较高，但由于其高效节能，因此值得推广。

4.3 离心式压缩机的防喘振控制

4.3.1 离心式压缩机的喘振

离心式压缩机的工作特性曲线如图 4-14 所示，它表征了压缩比（压缩机出口压力 P_2 与入口压力 P_1 之比）与进口体积流量 Q 之间的对应关系（有时也用 $P_2 \sim Q$ 曲线表示）。

图中 n 为压缩机的转速，由图可知每条曲线即在每种转速下，都有一个 P_2/P_1 值的最高点，连接各最高点的虚线是一条表征产生喘振的临界曲线。虚线左侧的阴影部分是不稳定区，称为喘振区，虚线的右侧为稳定区，称为正常运行区。若压缩机的工作点在正常运行区，即 P_2/P_1 最高点之右方，此时流量减少，压缩比 P_2/P_1 提高，反之流量增大则 P_2/P_1 降低。假设压缩机工作在转速 n_2，正常流量在工作点 Q_A，若负荷减小，使 $Q_A<Q_P$，即进入到 P_2/P_1 最高点之左方（喘振区），此时压缩比下降，即出口压力 P_2 下降。此时会出现恶性循环，压缩机排出量继续减小，压力 P_2 继

续下降，于是管网压力大于压缩机所能提供压力的情况发生，瞬时管网气体倒流。接着压缩机恢复正常工作，回升压力，重又把倒流进来的气体压出去。此后又引起 P_2/P_1 下降，出口气体又倒流，上述现象重复进行，称之为喘振。

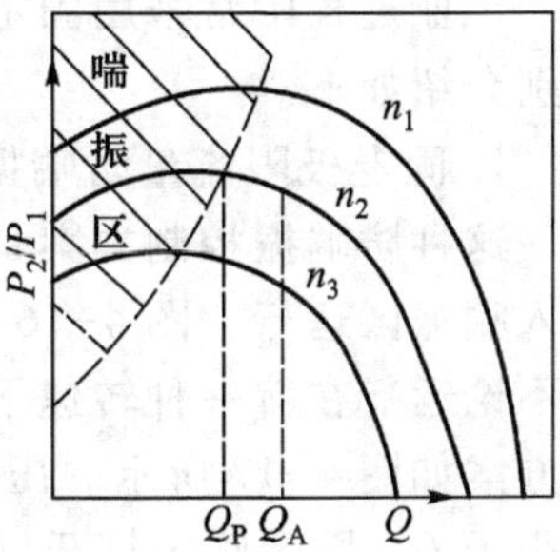

图 4-14 离心式压缩机的工作特性曲线

喘振时压缩机的出口压力和出口流量剧烈波动，机器与管道振动，如果与机身相连的管网较小并严密，则可能听到周期性的如同哮喘病人“喘气”般的响声；而当管网容量较大时，喘振时会发生周期性间断的吼鸣声，并伴随有止逆阀的撞击声，压缩机及所连接的管网系统和设备发生强烈振动，甚至使压缩机及厂房遭到破坏。

在不同转速下，最高点的轨迹近似于一条抛物线，经过实验测试及理论分析，如果将 P_2/P_1 与 Q_1^2/θ_1 标绘，喘振点的轨迹可大体上接近一条直线，压缩机的实际工作点还应留有一些余地。因此，可写出防喘振保护曲线公式如下：

$$\frac{P_2}{P_1}=a+b\frac{Q_1^2}{\theta_1} \tag{4-2}$$

式中：

P_2——压缩机出口压力；

P_1——压缩机入口压力；

Q_1——压缩机入口流量；

θ_1——压缩机入口温度；

a,b——系数。

如果 P_2/P_1 小于 $\left(a+b\dfrac{Q_1^2}{\theta_1}\right)$，工况是安全的，如果 P_2/P_1 大于 $\left(a+b\dfrac{Q_1^2}{\theta_1}\right)$，工况就危险了。

a 和 b 的数值由压缩机制造部门提供。可分为 $a=0$（$Q_1=0$ 时，曲线通过 $P_2/P_1=0$ 点），$a>0$（$Q_1=0$ 时，$P_2/P_1>0$），及 $a<0$（$Q_1=0$ 时，$P_2/P_1<0$）三种情况，如图 4-15 所示。

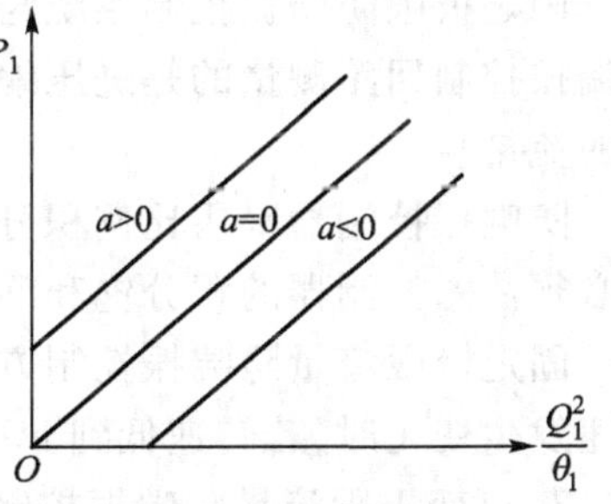

图 4-15 喘振临界曲线

4.3.2 防喘振控制系统

上述分析可知，只要保证压缩机吸入流量大于临界吸入力量 Q_P，系统就会工作在稳定区，不会发生喘振。

为了使进入压缩机的气体流量保持在 Q_P 以上，在生产负荷下降时，须将部分出口气从出口旁路返回到入口或将部分出口气放空，保证压缩机工作在稳定区。

工业过程中常采用固定极限流量法防喘振控制方案或可变极限流量法防喘振控制方案。现分别介绍如下。

1. 固定极限流量防喘振控制

这种防喘振控制方案是使压缩机的流量始终保持大于最高转速下的临界流量 Q_P,从而避免进入喘振区运行。图 4-16 中所示的 Q_P就是正常工况可以达到的最高转速下的临界流量,压缩机不论运行在哪一种转速下,只要满足压缩机流量大于 Q_P的条件,压缩机就不会产生喘振,其控制方案如图 4-17 所示。压缩机正常运行时,测量值大于设定值 Q_P,则旁路阀完全关闭。若测量值小于 Q_P,则旁路阀打开,使一部分气体返回至入口,保证压缩机的流过量不低于 Q_P,这样就可以防止喘振发生。

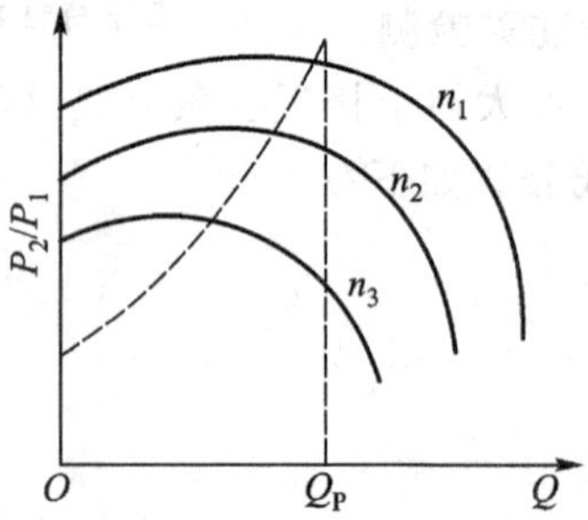

图 4-16 固定极限流量防喘振控制特性曲线图

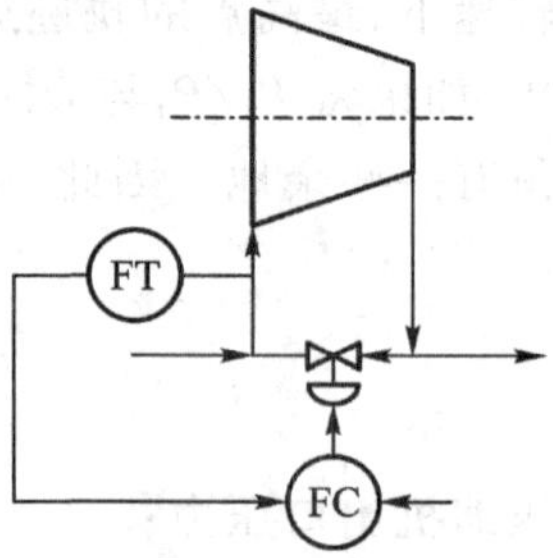

图 4-17 固定极限流量防喘振控制系统图

固定极限防喘振控制系统与一般控制中采用的旁路控制法的区别在于检测点位置不一样,防喘振控制回路测量的是进压缩机流量,而一般流量控制回路测量的是从管网送来或是通往管网的流量。

防喘振控制器采用比例积分时,由于压缩机正常运行时,流量大于 Q_P,旁路阀是关闭的,所以必须注意控制器的积分饱和问题。

固定极限流量防喘振控制方案简单,系统可靠性高,工程投资少,适用于固定转速场合。在转速发生变化时,若转速低到 n_2、n_3时,则临界流量的裕量过大,将会造成较大的能量浪费。

2. 可变极限流量防喘振控制

为了减少压缩机的能量损耗,压缩机负荷经常波动的场合,往往采用可变极限流量防喘振控制方案。

假如压缩机的吸入口流量为 Q_1,测得的压差是 P_{1d},则 P_{1d}与 Q_1的关系是

$$Q_1 = K_1\sqrt{\frac{P_{1d}}{\gamma_1}} \tag{4-3}$$

$$\gamma_1 = \frac{P_1 M}{ZR\theta_1} \tag{4-4}$$

式中：

P_1——压缩机吸入口压力，绝对压力；

M——气体分子量；

Z——压缩系数；

R——气体常数；

γ_1——气体重度；

θ_1——压缩机吸入口温度，绝对温度；

K_1——孔板的流量系数。

对式(4-3)等式两边平方，且将式(4-4)代入可得

$$Q_1^2=K_1^2\frac{P_{1d}}{\gamma_1}=K_1^2\frac{P_{1d}ZR\theta_1}{P_1M}=\frac{K_1^2P_{1d}\theta_1}{\gamma\ P_1} \tag{4-5}$$

式中 $\gamma=\frac{M}{ZR}$为常数。

将式(4-5)代入式(4-2)得

$$\frac{P_2}{P_1}=a+\frac{bK_1^2P_{1d}}{\gamma\ P_1}$$

即若

$$P_{1d}\geqslant\frac{\gamma}{bK_1^2}(P_2-aP_1) \tag{4-6}$$

则压缩机处于稳定工作区。根据式(4-6)可构成如图 4-18 所示防喘振控制系统，这就是可变极限流量防喘振控制系统。该方案取 P_{1d}作为测量值，而取$\frac{\gamma}{bK_1^2}(P_2-aP_1)$为设定值，这也是一个按计算指标进行控制的控制系统；由于是计算的设定值，因此该系统也是一个随动控制系统。当 P_{1d}大于设定值时，旁路阀关闭；当小于设定值时，将旁路阀开启，保证压缩机始终工作在稳定区，防止喘振的产生。

实现不等式(4-6)的控制还有其他结构形式，例如取$\frac{P_{1d}}{P_2-aP_1}$为测量值，$\frac{\gamma}{bK_1^2}$为设定值等。然而，采用图 4-18 的构成机构有一个优点是将运算部分放在闭合回路之外，因此可象单回路流量控制系统那样整定。

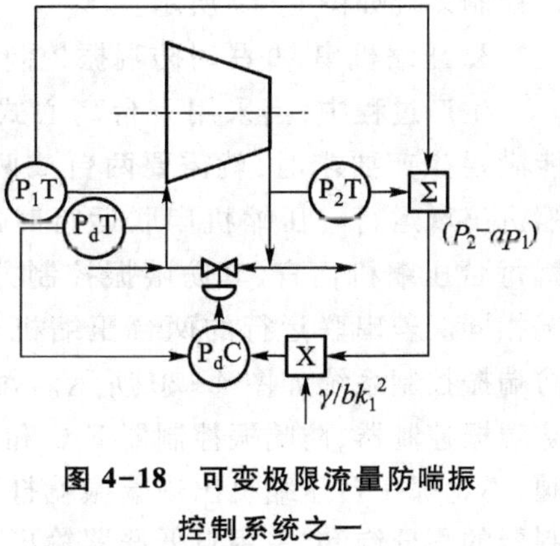

图 4-18 可变极限流量防喘振控制系统之一

在有些情况下，不等式(4-6)可简化，例如

$$a=0,P_{1d}\geqslant\frac{\gamma}{bK_1^2}P_2 \tag{4-7}$$

$$a=1,P_{1d}\geqslant\frac{\gamma}{bK_1^2}(P_2-P_1) \tag{4-8}$$

有些应用场合不能在压缩机入口管线上安装节流装置,例如,当压缩机入口压力较低而压缩比又较高时,若在入口管线上安装节流装置造成阻力降,可能使压缩机达到相同的出口压力时需要更多的压缩机级数,这是不经济的。此时可采用在出口管线上安装节流装置方案。节流装置在压缩机的出口端测量流量时,其质量流量 G_2 与进口管线上的质量流量 G_1 应该相等,即

$$G_1 = G_2$$

或

$$\gamma_1 Q_1 = \gamma_2 Q_2 \tag{4-9}$$

式(4-9)也可以写成

$$K_1\sqrt{\frac{P_{1d}P_1M}{ZR\theta_1}} = K_2\sqrt{\frac{P_{2d}P_2M}{ZR\theta_2}}$$

设孔板校正系数 $K_1 = K_2$,则上式可以化为

$$P_{1d} = \frac{P_{2d}P_2\theta_1}{P_1\theta_2} \tag{4-10}$$

将式(4-10)代入式(4-6)可得

$$P_{1d} = \frac{P_{2d}P_2\theta_1}{P_1\theta_2} \geqslant \frac{\gamma}{bK_1^2}(P_2 - aP_1)$$

则有

$$P_{2d} \geqslant \frac{\gamma}{bK_1^2}\frac{P_1\theta_2}{P_2\theta_1}(P_2 - aP_1) \tag{4-11}$$

许多情况式(4-11)可以简化,例如 $a=0$ 时:

$$P_{2d} \geqslant \frac{\gamma}{bK_1^2}\frac{\theta_2}{\theta_1}P_1 \tag{4-12}$$

式(4-12)是简化了的可变极限流量的防喘振控制系统的数学模型,可以用于节流装置安装在压缩机的出口管线上的控制结构。一般情况下,式中 θ_2/θ_1 也是一个恒值,式(4-12)构成的可变极限流量防喘振控制系统如图4-19所示。

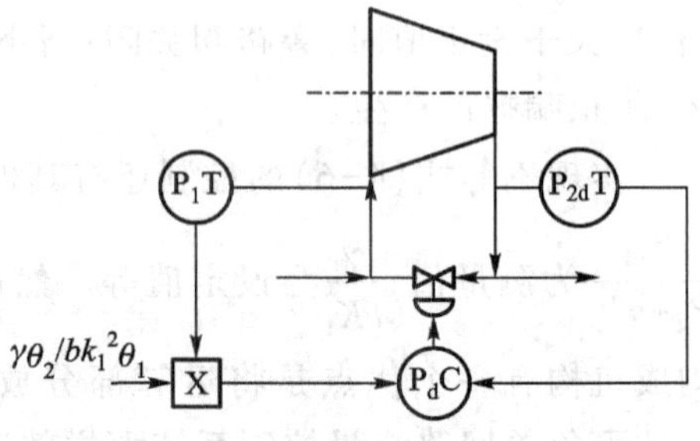

图 4-19 可变极限流量防喘振控制系统之二

3. 压缩机串、并联时防喘振控制

生产过程中,当采用一台离心式压缩机的压缩比不能满足生产要求时,就需要两台或两台以上的离心式压缩机串联运行。压缩机串联运行时的防喘振控制方案,就每台压缩机而言,其防喘振控制方案与单台压缩机情况相同。若串联运行的两台压缩机只有一个旁路阀,其防喘振控制系统如图4-20所示。每台压缩机设置一个防喘振控制器,防喘振控制器 F_1C 和 F_2C 的输出信号到低选器 LS,低选器输出送到防喘振控制阀,不论那一台压缩机出现喘振就打开旁路阀,以防止喘振发生。为了防止 F_1C 和 F_2C 两只控制器的积分饱和,采用自低选器输出作为积分外反馈。

生产过程中,当一台离心式压缩机的气体输送量不能满足要求时,就需要两台或两台以上离心式压缩机并联运行。如果两台压缩机分别装有一个旁路控制阀,其防喘振控制方案与单台压缩机一样。如果两台压缩机共用一个旁路阀,防喘振控制方案如图 4-21 所示。

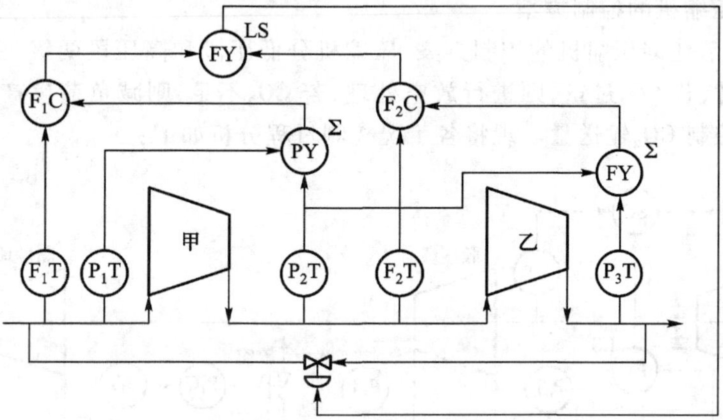

图 4-20 压缩机串联运行时可变极限流量防喘振控制方案

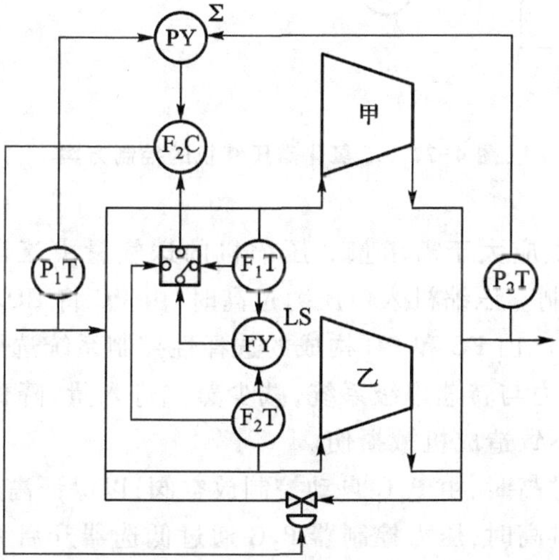

图 4-21 压缩机并联运行时可变极限流量防喘振控制方案

在各自压缩机入口管线上设置流量差压变送器,两台差压变送器输出信号送到低选器 FY,经比较后送到防喘振流量控制器 F_2C 与设定信号相比较,若已达到喘振极限就自动打开旁路阀,以防止喘振发生。如果生产过程负荷只需一台压缩机操作时,只要将选择操作开关 SW 切换到需要操作的一台压缩机的入口流量差压变送器,就可实现单台压缩机防喘振控制。该方案成立的前提是两台压缩机的特性必须相同或十分相似。

4.3.3 应用实例

1. 二氧化碳压缩机的控制方案

图 4-22 为二氧化碳压缩机的控制方案，压缩机分低压段和高压段两级，由工业汽轮机驱动工作。工艺波动时，若 CO_2过量，则进行放空处理，若 CO_2不足，则减负荷生产。正常工况下，调节汽轮机转速来控制 CO_2输送量。现将各工况控制过程分析如下：

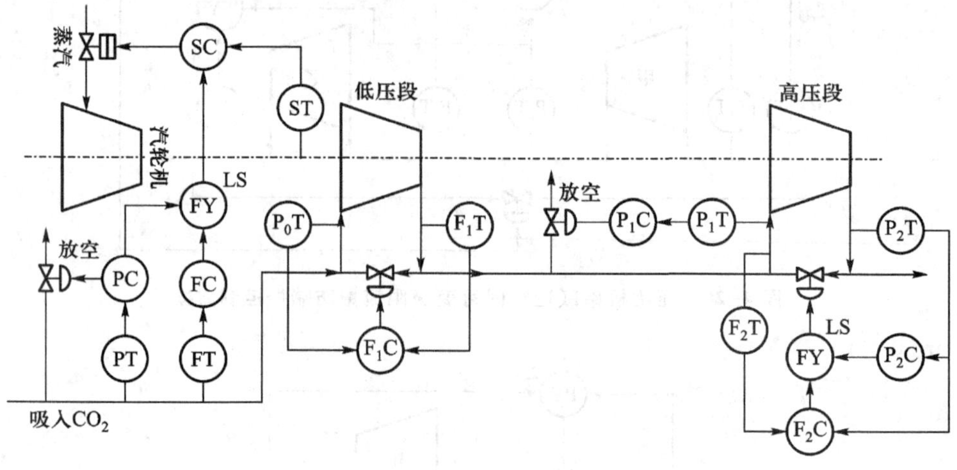

图 4-22 二氧化碳压缩机的控制方案

(1) 正常工况下，CO_2供应大于需求量。压缩机的送气量由流量控制器 FC 与转速控制器 SC 组成串级控制系统来控制。压缩机入口压力过高时，由 PC 将 CO_2放空进行压力控制。

(2) CO_2供应量不足时。由 FC 和 PC 构成的选择性控制系统选择 PC 输出送往 SC，这时，放空阀关闭，PC 与 SC 构成压力与转速串级系统，减少蒸汽进入量，降低转速，减少 CO_2送气量，稳定吸入压力，保护压缩机，不致造成机械损伤。

(3) 高压段吸入压力过高时，由 P_1C 自动控制放空阀，以保证高压段吸入压力不致过高。

(4) 高压段出口压力过高时，压力控制器 P_2C 通过低选器开启旁路阀，使部分 CO_2回流，保证高压段出口压力符合要求。

(5) 低压段防喘振控制系统 F_1C。低压段节流装置安装于出口管线上，其防喘振方程式为

$$P_{1d} \geqslant \frac{\gamma}{bK_1^2}\frac{\theta_2}{\theta_1}P_1$$

一般认为 θ_2/θ_1是常数，所以上式可简化为

$$P_{1d} \geqslant C_1 P_1$$

(6) 高压段防喘振控制系统 F_2C。高压段节流装置安装于入口管线上,其防喘振方程式为

$$P_{2d} \geqslant \frac{\gamma}{bK_1^2} P_3 = CP_3$$

2. 催化气压缩机防喘振控制方案

图 4-23 所示催化气压缩机防喘振控制方案由两个控制系统组成:

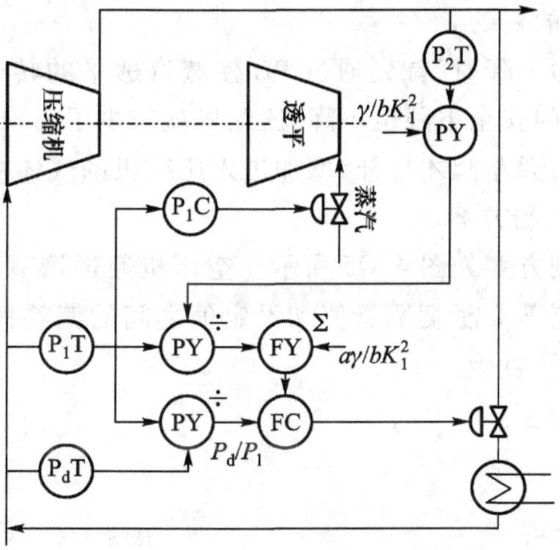

图 4-23 催化气压缩机防喘振控制方案

(1) 入口压力控制系统。采用压力定值控制器 P_1C 调节进入蒸汽量,从而达到调节压缩机转速、调整负荷、保持入口压力恒定、满足工艺要求的目的。

(2) 防喘振控制系统。采用测量入口流量进行防喘振控制是式(4-6)的一种变形结构。

由式(4-6)可知

$$P_d \geqslant \frac{\gamma}{bK_1^2}(P_2 - aP_1)$$

将上式两边除以 P_1 得

$$\frac{P_d}{P_1} \geqslant \frac{\gamma}{bK_1^2}\frac{P_2}{P_1} - a\frac{\gamma}{bK_1^2} \tag{4-13}$$

这里以 P_d/P_1 作为控制器 FC 的测量值,而以 $\left(\frac{\gamma}{bK_1^2}\frac{P_2}{P_1} - a\frac{\gamma}{bK_1^2}\right)$ 为设定值,只要满足式(4-13),即可完成防喘振控制。

3. V 型离心式压缩机防喘振控制方案

图 4-24 所示的 V 型离心式压缩机防喘振控制方案,是根据压缩比工作的可变极限流量防喘振控制。其工作原理是:由 P_2T 测得的出口表压值通过计算器 P_1Y 转换成绝对压力值送入除

法器 P_3Y,另外从 P_1T 测得入口表压值,在计算器 P_4Y 中进行绝压计算后再与 P_1Y 送来的出口绝压在除法器 P_3Y 内算出实际压缩比,此计算结果送入计算器 P_2Y 内换算成一定的安全操作量,然后送至 FC 作为设定。另一路由 P_4Y 输出的绝压值在除法器 P_5Y 里与 FT 送来的孔板差压信号进行除法运算,得 $\Delta P/P_1$,除法器 P_5Y 的输出就代表了考虑入口压力补偿的体积流量,此值作为 FC 的测量值。控制器 FC 依据设定值与测量值之间的偏差来调节控制阀的开度,使压缩机工作在稳定区,达到防喘振的目的。

当负荷不平衡入口压力下降时,首先通过 PC 使蒸汽透平的转速下降,降低负荷,由于低转速下压缩比下降,这样流量的安全下限也下降,压缩机就减少了出现喘振的可能性。当负荷进一步减少,小于某一极限值时,旁路阀才打开,增加进入压缩机的气体流量防止压缩机产生喘振。

4. 空气压缩机防喘振控制方案

空气压缩机防喘振控制方案如图 4-25 所示。空压机通过调节入口导向片的位置角度来实现负荷控制。防喘振控制器 F_1C 根据测量值和设定值之间的偏差去调节控制阀(FCV01),使空压机工作在安全区,防止喘振发生。

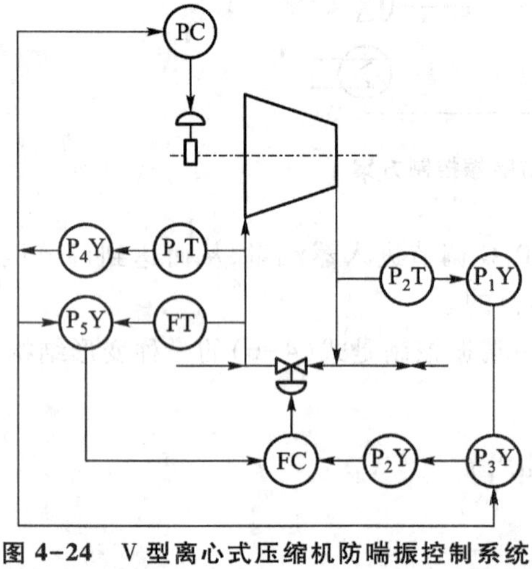

图 4-24 V型离心式压缩机防喘振控制系统

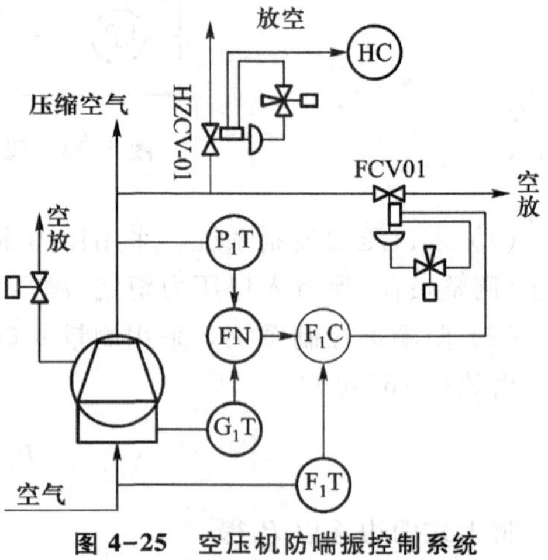

图 4-25 空压机防喘振控制系统

为增强机组的防喘振控制功能,还设有一个喘振接近联锁控制阀(HZCV-01),当某些因素引起空压机运行接近喘振区,此时自动全开 HZCV-01 放空,使得入口流量增加,让空压机回到稳定工作区。喘振接近联锁控制的联锁逻辑如图 4-26 所示。

空压机防喘振控制和喘振接近联锁控制逻辑在 TDC-3000 系统的 APM 和 LM 上实现。

(1) 防喘振控制系统的实施

采用 APM 的 PV 处理调节控制算法,构成空压机防喘振控制系统,其过程建点示意图如图 4-27所示。

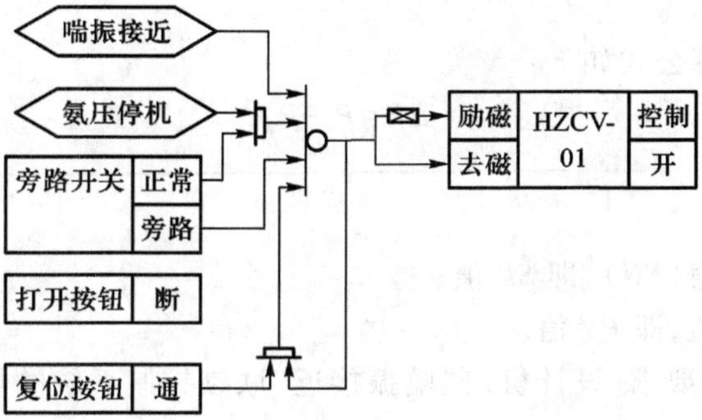

图 4-26 喘振接近控制联锁逻辑图

图 4-27 中,选用 PID 的调节控制数据点作为防喘振控制器(F_1C),其测量信号是入口流量 F_1T,设定信号 FN 也即机组喘振给定线由出口压力 P_1T 和导向叶片角度 G_1T 通过 PV 处理数据点 CALCULTR 进行运算完成,运算公式如下:

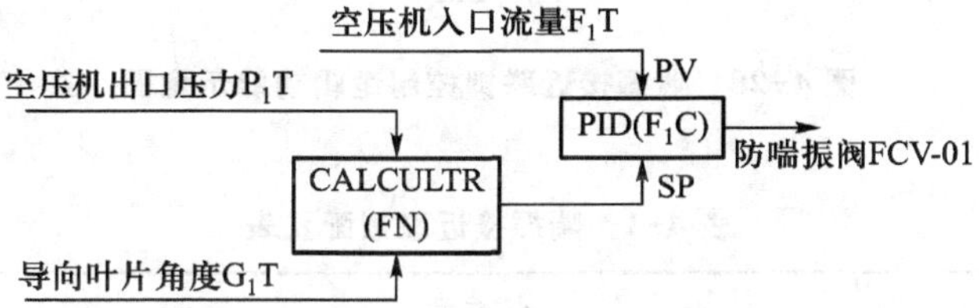

图 4-27 防喘振控制系统逻辑功能示意图

$$SP = C_4 \cdot \mathrm{SQRT}(C_1P_1 - C_2P_2 + C_3)/100 \tag{4-14}$$

式中:

$C_1 = 93.6, C_2 = 11.3$;

$C_3 = 1\ 620, C_4 = 240\ 000$;

P_1——空压机出口压力 P_1T;

P_2——导向叶片角度位置 G_1T。

其中 C_1, C_2, C_3是机组喘振曲线的系数,它们均是无量纲的 0~100 的常数;C_4是一个量程转换系数,目的是将参与运算的变量 P_1和 P_2的 0~100 内部信号转换成标准状况下 0~24 000 m^3/h 的工程单位信号,以匹配机组入口流量控制器 F_1T 的流量单位。

(2)"喘振接近"联锁控制的实施

机组"喘振接近"联锁控制在 LM 中实施,而其中的一个喘振接近条件即防喘振控制器 F_1C 的偏差($SP-PV$),其运算在 APM 中进行,运算采用 PV 处理数据点 CALCULTR 实现,运算结果经 LM 的 LOGIC 数据点,通过对等通信送至 LM 的梯形逻辑,参与联锁控制。实施过程如图 4-28

所示。

偏差($SP-PV$)的运算公式如下：

$$\Delta P = P_1 - P_2$$

式中：

ΔP——偏差值；

P_1——F_1C 的设定值(FN)，即 SP 值；

P_2——F_1C 的指示值，即 PV 值。

根据图 4-26 的逻辑要求，设计机组“喘振接近”联锁控制系统的梯形逻辑图。这些参数点在梯形逻辑中配置如表 4-1 所示。

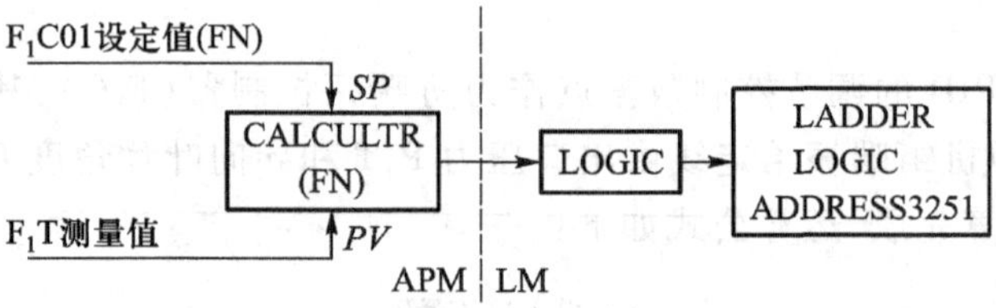

图 4-28 喘振接近联锁控制逻辑功能示意图

表 4-1 喘振接近联锁配置表

控制参数	点类型	地址
喘振接近(F_1T)	LOGIC	3251
N_2压缩机停车信号	内部信号	2099
手动打开按钮	FLAG	3756
复位开关	DI	88
HZCV-01	DD	567

习题和思考题

1. 离心泵的流量控制方案有哪几种形式？
2. 离心泵与往复泵流量控制方案有哪些相同点与不同点？
3. 何谓离心泵的气蚀？何谓气缚？
4. 何谓离心式压缩机的喘振？产生喘振的条件是什么？
5. 离心式压缩机防喘振控制方案有哪几种？简述适用场合。

6. 图 4-29 为丙烯压缩机四段吸入罐压力分程控制系统。正常情况下通过 A 阀控制吸入罐压力,但是 A 阀又不宜关得过小(过小会导致压缩机的喘振)。为此,当 A 阀关到一定程度吸入罐压力仍恢复不过来时,则打开旁路阀 B。试问该系统 A、B 两阀的开闭形式及控制器的正、反作用如何选?为什么?

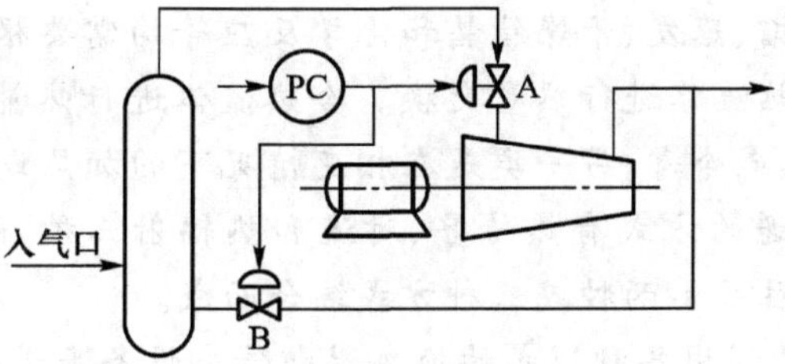

图 4-29 习题 6 图

第 5 章　传热设备的控制

许多工业过程，如蒸馏、蒸发、干燥结晶和化学反应等均需要根据具体的工艺要求，对物料进行加热或冷却，即冷热流体进行热量交换。冷热流体进行热量交换的形式有两大类：一类是无相变情况下的加热或冷却；另一类是在相变情况下的加热或冷却（即蒸汽冷凝给热或液体汽化吸热）。热量传递的方式有热传导、对流和热辐射三种，而实际的传热过程很少是以一种方式单纯进行的，往往由两种或三种方式综合而成。

传热（热交换）过程是利用各种形式的换热器即传热设备来进行的。不论其目的在于加热、冷却、汽化、冷凝，从进行热交换的两种流体的接触关系来看，则不外乎直接接触式、间壁式及蓄热式三大类，尤以间壁式传热设备应用最广。传热设备简况如表 5-1。

表 5-1　传热设备简况表

传热方式	有无相变	载热体示例	设备类型示例
以对流为主	两侧均无相变	热水、冷水、空气	换热器
以对流为主	两侧均有相变	加热蒸汽	再沸器
以对流为主	一侧无相变，载热体汽化	液氨	氨冷器
以对流为主	一侧无相变，介质冷凝	水、盐水	冷凝器
以对流为主	一侧无相变，载热体冷凝	蒸汽	蒸汽加热器
以对流为主	一侧无相变，介质汽化	热水或过热水	再沸器
以辐射为主		燃料油或燃料气、煤	加热炉、锅炉

本章首先介绍传热设备的特性，其次对一般传热设备（以对流传热为主）控制方案共性作简单介绍，最后重点讨论锅炉设备、加热炉、蒸发器、窑炉的控制。

5.1　传热设备的特性

传热过程的静态特性，在化学工程中已得到广泛研究，不论设计和控制，都离不开过程特性的分析。对一个已有的设备，研究静态特性的意义是为了搞好生产控制，具体来说，有以下三个作用：

作为扰动分析、操纵变量选择及控制方案确定的基础；

求取放大倍数，作为系统分析及控制器参数整定的参考；

分析在各种条件下的放大系数 K_0 与操纵变量（调节介质）流量的关系，作为控制阀选型的依据。

5.1.1 传热过程的两个基本方程式

传热过程的两个基本方程式是热量衡算式与传热速率方程式，它们是构成传热设备的静态特性的两个基本方程式。

1. 热量衡算式

根据流体在传热过程中发生相变与否，可分为两种情况。

（1）流体在传热过程中发生相的变化（如冷凝或汽化），且该流体温度不变，则

$$q=G\gamma \tag{5-1}$$

式中：

q——传热速率，J/h；

G——流体发生相变的重量流量（冷凝量或汽化量），kg/h；

γ——流体的相变热（冷凝热或汽化热），J/h。

（2）流体在传热过程中无相的变化，则

$$q=GC(\theta_o-\theta_i) \tag{5-2}$$

式中：

G——流体的重量流量，kg/h；

C——流体在进、出口温度范围内的平均比热，J/kg · ℃；

θ_o——流体出换热器的温度，℃；

θ_i——流体进换热器的温度，℃；

总之，热量衡算式表明当不考虑热损失时，热流体放出的热量应该等于冷流体吸收的热量，其基本形式有

$$G_1\gamma_1=G_2\gamma_2\text{（两种流体均发生相变）} \tag{5-3}$$

$$G_1\gamma_1=G_2C_2(\theta_{2o}-\theta_{2i})\text{（仅一种流体发生相变）} \tag{5-4}$$

$$G_1C_1(\theta_{1i}-\theta_{1o})=G_2C_2(\theta_{2o}-\theta_{2i})\text{（两种流体均没有发生相变）} \tag{5-5}$$

式中变量下标 1，2 表示流体 1 和流体 2，温度 θ 的下标中 i 表示进口，o 表示出口。

2. 传热速率方程式

热量的传递方向总是由高温物体传向低温物体，两物体之间的温差是传热的推动力，温差越大，传热速率也越大。传热速率方程式是

$$q=UA_m\Delta\theta_m \tag{5-6}$$

式中：

q——传热速率，J/h；

U——传热总系数，J/m^2 · ℃ · h，U 是衡量热交换设备传热性能好坏的一个重要指标，U 值

越大，设备传热性能越好。U 的数值取决于三个串联热阻（即管壁两侧对流给热的热阻以及管壁自身的热传导热阻）。这三个串联热阻中以管壁两侧对流给热系数 h 为影响 U 的最主要因素，因此，凡能影响 h 的因素均能影响 U 值；

A_m——平均传热面积，m^2；

$\Delta\theta_m$——平均温度差，℃（是换热器各个截面冷、热两流体温度差的平均值）。

在各种不同情况下 $\Delta\theta_m$ 的计算方法是不同的，需要时可参考有关资料。

5.1.2 换热器静态特性的基本方程式

这里以图 5-1 所示逆流、单程、列管式换热器为例，用传热过程的两个基本方程式列写静态特性方程式。

1. 热量平衡关系式

为处理方便，弄清主要问题，忽略一些次要因素（例如热损失），热流体放出的热量等于冷流体吸收的热量

$$q=G_2c_2(\theta_{2i}-\theta_{2o})=G_1c_1(\theta_{1o}-\theta_{1i}) \tag{5-7}$$

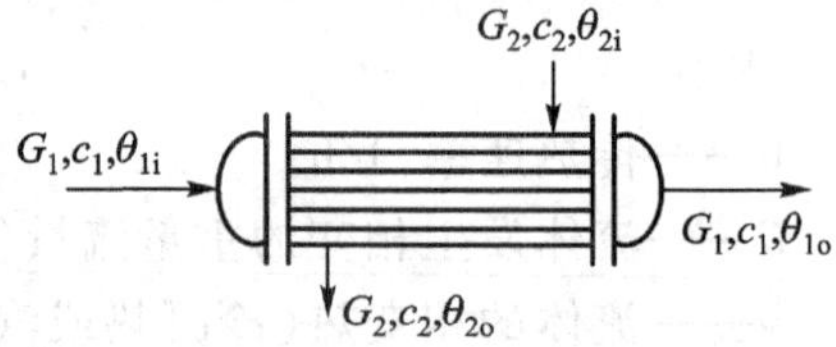

图 5-1 逆流、单程、列管式换热器原理图

式中：

q——传热速率，kcal/h；

G——重量流量，kg/h；

c——平均比热，kcal/kg·℃；

θ——温度，℃。

式中的下标 1 为冷流体，2 为载热体，i 为进口，o 为出口。

在进口条件确定以后，式(5-7)中仍有两个未知数 θ_{1o} 和 θ_{2o}，单凭这一关系，还不能完全规定系统的状态，尚需找出传热速率的关系。

2. 传热速率关系式

$$q=UA_m\Delta\theta_m \tag{5-8}$$

式中 $\Delta\theta_m$ 是平均温差，逆流、单程条件下是一个对数平均值

$$\Delta\theta_m=\frac{(\theta_{2o}-\theta_{1i})-(\theta_{2i}-\theta_{1o})}{\ln\dfrac{\theta_{2o}-\theta_{1i}}{\theta_{2i}-\theta_{1o}}} \tag{5-9}$$

在大多数情况下，如果不是用于设备的设计，而只是为了表示变量之间的关系，那么算术平均值就足够精确了。当 $\dfrac{\theta_{2o}-\theta_{1i}}{\theta_{2i}-\theta_{1o}}$ 在 $\dfrac{1}{3}$~3 之间，其误差小于 5%。算术平均值可表示为

$$\Delta\theta_m=\frac{(\theta_{2o}-\theta_{1i})+(\theta_{2i}-\theta_{1o})}{2} \tag{5-10}$$

3. 换热器静态特性的基本方程

由式(5-7)可得

$$\theta_{2o}=\theta_{2i}-\frac{G_1c_1}{G_2c_2}(\theta_{1o}-\theta_{1i}) \tag{5-11}$$

将式(5-11)和式(5-10)代入式(5-8)可得

$$q=\frac{UA_m}{2}(\theta_{2i}-\theta_{1o}-\theta_{1i})+\frac{UA_m}{2}\left[\theta_{2i}-\frac{G_1c_1}{G_2c_2}(\theta_{1o}-\theta_{1i})\right]$$

由式(5-7)有

$$\frac{UA_m}{2}(\theta_{2i}-\theta_{1o}-\theta_{1i})+\frac{UA_m}{2}\left[\theta_{2i}-\frac{G_1c_1}{G_2c_2}(\theta_{1o}-\theta_{1i})\right]=G_1c_1(\theta_{1o}-\theta_{1i}) \tag{5-12}$$

整理式(5-12)可得

$$\frac{\theta_{1o}-\theta_{1i}}{\theta_{2i}-\theta_{1i}}=\frac{1}{\dfrac{G_1c_1}{UA_m}+\dfrac{1}{2}\left(1+\dfrac{G_1c_1}{G_2c_2}\right)} \tag{5-13}$$

式(5-13)就是逆流、单程列管式换热器的静态特性基本方程式,由此可以求得有关通道的静态放大系数。

5.1.3 换热器的静态放大系数

换热器的输出变量是冷流体的出口温度 θ_{1o},而输入变量是:载热体流量 G_2,入口温度 θ_{2i},冷流体(生产负荷)流量 G_1,入口温度 θ_{1i}。由于式(5-13)是非线性方程,可以通过线性化求得这四条通道的静态放大系数。

(1) 冷流体入口温度 θ_{1i}—输出变量 θ_{1o}($\Delta\theta_{1i}$—$\Delta\theta_{1o}$)

根据式(5-13)(假设 θ_{1i}对传热系数 U 及平均比热 c 的次要影响可以忽略不计),求取该通道的放大系数时,假设其他变量不变,则有

$$\frac{\Delta\theta_{1o}-\Delta\theta_{1i}}{-\Delta\theta_{1i}}=\frac{1}{\dfrac{G_1c_1}{UA_m}+\dfrac{1}{2}\left(1+\dfrac{G_1c_1}{G_2c_2}\right)}$$

经整理可得

$$\frac{\Delta\theta_{1o}}{\Delta\theta_{1i}}=\frac{\dfrac{G_1c_1}{UA_m}+\dfrac{1}{2}\left(\dfrac{G_1c_1}{G_2c_2}-1\right)}{\dfrac{G_1c_1}{UA_m}+\dfrac{1}{2}\left(\dfrac{G_1c_1}{G_2c_2}+1\right)} \tag{5-14}$$

这条通道基本上是线性的,放大系数总是小于1,即出口温度的变化要比入口温度的变化小。

(2) 载热体入口温度 θ_{2i}—输出变量 θ_{1o}($\Delta\theta_{2i}$—$\Delta\theta_{1o}$)

在其他变量不变时,

$$\frac{\Delta\theta_{1o}}{\Delta\theta_{2i}}=\frac{1}{\dfrac{G_1c_1}{UA_m}+\dfrac{1}{2}\left(\dfrac{G_1c_1}{G_2c_2}+1\right)} \tag{5-15}$$

这条通道基本上也是线性的。

(3) 冷流体流量 G_1—输出变量 θ_{1o}(ΔG_1—$\Delta\theta_{1o}$)

求取这条通道的放大系数时，可以对式(5-13)求导得到

$$\frac{\mathrm{d}\theta_{1o}}{\mathrm{d}G_1}=\frac{\theta_{1i}-\theta_{2i}}{\left[\frac{G_1c_1}{UA_m}+\frac{1}{2}\left(\frac{G_1c_1}{G_2c_2}+1\right)\right]^2}\left(\frac{c_1}{UA_m}+\frac{c_1}{2G_2c_2}\right) \tag{5-16}$$

式(5-16)是非线性的，且比较复杂，所以我们利用式(5-13)且通过一些数值作图来分析，如图 5-2 所示。从图中可以看出$\frac{G_2c_2}{UA_m}$一定时，在$\frac{G_1c_1}{UA_m}$小时，θ_{1o}变化较显著，即放大系数较大，而$\frac{G_1c_1}{UA_m}$较大时，θ_{1o}变化缓慢，即放大系数较小，且会出现饱和现象。

(4) 载热体 G_2—输出变量 θ_{1o}(ΔG_2—$\Delta\theta_{1o}$)

同样对式(5-13)求导可得

$$\frac{\mathrm{d}\theta_{1o}}{\mathrm{d}G_2}=\frac{\theta_{2i}-\theta_{1i}}{2\left[\frac{G_1c_1}{UA_m}+\frac{1}{2}\left(1+\frac{G_1c_1}{G_2c_2}\right)\right]^2}\frac{G_1c_1}{G_2^2c_2} \tag{5-17}$$

该通道也是非线性的，以$\frac{G_2c_2}{UA_m}$为横坐标，$\frac{\theta_{1o}-\theta_{1i}}{\theta_{2i}-\theta_{1i}}$为纵坐标作图(如图 5-3 所示)，图中每点斜率反映出放大系数的大小，$\frac{G_1c_1}{UA_m}$一定时，$\frac{G_2c_2}{UA_m}$小时，θ_{1o}变化显著，而$\frac{G_2c_2}{UA_m}$较大时，θ_{1o}变化缓慢且出现饱和现象。

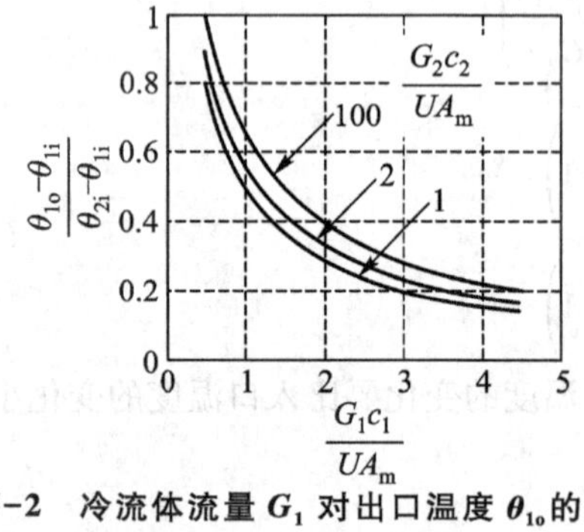

图 5-2 冷流体流量 G_1 对出口温度 θ_{1o}的影响

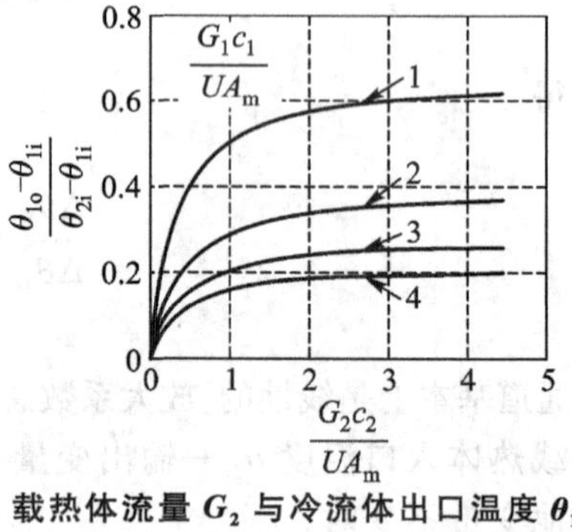

图 5-3 载热体流量 G_2 与冷流体出口温度 θ_{1o}的关系

5.1.4 控制方案的分析

换热器的输出变量即被控变量是 θ_{1o}，一般来说 G_1(负荷)、θ_{1i}、θ_{2i}都是不可控的，它们是扰

动，最容易想到、也是最常用的控制方案是取载热体流量作为操纵变量组成的控制系统。

采用这类控制方案时，需要注意的是控制通道（$\Delta G_2—\Delta\theta_{1o}$）静态特性的非线性，而且有时非线性比较严重，如图 5-3 所示。随着 G_2 的增加，θ_{1o} 也是增加的，但在 $\frac{G_2c_2}{UA_m}$ 很大的时候，曲线平坦，进入饱和区，此时放大系数很小，结果 G_2 对 θ_{1o} 的影响也就很小。在 G_2 大到一定程度而进入饱和区时，再增加载热体流量 G_2，控制效果就很差。尽管在控制阀选型上采用对数型控制阀，但也只能部分地补偿非线性的影响，此时采用载热体 G_2 作为操纵变量就不合适了。

什么时间进入饱和区呢？由图 5-3 可知，在 $\frac{G_2c_2}{UA_m}$ 较大的时候，也就是载热体用量大、进出口温差很小的情况进入饱和区。此后若再增加载热体的流量并不能很有效地增加平均温差，调节作用比较微弱，因此采用调节载热体流量的控制方案就显得不适当了。此时应改变控制方案，以满足要求。这里主要是说明静态特性是方案分析的重要依据。

5.2 一般传热设备的控制

一般传热设备在这里是指以对流传热为主的传热设备，常见的有换热器、蒸汽加热器、氨冷器、再沸器等间壁式传热设备，在此就它们控制中的一些共性作一些介绍。一般传热设备的被控变量在大多数情况下是工艺介质的出口温度，至于操纵变量的选择，通常是载热体流量。然而在控制手段上有多种形式，从传热过程的基本方程式知道，为保证出口温度平稳，满足工艺要求，必须对传热量进行调节，要调节传热量有以下几条途径。

5.2.1 调节载热体流量

改变载热体流量的大小，将引起传热系统传热总系数 U 和平均温差 $\Delta\theta_m$ 的变化。对于载热体在传热过程中不起相变化的情况下，如不考虑 U 的变化，从前述热量平衡关系式和传热速率关系式来看，当传热面积足够大时，热量平衡关系式可以反映静态特性的主要方面。改变载热体流量，能有效地改变传热平均温差 $\Delta\theta_m$，也即改变传热量，因此调节作用能满足要求，其工作在图 5-3 中的非饱和区。而当传热面积受到限制时，要将热量平衡关系式和传热速率关系式结合起来考虑。载热体流量增加时，还具有一定的调节作用，当载热体流量增加到一定程度后，再增加并不能有效增加传热平均温差，此时调节作用极其微弱，相当于工作在图 5-3 中的饱和区。此时采用改变载热体流量的控制方案就显得不适宜了，可采用工艺介质分路的方案（后面要进行讨论）。换热器的动态特性也应考虑。如果流体在流动过程中没有充分的逆向混合，则时滞的存在不可避免，有时会给控制带来一定的困难。如 $\Delta\theta_{1i}—\Delta\theta_{1o}$ 的通道，时滞更为显著。对于其他通道则可近似为具有时滞的二阶环节。若停留时间越长，则时滞和时间常数越大。时滞的存在不利于控制，为此，一是在设计时应使停留时间尽量短一些，二是在控制方案上另想办法。

对于载热体有相变时的情况要复杂得多,例如对于蒸汽加热器来说,蒸汽冷凝放热。当传热面积有裕量时,进入多少蒸汽,冷凝多少,且冷凝后继续冷却,即改变了传热量。而传热面积起限制作用时,蒸汽的冷凝量取决于传热速率关系式,此时须将传热速率关系式与热量平衡关系式结合起来,才能决定冷凝量和工艺介质的出口温度。这时可理解为蒸汽阀门开大,加热器内压力提高,相应的冷凝温度也提高,使传热平均温差增加,从而增加了传热量。又如氨冷器,液氨汽化吸热。传热面积有裕量时,进入多少液氨,汽化多少,即进氨量越多,带走热量越多。不然的话,液氨的液位要升高起来,如果仍然不能平衡,液氨液位越来越高,会淹没蒸发空间,甚至使液氨进至出口管道损坏压缩机。所以采用这种方案时,应设有液位指示、报警或联锁装置,确保安全生产。还可以采用图5-4所示出口温度与液位的串级控制系统,其实该系统是改变传热面积的方案,应用这种方案时,可以限制液位的上限,保证有足够的蒸发空间。

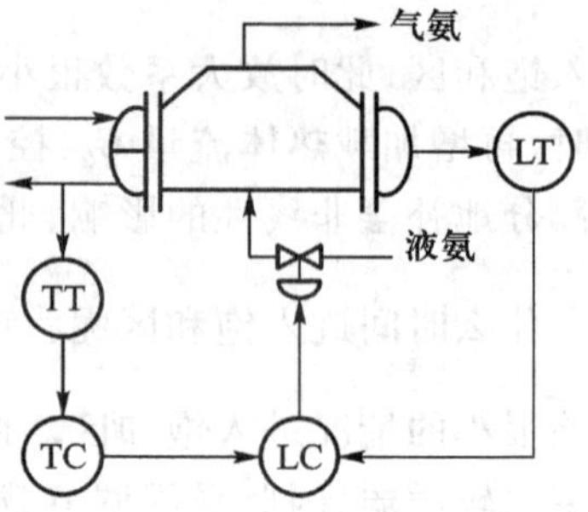

图 5-4 氨冷器出口温度与液位的串级控制系统

图 5-5(a)是调节载热体流量方案之一,这种方案最简单,适用于载热体上游压力比较平稳及生产负荷变化不大的场合。如果载热体上游压力不平稳,则采取稳压措施使其稳定,或采用温度与流量(或压力)的串级控制系统,如图 5-5(b)所示。

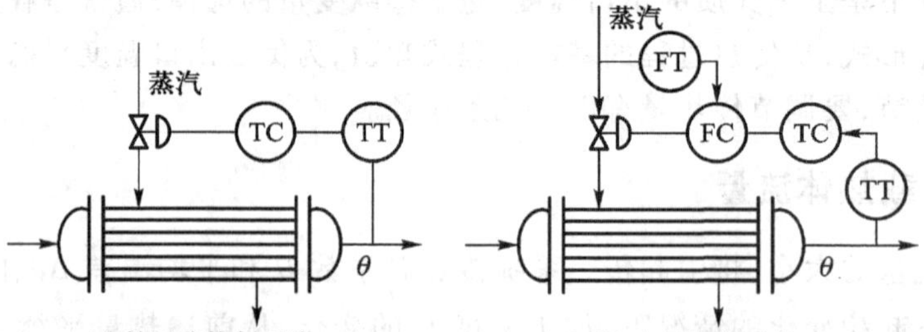

图 5-5 调节载热体流量的控制系统

5.2.2 调节载热体的汽化温度

调节载热体的汽化温度也即改变了传热平均温差 $\Delta\theta_m$,同样可以达到调节传热量的目的。图 5-6 所示氨冷器出口温度控制就是这类方案的一例。控制阀安装于气氨出口管道上,当阀门开度变化时,气氨的压力将起变化,相应地汽化温度也发生变化,这样也就改变了传热平均温差,从而调节了传热量。但光这样还不行,还要设置一液位控制系统来维持液位,从而保证有足够的蒸发空间。这类方案的动态特点是滞后小,反应迅速、有效,应用也较广泛。但必须用两套控制系统，所需仪表较多；在控制阀两端气氨有压力损失，增大压缩机的功率；另外，要行之有效，液氨需有较高压力，设备必须耐压。

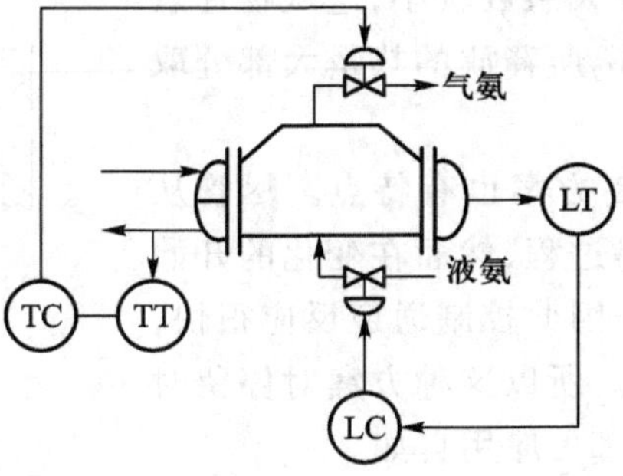

图 5-6 氨冷器调节载热体汽化温度的方案

5.2.3 将工艺介质分路

前述调节载热体流量的控制方案，在大多数场合下可以适用，但还存在着一些问题：

(1) 从静态特性上看，当$\frac{G_2c_2}{UA_m}$很大时，工作在图 5-3 所示的饱和区，此时改变载热体流量，其调节作用很微弱。

(2) 从动态特性上看，对于程数复杂的换热器，往往停留时间较长，时滞较大，动态特性较差，改变载热体流量的控制方案不易控制，或控制质量较差。

可以想到，要使工艺介质加热到一定温度，也可以采用同一介质冷热直接混合的办法。将工艺介质一部分进入换热器，其余部分旁路通过，然后两者混合起来，是很有效的调节手段，图 5-7 所示是采用三通控制阀的流程。

在静态特性方面，图 5-7 中虚线框出部分实质上与前面讨论并无区别，不过流量 G_1 只是总流量 G'_1 的一部分，θ_{1o} 也不同于最终温度 θ'_{1o}。由热量平衡关系式可知：

$$q=G_1c_1(\theta_{1o}-\theta_{1i})=G'_1c_1(\theta'_{1o}-\theta_{1i}) \quad (5-18)$$

如将$\frac{\theta_{1o}-\theta_{1i}}{\theta_{2i}-\theta_{1i}}$乘以$\frac{G_1c_1}{UA_m}$，可以得到$\frac{q}{UA_m(\theta_{2i}-\theta_{1i})}$，它将反映传热量，也反映流体 1 的最终温度 θ'_{1o} 的变化。将$\frac{q}{UA_m(\theta_{2i}-\theta_{1i})}$对$\frac{G_1c_1}{UA_m}$标绘，得到图 5-8 所示的曲线。

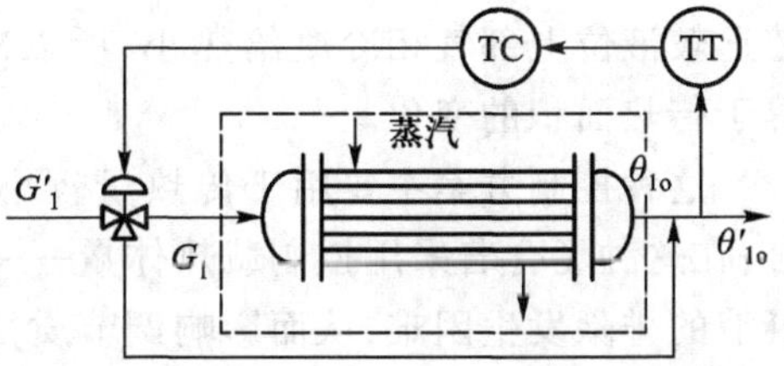

图 5-7 将工艺介质分路的控制方案

从图上可以看出，采用工艺介质分路的方案时，过程特性也有饱和区，不过它发生在 G_1 较大时，所以正好与改变载热体流量方案互相补充，可用在 G_2 较大的场合。G_1 较大时，过程的放大系数较小，这从物理意义上也不难理解，这时 G_1 已将 G_2 所释放的热量大部分取走，再加大 G_1 作用不大。

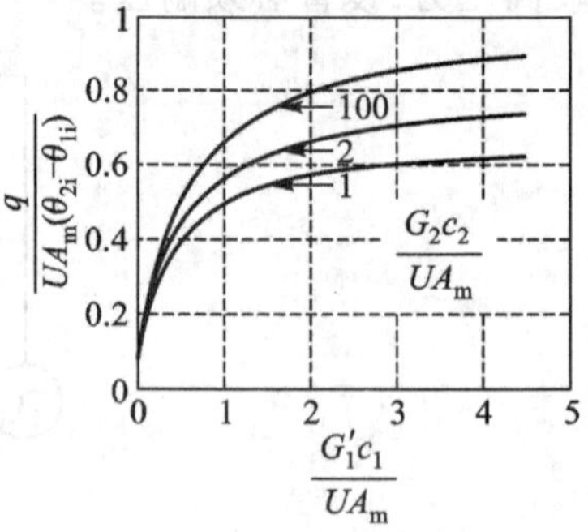

图 5-8 工艺介质分流时的扰动特性

在动态特性方面，这类控制方案也有特点。尽管从本质上看，它们仍然是一个传热过程，然而在变化的开始阶段，还是混合过起主导作用。因此控制通道反应很快，过程的滞后并不直接显示出来。所以这种方案对停留时间较长，或程数较多的换热器，都可应用自如。

然而本方案也不适用于工艺介质流量 G_1 较大的情况，因为此时静态放大系数也较小。该方案还有一个缺点是要求传热面积有较大裕量，而且载热体一直处于最大流量下工作，这在专门采用冷剂或热剂时是不经济的，然而对于某些热量回收系统，载热体也是某种工艺介质，总流量不好调节，这时便不成为缺点了。

关于控制阀，如果选用三通阀，总流量是固定的。如果选用一般直通阀，设计时往往考虑旁路流量占总流量的 10%~30%。阀门可选用对数阀。若换热器阻力很小，阀两端压降不足，也可考虑采用两只直通阀，一只气开，一只气关，分别装在分流的两条管道上。

5.2.4 控制传热面积

从传热速率方程 $q=UA_m\Delta\theta_m$ 来看，使传热系数和传热平均温差基本保持不变，控制传热面积 A_m 可以改变传热量，从而达到控制出口温度的目的。图 5-9 所示是这种控制方案的一例，其控制阀装在冷凝液的排出管线上。控制阀开度的变化，使冷凝液的排出量发生变化，而在冷凝液液位以下都是冷凝液，它在传热过程中不起相变化，其给热系数远较液位上部气相冷凝给热小，所以冷凝液位的变化实质上等于传热面积的变化。

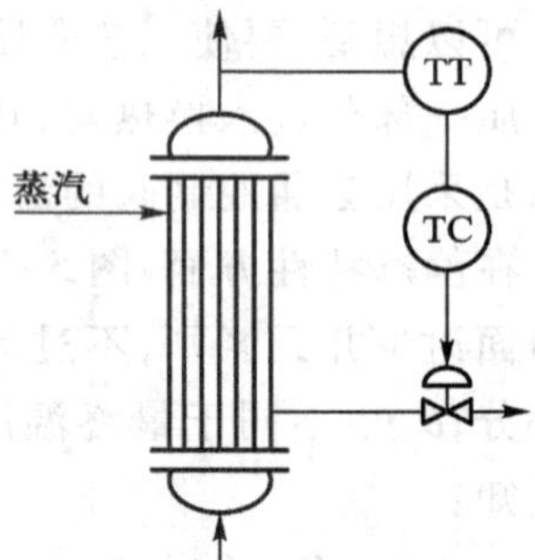

图 5-9 控制传热面积的控制方案

这种控制方案主要用于传热量较小，被控制温度较低的场合；在这种场合若采用控制载热体量——蒸汽的方法，可能会使凝液的排除发生困难，从而影响调节质量。我们知道，蒸汽的冷凝温度与压力有关，在大气压下，冷凝温度为 100 ℃。如果工艺介质温度较低，需要热量较小，由于控制阀装在蒸汽管线上，蒸汽很可能冷却到 100 ℃以下，即常压时的沸点以下，蒸汽的冷凝温度降低，加热器一侧会产生负压，冷凝液便不能正常排放。这时冷凝液积累起来，使传热面减少，如要保持同样传热量，温度必须上升，压力也会增高，等到压力高于大气压时，凝液将自行冲出，这样周而复始，循环不息，温度必然要作周期性振荡。

将控制阀装在冷凝液排出管线上,蒸汽压力有了保证,不会形成负压,这样可以控制工艺介质温度达到稳定。该方案从静态来看是非常有效的。但从动态来看,由于冷凝液至液位,即冷凝液流量至传热面积的通道是个滞后环节,要使冷凝液积累起来达到改变传热面积的过程,是一个积分过程,因此调节起来比较迟钝,变化缓慢;而且阀开与阀关时过程特性又不相同,阀开时传热面改变快,而阀关时传热面改变慢,因此给控制器参数整定带来一定的困难,调节品质也不大好。所以一般说来,本方案只有在必要时才加以采用。

传热面积改变过程的滞后影响,将降低控制质量,有时须设法克服。较有效的办法是采用串级控制方案,将这一环节包括于副回路内,以改善广义对象的特性。例如温度对凝液的液位串级,见图 5-10(a);或者温度对蒸汽流量串级,而将控制阀仍装在凝液管路上,见图 5-10(b)。

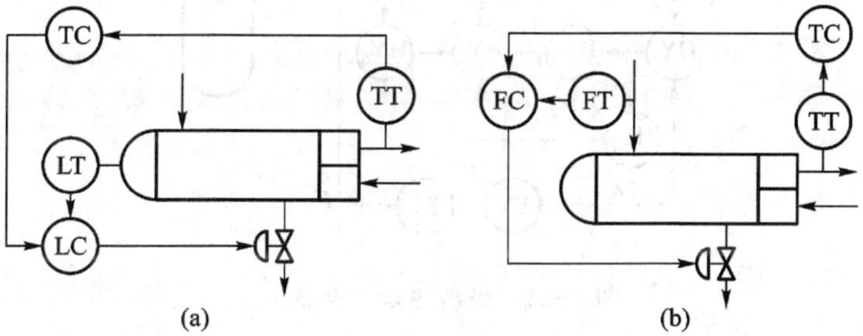

图 5-10 控制阀装在凝液管线上的两种串级控制方案

总的说来,因为传热设备是分布参数系统,近似地说,是具有时滞的多容过程,所以在检测元件的安装上须加注意,不论在位置上,或是安装方法上,都应使测量滞后减到最小程度。正因为过程具有这样的特性,在控制器选型上,适当引入微分作用是有益的,在有些时候是必要的。

5.3 传热设备的热焓与热量控制方案

5.3.1 热焓控制

热焓是指单位质量的物料所积存的热量,热焓控制是保持某物料的热焓为一定值,或按一定规律而变化的操作。

传热设备的被控变量应是热焓,但常采用温度控制方案,这种方案只适用于传热设备出口工艺介质是气相或液相。若工艺介质是气液混合相,则温度与热焓之间没有单值关系,采用温度控制就没有意义了,为此应采用热焓控制。

热焓是通过热量衡算关系间接得到的,计算时需要注意的是正确计算载热体与工艺介质之间的热量交换,从载热体情况来看有三种,即:进入传热设备之前和之后都是汽相;进入传热设备之前和之后都是液相;进入传热设备之前是汽相,而通过加热后完全被冷凝成液相。在上述三种情况中,第三种情况较为复杂,也用得最多。例如蒸汽加热器就是这样。下面就以此为例,分析热焓计算方程式。

图 5-11 所示是蒸汽加热器出口工艺介质的热焓控制方案。蒸汽加热器的热量衡算式是:

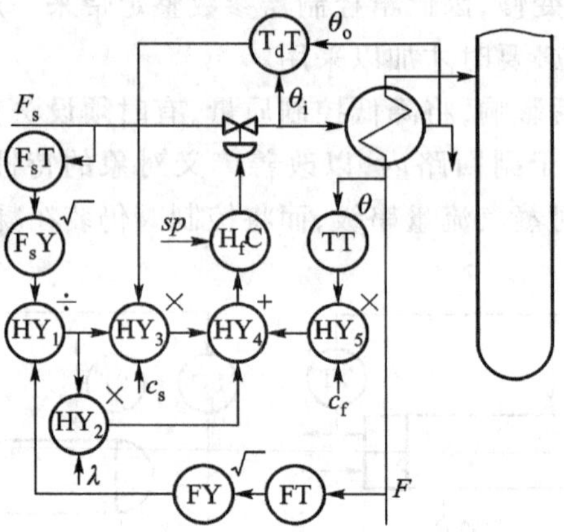

图 5-11 进料热焓控制系统

$$FH_f - Fc_f\theta = F_s[\lambda + c_s(\theta_i - \theta_o)]$$

或

$$H_f = c_f\theta + \frac{F_s}{F}[\lambda + c_s(\theta_i - \theta_o)] \tag{5-19}$$

式(5-19)就是热焓计算式,因为 F_s、F、θ、θ_i、θ_o可以直接测量,而 λ、c_s、c_f可查图表资料得到,这样按式(5-19)计算得到的值即为热焓测量值。由图可知,热焓控制系统可由若干运算单元组成,并不复杂,在采用计算机时更为方便。

5.3.2 热量控制

在某些生产过程中需要控制热量,此时被控变量不再是温度而是热量,但目前还缺乏直接测量热量的仪表,可以通过热量衡算式来求得热量,从而实现热量控制。在热量衡算式中应注意到传热过程中是否发生相的变化,热量衡算式如下:

$$Q = Gc(\theta_i - \theta_o)$$

这样只要测量流体进出口温度和流体热量,经过计算可得到热量,控制方案如图 5-12 所示。

流体在传热过程中发生相的变化,此时热量衡算式为

$$Q = Gr$$

式中:r 为流体的相变热。

相变热 r 在恒温或恒压下是个定值,若温度或压力不是恒定,此时相变热 r 是温度、压力的

函数，常用回归的方法求得。

饱和液体或蒸汽时相变热 r 一般可以采用如下回归式：

$$r=c_0[(c_1-\theta)/c_2]^{c_3}$$

$$r=a_0+a_1\theta+a_2\theta^2$$

$$r=b_0+b_1p+b_2p^2 \tag{5-20}$$

式中：θ、P 是温度和压力，可以测量，而其余参数需经回归得到。

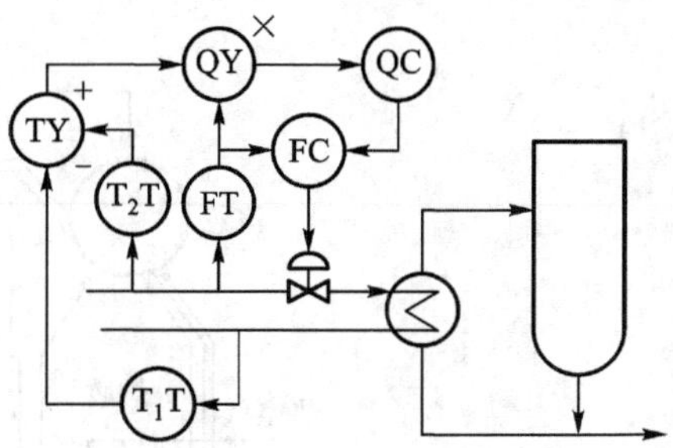

图 5-12　热量控制示例

对于过热蒸汽相变热可以采用如下公式：

$$r=A_0+A_1P+A_2P^2+(B_0+B_1P+B_2P^2)\theta+(C_0+C_1P+C_2P^2)\theta^2 \tag{5-21}$$

对于有相变过程的热量只要测量温度、压力后经过计算即可得到热量，然后组成热量控制系统。

5.4　锅炉设备的控制

锅炉是过程工业中必不可少的动力设备。它所产生的蒸汽不仅可供生产过程作为热源，而且还可作为蒸汽透平的动力源。随着工业生产过程规模的不断扩大，生产过程不断强化，作为全厂动力和热源的锅炉设备，也向大容量、高参数、高效率方向发展。为确保锅炉生产的安全操作和稳定运行，对锅炉设备的自动控制也提出了更高的要求。

按锅炉设备所使用燃料的种类、燃烧设备、炉体形式、锅炉功能和运行要求的不同，锅炉生产有各种不同的流程。常见锅炉设备的工艺流程如图 5-13 所示。

给水经给水泵、给水控制阀、省煤器进入锅炉的汽包，燃料与经预热的空气按一定配比混合，在燃烧室燃烧产生热量，汽包生成饱和蒸汽，经过热器形成过热蒸汽，汇集到蒸汽母管，并经负荷分配后供生产过程使用。燃烧过程的废气将饱和蒸汽过热，并经省煤器对锅炉的给水和空气预热，最后烟气经引风机送烟囱排空。

根据生产负荷的不同需要，锅炉需要提供不同规格（压力和温度）的蒸汽，同时，应根据经济性和安全性的要求，使锅炉安全运行和使完全燃烧。锅炉设备的主要控制要求如下：

（1）供给蒸汽量适应负荷变化需要或保持给定负荷；

（2）锅炉供给用汽设备的蒸汽压力保持在一定范围内；

（3）过热蒸汽温度保持在一定范围内；

（4）汽包水位保持在一定范围内；

（5）炉膛负压保持在一定范围内并保持锅炉燃烧的经济性和安全运行。

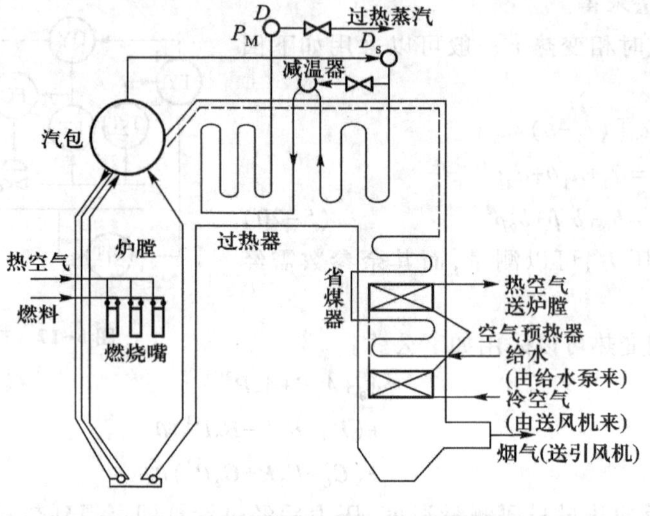

图 5-13 锅炉设备的主要工艺流程图

根据上述控制要求,锅炉设备的主要控制系统如表 5-2。

表 5-2 锅炉设备的主要控制系统

控制系统	被控变量	操纵变量	控制目的
锅炉给水控制系统	锅炉汽包水位	给水流量	锅炉内生产的蒸汽和给水的物料平衡
锅炉燃烧控制系统	蒸汽压力 烟气成分 炉膛负压	燃料流量 送风流量 引风流量	蒸汽负荷的平衡 燃烧的完全和经济性 锅炉运行的安全性
过热蒸汽控制系统	过热蒸汽温度	喷水流量	过热蒸汽的温度和安全性

5.4.1 锅炉汽包水位的控制

汽包水位是锅炉运行的主要指标,是一个非常重要的被控变量,维持水位在一定的范围内是保证锅炉安全运行的首要条件,这是因为:

(1) 水位过高会影响汽包内气水分离,饱和水蒸气带水过多,会使过热器管壁结垢导致损坏,同时过热蒸汽温度急剧下降。该过热蒸汽作为汽轮机动力的话,将会损坏汽轮机叶片,影响运行的安全与经济性。

(2) 水位过低,则由于汽包内的水量较少,而负荷很大时,水的气化速度加快,因而汽包内的水量变化速度很快,如不及时控制就会使汽包内的水全部气化,导致水冷壁烧坏,甚至引起爆炸。

因此,锅炉汽包水位必须严加控制。

1. 汽包水位的动态特性

汽包水位不仅受汽包(包括循环水管)中储水量的影响,也受水位下气泡容积的影响。而水位下气泡容积与锅炉的负荷、蒸汽压力、炉膛热负荷等有关。因此,影响水位变化的因素很多,其中主要是锅炉蒸发量(蒸汽流量 D)和给水流量 W。下面着重讨论在给水流量作用下和蒸汽流量扰动下的水位过程的动态特性。

(1) 汽包水位在给水流量作用下的动态特性

图 5-14 所示是给水流量作用下,水位的阶跃响应曲线。把汽包和给水看作单容量无自衡过程,水位阶跃响应曲线如图中 H_1 线。

但是由于给水温度比汽包内饱和水的温度低,所以给水流量增加后,从原有饱和水中吸取部分热量,这使得水位下气泡容积有所减少。当水位下气泡容积的变化过程逐渐平衡时,水位变化就完全反映了由于汽包中储水量的增加而逐渐上升。最后当水位下气泡容积不再变化时,水位变化就完全反映了由于储水量的增加而直线上升。因此,实际水位曲线如图中 H 线,即当给水量作阶跃变化后,汽包水位一开始不立即增加,而要呈现出一段起始惯性段,它近似于一个积分环节和时滞环节的串联,可用下列传递函数描述,

$$\frac{H(s)}{W(s)}=\frac{k_0}{s}e^{-s\tau} \tag{5-22}$$

式中:

k_0——响应速度,即给水流量作单位流量变化时,水位的变化速度,(mm/s)/(t/h);

τ——时滞,s。

给水温度低,时滞 τ 也越大。对于非沸腾式省煤器的锅炉,$\tau=30\sim100$ s;对于沸腾式省煤器的锅炉,$\tau=100\sim200$ s。

(2) 汽包水位在蒸汽流量扰动下的动态特性

在蒸汽流量 D 扰动作用下,水位的阶跃响应曲线如图5-15 所示。当蒸汽流量 D 突然增加时,从锅炉的物料平衡关系来看,蒸汽量 D 大于给水量 W,水位应下降,如图中曲线 H_1。但实际情况并非这样,由于蒸汽用量的增加,瞬时间必然导致汽包压力的下降。汽包内的水沸腾突然加剧,水中气泡迅速增加,由于气泡容积增加而使水位变化的曲线如图中 H_2 所示。而实际显示的水位响应曲线 H 为 H_1+H_2。从图上可以看出,当蒸汽负荷增加时,虽然锅炉的给水量小于蒸发量,但在一开始时,水位不仅不下降反而迅速上升,然后再下降(反之,蒸汽流量突然减少时,则水位先下降,然后上升),这种现象称之为“虚假水位”。应该指出:当负荷变化时,水位下气泡容积变化而引起水位的变化速度是很快的,图中 H_2 的时间常数只有 10~20 s。

蒸汽流量 D 作阶跃变化时,可用下列传递函数描述,

$$\frac{H(s)}{D(s)}=\frac{H_1(s)}{D(s)}+\frac{H_2(s)}{D(s)}=-\frac{k_f}{s}+\frac{k_2'}{T_2s+1} \tag{5-23}$$

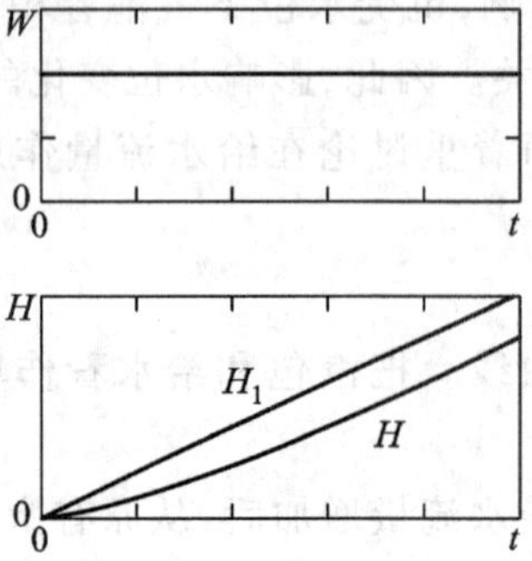

图 5-14 给水流量阶跃作用下锅炉汽包水位的响应曲线

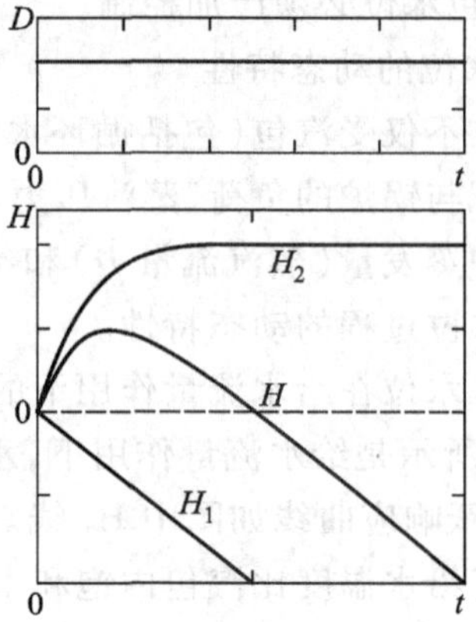

图 5-15 蒸汽流量阶跃作用下锅炉汽包水位的响应曲线

式中：

k_f——响应速度，即蒸汽流量作单位流量变化时，水位的变化速度，(mm/s)/(t/h)；

k_2——响应曲线 H_2的增益；

T_2——响应曲线 H_2的时间常数。

“虚假水位”变化的幅度与锅炉的工作压力和蒸发量有关。例如，一般 100 t/h～200 t/h 的中高压锅炉，当负荷变化 10%时，“虚假水位”可达 30～40 mm。“虚假水位”现象属于反向特性，这给控制带来一定困难，在设计控制方案时，必须加以注意。

2. 单冲量水位控制系统

图 5-16 所示是一单冲量水位控制系统。这里的冲量一词指的是变量，单冲量即汽包水位。这种控制系统结构简单，是典型的单回路定值控制系统，在汽包内水的停留时间较长，负荷又比较稳定的场合，这样的控制系统再配上一些联锁报警装置，也可以保证安全操作。

然而，在停留时间较短，负荷变化较大时，采用单冲量水位控制系统就不能适用。这是由于：

(1) 负荷变化时产生的“虚假水位”，将使控制器反向错误动作，负荷增大时反而关小给水控制阀，一到闪急汽化平息下来，将使水位严重下降，波动很厉害，动态品质很差。

(2) 从负荷变化到水位下降要有一个过程，再由水位变化到阀动作已滞后一段时间。如果水位过程时间常数很小，偏差必然相当显著。

(3) 给水系统出现扰动时，动作作用缓慢。假定给水泵的压力发生变化，进水流量立即变化，然而到水位发生偏

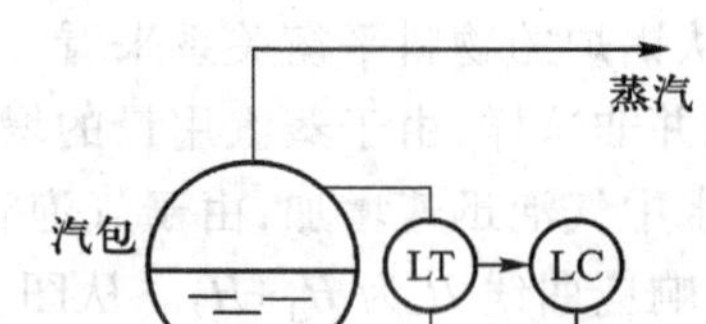

图 5-16 单冲量水位控制系统

差而使控制阀动作,同样不够及时。

为了克服上述这些矛盾,可以不仅依据水位,同时也参考蒸汽流量和给水流量的变化,来控制给水控制阀,能收到很好的效果,则就构成了双冲量或三冲量控制系统。

3. 双冲量控制系统

在汽包的水位控制中,最主要的扰动是负荷的变化。那么引入蒸汽流量来校正,不仅可以补偿"虚假水位"所引起的误动作,而且使给水控制阀的动作及时,这就构成了双冲量控制系统,如图 5-17 所示。

从本质上看,双冲量控制系统是一个前馈(蒸汽流量)加单回路反馈控制系统的复合控制系统。图 5-17 所示连接方式中,加法器的输出 I 是:

$$I=C_1I_c\pm C_2I_F\pm I_0$$

式中:

I_C——水位控制器的输出;

I_F——蒸汽流量变送器(一般经开方器)的输出;

I_0——初始偏置值,数值等于正常工况下蒸汽流量输出信号 C_2I_F,符号与该信号相反;

C_1,C_2——加法的系数。

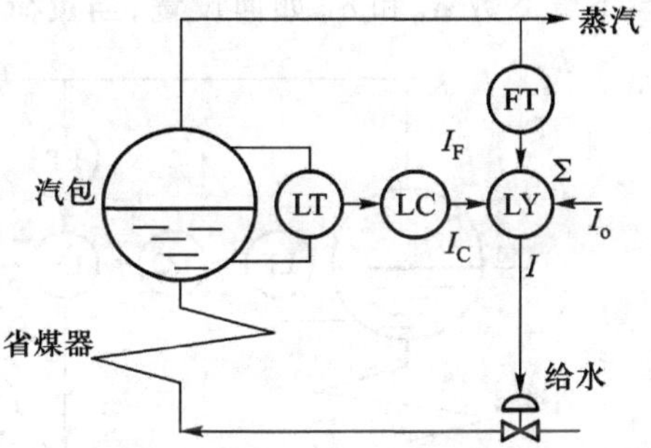

图 5-17 双冲量控制系统

双冲量控制系统对于给水系统的扰动不能直接补偿。为此将给水流量信号引入,构成三冲量控制系统。

4. 三冲量控制系统

(1) 三冲量控制方案之一

图 5-18 所示是三冲量控制方案之一。该方案实质上是前馈(蒸汽流量)加反馈控制系统。这种三冲量控制方案结构简单,只需要一台多通道控制器,整个系统也可看作三冲量的综合信号为被控变量的单回路控制系统,所以投运和整定与单回路一样;但是如果系统设置不能确保物料平衡,当负荷变化时,水位将有余差。

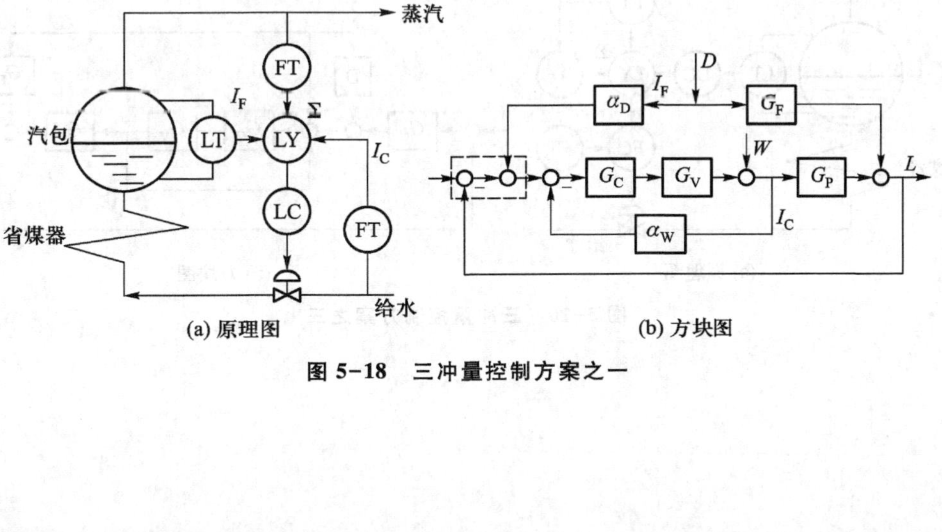

图 5-18 三冲量控制方案之一

系数 α_D 和 α_W 起什么作用呢？第一是用来保证物料平衡即在 $\Delta W = a\Delta D$ 的条件下,多通道控制器蒸汽流量信号 $\alpha_D \Delta I_F$ 与给水流量信号 $\alpha_W \Delta I_C$ 应相等。第二是用来确定前馈作用的强弱,因为上式仅知道 α_W 和 α_D 的比值,其大小依据过程特性确定,其大小反映了前馈作用的强弱。α_D 越大其前馈作用越强,则扰动出现时,控制阀开度的变化也越大。

(2) 三冲量控制方案之二

三冲量控制方案之二如图 5-19 所示,该方案与方案之一相类似,仅是加法器位置从控制器前移至控制器后。该方案相当于前馈-串级控制系统,而副回路的控制器比例度为 100%。该方案不管系数 α_D 和 α_W 如何设置,当负荷变化时,液位可以保持无差。

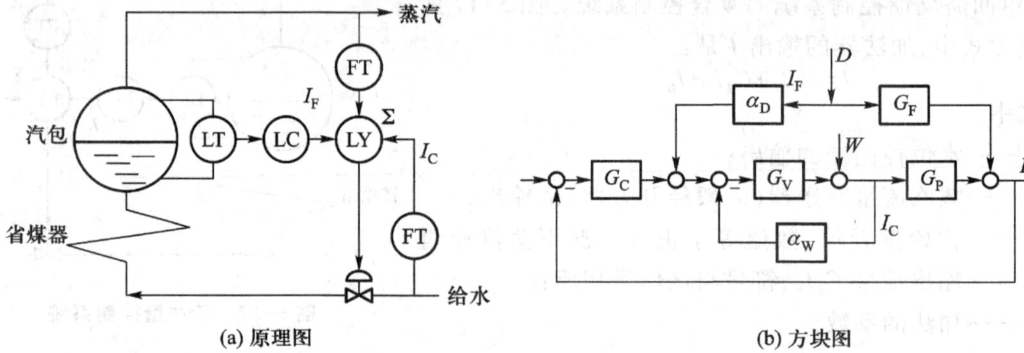

图 5-19 三冲量控制方案之二

(3) 三冲量控制方案之三

图 5-20 所示是三冲量控制方案之三。这是一种比较新型的接法,可以清楚地看出,这是前馈(蒸汽流量)与串级控制组成的复合控制系统。

在汽包停留时间较短,“虚假水位”严重时,需引入蒸汽流量信号的微分作用,如图 5-20 中虚线所示。这种微分作用应是负微分作用,起一个动态前馈补偿作用,以避免由于负荷突然增加

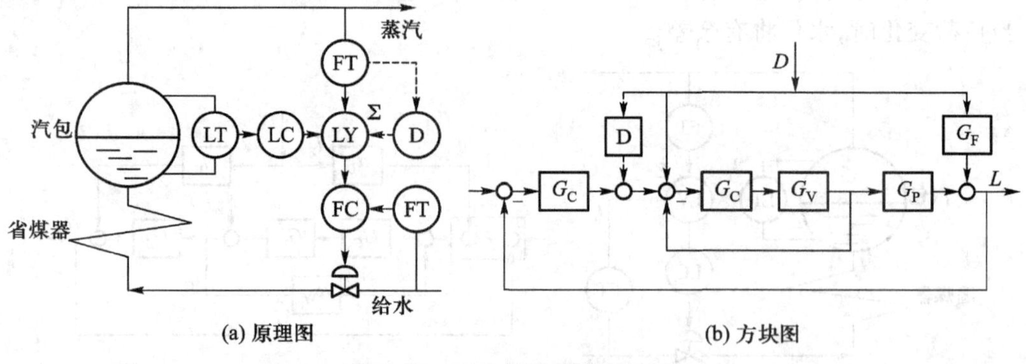

图 5-20 三冲量控制方案之三

或减少时,水位偏离设定值过高或过低而造成锅炉停车。

5.4.2 锅炉燃烧系统的控制

锅炉燃烧系统的自动控制与燃料种类、燃烧设备以及锅炉形式等有密切关系。本节重点讨论燃油锅炉的燃烧系统控制方案。

1. 燃烧过程自动控制任务

燃烧过程自动控制的任务相当多。第一是要使锅炉出口蒸汽压力稳定。因此,当负荷扰动而使蒸汽压力变化时,通过控制燃料量(或送风量)使之稳定。第二是保证燃烧过程的经济性。在蒸汽压力恒定的条件下,要使燃料量消耗最少,且燃烧尽量完全,使热效率最高,为此燃料量与空气量(送风量)应保持在一个合适的比例。第三要保持炉膛负压恒定。通常用控制引风量使炉膛负压保持在微负压-20~-80 Pa,如果炉膛负压太小甚至为正,则炉膛内热烟气甚至火焰将向外冒出,影响设备和操作人员的安全。反之,炉膛负压太大,会使大量冷空气漏进炉内,从而使热量损失增加,降低燃烧效率。与此同时,还须加强安全措施。例如,烧咀背压太高时,可能燃料流速过高而脱火;烧咀背压过低时又可能回火,这些都应设法防止。

2. 蒸汽压力控制和燃料与空气比值控制系统

蒸汽压力的主要扰动是蒸汽负荷的变化与燃料量的波动。当蒸汽负荷及燃料波动较小时,可以采用蒸汽压力来控制燃烧量的单回路控制系统。而当燃料量波动较大时,可以采用蒸汽压力对燃料流量的串级控制系统。

燃料流量是随蒸汽负荷而变化的,所以作为主流量,与空气流量组成单闭环比值控制系统,以使燃料与空气保持一定比例,获得良好燃烧。

图 5-21 所示是燃烧过程的基本控制方案。图 5-21(a)方案是蒸汽压力控制器的输出同时作为燃料和空气流量控制器的设定值。这个方案可以保持蒸汽压力恒定,同时燃料量和空气量

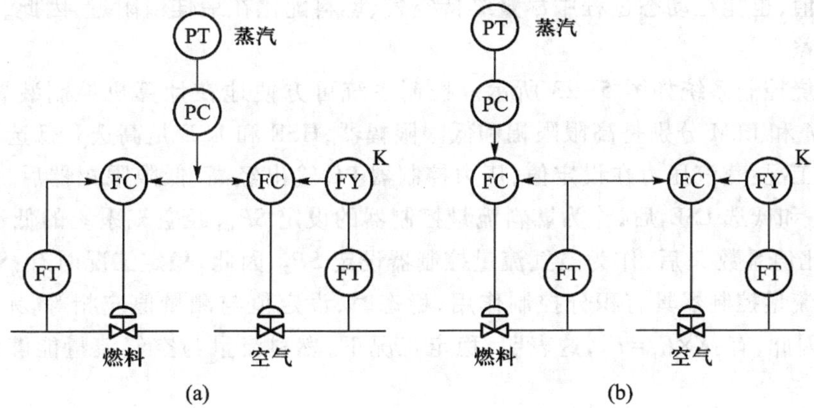

图 5-21 燃烧过程的基本控制方案

的比例是通过燃料控制器和送风控制器的正确动作而得到间接保证的。图 5-21(b)方案是蒸汽压力对燃料流量的串级控制,而送风量随燃料量变化而变化的比值控制,这样可以确保燃料量与送风量的比例。但是这个方案在负荷发生变化时,送风量的变化必然落后于燃料的变化。为此可设计为图 5-22 所示的燃烧过程改进控制方案。

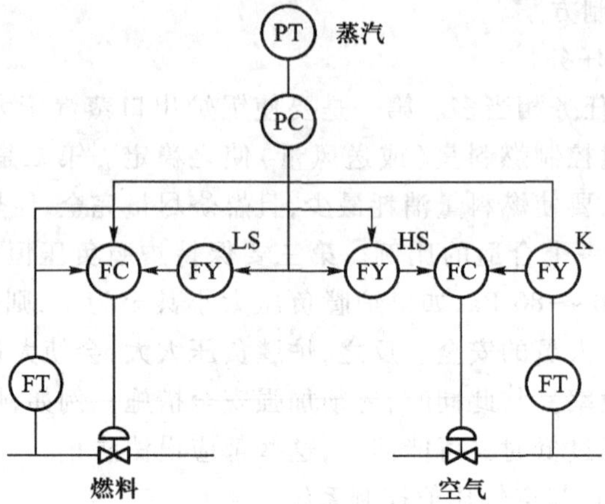

图 5-22 燃烧过程的改进控制方案

该方案在负荷减少时,先减燃料量,后减空气量;而负荷增加时,在增加燃料量之前,先加大空气量,以使燃烧完全。

3. 双交叉燃烧控制

双交叉燃烧控制是以蒸汽压力为主被控变量,燃料和空气量并列为副被控变量的串级控制系统。其中,两个并列的副环具有逻辑比值功能。使该控制系统在稳定工况下能够保证空气和燃料在最佳比值,也能在动态过程中尽量维持空气、燃料配比在最佳值附近,因此,具有良好经济效益和社会效益。

双交叉燃烧控制系统如图 5-23 所示。控制系统可方便地在计算机控制装置或 DCS 中实现。图中,HLM 和 LLM 分别是高限限幅和低限限幅器,HSE 和 LSE 是高选和低选器。

(1) 稳定工况:蒸汽压力在设定值,压力控制器 PC 输出经高、低限限幅器后,分别经燃料系统的高选 HSE_1 和低选 LSE_1 后,作为燃料流量控制器的设定 SP_1,经空气系统的低选 LSE_2 和高选 HSE_2,并乘以比值系数 K 后,作为空气流量控制器设定 SP_2,因此,稳定工况时有:$SP_2=K\times SP_1$。

由于两个流量控制器具有积分控制作用,稳态时,设定值与测量值应相等,无余差,即:$F_1=SP_1$;$F_2=SP_2$;因此,有:$K\times F_1=F_2$,这表明,稳定工况下,燃料流量与空气流量能够保持所需的比值 K。

稳定工况下,控制系统中所有高选和低选、高限和低限都不起作用,它们的输出都是蒸汽压力信号值 OP。

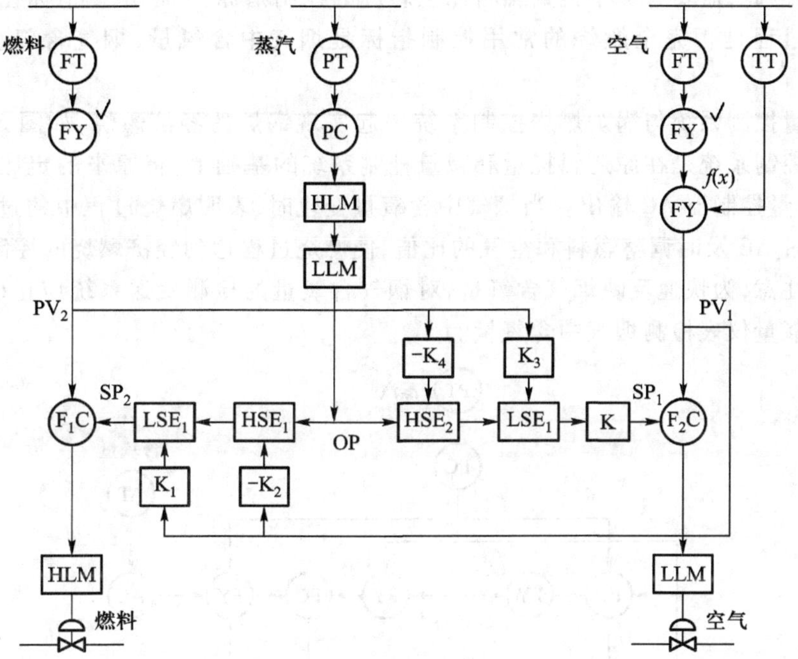

图 5-23 双交叉燃烧控制系统

(2) 负荷增加:蒸汽用量增加时,蒸汽压力下降,反作用控制器 PC 的输出增加,即 OP 增加,引起 SP_1和 SP_2同时增加,但 SP_1 受 LSE_1限幅,最大增量为 K_1,SP_2受 LSE_1限幅,最大增量为 KK_4,设置 $K_4>K_1$,使 SP_1的增加不如 SP_2明显,即达到先增空气量,后增燃料量的控制目的。

双交叉限幅的作用是使空气和燃料的增加是交叉进行的,即空气流量增加后,PV_2增大,经 K_1后,使 LSE_1的低限限幅值增大,即设定 SP_1也随 PV_2增大而增大,即燃料量增大。反之,燃料量增大后,PV_1增大,经 K_4后,使 LSE_2增大,又反过来增大空气量,这种交叉的限幅值增加,使动态过程中也能保证燃料和空气流量比值在接近最佳比值。

(3) 负荷减小:蒸汽用量减小时,蒸汽压力增加,PC 控制器输出减小,与上述相似,OP 减小,但因受 HSE_1和 HSE_2的限幅,SP_1的最大减量为 K_2,SP_2的最大减量是 KK_3,设置 $K_2>KK_3$,使 SP_2的减少不如 SP_1明显,因此,达到减量时先减燃料量,后减空气量的控制目的。

同样,由于减量时,K_2和 K_3也交替减小,因此,燃料量和空气量在减量的动态过程中能够保证工作在接近最佳比值。

4. 燃烧过程中烟气氧含量闭环控制

燃烧过程控制保证了燃料和空气的比值关系,但并不保证燃料的完全燃烧,燃料的完全燃烧与燃料的质量(含水量、灰分等)、热值等因素有关。不同的锅炉负荷下,燃料量和空气量的最佳比值也会不同,因此,需要有一个检查燃料完全燃烧的控制指标,并根据该指标控制送风量的大小。衡量燃烧过程是否完全燃烧的常用控制指标是烟气中含氧量,烟气含氧量 A_0 最优值为1.6%~3%。

烟气含氧量控制系统与锅炉燃烧控制系统一起实现锅炉的经济燃烧,如图 5-24 所示。烟气含氧量闭环控制系统是在原逻辑提量和减量控制系统的基础上,将原来的定比值改变为变比值,比值由含氧量控制器 AC 输出。当烟气中含氧量变化时,表明燃烧过程中的过剩空气量发生变化,因此,通过 AC 及时调整燃料和空气的比值,使燃烧过程达到经济燃烧的控制目的。

实施时应注意,为快速反映烟气含氧量,对烟气含氧量的检测变送系统应正确选择。目前,常选用氧化锆氧量仪表检测烟气中含氧量。

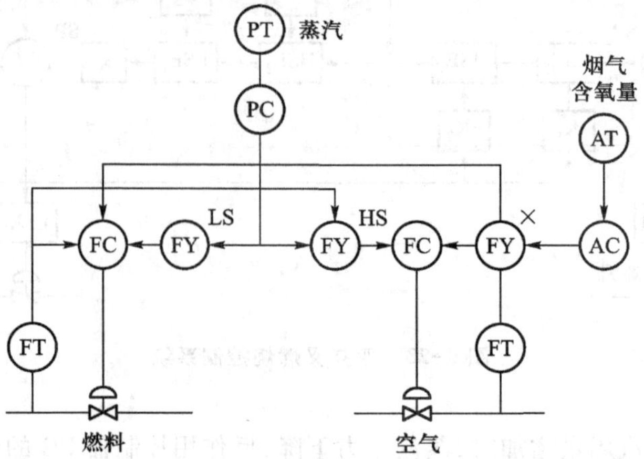

图 5-24 烟气含氧量的闭环控制系统

5. 炉膛负压控制与有关安全保护系统

炉膛负压一般通过控制引风量来保持在一定范围内。但对锅炉负荷变化较大时,采用单回路控制系统就比较难于保持。因为负荷变化后,燃料及送风控制器控制燃料量和送风量与负荷变化相适应。由于送风量变化时,引风量只有在炉膛负压产生偏差时,才由引风控制器去控制,这样引风量的变化落后于送风量,必然造成炉膛负压的较大波动。为此,可设计成图 5-25 所示的炉膛负压前馈-反馈控制系统。图 5-25(a)中送风控制器输出作为前馈信号,而图 5-25(b)中用蒸汽压力变送器输出作为前馈信号。这样可使引风控制器随着送风量协调动作,使炉膛负压保持恒定。

在此我们以图 5-26 所示的锅炉燃烧控制系统为例,来说明燃烧过程中的有关安全保护系统。如果燃料控制阀阀后压力过高,可能会使燃料流速过高,而造成脱火危险,此时由过压控制器 P_2C 通过低选器 LS 来控制燃料控制阀,以防止脱火的产生;如果燃料控制阀阀后压力过低,可能有回火的危险,由 PSA 系统带动联锁装置,将燃料控制阀上游阀切断,以防止回火。图中

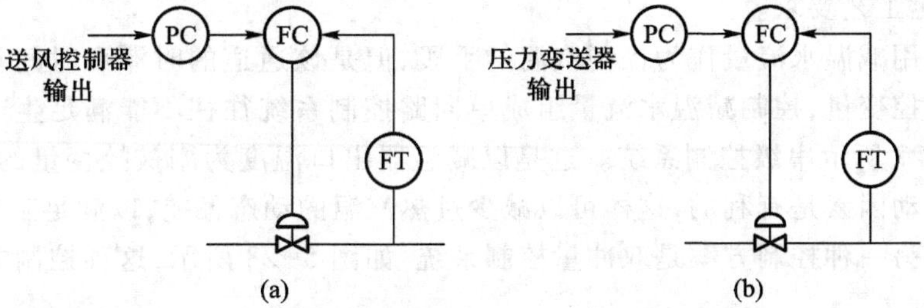

图 5-25 炉膛负压前馈-反馈控制系统

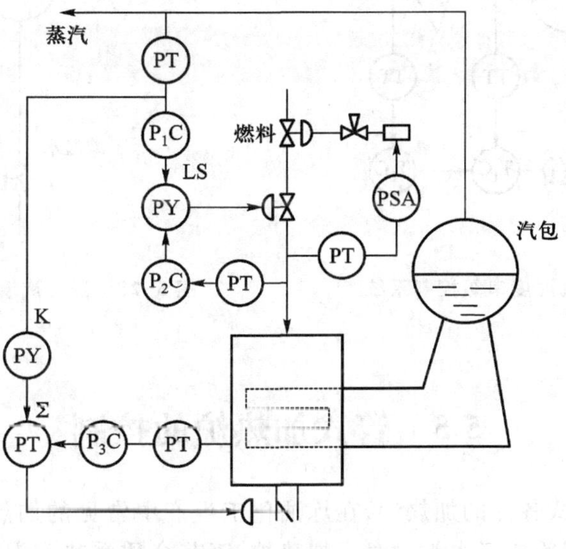

图 5-26 锅炉燃烧控制系统一例

P_1C是蒸汽压力控制系统,依据蒸汽压力来控制燃料量。图中还有一炉膛负压的前馈-反馈控制系统。

5.4.3 蒸汽过热系统的控制

蒸汽过热系统包括一级过热器、减温器、二级过热器。蒸汽过热系统自动控制的任务是使过热器出口温度维持在允许范围内,并且保护过热器使管壁温度不超过允许的工作温度。

影响过热气温的扰动因素很多,例如蒸汽流量、燃烧工况、引入过热器蒸汽的热焓(即减温水量)、流经过热器的烟气温度和流速等的变化都会影响过热汽温。在各种扰动下,汽温控制过程动态特性都有时滞和惯性,且较大,这给控制带来一定困难,所以要选择好操纵变量和合理的控制方案,以满足工艺要求。

目前广泛选用减温水流量作为控制汽温的手段,但是该通道的时滞和时间常数还太大。如果以汽温作为被控变量,控制减温水流量组成单回路控制系统往往不能满足生产上的要求。因此,设计成图 5-27 所示串级控制系统。这是以减温器出口温度为副被控变量的串级控制系统,对于提前克服扰动因素是有利的,这样可以减少过热汽温的动态偏差,以满足工艺要求。

过热汽温的另一种控制方案是双冲量控制系统,如图 5-28 所示,这种控制方案实际上是串级控制的变形。

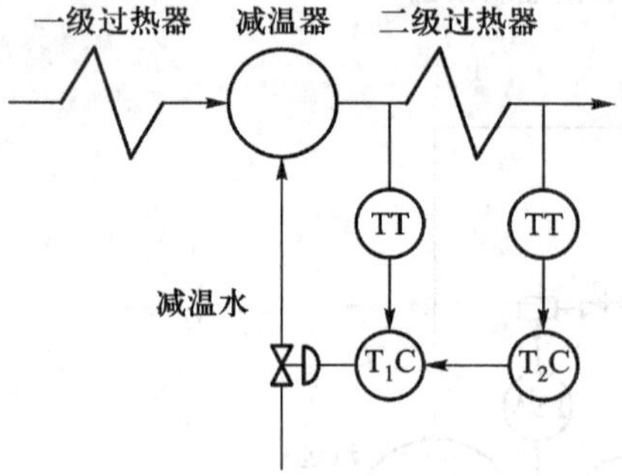

图 5-27 过热汽温度串级控制系统

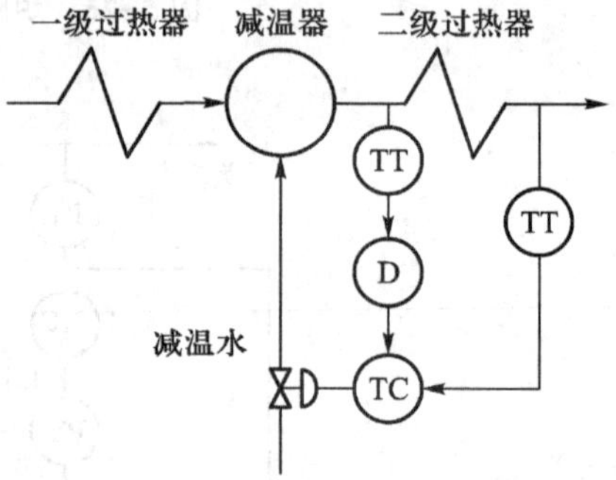

图 5-28 过热汽温度双冲量控制系统

5.5 管式加热炉的控制

在生产过程中有各式各样的加热炉,在炼油化工生产中常见的加热炉是管式加热炉。其型式可分为箱式、立式和圆筒式三大类。对于加热炉,工艺介质受热升温或同时进行气化,其温度的高低会直接影响后一工序的操作工况和产品质量,同时当炉子温度过高时会使物料在加热炉内分解,甚至造成结焦,而烧坏炉管。加热炉的平稳操作可以延长炉管使用寿命,因此加热炉出口温度必须严加控制。

加热炉是传热设备的一种,同样具有热量的传递过程,热量通过金属管壁传给工艺介质,因此它们同样符合热传导与对流传热的基本规律。但加热炉属于火力加热设备,首先由燃料的燃烧,产生热的火焰和高温的烟气流,主要通过辐射给热将热量传给管壁,然后由管壁传给工艺介质。工艺介质在辐射室获得热量约占总热负荷的 70%~80%,而对流段获得的热量约占热负荷的 20%~30%。因此加热炉的传热过程比较复杂,想从理论上获得对象特性是很困难的。

加热炉热量的传递过程是:炉膛炽热火焰辐射给炉管,经热传导,对流传热给工艺介质。所以与一般传热对象一样,具有较大的时间常数和纯滞后时间。特别是炉膛,它具有较大的热容量,故滞后更为显著,因此加热炉属于一种多容量的调节对象。

5.5.1 加热炉的简单控制

加热炉的最主要控制指标是工艺介质(原料)的出口温度,此温度是控制系统的被控变量,而操纵变量是燃料油或燃料气的流量。对于不少加热炉来说,温度控制指标要求相当严格,例如允许波动范围为±1%~2%。影响炉出口温度的干扰因素有:工艺介质进料的流量、温度、组分,燃料方面有燃料油(或气)的压力、成分(或热值),燃料油的雾化情况,空气过量情况,燃料嘴的阻力,烟囱抽力等等。在这些干扰因素中有的是可控的,有的是不可控的。为了保证炉出口温度稳定,对干扰因素应采取必要的措施。

图 5-29 所示是加热炉控制系统示意图,其主要控制系统是以炉出口温度为被控变量,燃料油(或气)流量为操纵变量组成的简单控制系统。其他辅助控制系统有:进入加热炉原料的流量控制系统,如图中 FC 控制系统;燃料油(或气)总压调节,总压一般调回油量,如图中 P_1C 控制系统;采用燃料油时,还需加入雾化蒸汽(或空气),为此设有雾化蒸汽压力系统,如图中 P_2C 控制系统,以保证燃料油的良好雾化。

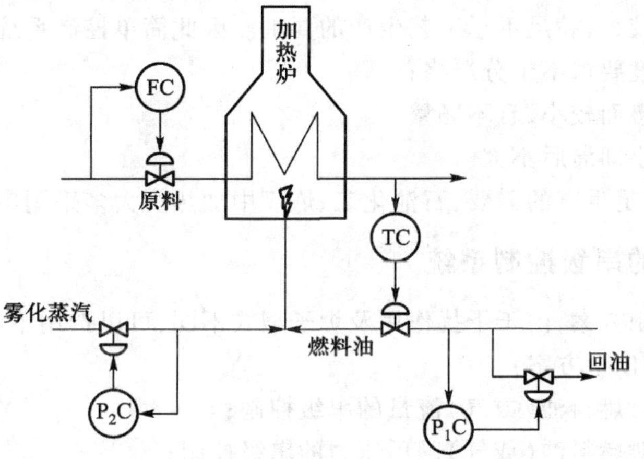

图 5-29 加热炉温度控制系统示意图

采用雾化蒸汽压力控制系统后,在燃料油阀变动不大的情况下是可以满足雾化要求的。目前炼厂中大多数是采用这种方案的。假如燃料油油阀变动较大时,单采用雾化蒸汽压力控制就不能保证燃料油得到良好的雾化,可采用如图 5-30 和图 5-31 所示的控制方案。

采用上述两种方案时,只能保持近似的流量比,还应注意经常保持喷嘴、管道、节流件等通道的畅通,以免喷嘴堵塞及管道局部阻力发生变化,引起控制系统的误动作。此外也可以采用二者流量的比值,则能克服上述缺点,但所用仪表多,且重油流量测量比较困难。

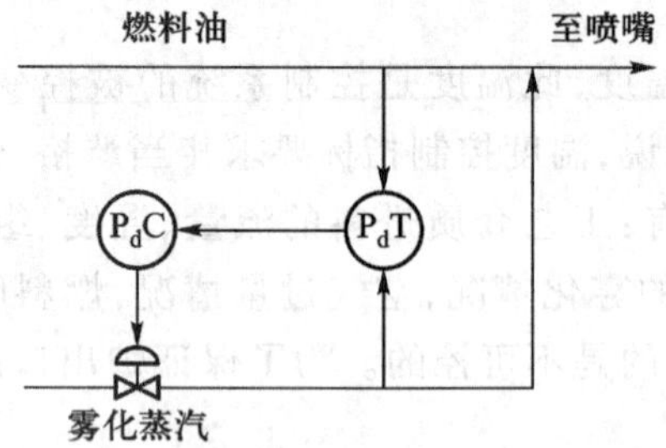

图 5-30　燃料油与雾化蒸汽压差控制

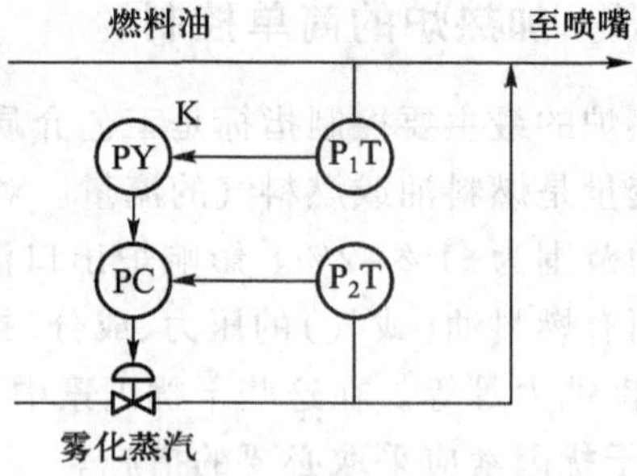

图 5-31　燃料油与雾化蒸汽压力比值控制系统

采用简单控制系统往往很难满足工艺要求,因为加热炉需要将工艺介质(物料)从几十度升温到数百度,其热负荷较大。当燃料油(或气)的压力或热值(组分)有波动时,就会引起炉口温度的显著变化。采用简单控制时,当热变量改变后,由于传递滞后和测量滞后较大,作用不及时,而使炉出口温度波动较大,满足不了工艺生产的要求。因此简单控制系统仅适用于下列情况。

(1) 对炉出口温度要求不十分严格;

(2) 外来干扰缓慢而较小,且不频繁;

(3) 炉膛容量较小即滞后不大。

为了改善品质,满足生产的需要,石油化工、炼厂中加热炉大多采用串级控制系统。

5.5.2　加热炉的串级控制系统

加热炉的串级控制方案,由于干扰作用及炉子型式不同,可以选用不同被控变量组成不同的串级控制系统,主要有以下方案:

(1) 炉出口温度对燃料油(或气)流量的串级控制;

(2) 炉出口温度对燃料油(或气)阀后压力的串级控制;

(3) 炉出口温度对炉膛温度的串级控制;

(4) 采用压力平衡式调节阀(浮动阀)的控制方案。

如果主要干扰在燃料的流动状态方面,例如阀前压力的变化,炉出口温度对燃料油流量的串级控制似乎是一种很理想的方案。但是燃料流量的测量比较困难,而压力测量比较方便,所以炉出口温度对燃料油(或气)阀后压力的串级控制系统应用很广泛。值得指出的是,如果燃烧嘴部分阻塞也会使阀后压力升高,此时副控制器的动作将使控制阀关小,这是不适合的,运行中必须防止这种现象的发生。

当主要干扰是燃料油热值变化时,上述两种串级控制的副回路无法感受,此时采用炉出口温度对炉膛温度串级控制的方案更好些。但是,选择具有代表性、反映较快的炉膛温度检测点较困难,测温元件及其保护套管必须耐高温。

当燃料是气态时，采用压力平衡式控制（浮动阀）的方案颇有特色，如图 5-32 所示。这里采用压力平衡式控制阀代替了一般控制阀，节省了压力变送器，压力平衡式控制阀本身兼有压力控制器的功能，实现了串级控制。这种阀不用弹簧，不用填料，所以它没有摩擦，没有机械的间隙，故工作灵敏度高，反应快，能获得较好的效果。

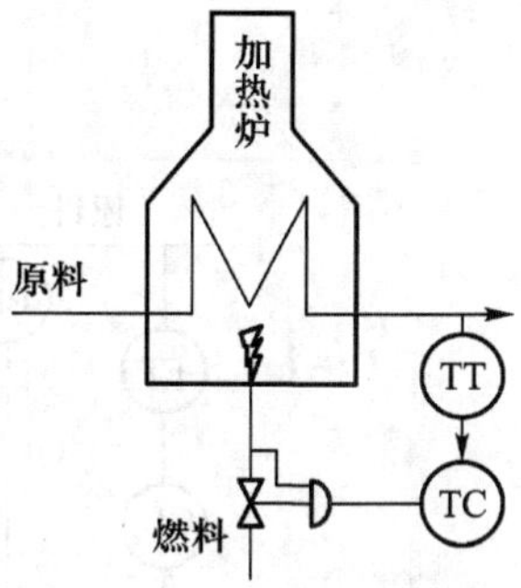

图 5-32 采用浮动阀的控制方案

采用这种方案时，如果燃料气阀位后压力小于 40 KPa 或大于 80 KPa 时，为了满足力平衡的要求（一般在 40～80 KPa），则在温度控制器的输出端要串接一个倍数继动器。由于下述原因而使这个方案受到一定限制。

（1）由于倍数继动器的限制，一般情况下只适用于 40～80 KPa 的气体燃料；

（2）一般膜片不适用于液体燃料及温度较高的气体燃料；

（3）当膜片上下压差较大时，膜片容易损坏。

5.5.3 安全联锁保护系统

为了保证大型加热炉的安全生产，防止生产事故发生，以免造成极为严重的损失，应有必要的安全联锁保护系统，至于采用哪些安全联锁保护系统，应视具体情况而定。

1. 以燃料气为燃料的加热炉安全联锁保护系统

在以燃料气为燃料的加热炉中，主要危险是：

（1）被加热工艺介质流量过低或中断，此时必须采取安全措施，切断燃料气控制阀，停止燃烧，否则会将加热炉管子烧坏，使其破裂造成严重的生产事故；

（2）当火焰熄灭时，会在燃料室里形成危险性的燃料气-空气混合物；

（3）当燃料气压力过低即流量过小时会出现回火现象，故要保证最小燃料流量；

（4）燃料气压力过高，喷嘴会出现脱火现象，以至造成灭火，甚至会在燃料室里形成大量燃料气-空气混合物，造成爆炸事故。

为了安全生产，防止生产事故设置了一些安全联锁保护系统，如图 5-33 所示。

在正常生产时，由炉出口温度来控制燃料气流量的大小，以保证炉出口温度满足生产要求。为了安全生产，防止事故，设置的安全联锁保护系统有：

（1）炉出口温度与控制阀阀后压力的选择控制系统。正常生产时，有温度控制器工作。当由于某种干扰作用，使得控制阀阀后压力过高、达到安全极限时，压力控制器 PC 通过低值选择器 LS 取代温度控制器工作，关小控制阀，以防止脱火，一旦正常后仍由温度控制器工作。

（2）燃料气流量过低联锁报警系统 GL_1。当燃料气流量低到一定极限时，则 GL_1 联锁动作，使三通电磁阀线圈失电，这样来自控制器的气压信号放空，结果切断燃料气阀，以防止回火造成事故。联锁动作以后，不能自动复位，只能经过检查认为危险消除后，才人工复位，投入运行，以

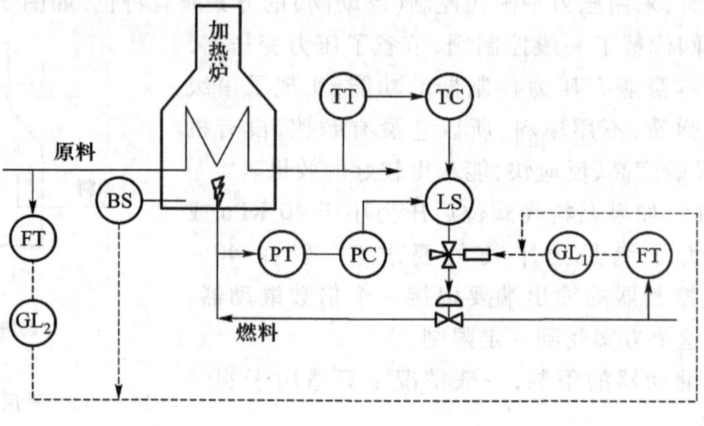

图 5-33 加热炉的安全联锁保护系统

免误动作而造成爆炸事故。

(3) 工艺介质低流量联锁报警系统 GL_2。当工艺介质流量过低或中断时,GL_2动作切断燃料气控制阀,停止燃烧。

(4) 火焰检测器开关 BS,当火焰熄灭时,动作切断燃料气控制阀,停止供气,以防止燃料室内形成燃料气-空气混合物造成爆炸事故。(1)、(4)两个系统联锁动作以后,不能自动复位,正常后,需人工复位重新投入运行。

2. 以燃料油为燃料的加热炉安全联锁保护系统

在这类加热炉中主要危险是:进料流量过低或中断;燃料油压力过高会脱火,过低会回火;雾化蒸汽压力过低或中断,会使燃料油得不到良好雾化,甚至无法燃烧。因此在这里设置联锁保护系统基本上与以燃料气为燃料的加热炉相似,仅是原来的火焰检测器 BS,换成雾化蒸汽压力过低联锁保护系统。

5.5.4 加热炉的热效率控制

热效率是评价加热炉性能和衡量能量利用的一项重要指标。提高加热炉的热效率是减少燃料消耗、节约能源的一项重要且有效的措施。

欲提高加热炉的热效率,一是从加热炉本体结构上改进,最大限度地回收对流室出口烟气带走的热量,二是提高热效率的控制水平,形成合理的燃烧条件,使燃烧的发热量最大限度得到利用,在此就提高加热炉的控制水平进行讨论。

1. 过剩空气系数和加热效率计算

由燃烧理论可知,影响加热炉热效率的因素很多,但主要取决于烟气成分(特别是氧含量)和烟气温度两个方面。烟气中各种成分如 O_2、CO、CO_2和未燃烧烃的含量基本上可以反映燃料燃烧的情况，最简便的方法是用烟气中氧含量 A_0 来表示。根据燃烧反应方程式，可以计算出使燃料完全燃烧时所需氧气量，称之为理想空气量 Q_T。但是，实际上完全燃烧所需空气量 Q_P 要超过 Q_T，即要有一定的过剩空气量。由于烟气的热损失占加热炉热损失的极大部分，所以过剩空气量增加时，一方面使炉膛温度降低，更主要的是使烟气热损失增加，反之燃烧不完全，烟气将带走大量 CO 使燃料耗量增加，热效率降低，过剩空气量对不同燃料都有最优解，即所谓最经济燃烧。

过剩空气量常用过剩空气系数来表示，即实际空气量 Q_P 与理论空气量 Q_T 之比，即 $\alpha=Q_P/Q_T$。α 很难直接测量，但与烟气中氧含量有直接关系，常用近似公式来表示：

$$\alpha=\frac{21}{21-A_0}$$

式中，A_0 是烟气中 O_2 的体积百分含量。

也有采用如下回归方程：

$$\alpha=a_0+a_1A_0+a_2A_0^2$$

一般认为 α 控制在 1.02～1.10 之间为最经济燃烧。由此可求得氧含量，因此烟气中氧含量 A_0 可作为一种直接测量的经济燃烧指标。

有人给出加热炉热效率计算经验公式如下：

$$\eta=b_0-b_1\alpha-b_2T-A_{co}-Q$$

式中：

η——加热炉热效率；

α——过剩空气系数；

T——烟气温度；

A_{co}——烟气中 CO 的体积百分含量；

Q——加热炉热损失；

其中 A_{co} 和 α 可近似取 5%。

2. 热效率控制方案

热效率控制一般是通过控制烟气中的氧含量来实现。在此介绍某厂用可编程控制器实现加热炉热效率的控制方案，如图 5-34 所示。

由图 5-34 中可以看出，这是一个前馈串级控制系统，以烟气中氧含量为主被控变量，炉膛负压为副被控变量，烟道挡板开度为操纵变量的串级控制系统。在此串级控制系统中，炉膛负压会受到 O_2 控制器的影响，造成炉膛负压的被动，使烟气挡板频繁动作，为此炉膛负压采用间隙式 PID 控制。当炉膛负压与设定值之间偏差在死区（间隙）范围内，即 $|e|\leqslant\delta$ 时控制器输出不变。只有当 $|e|>\delta$ 时控制器才动作，δ 大小由现场测试确定。

前馈变量是加热炉出口温度控制器输出，这是因为进料量和燃料量波动影响着氧含量，而这些波动集中反映在炉出口温度的变化，炉出口温度变化通过调整燃料来改变燃烧工况。这一变

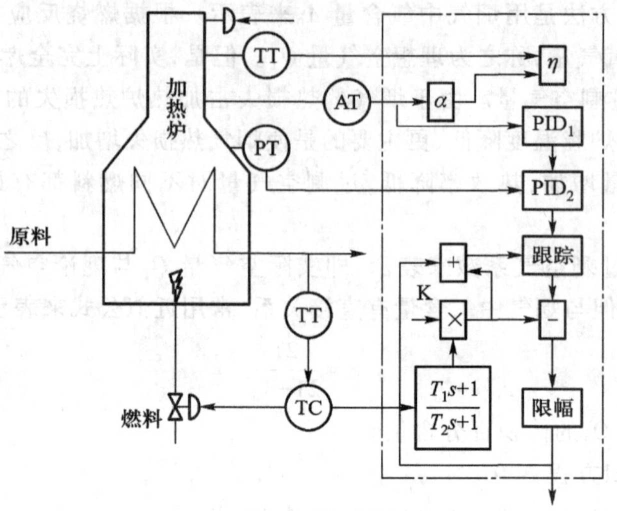

图 5-34 加热炉热效率控制

化需及时调整烟道挡板开度,才能保持烟气中氧含量不变。为此采用炉出口温度控制器输出作为前馈变量,组成前馈串级控制系统有利于提高控制质量,也有采用进料流量或燃烧流量作为前馈变量。

该系统投运后,热效率提高了 3%~5%,达到了节能目的。在图中可编程序控制器还有一个过剩空气系数和热效率计算功能,用于指导控制。

5.6 蒸发器的控制

蒸发操作是用加热的方法使溶液中部分溶剂气化并除去,以提高溶液中溶质的浓度,或使溶质析出。所以蒸发是使挥发性溶剂与不挥发性溶质分离的一种操作。蒸发广泛应用于制盐、制碱、制糖、食品、医药、造纸及原子能等工业生产中。

工业生产中使用较广泛的是具有管式加热面的蒸发器。按照蒸发器中溶液循环的情况将它们大致分为:

(1) 自然循环蒸发器。主要由于加热时设备内各部分溶液的密度不同而产生溶液的循环。例如中央循环管式蒸发器、悬筐式蒸发器、外加热式蒸发器、管外沸腾式蒸发器(也称列文蒸发器);

(2) 强制循环蒸发器。溶液的循环是依靠泵的抽打作用,迫使溶液沿着一定的方向循环,其循环速度较自然循环的大,且传热总系数也较大;

(3) 膜式蒸发器。其特点是溶液仅通过加热器一次,不作循环,溶液在加热器管壁上呈薄膜形式,蒸发速度快,所以对处理热敏性物料特别适宜,常用的有升膜式、降膜式、升降膜式蒸发器。

5.6.1 蒸发器的特性

工业上蒸发大多属于沸腾蒸发，即溶液中溶剂在沸点时气化，在气化过程中溶液呈沸腾状态。气化不仅在溶液表面进行，而且是几乎在溶液各个部分同时发生气化现象。它是一个剧烈的传热过程，因此蒸发器的对象特性可以作为集中参数系统处理。蒸发器的对象特性与其他传热对象一样也很复杂。对于每效蒸发器来说，工业上常用具有时滞的一阶环节来近似。而对于膜式蒸发器，由于其蒸发速度很快（数秒至数十秒），停留时间短，其对象特性不同于一般蒸发器。膜式蒸发器的时滞和时间常数均较小。

最终产品浓度是蒸发过程中主要控制指标。所以最终产品浓度是被控变量。影响产品浓度的扰动因素有：蒸发罐内压力变化；进料流量、浓度、温度的影响；加热蒸汽方面扰动；液位波动的影响；冷凝液及不凝性气体的排除等。

由于影响蒸发操作的因素较多，为了使蒸发操作在一个较好的工况下进行，往往希望将一切扰动排除在进罐之前。实际上扰动不可能全部克服在进蒸发罐之前，未被克服的扰动将最终影响产品浓度。为了使产品浓度符合要求，一般以产品浓度作为被控变量。采用合适的操纵变量，如进料流量（指允许调节）、循环量、出料流量，有时也采用加热蒸汽，这样构成的控制系统称为蒸发器的主控制回路，根据具体情况将其他变量的控制称为蒸发器的辅助控制回路。

5.6.2 蒸发器的主控制回路

目前最常用的主控制回路即蒸发器的产品浓度控制、温度控制、温差控制等。

1. 浓度控制

根据产品浓度来调节的方案是最直接的，在可能的情况下总是最优先考虑直接产品的浓度，直接测量产品浓度的方法很多，例如折光仪测定法、比重法等。图 5-35 所示是用折光仪来测定产品浓度作为被控变量，操纵出料量来实现自动控制。图 5-36 是常用比重法的浓度控制方案。

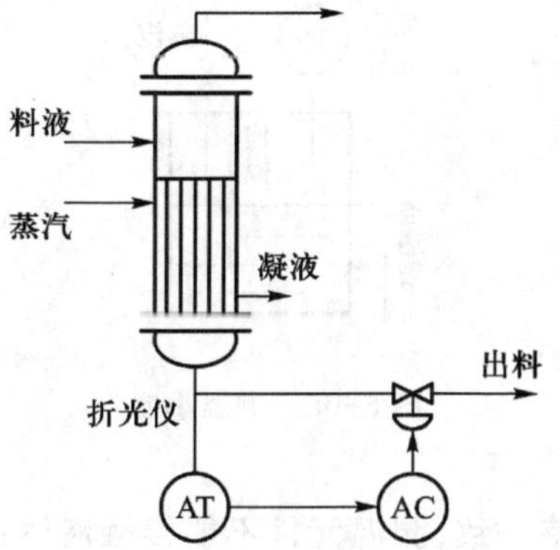

图 5-35 采用折光仪的浓度控制方案

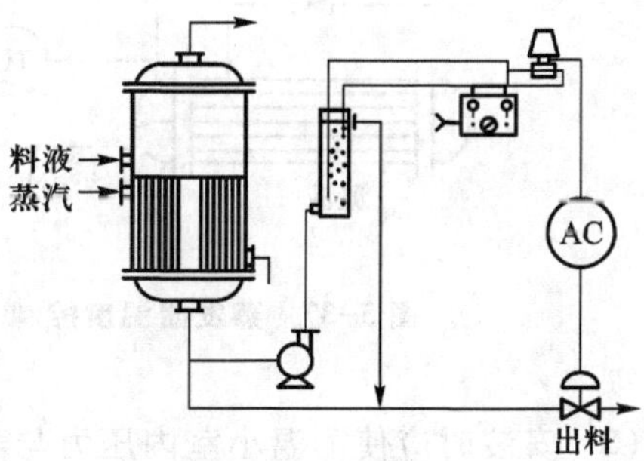

图 5-36 采用比重法的浓度控制方案

2. 温度控制

在蒸发过程中，对于一个蒸发罐来说，罐内物料浓度是温度（指物料的沸点）和真空度（或压力）的函数，当罐内真空度稳定不变时，物料沸点可以反映物料浓度。沸点上升，浓度增加；反之浓度降低，温度与浓度有一一对应的关系。特别是有些物料蒸发的工艺过程，对产品浓度与温度均有一定要求，图 5-37 所示是二段蒸发器出口温度控制方案的一例。

3. 温差控制

上述用温度控制来代替浓度控制，在某些情况下是适合的，也是必需的，但当压力或真空度变化时，就无法采用。为克服真空度的影响，采用温差法，即沸点上升法。温差法的基本原理是：根据真空度变化对溶液的沸点和水的沸点影响基本一样，即真空度在一定范围内变化时，一定浓度的溶液沸点和水的沸点（饱和水蒸汽的温度）之差即温差基本不变的原则。采用温差来反映溶液浓度可以克服真空度变化对测量的影响。

蒸发器温度作为间接控制指标的条件是真空度恒定，当真空度变化较大时，可采用温差控制。温差控制的依据是沸点上升法。即真空度变化对溶液沸点和对水沸点的影响基本相同。或在一定真空度变化范围内，一定浓度溶液沸点和水沸点（饱和水蒸汽温度）之差保持基本不变。因此，根据水沸点和温度差就能补偿因真空度变化使产品沸点变化的影响。这种控制方法也在精密精馏塔的温度差控制中被采用。

实施温差控制时，应注意下列事项：

（1）正确选择气液相测温点的位置。液相测温点应是该真空度下溶液的沸点温度，通常，较易确定，只需不受进料、液位影响即可。对升降膜式蒸发器，应使液相测温点接触流动的溶液，不在死区安装。气相测温点应正确反映该真空度下饱和水蒸汽温度。通常，可采用如图 5-38 所示的气相测温小室测量。由于二次蒸汽常含小量溶质，因此，测温小室不能直接安装在蒸发室，测温小室可安装在蒸发器顶部或蒸发器连通管上。

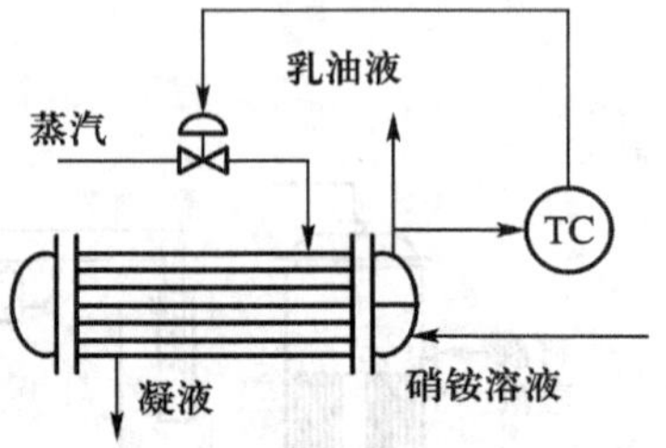

图 5-37　蒸发器温度控制

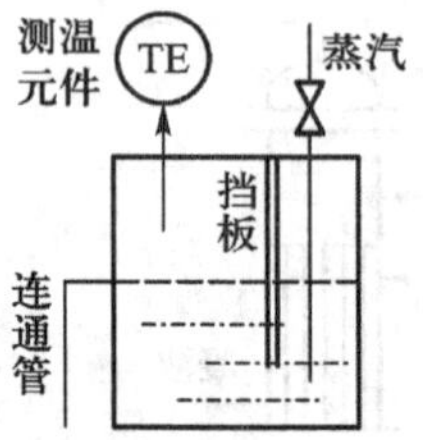

图 5-38　测温小室

（2）安装时应使测温小室内压力与蒸发器内压力保持一致，测温元件不能接触液体；

（3）由于真空度变化时，气相温度变化较液相温度变化快，造成温度差的变化而浓度不变的虚假现象，可对气相温度信号设置一阶滤波环节；

(4) 保证小室内的水位。

饱和蒸汽的温度和压力有一定关系,如图 5-39 所示。压力不同,饱和蒸汽的温度也不同,所以只要测出压力,就可求得饱和蒸汽温度,则温差就可以求得。图 5-40 所示是一个实例。从图中可以看出,蒸发器汽相压力经压力变送器后送到一个函数发生器,这个函数发生器是按图 5-39 曲线来工作的。函数发生器是用很多段折线来替代这条曲线。通过函数发生器把压力信号转换成了相应的温度信号,然后将此信号通过一个延迟单元,再送到加法器进行运算。在此延迟单元是为了解决测温滞后问题,测压滞后小,这样温度和压力在测量时间上有差异,为求出同一瞬间液相温度和气相压力,因此函数发生器之后加一延迟单元,以把压力变送器送来信号延迟到与液相温度变送器来的信号同步,以便正确运算。

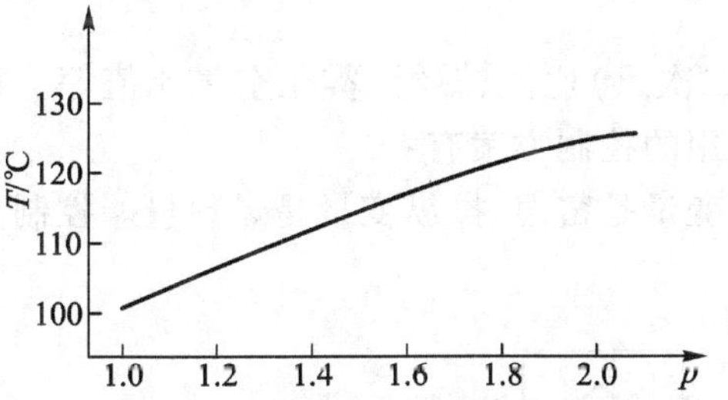

图 5-39 饱和蒸汽压力与温度关系图

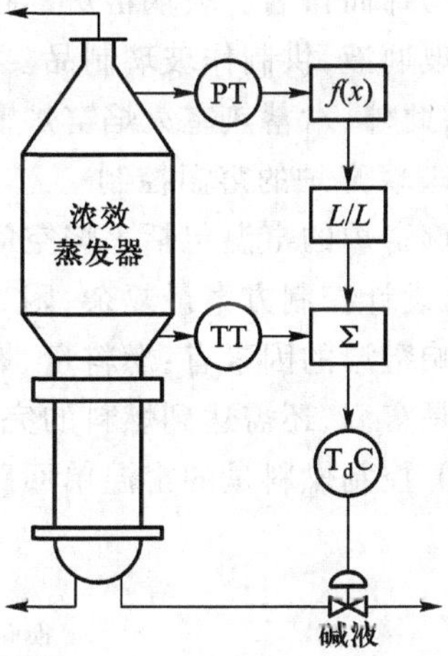

图 5-40 温差控制示意图

5.6.3 蒸发器的辅助控制回路

蒸发器的辅助控制回路主要有:加热蒸汽的控制,蒸发器的液位控制,真空度的控制,冷凝液的排除等。这些辅助控制回路可以采用一般控制方案。但是蒸发器的液位控制应考虑蒸发操作的特点,其一,蒸发是密闭容器,且要保持一定压力或真空度;其二,蒸发过程中溶液沸腾剧烈,溶液的泡沫易造成假液位;其三,蒸发过程是一个浓缩过程,浓度随着各效增加,易使取压口不畅通,有时会堵塞取压口,特别是具有结晶及粘度较大的物料。

一般浓度较低的效可以采用沉筒式液位发讯器,较为简单可靠。浓度较高的效或易结晶的物料可以采用法兰式差压变送器。对于浓度高且腐蚀性大的物料可采用触点液位计,但调节质量差一些。

5.7 工业窑炉的控制

硅酸盐工业是使用能源的大户。窑炉是硅酸盐工厂的主要设备。提高窑炉自动化水平是稳定产品质量、提高产品产量、节省能量、提高设备利用率的可靠保证。本节介绍部分工业窑炉的控制。

5.7.1 玻璃窑炉的控制

玻璃窑炉用于烧成高质量的玻璃制品所需的玻璃液。最常见的玻璃窑炉是马蹄焰窑,因其窑形如马蹄而得名。玻璃窑炉的控制任务是控制窑温、窑压和液位等过程变量,获得最佳工艺条件下的玻璃液,供制作玻璃制品。在保证玻璃液质量前提下,维持合理燃料和空气的比值,使燃烧完全;此外,对蓄热室火焰窑炉需设计合理的控制火焰换向的操作。

1. 玻璃窑炉的窑温控制

玻璃窑炉的窑温包括火焰空间温度和玻璃液温度。它们是决定玻璃熔化过程好坏的最主要因素,是设计控制方案最复杂、困难的被控变量。

影响窑温的因素有:燃料量、燃料-助燃空气(二次风)比值、燃料-雾化空气比值等。控制要求不仅是窑温,还需达到燃料的完全燃烧。通常采用的控制方案有:

(1) 控制燃料量的窑温单回路控制系统:被控变量是窑温,操纵变量是燃料量。控制方案见图 5-41。

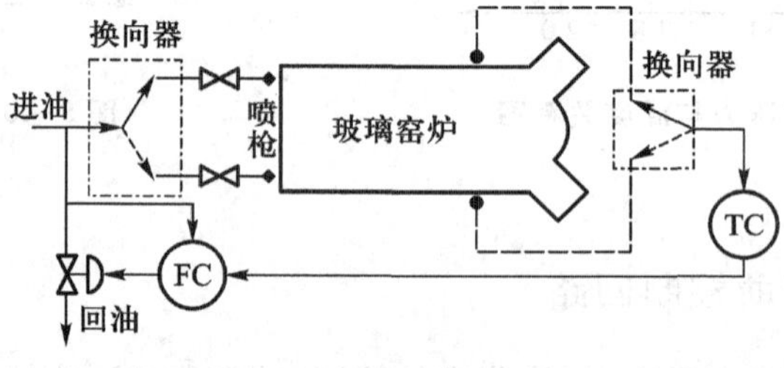

图 5-41 玻璃窑炉温度控制

图中,马蹄窑炉有左右两个喷枪,一支喷枪工作时,利用燃料燃烧的废气加热另一侧蓄热室格子砖,火焰换向时,可利用蓄热室格子砖的蓄热预热助燃空气,达到节能目的。两个温度检测元件检测到窑温后,也通过换向器切到窑温控制器 TC,控制回油量。

应用时注意:检测元件可用高温热电偶或辐射温度计,热电偶可插入与窑顶内表面相平或稍深些(<50 mm);辐射温度计是非接触式温度计,测量精度较低,有时还需增加检测信号的滤波环节。在换向操作时,由于需切断燃料,因此,被检测的温度值会因此而下降,为此可设计"快速

追温”与非线性 PID 的结合算法,及时进行调整。

(2) 串级控制系统:如图 5-41 所示的燃料油流量和原窑温单回路组成了串级控制系统。当燃料油压力变化较大时,可将燃料油的压力或流量作为串级控制系统的副环,主被控变量仍是窑温。但要注意,控制系统在换向时,流量下降到零,使副环不能正常工作。因此,在火焰切换时,需将副控制器切除,使其输出保持不变。

(3) 玻璃窑炉的燃烧控制:燃料的燃烧控制是经济性指标。图 5-42 是重油、雾化风、二次风组成的比值控制,窑温与重油流量组成的串级控制系统框图。图中,还对二次风设计了特殊算法,用于调整二次风和重油流量的比值。

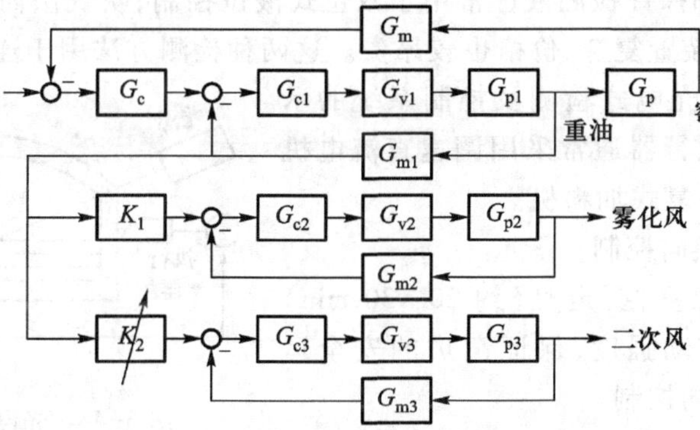

图 5-42 玻璃窑炉燃料经济燃烧控制方案

重油作为主动量,雾化风和二次风作为从动量,组成比值控制系统,比值 K_1 和 K_2 需根据不同的重油而调整,以获得最佳燃烧效果。其中,K_2 值的自动校正有两种方法。其一是根据烟气中氧含量,经特殊算法计算得到。其二是二次风自寻优控制算法。最优目标函数是耗油量最小的二次风量,采用该方法不仅能使燃料完全燃烧,同时达到节油目的。

窑温作为主被控变量,重油流量作为副被控变量的串级控制系统,用于克服重油流量和压力波动对窑温的影响。

2. 玻璃窑炉的窑压控制

玻璃窑炉的窑压控制如图 5-43 所示,它是将玻璃熔液上方火焰空间某点压力维持在接近于零的微正压。影响窑压的因素有:助燃空气流量、环境大气温度和压力、火焰换向造成的扰动等。窑压控制的操纵变量是烟道闸门开度,控制通道时间常数很小,约几秒,因此,采用单回路控制系统即可满足工艺要求。

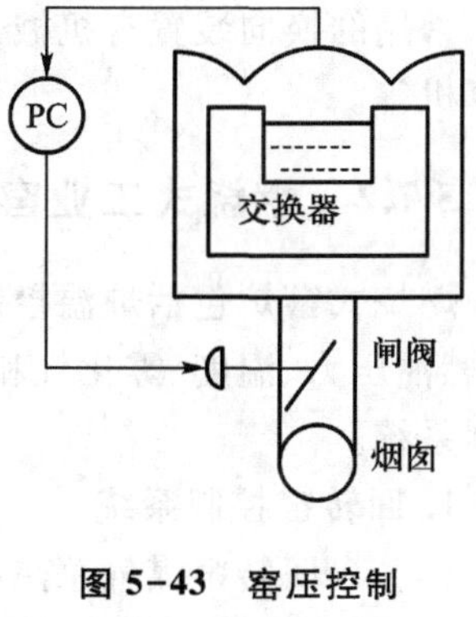

图 5-43 窑压控制

由于控制通道时间常数很小,因此检测装置应选小惯性元件,必要时,应对检测信号进行高频和低频滤波。例如,采用气阻气容或 RC 滤波器。执行器应采用灵活的旋转蝶阀，它具有重量轻、推力小、不易卡阻等优点。通过控制器参数的整定，可以控制窑压在±0.49 Pa（约±0.05 mm H_2O）的控制精度。

与窑温控制相似，当火焰换向时，应将控制器切到手动，使其输出保持不变，防止造成窑压波动，当火焰换向后操作平稳时才切换到自动模式。

3. 玻璃窑炉的液位控制

玻璃窑炉的液位被控过程是无自衡过程。被控变量是玻璃熔液的液位，操纵变量是加料量，通常采用位式控制或单回路连续控制。

液位的检测是本控制系统的关键。常用检测方法有：固定铂探针和可移动铂探针、吹气法（测量背压）和光电法。铂探针检测液位常用于双位式液位控制；吹气法简单，但测量精度低；光电法有高的测量精度，但装置复杂，价格也较昂贵。这两种检测方法用于连续控制系统。

图 5-44 是玻璃液位光电式检测及控制系统的示意图。液位控制系统的执行器通常采用调速直流电机拖动的螺旋式加料机或往复式加料机。

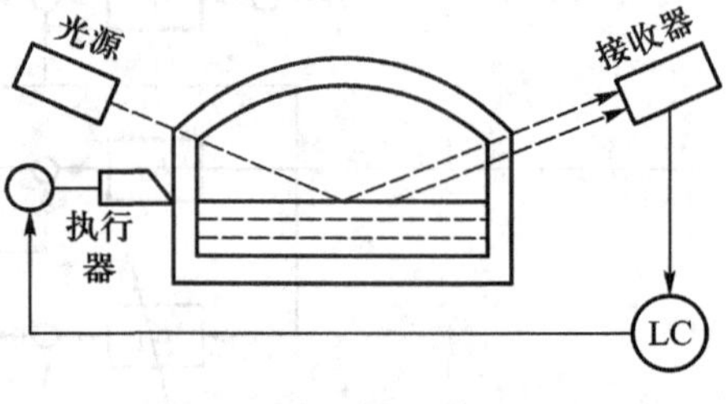

图 5-44 光电式玻璃液位控制

4. 马蹄焰窑的火焰换向控制

马蹄焰窑有两个蓄热室，要定时（约 20～30 min）进行切换操作，为降低劳动强度，保证窑炉的安全运行，需设计火焰的自动换向控制。

有单指令和双指令自动换向控制两种系统。单指令控制以时间间隔作为换向依据；双指令控制除了换向时间指令外，还包括温度指令。单指令控制简单、可靠、维护方便，但因蓄热时间固定，有时会造成蓄热室格子砖过热损坏。双指令控制是或逻辑运算，只要一个指令的条件满足，就执行换向操作。例如，时间指令是燃烧时间大于 30 min；温度指令是燃烧时间大于 20 min 及蓄热室温度大于 1 150 ℃。

换向操作顺序为：切断左侧喷枪→切断左侧雾化风→二次风换向→开右侧雾化风→开右侧喷枪；当右侧换向到左侧时，操作顺序与上述顺序类似。

常用的换向装置有机械-接触式控制装置、继电-接触式控制装置、电子式控制装置和微型计算机等。

5.7.2 燃烧式工业窑炉的控制

燃烧式窑炉包括炉温控制和最佳燃烧工况的控制（空/燃比控制；空/燃比闭环修正；窑压控制；燃油压力、温度、雾化气和助燃空气压力、温度等辅助参数控制）。下面介绍回转窑和隧道窑控制系统。

1. 回转窑控制系统

（1）入回转窑煤气总热量控制系统

入回转窑煤气总热量控制，就是对混合煤气的流量进行温度、密度和热值修正后的流量定值控制。回转窑的燃料为焦炉和转炉煤气的混合煤气，两种煤气是在能源中心（混合站）按一定比例（焦炉煤气的混合比为74%～100%，转炉煤气的混合比为26%～0%）混合的。但由于各种原因从能源中心送来的混合煤气热值并不是恒定不变的。为了稳定入窑的总热量，控制产品的烧成质量，采用根据混合煤气密度与热值变化，控制入窑总热量。

在图5-45煤气总热量控制系统图中，运算器装有微处理器，输入运算器的焦炉和转炉煤气流量信号都是来自能源中心，是从混合前的焦炉和转炉煤气流量检测系统取来的流量信号。

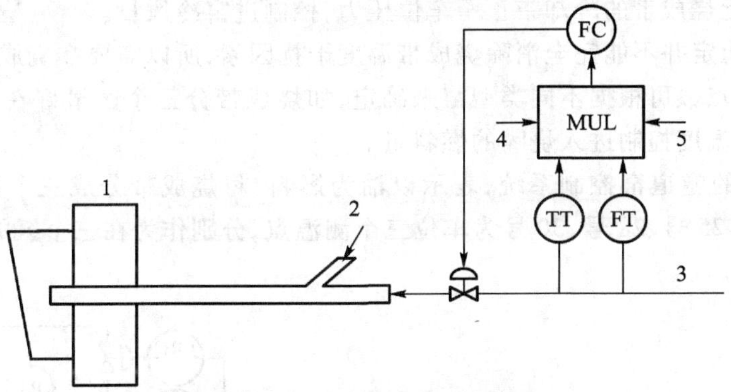

1—回转窑；2—一次空气；3—混合煤气；
4—由能源中心来的混合前转焦煤气流量信号；
5—由能源中心来的混合前转炉煤气流量信号。

图5-45 入回转窑煤气总热量控制系统

（2）入回转窑的空气与煤气流量配比控制系统

入回转窑参与煤气流量配比的空气量，是指二次空气，并非进入烧嘴的一次空气。根据煤气成分可以计算出单位体积燃料所需的理论空气量。采用焦炉煤气加热时，1 m^3焦炉煤气需4.6 m^3空气量才能完成燃烧。空气与煤气量配比控制，可以使过剩空气系数稳定、合理，煤气充分燃烧。

在焦炉煤气压力波动较大时，应首先稳定煤气压力，设一套煤气稳压控制系统，以消除压力波动的干扰。

（3）回转窑预热机下部气体温度控制系统

从窑头来的约800 ℃燃烧烟气，透过预热上的料层后，从炉篦子下部经除尘器等到设备后由烟囱排出。当炉篦子上布料层不均或窑内烟气温度过高时，都会使炉篦子下部烟气温度过高，导致炉篦子被烧坏，甚至烧坏除尘器内的布袋。所以设置了预热机下部气体温度的控制系统。

为了更加可靠，炉篦子下部选取四个测温点，用4支热电偶。其中任一点温度超过规定值就进行报警，同时按预定的角度自动打开旁通阀，直到温度恢复正常时才自动关闭旁通阀。

2. 隧道窑控制系统

隧道窑按烧成过程分为预热、烧成和冷却三个带。装制品的窑车从预热带进入，对制品进一步干燥和预热，随着窑车前进方向逐步升温。烧成带有的窑分为升温、保温和降温三个区段，也有的窑分为高温和低温两个区段。烧嘴都设在烧成带两侧，烧成带温度就是制品需要的烧成温度。制品进入冷却带后逐步降温，放出的热量被冷却风带出。

窑内压力是稳定隧道窑操作和稳定烧成温度的先决条件，所以对窑内压力的控制很有必要，一般是控制烧成带前、后两点窑压稳定。一点取靠近烧成带的预热带零压车位压力，控制窑的排烟量，另一点取靠近烧成带的冷却带正压车位压力，控制进窑冷风量。

但是，窑压的稳定并不能完全消除烧成带温度干扰因素，所以需要在烧成带选取一定数量的温度控制点。具体点数可根据不同类型窑来确定，如烧成带分三个区最好在每个区设一点。控制手段是根据窑内温度控制进入烧嘴的燃料量。

图 5-46 所示的隧道窑控制系统，表示以油为燃料，将烧成带分成三个区控制的高温隧道窑。选择窑同一侧 25 号、28 号、30 号为车位三个测温点，分别作为在三个区的被控变量，控制三个区的烧嘴进油量。

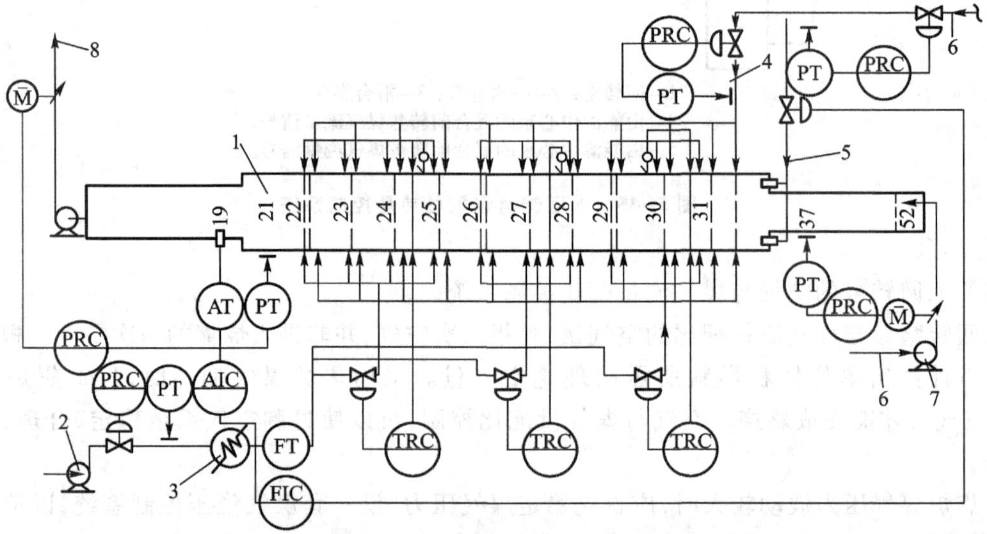

1—隧道窑；2—油泵；3—油加热器；4—雾化空气；
5—喷射空气；6—空气；7—风机；8—至烟囱

图 5-46 隧道窑控制系统图

窑内压力控制，一是取 21 号车位压力控制排烟量，另一点取 37 号车位压力控制进窑冷却空气量。

燃料油、空气总管及雾化空气分别设有压力控制系统。为了尽量保证入窑油量与空气量的合理比例，在 19 号车位装有氧化锆氧量分析仪，根据废气中氧含量来校正油、空气量的比例。

5.7.3 水泥窑炉的控制

水泥生产常用水泥立窑,立窑水泥产量占全国水泥总产量的80%以上。目前,国内绝大多数立窑的自动化水平很低。操作环境差,劳动强度大,经常发生事故。图5-47所示是机械立窑热工参数检测控制系统图。

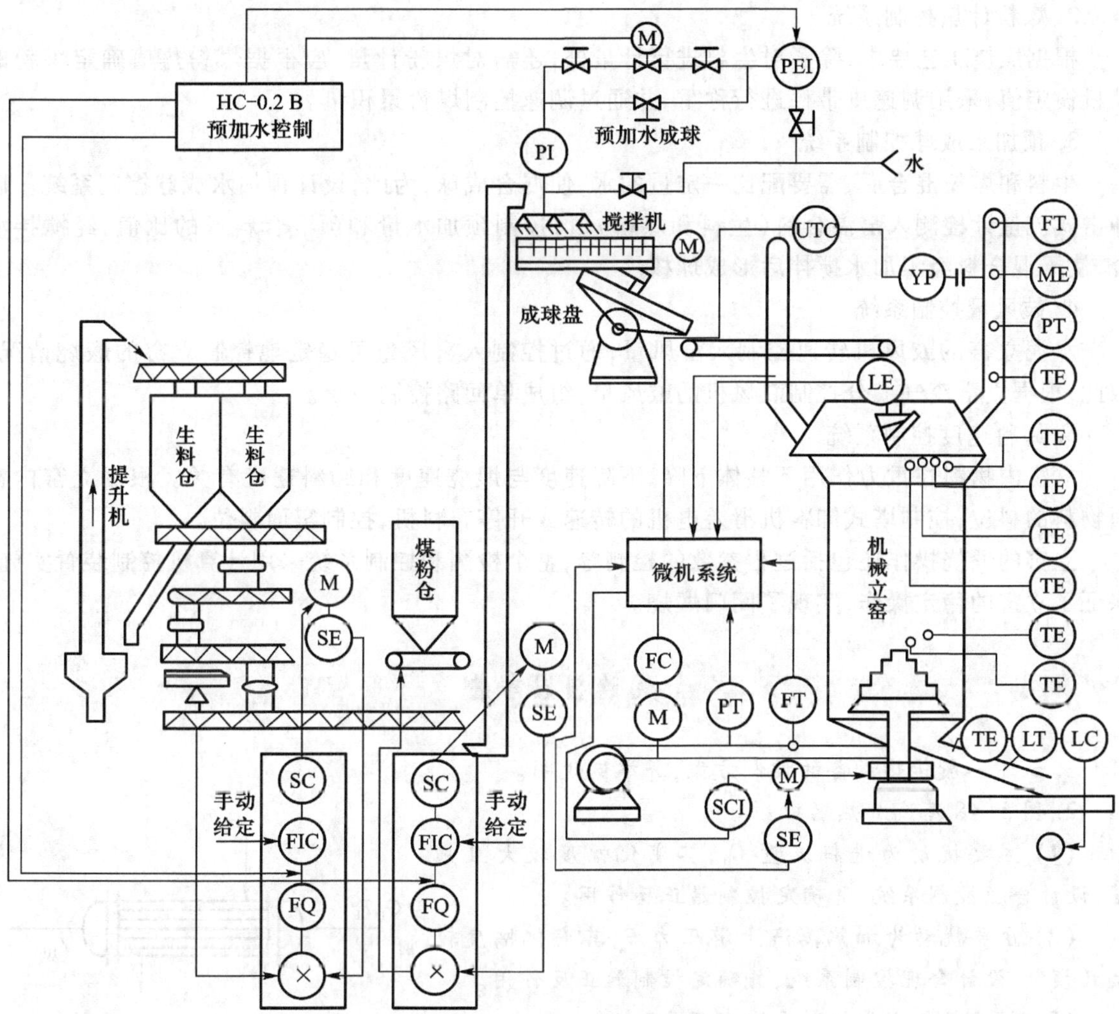

图5-47 机械立窑热工参数检测控制系统图

影响立窑煅烧的主要因素有:窑型结构、风机选型、入窑生料和煤粉的流量、配热量、生料化学成分、成球质量、入窑风量、风压、湿料层厚度、料风管的密封性能等。反映立窑煅烧的过程参数有:烟囱废气温度及成分、出窑熟料温度、熟料卸料量、卸料速度等。

1. 生料计量控制系统

根据煅烧工艺要求,应对生料计量,并满足所需设定值。为此,需对生料称重,并将瞬时流量累积,得到累积量,累积量测量值送生料计量控制器,其输出控制滑差电机的转速,使生料计量满足工艺要求。

2. 煤粉计量控制系统

根据煅烧工艺要求,除了对生料进行计量外,还需对煤粉计量,应根据煤粉热值确定煤粉的计量设定值,采用调速皮带秤进行称重,并通过调速控制煤粉累积量。

3. 预加水成球控制系统

生料和煤粉混合后,需要配比一定量的水,使混合成球,为此,设计预加水成球控制系统。以冲击式流量计检测入窑混合料(生料和煤粉)量,控制预加水量和预混合料量的比值,经搅拌混合,使干混合料经预加水搅拌后形成球核。

4. 鼓风量控制系统

水泥立窑的鼓风机转速控制入窑风量,通过控制入窑风量可稳定地控制立窑的煅烧情况。因此,根据立窑废气成分控制鼓风机的鼓风量,组成单回路控制系统。

5. 卸料速度控制系统

立窑内物料在重力作用下整体下降,下降速度与煅烧速度和卸料速度有关。根据立窑内窑面物料的料位,控制塔式卸料机滑差电机的转速或开停布料机,控制窑面料位。

立窑的煅烧操作还包括过程参数的检测等,整个检测和控制系统采用计算机控制装置实施,保证了立窑的稳定操作,实现了闭门煅烧。

习题和思考题

1. 试述一般传热设备的控制方案,并举例说明。

2. 图5-48蒸汽加热器中:

(1) 主要扰动为进料流量 G_1,其变化幅度较大且频繁,设计合理控制系统,并确定控制器正反作用。

(2) 主要扰动为加热蒸汽上游压力 P,其变化幅度较大且频繁,设计合理控制系统,并确定控制器正反作用。

(3) 锅炉设备主要控制系统有哪些?

(4) 锅炉水位有哪三种控制方案?说明它们的应用场合。

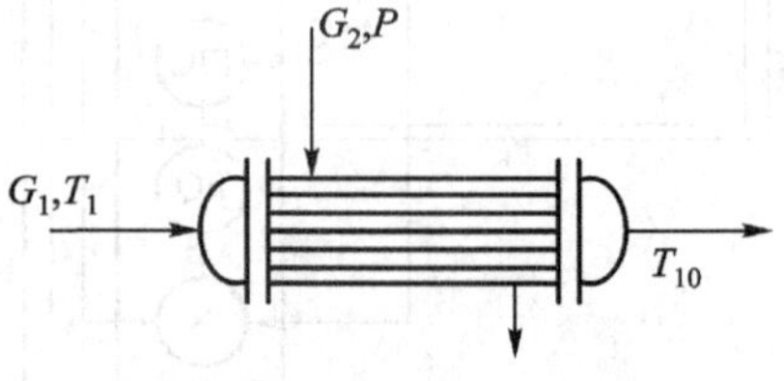

图5-48 蒸汽加热器

3. 锅炉设备主要控制系统有哪些?

4. 锅炉水位有哪三种控制方案?说明它们的应用场合。

5. 图 5-49 所示的三冲量控制方案中，在正常用汽量情况下，使水位稳定在要求高度的条件是什么？如果冲洗等用水连续以 2 000 kg/h 流出，蒸汽和给水变送器量程为 0~40 t/h，正常用汽量为 18 t/h 时，则电动乘法器 I_B(信号为 4~20 mA)应为多少？

6. 试述锅炉燃烧系统的控制方案。

7. 如图 5-50，说明该锅炉系统有哪些控制系统？各控制器的正反作用如何选择？

8. 加热炉的出口温度控制系统中：

(1) 加热炉所用燃料成分和热值变化较大。设计合理控制系统，并画出控制系统的方块图。

(2) 加热炉所用燃料上游压力变化较大。设计合理控制系统，并画出控制系统的方块图。

(3) 原料流量或温度变化较大。设计合理控制系统，并画出控制系统的方块图。

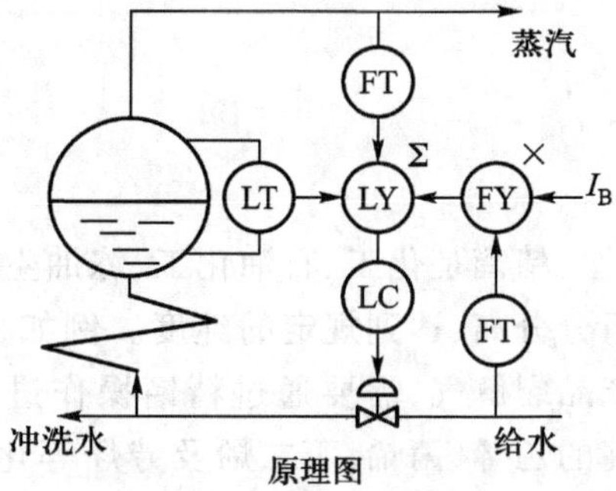

图 5-49 三冲量控制方案

9. 蒸发器产品浓度控制方案中采用温差法测浓度时，如何选择汽相测温点？

10. 工业窑炉过程控制主要包括哪些内容？

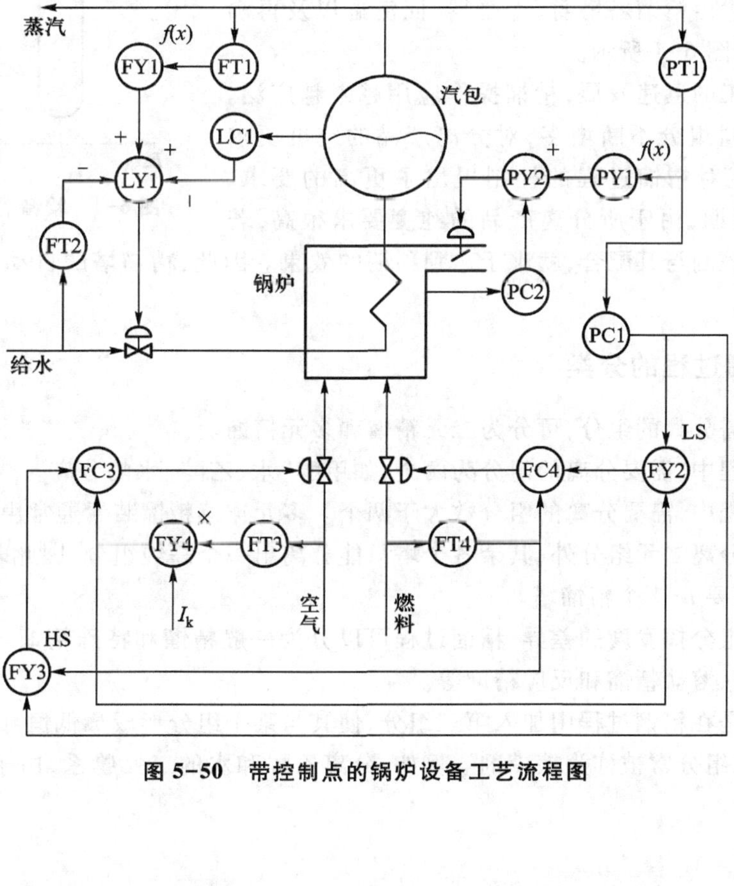

图 5-50 带控制点的锅炉设备工艺流程图

第 6 章　精馏塔的控制

6.1　概　　述

精馏是化工、石油化工、炼油生产中应用极为广泛的传质传热过程，其目的是将混合物中各组分分离，达到规定的纯度。例如，石油化工生产中的中间产品裂解气，需要通过精馏操作进一步分离成纯度要求很高的乙烯、丙烯、丁二烯及芳烃等化工原料。精馏过程的实质，就是利用混合物中各组分具有不同的挥发度，即在同一温度下各组分的蒸汽压不同这一性质，使液相中的轻组分转移到气相中，而气相中的重组分转移到液相中，从而实现分离的目的。

一般精馏装置由精馏塔塔身、冷凝器、回流罐以及再沸器等设备组成，如图 6-1 所示。

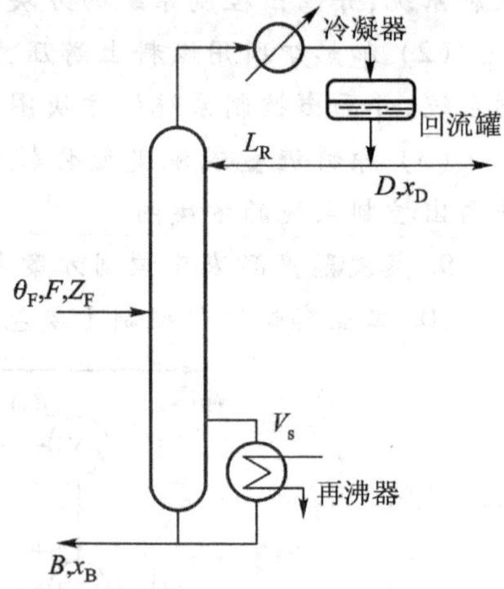

图 6-1　精馏塔的物料流程图

随着石油化工的迅速发展，精馏操作应用越来越广泛。由于所分离的物料组分不断增多，对分离产品的纯度要求也不断提高，这就对精馏过程的控制提出了更高的要求。此外，对于精密精馏，由于所分离产品的纯度要求很高，若没有相应的自动控制与其配合，就难于达到预期的效果。因此，精馏塔的自动控制极为重要，也很受人们的注意。

6.1.1　精馏过程的分类

精馏过程按需分离的组分，可分为二元精馏和多元精馏。

二元精馏过程中，需要分离的组分为两个，如甲醇-水、乙醇-水的分离。

多元精馏过程中，需要分离的组分数大于两个。多元连续精馏装置通常由多个精馏塔组成，除了最后一个塔分离二元组分外，其余各个塔只能分离出一个高纯组分，因此若要实现 n 个组分的高纯度分离，需要 $n-1$ 个精馏塔。

按混合物中组分挥发度的差异，精馏过程可以分为一般精馏和特殊精馏。特殊精馏分为共沸精馏、萃取精馏、溶盐精馏和反应精馏等。

共沸精馏就是在精馏过程中加入第三组分，使其与某一组分形成最低恒沸物，从而使原溶液易于分离，该第三组分常被称为挟带剂。例如，分离乙醇和水的二元物系，由于乙醇和水可以形成共沸物，而且常压下的共沸温度和乙醇的沸点温度极为相近，采用普通精馏方法只能得到乙醇和水的混合物，而无法得到无水乙醇。为此，在乙醇-水系统中加入第三种物质，该物质被称为共沸剂。共沸剂具有能和被分离系统中的一种或几种物质形成最共沸物的特性。在精馏过程中共沸剂将以共沸物的形式从塔顶蒸出，塔釜则得到无水乙醇。这种方法就称作共沸精馏。

萃取精馏是向精馏塔塔顶连续加入高沸点添加剂，改变料液中被分离组分间的相对挥发度，使普通精馏难以分离的液体混合物变得易于分离的一种特殊精馏方法。添加剂的用量对萃取精馏的分离效果和经济性有很大影响。溶盐精馏又称加盐精馏，就是利用盐效应实现过程强化的特殊精馏过程，而加盐萃取精馏是以含盐混合溶剂代替单纯溶剂的萃取精馏过程。当非挥发性盐溶解在待分离物系中，盐和该物系中的组分发生作用，产生缔合或形成络合物，从而影响各组分的活度，改变汽液平衡关系，改善分离效果。

反应精馏就是在进行反应的同时用精馏方法分离出产物的过程。化工生产中，反应和分离两种操作通常分别在两类单独的设备中进行。若能将两者结合起来，在一个设备中同时进行，将反应生成的产物或中间产物及时分离，则可以提高产品的收率，同时又可利用反应热供产品分离，达到节能的目的。原理是对于可逆反应，当某一产物的挥发度大于反应物时，如果将该产物从液相中蒸出，则可破坏原有的平衡，使反应继续向生成物的方向进行，因而可提高单程转化率，在一定程度上变可逆反应为不可逆反应。

精馏塔从结构上分，有板式塔和填料塔两大类。而板式塔根据结构不同，又有泡罩塔、浮阀塔、筛板塔、穿流板塔、浮喷塔、浮舌塔等等，各种塔板的改造趋势是提高设备的生产能力，简化结构，降低造价，同时提高分离效率；填料塔是另一类传质设备，它的主要特点是结构简单，易用耐蚀材料制作，阻力小等，一般适用于直径小的塔。

泡罩塔，又称泡帽塔和泡盖塔。塔内装有多层水平塔板，板上有若干个供蒸气（或气体）通过的短管，其上各覆盖底缘有齿缝或小槽的泡罩，并装有溢流管。操作时，液体由塔的上部连续进入，经溢流管逐板下降，并在各板上积存液层，形成液封；蒸汽（或气体）则由塔底进入，经由泡罩底缘上的齿缝或小槽分散成为小气泡，与液体充分接触，并穿过液层而达液面，然后升入上一层塔板。

浮阀塔是20世纪50年代开发的一种新塔型，其特点是在筛板塔基础上，在每个筛孔安装一个可上下移动的阀片。当筛孔气速高时，阀片被顶起上升，气速低时，阀片因自身重量而下降。阀片升降位置随气流量大小自动调节，从而使进入液层的气速基本稳定。又因气体在阀片下侧水平方向进入液层，既减少液沫夹带量，又延长气液接触时间，故收到很好的传质效果。

筛板塔内装若干层水平塔板，板上有许多小孔，形状如筛；并装有溢流管或没有溢流管。操作时，液体由塔顶进入，经溢流管（一部分经筛孔）逐板下降，并在板上积存液层。气体（或蒸汽）由塔底进入，经筛孔上升穿过液层，鼓泡而出，因而两相可以充分接触，并相互作用。

穿流板塔是无降液管的板式塔。塔板上全部为开孔区，气液同时从孔中逆流穿越通过。开孔可为栅缝（称为穿流栅板）或筛孔（称为穿流筛板）。有时也可用扁钢做成栅板，或将管子组成管栅板。用于一般的蒸馏及吸收外,还用于除尘、中和、洗涤、气液相直接传热等场合。

浮舌塔是在塔板孔内装设了可以浮动的舌片。浮动舌片既保留了舌形塔倾斜的结构特点,又具有浮阀操作弹性好的优点。浮动舌形塔具有处理量大、压降小、雾沫夹带小、操作弹性大、稳定性好、塔板效率高等优点。缺点是在操作过程中浮舌易磨损。

在实际生产过程中,精馏操作可分为间歇精馏和连续精馏两种,对石油化工等大型生产过程,主要采用连续精馏。

连续精馏典型操作过程为:精馏塔供气液两相接触进行相际传质,位于塔顶的冷凝器使蒸汽得到部分冷凝,部分凝液作为回流液返回塔顶,其余馏出液是塔顶产品。位于塔底的再沸器使液体部分气化,蒸汽沿塔上升,余下的液体作为塔底产品。进料加在塔的中部,进料中的液体和上塔段来的液体一起沿塔下降,进料中的蒸汽和下塔段来的蒸汽一起沿塔上升。在整个精馏塔中,气液两相逆流接触,进行相际传质。液相中的易挥发组分进入气相,气相中的难挥发组分转入液相。对不形成恒沸物的物系,只要设计和操作得当,馏出液将是高纯度的易挥发组分,塔底产物将是高纯度的难挥发组分。进料口以上的塔段,把上升蒸汽中易挥发组分进一步提浓,称为精馏段;进料口以下的塔段,从下降液体中提取易挥发组分,称为提馏段。两段操作的结合,使液体混合物中的两个组分较完全地分离,生产出所需纯度的两种产品。

连续精馏之所以能使液体混合物得到较完全的分离,关键在于回流的应用。回流包括塔顶高浓度易挥发组分液体和塔底高浓度难挥发组分蒸汽两者返回塔中。汽液回流形成了逆流接触的气液两相,从而在塔的两端分别得到相当纯净的单组分产品。塔顶回流入塔的液体量与塔顶产品量之比,称为回流比。它是精馏操作的一个重要控制参数,它的变化影响精馏操作的分离效果和能耗。

当混合液的分离要求较高而料液品种或组成经常变化时,采用间歇精馏的操作方式比较灵活机动。从精馏装置看,间歇精馏与连续精馏大致相同。作间歇精馏时,料液成批投入精馏釜,逐步加热气化,待釜液组成降至规定值后将其一次排出。由此不难理解,间歇精馏过程具有如下特点。

(1) 间歇精馏为非定态过程。在精馏过程中,釜液组成不断降低。若在操作时保持回流比不变,则馏出液组成将随之下降;反之,为使馏出液组成保持不变,则在精馏过程中应不断加大回流比。为达到预定的要求,实际操作可以灵活多样。例如,在操作初期可逐步加大回流比以维持馏出液组成大致恒定;但回流比过大,在经济上并不合理。故在操作后期可保持回流比不变,若所得的馏出液不符合要求,可将此部分产物并入下一批原料再次精馏。

此外,由于过程的非定态性,塔身积存的液体量(持液量)的多少将对精馏过程及产品的数量有影响。为尽量减少持液量,间歇精馏往往采用填料塔。

(2) 间歇精馏时全塔均为精馏段,没有提馏段。因此,获得同样的塔顶、塔底组成的产品,间歇精馏的能耗必大于连续精馏。

6.1.2 精馏塔的控制要求

精馏塔的控制目标是在保证产品质量合格的前提下，回收率最高和能耗最低，或使塔的总收益最大，或总成本最小。一般来讲应满足如下三方面要求。

1. 质量指标

塔顶或塔底产品之一应该保证合乎规定的纯度，另一产品的成分也应维持在规定范围，或者塔顶和塔底的产品均应保证一定的纯度。就二元组分精馏塔来说，质量指标的要求就是使塔顶产品中的轻组分含量和塔底产品中重组分的含量符合规定的要求。而在多元组分精馏塔中，通常仅关键组分可以控制。所谓关键组分，是对产品质量影响较大的组分。把挥发度较大而由塔顶馏出的关键组分称为轻关键组分，挥发度较小从而由塔底流出的关键组分称为重关键组分。所以，对多元组分精馏塔可以控制塔顶产品中轻关键组分和塔底中重关键组分的含量。

2. 物料平衡和能量平衡

塔顶馏出液和塔底釜液的平均采出量之和应该等于平均进料量，而且这两个采出量的变动应该比较和缓，以利于上下工序的平稳操作，塔内及顶、底容器的蓄液量应介于规定的上、下限之间。

精馏塔的输入、输出能量应平衡，使塔内操作压力维持恒定。

3. 约束条件

为保证精馏塔的正常、安全操作，必须使某些操作参数限制在约束条件之内，常用的精馏塔限制条件为液泛限、漏液限、压力限及临界温差限等。液泛限又称气相速度限，即塔内气相速度过高时，雾沫夹带十分严重；实际上液相将从下面塔板倒流到上面塔板，产生液泛破坏正常操作。漏液限也称最小气相速度限，当气相速度小于某一值时，将产生塔板漏液，板效率下降。最好在稍低于液泛的流速下操作。流速的控制，还要考虑塔的工作弹性。对于浮阀塔来说，由于工作范围较宽，通常很容易满足条件。但对于某些工作范围较窄的筛板塔和乳化填料塔就必须很好地注意。防止液泛和漏液，可以塔压降或压差来监视气相速度。压力限是塔的操作压力的限制，一般最大操作压力限，即塔操作压力不能过大，否则会影响塔内的汽液平衡，严重越限甚至会影响安全生产。临界温差限主要是指再沸器两侧间的温差。当这一温差低于临界温差时，给热系数急剧下降，传热量也随之下降，不能保证塔的正常传热的需要。

6.1.3 精馏塔的扰动分析

影响精馏塔的操作因素很多，和其他化工过程一样，精馏塔是建立在物料平衡和热量平衡的基础上操作的，一切因素均通过物料平衡和热量平衡影响塔的正常操作。影响物料平衡的因素主要是进料流量、进料组分和采出量的变化等。影响热量平衡的因素主要是进料温度（或热焓）的变化，再沸器的加热量和冷凝器的冷却量的变化，此外还有环境温度的变化等。同时，物料平衡和热量平衡之间又是相互影响的。

在各种扰动因素中，有些是可控的，有些则是不可控的。现作如下分析。

(1) 进料流量 F 在很多情况下是不可控制的，它的变化通常难以完全避免。如一个精馏塔位于整个工艺生产过程的起点，要使流量 F 恒定，并无困难，可采用定值控制。然而，在多数情况下，精馏塔的处理量是由上一工序规定的。如要使进料量 F 恒定，势必需要很大的中间容器或贮槽。工艺上新的趋势是尽量减小或取消中间贮槽，而上一工序采用液位均匀控制系统来控制出料，以使进塔流量 F 的变动不至于剧烈。

(2) 进料成分 z_F 一般是不可控的，它的变化也是难以避免的，它由上一工序或原料情况所确定。

(3) 进料温度(或热焓) θ_F 一般是可控的。进料温度在有些情况下本来就较恒定，例如在将上一塔的釜液送往下一塔继续精馏时。在其余情况下，可先将进料预热，并对进料温度 θ_F 进行定值控制。进料通常是液态，也可以是汽态，有时也会遇到汽液混合物的情况，此时汽液两相的比例宜恒定，也就是说，进料的热焓要恒定。

(4) 蒸汽压力的变动，可以通过总管压力控制的方法消除扰动，也可以在串级控制系统的副回路中(如采用对蒸汽流量的串级控制系统)予以克服。

(5) 冷却水的压力波动，也可以用类似方式解决。

(6) 冷却水温度的变化，通常比较和缓，主要受季节的影响。

(7) 环境温度的变化，一般影响较小。但也有特殊情况，近年来，直接用大气冷却的冷凝器使用已较多，一遇气候突变，特别是暴风骤雨，对回流液温度有很大影响，为此可采用内回流控制。

总之，在多数情况下，进料流量 F 和进料成分 z_F 是精馏操作的主要扰动，然而还需结合具体情况加以分析。

为了克服扰动的影响，就需进行控制，常用的方法是改变馏出液采出量 D、釜液采出量 B、回流量 L_R、蒸汽量 V_S 及冷剂量 Q_C 中某些项的流量。

从上述分析可以看到，精馏操作中，被控变量多，可以选用的操纵变量也多，又可有各种不同的组合，所以精馏塔的控制方案颇多。精馏塔是一个多输入多输出过程，它的通道多，动态响应缓慢，变量间又互相关联，而控制要求又较高，这些都给精馏塔的控制带来一定的困难。同时，各个精馏塔的工艺和结构特点，又是千差万别的，因此我们在设计精馏塔的控制方案时，要深入分析工艺特点，了解精馏塔特性，以设计出比较完善、合理的控制方案。

6.2 精馏塔的特性

6.2.1 精馏塔的静态特性

1. 总物料平衡

对于一个精馏塔，不管是总的物料量，还是对任一组分来说，进料与出料之间要保持物料平衡。

为了使讨论简化，这里的讨论限于顶部和底部产品均为液相的二元组分精馏塔。总的物料平衡关系为

$$F=D+B \tag{6-1}$$

式中：

F——进料流量，kg mol/h ；

D——馏出液采出量，kg mol/h ；

B——釜液采出量，kg mol/h 。

轻组分的物料平衡关系为

$$Fz_F=Dx_D+Bx_B \tag{6-2}$$

式中的 z_F、x_D、x_B 分别是进料、馏出液及釜液中轻组分的摩尔分率（%）。

联立式（6-1）和式（6-2）可得

$$x_D=\frac{F}{D}(z_F-x_B)+x_B=\frac{1}{(D/F)}[z_F-(1-D/F)x_B],\frac{D}{F}=\frac{z_F-x_B}{x_D-x_B} \tag{6-3}$$

或

$$x_B=x_D-\frac{F}{B}(x_D-z_F)=1-\frac{1-z_F}{(B/F)}-\frac{1-(B/F)}{(B/F)}(1-x_D),\frac{B}{F}=\frac{x_D-z_F}{x_D-x_B} \tag{6-4}$$

从上述关系式中可以明显地看出，进料在产品中分配量（用 D/F 或 B/F 来表示）是决定顶部和底部产品中轻组分含量 x_D 和 x_B 的关键因素。另外进料组分 z_F 也是一个影响 x_D 和 x_B 的重要因素。举个例子来说明，设在苯与甲苯的精馏塔中，原定的进料浓度 $z_F=0.50$，产品要求 $x_D=0.95$，$x_B=0.05$，则从式（6-3）可知

$$\frac{D}{F}=\frac{0.5-0.05}{0.95-0.05}=0.5=50\%$$

若进料浓度 z_F 改变为 0.40，如 $\frac{D}{F}$ 仍为 50%，那么，x_D 所能达到的最高极限（即在釜液中不含苯，$x_B=0$ 的条件下）也仅为

$$x_D=\frac{F}{D}z_F=2\times0.40=0.80$$

如不调整 D/F，x_D 无论如何也达不到设定值。因此，如果进料浓度 z_F 变化时，就必须调整 D/F 或 B/F 才能满足使 x_D 和 x_B 的值恒定的要求。

2. 内部物料平衡

为简化起见，我们以二元精馏塔及顶部和底部产品均是液相为例。图 6-2 所示为塔板 n 上的各项物料情况。在恒分子流假设的前提下，分析任一塔板 n（加料板除外）的物料和热量衡算关系时，可知

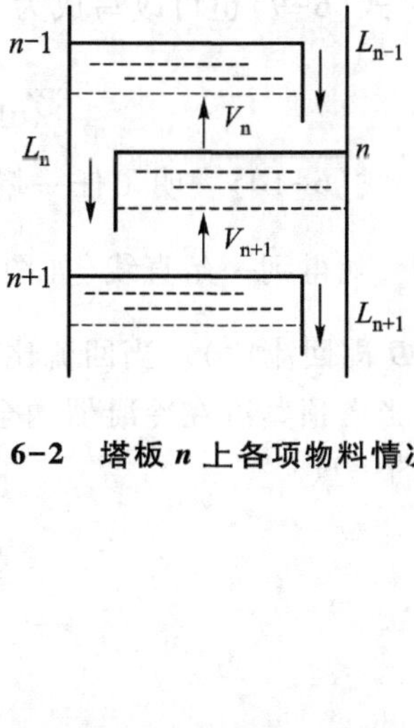

图 6-2 塔板 n 上各项物料情况

$$L_{n-1}=L_n$$

$$V_{n+1}=V_n$$

式中：

L_{n-1}——自上一塔板流下的液相千克摩尔数；

L_n——本塔板流下的液相千克摩尔数；

V_{n+1}——自下一塔板上升的汽相千克摩尔数；

V_n——本塔板上升的汽相千克摩尔数。

即在精馏段内，各塔板的汽相流量 V 及液相流量 L 分别相等；如果回流液的温度等于沸点，则 $V=V_R$，$L=L_R$。在提馏段内各板的 V 及 L 也分别相等，$V=V_S$，$L=L_S$。

(1) 加料板的物料平衡

$$F+L_R+V_S=L_S+V_R \tag{6-5}$$

如果是液相沸点进料

$$L_S=L_R+F,\ V_S=V_R \tag{6-6}$$

如果是汽相沸点进料

$$V_R=V_S+F, L_S=L_R \tag{6-7}$$

如果在其他情况下进料，则需依据热量平衡关系作相应的修正。

(2) 精馏段的物料平衡

图 6-3 所示是精馏段物料平衡示意图，就冷凝器写出物料平衡关系式

$$D=V_R-L_R \tag{6-8}$$

对精馏段上任意塔板 j 以上作物料平衡计算(参阅图 6-3)，轻组分的物料平衡关系式

$$V_R y_{j+1}=L_R x_j+Dx_D \tag{6-9}$$

式中：

y_{j+1}——自 $j+1$ 板来的汽相中轻组分浓度；

x_j——塔板 j 上液相中轻组分浓度。

式(6-9)也可改写成为

$$y_{j+1}=\frac{L_R}{V_R}x_j+\frac{D}{V_R}x_D \tag{6-10}$$

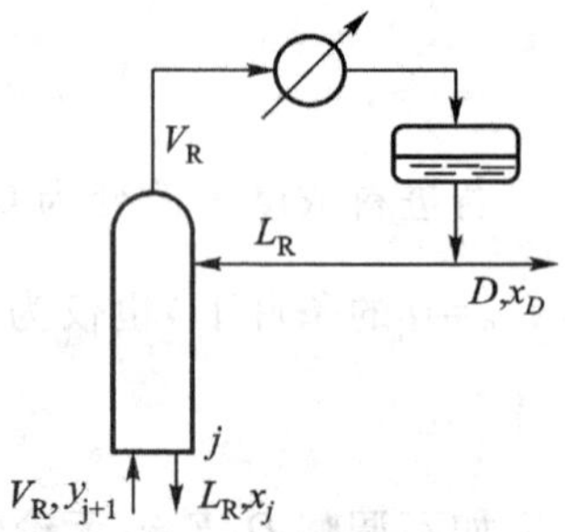

图 6-3　精馏段的物料平衡

式(6-10)表明了任一塔板的汽相组分与上一塔板的液相组分之间的关系。如绘制在 y-x 图上，就得到一条直线(如图 6-4 所示)，通常称为精馏段操作线，此线的斜率是 L_R/V_R($\frac{R}{R+1}$，$R=L_R/D$ 即回流比)。当回流比 R 越大时，斜率也越大；在全回流时($D=0$)，将与对角线重合。同时，当塔顶蒸汽在冷凝器内全部冷凝时，顶板 1 的汽相成分 $y_1=x_D$，因此操作线通过对角线上 $x=x_D$ 的一点。

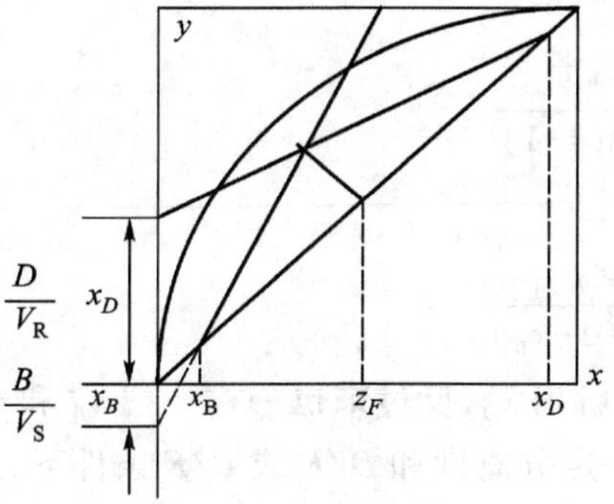

图 6-4 平衡曲线和操作线

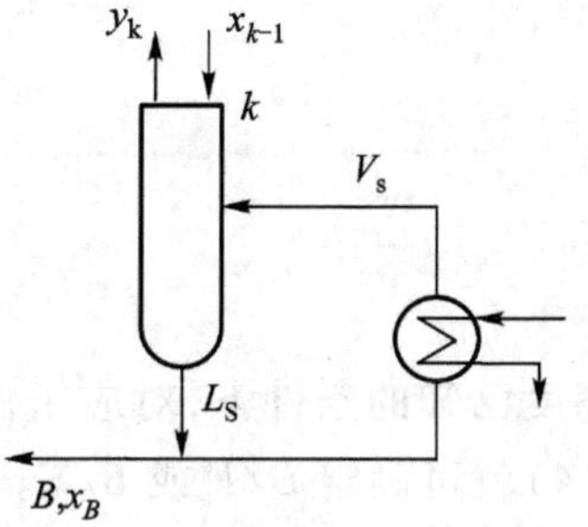

图 6-5 提馏段的物料平衡

（3）提馏段的物料平衡

图 6-5 所示是提馏段的物料平衡示意图，就再沸器写物料平衡关系式

$$B=L_S-V_S \tag{6-11}$$

对提馏段上任意塔板 k 以下作物料平衡关系式是

$$V_S y_k=L_S x_{k-1}-Bx_B \tag{6-12}$$

上式也可写成

$$y_k=\frac{L_S}{V_S}x_{k-1}-\frac{B}{V_S}x_B \tag{6-13}$$

式(6-13)同样表明了任一塔板的汽相成分与上一塔板的液相成分间的关系。如绘制成提馏段操作线，则斜率为 L_S/V_S，并通过 $x=x_B$ 的一点（见图 6-4）。

3. 能量平衡关系

在建立能量平衡关系时，首先要了解分离度的概念，基于各级的汽-液平衡关系，如在全回流情况下，芬斯克（M · R · Fenske）方程为

$$\frac{x_D(1-x_B)}{x_B(1-x_D)}=a^n \tag{6-14}$$

式中：

a——平均相对挥发度；

n——理论塔板数。

芬斯克方程告诉我们，在全回流时，二元精馏塔两端产品成分间的分离关系 $x_D(1-x_B)/x_B(1-x_D)$，取决 a 和 n。为了分析塔的控制问题，需要把这种关系推广到全回流以外的情况，这时

$$\frac{x_D(1-x_B)}{x_B(1-x_D)}=s \tag{6-15}$$

式中的 s 称之为分离度。

由式(6-15)可解出 x_D 或 x_B：

$$x_D=\frac{sx_B}{1+x_B(s-1)} \tag{6-16}$$

或

$$x_B=\frac{x_D}{x_D+s(1-x_D)} \tag{6-17}$$

在分离度已知的条件下，对应于任一 x_B 值可解出 x_D，反过来也一样。把 x_D 和 x_B 代入式(6-3)或式(6-4)就可确定 D/F 或 B/F。或者说在一定分离度和 D/F 或 B/F 条件下，式(6-3)或式(6-4)与式(6-16)或式(6-17)就完全确定了塔顶和塔底产品的成分 x_D 和 x_B。从上述讨论中可以得出如下结论：

(1) 塔顶和塔底产品的成分都受到 D/F 或 B/F 的强烈影响。

(2) 进料成分 z_F 的变化，可以通过 D/F 或 B/F 的适当调整加以补偿，例如 z_F 增加，则 x_D 和 x_B 也相应增加，此时可以增加 D/F(或减少 B/F)加以补偿。

(3) 如果分离度 s 是恒定的，则控制任一产品的成分，同时也就起到了对另一种产品成分的控制(对一定的分离度来说 x_D 和 x_B 之间的关系是确定的)。也可以说，如果分离度 s 是确定的，在确定了 D/F 或 B/F 后，x_D 和 x_B 也都确定了。

现在讨论分离度 s。影响分离度的因素很多，可以用下式来表示：

$$s=f(\alpha,n,V/F,z_F,E,n_F) \tag{6-18}$$

式中：

V/F——塔内上升蒸汽 V 与进料流量 F 之比；

E——塔板效率；

n_F——进料板位置。

其余符号同前。

对一个既定塔，α、n、E 和 n_F 是一定的或变化不大，同时进料成分 z_F 的变化对 s 的影响与 V/F 对 s 的影响相比，要小得多，从而可以忽略。于是，

$$s=f\left(\frac{V}{F}\right) \tag{6-19}$$

上式说明了塔的分离度 s 与 V/F 有关，V/F 一定，意味着分离度 s 即分离关系 $x_D(1-x_B)/x_B(1-x_D)$ 一定。式(6-19)可进一步近似为

$$\frac{V}{F}=\beta\ln s \tag{6-20}$$

式中的 β 定义为塔的特性因子，对任意给定塔，β 可以用 V/F 除以分离度 s 的自然对数来求得。把式(6-15)代入式(6-20)可得

$$\frac{V}{F}=\beta\ln\frac{x_D(1-x_B)}{x_B(1-x_D)} \tag{6-21}$$

式(6-21)是 x_D 和 x_B 之间的又一关系式。

综上所述，对于一个既定塔（也包括进料成份 z_F 一定），只要保持 D/F 和 V/F 一定（或 F 一定时，保持 D 和 V 一定），这个塔的分离结果 x_D 和 x_B 就完全被确定。

4. 进料浓度 z_F 和流量 F 对产品质量的影响

(1) 进料浓度 z_F

倘使 D/F 和 L_R/D 不变，则当进料浓度变化时，两条操作线的斜率不变，其结果将是使它们向左或向右平移。例如 z_F 增加时，各线右移（如图 6-6 所示），结果是 x_D 和 x_B 都上升。如果主要产品是釜液，当然影响质量。如果主要产品是馏出液，则虽对它自身并没有不良后果，然而釜液中轻组分的含量过高，同样是不能容许的。当 z_F 减少时，各线左移，结果是 x_D 和 x_B 都下降。

如何来克服这一扰动呢？由式(6-3)和式(6-4)可知，当 z_F 增加时，为保持 x_D 和 x_B 不变，则应增加 D 和减少 B。考虑到 $D=V_R-L_R$，$B=L_S-V_S$，因此也可将 V 和 L 适当变动，即将 L_R 适当减少，V_S 适当增加，概括起来，对 Δz_F 的补偿条件是

$$\Delta V_S=K_1\Delta z_F;\Delta L_R=K_2\Delta z_F \tag{6-22}$$

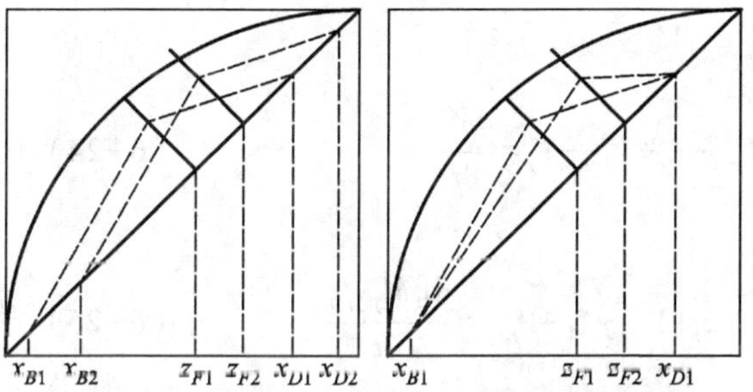

(a) z_F变化的影响　(b) 消除z_F影响的措施

图 6-6　z_F 的影响及消除其影响的措施

式中的 K_1 和 K_2 是比例系数，其中 K_1 为正值，K_2 为负值。

(2) 进料流量 F

进料流量 F 的影响，要依据所用调节手段及进料状态来具体分析。在四个操纵变量 L_R、V_S、D 和 B 中，只好自由控制其中两个流量，其余两个按物料平衡关系而流出（或流入）。在此假设调节蒸汽量 V_S 和回流量 L_R。

在液相沸点进料时，如进料流量 F 增加，则 L_S 增加，因而使提馏段操作线斜率增加（脱开对角线），使 x_B 上升。

在汽相沸点进料时，如进料流量 F 增加，则 V_R 增加，因而使精馏段操作线斜率减小（脱开对角线），使 x_D 下降。

在进料流量改变以后，仍然要求保持 x_D 和 x_B 不变，应该按比例改变 L_R、V_S、D 和 B，使 D/F，L_R/D 仍维持原来数值，$y-x$ 图上各梯级位置不变。

因此，对 ΔF 的补偿条件是：

$$\Delta V_S = K_3 \Delta F ; \Delta L_R = K_4 \Delta F \tag{6-23}$$

式中的比例系数 K_3 和 K_4 都是正值。

对于其他扰动，也可类似地进行分析。

通过以上的分析，也可以看出各种调节手段的作用：

① 加大 V_S，将使 $x_B\downarrow$；② 加大 L_R，将使 $x_D\uparrow$；③ 减少 B，将使 $x_B\downarrow$，$x_D\downarrow$；④ 减少 D，将使 $x_D\uparrow$，$x_B\uparrow$。

6.2.2　精馏塔的动态特性

1. 动态方程的建立

精馏塔是一个多变量、时变、非线性对象。对其动态特性的研究，人们已经做了不少工作。要建立整塔的动态方程，首先要对精馏塔的各部分：精馏段、提留段各塔板，进料板，塔顶冷凝器，回流罐，塔釜、再沸器等分别建立各自的动态方程。以图 6-7 所示二元精馏塔第 j 块塔板为例说明如何建立单板动态方程。

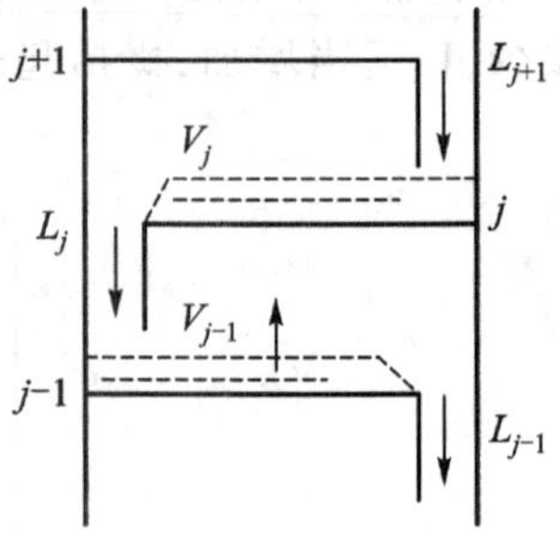

图 6-7　精馏塔第 j 块塔板物料流动情况

总物料平衡

$$L_{j+1} - L_j + V_{j-1} - V_j = \frac{\mathrm{d}M_j}{\mathrm{d}t} \tag{6-24}$$

轻组分平衡

$$L_{j+1}x_{j+1} - L_j x_j + V_{j-1}y_{j-1} - V_j y_j = \frac{\mathrm{d}[M_j x_j]}{\mathrm{d}t} \tag{6-25}$$

热量平衡

$$L_{j+1}h_{j+1} - L_j h_j + V_{j-1}h_{j-1} - V_j h_j = \frac{\mathrm{d}[M_j h_j]}{\mathrm{d}t} \tag{6-26}$$

流体力学方程——堰方程

$$L_j = C_n l_n^{\frac{3}{2}} \tag{6-27}$$

式中：L 表示回流量，下标指回流液来自哪块板；V 表示上升蒸汽量，下标指来自哪一块板的上升蒸汽；M 指液相的蓄存量；h 表示热焓，x、y 分别指液相和气相中轻组分的含量，C_n 堰的系数，l_n 溢流堰上的液层高度，同样下标指回流液及上升蒸汽来自哪块塔板。

由各部分的动态方程，可整理得到整塔的动态方程组。对于整个精馏塔来说是一个多容量的、相互交叉连接的复杂过程。

2. 动态影响分析

通过上面的讨论，可知精馏塔动态方程的建立是复杂的，尤其建立一个精确而又实用的动态方程更是有一定的难度。因此从定性的角度来分析精馏塔的动态影响,对合理设计控制方案有积极的指导意义。

(1) 上升蒸汽和回流的影响

在精馏塔内,由于上升蒸汽只需克服塔板上极薄覆盖的液相阻力,上升蒸汽量的变化几秒钟内就可影响到塔顶,也就是说上升蒸汽流量变化的影响是相当快的。

然而由塔板下流的液相有相当大的滞后。当回流量增加时,必须先使积存在塔板上的液相蓄存量增加,然后在这增加的液体静压的作用下,才使离开塔板的液相速度增加,所以对回流量变化的响应存在着滞后。

由此可得出这样的结论:要使塔上的任何一处(除塔顶塔板外)的气液比发生变化,用再沸器的加热量作为控制手段,要比回流量的响应快。

(2) 组分滞后的影响

V 和 L 的变化,引起 x_D 和 x_B 的变化,都是通过每块塔板上组分之间的平衡施加影响的结果。因为组分要达到静态平衡需要一定的时间,所以尽管 V 的变化可较快影响到塔顶,但要使塔顶组分浓度 x_D 变化达到一个新的平衡仍要经过不少的时间。同样,D 的变化也是一样,且需花费更多的时间。

组分滞后的影响是由于塔板上的组分要等到影响组分的液相或气相流量稳定较长时间后才能建立平衡。随着塔板上液相蓄存量的增加,组分滞后增加。因此塔板数的增加及回流比的增加,均会造成塔板上液相蓄存量的增加,从而导致组分的滞后也增加。当再沸器加热量 Q 的增加而引起 V 的增加,通过改善气、液接触,可以减少组分的滞后。

(3) 回流罐蓄液量和塔釜蓄液量引起的滞后影响

由物料平衡关系可知:在 F 一定的情况下,改变 D 和 B 均能引起 x_D 和 x_B 的变化。实际上,D 的变化是通过 L 的变化(在回流罐液位不变时)才能影响到塔内的气液平衡,从而控制产品的质量 x_D 和 x_B。然而,回流罐有一定的蓄液量,从 D 变化到 L 的变化会产生滞后。同样 B 的变化也是通过 V 的变化(在塔釜液位不变时)才能影响到塔内的气液平衡,从而控制产品的质量 x_D 和 x_B。塔釜的蓄液量也会使 B 的变化到 V 的变化产生滞后,通常塔釜截面积要比回流罐小得多,所以,由于塔釜蓄液量引起的滞后要比回流罐的蓄液量引起的滞后小。

6.3 精馏塔产品质量指标选择

精馏塔产品质量指标的选择有两类:直接产品质量指标和间接产品质量指标,在此重点讨论间接产品质量指标的选择。

精馏塔最直接的质量指标是产品成分。近年来成分检测仪表的发展很快,特别是工业色谱的在线应用,出现了直接按产品成分来控制的方案,此时检测点就可放在塔顶或塔底。然而由于成分分析仪表价格昂贵,维护保养复杂,采样周期较长,即反应缓慢,滞后较大,加上可靠性不够,应用受到了一定限制。

6.3.1 采用温度作为间接质量指标

最常用的间接质量指标是温度。温度之所以可选作间接质量指标,这是因为对于一个二元组分精馏塔来说,在一定压力下,沸点与产品成分之间有单独的函数关系。因此,如果压力恒定,塔板温度就反映了成分。对于多元精馏塔来说,情况就比较复杂,然而炼油和石油化工生产中,许多产品由一系列碳氢化合物的同系物组成,在一定压力下,保持一定的温度,成分的误差就可忽略不计。在其余情况下,压力的恒定总是使温度参数能够反映成分变化的前提条件。由上述分析可见,在温度作为反映质量指标的控制方案中,压力不能有剧烈的波动,除常压塔外,温度控制系统总是与压力控制系统联系在一起的。

采用温度作为被控变量时,选择塔内哪一点温度作为被控变量,应根据实际情况加以选择,主要有以下几种。

1. 塔顶(或塔底)的温度控制

一般来说,如果希望保持塔顶产品符合质量要求,即主要产品在顶部馏出时,以塔顶温度作为控制指标,可以得到较好的效果。同样,为了保证塔底产品符合质量要求,以塔底温度作为控制指标较好。为了保证另一产品质量在一定的规格范围内,塔的操作要有一定裕量。例如,如果主要产品在顶部馏出,操纵变量为回流量的话,再沸器的加热量要有一定裕量,以使在任何可能的扰动条件下,塔底产品的规格都在一定限度以内。

采用塔顶(或塔底)的温度作为间接质量指标,似乎最能反映产品的情况。实际上并不尽然。当要分离出较纯的产品时,在邻近塔顶的各板之间温差很小,所以要求温度检测装置有极高的精确度和灵敏度,这在实际上有一定困难。不仅如此,微量杂质(如某种更轻的组分)的存在,会使沸点起相当大的变化;塔内压力的波动,也会使沸点起相当大的变化,这些扰动很难避免。因此,目前除了像石油产品的分馏即按沸点范围来切割馏分的情况之外,凡是目的要得到较纯成分的精馏塔,现在往往不将检测点置于塔顶(或塔底)。

2. 灵敏板的温度控制

在进料板与塔顶(或塔底)之间,选择灵敏板作为温度检测点。灵敏板实质上是一个静态的概念。所谓灵敏板,是指当塔的操作经受扰动作用(或承受控制作用)时,塔内各板的组分都将发生变化,各板温度也将同时变化,一直达到新的稳态时,温度变化最大的那块板即称为灵敏板。图6-8所示是某一精馏塔温度分布曲线,实线是表示正常工况时的温度

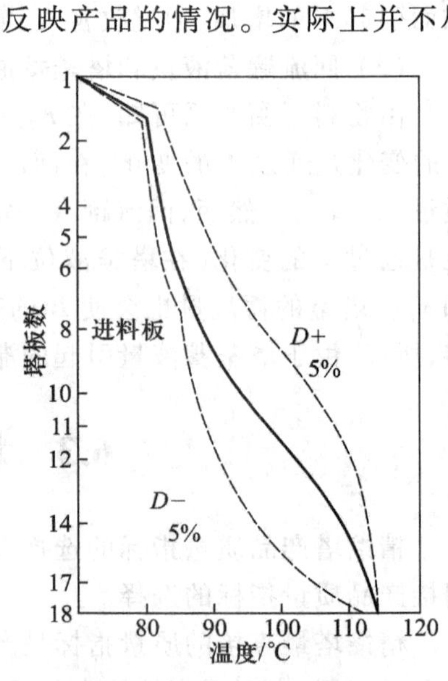

图6-8 精馏塔温度分布曲线

分布曲线。在馏出液 D 变化±5%后，得到塔的温度分布曲线如图中的虚线。由图可以看到第 11 块塔板和第 5 块塔板的温度变化最大，它们是灵敏板。由图可见，对此塔，塔板 11 在扰动正反方向作用下，温度变化量相近，而塔板 5 在扰动正反方向作用下，温度变化量相差较大，此时采用塔板 11 作为灵敏板较好。但测温点的最终选择，还得与控制手段（操纵变量）一起综合考虑。

同时，灵敏板也是一个动态的概念。前已说明，灵敏板与上、下塔板之间浓度差较大，在受到扰动（或控制作用）时，温度变化的初始速度较快，即反应快，它反映了动态行为。

灵敏板位置可以通过逐板计算或计算机静态仿真，依据不同情况下各板温度分布曲线比较得出。但是，因为塔板效率不易估准，所以还须结合实践予以确定。具体的办法是先算出大致位置，在它的附近设置若干检测点，然后在运行过程中选择其中最合适的一点。

3. 中温控制

取加料板稍上、稍下的塔板，甚或加料板自身的温度作为被控变量，这常称为中温控制。从其设计意图来看，希望及时发现操作线左右移动的情况，并得以兼顾塔顶和塔底成分的效果。这种控制方案在某些精馏塔上取得成功，但在分离要求较高时，或是进料浓度 z_F 变动较大时，中温控制看来并不能正确反映塔顶或塔底的成分。

6.3.2 采用压力补偿的温度作为间接质量指标

用温度作为间接质量指标有一个前提，即塔内压力应恒定。虽然精馏塔的塔压一般设有控制系统，但对精密精馏等控制要求较高的场合，微小压力的变化，都将影响温度与组分之间的关系，造成产品质量控制难于满足工艺要求。为此需对压力的波动加以补偿，常用的有温差和双温差控制。

1. 温差控制

在精密精馏时，可考虑采用温差控制。在精馏中，任一塔板的温度是成分与压力的函数，影响温度变化的因素可以是成分，也可以是压力。在一般塔的操作中，无论是常压塔、减压塔、还是加压塔，压力都是维持在很小的范围内波动，所以温度与成分才有对应关系。但在精密精馏中，要求产品纯度很高，两个组分的相对挥发度差值很小，由于成分变化引起的温度变化较压力变化引起温度的变化要小得多，因而微小压力波动也会造成明显的效应。例如，苯-甲苯-二甲苯分离时，大气压变化 6.67 kPa，苯的沸点变化 2 ℃，已超过了质量指标的规定。这样的气压变化是完全可能发生的，由此破坏了温度与成分之间的对应关系。所以在精密精馏时，用温度作为被控变量往往得不到好的控制效果，为此应该考虑补偿或消除压力微小波动的影响。

图 6-9 表示某一分离异丁烷与正丁烷的精馏塔在塔压变化时，各板温度分布的情况。它是以维持塔顶产品纯度不变为前提的。由图可见，由于塔压波动而引起的各板上温度变化其方向是一致的。所以，在塔压波动时，尽管各板上温度会有一定的变化，而两板间的温差变化却非常小。例如压力从 1.1 MPa 变到 1.17 MPa 时，第 52 板和第 65 板的温差基本上维持在 2.8 ℃。这

样保持了温差与成分的对应关系。因此可用温差作为被控变量来进行控制，以保持最终产品的纯度符合要求。

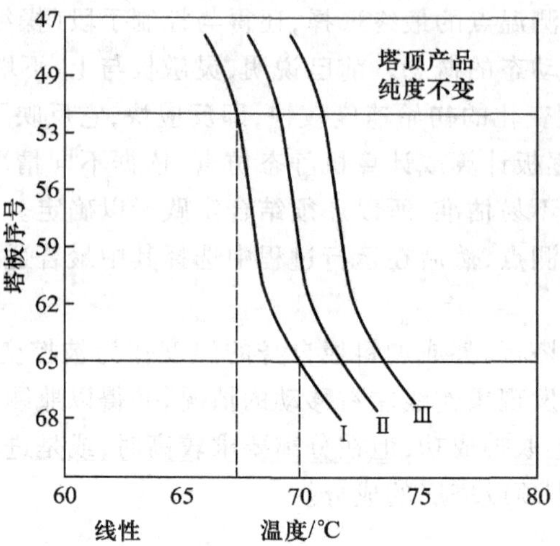

压力 1.1 MPa；1.13 MPa；1.17 MPa；温差 2.8 ℃；2.8 ℃；2.8 ℃；

图 6-9　压力变化与各板温度的分布

在选择温差信号时，检测点应按以下原则进行。例如当塔顶馏出液为主要产品时，应将一个检测点放在塔顶（或稍下一些）即成分和温度变化较小、比较恒定的位置，另一个检测点放在灵敏板附近，即成分和温度变化较大、比较灵敏的位置，然后取两者的温差 T_d 作为被控变量。只要这两点温度随压力变化的影响相等（或十分相近），即 $\left(\frac{\partial T}{\partial P}\Delta P\right)$ 值相等，则选取温差作为被控变量时，其压力波动的影响就几乎相抵消。

在石油化工和炼油生产中，温差控制已成功地应用于苯－甲苯－二甲苯、乙烯－乙烷、丙烯－丙烷等精密精馏系统。要应用得好，关键在于选点正确、温差设定值合理（不能过大）以及操作工况稳定。图 6-10 表明了产品纯度与温差之间的关系。由图可见，温差与纯度并非单值对应关系。曲线有个最高点，其左侧发生在塔底产品纯度较高的情况下，温差随产品纯度的增高而减小；其右侧发生在塔底产品不纯的情况下，温差随纯度的恶化而减小。因此，可以说如果温差选得太大或操作不平稳，都会引起温差控制失常的现象。

对于压力波动的影响，也可采用直接按压力进行补偿的方案。

2. 温差差值（双温差）控制

采用温差控制还存在一个缺点，就是进料流量变化时，将引起塔内成分变化和塔内压降发生变化。这两者均会引起温差变化，前者使温差减小，后者使温差增加，如图 6-11 所示。这时温差和成分就不再呈现单值对应关系,难于采用温差控制。

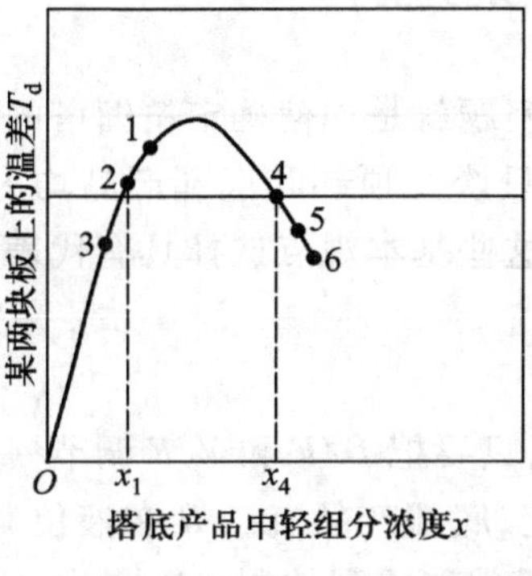

图 6-10　产品纯度与温差之间的关系曲线

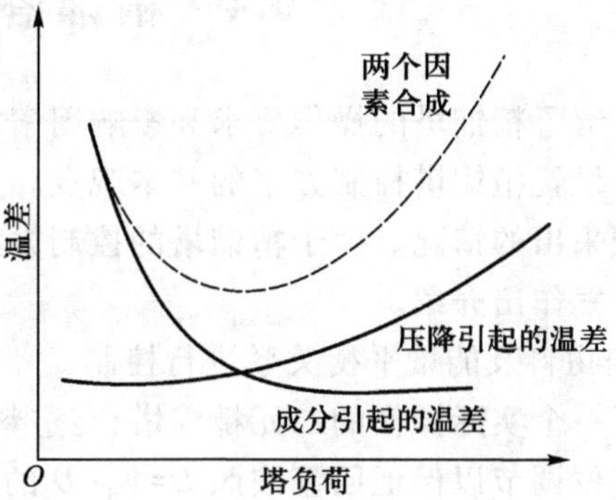

图 6-11　负荷对温差的影响

温差差值控制方案如图 6-12 所示,即分别在精馏段和提留段选取温差,将这两个温差的差值作为控制目标。若由于进料流量波动引起塔压变化对温差的影响,在塔的上、下段温差同时出现,因而上段温差减去下段温差的差值就消除了压降变化的影响。从国内外应用温差差值控制的许多装置来看,在进料流量波动影响下,仍能得到较好的控制效果。

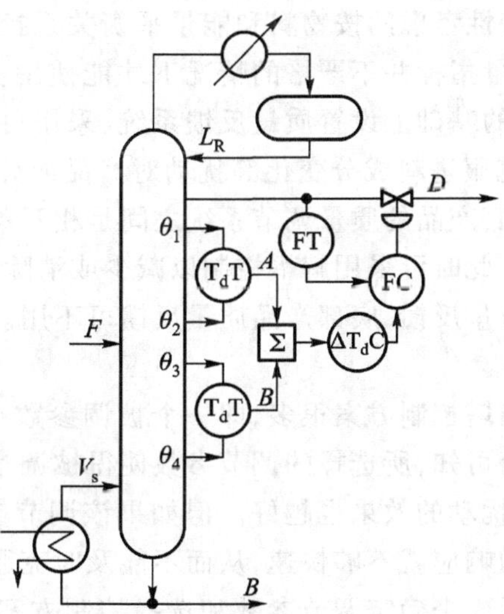

图 6-12　温差差值的控制方案

6.4 精馏塔的控制方案选择

在了解了精馏塔的操作要求和影响因素之后,余下的问题就是如何确定精馏塔的控制方案。首先简述设置精馏塔控制方案的基本观点。为简化讨论,只谈及顶部和底部产品均为液相的且没有侧线采出的情况。由于精馏塔的控制方案繁多,只按这些基本观点选择具有代表性的、常见的控制方案作出介绍。

1. 按物料及能量平衡关系进行控制

对于一个实际操作的二元精馏塔,在进料成分一定时,只要把 D/F 和 V/F 调节一定;且顶部回流罐液位调节以保证回流按照 $L=V_R-D$ 的关系保持一定;底部产品流量 B 在液位调节作用下也可以保证 $B=F-D$ 的物料平衡关系,那么该塔的产品质量就能得到控制。需指出,由于能量关系因素 V 主要取决于再沸器加热量,但也取决于进料和回流的热焓。当回流温度恒定时,只须考虑进料设置温度或热焓自动调节系统。于是可保持再沸器的蒸汽量一定,就相当于塔内上升蒸汽量 V 一定了。考虑到因冷凝器冷却量和环境等扰动因素而使能量平衡可能破坏,从而使塔压变化,因此在塔顶设置压力调节系统。对于 D/F 和 V/F 的控制,由顶部产品量 D、再沸器加热蒸汽量和进料量 F 分别组成比值控制系统。若考虑到动态关系,可添加补偿环节,一般采用超前-滞后环节。

2. 设置质量调节系统

实际上根据精馏塔静态特性考虑的按物料和能量平衡关系控制的方案,在具体应用时很难保证产品的质量,仅在产品质量指标并不严格的情况下才能使用。为了使产品符合一定的质量指标,就必须在上述控制方案的基础上设置质量反馈系统,采用再沸器加热量及顶部产品量(或回流量)等作为调节参数,以克服进料成分变化等扰动对产品成分的影响,使产品合格。对于一个精馏塔来讲,塔顶产品与塔底产品的质量调节系统之间是相互关联的。当相互影响严重时,不能达到预定的质量控制目的。此时可采用解耦控制以减少或消除它们之间的相关影响。对于二元精馏塔可只采用顶部产品质量反馈,底部产品质量反馈可不用。

3. 静态和动态响应

满足静态特性关系的精馏塔控制方案很多,即一个被调参数在不同控制方案中可以用不同的调节参数控制。从调节理论可知,所选择的调节参数使得被调参数的静态增益越大,控制系统的静态灵敏度越高,克服外部扰动的效果也越好。但如果该调节参数的调节通道的时间常数太大,则从动态上看,控制系统的响应就不够快速,从而不能及时克服外部扰动。因此,必须从静态响应和动态响应两方面综合考虑来确定调节参数和选择控制方案。当方案选取时,由于客观条件不得不采用灵敏度较高但动态响应缓慢的控制回路时,则应当考虑必要的动态补偿。

4. 考虑控制系统间的相关影响

在质量指标调节中,谈及了顶部产品与底部产品质量反馈系统之间的相关问题。同样的问题在一个精馏塔的控制中也存在。精馏塔是一个多变量的调节对象,往往设有多个控制系统。在这些系统之间有可能产生相互关联的影响。当相关影响严重时,可以使精馏塔的操作系统失去稳定。解决的方案一是可选取相关影响较小的系统,通过对各控制回路间相关影响的定量分析方法来选取;二是对于选取的具有相关影响的控制系统,可通过整定调节器参数把控制回路的工作频率拉开的方法减少相关;或者采用解耦控制。需指出的是,此时不仅要考虑到系统的静态特性,也需要考虑其动态影响。

5. 考虑整个工艺生产过程的平稳操作

由于精馏塔往往是生产过程中的一个环节,因此不仅前一工序的操作情况要影响精馏塔的操作,而且它的产品产量和成分变化也要影响到后一工序的操作。于是在设置精馏塔的控制方案时,必须协调前后工序的关系。在某些考虑前后工序关系的整个生产过程的控制中,可以采用逆流向物料平衡控制方案。这种控制方案中,前一工序的调节是根据后一工序的需要而定的。例如在精馏塔中,可根据后一工序对顶部产品量的需要改变产品馏出液量,而馏出液量的变化会引起回流罐的液位变化,可通过液位调节改变塔的进料量来实现。这种逆流向方案,可使整个生产过程稳定并可减少回流罐等中间容器的容积。

6. 塔压调节与浮动压力操作

在精馏塔的自动控制中,保持塔压恒定是稳定操作的条件。这主要是由两方面的因素决定的:一是压力的变化将引起塔内气相流量和塔顶上汽液平衡条件的变化,导致塔内物料平衡的变化;二是由于混合组分的沸点和压力间存在一定的关系,而塔板的温度间接反映了物料的成分,因此,压力恒定是保证物料平衡和产品质量的先决条件。在精馏塔的控制中,往往都设有压力调节系统,来保持塔内压力的恒定。

而在成分分析仪器用于产品质量控制的精馏塔控制方案中,则可以在可变压力操作下用温度调节或对压力变化补偿的方法实现质量控制。其做法是让塔压浮动于冷凝器的约束,而使冷凝器始终接近于满负荷操作。这样,当塔的处理量下降而使热负荷降低或冷凝器冷却介质温度下降时,塔压将维持在比设计要求低的数值。压力的降低可以使塔内被分离组分间的挥发度增加,这样使单位处理量所需的再沸器加热量下降,节省能量,提高经济效益。同时塔压的下降使同一组分的平衡温度下降,再沸器两侧的传热温度增加,提高了再沸器的加热能力,减轻再沸器的结垢。浮动压力操作可以显著提高精馏生产的经济效益。但是由于塔压的波动会产生精馏塔的不平稳扰动。因此在实际生产中,采用不多。

7. 根据热力学观点等选取节约能量的方案

在精馏塔的自动控制中,调节作用几乎都是通过调节阀改变流体流量来实现的。从热力学观点来看,调节阀的节流过程是一个近乎等焓的过程。在这个过程中熵将增加,熵的增加意味着消耗了有用功。调节阀前后的压力降就是损失的功的度量。因此,为了节省能量,减少有用功的损失,应使调节阀前后压降尽可能减少,这是控制方案的选择中一个值得注意的问题。为了节约能量消耗,在精馏塔控制中还可采用其他许多措施,在具体方案中避免安排某些能量消耗高的调节系统,采用浮动压力控制以及产品质量较严格地控制它的规格值,从而使塔的能耗量最小、成本最低及利润最大。

6.5 精馏塔的基本控制

精馏塔是一个多变量被控过程,在许多被控变量和操纵变量中,选定一种变量配对,就构成了一个精馏塔的控制方案。在许多控制方案中,要决定一种比较合理的方案是一个棘手的问题。欣斯基(Shinskey)做了大量研究,提出了精馏塔控制中变量配对的三条准则:

(1) 当仅需要控制塔的一端产品时,应当选用物料平衡方式来控制该产品的质量。

(2) 塔两端产品流量较小者,应作为操纵变量去控制塔的产品质量。

(3) 当塔的两端产品均需按质量控制时,一般对含纯产品较少,杂质较多的一端的质量控制选用物料平衡控制,而含纯产品较多,杂质较少的一端的质量控制选用能量平衡控制。当选用塔顶部产品馏出物流量 D 或塔底采出液量 B 来作为操纵变量控制产品质量时,称为物料平衡控制;而当选用塔顶部回流或再沸器加热量来作为操纵变量时,则称为能量平衡控制。

欣斯基提出的三条准则对于精馏塔控制方案设计有很好的指导作用。在此介绍一些常用的基本控制方案。

6.5.1 按精馏段指标的控制

当对馏出液的纯度要求较之对塔底产品为高,或是全部为气相进料(因为进料 F 变化先影响 x_D),或是塔底、提馏段塔板上的温度不能很好地反映产品成分变化时,往往按精馏段指标进行控制。

这时,取精馏段某点成分或温度为被控变量,而以 L_R、D 或 V_S 作为操纵变量,可以组成单回路控制方案或串级控制方案。串级控制方案虽然复杂一些,但可迅速有效地克服进入副环的扰动,并可降低对控制阀特性的要求,在需作精密控制时有所采用。

按精馏段指标控制,对塔顶产品的成分 x_D 有所保证。当扰动不大时,塔底产品成分 x_B 的变动也不大,可由静态特性分析来确定它的变化范围。采用这种控制方案时,在 L_R、D、V_S 和 B 四者中选择一种作为控制产品质量的手段,选择另一种保持流量恒定,其余两者则按回流罐和再沸器的物料平衡,由液位控制器加以控制。常用的控制方案有两类。

1. 间接物料平衡控制

间接物料平衡控制方案如图 6-13 所示。该方案是按精馏段指标来控制回流量,保持加热蒸汽流量为定值。该方案由于回流量 L_R 变化后再影响到馏出液 D,所以是间接物料平衡控制。这种控制方案的优点是控制作用滞后小,反应迅速,所以对克服进入精馏段的扰动和保证塔顶产品是有利的,这是精馏塔控制中最常用的方案。

在该方案中,L_R 受温度控制器调节,但在环境温度改变时,即使 L_R 未变动,内回流也会变化,且物料与能量之间关联较大，这对于精馏塔平稳操作是不利的。所以在控制器参数整定上应加以注意。有人认为，当采用成分作为被控变量时，控制器采用 PI 即可，不必加微分，该方案主要应用场合是 $L/D<0.8$ 及某些需要减少滞后的塔。

炼油厂中的常压塔和减压塔都只有精馏段的塔，是按精馏段指标控制的例子。它们的特点是都有侧线产品，并在每一侧线有汽提装置（吹送蒸汽，进行蒸汽蒸馏，把较轻组分蒸向上面的塔板）。进料 F 来自加热炉，是两相混合物，其温度和流量都预先经过控制。这些塔常用的控制方案是按塔顶温度（如果它是主要产品）来控制回流量，并保持各侧线流量恒定。

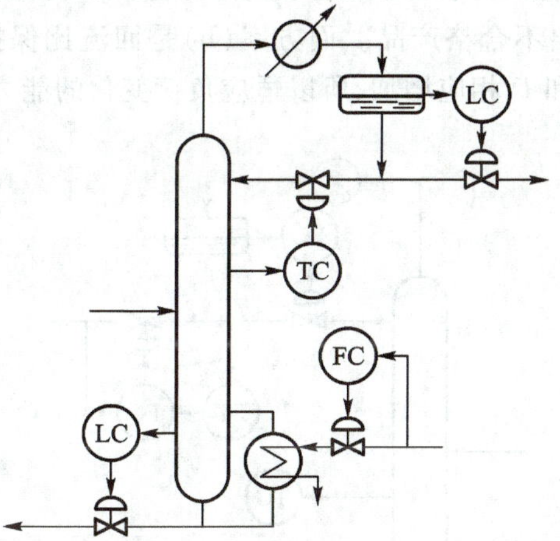

图 6-13 间接物料平衡控制方案之一

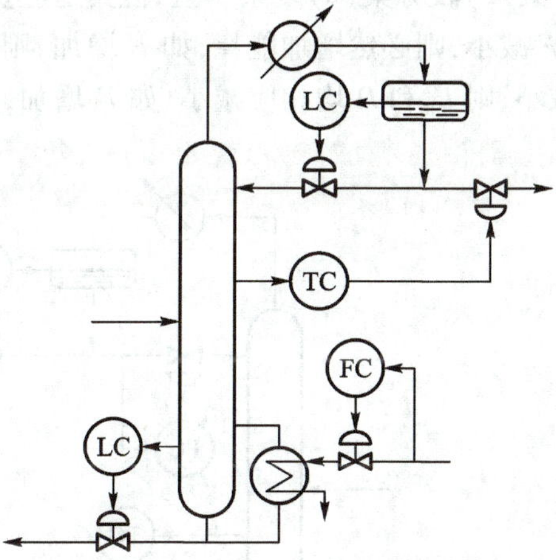

图 6-14 直接物料平衡控制方案之一

2. 直接物料平衡控制

图 6-14 是直接物料平衡控制方案之一。该方案是按精馏段指标来控制馏出液 D，并保持 V_S 不变。该方案的主要优点是物料与能量平衡之间关联最小；内回流在周围环境温度变化时基本保持不变，例如环境温度下降，使回流的温度下降，暂时使内回流增加，因而使塔顶上升蒸汽减少，冷凝液减少，液位下降，经调节使 L_R 减小，结果使得内回流基本保持不变。这对精馏塔平稳操作有利；还有产品不合格时，温度控制器自动关闭出料阀，自动切断产品。

然而该方案温度控制回路滞后较大，从馏出液 D 的改变到温度变化，要间接地通过液位控制回路来实现，特别是回流罐容积较大，反应更慢，给控制带来困难，所以该方案适用于馏出液 D 很小（或回流比较大）且回流罐容积适当的精馏塔。

6.5.2 按提馏段指标的控制

当对塔底的成分要求较之对馏出液为高，进料全部为液相（因为进料 F 变化先影响到 x_B），塔顶或精馏段塔板上的温度不能很好反映成分的变化，或实际操作回流比较最小回流比大许多倍时,采用提馏段指标的控制方案。常用的控制方案有两类。

1. 间接物料平衡控制

按提馏段指标的间接物料平衡控制方案如图6-15所示。该方案是按提馏段的塔板温度来控制加热蒸汽量,从而控制了提馏段质量指标。其中图6-15(a)是对回流采用定值控制,而图6-15(b)是对回流比采用定值控制。该方案滞后小,反应迅速,所以对克服进入提馏段的扰动和保证塔底产品质量有利。该方案是目前应用最广的精馏塔控制方案,仅在 $V/F \geqslant 2.0$ 时不采用。该方案的缺点是物料平衡与能量平衡关系之间有一定关联。

方案(b)较方案(a)复杂一些,但其适应负荷变化能力较强。对于方案(a),由于回流量是固定的,如 F 减小,则必然增加能耗,如 F 增加,则可能出不合格产品。而方案(b)是回流比保持不变,如 F 减小,则 L_R 和 D 均相应减小,如 F 增加,则 L_R 和 D 相应增加,所以适应负荷变化的能力较强。

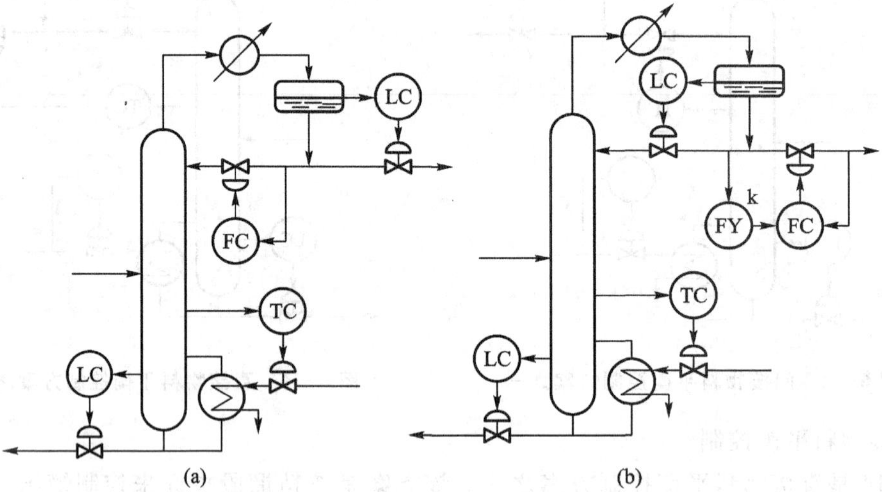

图 6-15 间接物料平衡控制方案之二

在化工生产中常会遇到解吸塔。它的工艺要求是用加热的方式从已经吸收了某一组分(气体或易挥发液体)的溶剂中,把这一组分解吸出来。它与只有提馏段的精馏塔并无实质区别,图6-16所示就是一种典型控制方案。

2. 直接物料平衡控制方案

图6-17是直接物料平衡控制方案之二,它按提馏段温度控制塔底产品采出 B,并保持回流量恒定。此时 D 是按回流罐的液位来控制,蒸汽量是按再沸器的液位来控制。

这类方案与直接物料平衡控制方案之一(即按精馏段温度来控制 D 的方案)一样,有其独特优点和一定弱点。其优点是物料平衡与能量平衡关系之间关联最小,当塔底采出量 B 少时,这样做比较平稳;当 B 不符合质量要求时,会自行暂停出料。缺点是滞后较大且液位控制回路存在反向特性。该方案仅适用于 B 很少且 $B<20\%V$ 的塔。

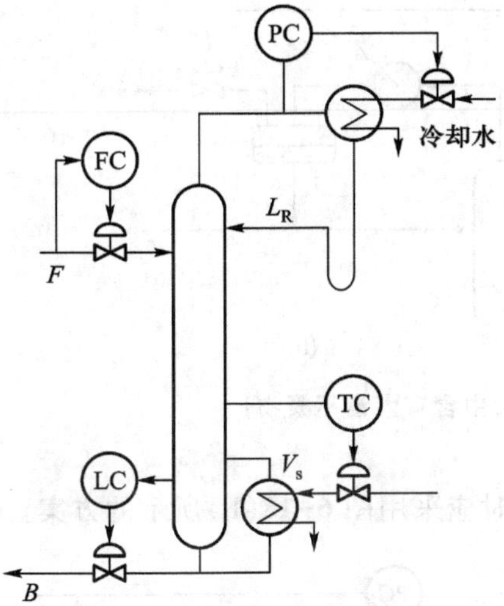

图 6-16 解吸塔的控制方案

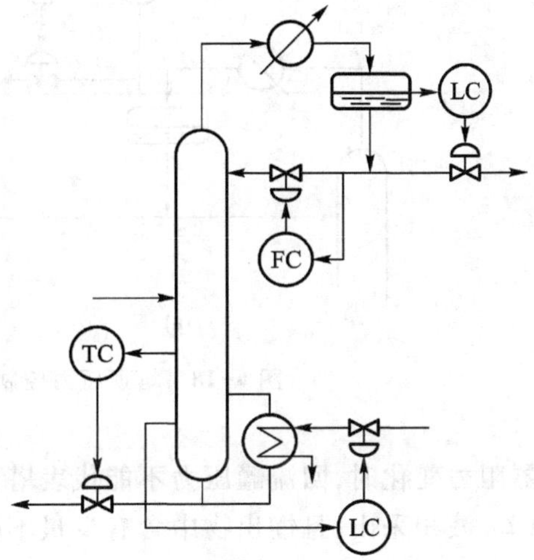

图 6-17 直接物料平衡控制方案之二

6.5.3 精馏塔的压力控制

精馏塔的操作大多是在塔内压力维持恒定的基础上进行的。在精馏操作过程中,进料流量、进料成分和温度的变化,塔釜加热蒸汽量的变化,回流量、回流液温度及冷剂压力的波动等等都可能引起塔压波动。而塔压波动必将引起每块塔板上的汽液平衡条件的改变,结果使整个塔正常操作被破坏,最终将影响产品的质量。所以,在精馏操作中,必须设置压力控制系统,以保证精馏塔在某一恒定压力下工作。特别是在精密精馏中,塔顶或塔底产品质量要求较高,操作压力的精确控制显得更加重要。

精馏可在常压、减压及加压下操作。例如,在混合液沸点较高时,减压可以降低沸点,避免分解,炼油厂中的减压塔即为一例。在混合液沸点很低时,加压可以提高沸点,减少冷量,在石油化工中的裂解气分离时即是如此。由于压力不同,压力控制方案也有所不同。但总的来说应用能量平衡来控制塔压。

1. 加压精馏塔的压力控制

所谓加压精馏塔即指精馏塔操作大于大气压的情况。加压精馏塔控制方案的确定与塔顶馏出物状态(气相还是液相)及馏出物中含不凝性气体量的多少有密切关系。下面分别给予介绍。

(1) 液相采出,且馏出物中含有大量不凝物

图 6-18(a)所示压力控制方案,测压点在回流罐上,控制阀安装在气相排出管线上。这种方案反应较快,适用于塔顶气体流经冷凝器的阻力变化不大的场合,回流罐压力可以间接代表塔顶压力,维持回流罐内压力即保证塔顶压力恒定。若由于进料流量、成分、加热蒸汽等扰动引起

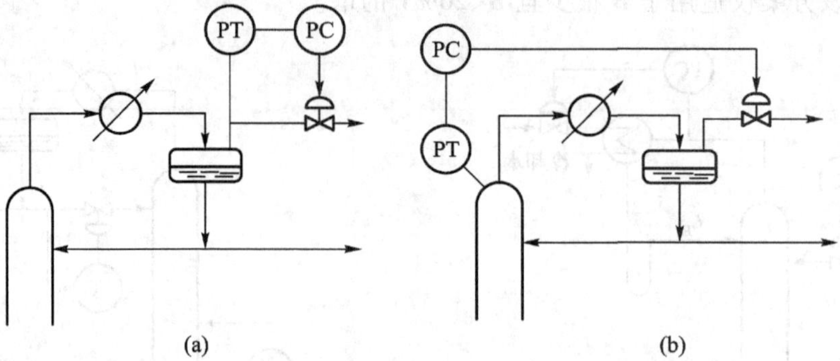

图 6-18 塔顶压力控制方案(馏出物中含有大量不凝物)

冷凝器阻力变化时,回流罐压力不能代表塔顶压力,此时应采用图 6-18(b)所示的方案。

(2) 液相采出,且馏出物中含有少量不凝物

当塔顶气相中不凝性气体量小于塔顶气相总流量的2%,或在塔的操作中,预计只有部分时间产生干气时,就不能采用控制不凝物排放量来保持塔顶压力,此时可采用图 6-19 所示的控制方案。这是一个分程控制系统。为保持塔顶压力采用改变传热量的手段来控制,即控制阀 V_1作用。如传热量小于使全部蒸汽冷凝时所需热量,则蒸汽将积聚起来,压力会升高。反之传热量过大,则压力会降低。若 V_1全开而塔压还偏高时,此时打开放开阀 V_2,以保持塔压恒定。

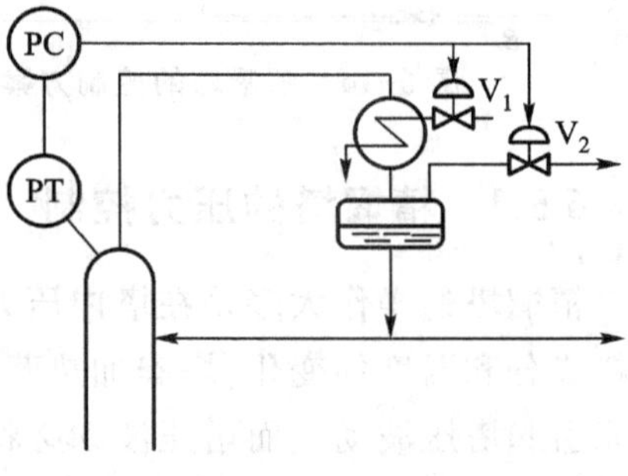

图 6-19 塔顶压力控制方案(液相采出,馏出物含少量不凝物)

(3) 液相采出,馏出物中含有微量不凝物

当塔顶气体全部冷凝或只会有微量不凝性气体时,可采用改变传热量的手段来控制塔顶压力,具体控制方案如图 6-20 所示的三种方式。

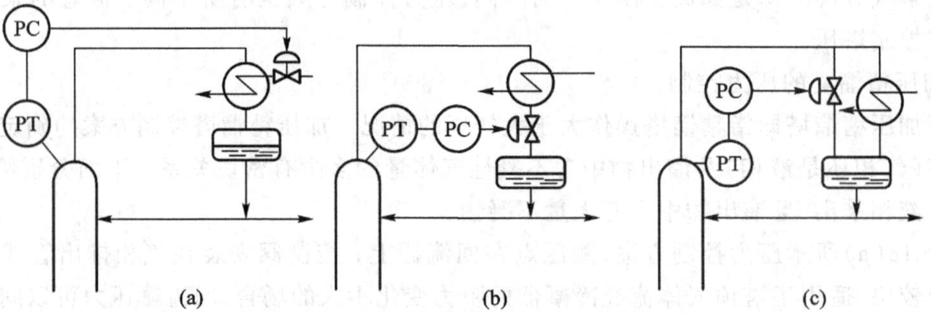

图 6-20 塔顶压力控制方案(液相采出,馏出物含微量不凝物)

ⓐ 按压力改变冷却水的流量，这种方式最节约冷却水量(图 6-20(a))。

ⓑ 按压力改变传热面积，即让凝液部分地浸没冷凝器，这种方案较迟钝(图 6-20(b))。

ⓒ 采用热旁路的办法，其实是改变气体进入冷凝器的推动力。当系统压力偏高时，关小阀门，使冷凝器两端压差 ΔP 增加，则有较多气相物料进入冷凝器冷凝，增加传热速率，从而使压力回复到设定值。反之阀门开大，使冷凝器两端压差 ΔP 减小，进入冷凝器气相物料减少。这种方案反应较灵敏，炼油厂中应用较多(图 6-20(c))。

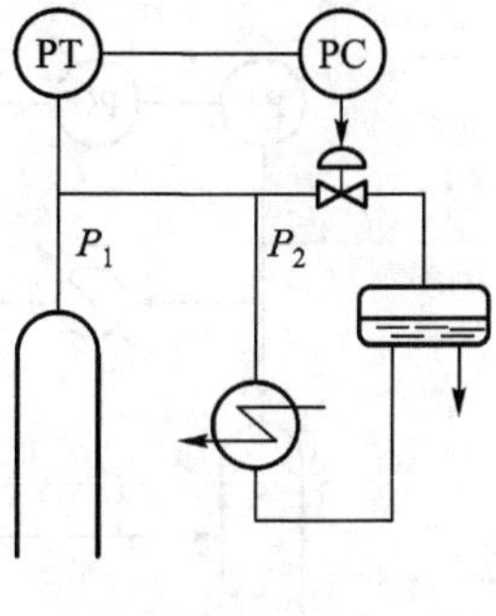

图 6-21 "浸没"式冷凝器压力控制方案

图 6-21 所示是"浸没"式冷凝器压力控制方案。一般冷凝器在回流罐下 3~5 m，采用这种控制方案时，通过控制 $\Delta P=P_1-P_2$ 来达到改变传热面积。当 ΔP 增加时，冷凝器内冷凝液液面下降，使气相冷凝面积增加，所以传热量增加，冷凝量增加，使塔压减小。因此，当 P_1 增加时，应增加 ΔP，反之应减小 ΔP。

(4) 气相采出

图 6-22(a)所示为气相出料的压力控制系统，按压力控制气相采出，由回流罐液位控制冷却水量，以保证足够的冷凝液作回流。若气相出料为下一工序进料，则可以采用图 6-22(b)所示的压力-流量均匀控制系统。

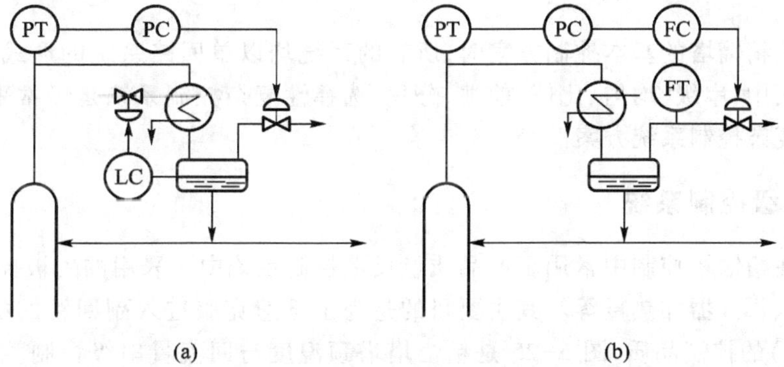

图 6-22 气相出料压力控制方案

2. 减压精馏塔的压力控制

图 6-23 所示是采用蒸汽喷射泵抽真空的塔顶压力控制系统，在蒸汽管线上设有压力控制系统，以维持喷射泵的最佳蒸汽压力；塔顶压力用补充的空气量来控制，这种方案能有效地控制任何波动和扰动对塔顶压力的影响；图 6-24 所示是采用电动真空泵的减压系统的压力控制放空。

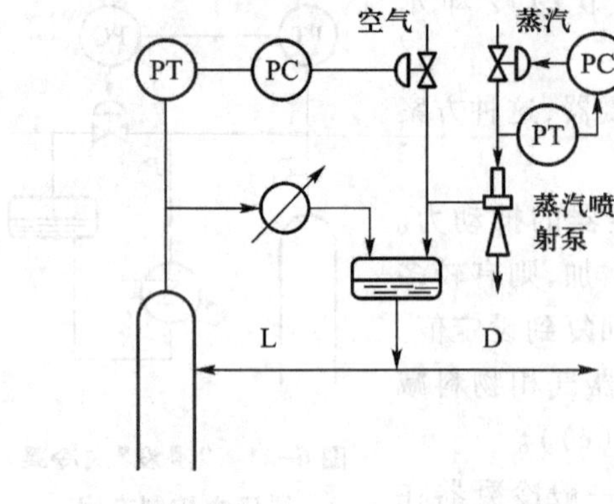

图 6-23 精馏塔的真空度控制系统(用蒸汽喷射泵)

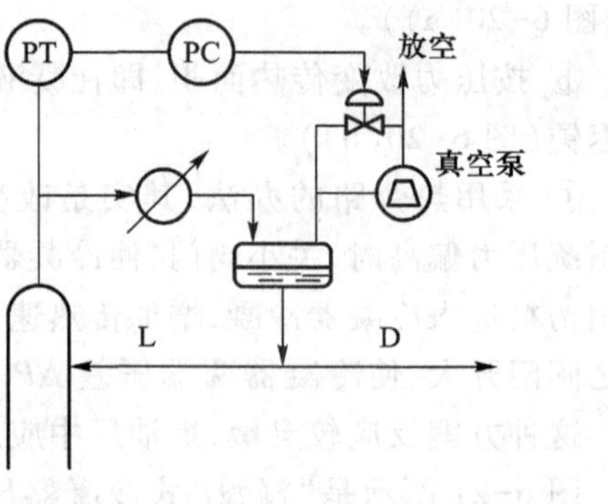

图 6-24 精馏塔的真空度控制系统(用电动真空泵)

3. 常压塔

常压塔安排较简单,可在回流罐或冷凝器上设置一个通大气的管道来平衡压力,以保持塔内压力接近大气压。如果对精馏塔操作压力稳定性要求较高时,则须设置压力控制系统,以维持塔内压力稍高于大气压,其方案类似于加压塔控制方案。

6.6 精馏塔的复杂控制系统方案

在上述讨论精馏塔的基本控制方案时,所有的系统均以单回路系统的形式表示。在实际精馏塔的控制方案中,串级、均匀、比值、前馈、分程、选择性复杂控制系统是经常采用的,本节介绍一些精馏塔的复杂控制系统方案。

6.6.1 串级控制系统

串级控制在精馏塔控制中常用于产品质量反馈控制系统中。采用的副被控变量主要有回流量、塔顶采出量、再沸器加热量等。其主要目的是为了迅速克服进入副回路的扰动,保证主被控变量(产品质量)的控制品质,图 6-25 是精馏塔塔顶温度与回流量串级控制。其次是克服由于调节阀特性变化和管路系统内扰动的影响,使操纵变量的流量与控制器输出保持均匀和精确的对应关系。

采用直接产品质量指标控制时,由于引入在线分析仪,产生较大滞后,不能迅速克服扰动的影响。有些工厂采用以直接产品质量指标为主被控变量,灵敏板温度作为副被控变量组成串级控制取得了成功。

采用串级结构的均匀控制系统,在多个精馏塔组成的塔系控制方案中应用很多,其目的是兼顾塔釜液位与塔底流量的平稳。

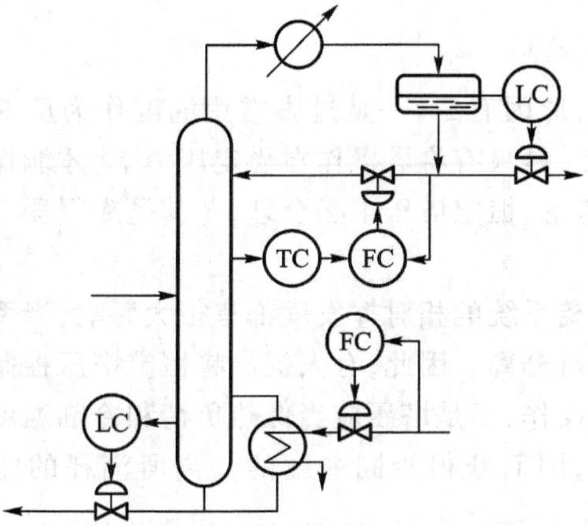

图 6-25 精馏塔塔顶温度与回流量串级控制

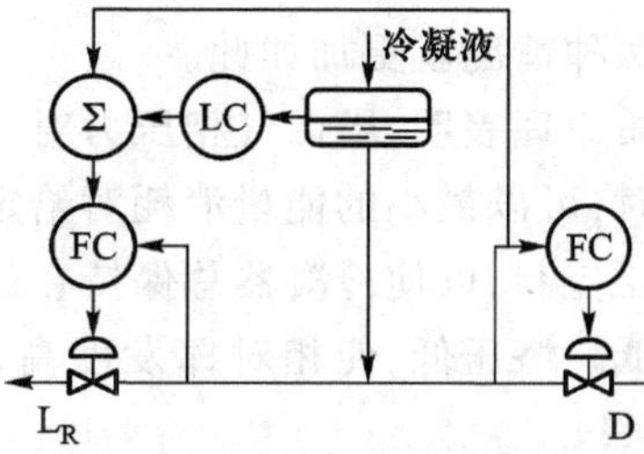

图 6-26 强迫内部平衡作用的前馈-反馈控制系统

6.6.2 前馈控制系统

精馏塔在反馈过程中,若遇到进料扰动频繁,加上调节通道滞后较大等原因,使调节质量满足不了工艺要求,此时引入前馈控制可以明显改善系统的控制品质。

前馈控制在精馏过程中的另一个成功的应用是实现称之为强迫内部平衡的作用。在精馏段直接物料平衡控制方案中,D 的流出由反映质量的温度控制器控制,回流量 L_R 则由回流罐的液位控制器控制。我们希望随着 D 的调整,L_R 也立即跟着变化,这样才能迅速影响到塔内,改变塔内的物料平衡关系,对产品质量起到调节作用。然而,回流罐往往有较大容量,要通过液位的变化再来调整 L_R,需要时间较长。为了改善这种情况,使 L_R 快速地跟着 D 的变化,可在该液位控制回路内,把 D 作为主要扰动,设计成图 6-26 所示的前馈-反馈控制系统。这时,液位能维持恒定,但不是主要目标,其实质是作为强迫内部平衡的手段。

6.7 精馏塔的节能控制

近年来,能源危机一直为世界各国关注,开源节流是解决的根本途径,所以在工业生产中,节能已被作为重要研究方向。石油化工企业是工业生产耗能大户,而精馏过程往往又占典型石油化工生产能耗的 40%。由于精馏过程是为了实现分离,塔底气化需要能量,塔顶冷凝尽管是除热,也要消耗能量,因此精馏塔的节能控制成为人们研究的一个重要课题。

长期以来,经过人们大量研究,提出了一系列新型控制系统,以期尽量节省和合理使用能量。另一方面,对工艺进行必要改进,配置相应的控制系统,充分利用精馏操作中的能量,降低能耗。在此举例介绍几种节能控制方法。

6.7.1 浮动塔压控制

在一般精馏操作中,均设有塔压自动控制系统,原因有二,一是过去常用温度作为反映产品质量的间接指标,这只有在一定压力条件下才行。二是只有将塔操作在稳定压力下,才能保证塔的平衡和正常工作。然而从节约能量或经济观点考虑,恒定塔压未必合理,尤其是冷凝器为风冷或水冷两种情况就更加如此。

传质原理表明,塔内气相压力对许多混合物分离系统的相对挥发度都有很大影响,当系统压力最低时,可以最小的能量消耗对给定的混合物进行分离。因此,有人提出将恒定塔压控制改成浮动塔压控制,以使冷凝器总保持在最大热负荷下操作,于是塔压应当像热负荷和冷剂温度允许的那样低。塔压低,使相对挥发度高,就容易分离,因而获得相同纯度的分离所消耗的能量就越小。

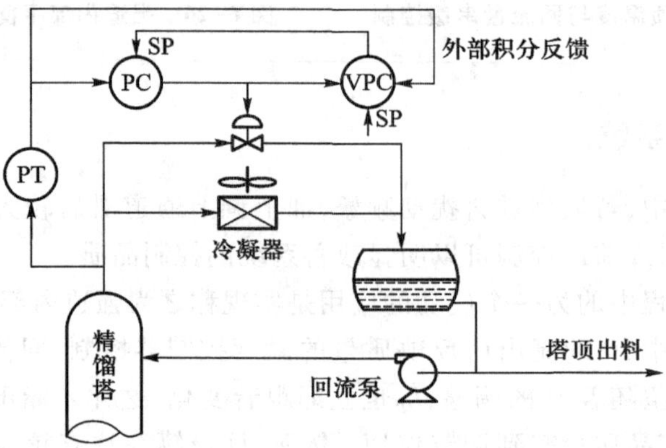

图 6-27 精馏塔压力浮动控制系统

图 6-27 所示是精馏塔浮动塔压控制方案。方案的特点是增加了一个纯积分(或大比例的 PI 控制器)的阀位控制器 VPC,在原来压力控制系统上增加 VPC 后将起以下两个作用。

(1) 不管冷剂情况如何变化(如遇暴风雨降温),塔压首先不受其突然变化的影响,而后再缓缓变化,并最后浮动到冷剂可能提供的最低压力。这就是说塔压应当是浮动的,但不希望突变,因为塔压突变可能会导致塔内液泛,从而破坏塔的正常操作。

(2) 为保证冷凝器总在最大热负荷下操作,即阀门开度应处于最小位置,考虑到要有一定控制余量,阀门开度给定在 10%处,或更小一些的数值。

图 6-27 中 PC 为一般的 PI 控制器, PC 控制系统选定的操作周期短,过程反应快。而阀位控制器 VPC 的操作周期长,过程反应慢。因此,分析时可以假设: PC 系统和 VPC 系统间其动态联系可忽略,即分析 PC 动作时,可以认为 VPC 系统是不动作,而分析 VPC 系统时,又可以认为

PC 系统是瞬时跟踪的。VPC 控制器的外部积分反馈是为防止当 PC 手动设定时,引起 VPC 积分饱和而设置的。下面简单分析一下该系统的工作原理。

当由于冷剂增加,压力下降时,PC 控制器动作打开控制阀,其开度大于 10%,使压力迅速恢复到原值。然后,阀位控制器缓慢降低压力控制器的设定值,直到阀门开度等于 10%,塔的压力达到与外界条件相应的新稳态值为止,从而实现了浮压操作,图 6-28 所示是冷剂突然增加时,塔压及阀门开度变化的情况。

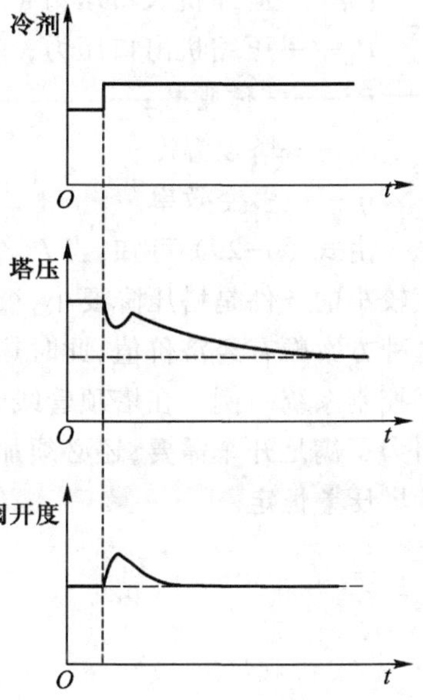

图 6-28 冷剂突增时塔压及阀门开度变化的情况

昼夜 24 小时内温度变化引起塔压浮动,对于空冷式冷凝器,浮压操作的优点特别明显,据报道环境温度每降低 1 ℃,分离丙烷和异丁烷所需的能量就减少 1.26%。

采用浮动塔压控制方案后,一般应设置直接质量控制回路。若仍用温度作为间接质量指标控制时,需引入压力校正。一种方法是将温度 θ 和压力 P 分别进行测量,然后通过计算装置处理。假定压力的增量为 ΔP,相应的沸点升高为 $\Delta\theta$,两者的比值可以近似为常数 $K=\dfrac{\partial P}{\partial \theta}=\Delta P/\Delta\theta$,$K$ 的数值可从物理化学数据手册查出或实验求得,所以校正后的温度值 θ_c 应该是

$$\theta_c=\theta-1/(K\ \Delta P)=\theta-1/(K\ P)+1/(K\ P_0)=\theta-1/(K\ P)+K_0 \tag{6-28}$$

式中的 P_0是额定压力,$K_0=1/(K\ P_0)$。

6.7.2 能量的综合利用控制

在精馏塔的操作中,塔底再沸器要用蒸汽加热,塔顶冷凝器要除热,通常两者需要消耗能量,有否可能从根本上改变这一情况呢?答案是肯定的,至少有两种方法。第一,把塔顶的蒸汽作为本塔塔底的热源。问题是塔顶蒸汽的冷凝温度低于塔底液体的沸腾温度,热量不能由低温处直接向高温处传递,办法是增加一个透平压缩机,把塔顶蒸汽压缩以提高其冷凝温度,这称为热泵系统。

压缩机系由电动机带动时,所需功与压缩机的压缩比有关,存在如下关系:

$$N=m\frac{1}{n-1}\frac{R\theta_D}{M\eta}\left[\left(\frac{P_E}{P_D}\right)^{\frac{n-1}{n}}-1\right] \tag{6-29}$$

式中:

m——质量流量;

M——千克摩尔质量;

n——多变指数;

N——所需理论压缩功；

P_D——压缩机入口压力（即塔顶压力）；

P_E——压缩机出口压力；

R——气体常数；

θ_D——塔顶温度；

η——多变效率。

由式（6-29）可知，当 P_E/P_D 之比愈小，则压缩机所需的功也愈小。从工艺上分析满足这比值较小的条件是塔压降要小，被分离物之温差要小。某些精密精馏系统例如丙烯丙烷塔等，采用这种方案颇有经济价值，此时热量平衡系统很关键，应设置相应的控制系统，图 6-29 所示为热泵控制系统一例。在塔顶管线上增加了一台透平压缩机，将塔顶原有冷凝器与再沸器合二为一，但为了满足开车需要，还必须加一辅助再沸器，并且该辅助再沸器给系统补充必要的热量，以维持塔压差恒定。

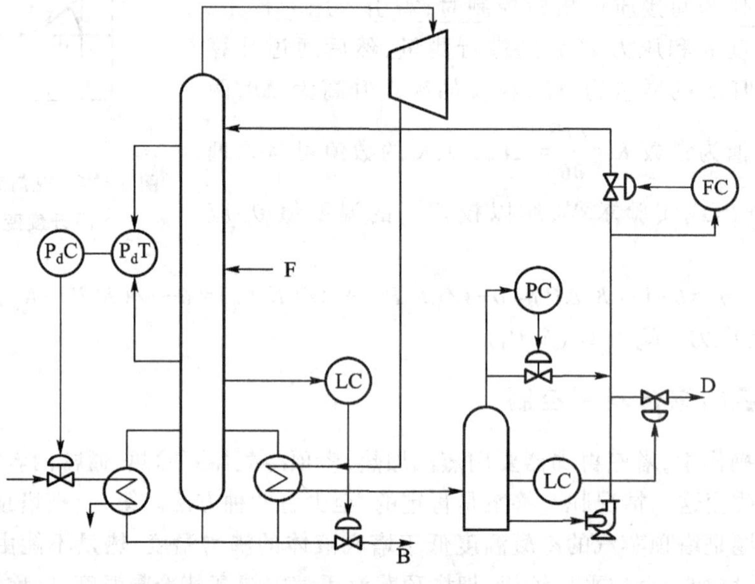

图 6-29　热泵控制方案

第二，在几个塔串联成塔组的情况，上一塔的蒸汽可作为下一塔的热源。首先要求上一塔塔顶温度远大于下一塔塔底温度，这样上一塔塔顶蒸汽可为下一塔提供大部分能量或更多一些，同时也可自行压入下一塔再沸器。其次这两塔之间存在着关联，应设计行之有效的控制方案，才能使这种流程得以实现。图 6-30 所示是这种流程的控制方案一例，甲塔塔顶冷凝器和乙塔辅助再沸器是用来作为平衡能量用的。如甲塔塔顶提供能量大于乙塔所需的能量，则温度控制器 TC

与流量控制器 FC 组成串级控制系统,流量控制器 FC 输出控制合流阀 V_1,此时阀 V_2(辅助再沸器载热体控制阀) 关闭。若甲塔塔顶提供能量作为乙塔再沸器能量不够时,乙塔辅助再沸器载热体控制阀 V_2 由温度控制器控制。这里温度控制器输出分程于阀 V_2 和流量控制器 FC 的设定值。

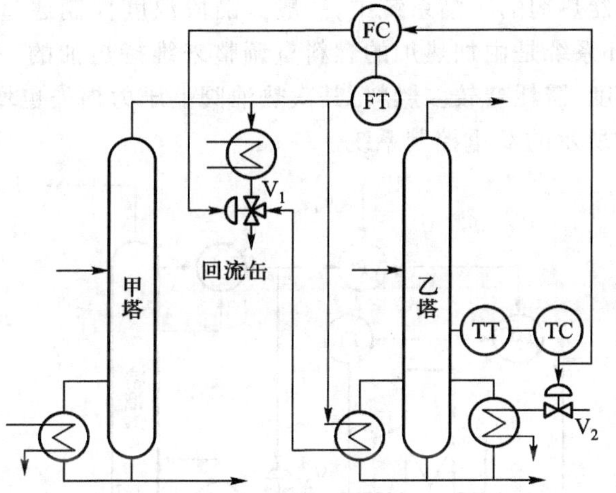

图 6-30 甲塔塔顶气相作为乙塔再沸器热量的控制方案

6.7.3 产品质量的"卡边"控制

在一般精馏操作中,操作人员为了防止产出不合格的产品,总是习惯性地把产品浓度的设定值提高,以留有余地,出现过分离。然而,提高分离度就意味着加大回流比,增加再沸器上升蒸汽,这种操作方式既浪费了能量又降低了回收率。因此,为保证产品质量合格,提高产品产量,降低能耗,应该将保守的"过分离"操作转变为严格产品质量指标的"卡边"生产,这就可以降低回流比。

降低回流比是节能的有效途径,但降低回流比需十分慎重,因回流比对产品质量影响较大。图 6-31 表示某典型的脱异丁烷塔塔顶采出物中,杂质正丁烷含量与回流比的关系。质量指标规定产品中含正丁烷 4%,但实际操作总是过分离,生产含 1.2%正丁烷的塔顶产品,这是由于产品中杂质含量与回流比之间的非线性关系。当回流比为 8∶1 时,回流比每减少半个单位,产品中杂质含量只增加 0.2%;而回流比为理想值 4∶1 时,回流比每减少半个单位就会使产品杂质增加 1.8%。由此

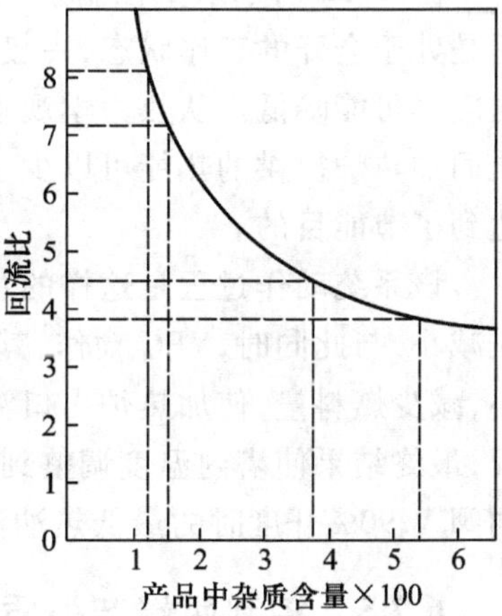

图 6-31 回流比对产品质量的影响

可见，降低回流比会增加操作难度。这时应采用先进控制系统或计算机控制，实现"卡边"控制可有效地降低回流比，从而达到节约能量，提高产量的目的。

6.7.4 双重控制用于精馏塔节能控制

在用热油作为再沸器热剂的精馏系统中，一般提馏段温度控制通过再沸器热油阀流量来保持塔内温度，而热油循环系统是由加热炉的燃料量调整来维持热油的一定温度。这种控制方案要求热油有足够高的温度，需耗费较多燃料；其次热油阀上压力损失也增加了能耗。为达到节能目的，可设计成图 6-32 所示的双重控制系统。

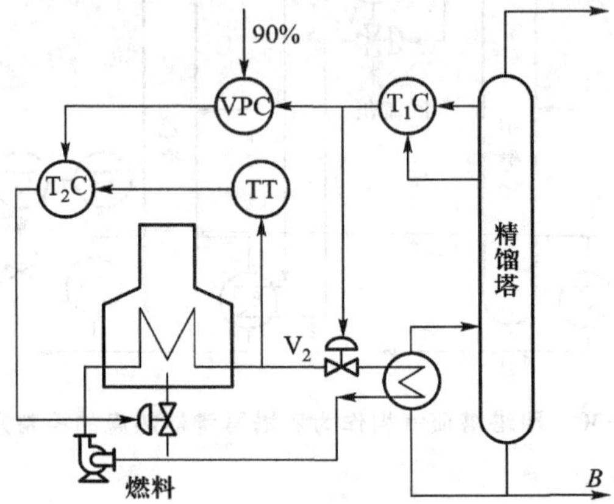

图 6-32 精馏塔的双重控制系统

图 6-32 所示双重控制系统中通过阀位控制器 VPC 和温度控制 T_2C，可以使热油控制阀 V_2 总是处于全开的工作状态，一般为 90%，有一定控制余量。这样在一定加热量要求时可使热油温度尽可能降低。从热力学观点来看，热油流量控制阀开度大，可减少控制阀节流损失的能量，从而加热炉提供的热能可以少一些；同时热油温度可以尽量降低，意味着加热炉燃料耗量减少，达到了节能目的。

该系统动作过程是这样的：当塔内温度由于某种原因升高时，T_1C 的动作使热油阀 V_2 开度先减小，与此同时，VPC 动作，其输出变化使 T_2C 的设定值降低，这样 T_2C 动作，把燃料阀 V_1 关小，减少燃料量，使加热炉出口温度随之降低，于是油阀 V_2 又逐渐打开，压降减少。如此工作过程，最终结果使塔内温度调整到工艺要求的设定值上，而 VPC 把 T_2C 的设定值改变，直到满足热油阀 V_2 90% 开度时的最低热油温度值。

6.7.5 控制两端产品质量

当塔顶和塔底产品均需达到规定的产品质量指标时，就可以设置塔顶和塔底两端产品的质量控制系统。采用两个产品质量控制的主要原因,是使操作接近规格限,从而使操作成本特别是能耗降低。如果不考虑操作成本和能量消耗的话,采用一个产品质量控制的方案,也可使另一端产品质量符合规格,只是回流比(或 V/B)更大一些,能量消耗就要增加。

按两个产品的质量指标进行控制的方案很多,但两个质量指标均用物料平衡控制方式是不能采用的。这是因为均按物料平衡控制时,两个质量控制器都作用在产品流量上(即 D 和 B),于是塔底液位由再沸器加热量来控制,塔顶压力由冷凝器冷却量来控制,从而回流罐液位用回流来控制。这样一来塔底液位与回流罐液位之间关联十分严重。例如,当塔底液位上升时,塔底液位控制器就要加大再沸器热量,使塔内上升蒸汽量增加,使塔压升高,从而使压力控制器增加冷凝器冷却量,把塔内增加的上升蒸汽冷凝。并通过回流罐液位控制器转移到回流上去,使塔内回流量增加同一个量,这个量最终可使塔底液位升高。因而,从静态上看塔底液位无变化,而从动态上看,上述过程将继续下去,塔底液位控制不可能稳定下来,于是塔底液位控制将因关联影响而失效。

因此,按塔的两端产品质量控制方案有两种基本类型:一种是两个产品质量指标均用能量平衡控制,第二种是一个产品质量指标用物料平衡控制,另一个产品质量指标用能量平衡控制。然而这两个产品质量控制系统之间存在着相互关联的影响。这些方案往往容易失败。为此可作关联程度分析,然后采取有关措施,实现两端产品质量控制。

现以精馏塔的两个产品质量控制回路关联程度进行分析如下:

1. 选用 D 和 V 来控制塔顶组分 y 和塔底组分 x

这时回流罐液位由回流量控制,塔底液位由 B 控制,塔压由冷却量控制。用 D/F 和 V/F 作为操纵变量,则 DV 子系统的相对增益阵 Λ_{DV} 为

$$\Lambda_{DV}=\begin{array}{c|cc} & D/F & V/F \\ \hline y_h & \lambda_{yD} & \lambda_{yV} \\ x_l & \lambda_{xD} & \lambda_{xV} \end{array} \tag{6-30}$$

式中:y_h表示塔顶产品中重组分,x_l表示塔底产品中轻组分。

$$\lambda_{yD}=\frac{\left.\dfrac{\partial y_h}{\partial \dfrac{D}{F}}\right|_{\frac{V}{F}}}{\left.\dfrac{\partial y_h}{\partial \dfrac{D}{F}}\right|_{x_l}} \tag{6-31}$$

为便于通用分析,将式(6-3)和式(6-21)写成如下形式:

$$\frac{D}{F}=\frac{z_i-x_i}{y_i-x_i}=\frac{z_h-x_h}{y_h-x_h}=\frac{z_l-x_l}{y_l-x_l} \tag{6-32}$$

$$\frac{V}{F}=\beta\ln s=\beta\ln\frac{y_l x_h}{x_l y_h}=\beta\ln\frac{(1-y_h)x_h}{y_h(1-x_h)}=\beta\ln\frac{y_l(1-x_l)}{x_l(1-y_l)} \tag{6-33}$$

式中 z_h 表示进料中重组分，z_l 表示进料中轻组分，y_l 表示塔顶产品中轻组分，x_h 表示塔顶产品中重组分。

由式(6-33)可知

$$\left.\frac{\partial y_h}{\partial \frac{D}{F}}\right|_{\frac{V}{F}}=\left.\frac{\partial y_h}{\partial \frac{D}{F}}\right|_{s}$$

对物料平衡式(6-32)求导可得

$$\left.\frac{\partial \frac{D}{F}}{\partial y_h}\right|_{s}=\frac{(x_h-z_h)-\left.\frac{\partial x_h}{\partial y_h}\right|_{s}\left[(y_h-x_h)+(x_h-z_h)\right]}{(y_h-x_h)^2} \tag{6-34}$$

由式(6-33)可得

$$s(1-x_h)y_h=(1-y_h)x_h$$

$$x_h=\frac{sy_h}{1-y_h+Sy_h} \tag{6-35}$$

将式(6-35)对 y_h 求导得

$$\left.\frac{\partial x_h}{\partial y_h}\right|_{s}=\frac{s}{(1-y_h+sy_h)^2}=\frac{x_hx_l}{y_hy_l} \tag{6-36}$$

将式(6-36)代入式(6-34)可得

$$\left.\frac{\partial y_h}{\partial \frac{D}{F}}\right|_{\frac{V}{F}}=\left.\frac{\partial y_h}{\partial \frac{D}{F}}\right|_{s}=\frac{(z_h-y_h)^2}{(x_h-z_h)+(z_h-y_h)\frac{z_hx_l}{y_hy_l}} \tag{6-37}$$

同样，对物料平衡式(6-32)求导，可确定在 x_l 不变时，y_h 对 $\frac{D}{F}$ 的稳态增益为

$$\left.\frac{\partial y_h}{\partial\left(\frac{D}{F}\right)}\right|_{x_l}=\frac{(x_h-y_h)^2}{(x_h-z_h)} \tag{6-38}$$

于是将式(6-37)和式(6-38)代入式(6-31)可得

$$\lambda_{yD}=\frac{1}{1+\frac{(z_h-y_h)x_hx_l}{(x_h-z_h)y_hy_l}} \tag{6-39}$$

由相对增益阵性质可得

$$\lambda_{xD}=(1-\lambda_{yD})=\frac{1}{1+\frac{(x_h-z_h)y_hy_l}{(x_h-y_h)x_hx_l}} \tag{6-40}$$

而 $\lambda_{xV}=\lambda_{yD}$，$\lambda_{yV}=\lambda_{xD}$。

如果忽略进料成分的影响，当 $x_1 \gg y_h$ 时，λ_{yD} 趋近于 0，λ_{xD} 趋近于 1，即选取 D 控制 x_1，V 控制 y_h。而当 $y_h \gg x_1$ 时，λ_{yD} 趋近于 1，λ_{xD} 趋近于 0，即选取 D 控制 y_h，V 控制 x_1。换句话说，一般应该用物料平衡控制不太纯产品成分，而用能量平衡来控制较纯产品的成分。

但是当 $\lambda_{xD}\approx 1$，$\lambda_{yV}\approx 1$ 时，选用 D 来控制 x_1，V 来控制 y_h，此时动态响应很差，而需采用另外控制方案。

2. 选用 B 和 L 控制 x 和 y

Λ_{BL} 子系统相对增益阵为

$$\Lambda_{BL}=\begin{array}{c|cc} & B/F & L/F \\ \hline y_h & \lambda_{yB} & \lambda_{yL} \\ x_1 & \lambda_{xB} & \lambda_{xL} \end{array}$$

按上述方法可以导出

$$\lambda_{yB}=\frac{\left.\dfrac{\partial y_h}{\partial \dfrac{B}{F}}\right|_{\frac{L}{F}}}{\left.\dfrac{\partial y_h}{\partial \dfrac{B}{F}}\right|_{x_1}}=\frac{1}{1+\dfrac{(z_h-y_h)x_hx_1}{(x_h-z_h)y_hy_1}} \tag{6-41}$$

上式与(6-39)比较可知

$$\lambda_{yB}(\Lambda_{BL})=\lambda_{yD}(\Lambda_{DV})$$

同时可得

$$\lambda_{yL}(\Lambda_{BL})=\lambda_{yV}(\Lambda_{DV})$$
$$\lambda_{xB}(\Lambda_{BL})=\lambda_{xD}(\Lambda_{DV})$$
$$\lambda_{xL}(\Lambda_{BL})=\lambda_{xV}(\Lambda_{DV})$$

用此子系统 Λ_{DV} 中 $\lambda_{xD}\approx 1$，$\lambda_{yV}\approx 1$，相当于子系统 Λ_{BL} 中 $\lambda_{xB}\approx 1$，$\lambda_{yL}\approx 1$，即用 B 控制 x_1，用 L 控制 y_h 的动态响应要快得多。

3. 选用 L 和 V 控制 y 和 x

子系统 Λ_{LV} 是唯一的非物料平衡子系统。两种产品成分用 L 和 V 加以控制，即全部用能量平衡控制。

相对增益 λ_{yL} 可以通过子系统 Λ_{DV} 的 λ_{yD} 来求出：

$$\frac{\lambda_{yL}}{\lambda_{yD}}=1+\frac{\beta(y_1-x_1)^2}{(z_1-x_1)}\left(\frac{1}{y_1}+\frac{1}{y_h}\right) \quad 或$$

$$\lambda_{yL}=\frac{(x_h-z_h)[(z_1-x_1)y_1y_h+\beta(y_1-x_1)^2]+(z_1-x_1)(z_h-y_h)x_hx_1}{(z_1-x_1)[(x_h-z_h)y_hy_1+(z_h-y_h)x_hx_1]} \tag{6-42}$$

$\lambda_{yL}(\Lambda_{LV})$一般是正的,并且常常比1大得多。对于$\lambda_{ij}>1$的匹配往往是不可取的,因此这种控制方案采用较少。

求出相对增益后,就可对控制方案作出选择。相关不严重时,可以通过控制器参数整定的方法使相关回路的工作频率拉开,以减少相关;或通过被控变量与操纵变量的正确匹配以减少相关。如还不能达到要求,可以采用解耦控制系统。

由于精馏塔是一个非线性、多变量过程,准确求取动态特性相当困难,而静态特性的求取比较容易。因此可以采用静态解耦。为工程实施方便只要采用前馈(简易)解耦即可。如果尚不能满足要求,可在静态解耦基础上作适当动态补偿。

在此介绍一个精馏塔两端产品质量控制的应用实例。某气分装置的脱丙烷塔将液化石油气分离成C_3馏分和C_4馏分,并分别作为下游丙烯塔和脱异丁烷塔的进料。因此对脱丙烷塔的塔顶和塔底组分均有较高要求,工艺指标均需达到99%。经过关联分析后,设计图6-33所示的脱丙烷塔两端产品质量控制系统。

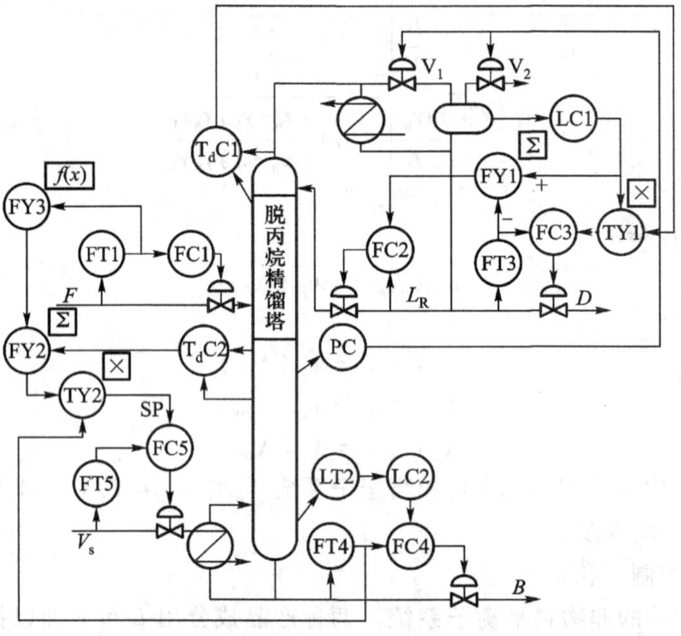

图6-33 脱丙烷塔两端产品质量控制系统

在这里塔顶和塔底产品质量指标用温差来反映。塔顶温差控制器确定回流比或$D/(L+D)$,而液位控制器确定塔顶总量$(L+D)$,这是因为在塔压恒定条件下,进料变化对塔顶产品的影响,最终会反映到回流罐液位上。当液位升高时,液位控制器通过信号$D/(L+D)$以固定比例增加回流量L和馏出液量D,反之液位下降时,回流量L和馏出液量成比例减少,这样恒定回流比,有助于保持塔顶产品组分。塔底产品组分通过恒定 V/B 和引入进料前馈保持恒定。塔压通过控制塔顶馏出物的热旁路和回流罐上放空的分程控制来恒定。由于塔顶和塔底产品质量同时控制，对这两个控制器参数设置适当拉开，以获得较好效果。

脱丙烷塔两端产品质量控制系统运行效果较好。当进料流量由 9.5 t/h 突变到 11 t/h 时，两端温差波动极小，意味着两端产品质量基本保持不变。当进料组分变化时，也能保证塔顶和塔底产品纯度达到 99%的工艺要求。经过一段时间运行的统计数据表明，该塔的 V/B 由 0.313 降至 0.217 左右，回流比 R 由设计的 3.19 降至 2.8 左右，取得了明显的节能降耗效果。

6.8 精馏塔的先进控制

6.8.1 推断控制

精馏塔产品质量控制，常用方法是采用间接质量指标-温度作为被控变量，或采用在线工业色谱分析仪。前者是间接质量指标控制，受到操作条件等变化时，难于保证产品质量。后者在线工业色谱分析仪价格昂贵，维护保养复杂且引入较大的纯滞后，给控制带来了困难。从 70 年代 Brosillow 提出推断控制策略以来，以软测量为基础的推断控制在工业精馏塔控制中逐渐得到广泛应用。

Brosillow 提出的推断控制基本思想是采集过程中比较容易测量的二次变量(secondary variable)，构造推断估计器来估计并克服扰动和测量噪声对过程主要变量(primary variable)的影响。推断控制策略包括估计器和控制器的设计，目前发展起来的软测量技术体现了估计器的特点。在以软测量的估计值作为反馈信号的控制系统中，控制器与软测量的设计是分离的，这给推断控制设计带来了极大方便。估计器设计是根据某种最优准则，选择一组既与主要变量有确切联系，又容易测量的二次变量，通过构造某种数学关系，实现对主要变量的在线估计，这种方法不仅适用于产品质量估计，也可用于内回流与热焓的测量，而控制器的设计可以采用传统或先进控制方法。

脱丁烷塔共有十六块塔板，进料共有 5 个组分(乙烷、丙烷、丁烷、戊烷、已烷)。进料板是第八块塔板(自上而下计数)，且为饱和液体进料。塔顶控制指标是丁烷浓度，而塔底是丙烷浓度。采用在线分析仪表不仅价格昂贵，而且测量滞后较大，很难满足实时控制要求，主要扰动是进料中各组分的变化。实际是一种输出和扰动不可测过程，为此采用推断控制方法进行了实验研究。

通过机理模型与测试相结合得到了如下线性化模型：

$$\begin{aligned} Y(s) &= C(s)U(s)+B(s)D(s) \\ \theta(s) &= P(s)U(s)+A(s)D(s) \end{aligned} \tag{6-43}$$

式中：

$$Y(s)=[\,Y_1(s)\quad Y_2(s)\,]^{\mathrm{T}}$$

$$U(s)=[\,U_1(s)\quad U_2(s)\,]^{\mathrm{T}}$$

$$D(s)=[\,d_1(s)\quad d_2(s)\quad d_3(s)\quad d_4(s)\quad d_5(s)\,]^{\mathrm{T}}$$

$$C(s)=\begin{bmatrix}\dfrac{-0.173}{70s+1} & \dfrac{0.030\ 5}{75s+1}\\ \dfrac{0.015}{18s+1} & \dfrac{-0.076\ 8}{7s+1}\end{bmatrix}$$

$$B(s)=\begin{bmatrix}\dfrac{-0.188}{72s+1} & \dfrac{-0.163}{72s+1} & \dfrac{0.019\ 9}{70s+1} & \dfrac{0.004\ 3}{80s+1} & \dfrac{0.002}{85s+1}\\ \dfrac{0.017\ 4}{15s+1} & \dfrac{0.025\ 9}{13s+1} & \dfrac{0.004\ 5}{4s+1} & \dfrac{-0.000\ 29}{3s+1} & \dfrac{-0.009\ 9}{3s+1}\end{bmatrix}$$

$$\theta(s)=[\,\theta_1(s)\,\theta_2(s)\,\theta_3(s)\,\theta_4(s)\,\theta_5(s)\,]^{\mathrm{T}}$$

$$A(s)=\begin{bmatrix}\dfrac{-7.99}{9s+1} & \dfrac{-9.78}{9s+1} & \dfrac{-5.28}{5s+1} & \dfrac{3.59}{8s+1} & \dfrac{6.09}{5s+1}\\ \dfrac{-11.29}{12s+1} & \dfrac{-15.91}{12s+1} & \dfrac{-4.23}{5s+1} & \dfrac{3.63}{8s+1} & \dfrac{4.75}{5s+1}\\ \dfrac{-18.28}{5s+1} & \dfrac{-16.43}{10s+1} & \dfrac{-0.47}{5s+1} & \dfrac{3.96}{3s+1} & \dfrac{4.60}{1.5s+1}\\ \dfrac{-42.02}{50s+1} & \dfrac{-35.92}{70s+1} & \dfrac{4.45}{65s+1} & \dfrac{1.10}{70s+1} & \dfrac{0.46}{75s+1}\\ \dfrac{-50.47}{25s+1} & \dfrac{-25.26}{75s+1} & \dfrac{3.15}{70s+1} & \dfrac{0.68}{78s+1} & \dfrac{0.32}{80s+1}\end{bmatrix}$$

$$P(s)=\begin{bmatrix}\dfrac{7.47}{8s+1} & \dfrac{9.80}{15s+1} & \dfrac{8.20}{30s+1} & \dfrac{36.0}{65s+1} & \dfrac{30.0}{67s+1}\\ \dfrac{2.70}{4s+1} & \dfrac{3.79}{5s+1} & \dfrac{2.30}{18s+1} & \dfrac{6.82}{70s+1} & \dfrac{3.46}{70s+1}\end{bmatrix}^{\mathrm{T}}$$

这里，y_1为塔顶丁烷浓度，y_2为塔底丙烷浓度，二者均认为是不可测输出；θ_1、θ_2、θ_3、θ_4、θ_5是辅助变量，分别是第 1、3、8、14、16 块塔板温度；u_1是回流量，u_2是再沸器汽化率，u_1和u_2是操纵变量；$d_1\sim d_5$是进料中 5 个组分，是不可测扰动。

在此讨论塔顶丁烷控制。对此多元精馏塔进行分析与仿真，可以知道θ_4最能反映塔顶丁烷成分变化。故在推断控制中选择第 14 板上温度θ_4作为辅助输出，这样只要用一个回流量来控制。故

$$Y(s)=y_1(s),$$

$$B(s)=[\,b_{11}(s)\ b_{12}(s)\ b_{13}(s)\ b_{14}(s)\ b_{15}(s)\,],$$

$$A(s)=[\,a_{41}(s)\ a_{42}(s)\ a_{43}(s)\ a_{44}(s)\ a_{45}(s)\,],$$

$$U(s)=u_1(s),$$
$$C(s)=C_{11}(s),$$
$$P(s)=P_4(s)。$$

这是一个多输入单输出系统，我们也可以根据具体情况将其简化为单输入单输出系统。因为传递函数$[a_{41}(s)\ \cdots\ a_{45}(s)]$和$[b_{11}(s)\ \cdots\ b_{15}(s)]$中时间常数相差不大，所构成传递函数$a(s)$和$b(s)$，其增益和时间常数分别为$a_{4i}(s)$和$b_{1i}(s)$的算术平均：

$$a(s)=\frac{-14.39}{66s+1},$$

$$b(s)=\frac{-0.064\ 9}{76s+1}$$

因此可得出估计器

$$E(s)=\frac{b(s)}{a(s)}=0.004\ 5\frac{66s+1}{76s+1}$$

已知 $C_{11}(s)=-\dfrac{0.713}{70s+1}$

若取滤波器

$$F(s)=\frac{1}{10s+1}$$

则推断控制器 $G_1(s)$ 为

$$G_1(s)=\frac{F(s)}{C_{11}(s)}=-5.78\frac{70s+1}{10s+1}$$

这样整个推断控制系统如图 6-34 所示。此推断控制系统，在进料丁烷含量阶跃变化 10% 时，采用推断控制，第 14 板温度反馈控制和成分分析仪反馈控制的响应曲线如图 6-35 所示。可见，采用推断控制的最大偏差不足 0.5%，而成分分析仪表和温度控制系统的最大偏差均大于 1% 以上。此外，具有较好的动态响应。

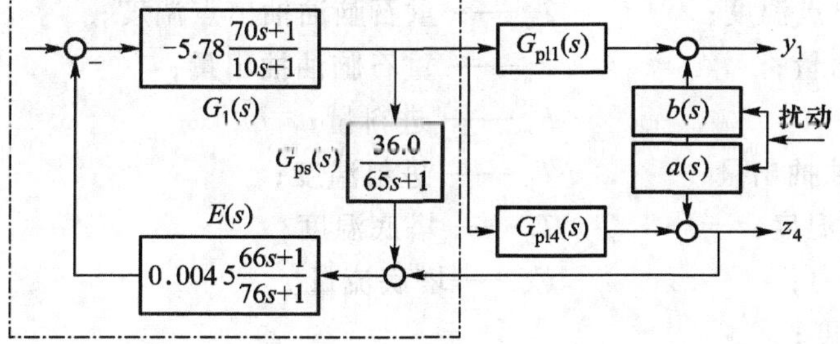

图 6-34 脱丁烷塔推断控制系统方块图

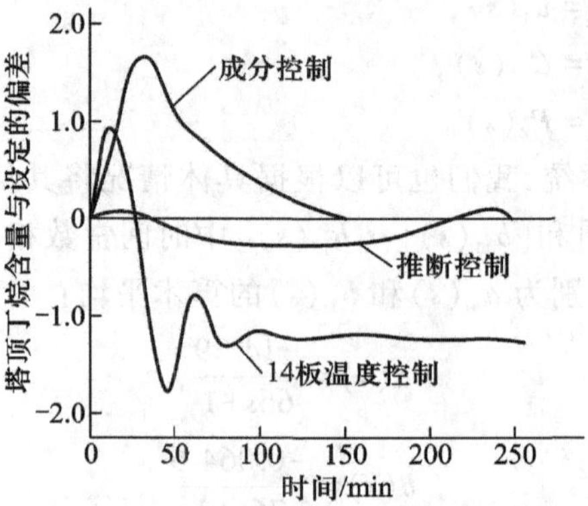

图 6-35 脱丁烷塔塔顶丁烷浓度响应曲线

6.8.2 软测量——加氢裂化分馏塔航煤干点软测量

在加氢裂化分馏塔控制中，产品质量最难控的是航煤干点，工艺对航煤干点控制要求在270~275 ℃内。平时操作都把干点控制在较保守的数值上，若我们能按要求把干点控制在270~275 ℃内，则航煤收率可以提高1%~1.5%。为此我们采用软测量方法来测量航煤干点。

1. 辅助变量选择

经与工艺人员多次协商及现场了解工艺情况后，初步确定了作为软测量模型输入变量的有关变量。影响航煤干点的最主要因素是航煤抽出量和航煤侧线抽出温度。次要的因素有：第一分馏塔塔顶压力、温度、回流量、轻石脑油抽出量、重石脑油抽出量及其侧线温度、第一分馏塔塔底温度、流量，第一分馏塔进料量及进料温度。航煤干点 y_1 与航煤抽出点温度、流量等13个变量有关，可以表示成如下的非线性关系：

$$y_1=f(T_h,F_h,T_j,F_j,T_r,F_r,T_{top},P_{top},T_{in},F_{in},T_b,F_b,F_L)$$

式中：

T_j—— 航煤抽出点温度；　　T_h—— 重石脑油抽出点温度；

F_j—— 航煤抽出量；　　F_h—— 重石脑油抽出量；

F_r—— 回流量；　　F_{in}—— 进料量；

F_L—— 轻石脑油抽出量；　　T_{in}—— 进料温度；

T_r——塔顶回流温度；　　T_b—— 塔底温度；

P_{top}—— 塔顶压力；　　F_b——塔底流量。

T_{top}—— 塔顶温度；

2. 航煤干点软测量混合模型建立

在确立了与航煤干点有关的辅助变量基础上，我们去现场从过去几年的过程数据中精心采集 242 组数据,后又取得 60 组实时数据进行泛化检验。

我们采用 BP 网络、RBF 网络和部分最小二乘法建立软测量模型。上述的基于 BP 网络、基于 RBF 网络、基于部分最小二乘法(PLS)三种方法的建模结果都能达到一定的精度,经过训练后基本上都能满足工艺要求。总结三种建模方法,其比较如下:

(1) 在建模过程中可以发现,基于 BP 网络的模型所需要训练时间最长,一般需要迭代 30 000次左右才能达到要求的精度;基于 RBF 网络的模型所需要的训练次数及训练时间都比基于 BP 网络的少,一般需迭代 7 000 ~10 000 次;基于部分最小二乘法的模型则需要较少的训练数据及很少的训练时间就能达到要求。

(2) 三种算法所需要的训练数据数量不同,PLS 方法只需要 80 组数据训练即可获得要求的精度,而 BP 网络的方法和 RBF 网络的方法要用 180 组数据来训练才能达到要求。

(3) 再通过分别对三种建模方法的测试得到的 60 组误差数据进行对比,综合计算出三种方法的 RMS 误差(RMS 误差 = $\sqrt{\frac{1}{2n}\sum_{i=1}^{n}(x_i-\hat{x}_i)^2}$)。三种模型的 RMS 误差比较如表 6-1 所示。

表 6-1 各种算法的 RMS 误差比较

算法	RBF	PLS	BP
RMS 误差	0.873 3	1.071 4	1.137 3

从表 6-1 中看出,基于 RBF 的模型的 RMS 误差相对较小,但在实际使用中,三种模型的预测结果在不同的点上各有千秋。因此采用加权的方法将此三个结果综合考虑,形成混合模型,在此三个结果与分析测试值之间再辨识出最优的加权系数。混合模型结构如图 6-36 所示。采用这种加权的方法,可提高在实际应用中软测量预报模型适用不同工况变化的鲁棒性,这里鲁棒性指的是当输入变量中的个别点发生突变时,模型仍能保持正确的预报输出而不受干扰。

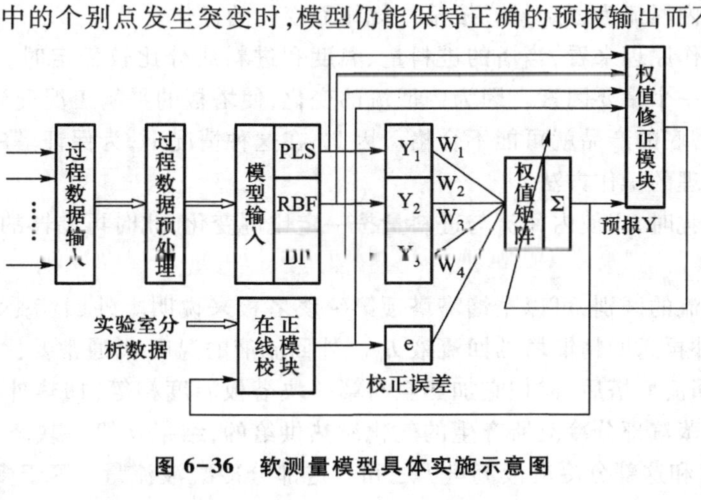

图 6-36 软测量模型具体实施示意图

3. 航煤干点软测量工程实施及结果

在加氢裂化分馏塔航煤干点软测量系统中,其各种软测量模型的算法是软件的核心,但只有这些核心部分还无法构成一个实用完整的系统,必须有相应的软件来实现良好的人机接口和过程显示。在基于现场数据的仿真研究的基础上,由 CENTUM-XL 系统提供的编程环境编制软仪表的核心程序,程序包括数据预处理模块、神经网络预测模块、统计分析方法计算模块、在线校正模块和加权系数修正模块组成。同时在现场 CENTUM-XL 系统操作站上完成了良好的人机操作界面。在整个组态过程中,过程参数的采集及各种运算是在操作站上实现的,而操作画面、显示画面等各种画面是在工程师站上实现,然后下转至操作站的。

(1) 采集各相关的过程变量。

(2) 进行过程变量数据预处理,包括滤波、平滑、噪声去除等,并经主元分析法(PCA)选取六个主元变量作为输入。

(3) 进行基于 BP 网络、RBF 网络、PLS 算法的软测量模型的预报。并通过人工分析值,各模块预报输出值辨识出相应的加权系数。

(4) 通过人工分析值和与其对应的过程输出,在线校正模块计算出校正误差,并通过权值校正模块辨识出的加权系数作用于最终的预报输出。

(5) 分析值输入窗口。用来输入人工分析值及采样时间,用于在线校正。

(6) 实时趋势显示:可把航煤干点的预报数据的变化趋势显示出来,还可以显示短期历史趋势和长期历史趋势。

加氢裂化第一分馏塔航煤干点软测量模型自投运以来,运行一直安全、可靠、稳定。

6.8.3 内回流控制

内回流通常是指精馏塔精馏段内上层塔板向下层塔板流动的液体流量。内回流控制就是指在精馏过程中控制内回流为恒定量或按某一规律而变化的操作。

从精馏塔的操作原理来看,当塔的进料量、温度和进料成分比较稳定时,内回流平稳是保证精馏塔操作良好的一个重要因素。因为内回流的变化,使塔板的平衡工况遭到破坏,如果这种变化较大时,塔顶或塔底的产品就可能不合格。因此,在这种情况下,为保证塔的平稳操作,保持内回流恒定是比较合理的操作方法。

当进料流量变化时,应使内回流与进料量按一定比例变化,此时再沸器的汽化量也应作相应的变化。

内回流与外回流的区别,可以精馏塔塔顶第一块塔板来说明。外回流是塔顶蒸汽经冷凝器和回流罐后,从塔外再送回精馏塔的回流液 L_R。外回流液的温度 θ_R 通常要比第一块塔板上的温度 θ_i 低。这样,外回流入塔后,需把它加热至与第一块塔板温度相等,加热外回流所需热量是由进入第一块塔板的蒸汽部分冷凝所产生的气化潜热供给的,结果从第一块塔板向下流的内回流等于外回流流量 L_R 和这部分冷凝液流量 l 之和。这部分冷凝液流量 l 等于多少,除了受外回流

量 L_R 的影响之外，还受塔顶温度 θ_i 和外回流液温度 θ_R 之差的影响。因此，外回流流量愈大，或外回流温度与第一块塔板温度之差越大，则内回流流量也越大。

由此可知，内回流与外回流之间互有联系，但又有差别。当塔顶蒸汽的温度与外回流液温度相同时，内回流等于外回流。一般情况下，内回流总是大于外回流。

当塔顶蒸汽温度与外回流液温度之差变化不大时，采用控制外回流的办法一般可以满足精馏操作要求，因为此时外回流控制基本上反映了内回流控制。但是，当塔顶采用风冷式冷凝器冷凝蒸汽时，则受外界环境温度的影响很大。如随着昼夜之间的气温变化，暴风雨前后气温变化，此时外回流液温度往往变化很大，如仍采用外回流恒定的控制方法，则实际的内回流并不恒定。所以，为了保证精馏塔的良好操作，应该采用内回流控制。

内回流因在塔内很难直接测量和控制，但内回流可以通过计算的方法即软测量获得，内回流控制可以通过外回流流量或改变外回流液的温度来进行控制。

由上述分析可知，内回流等于外回流与部分蒸汽的冷凝液之和，即

$$L_i = L_R + l \tag{6-44}$$

部分蒸汽冷凝所产生的气化潜热，等于外回流液温度加热到第一块塔板的温度所需的热量，即

$$l\lambda = L_R\, C_P(\theta_i - \theta_R) \tag{6-45}$$

式中：

L_R——外回流流量；

L_i——内回流流量；

l——部分冷凝液流量；

λ——冷凝液的气化潜热；

C_P——外回流液的比热；

θ_i——塔顶第一块塔板温度；

θ_R——外回流液温度。

令

$$\Delta\theta = \theta_i - \theta_R \tag{6-46}$$

将式（6-45）及式（6-46）代入式（6-44）整理可得

$$L_i = L_R + L_R\frac{C_P\Delta\theta}{\lambda} = L_R\left(1 + \frac{C_P\Delta\theta}{\lambda}\right) \tag{6-47}$$

式（6-47）为内回流的数学模型。因为外回流 L_R。温度差 $\Delta\theta$ 可以直接测量，液体比热 C_P 和气化潜热可查表得到，这样可以通过式（6-47）的计算得内回流 L_i。

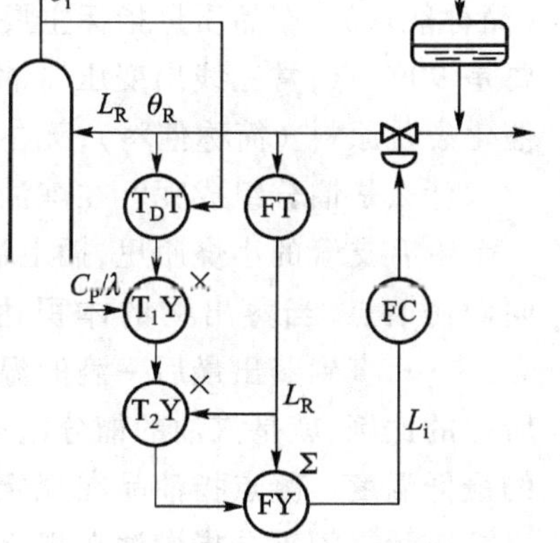

图 6-37 内回流控制系统

图 6-37 所示是内回流控制方案之一，由图可知，它由若干运算单元来完成式（6-47）的运算，以实现内回流控制，内回流

控制实施国外已采用内回流计算专用仪表，这样使用更加方便。

6.8.4 预测控制

预测控制技术在工业过程中应用逐渐广泛，精馏过程控制也是这样。国内已有多家工厂的常压蒸馏塔采用预测控制。在此介绍多变量预测控制技术在常压蒸馏塔上的应用。

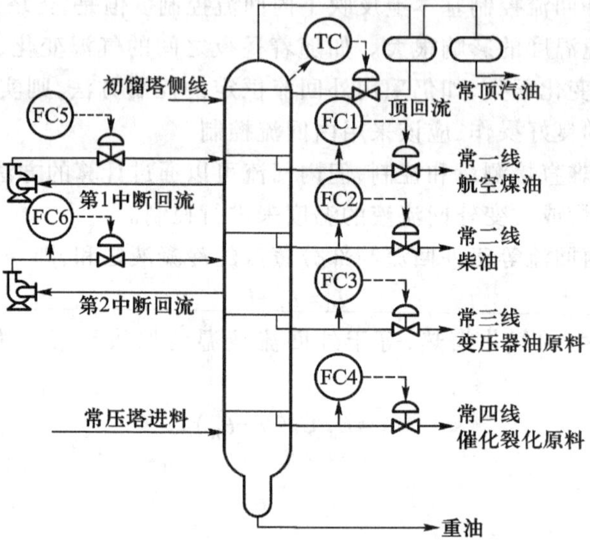

图 6-38 常压塔的工艺流程简图

常压蒸馏塔的工艺流程简图如图 6-38 所示。常压蒸馏塔的生产原理是采用蒸馏的方法从拔头原油中分离出各种石油馏分。常压塔塔顶出汽油，产品质量指标是干点；常一线出航空煤油（简称航煤），产品质量指标主要有初馏点、闪点、干点和冰点；常二线出轻柴油，产品质量指标主要是 90% 点；常三线出变压器油原料（简称变料），产品质量指标主要有粘度和闪点；常四线出催化裂化原料（简称催料），无主要的产品质量指标。

什么是馏分组成呢？在炼油厂实验室里有一个叫恩氏蒸馏试验。就是把 100 ml 汽油放在一个带有支管的小烧瓶里，插上温度计进行加热蒸馏，当蒸出第一滴油时温度计所指示的温度，叫做初馏点，当蒸出物的体积达到 10 ml 时的温度，叫做 10% 点，依次可以得到 20% 点、30% 点、……，直到蒸出最后一滴的温度，叫做干点。这样得到组成汽油的各种成分按各自沸点范围所占的比例，就是汽油的馏分组成。倾点是指油品在规定的试验条件下，被冷却的试样能够流动的最低温度。凝点指油品在规定的试验条件下，被冷却的试样油面不再流动时的最高温度，都以℃表示。闪点是指燃油在规定结构的容器中加热挥发出可燃气体与液面附近的空气混合，达到一定浓度时可被火星点燃时的燃油温度。

塔顶汽油质量控制一般采用调节塔顶温度,而一线、二线、三线产品质量控制分别采用调节一线流量、二线流量、三线流量,控制效果不理想,产品质量波动较大。为此采用多变量预测控制。

根据生产装置实际情况,控制目标如下:

(1) 控制汽油的干点(℃);

(2) 控制航煤的初馏点、闪点和干点(℃);

(3) 控制轻柴油的 90% 点(℃);

(4) 控制变料的粘度($10^{-6}m^2/s$);

(5) 使附加值最高的航煤产率(重量分率)最大(%);

(6) 使常压加热炉能耗最小;

(7) 使常压蒸馏塔的处理量最大;

(8) 保证常压蒸馏塔的操作在操作极限之内。

在 I/A 系统的上位机 Vax4100 上采用三个多变量预测控制器 IDCOM,实现上述控制目标。三个多变量预测控制器分别是满足产品质量指标的产品质量控制器和切割点控制器,还有用于设备能力约束的加工能力控制器。多变量预测控制框图如图 6-39 所示。

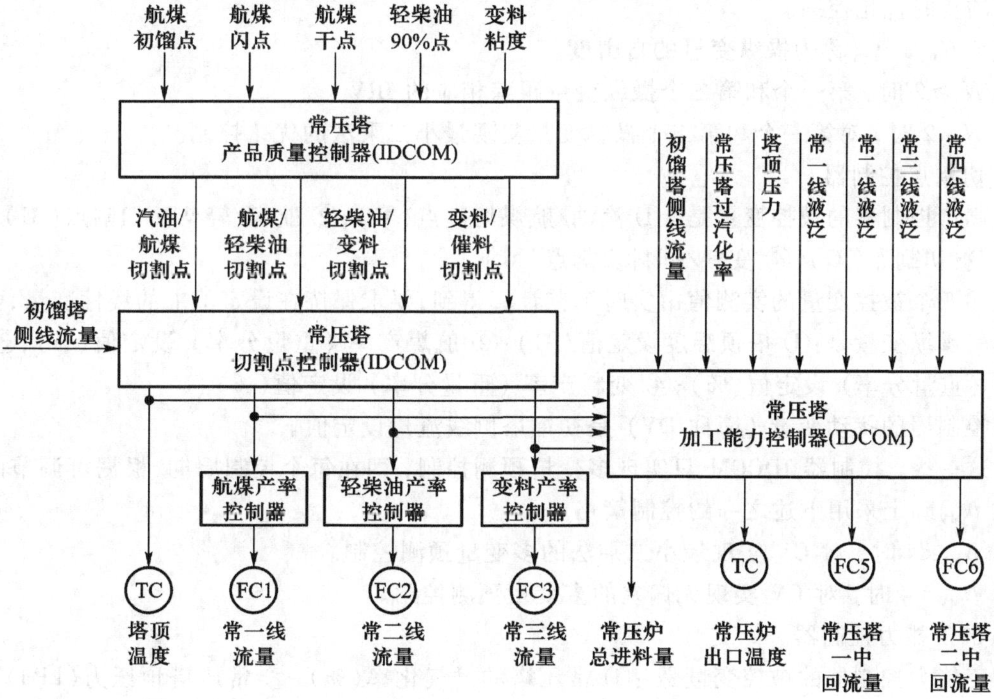

图 6-39 常压塔多变量预测控制器框图

1. 产品质量控制器

产品质量控制器的被控变量（CV）是:① 航煤的初馏点(℃);② 航煤的闪点(℃);③ 航煤的干点(℃);④ 轻柴油的 90% 点(℃);⑤ 变料的粘度。

被控变量的实测值来自在线质量分析仪表。它们都是要求保持在某个范围内的约束型变量。而控制目标由人工设定。

产品质量控制器的操纵变量（MV）有:① 汽油/航煤切割点的设定值(℃);② 航煤/轻柴油切割点的设定值(℃);③ 轻柴油/变料切割点的设定值(℃);④ 变料/催料切割点的设定值(℃)。

该控制器将多变量预测控制和实时优化控制结合在一起,使航煤的产率最大,即使航煤的馏分最宽,因此对第一个 MV 设置了一个最小的 IRV（Ideal Rest Value）;对第二个 MV 设置了一个最大的 IRV 。在每个控制周期,控制器根据违约的被控变量个数 N_{CV} 和可调节的操纵变量个数 N_{MV} 确定采用下面的某一种控制策略。

① 当 $N_{CV}>N_{MV}$ 时,对 CV 实现最小二乘法的多变量预测控制。

② 当 $N_{CV}=N_{MV}$ 时,对 CV 实现无偏差的多变量预测控制。

③ 当 $N_{CV}<N_{MV}$ 时,首先对 CV 实现无偏差的多变量预测控制,然后采用下述的方法实现航煤产率的实时优化控制。

$N_d=N_{MV}-N_{CV}$ 称为操纵变量的自由度。

当 $N_d\geqslant 2$ 时，第一个和第二个操纵变量跟踪相应的 IRV 。

当 $N_d<2$ 时，对第一个和第二个操纵变量实现最小二乘法的优化控制。

2. 切割点控制器

切割点控制器的被控变量是 :① 汽油/航煤切割点(℃);② 航煤/轻柴油切割点(℃);③ 轻柴油/变料切割点(℃);④ 变料/催料切割点(℃)。

上述四个被控变量的实测值由实时工艺计算得到,要求保持在设定值上的线性变量,而切割点控制的操纵变量是:① 塔顶温度设定值(℃);② 航煤产率（重量分率）设定值(%);③ 轻柴油产率（重量分率）设定值(%);④ 变料产率（重量分率）设定值(%)。

该控制器的扰动变量（简称 DV）是初馏塔侧线流量设定值。

在这一级，控制器 IDCOM 只实现多变量预测控制，即在每个控制周期,根据可调节的操纵变量数 N_{MV} 确定采用下述之一的控制策略。

当 $N_{MV}<4$ 时，对 CV 实现最小二乘法的多变量预测控制。

当 $N_{MV}=4$ 时，对 CV 实现无偏差的多变量预测控制。

3. 加工能力控制器

加工能力控制器的被控变量是 :① 常压塔的过气化率(%);② 常压塔顶压力(kPa);③ 常一线液泛(%);④ 常二线液泛(%);⑤ 常三线液泛(%);⑥ 常四线液泛(%)。

上述 6 个被控变量中塔顶压力由测量仪表直接得到,其余 5 个被控变量的实测值来自实时工艺计算软件包。这些被控变量都是要求保持在一定范围内的约束型变量,控制目标由人工设定。

该控制器的操纵变量是:① 常压炉的总进料量设定值(t/h);② 常压炉的出口温度设定值(℃);③ 常压塔的一中流量设定值(t/h);④ 常压塔的二中流量设定值(t/h)。

该控制器的扰动变量是:① 初馏塔侧线流量设定值(t/h);② 航煤产率(重量分率)设定值(%);③ 轻柴油产率(重量分率)设定值(%);④ 变料产率(重量分率)设定值(%);⑤ 常压塔顶温度设定值(℃)。

4 个操作变量,除常压炉的总进料量设定值经一个分配器送至常压炉的 4 路流量控制器(I/A 系统中的 PID 控制器)外,其余 3 个操纵变量直接送至 I/A 系统的相应控制器上。

该控制器将多变量预测控制和实时优化控制结合在一起。为使常压塔的处理量最大,常压炉的能耗最小,对第一个和第二个操纵变量分别设置了最大 IRV 和最小 IRV 。在每个控制周期,控制器根据违约的被控变量个数 N_{CV} 和可调节的操纵变量个数 N_{MV},确定采用合适的控制策略。

对产品质量控制器和加工能力控制器而言,由于被控变量都是要求保持在一定范围内的约束型变量,尽管操纵变量个数少于被控变量个数,多数时间被控变量都在约束范围之内,不用调节,操纵变量一般都有自由度,因此该优化目标的实现是可能的。实现优化目标后,对产品质量控制器而言,相当于航煤的初馏点。闪点在约束范围内卡下限控制,航煤的干点卡上限控制;对加工能力控制器而言,相当于常压塔的处理量卡设备能力的约束上限控制,常压塔的过气化率卡约束下限控制,实现了产品质量和设备能力的"卡边"控制。

产品质量控制器的被控变量实测值来自在线质量分析仪表,过程本身的时延较大;当欲实现优化目标时,其调节很缓慢(一般每次允许的最大调节量约是实现预测控制时的 1/10),产品质量控制器向下一级送出的调节量小。这两种因素的共同作用,使得切割点控制器被控变量的设定值相对比较稳定。切割点控制器的被控变量都是要求保持在设定点上的线性变量,被控变量的实测值由实时工艺计算得到,基本无时延。当生产方案不变,原油性质发生变化时,控制器能根据被控变量实测值的变化迅速作出反应,抑制这种扰动,保证平稳操作。

产品质量控制器和切割点控制器串级控制正式投用后,产品质量波动全面减少,不仅提高了产品质量的平稳率和航煤的收率,而且常压蒸馏塔的总拨出率也得到了提高,获得了明显的经济效益。

多变量预测控制器 IDCOM 能成功地解决过程模型的大时延和多个变量间具有强关联作用等控制应用难题,且对模型的精度要求不高,适于石化行业大型生产装置的过程控制。

6.9 精馏塔的优化控制

精馏塔的控制目标应该对产品质量、产品产量及能量消耗三个方面综合考虑。前面所述控制方案中,只强调产品质量符合一定的纯度要求,忽略了控制指标的综合考虑。因此,为了提高精馏操作的经济效益,应在保证产品质量前提下,选取一种能综合考虑精馏操作全部要求的经济指标(目标函数),使之最优,这就是精馏塔最优控制。目前易于实现并能取得较高效益的最优控制应该是静态优化控制。要实现精馏塔静态优化控制,首先应在一定约束条件下(例如液泛、加热和冷却等限制,产品质量等限制,参数之间的相互依赖关系)选取一个表征精馏塔某种操作要求的目标函数。大多数优化目标函数是与产品的售价、成本、产量和能耗等经济指标有关,它可以是利润或损耗、操作成本或生产率、质量或能耗。精馏塔的优化目标函数有四种形式。

1. 成本和利润目标函数

这是美国学者欣斯基提出的两种形式的目标函数,其一是能耗和损耗函数

$$\frac{P_2}{F}=(P_D-P_B)\frac{B}{F}X_B+PH_V\frac{V}{F} \tag{6-48}$$

式中 P_D 和 P_B 是塔顶产品 D 和塔底产品 B 的单价,P 是加热和冷却的综合成本,V 是再沸器中产生的塔内上升蒸汽流量,H_V 是被分离的混合物的汽化潜热。

式(6-48)是单位进料的产品损耗和水、电、汽等公用事业成本的组合。如果定义成本函数是单位进料的能量成本和产品价格损失两者之和,则(6-48)就是成本函数。

其二是利润函数

$$P_P=P_DD+P_BB-P_FF-PH_VV-P_0 \tag{6-49}$$

式中 P_F 是进料的单价,P_0 为企业管理费、工资和设备折旧等固定成本。

利润函数是所有产品价值之和,减去进料的成本。

2. 成本函数

式(6-48)的成本函数只考虑能耗和产品价值损耗,没有考虑产品的产量。节能虽然可以降低能耗所需成本,但在产品质量合格的前提下,却要减少产量,这实际上往往会导致产品能耗的增加,从而不可能得到最大的经济效益。因此,必须同时考虑能耗和产量,使成本最低或收益最大。此时目标函数为

$$\frac{P_1}{F}=(P_D-P_B)\frac{B}{F}X_B+(P_B-P_D)\frac{D}{F}(1-X_D)+PH_V\frac{V}{F}+P_F \tag{6-50}$$

式中第一项为塔顶产品在塔底流失的经济损失,而第二项是塔底产品在塔顶流失的经济损失。上述二项中必有一项为负,当 $P_D>P_B$ 时,第二项为负值。它表示低价的塔底产品当做高价的塔顶产品出售,而得到的经济利益。在满足塔顶产品质量指标时,显然第二项数值的增大对成本的降低是有利的。这就是所谓的"卡边控制"即在塔顶产品质量合格的前提下,增加产量 D 和增大塔顶重组分$(1-x_D)$值会使收益增加。可见,综合考虑此两项时,成本函数更加完善。第三项为耗用能量所需成本。第四项为原料 F 所需成本。

3. 单位进料量的利润函数

式(6-49)的利润函数是考虑进料量 F 的影响。当塔的进料量能够自由操作时,就可以选择

最优进料量使利润函数式(6-49)为最大。这就是最优进料问题,但对于单塔来说,能够自由选择进料的机会是很少的。因此,往往用单位处理量的利润函数作为目标函数,则式(6-49)可写为

$$\frac{P_2}{F}=P_D\frac{D}{F}+P_B\frac{B}{F}-C_F-PH_V\frac{V}{F}-\frac{P_0}{F} \tag{6-51}$$

4. 综合收益函数

在式(6-51)利润函数的基础上,同时考虑产品流失的经济损失和卡边控制的收益,目标函数可改写成下列综合收益函数:

$$\frac{P_3}{F}=P_D\frac{D}{F}+P_B\frac{B}{F}-C_F-PH_V\frac{V}{F}-\frac{P_0}{F}-(P_D-P_B)\frac{B}{F}X_B-(P_B-P_D)\frac{D}{F}(1-X_D) \tag{6-52}$$

实际上这四种形式可归纳为两种,一是经济效益,应追求其极大值;二是经济损耗,应追求其极小值。两种形式可以互换,然后确定控制策略,决定控制作用的数值或函数关系(如作为控制器的设定值,或直接送到控制阀的信号),按照这个数值或函数关系去改变操纵变量,以使目标函数最优,在实现静态优化控制的基础上,可以对某些变量进行必要的动态补偿。本节介绍一个回收甲醇精馏塔的具体实例 。

某农药厂有一个从前道工序的洗涤水中回收甲醇的精馏塔,共有 30 块塔板。该塔进料的主要成分是甲醇和水,杂有少量盐类,可作为二元物系来看待。工艺要求馏出液 D 中甲醇含量 $x_D\geqslant 98\%$(体积含量),釜液 B 作为废液排放,其要求甲醇含量 x_B必须小于 0.5%,主要扰动是进料流量 F 和料液中甲醇含量 x_F的变化,在用常规仪表控制时,工况不够稳定。后对控制方案作了综合考虑,采用二级优化控制,基础级采用精馏段直接物料平衡控制方案,优化级采用稳态优化控制,给出 D 和 Q(加热量)的设定值,投运后效果良好,产品合格,工况稳定,而且能耗降低,获得明显的经济效益。

(1) 目标函数 J

目标函数采用损耗最小的形式。设 D 的单价为 P_D,B 的单价为 P_B,热量的单价为 P_Q,则对每千摩尔的进料来说,由于有一部分轻组分进入釜液,产生的损耗是

$$\frac{Bx_B}{F}(P_D-P_B)$$

有 部分重组分进入馏出液,产生的损耗是

$$\frac{D(1-x_D)}{F}(P_B-P_D)$$

耗用能量的损耗是

$$\frac{Q}{F}P_Q$$

所以,总的目标函数是

$$J=\frac{Bx_B}{F}(P_D-P_B)+\frac{D(1-x_D)}{F}(P_B-P_D)+\frac{Q}{F}P_Q \tag{6-53}$$

约束条件为

$$x_D^0 \leqslant x_D \leqslant 1$$

$$x_B^0 > x_B > 0$$

x_D^0 和 x_B^0 都是工艺规定的浓度。在本例中，釜液作为废液排放，$P_B=0$。优化控制是要找出使 J 成为极小值的操作条件。

（2）数学模型

根据物料平衡和能量平衡来建立数学模型，主要有：

① 物料分配与 x_D、x_B 的关系

依据组分和总的物料平衡关系有

$$Fx_F=Dx_D+Bx_B$$

$$F=D+B$$

由上可得出

$$\frac{D}{F}=\frac{x_F-x_B}{x_D-x_B} \tag{6-54}$$

$$\frac{B}{F}=\frac{x_D-x_F}{x_D-x_B} \tag{6-55}$$

② 分离度 s 与消耗能量的关系

分离度 s 是能耗的函数，引入经验公式

$$\frac{Q}{F}=\beta\ln s=\beta\ln\frac{x_D(1-x_B)}{x_B(1-x_D)} \tag{6-56}$$

式中 β 称塔的特性因子，通过实测数据和数字仿真求得。在控制过程中，考虑到环境（外部）条件的变化，β 尚需在线进行修正 。

③ x_D和 x_B的估计

x_D由灵敏板（第 11 板）温度来估计。x_B由釜温 T_c 来估计。依据测试数据回归，得出下列经验公式：

$$x_B=\exp(515.16-9.182\,3T_c+0.040\,472T_c^2) \tag{6-57}$$

④ x_F的估计

x_F由推断估计得到

$$x_F=66.75-1.444T_4+0.058\,02T_{23}+5.529\times10^{-3}T_4^2-2.140\times10^{-3}T_{12}^2$$
$$-1.157\times10^{-3}T_{23}^2+3.691\times10^{-3}T_4T_{12}+1.200\times10^{-3}T_4T_{23} \tag{6-58}$$

式中 T_4、T_{12}、T_{23}分别为第 4、12、23 塔板温度。

（3）优化策略及控制方案

为计算的方便，在此取 x_D和 x_B为自变量，将 D/F 、B/F 、与 Q/F 的关系式代入目标函数式，使 J 成为 x_D与 x_B的函数，

$$J=P_D\frac{x_D-x_F}{x_D-x_B}x_B-P_D\frac{(x_F-x_B)(1-x_D)}{x_D-x_B}+P_Q\beta\ln\frac{x_D(1-x_B)}{x_B(1-x_D)} \tag{6-59}$$

为了求取极小值，先求出

$$\frac{\partial J}{\partial x_D}=P_D\frac{x_B(x_F-x_B)}{(x_D-x_B)^2}+P_D\frac{(x_F-x_B)(1-x_D)}{(x_D-x_B)^2}+P_Q\beta\frac{1}{x_D(1-x_D)}$$

由于 $x_D>x_F>x_B$，$x_D<1$，$x_B>0$，$\partial J/\partial x_D$ 总是正值，因此，在约束范围内，x_D应越小，才能使 J 越小，这样，应该卡边操作，x_D的最优值应为

$$x_D^*=x_D^0 \tag{6-60}$$

将 $x_D{}^*$ 代入目标函数式，在已定的 x_F下，J 将仅是 x_B的函数 。令$\partial J/\partial x_B=0$,得

$$\frac{P_D(x_D^0-x_F)}{(x_D^0-x_B^0)^2}-\frac{P_QB}{x_B^*(1-x_B^*)}=0 \tag{6-61}$$

式中,x_B^* 即为所求的最优值。当 x_D^0接近于 1,x_B^0接近于 0 时,可得 x_B^* 的近似表达式为

$$x_B^*=\frac{P_Q\beta}{P_D(x_D^0-x_F)} \tag{6-62}$$

当然，x_B^* 也受到工艺约束条件的限制 。如果出现 x_B^* 的计算值高于 x_B^0，则应取 $x_B^*=x_B^0$。但在本例中,这样的情况很少发生 。

取 x_D和 x_B为自变量，并不妨碍操纵变量的选取。在本例中，考虑到馏出液是主要产品，精馏段灵敏板作为检测点，从温度分布曲线看也较合适，故取 D 和 Q 为操纵变量。在已求得 x_D^* 和 x_B^* 后，D 和 Q 的最优值很容易从式（6-54）和式（6-56）解出

$$D^*=F\frac{x_F-x_B^*}{x_D^0-x_B^*} \tag{6-63}$$

$$Q=F\beta\ln\frac{x_D^0(1-x_B^*)}{x_B^*(1-x_D^0)} \tag{6-64}$$

精馏塔的优化控制流程如图 6-40 所示。这里采用二级优化控制，基层级仍采用常规仪表。D^* 的控制设置流量副回路，流量的设定值采用前馈与反馈的复合形式。前馈量按式（6-63）由计算机给出 D^* 值，反馈控制系统采用精馏段灵敏板温度控制，以保证产品质量。为了使设定值能保持正常范围，需要引入偏置常量 。

Q^* 的控制也设置流量回路，其设定值由计算机给出 。

F 在正常工况下由操作人员设定，但最大流量要受到最大供热量的限制，流量的容许上限是

$$F=\frac{Q_{\max}}{\beta\ln\frac{x_D^0(1-x_B^*)}{x_B^*(1-x_D^0)}} \tag{6-65}$$

由计算机给出 。

其他控制点自成回路,计算机不加控制,但能显示检测信号。

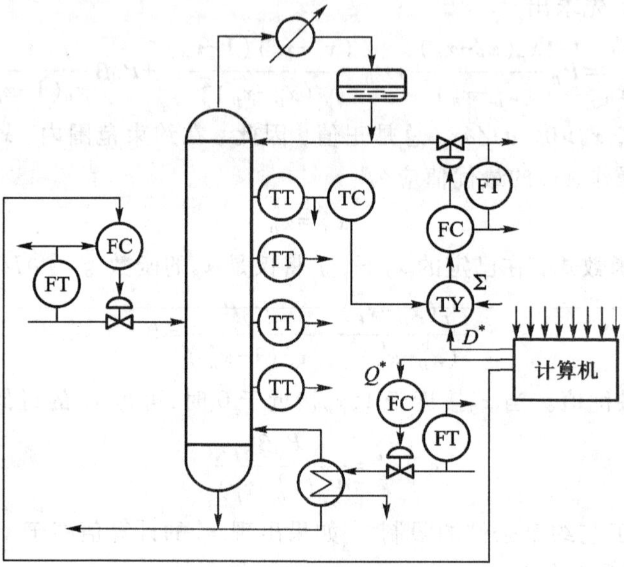

图 6-40　一个精馏塔优化控制的例子

习题和思考题

1. 精馏塔的控制要求是什么?
2. 精馏塔的主要扰动因素是哪些?
3. 精馏塔的被控变量有哪几个? 操纵变量又是哪几个?
4. 什么是灵敏板? 为什么要用灵敏板温度进行控制?
5. 在什么情况下采用温差控制? 在什么情况下采用双温差控制?
6. 在什么情况下采用精馏段指标控制? 在什么情况下采用提馏段指标控制?
7. 试说明精馏塔的物料平衡控制, 并举例说明 。
8. 试说明精馏塔的能量平衡控制, 并举例说明。
9. 试述液相采出, 馏出物中含有微量不凝物时精馏塔塔压控制方案 。
10. 试述精馏塔内回流控制系统, 并简述适用场合 。

11. 试述精馏塔浮动塔压控制，并简述适用场合 。

12. 在一个内回流控制系统中，设 ΔT 的仪表量程为 0~50 ℃，外回流仪表量程 0~50 m^3/h，内回流仪表量程也是 0~50 m^3/h，$C_p/\lambda=0.005$ $℃^{-1}$。求有关仪表系数。

第 7 章　化学反应器的控制

7.1　概　　述

7.1.1　化学反应器的控制要求

化工生产过程通常可划分为前处理、化学反应及后处理等三个工序。前处理工序为化学反应做准备，后处理工序用于分离和精制反应的产物，而化学反应工序通常是整个生产过程的关键操作过程。化学反应器则是化工生产中一类重要的设备。由于化学反应过程伴有化学和物理现象，涉及能量、物料平衡，以及物料、动量、热量和物质传递等过程，因此，化学反应器的操作一般比较复杂。反应器的自动控制直接关系到产品的质量、产量和安全生产，而反应器结构、物料流程、反应机理和传热传质情况等方面的差异，使反应器控制的难易程度相差很大，控制方案也差别很大。

设计化学反应器的控制方案，需从质量指标、物料平衡和能量平衡、约束条件等三方面考虑。

1. 质量指标

化学反应器的质量指标一般指反应转化率或反应生成物的浓度。转化率是直接质量指标，如果转化率不能直接测量，可选取与它相关的变量，经运算间接反映转化率。如聚合釜出口温差与转化率的关系为

$$y=\gamma c(\theta_o-\theta_i)/x_iH \tag{7-1}$$

式中：y 是转化率，θ_i、θ_o 分别是进料与出料温度，γ 是进料重度，c 是物料的比热容，x_i 是进料浓度，H 是单位摩尔进料的反应热。对于绝热反应器，进料浓度一定时，转化率和进料与出料的温度差成正比，即：$y=K(\theta_o-\theta_i)$。这表明转化率越高，反应生成的热量越多，因此，同样进料温度条件下，物料出口温度也越高。所以，可用温差 $\Delta\theta=(\theta_o-\theta_i)$ 作为被控变量，间接反映转化率的高低。

化学反应过程总伴随有热效应。因此，温度是最能表征反应过程质量的间接质量指标。

一些反应过程也用出料浓度作为被控变量，例如，焙烧硫铁矿或尾砂的反应，可取出口气体中 SO_2 含量作为被控变量。但因成分分析仪表价格贵，维护困难等原因，通常采用温度作为间接质量指标，有时可辅以反应器压力和处理量（流量）等控制系统，满足反应器正常操作的控制要求。

当扰动作用下，反应转化率或反应生成物组分与温度、压力等参数之间不呈现单值函数关系时，需要根据工况变化补偿温度控制系统的给定值。

2. 物料平衡和能量平衡

为使反应正常操作，反应转化率高，需要保持进入反应器各种物料量的恒定，或物料的配比符合要求。为此，对进入反应器的物料常采用流量的定值控制或比值控制。此外，部分物料循环的反应过程中，为保持原料的浓度和物料的平衡，需设置辅助控制系统。例如，合成氨生产过程中的惰性气体自动排放系统等。

反应过程有热效应，为此，应设置相应的热量平衡控制系统。例如，及时移热，使反应向正方向进行等。而一些反应过程的初期要加热，反应进行后要移热，为此，应设置加热和移热的分程控制系统等。

3. 约束条件

反应器的过程变量有可能进入危险区或不正常工况。例如，一些催化反应中，反应温度过高或进料中某些杂质含量过高，将会损坏催化剂；流化床反应器中，气流速度过高，会将固相催化剂吹走，气流速度过低，又会让固相沉降等。为此，应设置相应的报警、联锁控制系统。

7.1.2 化学反应器的基本控制策略

化学反应器的质量指标是最主要的控制目标。因此，对反应器的控制，主要被控变量是反应的转化率或反应生成物的浓度等直接质量指标，当直接质量指标较难获得时，可采用间接的质量指标，例如，温度或带压力补偿的温度等作为间接质量指标，操纵变量可以采用进料量、冷却剂量或加热剂量，也可对进料温度等进行控制。

另外，影响化学反应的扰动主要来自外部，因此，控制反应器外围是也反应器控制的基本控制策略。采用的基本控制方法如下：

1. 反应物流量控制

为保证进入反应器物料的恒定，可采用参加反应物料的定值控制，同时，控制生成物流量，使由反应物带入反应器的热量和由生成物带走的热量也能够平衡。反应转化率较低，反应热较小的绝热反应器或反应温度较高，反应放热较大的反应器，采用这种控制策略有利于控制反应的平稳进行。

2. 流量的比值控制

多个反应物料之间的配比恒定是保证反应向正方向进行所需的，因此，不仅要静态保持相应的比值关系，还需要在动态保证相应的比值关系，有时，需要根据反应的转化率或温度等指标及时调整相应的比值。为此，可采用单闭环、双闭环比值控制，有时，可采用变比值控制系统。

3. 反应器冷却剂量或加热剂量的控制

当反应物量稳定后，由反应物带入反应器的热量就基本恒定，如果能够控制放热反应器的冷却剂量或吸热反应器的加热剂量，就能够使反应过程的热量平衡，使副反应减少，及时地移热或加热，有利于反应向正方向进行。因此，可采用对冷却剂量或加热剂量进行定值控制或将反应物量作为前馈信号组成前馈-反馈控制系统。

7.2 化学反应的基本规律

化学反应过程较其他工业生产过程复杂，因此，只有了解化学反应过程及反应的基本规律，才能设计好、控制好反应器，得到较好的控制效果。

7.2.1 化学反应速度

某一组分 A 的化学反应速度用单位时间内，单位容积某一组分 A 生成或反应掉的摩尔数表示。即

$$r_A = \pm\frac{1}{V}\frac{\mathrm{d}n_A}{\mathrm{d}t} \tag{7-2}$$

当容积为定值时，有

$$r_A = \pm\frac{\mathrm{d}\frac{n_A}{V}}{\mathrm{d}t} = \pm\frac{\mathrm{d}C_A}{\mathrm{d}t} \tag{7-3}$$

式中：r_A 是组分 A 的反应速度，$mol/m^3 \cdot h$；n_A 是组分 A 的摩尔数，mol；C_A 是组分 A 的摩尔浓度，mol/m^3；V 是反应器容积，m^3。

影响化学反应速度的因素主要有：反应物浓度、反应温度、反应压力和反应深度等。

1. 反应物浓度的影响

反应物浓度越高，单位容积的摩尔数越高，分子间的碰撞几率越大，反应速度越大。

2. 反应温度的影响

温度对反应速度的影响较复杂。这里仅讨论一般化学反应的情况。实践表明，随着温度的上升，反应速度往往是迅速增加，用如下阿累尼乌斯公式表示：

$$k = k_0 \exp\left(-\frac{E}{R\theta}\right) \tag{7-4}$$

k 为反应速度常数；R 为气体常数，其值为 1.987 kcal/kmol · K；E 为活化能，表示使反应物分子成为能进行反应的活化分子所需的平均能量，其值在 10 000～50 000 kcal/kmol；θ 为绝对温度；k_0 频率因子，单位同 k。

对于不可逆反应，提高反应温度，总可使反应速度常数增大，因此反应速度也加快。对可逆反应，因随着温度的升高，正逆反应速度常数都增大。应根据反应是放热反应还是吸热反应确定总反应速度的变化。对吸热反应，正反应速度常数 k_1 的增长速度大于逆反应速度常数 k_2 的增长速度，因此，总的化学反应速度 r 随着温度的升高而增大。对放热反应，k_1 的增长速度小于 k_2 的增长速度，总的化学反应速度 r 随着温度的升高而降低。

3. 反应压力的影响

如果不考虑因压力较高造成的反应速度常数 k 的变化，则对液相和固相反应，压力的变化对反应速度没有影响。对于气相反应，压力升高时，单位容积的千克分子数随容积的压缩而增大，

因此，单位容积内用浓度表示的反应速度增大。

4. 反应深度的影响

反应深度常用转化率 y 表示。对于不可逆反应：A+B→C，转化率表示为

$$y=\frac{n_{A_0}-n_A}{n_{A_0}}\times 100\% \tag{7-5}$$

式中：n_{A_0}是进入反应器物料 A 的组分摩尔数，n_A 是反应后物料 A 的组分摩尔数，因此，转化率是未反应掉的 A 组分摩尔数与进入反应器 A 组分摩尔数之比的百分数。当物料 A 完全未反应时，$y=0$；A 组分完全反应掉，则 $y=100\%$。

随着化学反应的进行，反应物浓度不断下降，正反应速度不断下降，而生成物浓度不断增加，逆反应速度不断增大。这表明，随着反应深度的增加，反应速度总是下降的。

7.2.2　化学平衡

在某一反应温度下，如果某反应的正逆反应速度相等时，则 $r=0$，这时，化学反应处于平衡状态，称为化学平衡。化学平衡是化学反应过程中的一个极限状态，当化学反应趋近化学平衡时，反应速度接近零，因此，建立化学平衡需要很长时间。

化学平衡的条件是总反应速度等于零。假设某反应 $\alpha A+\beta B\leftrightarrow\gamma C$，反应速度为

$$r=k_1C_A^{\alpha}C_B^{\beta}-k_2C_C^{\gamma}=0 \tag{7-6}$$

式中，C_A、C_B 和 C_C 分别为 A、B、C 的浓度，α、β、γ 为反应的级数，k_1、k_2 分别为正逆反应的反应速度常数。

所以，有：$k_1C_A^{\alpha}C_B^{\beta}=k_2C_C^{\gamma}$

$$\text{或：}K_C=\frac{k_1}{k_2}=\frac{C_C^{\gamma}}{C_A^{\alpha}C_B^{\beta}} \tag{7-7}$$

式中：K_C 是用浓度表示的化学平衡常数。K_C 越大，表示平衡转化率越高。对于机理复杂的反应过程，类似式(7-6)的关系同样存在。

对于气体，若理想气体定律适用，有

$$P_i=\frac{n_i}{V}R\theta=C_iR\theta \tag{7-8}$$

因此，可用气体分压代替浓度，则用气体分压表示的化学平衡常数 K_P 为

$$K_P=\frac{P_C^{\gamma}}{P_A^{\alpha}P_B^{\beta}} \tag{7-9}$$

影响化学平衡常数的因素有反应温度、压力、反应物量和生成物量，反应是放热或吸热反应等。我们常常用平衡移位原理来探讨各因素对化学平衡的影响，这一原理指出，任何已达成平衡的体系，当条件（例如，压力、温度、浓度等）发生变化时，平衡朝自发地削弱或消除这些改变的方向移动。各因素具体影响分析如下。

1. 反应物量的影响

当某一反应物量过量，根据移位平衡原理，化学平衡朝自发地削弱或消除这些改变的方向移动。因此，要使过量的反应物多反应一些，减小过量的程度。所以，反应物量的过量使反应朝着正方向进行。

2. 生成物量的影响

除去生成物，同样能够使平衡朝自发地削弱或消除这些改变的方向移动，即朝生成更多生成物的方向移动。例如，合成氨生成过程中入合成塔的气体中氨气含量越低，平衡转化率越高。

3. 反应温度的影响

对于放热反应，随着反应温度的上升，平衡转化率下降。对于吸热反应，随着反应温度的上升，转化率增大。

根据平衡移位原理，也可看到，当反应温度升高时，对吸热反应，将提高平衡转化率。而放热反应，应采用降低反应温度的措施来提高平衡转化率。但应看到，反应温度低，化学反应速度也降低，因此，应权衡两者的影响，选择合适的反应温度。

4. 反应压力的影响

反应后分子数减少的反应，增加压力可使反应向生成物的方向移动，以增加生成物的分子数。例如，合成氨反应 $N_2+3H_2\leftrightarrow 2NH_3$ 中增加压力，使平衡转化率提高。反之，反应后分子数增加的反应，降低压力有利于平衡向正方向移动。

7.2.3 转化率

影响转化率的因素很多，主要有反应温度、停留时间、反应物浓度、反应物料之间的配比、冷却或加热剂量、反应压力等。

在相同的反应温度下，停留时间越长，转化率越高；当停留时间足够长时，因转化率已经很高，这时转化率的增长不明显。在相同的停留时间条件下，反应初期，反应温度低，转化率也较低，变化较小；反应后期，由于反应物已经绝大部分反应掉，因此，转化率变化较小；只有在反应中期，反应转化率的变化最大。

进料浓度在反应温度和停留时间不变时对转化率没有影响，但因为进料量增加，反应掉的物料增加，放出热量也增加，因此，提高反应温度也间接影响转化率。反应物浓度变化时，通过使反应速度的变化影响转化率。同样，反应物料之间的配比也反映在浓度的变化，影响反应速度及转化率。冷却和加热剂量直接影响反应温度，反应压力影响反应物浓度等，因此，它们都间接对反应温度有影响，并影响到反应速度和转化率。

7.2.4 化学反应器的热稳定性

通常，化学反应伴有热效应。吸热反应过程随反应温度的升高，反应速度加快；但因吸收的热量也相应增加，因此，反应温度会下降。从热稳定性看，吸热反应过程具有自衡能力。即吸热反应过程的反应温度会稳定到一个新的稳定温度，该过程在开环条件下能够稳定。放热反应过程随反应温度的升高，反应速度加快，放热也增加，使反应温度更加升高，造成正反馈，例如，一些高分子聚合反应过程就是这样。如果不能及时除热，反应过程将不稳定，因此，这类过程在开环条件下是不稳定的。

1. 放热方程

反应器中，单位时间内放出热量 Q_R 为

$$Q_R=(-\Delta H)Vr(C,\theta)=(-\Delta H)VkC \tag{7-10}$$

式中：ΔH 是摩尔反应热（吸热为正，放热为负）；V 是反应器内物料容积；r 是反应速度，C 是反应物的摩尔浓度，k 是反应速度常数，θ 是反应温度。

转化率 y 可表示为

$$y=\frac{C_0-C}{C_0} \qquad 则\ C=C_0(1-y) \tag{7-11}$$

又有

$$y=\frac{k\tau_C}{1+k\tau_C}=\frac{k\dfrac{V}{F}}{1+k\dfrac{V}{F}} \quad 或 \quad kV=F\frac{y}{1-y} \tag{7-12}$$

式中：F 是进料量；τ_C 停留时间。

将式(7-11)、式(7-12)代入式(7-10)，因此，单位时间内放出热量 Q_R 为

$$Q_R=(-\Delta H)VkC_0(1-y)=(-\Delta H)FC_0y \tag{7-13}$$

上式表明，放热量 Q_R 与进料量 F 成正比，与转化率 y 成正比。因此，放热量 Q_R 与反应温度 θ 的关系曲线和转化率 y 与反应温度 θ 的关系曲线相似，为 S 形曲线。在反应温度较低时，反应的放热量较小；反应过程中，反应温度不断升高，放热量也不断增加；反应后期，转化率下降，放热量也随之下降。

2. 除热方程

在绝热状态下进行反应时，系统的除热量 Q_0 为

$$Q_0=F\rho\ C_p(\theta-\theta_i) \tag{7-14}$$

式中：F 是进料量；ρ 是进料密度；C_p 是进料比热容；θ_i 是进料温度；θ 是反应器内温度。除热量 Q_0 与进料量 F 成正比，与反应温度 θ 成正比。因此，除热线是一条直线，直线的斜率为 $F\rho C_p$，截距为 $-F\rho C_p\theta_i$，它与 θ 轴交点为 θ_i。

3. 静态工作点

当放热量等于除热量时，系统的热量平衡。在热量与温度的关系曲线上表现为放热线与除热线的交点处热量达到平衡。

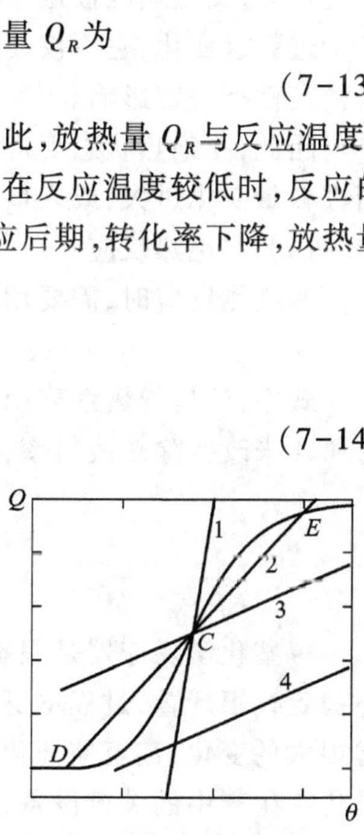

图 7-1 放热线和除热线方程

除热线的影响：图 7-1 显示了放热线和除热线，图中，除热线 1

与放热线（S 形曲线）只有一个交点 C，该点称为静态工作点。当因扰动使工作点偏离时，例如，反应温度上升，则因除热量大于放热量，工作点仍恢复到 C；反之，反应温度降低，则因放热量大于除热量，反应温度会上升，直到回复到原工作点 C。因此，工作点 C 称为热稳定的工作点。这时，系统在开环条件下稳定。

除热线 2 与放热线有三个交点 C、D 和 E，如果扰动使反应温度升高，则工作点 C 处，放热量大于除热量，反应温度会继续上升，直到工作点 E。反之，如果扰动使反应温度降低，则因除热量大于放热量，反应温度会继续降低，直到工作点 D。因此，工作点 C 是不稳定的工作点，这时，只有 D 和 E 才是热稳定工作点。

除热线 3 与放热线有一个交点 C，但扰动影响下，反应温度升高后，因放热量大于除热量，反应温度继续升高，因此，工作点 C 是热不稳定的工作点。

除热线 4 与放热线没有交点，因此，不存在静态工作点。

放热线的影响：上面仅讨论除热线方程变化对工作点的影响，放热线方程也会随着停留时间的增加而右移。因此，它们对静态工作点也有影响，讨论如下：

（1）绝热反应

当停留时间 τ_c 不变，入口温度 θ_i 变化时，放热线曲线不变，除热线斜率不变，但截距变化，除热线位置左右平移，因此，一般情况下，只影响初始工作点，不影响系统的热稳定性。但当入口温度过低时，反应速度接近于零，这时，几乎不发生反应。当停留时间 τ_c 变化，入口温度 θ_i 不变时，表示进料量变化，它不仅使放热线位置发生移动，而且使除热线的斜率和截距发生变化，因此，对热稳定性有一定影响。

因此，在绝热状态下进行的放热反应，调整进料量和进料温度对系统的热稳定性影响不大；当进料量变化过大，或入口温度过低时，对系统热稳定性有影响。

（2）非绝热反应

非绝热反应时，需要用载热体进行冷却，则除热量方程成为

$$Q_0 = F\rho C_p(\theta - \theta_i) + UA(\theta - \theta_C) \tag{7-15}$$

式中：U 是传热系数；A 是传热面积；θ_C 是冷剂温度。这表明，在停留时间不变时，可以调整 U 和 A 来改变除热线斜率，即改变转化率。如果 UA 越大，则除热能力越强，系统越容易稳定。

7.3 化学反应器的动态特性

一些化学反应器是很难控制的。因为反应速度受温度影响很大，特别是强烈的放热反应，热不稳定性很严重，过程本身没有自衡能力。并且，反应物中少量杂质的存在，有时会使反应速度起很大的变化，甚至使催化剂失去活性。这些都使反应器的控制变得复杂和困难。然而，反应器是化工生产中的关键设备，在很大程度上决定产品的数量和质量，反应器的操作优化是很有实际意义的课题。因此，化学反应器的动态特性的研究很重要。只有掌握了他们的动态特点，才能较

好地解决控制问题。

然而化学反应器动态数学模型的建立比较困难。在化学反应过程中，有放热和吸热的不同热效应，并且还涉及化学反应动力学、反应级数等问题。而在化学反应的动力学原理、反应速度等方面有时缺乏可靠的数据，特别是催化剂存在时，某些反应的机理及阶数也难确定。这一节，先介绍化学反应器的基本方程式，然后举例说明动态方程列写的具体方法。

7.3.1 化学反应器的基本方程

1. 化学反应速度公式

化学反应速度公式如式(7-2)和式(7-4)所示：

$$r_{\mathrm{A}}=\pm\frac{1}{V}\frac{\mathrm{d}n_{\mathrm{A}}}{\mathrm{d}t}$$

$$k=k_0\exp^{\left(-\frac{E}{R\theta}\right)}$$

2. 物料衡算

对于一化学反应器，在单位时间内进入系统的物料量减去流出反应系统的物料量，再加上(或减去)由化学反应生成(或消耗)的物料量，应该等于该系统内物料量的蓄藏量变化率。

物料衡算式通常按组分列写。以管式反应器为例，在管式反应器中，浓度不但随时间而变化，而且是距离的函数，属于分布参数情况。在列些动态方程时，距离上以微元 $\mathrm{d}z$ 为基准，且假定在此微元内各点的浓度相等。

对于组分 i 来说，单位时间进入微元的摩尔数为 vAC_i，单位时间离开微元的摩尔数为 $\left[vAC_i+\frac{\partial}{\partial z}(vAC_i)\mathrm{d}z\right]$，如进行一级反应，单位时间内消耗组分 i 的摩尔数为 $kC_iA\mathrm{d}z$，在微元 $\mathrm{d}z$ 内组分 i 的蓄藏量的变化率是 $A\mathrm{d}z\frac{\partial C_i}{\partial t}$。于是，得到物料衡算式

$$vAC_i-\left[vAC_i+\frac{\partial}{\partial z}(vAC_i)\mathrm{d}z\right]-kC_iA\mathrm{d}z=A\mathrm{d}z\frac{\partial C_i}{\partial t}$$

式中：v 是流速，A 是反应器截面积，通常为恒值，则可得物料衡算式为

$$\frac{\partial C_i}{\partial t}+\frac{\partial}{\partial z}(vC_i)+kC_i=0 \tag{7-16}$$

3. 热量衡算

化学反应往往伴有热效应。由热量平衡关系可知：反应系统内热量蓄藏量变化率等于单位时间内进入反应系统物料带入的热量减去单位时间内流出反应系统物料带走的热量，再加上(或减去)单位时间内化学反应的热效应(吸热反应为减去，放热反应为加上)，再加上(或减去)单位时间内与外界换热量(向外散热为减去，外界向系统供热为加上，若是绝热情况则为0)。

以夹套管式反应器为例，仍取距离上微元 $\mathrm{d}z$ 为基准，热量衡算式为

$$vA\rho c_p\theta-\left[vA\rho c_p\theta+\frac{\partial}{\partial z}(vA\rho c_p\theta)\,\mathrm{d}z\right]-A\mathrm{d}zkC_i(\Delta H)-h_r\pi D\mathrm{d}z(\theta-\theta_m)=\frac{\partial}{\partial t}(\rho A\mathrm{d}zc_p\theta)$$

式中：v 为流速，A 为管道截面积$\left(=\frac{\pi}{4}D^2\right)$，$D$ 为管道直径，ρ 为密度，c_p 为比热容，θ 为反应温度，h_r 为管壁给热系数，θ_m 为管壁温度，ΔH 为摩尔反应热，k 为反应速度常数，C_i 为摩尔浓度。

将上式简化，可得到

$$\frac{\partial}{\partial t}(\rho c_p\theta)+\frac{\partial}{\partial z}(v\rho c_p\theta)+kC_i(\Delta H)+\frac{4}{D}h_r(\theta-\theta_m)=0 \tag{7-17}$$

7.3.2 连续搅拌槽式反应器的动态特性

下面以除热式连续搅拌槽式反应器为例，给出典型反应器的动态特性。

在如图 7-2 所示的除热式连续搅拌槽式反应器内进行一级不可逆反应 $A\rightarrow B$，反应速度常数为 k。设反应器内物料的容积为 V，进料的体积流量为 F_0，浓度为 C_{A0}，温度为 θ_i，密度为 ρ_0。冷剂的体积流量为 F_c，冷剂进口温度为 θ_{ci}，出口温度为 θ_{co}。假定夹套内冷剂温度与冷剂出口温度一样，间壁传热面积为 A，总传热系数为 U，夹套内冷剂容积为 V_c，忽略壁热容。

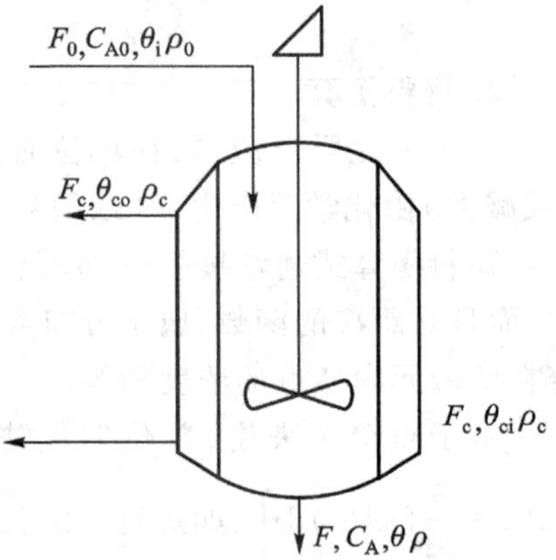

图 7-2 连续搅拌槽式反应器

下面根据反应速度方程、物料衡算及热量衡算列写该反应器的动态特性方程。

总的物料衡算式为

$$\frac{\mathrm{d}(\rho V)}{\mathrm{d}t}=F_0\rho_0-F\rho \tag{7-18}$$

组分 A 的物料衡算式为

$$\frac{\mathrm{d}VC_A}{\mathrm{d}t}=F_0C_{A0}-FC_A-VC_Ak \tag{7-19}$$

反应器内的热量衡算式为

$$\frac{\mathrm{d}V\rho c_p\theta}{\mathrm{d}t}=F_0\rho_0c_p(\theta_i-\theta)+UA(\theta_{co}-\theta)+(-\Delta H)VC_Ak \tag{7-20}$$

其中，c_p 为反应物的平均比热容。

夹套内冷剂的热量衡算式为

$$\frac{\mathrm{d}V_c\rho_cc_{pc}\theta_{co}}{\mathrm{d}t}=F_c\rho_cc_{pc}(\theta_{ci}-\theta_{co})+UA(\theta-\theta_{co}) \tag{7-21}$$

其中，c_{pc} 为冷剂的平均比热容，ρ_c 是冷剂的密度。

化学反应速度公式为

$$r(C_A\theta)=C_A k_0\exp\left(-\frac{E}{R\theta}\right) \tag{7-22}$$

假设反应器及夹套内容积 V, V_c 和反应物及冷剂密度 ρ,ρ_c 保持不变,则 $F=F_0$, 将式(7-22)代入式(7-19)及式(7-20),可得

$$\frac{\mathrm{d}C_A}{\mathrm{d}t}=\frac{F}{V}(C_{A0}-C_A)-C_A k_0\exp\left(-\frac{E}{R\theta}\right) \tag{7-23}$$

$$\frac{\mathrm{d}\theta}{\mathrm{d}t}=\frac{F}{V}(\theta_i-\theta)+\frac{(-\Delta H)}{\rho c_p}C_A k_0\exp\left(-\frac{E}{R\theta}\right)+\frac{UA}{V\rho c_p}(\theta_{co}-\theta) \tag{7-24}$$

$$\frac{\mathrm{d}\theta_{co}}{\mathrm{d}t}=\frac{F_c}{V_c}(\theta_{ci}-\theta_{co})+\frac{UA}{V_c\rho_c c_{pc}}(\theta-\theta_{co}) \tag{7-25}$$

式(7-23)~式(7-25)给出了用微分方程组表达的连续搅拌槽式反应器的动态特性。

这个数学模型是非线性的,为了应用现代控制理论来分析系统的动态特性,可以对其在工作点附近线性化,得到以状态空间方程表达的数学模型,进而还可得到各通道的传递函数。

7.4 化学反应器的基本控制

7.4.1 出料成分的控制

当出料成分可直接检测时,可采用出料成分作为被控变量组成控制系统。例如,合成氨生产过程中变换炉的控制。

变换生产过程是将造气工段来的半水煤气中的一氧化碳转化为合成氨生产所需的氢气和易于除去的二氧化碳,变换炉进行如下气固相反应:

$$CO+H_2O\rightarrow CO_2+H_2+Q$$

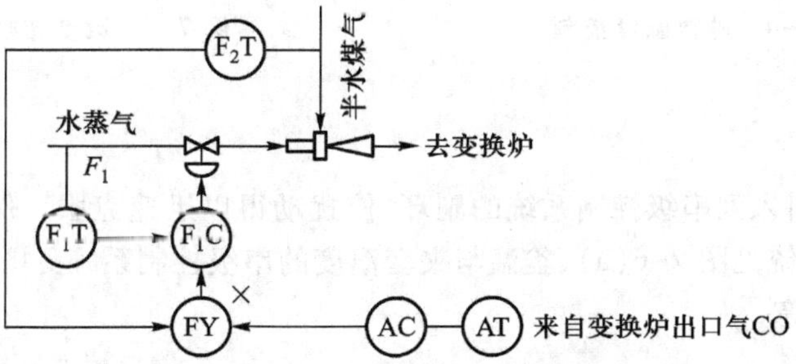

图 7-3 变换炉出口气 CO 含量控制系统

变换反应的转化率可用变换气中一氧化碳含量表征。控制要求为:变化炉出口一氧化碳含量 CO<3.5%。影响变换生产过程的扰动有:半水煤气流量、温度、成分,水蒸气压力和温度、冷

激水量和催化剂活性等。影响变换反应的主要因素是半水煤气和水蒸气的配比。因此,设计以变换炉出口一氧化碳含量为主被控变量,水蒸气和半水煤气比值为串级副环的变比值控制系统如图 7-3 所示。其中,半水煤气为主动量,水蒸气为从动量。

7.4.2　反应过程的工艺参数作为间接被控变量

在反应器的工艺参数中,通常选用反应温度作为间接被控变量。常用的控制方案如下。

1. 进料温度控制

如图 7-4 所示,物料经预热器(或冷却器)进入反应器。这类控制方案通过改变进入预热器(或冷却器)的热剂量(或冷却量),来改变进入反应器的物料温度,达到维持反应器内温度恒定的目的。

2. 改变传热量

大多数反应器有传热面,用于引入或移去反应热,所以采用改变传热量的方法可实现温度控制。例如,图 7-5 所示的夹套反应釜控制。当釜内温度改变时,可通过改变加热剂(或冷却剂)流量来控制釜内温度。该控制方案结构简单,仪表投资少,但因反应釜容量大,温度滞后严重,尤其在进行聚合反应时,釜内物料粘度大,热传递差,混合不易均匀,难于使温度控制达到较高精确度。

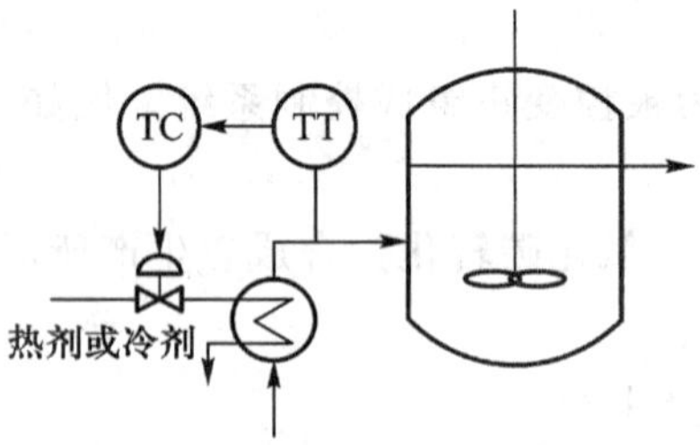

图 7-4　进料温度控制

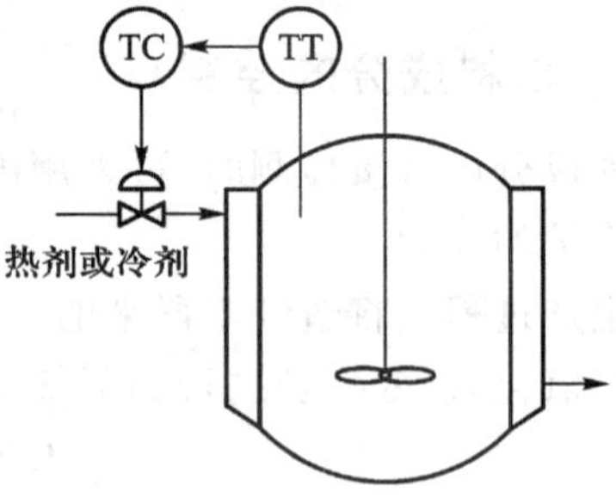

图 7-5　改变传热量的控制

3. 串级控制

将反应器的扰动引入到串级控制系统的副环,使扰动得以迅速克服。例如,釜温与热剂(或冷剂)流量的串级控制系统见图 7-6(a)、釜温与夹套温度的串级控制系统见图 7-6(b),图 7-6(c)是氨氧化过程串级控制等。

4. 前馈控制

进料流量变化较大时,应引入进料流量的前馈信号,组成前馈-反馈控制系统。例如,图 7-7 所示的反应器,前馈控制器的控制规律是 PD 控制。由于温度控制器采用积分外反馈防止积分饱和,因此,前馈控制器输出采用直流分量滤波。

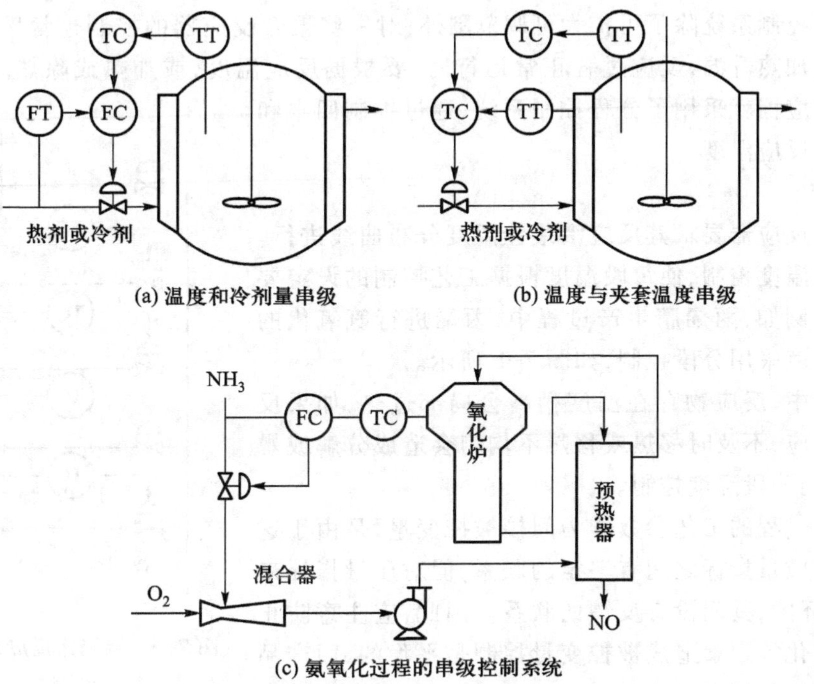

(a) 温度和冷剂量串级　(b) 温度与夹套温度串级

(c) 氨氧化过程的串级控制系统

图 7-6　反应器温度的串级控制系统

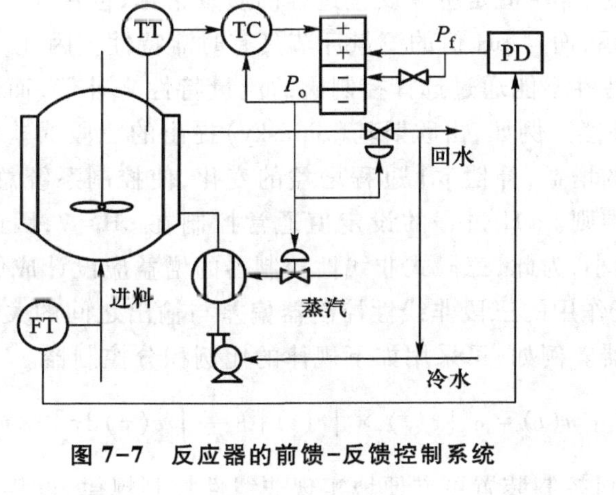

图 7-7　反应器的前馈-反馈控制系统

5. 分程控制

采用分程控制系统除了可扩大可调范围外,对一些聚合反应器的控制也常采用。这些反应在反应初期要加热升温,反应过程正常运行时,要根据反应温度,或加热或除热。例如,图 7-7 所示的聚合反应器就采用了分程控制系统,通过控制回水和蒸汽量来调节反应温度。

6. 分段控制

某些化学反应器要求其反应沿最佳温度分布曲线进行。为此采用分段温度控制,使每段温度根据工艺控制的设定要求进行控制。例如,丙烯腈生产过程中,丙烯进行氨氧化的沸腾床反应器就采用分段控制,如图 7-8 所示。

有些反应中,反应物存在温度稍高会局部过热,如果反应是强放热反应,不及时移热或移热不均匀会造成分解或暴聚时,也可采用分段温度控制。

采用反应过程的工艺参数作为间接被控变量,是由于这些被控变量与质量指标之间有一定的联系,但对质量指标来看,系统是开环的,其间没有反馈的联系。因此,应注意防止由于催化剂老化等因素造成被控变量控制是平稳的,而产品质量指标不合格的情况发生。

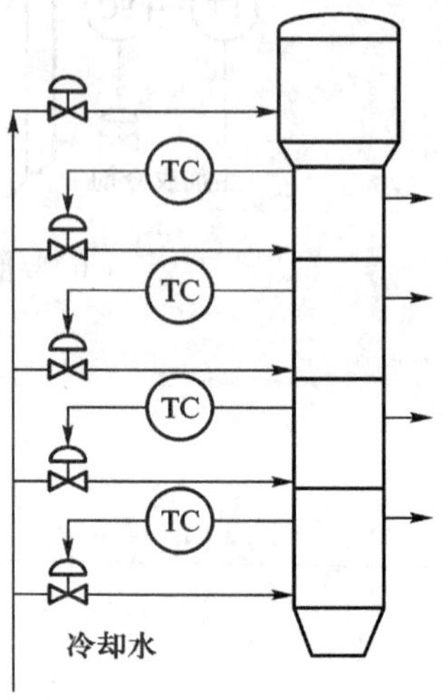

图 7-8 沸腾床反应器的分段控制

7.4.3 pH 控制

酸碱中和反应是反应过程中常见的一类反应,在环境保护等领域有广泛应用,pH 控制是该类反应过程的重要控制。pH 值是中和反应过程的质量指标,但由于 pH 值与中和液之间存在如图 7-9 所示非线性关系,而且 pH 值的测量环节具有时滞特性。因此,对 pH 控制有一定困难。

首先,pH 过程的特性不能通过选择控制阀的流量特性来补偿,而通常采用非线性控制规律实现 pH 过程特性的补偿。例如,由欣斯基(Shinsky)提出的三段式非线性控制器。其基本原理是控制器用三段不同的增益,补偿 pH 过程增益的变化,使控制系统总开环增益保持基本不变,满足系统稳定运行的准则。pH 过程的设定值通常控制在 pH=7,因此,偏差小时,过程的增益大,偏差大时过程增益小,为此,三段式非线性控制器的增益应设计成偏差大时增益大,偏差小时增益小。图 7-10 是正作用的三段非线性控制器偏差与输出之间的关系曲线。也可采用其他非线性控制规律的控制器。例如,可采用如下规律的比例积分控制器。

$$u(t)=K_c\left[e(t)\times|e(t)|+\frac{1}{T_i}\int_0^t e(\tau)\mathrm{d}\tau\right]+u_0 \tag{7-26}$$

采用 DCS 或计算机控制装置可方便地实现非线性控制规律,近年推出的智能阀门定位器也将非线性补偿环节设置在前向通道, 使非线性环节的实现变得容易。为较好补偿 pH 过程的非

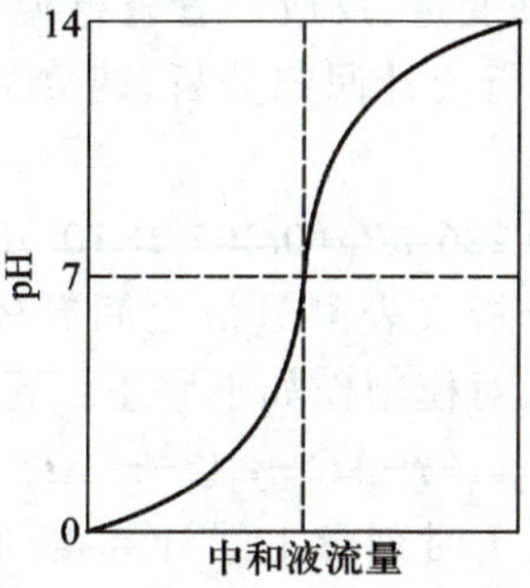

图 7-9 中和过程滴定曲线

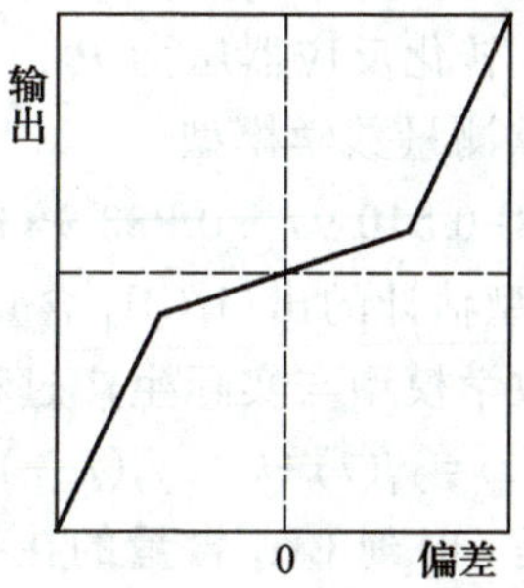

图 7-10 三段非线性控制器

线性特性，使系统开环总增益保持不变，可对 pH 过程的非线性特性进行测试。通过测量不同 pH 稳态值处，中和液流量的变化量 ΔF 和 pH 的变化量 ΔpH，计算其变化量的斜率，即计算过程增益 k_p。则控制器的增益与所计算的增益倒数成正比。

其次，pH 测量环节存在较严重的时滞。因此，实施 pH 控制时，可采用减小测量环节时滞的一些措施，例如，采用外部的循环泵将被测量液体连续采出等；也可采用加大时间常数的方法，缓和 pH 的变化；还可采用时滞补偿控制系统。

此外，pH 控制系统也可采用分程控制方案，其中，大阀进行粗调，小阀进行细调。这种控制方案适用于 pH 变化范围较大的场合。采用流加的工艺过程，例如，发酵过程中，由于底物和流加物的量不断增加，因此，这时 pH 控制应采用自适应控制或采用前馈-反馈控制，以适应流量的变化。

7.4.4 化学反应器的推断控制

采用在线分析仪表检测化学反应器的产品质量指标，具有滞后大、难维护、价格贵等缺点，因此，大多数反应器的产品质量指标采用间接指标，例如，采用反应温度。随着计算机技术的发展，软测量和推断控制技术正越来越广泛地被用于工业过程产品质量控制指标的检测。在此介绍几个应用实例。

1. 烃类转化反应器出口气体中 CH_4 的软测量

某甲醇装置烃类转化反应器由炉膛、炉管、烟道器、烧嘴与其他辅助设备组成。炉膛内有 76 根转化炉管，反应原料油和蒸汽混合物经管内夹套催化剂层，先分解为甲烷，然后发生化学反应生成氢气、二氧化碳和一氧化碳，反应后的转化气经中心夹套换热后流出，并经集气总管送合成工段。

烃类转化反应器出口气中 CH_4 含量是一个十分重要的控制指标。因采用在线分析仪表的滞后大，因此，常用反应温度作为间接质量指标。这里介绍采用软测量技术在线估计 CH_4 含量。

经分析，选用下列过程变量作为用于估计 CH_4 含量的辅助变量：反应炉管外壁温度 T_1、CO_2 添加量 F_1，水碳比 R_1、转化反应器压力 P_1。采样过程数据，进行统计回归分析，建立如下出口气体中 CH_4 含量(y)的软测量数学模型

$$y=252.084\,8-0.510\,9T_1-0.888\,9\times10^{-3}F_1-2.232R_1+0.226\,2P_1+0.265\,2\times10^{-3}T_1^2 \tag{7-27}$$

根据数学模型估计的出口 CH_4 含量 y 与在线红外分析仪表测量值之间有较大误差。经分析，主要是静态数学模型与实际生产过程存在差异，为此，对模型作如下修正：

$$y(t)=y_1(t)+k_1[\,y_2(t-\tau)\;-y_1(t-\tau)\,]+k_2[\,y_2(t-\tau-\Delta t)-y_1(t-\tau-\Delta t)\,] \tag{7-28}$$

式中：$y(t)$ 是 t 时刻 CH_4 含量的在线估计值；$y_1(t)$ 是 t 时刻由上式计算得到的 CH_4 含量；τ 是纯时滞时间，随生产负荷变化而变化，采用最小二乘法定时在线计算得到；Δt 是时间间隔，人工调整的时间参数；k_1 和 k_2 是加权系数，根据所需控制要求调整。

经模型修正后的 CH_4 含量与实际分析数据十分接近，采用该修正后的 CH_4 组成的串级解耦控制系统已经成功地用于实际的生产过程，并取得较好控制效果。

2. 酯化釜中酯化率的软测量和控制

生产涤纶的直接酯化法生产过程中，第一酯化釜出口质量指标控制至关重要，通常采用酯化率(ES)和二甘醇(DEG)含量作为质量指标。工艺通过对出口 ES 和 DEG 的采样分析对生产过程进行操作，不能满足工艺控制要求，为此，采用软测量技术对 ES 和 DEG 进行测量和控制。

根据工艺机理分析和实际测试，影响 ES 和 DEG 的可测变量有：进料 EG 与 PTA 的摩尔比值(MET)、反应温度(T)、反应压力(P)、停留时间(TM)等 4 个变量。软测量模型采用 BP 神经网络，输入层采用 4 个节点，隐含层采用 20 个节点，输出层采用 2 个节点。

BP 神经网络采用基于梯度下降的误差反向传播学习算法。因梯度下降法容易进入局部最优，为此，在收敛过程中采用了如下一些改进：采用自动改变收敛因子，改进收敛速度；用重新随机赋初值的方法跳出局部最优点；充分利用工艺先验知识，对过程数据进行预处理，加快收敛速度。

经测试和长期运行的考验，该数学模型的精确度在±1%以内，满足了工艺控制的要求。在此基础上，经分析和实际测试发现酯化釜温度的扰动影响较强，因此，将酯化釜温度作为副被控变量，以酯化率作为主被控变量组成以动态矩阵控制器为主控制器、酯化釜温度控制器为副控制器的串级控制系统。整个控制系统既具有较好的跟踪性能和鲁棒性，又具有较好的抗干扰性能。实际运行表明该控制系统满足生产过程的控制要求，取得较高的经济效益。

3. 流化床干燥器湿含量的推断控制

流化床干燥器的主要质量指标是物料出口湿含量。因为固体颗粒的湿含量难于直接测量，因此，采用推断控制方法进行控制。

根据工艺机理，固体颗粒湿含量 x 与入口、出口温度(T_{i}、T_{o})及湿球温度 T_{w} 有如下关系：

$$x=\frac{x_C GC}{H_V\gamma A}\ln\left(\frac{T_{\mathrm{i}}-T_{\mathrm{w}}}{T_{\mathrm{o}}-T_{\mathrm{w}}}\right) \tag{7-29}$$

式中：x_C 是降速和恒速干燥的临界湿含量；G 是空气流量；C 是空气比热容；H_V 是水的潜热；γ 是传质系数；A 是固体颗粒的表面积。

实际运行时，对数项前的系数基本不变，可作为常数处理，因此，湿含量 x 仅与入口、出口温度和湿球温度有关。但湿球温度 T_w 的测量有困难，在较高温度，湿球温度是入口干球温度的函数，而受湿度影响较小，因此，针对特定的物料湿含量 x，可建立 T_o 与 T_i 的关系曲线。只要控制 T_o 与 T_i 的值符合某一关系曲线，就能将湿含量控制在相应数值。

将所建立 T_o 与 T_i 的关系曲线用可调整斜率 R 和截距 b 的直线近似，即

$$T_{os}=b+RT_i \tag{7-30}$$

式中：T_{os}是出口温度希望的设定值，斜率 R 和截距 b 由关系曲线确定，并在现场进行适当调整。

考虑到入口温度变化到出口温度变化之间的时滞，在计算 T_{os} 前，应对入口温度进行延时。流化床干燥器出口物料湿含量的推断控制系统如图 7-11 所示。图中，TY 用于根据 T_o 与 T_i 的关系曲线计算出口温度希望的设定值，其中，包含了对入口温度的延时功能。T_1C 是出口温度控制器，T_2C 是入口温度控制器，P_dC 是干燥器压降控制器。

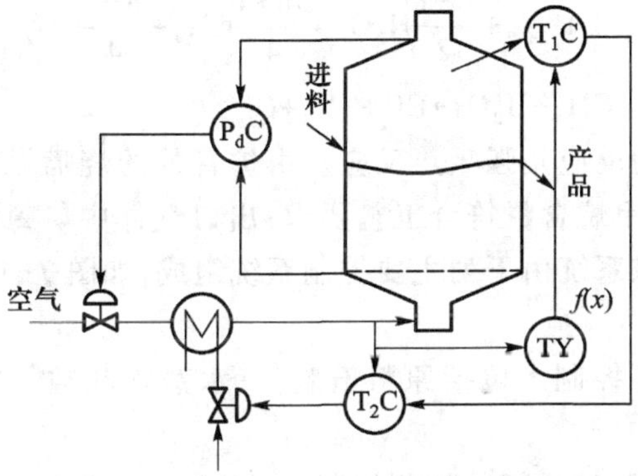

图 7-11 流化床干燥器湿含量推断控制

控制系统方块图见图 7-12。图中，TY 用于实现推断控制运算。根据方块图，当因扰动引起入口温度升高后，经推断运算回路，使出口温度希望的设定值升高，经主控制回路，使入口温度进一步升高，因此，图中上面的回路是正反馈控制系统，而下面的串级控制系统是负反馈控制系统。只有负反馈回路的控制作用大于正反馈控制回路的控制作用，控制系统才能稳定，为此，在 TY 中引入时滞，用于延时入口温度的变化，其数值应大于主控制器的积分时间；调整推断运算环节中斜率（即增益）的数值，使满足静态时，总正反馈增益小于总负反馈增益。

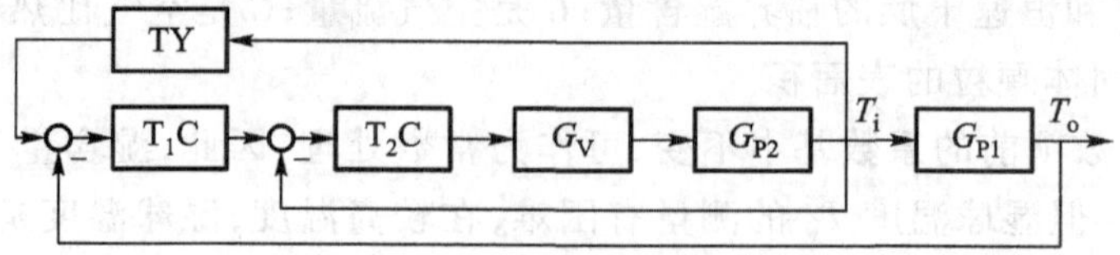

图 7-12 流化床控制系统方块图

7.4.5 稳定外围的控制

稳定外围控制是尽可能使进入反应器的每个过程变量保持在规定数值的控制，它使反应器操作在所需操作条件，产品的质量满足工艺要求。通常，稳定外围的控制依据物料平衡和能量平衡进行，主要包括：进入反应器的物料流量控制或物料流量的比值控制；控制反应器出料的反应器液位控制或反应器压力控制；稳定反应器热量平衡的入口温度控制，或加入（移去）热量的控制。

石脑油为原料的一段转化炉内进行如下反应：

$$C_nH_{2n+2}+\frac{n-1}{2}H_2O\rightarrow\frac{3n+1}{4}CH_4+\frac{n-1}{4}CO_2$$

$$CH_4+H_2O\leftrightarrow CO+3H_2+Q$$

甲烷转化为一氧化碳的反应是强吸热反应。由炉管外的烧嘴燃烧燃料供给热量，转化过程的控制指标是：出口气体中甲烷含量符合工艺要求；出口气体中氢氮比符合工艺要求。为此，组成稳定外围的控制系统。该系统由下列主要控制系统组成，如图 7-13 所示。

1. 进料流量控制

对各进料流量进行闭环控制。包括原料石脑油、水蒸气和空气，及总燃料量等流量的闭环控制。

2. 保证蒸汽、空气和石脑油之间的比值控制

以水蒸气流量作为主动量，石脑油作为从动量（比值 k_3），组成双闭环比值控制系统；以石脑油流量作为主动量，空气作为从动量（比值 k_1），组成双闭环比值控制系统。

3. 热量控制

以石脑油流量作为主动量，总燃料量作为从动量（比值 k_2），组成双闭环比值控制系统。保证供热量与原料量的配比。该系统采用两种燃料：炼厂气和液化气。液化气的热值高，炼厂气的热值低，因此，根据热值分析仪 AT 的数值，经热值控制器调整炼厂气和液化气的比值，其中，炼厂气是主动量，液化气是从动量和串级控制系统的副被控变量，热值是串级控制系统的主被控变量，组成变比值控制系统，保证热值恒定。从而间接保证了出口气中残余甲烷含量满足工艺要求。

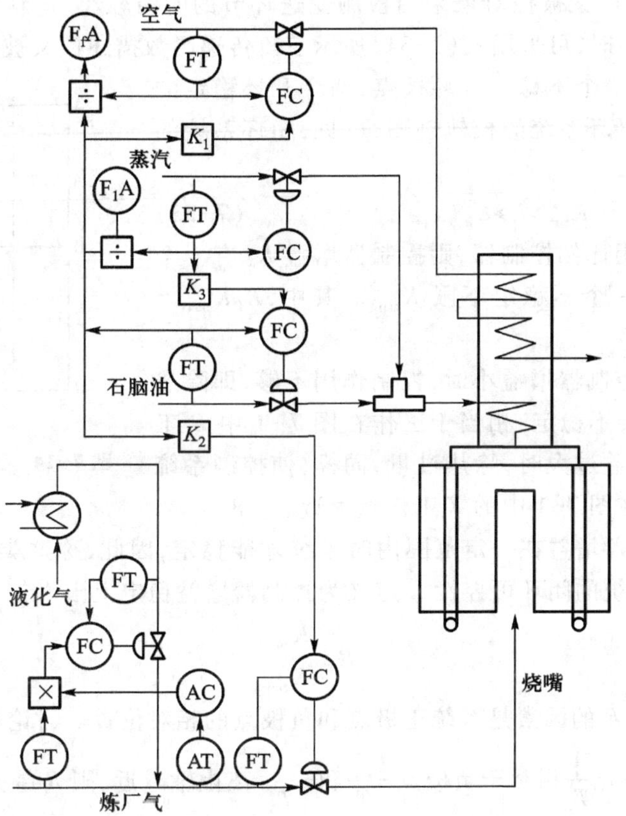

图 7-13 一段转化炉简化控制点流程图

4. 压力控制

控制炉管内物料的压力,保证反应器出口气体流量的稳定,一般放在出口端(图中未画出)。

7.4.6 开环不稳定反应器的控制

绝大多数被控工业过程具有稳定特性。即它们的开环传递函数极点位于根平面的左侧。属于开环稳定的过程。但对于放热反应过程,例如,连续搅拌釜式反应器存在热稳定性问题。广义被控对象的传递函数具有下列近似形式:

$$G(s)=\frac{K}{(T_1s-1)(T_2s+1)(T_3s+1)} \tag{7-31}$$

$$G(s)=\frac{K(s-a_{11})}{(Ts+1)(T_1s-1)(T_2s+1)(T_3s+1)} \tag{7-32}$$

由于存在不稳定的开环极点,因此,采用单回路控制时,出现条件稳定的现象。

如果放热反应的广义被控对象采用检测变送环节的时滞较小，进料量较小，反应器容积较大，反应速度常数较小时，可采用式(7-31)所示三阶传递函数描述广义被控对象。

广义被控对象有一个不稳定开环极点，两个开环稳定的极点。图7-14是该开环系统的根轨迹图，可见，闭环系统的稳定条件是：

$$K_{max} > K > K_{min} \tag{7-33}$$

这表明，如果采用比例控制器，则控制器增益 K_c 有一个不稳定上限 K_{cmax} 和一个不稳定下限 K_{cmin}。其中，$K_P K_{cmax} = K_{max}$，$K_P K_{cmin} = K_{min}$。

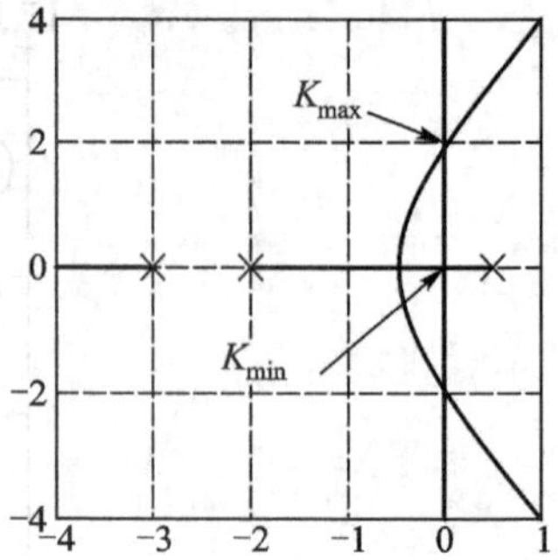

图7-14 三阶不稳定系统根轨迹

从物理意义看，控制器增益小时，控制作用不够，即除热不力，因此控制系统会不稳定，相当于工作在图7-1中 D 工作点附近。控制器增益过大时，除热过量，同样，使控制系统不稳定，相当于工作在图7-1中的 E 工作点附近。

这类系统的控制器增益在一定范围内时系统才能稳定，因此，称这类系统为“条件性稳定”系统。条件性稳定系统的闭环可控性 R 定义为控制器增益稳定上限 K_{cmax} 与稳定下限 K_{cmin} 之比：

$$R = \frac{K_{cmax}}{K_{cmin}} \tag{7-34}$$

影响闭环可控性 R 的因素是系统正极点和负极点的相对位置。讨论如下：

- 不稳定的正极点 $\frac{1}{T_1}$ 相对于负极点 $-\frac{1}{T_2}$ 和 $-\frac{1}{T_3}$，离虚轴越近，则 R 越大；
- 不稳定的正极点 $\frac{1}{T_1}$ 相对于负极点 $-\frac{1}{T_2}$ 和 $-\frac{1}{T_3}$，离虚轴越远，则 R 越小；
- 根轨迹的分裂点位于虚轴或虚轴右面，则闭环系统绝对不稳定；
- R 越大，闭环系统越容易稳定，R 越小，闭环系统越不容易稳定，$R=1$ 表示根轨迹分裂点位于虚轴。

已知广义被控对象传递函数如式(7-32)，$a_{11}=-1.5$，$T_1=0.5$，$T_2=-3$，$T_3=-2$，$T=-1$，$K=1$，确定控制器增益的稳定上限 K_{cmax} 与稳定下限 K_{cmin}。

如上述，计算得到：$K_{cmax}=9.482$；$K_{cmin}=2$。

影响闭环可控性 R 的因素是系统正极点、负零点和负极点的相对位置。除上述的有关结论外，仿真表明，当系统负零点 a_{11} 负向远离虚轴时，R 减小；当系统负零点 a_{11} 正向靠近虚轴时，R 也减小。因此，有某个负开环零点的位置可使系统有最大的闭环可控性。

为减小系统测量滞后和反应器容积增加造成的影响，有人建议采用PD控制，当增大微分时间 T_d 时，控制系统的闭环可控性 R 增大，但 T_d 增大到某一值后，闭环控制系统反而不稳定，因此，微分时间有一个最优值，使闭环可控性 R 最大。

总之,在反应器控制系统设计时,应注意放热反应的控制,尤其是强放热反应的控制,应考虑该系统的热稳定性。对于开环不稳定的控制系统,可通过组成闭环后使控制系统稳定。在控制器控制规律选择时,可采用 PD 控制,并注意条件稳定性问题。有时,增大控制作用,反而能使控制系统稳定。

习题和思考题

1. 反应器控制系统中的被控变量、操纵变量和扰动变量有哪些?

2. 影响化学反应速度有哪些? 如何影响?

3. 影响化学反应平衡常数有哪些? 如何影响?

4. 什么是反应器的热稳定性? 吸热反应器的被控对象是否一定稳定? 放热反应器的被控对象是否一定不稳定? 为什么?

5. 化学反应器的常用控制方案有哪些? 主要控制目标是什么?

6. 某连续搅拌夹套反应器,反应初期要用蒸汽或热水加热,反应进行后要移热,设计反应器温度控制系统来满足上述控制要求。

7. 某放热反应器温度控制系统采用双重控制系统,如图 7-15 所示。当反应温度升高时,先用泵将反应器内物料抽出,与冷冻盐水换热,使温度迅速回复,然后,用夹套冷水移热,确定控制阀的气开气关类型,控制气的正反作用方式,并说明控制系统工作过程。

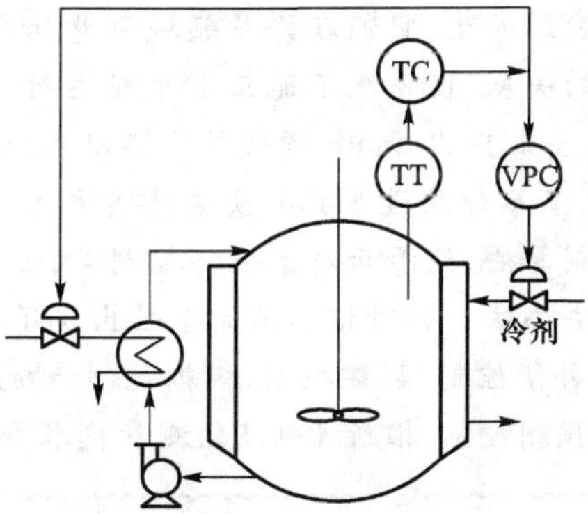

图 7-15 反应器的双重控制系统

第 8 章 先进控制技术

在工业生产过程中，一个良好的控制系统不但要保护系统的稳定性和整个生产的安全，满足一定的约束条件，而且应该带来一定的经济效益和社会效益。然而设计这样的控制系统会遇到许多困难，特别是复杂工业过程往往具有不确定性（环境结构和参数的未知性、时变性、随机性、突变性）、非线性、变量间的关联性以及信息的不完全性和大纯滞后性等，要想获得精确的数学模型是十分困难的。因此，对于过程控制系统的设计，已不能采用单一基于定量的数学模型的传统控制理论和控制技术，必须进一步开发高级的过程控制系统，研究先进的过程控制规律，以及将现有的控制理论和方法向过程控制领域移植和改造等方面越来越受到控制界的关注。

为了克服控制理论和实际工业应用之间的脱节现象，尽快地将现代控制理论移植到过程控制领域，充分发挥计算机的功能，世界各国在加强建模理论、辨识技术、优化控制、最优控制、高级过程控制等方面进行研究，推出了从实际工业过程特点出发，寻求对模型要求不高，在线计算方便，对过程和环境的不确定性有一定适应能力的控制策略和方法。例如，自适应控制系统、预测控制系统、鲁棒控制系统、智能控制系统等先进控制系统。对于含有大量不确定性和难于建模的复杂系统，基于知识的专家系统、模糊控制、人工神经网络控制、学习控制和基于信息论的智能控制等应运而生，它们在许多领域都开始得到了应用，成为自动控制的前沿学科之一。由于变量间的关联，使系统不能正常平稳运行，出现各类解耦控制系统。对于大纯滞后系统自 1957 年史密斯提出 Smith 预估补偿器以来，由于 Smith 预估补偿器对参数变化灵敏度极高，又相继出现了各种改进 Smith 预估补偿方法。例如观测补偿器控制方案，内模控制，双控制器，达林控制算法，纯滞后对象采样控制等，但均尚未完全真正解决，人们还在继续努力想方设法寻求解决办法。针对信息不完全性出现了推断控制系统和软测量技术。

本章就差拍控制、纯滞后补偿控制、解耦控制、模糊控制、神经网络控制、专家控制、自适应控制和鲁棒控制、基于模型的预测控制、推断控制及软测量技术等先进控制技术作一些介绍。

8.1 差拍控制系统

对已知的控制系统，求取它的性能，称为控制系统分析；若按照期望的系统性能，反过来求取系统的结构和参数，则称为控制系统的综合。采用计算机控制后，对于控制算法的设计可以比较自由，可采用按闭环品质指标来设计控制算法，差拍控制就是按期望的控制性能来设计的控制系统。

8.1.1 差拍控制的基本原理

数字计算机组成的控制系统如图 8-1 所示。其中，$G_c(z)$是通过数字计算机来实施的数字控制器脉冲传递函数。$HG_p(z)$是广义对象的脉冲传递函数，它包含了保持器(通常采用零阶保持器)。

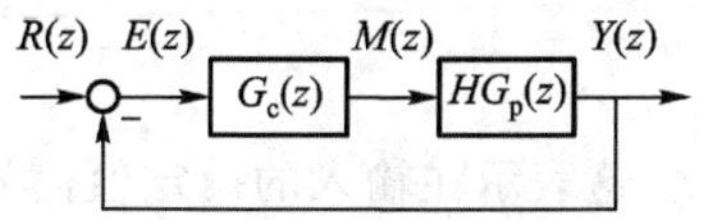

图 8-1 计算机控制系统

数字控制器的控制算法可以采用离散化的常规控制律来实施，也可以如上所述，采用根据闭环控制品质来设计数字控制器。

这时，先确定所需达到的闭环脉冲传递函数

$$G(z)=\frac{Y(z)}{R(z)}=\frac{G_c(z)HG_p(z)}{1+G_c(z)HG_p(z)} \tag{8-1}$$

当对象脉冲传递函数 $HG_p(z)$已知时，则控制器 $G_c(z)$可由下式求得

$$G_c(z)=\frac{1}{HG_p(z)}\cdot\frac{G(z)}{1-G(z)} \tag{8-2}$$

选用不同的期望性能指标可以得到不同的算法。若规定闭环响应指标是在经历最小采样间隔后，使 Y 跟上 R 的变化，这种控制称为最小拍控制。在离散控制系统中，$G(z)=\frac{Y(z)}{R(z)}$不能等于1。也就是说，不能使 $Y(z)$瞬时达到 $R(z)$，这是由采样的纯滞后引起的。最迅速时，也要设置 $G(z)=\frac{Y(z)}{R(z)}=z^{-1}$。若 $HG_p(z)$含时滞项 z^{-d}，那么不管 $HG_p(z)$的输入是什么，在 d 个采样周期内，即 dT_s 时间内系统将不能响应(T_s 是采样周期)，至少需在(d+1)拍(即时间(d+1) T_s)才能响应。因此，$Y(z)/R(z)$必须含有时滞项，$\frac{Y(z)}{R(z)}=z^{-d-1}$，即 $Y(z)$与 $R(z)$之间至少有(d+1)拍的时滞。于是得到控制器

$$G_c(z)=\frac{1}{HG_p(z)}\cdot\frac{z^{-d-1}}{1-z^{-d-1}} \tag{8-3}$$

在这种系统中，$G_c(z)$的输出有时会上下波动很剧烈，称为“跳动”现象。其原因可从脉冲传递函数来寻找，“跳动”取决于 $G_c(z)$的极点分布。从控制理论可知，当一个环节的脉冲传递函数的极点在负实轴上时，遇到阶跃函数输入，输出将出现上下波动。当极点 $z=-1.0$ 时，就出现不衰减的振荡。

最小拍控制系统达到稳态值的时间是最短的。从这个意义上说，它是一种最优控制系统。但是，按照算法要求，控制作用可能超过界限值。同时由于存在“跳动”问题，应用范围有限，须加改进。

8.1.2 达林算法

在设定值作阶跃变化时，最小拍控制系统要求输出在(d+1)拍起就使输出达到设定值。这

对大多数工业生产过程来说，是相当严格的要求，而实际过程是希望 $y(t)$ 的输出变化平缓些，以减少跳动，提高稳定性。基于这种考虑，达林(Dahlin)在 1968 年提出了一种控制算法。他选取一个具有纯滞后的一阶非周期特性作为所需的闭环特性。即

$$G(s)=\frac{e^{-\tau s}}{\lambda s+1} \tag{8-4}$$

这表示在输入的设定值信号作阶跃变化时，输出 $y(t)$ 先延滞 τ 时刻，然后按指数曲线趋近于设定值。

8.1.3 V.E.控制算法

在达林算法中，闭环系统输出 $y(t)$ 变化平稳，品质指标有所改善，但由于这类控制算法采用了控制器与广义对象的零极点相消的方法来实施所需闭环特性要求的。因此，当对象具有跳动特性的零点时，为了进行对消，控制器 $G_c(z)$ 就会含有这类极点，从而使控制器输出出现跳动，影响了使用效果。沃格尔和埃德加(Vogel & Edgar)提出的 V.E.控制算法为了不发生这类零极点的相消，让闭环脉冲传递函数保留这些有跳动特性的对象的零点，从而从根本上消除了跳动现象。

8.2 纯滞后补偿控制系统

在工业生产过程中，被控对象除具有容积滞后外，往往不同程度地存在纯滞后。例如在热交换器中，若被控变量是被加热物料的出口温度，控制量是载热体流量，当控制变量改变后，对物料出口温度的影响必然要滞后一段时间，这个时间是介质经管道所需要的时间，即纯滞后时间。纯滞后的存在不利于控制。测量环节有了纯滞后，控制器不能及时发现被控变量的变化；控制通道有了纯滞后，使得控制作用不能及时产生效应。因此，带有纯滞后的过程必然会产生较明显的超调量和较长的调节时间。

从广义角度来说，所有的工业过程控制对象都是具有纯滞后(时滞)的对象。衡量过程具有纯滞后的大小通常采用过程纯滞后 τ 和过程惯性时间常数 T 之比 τ/T。$\tau/T<0.3$ 时，称生产过程是具有一般纯滞后的过程。当 $\tau/T>0.3$ 时，称为具有大纯滞后的过程。一般纯滞后过程可通过常规控制系统得到较好的控制效果。而当纯滞后较大时，则用常规控制系统常常较难奏效。

目前克服大纯滞后的方法主要有史密斯预估补偿控制，自适应史密斯预估补偿控制，观测补偿器控制，采样控制，内部模型控制(IMC)，达林算法等。在此介绍史密斯预估补偿控制及自适应史密斯预估补偿控制。

8.2.1 Smith 预估补偿控制方案

史密斯(O.J.M.Smith)在 1957 年提出了一种预估补偿控制方案。它针对纯滞后系统中闭

环特征方程含有纯滞后项，在 PID 反馈控制基础上，引入了一个预估补偿环节，从而使闭环特征方程不含纯滞后项，提高了控制质量。

图 8-2 是史密斯预估补偿控制方案的方块图。图中，$G_k(s)$是史密斯引入的预估补偿器传递函数。未引入预估补偿器时，系统的环传递函数为

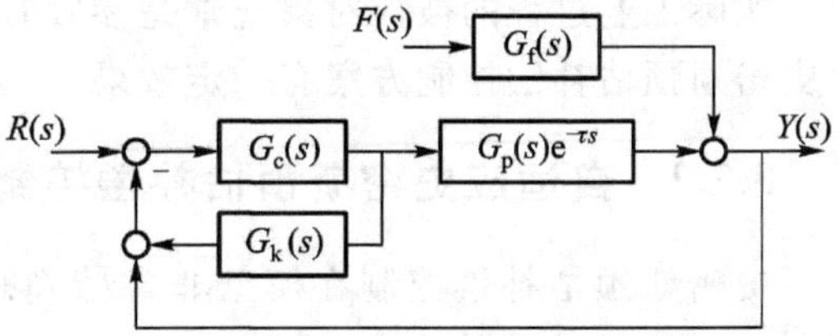

图 8-2 史密斯预估补偿控制系统

$$\frac{Y(s)}{R(s)}=\frac{G_c(s)G_p(s)e^{-\tau s}}{1+G_c(s)G_p(s)e^{-\tau s}} \tag{8-5}$$

$$\frac{Y(s)}{F(s)}=\frac{G_f(s)}{1+G_c(s)G_p(s)e^{-\tau s}} \tag{8-6}$$

闭环特征方程 $1+G_c(s)G_p(s)e^{-\tau s}=0$ 是复数 s 的超越方程。为使闭环特征方程不含纯滞后环节，即 $1+G_c(s)G_p(s)=0$，引入预估补偿器 $G_k(s)$。此时，闭环传递函数为

$$\frac{Y(s)}{R(s)}=\frac{G_c(s)G_p(s)e^{-\tau s}}{1+G_c(s)G_k(s)+G_c(s)G_p(s)e^{-\tau s}} \tag{8-7}$$

可以看到，若 $G_k(s)$满足

$$G_k(s)=G_p(s)(1-e^{-\tau s}) \tag{8-8}$$

就能实现闭环特征方程为 $1+G_c(s)G_p(s)=0$。

这相当于把 $G_p(s)$作为对象，用 $G_p(s)$的输出作为反馈信号，从而使反馈信号相应提前了 τ 时刻，所以这种控制称为预估补偿控制。由于闭环特征方程不含纯滞后项，所以有可能提高控制器 $G_c(s)$的增益，从而明显改善控制质量。

将式(8-8)代入式(8-7)得

$$\frac{Y(s)}{R(s)}=\frac{G_c(s)G_p(s)}{1+G_c(s)G_p(s)}e^{-\tau s}=G_1(s)e^{-\tau s} \tag{8-9}$$

其中，$G_1(s)=\dfrac{G_c(s)G_p(s)}{1+G_c(s)G_p(s)}$表示没有纯滞后环节时的随动控制的闭环传递函数。

同样，可得定值控制的闭环传递函数

$$\frac{Y(s)}{F(s)}=\frac{G_f(s)[(1-e^{-\tau s})G_p(s)G_c(s)+1]}{1+G_c(s)G_p(s)}=G_f(s)[1-G_1(s)e^{-\tau s}] \tag{8-10}$$

因此，经过预估补偿后，闭环特征方程中已消去了 $e^{-\tau s}$ 项，也就是消除了纯滞后对控制品质的不利影响。对于随动控制系统，由式(8-9)可知，控制过程仅在时间上推迟了时间 τ。这样，系统的过渡过程形状和品质与无纯滞后的完全相同。对于定值控制系统，由式(8-10)看出，控制作用要比干扰的影响滞后一个 τ 的时间，因此控制的效果不像随动控制系统那样明显。

为了实施史密斯预估补偿控制，必须求取补偿器的数学模型。若模型与对象特性不一致，则根据式(8-7)可以看到，闭环特征方程中还会存在纯滞后项，两者严重不一致时，甚至会引起系

统稳定性变差。

实际工业过程的被控对象通常是参数时变的。当参数变化不大时可近似作为常数处理,采用史密斯预估补偿控制方案有一定效果。

8.2.2 自适应史密斯预估补偿控制方案

史密斯预估补偿控制在模型非常精确时,对过程纯滞后的补偿效果十分满意。但这种控制方案对模型的误差十分敏感。一般当过程参数,尤其是 K_p 和 τ,变化 10%~15%时,史密斯预估补偿就失去了良好的控制效果。在工业生产过程中要获得精确的广义对象模型是十分困难的,况且对象特性又往往随着运行条件变化而改变。因此,虽然理论上证明了史密斯预估补偿的良好补偿功能,但在工程应用上仍存在着一定的局限性。为此很多研究者提出了不同的改进方案。

增益自适应补偿控制是由贾尔斯(Giles)和巴特利(Bartley)提出的。它是在史密斯预估补偿控制基础上的改进,其结构如图 8-3 所示。

增益自适应史密斯预估补偿控制是在史密斯补偿模型之外另加一个除法器,一个一阶微分环节(识别器)和一个乘法器。除法器是将过程的输出值除以预估模型的输出值;识别器中的微分时间 $T_d=\tau_p$,它将使过程输出比估计模型输出提前 τ_p 的时间进入乘法器;乘法器将预估器输出乘以识别器输出后送入控制器。这三个环节的作用是根据预估补偿模型和过程输出信号之间的差值,提供一个能自动校正预估器增益的信号。

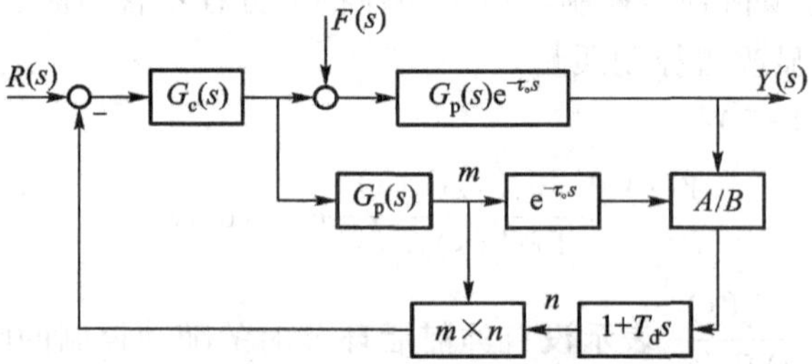

图 8-3 增益自适应史密斯预估补偿控制

在理想情况下,当预估器模型与真实对象的动态特性完全一致时,图中除法器的输出是 1,所以过程输出也是 1,此时即为史密斯预估补偿控制。

在实际情况下,预估器模型往往与真实对象动态特性的增益存在偏差,图 8-3 所示的增益自适应补偿控制能起自适应作用。这是因为从补偿原理可知,若广义对象的增益由 K_p 增大到 $K_p+\Delta K$,则除法器的输出 $A/B=(K_p\pm\Delta K)/K_p$,假设真实对象的其他动态参数不变,此时识别器中微分项 T_ds 不起作用,因而识别器输出也是$(K_p\pm\Delta K)/K_p$。这样,乘法器输出变为$(K_p+\Delta K)G_p(s)$,可见反馈量也变化了 ΔK,相当于预估模型的增益变化了 ΔK,故在对象增益 K_p 变化 ΔK 后,补偿器模型仍能得到完全补偿。

8.2.3 应用实例

图 8-4 是精馏塔塔顶产品成分的史密斯预估补偿控制系统原理图。系统的被控变量是塔顶成分 X_D，操纵变量是回流量 R，干扰主要为进料量 F。实验测试获得了塔顶成分 X_D 与回流量 R、干扰量 F 的传递函数。

$$G_p(s)=\frac{X_D(s)}{R(s)}=\frac{e^{-60s}}{1\,002s+1}$$

$$G_f(s)=\frac{X_D(s)}{F(s)}=\frac{0.167e^{-486s}}{895s+1}$$

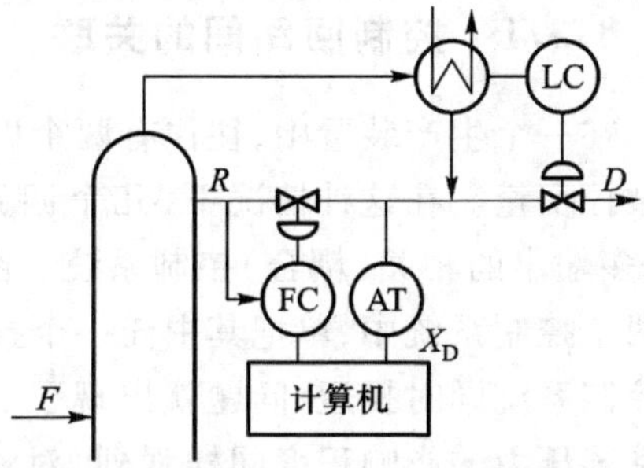

图 8-4 精馏塔塔顶产品成分的控制方案

由此，可以按式(8-8)设计史密斯预估补偿器，然后由计算机来实现。计算机将预估补偿后，不含有 $e^{-\tau s}$ 的输出，作为测量信号送给控制器 FC。

控制器采用常规 PI 控制器，按反应曲线法整定参数，可得

$$\delta\%=6.59\%\,;T_1=198\ \mathrm{s}$$

经调整实际采用参数是：$\delta\%=10\%$，$T_1=250$ s。

图 8-5 是产品成分 X_D 的设定值作 1%阶跃变化时，PI 控制和史密斯预估补偿控制时的响应曲线。图 8-6 是进料流量 F 作 22%阶跃变化时的响应曲线。可以清楚地看到，史密斯预估补偿控制有更好的控制效果。并且，随动控制系统的效果比定值控制系统的要好。

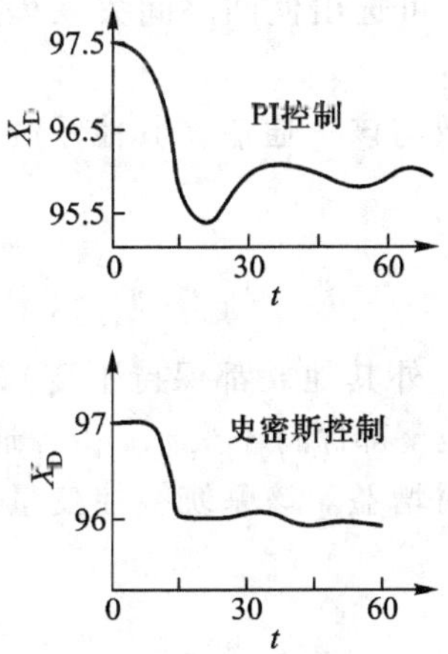

图 8-5 随动控制系统时的输出响应

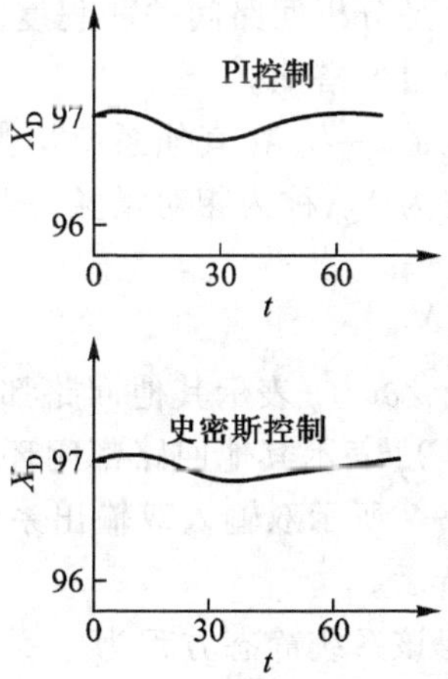

图 8-6 定值控制系统时的输出响应

8.3 解耦控制系统

8.3.1 控制回路间的关联

在一个生产装置中,往往有两个以上的被控变量,因此需要设置若干个控制回路,来稳定各个被控变量。在这种情况下,几个回路之间,就可能相互关联,相互耦合,相互影响,构成多输入-多输出的相关(耦合)控制系统。图 8-7 所示流量、压力控制方案就是相互耦合的系统。在这两个控制系统中,单把其中任一个投运都是不成问题的,生产上也用得很普遍。然而,若把两个控制系统同时投运,问题就出现了。控制阀 A 和 B 对系统压力的影响程度同样强烈,对流量的影响程度也相同。因此,当压力偏低而开大控制阀 A 时,流量也将增加,如果通过流量控制器作用而关小阀 B,结果又使管路的压力上升。阀 A 和阀 B 就是这样互相影响着。

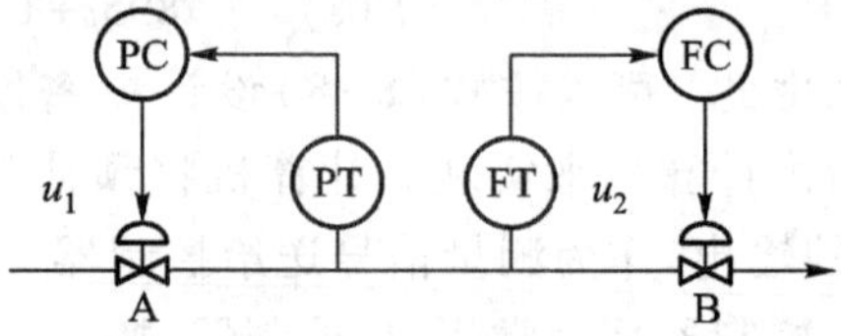

图 8-7 关联严重的控制系统

在一个装置或设备上,如果设置多个控制系统,关联现象就可能出现。然而,有些系统间的关联并不显著。系统间的关联程度是不一样的。那么如何来表征系统的关联程度呢? 可以采用"相对增益"的方法来分析。

8.3.2 相对增益与控制回路选择

相对增益是分析回路间关联程度的常用方法,利用它可选出使回路间关联程度最弱的被控变量和操纵变量的搭配。

令某一通道$u_j \to y_i$ 在其他系统均为开环时的放大系数与该一通道在其他系统均为闭环时的放大系数之比为 λ_{ij},称为相对增益,即

$$\lambda_{ij}=\frac{(\partial y_i/\partial u_j)_u}{(\partial y_i/\partial u_j)_y} \tag{8-11}$$

式中:$(\partial y_i/\partial u_j)_u$ 表示其他回路都为开环时,(即除 u_j 外其他 u 都保持不变),$u_j \to y_i$ 通道的增益;$(\partial y_i/\partial u_j)_y$ 表示其他回路都闭环时,(即除 y_i 外其他 y 都保持不变),$u_j \to y_i$ 通道的增益。

现以图 8-7 所示双输入双输出系统为例,来求取相对增益。该系统被控变量与操纵变量关系如图 8-8 所示。

由图 8-8 可得该系统静态方程为

$$\begin{aligned} y_1 &= k_{11}u_1+k_{12}u_2 \\ y_2 &= k_{21}u_1+k_{22}u_2 \end{aligned} \tag{8-12}$$

式中:k_{ij}表示第 j 个输入变量作用于第 i 个输出变量的放大系数。

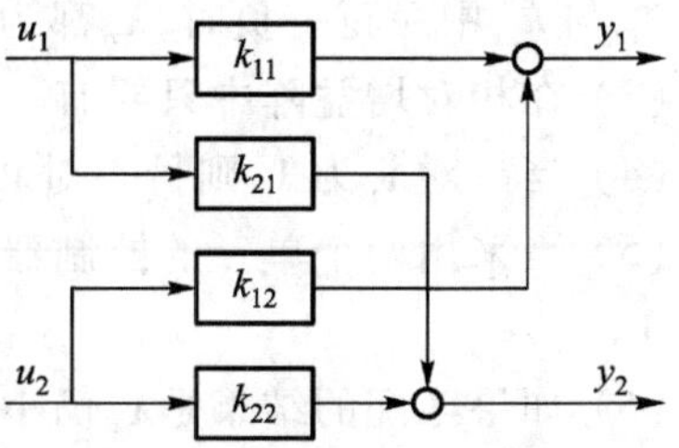

图 8-8 双输入双输出对象静态特性框图

求 λ_{11}，首先求取 λ_{11} 的分子项 $(\partial y_i/\partial u_j)_u$，即除 u_1 外，其他 u 不变，则有

$$\left(\frac{\partial y_1}{\partial u_1}\right)_u = k_{11} \tag{8-13}$$

再求 λ_{11} 的分母项 $(\partial y_i/\partial u_j)_y$。因为其他回路闭环，且满足无静差要求，则除 y_1 外，其他 y 不变，由式(8-12)可得

$$y_1 = k_{11}u_1 + k_{12}u_2$$
$$0 = k_{21}u_1 + k_{22}u_2$$

由上两式可得

$$\begin{gathered} y_1 = k_{11}u_1 - k_{12}\frac{k_{21}}{k_{22}}u_1 \\ \left(\frac{\partial y_1}{\partial u_1}\right)_y = k_{11} - k_{12}\frac{k_{21}}{k_{22}} = \frac{k_{11}k_{22}-k_{12}k_{21}}{k_{22}} \end{gathered} \tag{8-14}$$

在求得 λ_{11} 的分子项与分母项后， 可得

$$\lambda_{11} = \frac{(\partial y_i/\partial u_j)_u}{(\partial y_i/\partial u_j)_y} = \frac{k_{11}k_{22}}{k_{11}k_{22}-k_{12}k_{21}} \tag{8-15}$$

同样可推导出

$$\lambda_{22} = \lambda_{11} = \frac{k_{11}k_{22}}{k_{11}k_{22}-k_{12}k_{21}} \tag{8-16}$$

$$\lambda_{12} = \lambda_{21} = \frac{-k_{12}k_{21}}{k_{11}k_{22}-k_{12}k_{21}} \tag{8-17}$$

如果排成数阵形式

$$\begin{array}{c|cc} & u_1 & u_2 \\ \hline y_1 & \lambda_{11} & \lambda_{12} \\ y_2 & \lambda_{21} & \lambda_{22} \end{array} \tag{8-18}$$

上式称为布里斯托尔阵列（Bristol 阵列），或相对增益阵列。

相对增益阵列具有下面的性质：

(1) 相对增益阵列中，每行和每列的元素之和为 1，这个基本性质在 2×2 变量系统中特别有用。只要知道了阵列中任何一个元素，其他元素可立即求出。例如，在 $\lambda_{11}=0.5$ 时，$\lambda=\begin{bmatrix}0.5 & 0.5\\0.5 & 0.5\end{bmatrix}$。图 8-7 所示压力和流量系统就属此情况。当 $\lambda_{11}=1.2$ 时，$\lambda=\begin{bmatrix}1.2 & -0.2\\-0.2 & 1.2\end{bmatrix}$。

(2) 在相对增益阵列中所有元素为正时，称之为正耦合。当 k_{11} 与 k_{22} 同号（都为正或都为负），k_{12}与 k_{21}中一正一负时，λ_{ij}都为正值，且$\lambda_{ij}\leqslant 1$，属正耦合系统。

（3）在相对增益阵中只要有一元素为负，称之为负耦合。

（4）当一对λ_{ij}为 1，则另一对λ_{ij}为 0，此时系统不存在稳态关联。

（5）当采用两个单一的控制器时，操纵变量 u_j与被控变量 y_i间的匹配应使两者间的λ_{ij}尽量接近 1。

（6）如果匹配的结果是λ_{ij}仍小于 1，则由于控制间关联，该通道在其他系统闭环后的放大系数将大于在其他系统开环时的数值，系统的稳定性往往有所下降。

（7）千万不要采用λ_{ij}为负值的 u_j与 y_i的匹配方式，这时候当其他系统改变其开环或闭环状态时，本系统将丧失稳定性。

把 Bristol 阵列作为关联程度的衡量，已为人们所熟悉。但可以明显看出，它没有考虑动态项的影响，因此按它作出的结论带有一定的局限性。

8.3.3　减少和消除耦合的途径

1. 被控变量与操纵变量间正确匹配

对有些系统来说，减少与解除耦合的途径可通过被控变量与操纵变量间的正确匹配来解决，这是最简单的有效手段，理论上在前面已分析过，在此举例加以说明。

例如图 8-9 所示混合器控制系统，浓度 C 要求控制在 75%，现在来分析这个系统的关联程度，这样匹配是否合理。

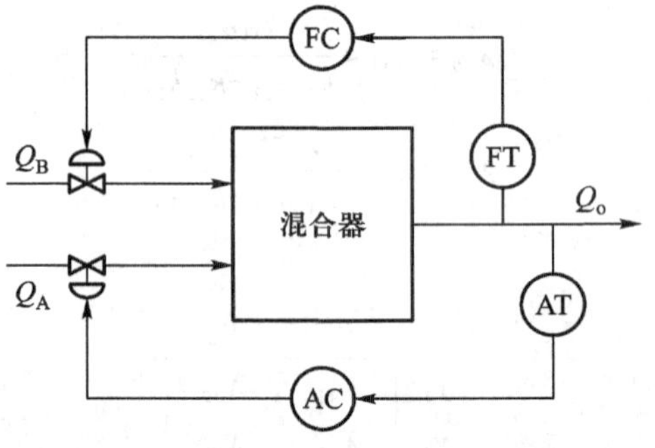

图 8-9　混合器浓度和流量控制系统

对于这个系统有：

$$Q_o = Q_A + Q_B \tag{8-19}$$

$$C = \frac{Q_A}{Q_A + Q_B} = \frac{Q_A}{Q_o} \tag{8-20}$$

根据图 8-9 所示匹配，首先求取相对增益 λ_{11}（浓度 C 与 Q_A配对）：

$$\lambda_{11}=\frac{\left.\frac{\partial C}{\partial Q_A}\right|_{Q_B}}{\left.\frac{\partial C}{\partial Q_A}\right|_{Q_o}}=\frac{\frac{1-C}{Q_o}}{\frac{1}{Q_o}}=1-C=0.25 \tag{8-21}$$

所以系统的相对增益阵列为

	Q_A	Q_B
C	0.25	0.75
Q_o	0.75	0.25

由相对增益阵列可知图 8-9 所示匹配是不合理的，可以重新配匹，组成按出口浓度 C 来控制物料 Q_B，而 Q_o 由 Q_A 来控制的系统。

2. 控制器的参数整定

在上一方法无能为力或尚嫌不够时，一条出路是在动态上设法通过控制器的参数整定，使两个控制回路的工作频率错开，两个控制器作用强弱不同。在图 8-7 所示的压力和流量控制系统中，如果把流量作为主要被控变量，那么流量控制回路像通常一样整定，要求响应灵敏；而把压力作为从属的被控变量，压力控制回路整定得“松”些，即比例度大一些，积分时间长一些。这样，对流量控制系统来说，控制器输出对被控流量变量的作用是显著的，而该输出引起的压力变化，经压力控制器输出后对流量的效应将是相当微弱的。这样就减少了关联作用。当然，在采用这种方法时，次要的被控变量的控制品质往往较差，这在有些情况下是个严重的缺点。

3. 减少控制回路

把上一方法推到极限，次要控制回路的控制器取无穷大的比例度，此时这个控制回路不再存在，它对主要控制回路的关联作用也就消失。例如，在精馏塔的控制系统设计中，工艺对塔顶和塔底的组分均有一定要求时，若塔顶和塔底的组分均设有控制系统，这两个控制系统是相关的，在扰动较大时无法投运。为此，目前一般采用减少控制回路的方法来解决。如塔顶重要，则塔顶设置控制回路，塔底不设置质量控制回路而往往设置加热蒸汽流量控制回路。

4. 串接解耦控制

在控制器输出端与执行器输入端之间，可以串接解耦装置 $D(s)$，双输入双输出串接解耦系统方块图如图 8-10 所示。

由图 8-10 得

$$Y(s)=G(s)U(s)$$

$$U(s)=D(s)P(s)$$

则

$$Y(s)=G(s)D(s)P(s) \tag{8-22}$$

由式(8-22)可知，只要能使 $G(s)D(s)$ 相乘后成为对角阵，就解除了系统之间的耦合，两个

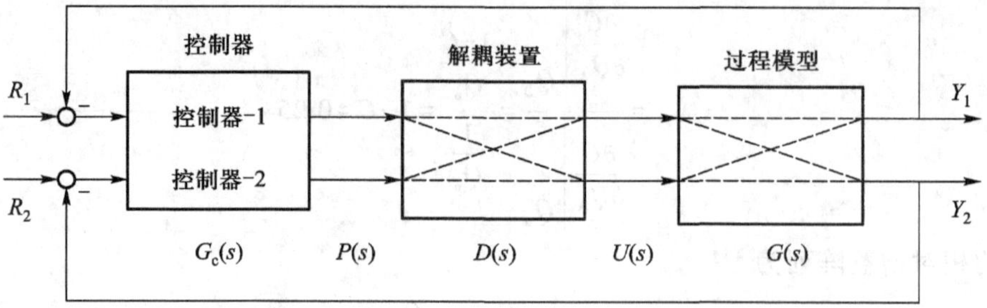

图 8-10 双输入双输出串接解耦系统

控制回路不再关联。

8.3.4 串接解耦控制

前已说明,串接解耦装置 $D(s)$ 的作用是使 $G(s)\cdot D(s)$ 的积成为对角阵,这样关联就消除了。要求 $G(s)D(s)$ 之积为对角阵,对其非零元素又有三类方法。

1. 对角线矩阵法

此法要求 $G(s)D(s)=\mathrm{diag}[G_{ij}(s)]$,即

$$G(s)D(s)=\begin{bmatrix} G_{11}(s) & 0 \\ 0 & G_{22}(s) \end{bmatrix} \tag{8-23}$$

即通过解耦,使各个系统的特性完全像原来的单回路控制系统一样。

因此,解耦装置 $D(s)$ 可以由式(8-23)求得

$$D(s)=\begin{bmatrix} D_{11}(s) & D_{12}(s) \\ D_{21}(s) & D_{22}(s) \end{bmatrix}=\begin{bmatrix} G_{11}(s) & G_{12}(s) \\ G_{21}(s) & G_{22}(s) \end{bmatrix}^{-1}\begin{bmatrix} G_{11}(s) & 0 \\ 0 & G_{22}(s) \end{bmatrix}$$

$$=\begin{bmatrix} G_{11}(s)G_{22}(s) & -G_{22}(s)G_{12}(s) \\ -G_{11}(s)G_{21}(s) & G_{11}(s)G_{22}(s) \end{bmatrix}\Bigg/[G_{11}(s)G_{22}(s)-G_{21}(s)G_{12}(s)] \tag{8-24}$$

这样求出的解耦装置各元素传递函数可能相当复杂,实现较困难。

2. 单位矩阵法

单位矩阵法与式(8-23)相似,有

$$G(s)D(s)=I=\mathrm{diag}[1,1,\cdots,1],\text{如}$$

$$G(s)D(s)=\begin{bmatrix} 1 & 0 \\ 0 & 1 \end{bmatrix} \tag{8-25}$$

即通过解耦,使各个系统的对象特性成 1:1 的比例环节。此时解耦装置 $D(s)$ 为

$$D(s)=\begin{bmatrix} D_{11}(s) & D_{12}(s) \\ D_{21}(s) & D_{22}(s) \end{bmatrix}=\begin{bmatrix} G_{11}(s) & G_{12}(s) \\ G_{21}(s) & G_{22}(s) \end{bmatrix}^{-1}$$

$$=\begin{bmatrix} G_{22}(s) & -G_{12}(s) \\ -G_{21}(s) & G_{11}(s) \end{bmatrix} \Big/ \left[G_{11}(s)G_{22}(s)-G_{21}(s)G_{12}(s) \right] \tag{8-26}$$

由式(8-26)可知,单位矩阵法得到解耦装置 $D(s)$ 为对象传递矩阵的逆。

3. 前馈补偿法

前馈补偿法只规定对角线以外的元素为零,这样也完全解除了耦合。但是各通道的传递函数并不是原来的$G_{ij}(s)$,此时可取某些$D_{ij}=1$。这样做显得比较简单,所以有人称之为简易解耦。在通道数目不多时,用常规仪表也很容易实现。

对于双输入双输出情况,图 8-11 所示为前馈解耦控制系统的方块图。

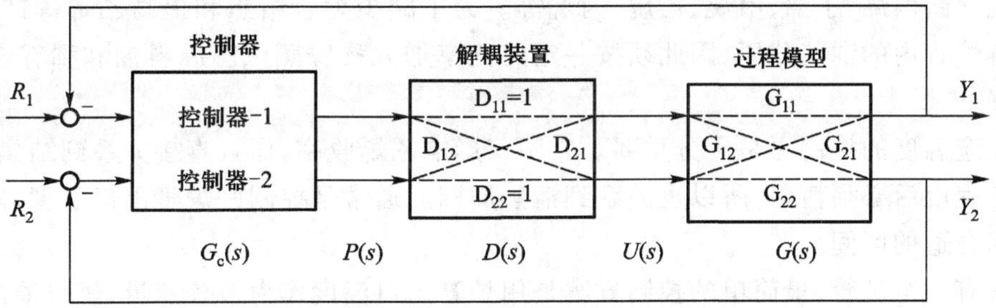

图 8-11 前馈解耦控制系统方块图

此时取$D_{11}(s)=D_{22}(s)=1$,解耦补偿装置$D_{21}(s)$和$D_{12}(s)$可根据前馈补偿原理求得

$G_{21}(s)+D_{21}(s)G_{22}(s)=0$,则

$$D_{21}(s)=-\frac{G_{21}(s)}{G_{22}(s)} \tag{8-27}$$

又有$G_{12}(s)+D_{12}(s)G_{11}(s)=0$,所以

$$D_{12}(s)=-\frac{G_{12}(s)}{G_{11}(s)} \tag{8-28}$$

在需要时,也可令 $D_{21}(s)=D_{12}(s)=1$ 或 $D_{21}(s)=D_{22}(s)=1$ 或 $D_{12}(s)=D_{11}(s)=1$,按同样原理可以求得解耦装置的传递函数。

4. 设计中的有关问题

(1) 实践表明,在很多情况下采用静态解耦已能获得相当好的效果。例如某乙烯厂裂解炉出口温度的解耦控制,这个系统应用了静态解耦方法,获得了较好效果。

对于采用前馈补偿法时,若式(8-27)中$G_{21}(s)$和$G_{22}(s)$动态项相近,式(8-28)中$G_{12}(s)$和$G_{11}(s)$的动态项相近时,采用静态解耦十分简单和方便,用常规仪表也可以实施。

(2) 一般地说,需要采用动态解耦时,$D_{ij}(s)$宜采用超前滞后环节即 $K\frac{T_1s+1}{T_2s+1}$的形式

(3) 当 $G(s)$ 为奇异矩阵时,即 $G(s)$ 的行列式为零时,如采用对角线矩阵法和单位矩阵法,$D_{ij}(s)$ 的分母项为零,如采用前馈补偿法,$G(s)D(s)$ 的乘积为零。总之无法采用串接解耦控制方案。在双输入双输出的情况下,$G_{11}(s)G_{22}(s)$ 与 $G_{12}(s)G_{21}(s)$ 很接近时,解耦也比较困难。

8.3.5 工业应用实例

在此介绍某乙烯装置裂解炉的解耦控制。它具有四组并联的裂解炉管,每组炉管对应于 8 个烧嘴。每组有燃料油的控制阀。原料油(煤油、柴油等)经预热至 590 ℃后进入裂解炉管进行裂解,生成乙烯、丙烯、丁烯、甲烷、乙烷、丙烷等。为了减少炉管结焦和提高乙烯等产品收率,需要降低裂解炉管内的油气分压,因此须按一定的比率加入稀释蒸汽。原料油和稀释蒸汽的比率应该控制好。

裂解反应温度的控制更是十分重要。它不仅影响乙烯收率,而且直接关系到结焦情况,因为结焦到一定程度后必须清焦,所以也关系到清焦周期。通常是控制好炉管出口温度,以保证反应温度维持在合适的区间。

假设只有一组炉管,最简单的控制方案是用炉管出口温度作为被控变量,燃料油流量作为操纵变量组成单回路控制方案。然而这里有四组炉管,而且安装在同一炉膛之内,相互关联相当严重。例如,流经第一组炉管烧嘴的控制阀的燃料油流量发生变化后,不仅会影响到第一组炉管的出口温度,也会影响到相邻的第二组炉管的出口温度;第二组炉管烧嘴燃料流量的变化,除影响本组炉管外,也会影响相邻的第一组和第三组。如果采用四个简单的温度定值控制系统,控制品质必然很差,稳态一旦被打破,就不易复归平衡。

安装 4 个控制器和 4 个控制阀,并配上解耦装置,构成解耦控制系统可以解决问题。在此采用一个温度主控制器,另外引入 4 个偏差设定器,并使用计算机进行解耦计算,达到了令人满意的结果。下面简单介绍这一方案。

图 8-12 是裂解炉炉管出口温度解耦控制系统的原理框图。

先暂且不考虑主控制器 TC 的输出 u,而单独探讨各偏差设定器 TXC_i 的修正值 Δu_i 对各组炉管出口温度的影响。显然,过程的稳态特性可表述为:

$$\Delta\theta_i = f_i(\Delta u_1, \cdots, \Delta u_4) \quad i=1,2,3,4$$

式中的 θ_i 是第 i 组炉管的出口温度。

假设在小范围内可以线性化

$$\Delta\theta = A\Delta u \tag{8-29}$$

即

$$\begin{bmatrix} \Delta\theta_1 \\ \vdots \\ \Delta\theta_4 \end{bmatrix} = \begin{bmatrix} a_{11} & \cdots & a_{14} \\ \vdots & & \vdots \\ a_{41} & \cdots & a_{44} \end{bmatrix} \begin{bmatrix} \Delta u_1 \\ \vdots \\ \Delta u_4 \end{bmatrix}$$

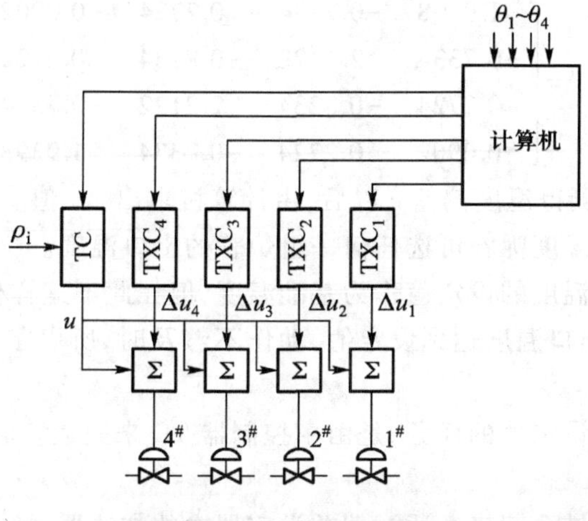

图 8-12 裂解炉炉管出口温度解耦控制原理框图

式中：$a_{ij}=\dfrac{\partial f_i}{\partial u_j}$

反过来，如果要求各点温度作 $\Delta\theta$ 的稳态变动，应该施加的 Δu 是

$$\Delta u = A^{-1}\Delta\theta \tag{8-30}$$

这样，如果已知各 θ_i 与基准温度之e_i，即温度偏差，并要求消除这些温度偏差，则各点温度应该作出的稳态变动是

$$\Delta\theta_i = -e_i$$

而应该施加的 Δu 就是

$$\Delta u - A^{-1}\Delta\theta = -A^{-1}e \tag{8-31}$$

$e=[e_1\ e_2\ e_3\ e_4]^T$。这个系统采用计算机控制。采样时间应该很好考虑，现取 5 min。这样，在操纵变量作了调整以后，尽管传热过程有相当大的滞后，仍有足够的时间使出口温度起响应。

经过测试

$$A=\begin{bmatrix} 0.589 & 0.195 & 0 & 0 \\ 0.195 & 0.589 & 0.195 & 0 \\ 0 & 0.195 & 0.589 & 0.195 \\ 0 & 0 & 0.195 & 0.589 \end{bmatrix}$$

也就是说，每组烧嘴除影响本组炉管外，也影响相邻的各一组炉管，其效应为对本组炉管的 1/3。进行矩阵求逆：

$$A^{-1}=\begin{bmatrix} 1.9398 & -0.7334 & 0.2724 & -0.0902 \\ -0.7334 & 2.2122 & -0.8234 & 0.2724 \\ 0.2724 & -0.8234 & 2.2122 & -0.7334 \\ 0.0902 & 0.2724 & -0.7334 & 1.9398 \end{bmatrix}$$

把A^{-1}值编入程序,在测得温度偏差 e 以后,由计算机求出 Δu 值。

那么用什么作为基准温度呢?可选任何一组炉管的出口温度。

也许可能想到取出口温度的设定值作为基准温度,但在此不这样做。因为各 Δu_i值每 5 min 计算一次,单靠它来控制出口温度达到设定值,动作不够及时,所以宁可把它们作为消除各炉管出口温度差别的手段。

至于使基准温度达到设定值的任务,是由主控制器 TC 来完成。它可以是 PID 连续作用的。主控制器的输出为 u。

在控制方案上把两者结合起来。通过偏差设定器中的加法器,把 u 和 Δu_i 代数相加,其输出作为送往执行器的信号。

现场经验表明,这样的系统是成功的。为了使动作更平稳,修正不是一跃而就的,实际上采用的 Δu 值的 1/2,即

$$\Delta u=K A^{-1}\Delta\theta$$

$K=0.5$。同时,对各 Δu_i 进行限幅,每次不超过全范围的 3%。运行结果是各点间温度差保持在 1.5℃以内。

目前不少裂解炉出口温度控制不采用解耦控制而采用另外控制方案,每组炉管出口温度与相应的进料流量组成串级控制系统,调整某组炉管进料量不会影响其他炉管出口温度,即相互之间没有耦合,且响应速度快,能保持炉出口温度符合要求。采用这个控制方案最大的问题是如何保证进料负荷的稳定,一般情况下炉管出口温度微小波动,只需调整进料量的 1%~2%,最多小于 5%。为保证进料负荷的稳定,设计了总进料负荷(总进料流量)与燃料总管压力的串级控制,总进料流量控制器采用间隙控制器,偏差小于 5%控制器输出不变,防止了温度控制系统与压力控制系统之间关联作用。

8.4 模糊控制

模糊控制在一定程度上模仿人的控制,它不需要有准确的控制对象模型,是建立在人工经验基础上的。对于一个熟练的操作人员,他往往凭借丰富的实践经验,就可采取适当的对策来控制一个复杂过程。若能将实践经验加以总结和描述,并用语言表达出来,就会得到一种定性的控制规则,如果用模糊数学将其量化,基于这些规则进行模糊推理,从而得到控制输出,这就是模糊控制的思想。

模糊控制是基于规则的控制,其控制规则是易于理解和接受的"If …Then"规则,其模糊推

理过程是人类智能活动的体现。模糊控制具有鲁棒性和适应性好的特点,适合于解决常规控制难以解决的非线性、强耦合、时变和时滞系统。

8.4.1 模糊控制的数学基础

1. 模糊集合

美国教授扎德(L.A.Zadeh)1965 年提出了模糊集合的概念,用以描述如"温度高"、"速度快"这样的模糊概念。模糊集合定义如下:

定义:设给定论域 X,$A=\{x\}$ 是 X 中的模糊集合的含义是以隶属度函数:$u_A: X\to[0, 1]$表示其特征的集合。

模糊集合有很多种表示,一般可用序偶形式表示,即 $A=\{(x, u_A(x))\mid x\in X\}$。Zadeh 用如下更紧凑的形式表示模糊集合 A:

$$A=\begin{cases}\displaystyle\int \frac{u_A(x)}{x} & x\in X, X\text{ 为连续论域}\\ \displaystyle\sum_{i=1}^{n}\frac{u_A(x_i)}{x_i} & x_i\in X, X\text{ 为离散论域}\end{cases}$$

式中,$\frac{u_A(x_i)}{x_i}$并不表示相除关系,而表示论域中的元素 x_i 与其隶属度 $u_A(x_i)$ 的对应关系;积分符号和求和符号也不表示积分和求和,而是表示论域 X 上的元素与隶属度的对应关系的一个总括。

2. 模糊关系及合成

借助于模糊集合理论,引入模糊关系的概念可以定量地描述类似"x 与 y 很相似","A 比 B 大很多"这样的模糊关系,下面以二元模糊关系来说明。

设 X、Y 是两个非空集合,则在积空间 $X\times Y=\{(x,y)\mid x\in X, y\in Y\}$ 中的一个模糊子集 R 称为 $X\times Y$ 中的一个二元模糊关系。R 可表示为

$$R_{X\times Y}=\{((x,y),\mu_R(x,y))\mid(x,y)\in X\times Y\}$$

模糊关系 R 是一个模糊集合,由其隶属度函数完全刻画。

当论域 X、Y 是有限集合时,模糊关系可以用模糊矩阵来表示。设 $X=\{x_1,x_2,\cdots x_n\}$,$Y=\{y_1,y_2,\cdots y_m\}$,定义在 $X\times Y$ 上的二元模糊关系 R 可用如下的 $n\times m$ 阶矩阵来表示:

$$R=\begin{bmatrix}\mu_R(x_1,y_1) & \mu_R(x_1,y_2) & \cdots & \mu_R(x_1,y_m)\\ \mu_R(x_2,y_1) & \mu_R(x_2,y_2) & \cdots & \mu_R(x_2,y_m)\\ \vdots & & & \vdots\\ \mu_R(x_n,y_1) & \mu_R(x_n,y_2) & \cdots & \mu_R(x_n,y_m)\end{bmatrix}$$

设 X、Y、Z 是论域,R 是 X 到 Y 的一个模糊关系,S 是 Y 到 Z 的一个模糊关系,则 R 到 S 的合成 T 也是一个模糊关系,记 $T=R\circ S$,它具有隶属度

$$\mu_{R\circ S}(x,z)=\bigvee_{y\in Y}\{\mu_R(x,y)*\mu_s(y,z)\}$$

其中“∨”是并的符号，它表示对所有 y 取最大值或上界值，“ * ”是二项积算子，因此上面的合成称为最大-星（*Sup*- * ）合成。“ * ”算子可以定义为多种运算，其中模糊交运算和代数积运算是模糊控制中最常采用的两种。

模糊交　$x\wedge y=\min\{x,y\}$

代数积　$x\cdot y=xy$

例如，“ * ”算子取模糊交，则 R 到 S 的合成称为最大-最小合成，若“ * ”算子取代数积，则 R 到 S 的合成称为最大-积合成。

3. 模糊逻辑与近似推理

模糊推理是基于模糊规则的推理。模糊规则通常具有下面的形式：

if x 是 A, then y 是 B

式中：x 和 y 是语言变量，A 和 B 是语言值。“x 是 A”通常称作规则的前提或前件；“y 是 B”则称作规则的结论或后件。该模糊规则可简化为 $A\to B$，它蕴含了 x 和 y 之间的关系，因此模糊规则也叫做模糊蕴含关系，它体现了乘积空间中的二元模糊关系。

在模糊控制中，常用的模糊蕴含关系运算方法是模糊蕴含最小运算和模糊蕴含积运算。

（1）模糊蕴含最小运算：

$$R_C=A\to B=A\times B=\int_{X\times Y}\mu_A(x)\wedge\mu_B(y)/(x,y)\tag{8-32}$$

（2）模糊蕴含积运算：

$$R_P=A\to B=A\times B=\int_{X\times Y}\mu_A(x)\mu_B(y)/(x,y)\tag{8-33}$$

近似推理过程可以表示如下：

前提 1（事实）：x 是 A'

前提 2（规则）：if x 是 A, then y 是 B

结论　y 是 B'

这里 A' 和 A 是论域 X 中的模糊集合，B' 和 B 是论域 Y 中的模糊集合，上述推理过程称之为近似推理或模糊推理。为了实现模糊推理，推导出 B'，需要解决以下两个问题：

① 模糊蕴含关系生成。计算前提 2 中模糊规则 $A\to B$ 的模糊蕴含关系 R，关系生成规则可采用模糊蕴含最小运算 R_C 或模糊蕴含积运算 R_P。② 模糊关系合成。由模糊蕴含关系 R 和前提 1 中的 A' 通过关系合成得到结论 B'，既 $B'=A'\circ R$。合成算法可以采用最大最小合成或最大积合成。

8.4.2 模糊控制器的基本结构

模糊控制器包括模糊化、模糊规则库、模糊推理、解模糊化等部分。图 8-13 表示了模糊控制器的基本结构。

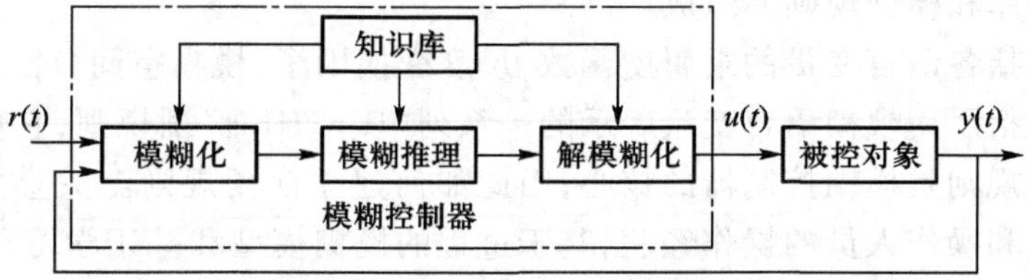

图 8-13 模糊控制器的基本结构

1. 模糊化

模糊化模块的功能是将输入的精确量通过定义在其论域上的隶属函数计算出其属于各模糊集合的隶属度,从而将其转换为模糊量。模糊控制的输入通常是偏差 $e=r-y$ 和偏差变化率 $\dot{e}=\mathrm{d}e/\mathrm{d}t$。

在模糊控制中,常用的模糊化方法有以下两种。

(1) 单点模糊集合

如果输入量 x_0 是准确的,则通常将其模糊化为单点模糊集合。设该模糊集合用 A 表示,则

$$u_A(x)=\begin{cases}1 & x=x_0\\0 & x\neq x_0\end{cases}$$

单点模糊化方法如图 8-14(a)所示。

(2) 非单点型模糊集合

如果输入测量数据存在随机噪声,则其对应的模糊集合取非单点型更加合适。例如,可以取模糊量的隶属函数为等腰三角形,三角形的顶点相应于该随机数的均值,底边长度为 2σ,σ 表示该随机数据的标准差,如图 8-14(b)所示。也可以取高斯型、铃型等正态分布函数。

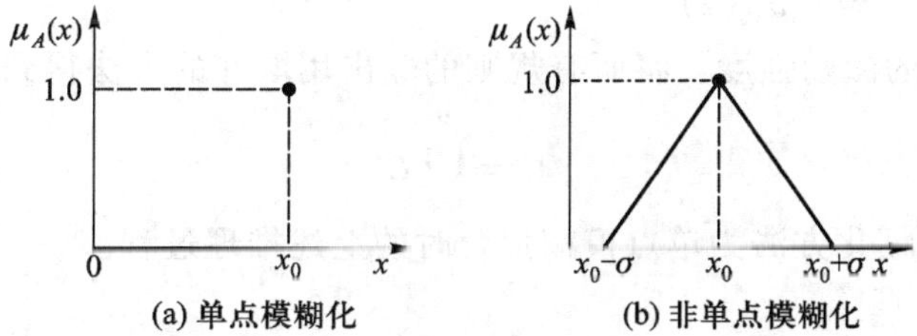

图 8-14 模糊化方法

2. 知识库

知识库由数据库和模糊规则库组成。

数据库主要包括各语言变量的隶属度函数,尺度变换因子,模糊空间分割的相关参数等等。

模糊规则库包括了用模糊语言变量表示的一系列"IF-THEN"型规则,它们反映了操作经验和专家知识。模糊规则是模糊控制器的核心,因此如何建立模糊规则至关重要。目前的方法通常有基于专家知识和操作人员的操作经验,基于过程的模糊模型和基于学习(或称规则计算)等方法。

模糊规则库的性能要满足完备性、一致性。完备性是指对于任意的输入,模糊控制器均应给出合适的控制输出;一致性是指对于多种性能指标的要求,控制规则不能出现互相矛盾的情况。另外,在满足完备性的条件下,尽量取较少的规则数,这样可以简化模糊控制器的设计和实现。

3. 模糊推理

模糊推理是模糊控制器的核心,它基于模糊概念,并用模糊逻辑中模糊蕴含和推理规则获得模糊控制作用,模拟人的决策过程。

假设模糊规则库中规则 i 具有如下形式:如果 x 是 A and y 是 B, 则 z 是 C。若已知模糊控制器的输入模糊量为:x 是 $A'$and y 是 B' ,则根据模糊控制规则进行近似推理,第 i 条规则的输出按式(8-34)计算:

$$C_i' = (A' \text{ and } B') \circ R_i = (A' \text{ and } B') \circ (A_i \text{ and } B_i \to C_i) \tag{8-34}$$

式(8-34)中包括的三种模糊逻辑运算:and 运算通常采用求交(最小算子)或求积(代数积算子);合成运算"∘"通常采用最大-最小或最大-积;蕴含运算"→"通常采用求交或求积。

若 and 采用求交运算,合成运算采用最大-最小合成,模糊蕴含采用求积,则

$$\begin{aligned}\mu_{C_i'}(z) &= \bigvee_{x,y} [\mu_{A'}(x) \wedge \mu_{B'}(y)] \wedge [(\mu_{A_i}(x) \wedge \mu_{B_i}(y))\mu_{C_i}(z)] \\ &= \{\bigvee_{x} [\mu_{A'}(x) \wedge \mu_{A_i}(x)]\} \wedge \{\bigvee_{y} [\mu_{B'}(y) \wedge \mu_{B_i}(y)]\}\mu_{C_i}(z) \\ &= (w_{1i} \wedge w_{2i})\mu_{C_i}(z) \\ &= w_i\mu_{C_i}(z)\end{aligned} \tag{8-35}$$

式中:w_i 为规则 i 的激励强度。将所有规则的输出用取并的方法得到总的输出,即

$$C' = \bigcup_{i=1}^{M} C_i' \tag{8-36}$$

图 8-15 给出了模糊化方法为单点模糊集合时的上述推理过程。

4. 解模糊化

解模糊化的作用是将模糊推理得到的控制量(模糊量)变换为实际用于控制的清晰量,它包含以下两部分内容:一是将模糊的控制量经解模糊化变换变成清晰量;二是将表示在语言变量论域范围的清晰量经尺度变换,变为实际的控制量。解模糊化常用下面几种方法。

(1) 最大隶属度法

若输出量模糊集合的隶属度函数只有一个峰值,则取隶属度函数最大值 $\mu_{C'}(z)$ 所对应的 z

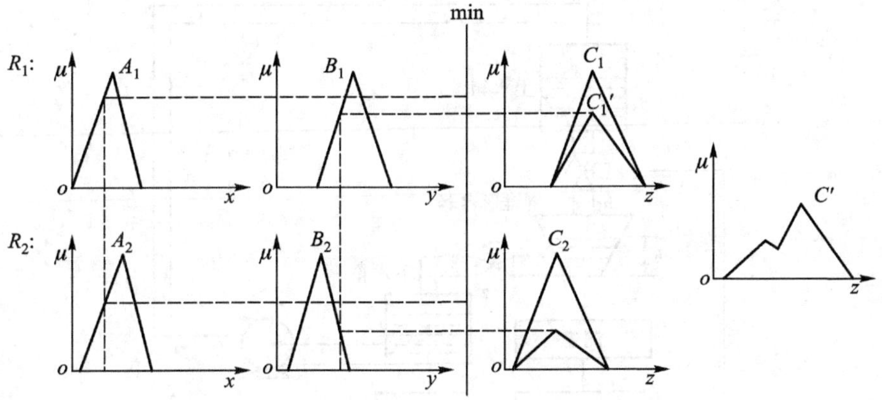

图 8-15 单点模糊化、积蕴含时的模糊推理

值为清晰值,即

$$\mu_{C'}(z_0) \geqslant \mu_{C'}(z), z \in Z$$

式中:z_0 表示清晰值的输出。

若具有最大 $\mu_{C'}(z)$ 的值不是一个点,则取这些值的均值作为清晰值。

(2) 加权平均法

这种方法取 $\mu_{C'}(z)$ 的加权平均值为所谓 z 的精确值,即

$$z_0 = \frac{\int_Z z\mu_{C'}(z)\,\mathrm{d}z}{\int_Z \mu_{C'}(z)\,\mathrm{d}z} \tag{8-37}$$

对于论域为离散的情况,则有

$$z_0 = \frac{\sum_{i=1}^{n} z_i\mu_{C'}(z_i)}{\sum_{i=1}^{n} \mu_{C'}(z_i)} \tag{8-38}$$

它类似于重心计算,所以也称为重心法。重心法是应用最为普遍的清晰化方法。

8.4.3 模糊控制器设计实例

下面以一个液位控制系统为例,介绍模糊控制器的设计。

考虑图 8-16 所示的液位系统。它含有一个上水箱、一个下水箱和一个倒锥形的中间蓄水容器,容器上下端各有一个进水阀 V_1 和出水阀 V_2。下水箱的水经循环水泵送至上水箱。

该系统被控变量为倒锥形容器的液位 h,操纵变量为倒锥形容器的进水量 q_i,通过调节进水

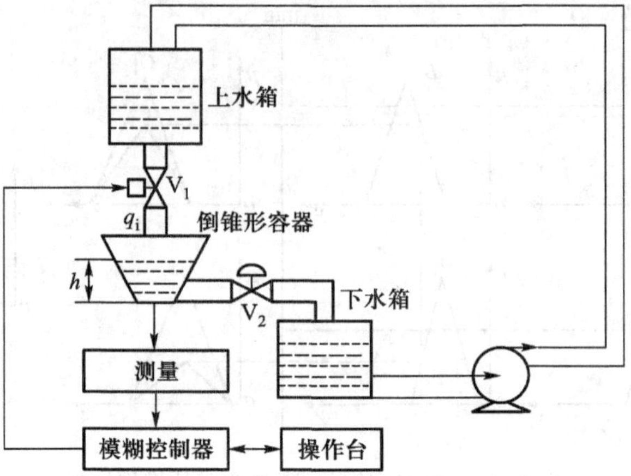

图 8-16 液位模糊控制系统

阀 V_1 的开度来改变液位的高度。由于受控对象是倒锥形容器,液位高度 h 和进水量 q_i 间的关系并非线性关系,而且具有时滞,因此是一个较复杂的控制对象,采用传统的控制策略很难取得满意的控制效果,考虑采用模糊控制器是一个可取的方案。

模糊控制器设计步骤如下。

1. 确定模糊控制器的输入输出变量

由于受控对象具有非线性和时滞性,为了得到良好的控制性能,控制器的输入变量确定为两个:液位误差 e 及误差变化 e_c。控制器的输出为电磁阀的开启电压,控制阀门开度,从而调节进水流量。所以,模糊控制器具有两输入单输出的结构形式。

2. 确定输入输出语言变量的空间分割

液位误差 $e=r-h$(r 为设定水位,h 为实际水位)经过尺度变换及量化,转换为对应语言变量 E,其论域为 $X=\{-3,-2,-1,0,1,2,3\}$。定义论域 X 上的模糊子集为 $A_i(i=1,2,\cdots,7)$,其对应的语言值为{负大(NB),负中(NM),负小(NS),零(ZO),正小(PS),正中(PM),正大(PB)},分别表示当前水位相对于设定值为“极高”,“很高”,“偏高”,“正好”,“偏低”,“很低”,“极低”。

液位误差的变化量 $e_c=e_{i+1}-e_i$ 经过尺度变换及量化,转换为对应语言变量 EC,其论域为 $Y=\{-3,-2,-1,0,1,2,3\}$。定义在论域 Y 上的模糊子集为 $B_i(i=1,2,\cdots,5)$,其对应的语言值是{负大(NB),负小(NS),零(ZO),正小(PS),正大(PB)},分别表示当前水位的变化为:“快速下降”,“下降”,“不变”,“上升”,“快速上升”。

控制器输出为控制量 u,其语言变量 U,论域为 $Z=\{-3,-2,-1,0,1,2,3\}$。定义在论域 Z 上的模糊子集 $C_i(i=1,2,\cdots,7)$,其对应的语言值为{负大(NB),负中(NM),负小(NS),零(ZO),正小(PS),正中(PM),正大(PB)},分别表示:“发水位低限报警,并阀门 V_1 开度为最大”,“阀门

V_1开度增加量大”,“阀门 V_1开度增加量小”,“阀门 V_1开度不变”,“阀门 V_1开度减小量小”,“阀门 V_1开度减小量大”,“发水位高限报警,并全关闭阀门 V_1”。

3. 确定语言值的隶属度函数

对上面各语言值给定其隶属度函数,这里为简单起见,选择三角形函数,见图 8-17。图中,(a)为模糊集合 A_i 的隶属度函数,(b)为模糊集合 B_i 的隶属度函数,(c)为模糊集合 C_i 的隶属度函数。

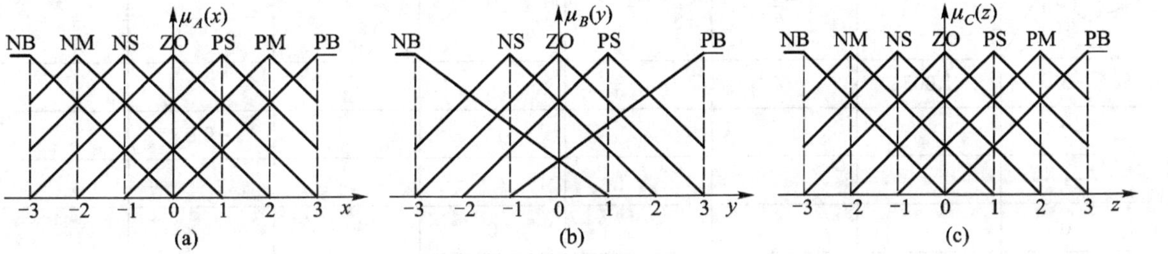

图 8-17 模糊集合的隶属度函数

4. 建立模糊控制规则表

根据专家知识和熟练操作人员经验积累,可以给出如下模糊控制规则表 8-1:

表 8-1 模糊控制规则表

EC \ U \ E	NB	NM	NS	ZO	PS	PM	PB
NB	PM	PS	ZO	NS	NM	NB	NB
NS	PM	PM	ZO	NS	NS	NB	NB
ZO	PB	PM	PS	ZO	NS	NM	NB
PS	PB	PB	PS	PS	ZO	NM	NM
PB	PB	PB	PM	PS	ZO	NS	NM

5. 通过模糊推理,建立控制表

对于离散论域,经过量化后的输入量的可能取值情况是有限的,可以针对多输入变量的所有组合情况离线计算出相应的控制量,从而组成一张控制表,实际控制时只要查表就可以了。控制表的获得,则是根据模糊推理计算出来的。

假设模糊化运算采用单点模糊集合,模糊蕴含采用模糊最小蕴含 R_c,合成采用最大-最小合成。根据前面介绍的模糊推理方法,可求得输出量的模糊集合:

$$C'=\bigcup_{i=1}^{35}C'_i=\bigcup_{i=1}^{35}(w_i\wedge\mu_{C_i}(z))$$

解模糊化方法采用平均加权法解模糊化。于是,可得到各种输入组合情况下对应的控制量,形成如表 8-2 的控制表。作为练习,表中空白处请读者自行补齐。

表 8-2 控 制 表

U / E / EC	-3	-2	-1	0	1	2	3
-3	1.003						
-2						-0.95	
-1							
0				0			
1							
2		0.95				-0.428	
3							

8.5 神经网络控制

神经网络控制是一种基本上不依赖于模型的控制方法,它比较适用于那些具有不确定性或高度非线性的控制对象,并具有较强的适应和学习功能,因而神经网络控制是智能控制的一个重要分支领域。与传统的控制技术相比,它具有潜在处理非线性问题的能力、高度并行分布处理能力、很强的学习和自适应性,是本质的多变量系统。上述特点使得神经网络在复杂系统的建模与辨识、非线性系统控制等控制领域都有很强的吸引力,因此神经网络控制成为了智能控制的重要研究方向。

8.5.1 人工神经元和人工神经网络

1. 人工神经元模型

神经生理学和神经解剖学的研究表明,人脑极其复杂,由一千多亿个神经细胞(也称神经元)交织在一起的网状结构构成。为了模拟生物神经元处理信息的特性,人们提出人工神经元模型。最典型的人工神经元模型如图 8-18所示。

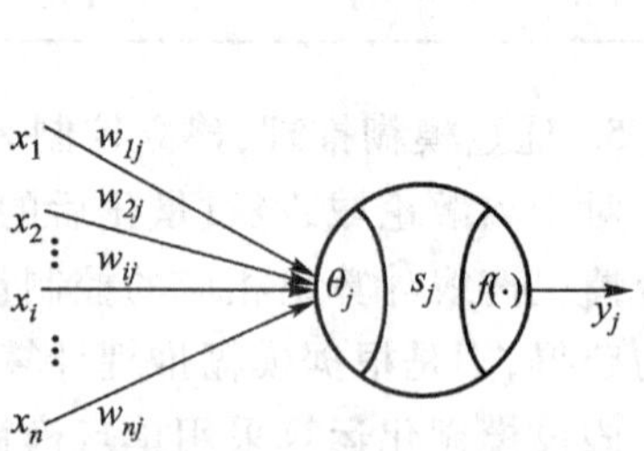

图 8-18 人工神经元模型

该神经元的输入输出关系为

$$s_j = \sum_{i}^{n} w_{ij}x_i - \theta_j \tag{8-39}$$

$$y_j = f(s_j) \tag{8-40}$$

式中各变量含义如下：

x_i：人工神经元的输入，模仿生物神经元模型来自其他神经元的输入信号。

w_{ij}：人工神经元之间的连结权值，表示第 i 个神经元对第 j 个神经元的影响程度，模仿生物神经元模型的神经链接强度。

θ_j：人工神经元的阈值，模仿生物神经元模型的阈值。

y_j：人工神经元的输出，模仿生物神经元模型的输出信号。

$f(\cdot)$：人工神经元的转换函数，通常取非线性函数，模拟生物神经元的非线性处理能力。图 8-19 表示了几种常见的转换函数。

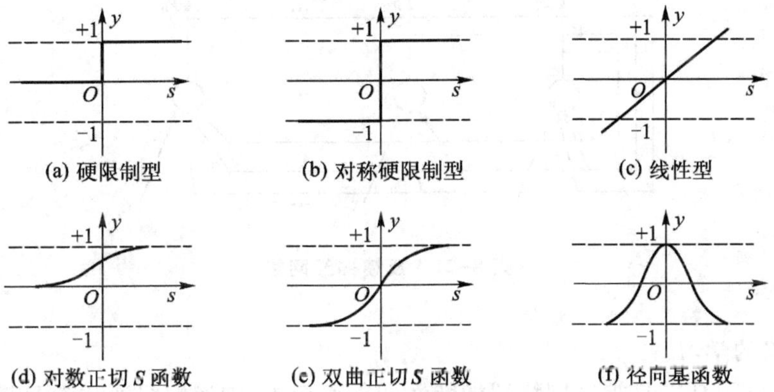

图 8-19 常用的转换函数

2. 人工神经网络

单个神经元本身就其功能而言并不强大，但由多个神经元以各种形式构成的人工神经网络，则是一个并行和分布式的网络结构，具有强大的信息处理能力。神经元的不同连结形式构成了具有各种拓扑结构的神经网络，其中前馈网络和反馈网络是两种典型的结构模型。

（1）前馈神经网络

前馈神经网络结构如图 8-20 所示。可以看出，在前馈网络中，神经元分层排列，可以有多层，同层神经元之间无连接。网络输入模式从输入层起，经过各层变换后传向输出层，信息流向由入到出，无反馈。前馈神经网络是应用最广泛的神经网络。

（2）反馈神经网络

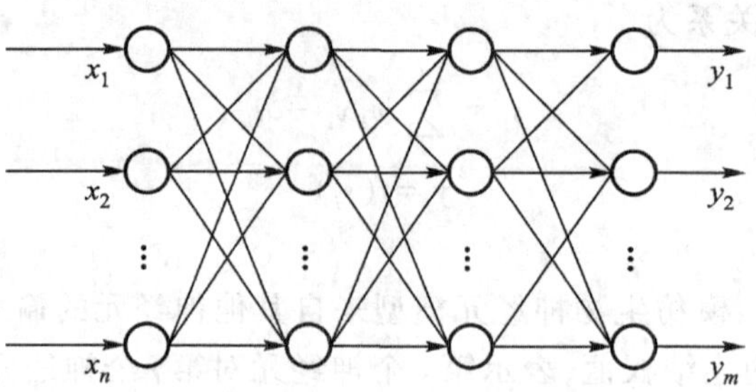

图 8-20　前馈神经网络

反馈神经网络如图 8-21 所示，在反馈神经网络中存在着信息的反馈，即输入节点会接受来自输出神经元的信息。这种神经网络是一种反馈动力学系统，它需要工作一段时间才能达到稳定。Hopfield 网络是最简单且应用最广泛的一种反馈网络。

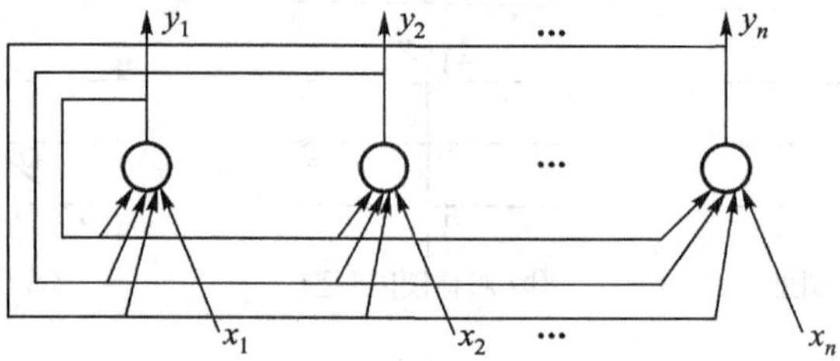

图 8-21　反馈神经网络

3. 神经网络的学习

神经网络的学习功能是神经网络智能特性的重要标志，神经网络通过学习算法，实现了自适应、自组织和自学习能力。目前神经网络的学习算法有多种，按有无“教师”来分类，可分为有监督学习、无监督学习、再励学习等几大类。在有监督学习方式中，网络的输出和期望的输出（即教师信号）进行比较，然后根据两者之间的差异调整网络的权值，最终使偏差减小。在无监督的学习方式中，输入模式进入网络后，网络按照预先设定的规则（如竞争规则）自动调整权值，使网络最终具有模式分类等功能。再励学习是介于上述两者之间的一种学习方式。下面介绍神经网络中常用的几种最基本的学习方法。

（1）Hebb 学习规则

Hebb 学习规则是一种联想式学习方法。生物学家 D.O.Hebb 基于对生物学和心理学的研究，提出了学习行为的突触联系和神经群理论。认为突触前与突触后二者同时兴奋，即两个神经元同时处于激发状态时，它们之间的连接强度将得到加强，这一论述的数学描述为

$$w_{ij}(k+1)=w_{ij}(k)+x_i x_j \tag{8-41}$$

式中,w_{ij}是神经元 i,j 之间的连接权,x_i,x_j 是神经元 i,j 的状态。

Hebb 学习规则是一种无教师的学习方法,它只根据神经元连接间的激活水平改变权值,因此这种方法又称为相关学习或关联学习。

(2) δ学习规则

令误差准则函数为

$$E=\frac{1}{2}\sum_{p=1}^{P}(d_p-y_p)^2=\sum_{p=1}^{P}E_p \tag{8-42}$$

其中,d_p 代表期望的输出,为教师信号;y_p 为网络的实际输出。神经网络学习的目的是通过调整权值,使误差准则函数最小。

8.5.2 典型神经网络

1. BP 网络

BP 网络是一个多层前馈网络,因其学习算法采用误差反向传播算法(BP 算法)而得名。它具有和多层感知器相同的网络结构,但是神经元转换函数不再采用二值函数,而是采用连续的 S 型函数。BP 网络结构如图 8-22 所示。

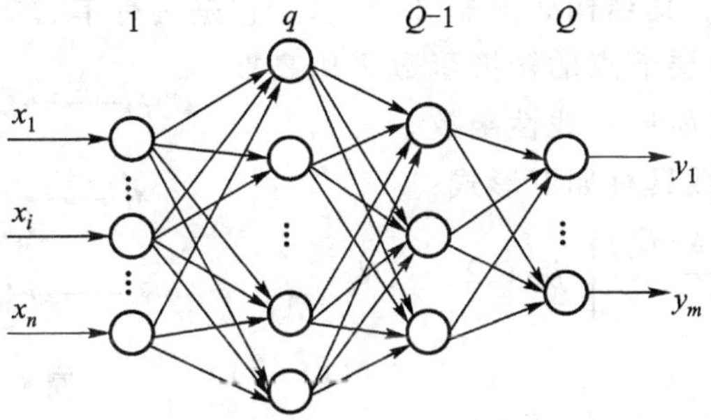

图 8-22 BP 神经网络结构

第 1 层为输入层,第 Q 层为输出层,中间各层为隐层。设第 q 层的神经元个数为 n_q,第 $q-1$ 层的第 j 个神经元与第 q 层的第 i 个神经元的连接权为 w_{ij}^{q}。神经元模型如下:

$$s_i^{(q)}=\sum_{j=0}^{n_{q-1}}w_{ij}^{(q)}x_j^{(q-1)}\qquad (x_0^{q-1}=\theta_i^{(q)},w_{i0}^{(q)}=-1) \tag{8-43}$$

$$x_i^{(q)}=f(s_i^{(q)})=\frac{1}{1+e^{-\mu s_i^{(q)}}} \tag{8-44}$$

其中 $i=1,2,\cdots,n_q \quad j=1,2,\cdots,n_{q-1} \quad q=1,2,\cdots,Q$

给定输入输出样本集,如何利用该样本集对 BP 网进行训练,即调整网络的连接权系数,使网络能够表达样本所给定的输入输出映射关系?Rumelhart 提出的误差反向传播(Back Propagation,BP)学习算法,解决了这一问题。BP 算法的学习过程由信息正向传播和误差反向传播两部分组成。在正向传播过程中,计算各层神经元的状态。输入信息从输入层经各隐含层逐层处理,并传向输出层,每层神经元(节点)的状态只影响下一层节点的状态。如果输出层的状态与期望的输出不一致,则转入反向传播过程,将误差信号沿原来的连接通路返回,同时修改各层神经元的权值,权值的不断调整会使网络误差越来越小。

BP 网络在本质上具有对任意非线性映射关系进行逼近的能力,并且采用的是全局逼近,因而 BP 网络有较好的泛化能力。BP 网络在控制领域得到了非常广泛的应用,但是它也存在一些缺点,主要包括:① 收敛速度慢。对于给定的样本集,目标函数 E 是全体连接权系数 $w_{ij}^{(q)}$ 的函数,因此要寻优的参数个数比较多,也就是说,目标函数 E 是关于连接权的一个非常复杂的超曲面,这就导致算法收敛速度慢;② 局部极值问题。目标函数 E 关于连接权的超曲面可能存在多个极值点,按照上面的寻优算法,它一般收敛到初值附近的局部极值;③ 难以确定隐层数和各隐层节点数目。原理上只要有足够多的隐层和节点就可以实现复杂的映射关系,但是如何根据特定的问题来具体确定网络的结构尚无很好的方法,仍需凭借经验和试凑的方法。

2. RBF 网络

径向基函数(Radial Basis Function,RBF)神经网络是由 J.Moody 和 C.Darken 在 20 世纪 80 年代末提出的一种神经网络。其结构如图 8-23 所示。它是具有单隐层的 3 层前馈网络,输入层节点只是传递信号到隐层,隐层节点的转换函数采用高斯基函数,输出层节点通常是简单的线性函数。

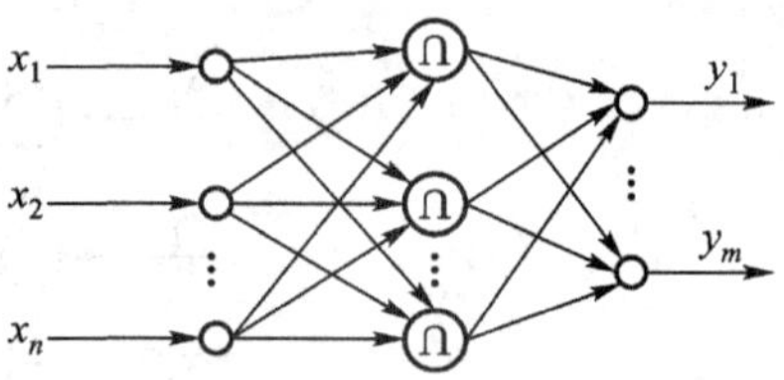

图 8-23 RBF 网络结构图

隐层节点的高斯基函数具有如下形式:

$$\mu_j=\exp\left[-\frac{(X-C_j)^{\mathrm{T}}(X-C_j)}{2\sigma_j^2}\right] \quad j=1,2,\cdots,N_h \tag{8-45}$$

其中,μ_j 是第 j 个隐层节点的输出,$X=(x_1,x_2,\cdots,x_n)^{\mathrm{T}}$ 是输入样本,C_j 是高斯函数的中心值,σ_j 是标准差,N_h 是隐层节点数。可以看出,隐层节点的输出范围在 0 和 1 之间,输入样本越靠近节点的中心,节点的输出越大。

RBF 网络的输出节点状态为隐层节点输出的线性组合,即

$$y_i=\sum_{j=1}^{N_h} w_{ij}\mu_j \quad i=1,2,\cdots,m \tag{8-46}$$

RBF 网络的学习过程分为两个阶段:① 根据所有的输入样本决定隐层节点的高斯函数的中心值 C_j 和标准差 σ_j。可随机地选取 l 个输入样本作为隐层节点的中心。但更常用的方法是采用聚类分析的方法,对输入样本聚类,将聚类中心作为隐层节点高斯函数的中心值。最常用的一种聚类方法是 K-Means 法。② 确定隐层参数后,根据样本,利用最小二乘原则,求输出层的权值 w_{ij}。

从理论上讲,RBF 网络和 BP 网络一样可近似任何的连续非线性函数。两者的主要差别在于使用不同的转换函数。BP 网络隐层节点使用 Sigmoid 函数,其函数值在输入空间中无限大的范围内为非零值,而 RBF 网络中的转换函数是径向基函数,其值在输入空间中有限范围内为非零值,因而 RBF 网络是局部逼近的神经网络,BP 网络则是全局逼近网络。BP 网络在训练过程中,每一次样本学习都要重新调整网络的所有权值,致使其收敛速度慢;RBF 网络在训练时,由于其局部逼近的特点,在学习某一样本时,只有少数影响该样本输出的权值进行调整,因此学习速度快。因此 RBF 网络更适合于实时控制的要求。

3. 其他典型神经网络

CMAC 网络是 J.S. Albus 于 1975 年最先提出来的,它是小脑模型关节控制器(Cerebellar Model Arculation Controller)的简称,是仿照小脑如何控制肢体运动的原理而建立的神经网络模型。CMAC 本质上是一种用于映射复杂非线性函数的查表技术。CMAC 是基于局部学习的神经网络,它把信息存储在局部结构上,使每次修正的权很少,在保证函数非线性逼近性能的前提下,学习速度快,适合于实时控制。CMAC 网络具有一定泛化能力,即相近输入产生相近输出。CMAC 网络学习时,对数据出现的次序不敏感。CMAC 网络在机器人控制中得到了广泛的应用。

1986 年美国物理学家 J.J.Hopfield 利用非线性动力学系统理论中的能量函数方法研究反馈人工神经网络的稳定性,提出了 Hopfield 神经网络模型。Hopfield 网络是一个动态的反馈网络,其输入是网络的状态初值,输出是网络的稳定状态。根据网络的输出是离散量还是连续量,Hopfield 网络可分为离散和连续两种。离散 Hopfield 网络实质上是一个离散的非线性动力学系统。它可以实现联想记忆的功能。若将系统稳态视为一个记忆样本,那么网络从初态朝稳态收敛的过程便是寻找记忆样本的过程。初态可认为是给定样本的部分信息,网络改变的过程可认为是从部分信息找到全部信息,从而实现联想记忆的功能。连续 Hopfield 网络可实现优化计算的功能。若将稳态与某种优化计算的目标函数相对应,并作为目标函数的极小点,那么初态朝稳态收敛的过程便是优化计算过程,该优化计算是在网络演变过程中自动完成的。

8.5.3 神经网络建模

作为一种非传统的表达方式,神经网络可用来建立系统的输入输出模型,它们或者做为被控对象的正向和逆动力学模型,或者建立控制器的逼近模型,或者用以描述性能评价的估计器。

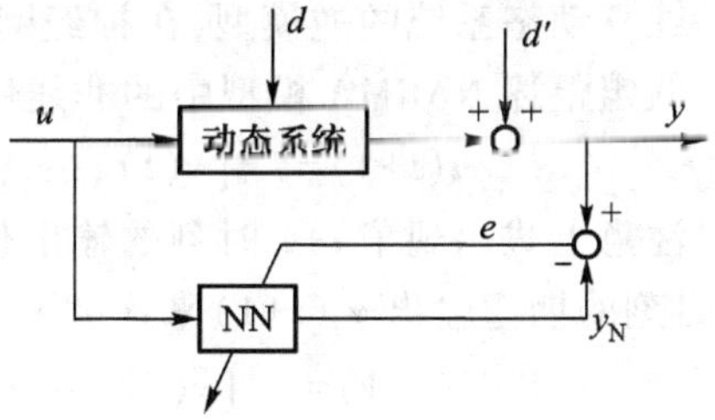

图 8-24 正向模型

1. 正向模型

所谓正向建模是指利用神经网络通过训练或学习,使其能够表达系统正向动力学特性的模型。图 8-24给出了系统正向建模的一般结构示意图。图中神经网络辨识模型与待辨识的动态系统并联,两者的输出误差被用做网络的训练信号。显然这是一个典型的监督学习问题，实际系统作为教师，向神经网络提供学习算法所需要的期望输出。

由于在控制系统中，拟辨识的对象通常是动态系统，因此这里就存在一个如何进行动态建模的问题。一个常用的方法是首先假定拟辨识对象是线性或非线性离散时间系统，或者人为地离散化为这样的系统，表示为 NARMA 模型：

$$y(t+1)=f[y(t),\cdots,y(t-n+1);u(t),\cdots,u(t-m+1)] \tag{8-47}$$

利用神经网络对上述差分方程中的未知非线性函数 $f(\cdot)$ 进行逼近。网络的增广输入为 $u(t),\cdots,u(t-m+1),y(t),\cdots,y(t-n+1)$，网络的输出为 $y(t+1)$。可以利用多分头时延系统（TDL）获得这些增广输入，如图 8-25 所示。

其中 TDL 结构如图 8-26 所示。

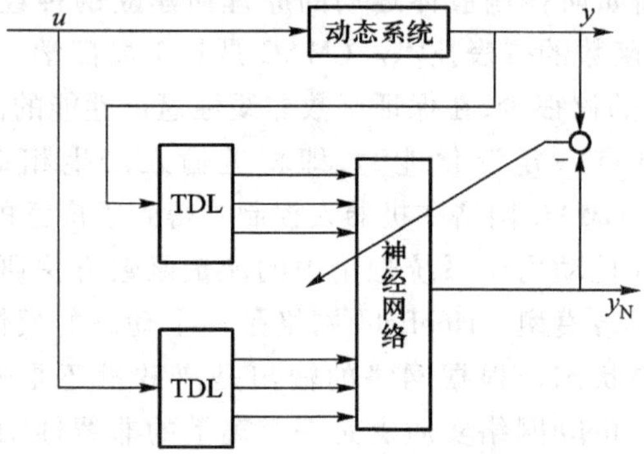

图 8-25　TDL 在动态系统辨识中的应用

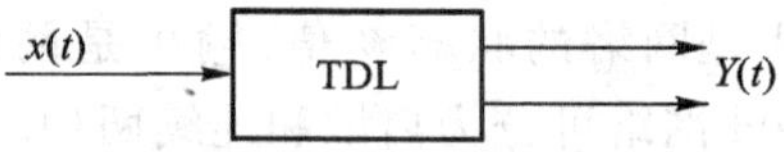

图 8-26　TDL 结构

且有 $Y(t)=\begin{bmatrix} x(t-1) \\ x(t-2) \\ \vdots \\ x(t-n) \end{bmatrix}$。

2. 逆模型

建立动态系统的逆模型，在神经网络控制中起着非常重要的作用。

假定上述 NARMA 模型中的非线性函数 f 可逆，容易推出

$$u(t+1)=f^{-1}[y(t),\cdots,y(t-n+1),y(t+1);u(t-1),\cdots,u(t-m+1)] \tag{8-48}$$

注意上式出现了 $t+1$ 时刻的输出值 $y(t+1)$。由于在 t 时刻不可能知道 $y(t+1)$，因此可用 $t+1$时刻的期望输出 $y_d(t+1)$来代替 $y(t+1)$，则此时有

$$u(t+1)=f^{-1}[y(t),\cdots,y(t-n+1),y_d(t+1);u(t-1),\cdots,u(t-m+1)] \tag{8-49}$$

同样，$u(t-1),\cdots,u(t-m+1),y(t),\cdots,y(t-n+1),y_d(t+1)$ 可作为网络的增广输入，$u(t)$ 作为网络的输出，利用神经网络进行逆建模，即学习逼近上述差分方程中的未知非线性函数$f^{-1}(\cdot)$。

图 8-27 给出了一种最简单的直接逆建模结构,直接逆建模又称为广义逆学习。从图中可以看出,待辨识系统的输出作为网络的输入,网络输出与系统输入比较,相应的误差用来进行训练,因而网络将通过学习建立系统的逆模型。不过,所辨识的非线性系统有可能是不可逆的,这时利用上述方法,就将得到一个不正确的逆模型。因此,在建立系统逆模型前,可逆性必须首先假定。

由于这个学习过程不是目标导向的,在实际工作中系统的输入 $u(t)$ 也不可能预先定义,因此可采用图 8-28 所示的正-逆建模结构。

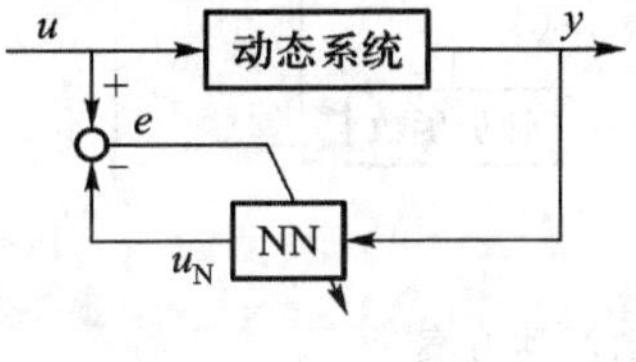

图 8-27 直接逆模型

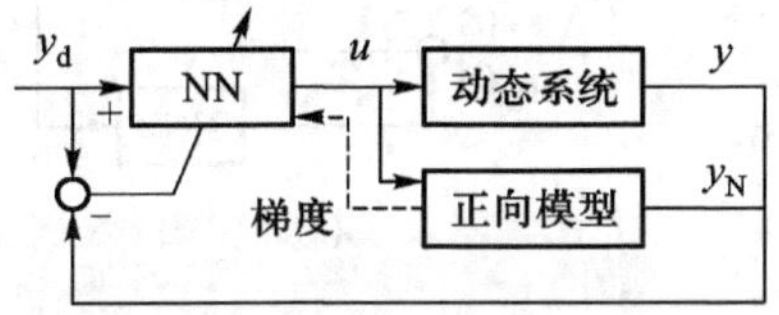

图 8-28 正-逆建模

8.5.4 神经网络控制

神经网络在控制系统中的作用主要有以下几种:① 在传统的控制系统中用来对动态系统建模,充当对象模型;② 在反馈控制系统中直接充当控制器的作用;③ 在传统控制系统中起优化计算的作用;④ 与其他智能控制方法如模糊逻辑、遗传算法、专家系统等相融合。下面介绍几中常见的神经网络控制结构。

1. 神经网络监督控制

通过对传统控制器进行学习,然后利用神经网络控制器逐渐取代传统控制器的方法,称为神经网络监督控制,其结构如图 8-29 所示。神经网络控制器实际上是一个前馈控制器,它建立的是被控对象的逆模型。神经网络通过对传统控制器的输出进行学习,在线调整网络的权值,使反馈控制输出 $u_p(t)$ 趋近于零,从而使神经网络控制器逐渐在控制作用中占据主导地位,最终取消反馈控制器的作用。一旦系统出现干扰,反馈控制器重新起作用。因此,这种前馈加反馈的监督控制方法,不仅可以确保控制系统的稳定性和鲁棒性,而且可有效地提高系统的精度和自适应能力。

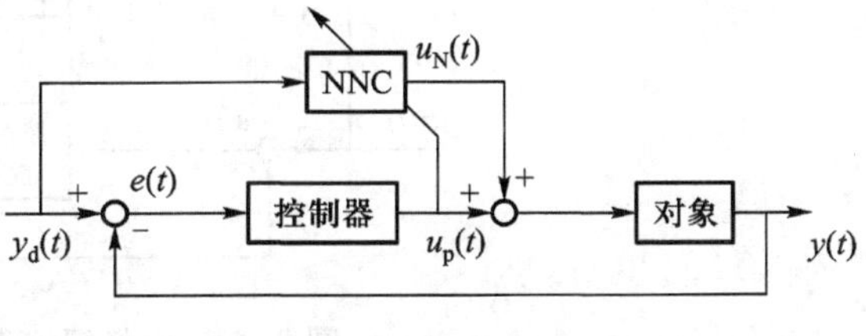

图 8-29 神经网络监督控制

2. 神经网络直接逆控制

神经网络直接逆控制就是将被控对象的神经网络逆模型与被控对象串联起来,以便使期望输出与对象实际输出之间的传递函数为 1。在神经网络直接逆控制中,神经网络控制器作为前馈控制器,使它的特性为对象特性的逆。设对象特性为 $f(\cdot)$,设计神经网络控制器的特性为 $f^{-1}(\cdot)$,则系统前向通道传递函数为 1,系统的实际输出等于期望输出,实现了理想的控制效果。

显然,神经网络直接逆控制的控制效果取决于逆模型的准确程度。单纯的前馈控制缺乏反馈,为此,一般应使神经网络控制器具有在线学习能力,即作为逆模型的神经网络连接权能够在线调整。其实现结构如图 8-30 所示。

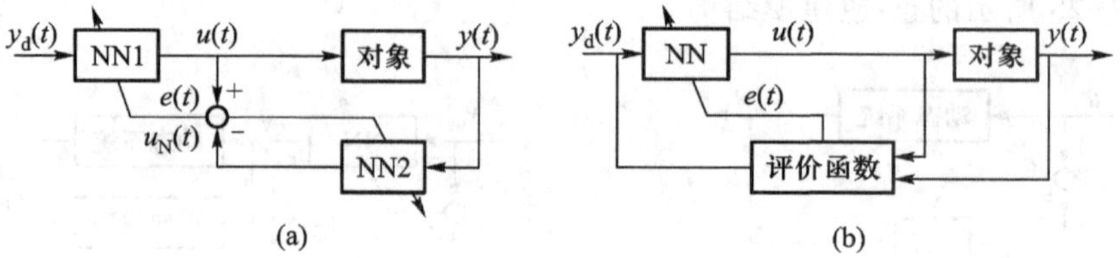

图 8-30 神经网络直接逆控制的两种方案

在图(a)中,NN1 和 NN2 具有完全相同的网络结构和连接权,NN2 的作用是通过间接学习,改变网络的连接权,以便获得 $f^{-1}(\cdot)$ 的映射特性。在图(b)中,神经网络通过评价函数进行学习,调整权值,实现对象的逆控制。

3. 神经网络模型参考自适应控制

直接模型参考自适应控制系统如图 8-31 所示,神经网络控制器的作用是使被控对象与参考模型输出之差为最小。但该方法需要知道对象的 Jacobian 信息 $\frac{\partial y}{\partial u}$。

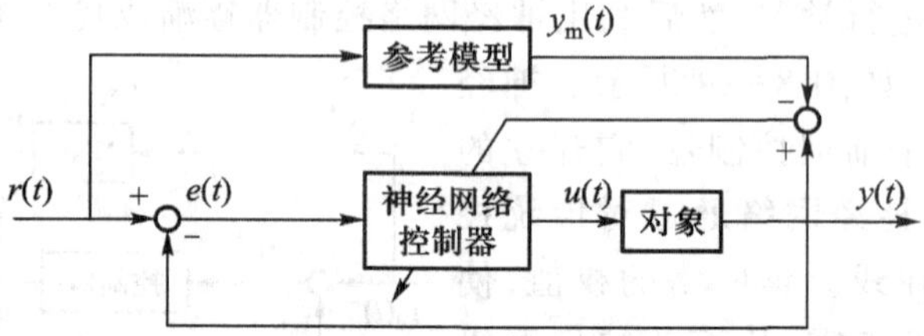

图 8-31 神经网络直接模型参考自适应控制

4. 神经网络预测控制

神经网络预测控制如图 8-32 所示,利用神经网络建立非线性被控对象的预测模型,并可在线学习修正。利用此预测模型,可以由当前的系统控制信息预测出在未来一段时间范围内系统输出,通过设计优化性能指标,利用非线性优化器求出优化的控制作用 $u(t)$。

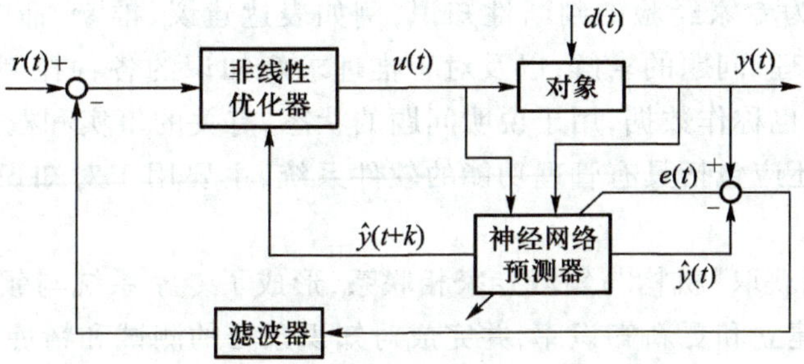

图 8-32 神经网络预测控制

8.6 专家控制

20 世纪 80 年代初,人工智能中专家系统的思想和方法开始被引入控制系统的研究和工程应用中。专家系统主要面临的是各种非结构化的问题,它能处理定性的、启发式或不确定的知识信息,经过各种推理来达到系统的任务目标。专家系统的这一特点为解决传统控制理论的局限性提供了重要启示,两者的结合产生了专家控制,它是智能控制的一个重要分支。

8.6.1 专家系统

专家系统是一类包含知识和推理的智能计算机程序,其内部包含某领域专家水平的知识和经验,具有解决专门问题的能力。

专家系统的基本组成结构如图 8-33 所示。

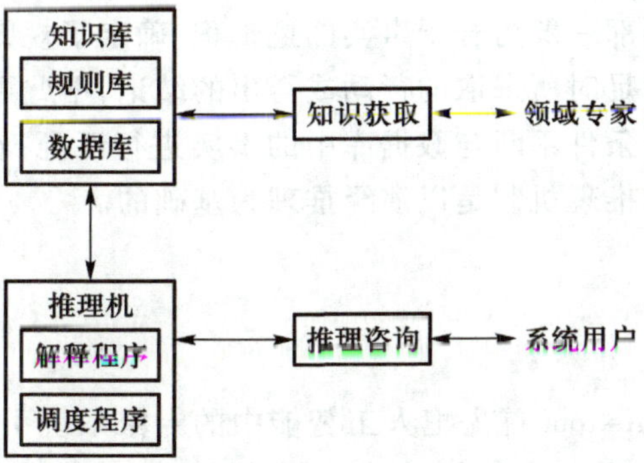

图 8-33 专家系统的基本结构

由图可以看出,知识库和推理机是专家系统中两个主要组成要素。

知识库存储着作为专家经验的判断性知识,例如表达建议、推断、命令、策略的产生式规则等,用于某种结论的推理、问题的求解,以及对于推理求解知识的各种控制知识。知识库中还包括另一类叙述性知识,也称作数据,用于说明问题的状态,有关的事实和概念,当前的条件以及常识等。完整的知识库还应包括具有管理功能的软件系统,主要用于对知识条目的查询、检索、增删、扩充等操作。

知识库通过“知识获取”机构与领域专家相联系,形成了专家系统与领域专家的人-机接口。知识获取的过程即为建立和更新知识库,并完成对知识条目的测试和精炼的过程。

推理机实际上是一个运用知识库提供的知识,基于某种通用的问题求解模型,进行自动推理、求解问题的计算机软件系统。它包括一个解释程序,用于决定如何使用判断性知识推导新的知识,还包括一个调度程序,用于决定判断性知识的使用次序。推理机的具体构造取决于问题领域的特点及专家系统中知识表示和组织的方法。

推理机的运行可以根据不同的控制策略。从原始数据和已知条件推断出结论的方法称为正向推理或数据驱动策略;先提出结论或假设,然后寻找支持这个结论或假设的条件或证据,如若成功则结论成立,否则再重新假设,这种方法称为反向推理或目标驱动策略;运用正向推理帮助系统提出假设,再运用反向推理寻找证据,这种方法即为双向推理或混合控制。

推理机通过“推理咨询”机构与系统用户相联系,形成了专家系统与系统用户之间的人-机接口。系统可以输入并“理解”用户有关领域问题的咨询提问,再向用户输出问题求解的结论,并对推理过程作出解释。

专家系统中,常用的知识表示方法包括产生式规则、框架、语义网络、谓词逻辑、决策树、神经网络等。其中,产生式规则是专家系统中最常用的知识表示方法,这类系统一般又称为基于规则的系统或产生式系统。

产生式规则的一般形式为:“条件→行动”或“前提→结论”,即用“IF-THEN”语句表示一个知识项。产生式规则的左半部一般为若干事实的逻辑积,确定了规则可应用的先决条件,右半部描述了规则先决条件得到满足时所采取的行动或得出的结论,据此可对数据库进行操作,生成新的状态。产生式规则的先决条件不断与数据库中的事实进行匹配,在顺序执行规则的同时就形成了推理链。产生式规则的推理机制是以演绎推理为基础的。

8.6.2 专家控制

1. 专家控制的思想

1983年,瑞典学者K.J.Astrom首先把人工智能中的专家系统引入智能控制领域,并于1986年提出“专家控制”的概念。到目前为止,专家控制并没有明确的公认定义,粗略地说,专家控制是指将专家系统的设计规范和运行机制与传统控制理论和技术相结合而形成的实时控制系统设计、实现的方法。

专家控制虽然引用了专家系统的思想和方法,但它与一般的专家系统还有重要差别。通常的专家系统只完成专门领域问题的咨询功能，它的推理结果一般用于辅助用的决策，而专家控制则要求能对控制动作进行独立的、自动的决策，它的功能一定要具有连续的可靠性和较强的抗干扰性；通常的专家系统一般处于离线工作方式，而专家控制则要求在线地获取动态反馈信息，因而是一种动态系统，它应具有使用的灵活性和实时性。

专家控制的理想目标是实现这样一个控制器或控制系统：能够满足任意动态过程的控制需要，包括时变的、非线性的，受到各种干扰的控制对象或生产过程；控制系统的运行可以利用对象或过程的一些先验知识，而且只需要最少量的先验知识；有关对象或过程的知识可以不断地增加、积累、据以改进控制性能；有关控制的潜在知识以透明的方式存放，能够容易地修改和扩充；用户可以对控制系统的性能进行定性的说明，如“速度尽可能快”，“超调要小”等；控制性能方面的问题能够得到诊断，控制闭环中的单元，包括传感器和执行机构等的故障可以得到检测；用户可以访问系统内部的消息，并进行交互，例如对象或过程的动态特性，控制性能的统计分析，对当前采用的控制作用的解释等。

专家控制覆盖了传统控制在一定程度上可以达到的功能，但又超过了传统控制技术。可以认为专家控制试图在控制闭环中“加入”一个富有经验的控制工程师，系统能为他提供一个“控制工具箱”，使其能够对控制、辨识、测量、监视、诊断等方面的各种方法和算法选择方便，运用自如，而且透明地面向系统外部的用户。

总之，与传统控制技术不同，专家控制的作用和特点在于依靠完整描述的受控过程知识，求取良好的控制性能。

2. 专家控制的典型结构

根据专家系统技术在控制系统中应用的复杂程度，可以分为专家控制系统和专家式控制器两种主要形式。专家控制系统具有全面的专家系统结构、完善的知识处理功能和实时控制的可靠性能。这种系统知识库庞大，推理机复杂，它包括由知识获取子系统和学习子系统，人-机接口要求较高。专家式控制器多为工业专家控制器，是专家控制系统的简化形式，针对具体的控制对象或过程，着重于启发式控制知识的开发，具有实时控制算法和逻辑功能。可以设计较小的知识库和简单的推理机制，省去复杂的人-机接口。由于其结构较为简单，又能满足工业过程控制的要求，因而应用日益广泛。

(1) 专家控制系统

目前，专家控制系统还没有统一的体系结构。图 8-34 是一个专家控制系统的典型结构。

从图 8-34 可以看出，专家控制系统有知识基系统、数值算法库和人-机接口三个并行运行的子过程。这三个运行子过程之间的通信是通过五个模块进行的，包括定时模块、出口模块、应答模块、入口模块及解释模块。

系统的控制器由数值算法库和知识基系统两部分组成。

数值算法库位于系统下层，包含的是定量的解析知识，由控制、辨识、监控等几类算法组成；知识基子系统位于系统上层，对数值算法进行决策、协调和组织，包含有定性的启发式知识，进行

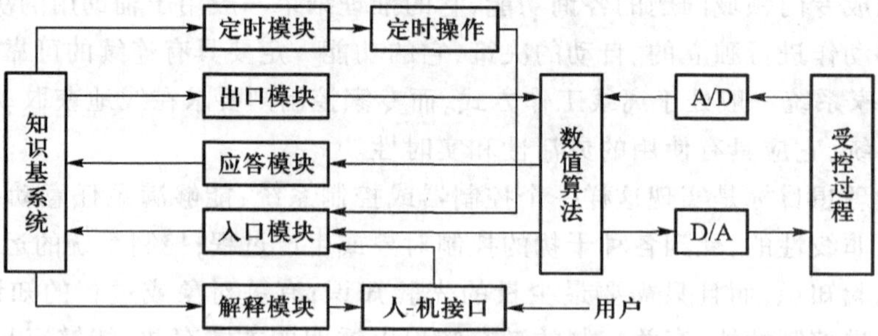

图 8-34 专家控制系统的典型结构

符号推理。

知识基系统通过数值算法库与受控过程相联系,其内部过程的通信功能如下:① 出口模块将控制配置命令、控制算法的参数变更值、信息发送请求等从知识基系统送往数值算法部分;② 入口模块将算法执行结果、检测预报信号、对于信息发送请求的答案、用户命令以及定时中断信号分别从数值算法库、人-机接口及定时操作部分送往知识基系统;③ 应答模块传送数值算法对知识基系统的信息发送请求的通信应答信号;④ 解释模块传送知识基系统发出的人-机通信结果,包括用户对知识库的编辑、查询、算法执行原因、推理结果、推理过程跟踪等系统运行情况的解释;⑤ 定时模块用于发送知识基系统内部推理过程需要的定时等待信号,供定时操作部分处理。

(2) 专家控制器

按专家系统在控制系统中的作用和功能,可将专家控制器分为直接型专家控制器和间接型专家控制器两种类型。

直接型专家控制器结构如图 8-35 所示。在这种控制系统中,专家控制器用于取代常规控制器,直接控制生产过程或被控对象,具有模拟操作工人智能的功能。该控制器的任务和功能相对比较简单,但需要在线、实时控制。因此,其知识表达系统和知识库也较简单,通常由几十条产生式规则构成,以便于增删和修改。

间接型专家控制器用于和常规控制器相结合,组成对生产过程或被控对象进行间接控制的智能控制系统。具有模拟控制工程师智能的功能。其结构如图 8-36 所示。

间接型专家控制器能够实现优化、适应、协调、组织等高层决策的智能控制,按照其决策功能的不同,间接型专家控制器又可分为以下几种类型:① 优化型专家控制器。这是基于最优控制的专家知识和经验的总结和运用。通过设置整定值、优化控制参数或控制器,实现控制器的静态或动态优化;② 适应型专家控制器。这是基于自适应控制专家的知识和经验的总结和运用。根据现场运行状态和测试数据,相应地调整控制规律,校正控制参数,修改整定值或控制器,适应生产过程、对象特性或环境条件的漂移和变化;③ 协调型专家控制器。这是基于协调控制专家和

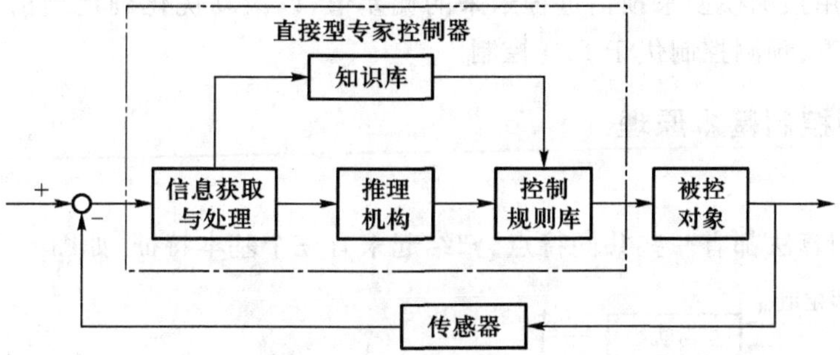

图 8-35 直接型专家控制器的结构

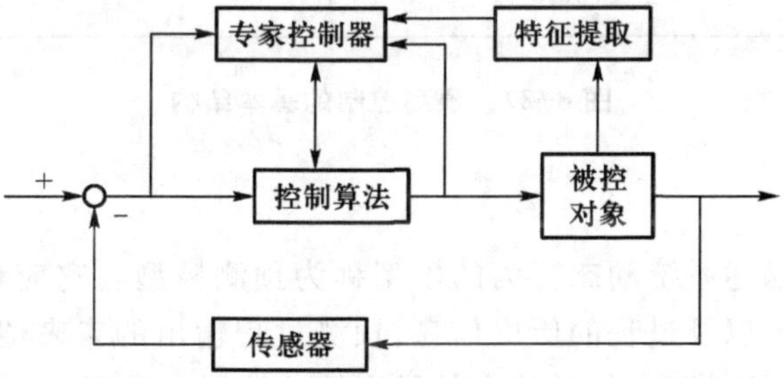

图 8-36 间接型专家控制器的结构

调度工程师的知识和经验的总结和运用。用以协调局部控制器或各子控制系统的运行，实现大系统的全局稳定和优化。④ 组织型专家控制器。这是基于控制工程组织管理专家或总设计师的知识和经验的总结和运用。用以组织各种常规控制器，根据控制任务的目标和要求构成所需要的控制系统。

间接型专家控制器可以在线或离线运行。通常，优化型、适应型需要在线、实时、联机运行；协调型、组织型可以离线、非实时运行，作为相应的计算机辅助系统。

8.7 基于模型的预测控制

20 世纪 70 年代以来，针对工业过程特点，人们开始寻找各种对模型精度要求低、控制综合质量好、在线计算方便的优化控制算法。预测控制是在这样的背景下发展起来的一类新型计算机优化控制算法。

预测控制的基本出发点与传统的 PID 控制不同。通常的 PID 控制，是根据过程当前的和过去的输出测量值和设定值的偏差来确定当前的控制输入。而预测控制不但利用当前的和过去的偏差值,而且还利用预测模型来预估过程未来的偏差值,以滚动优化确定当前的最优输入策略。因此,从基本思想看,预测控制优于 PID 控制。

8.7.1 预测控制基本原理

1. 基本原理

各类预测控制算法都有一些共同特点,归结起来有三个基本特征,如图 8-37 所示。

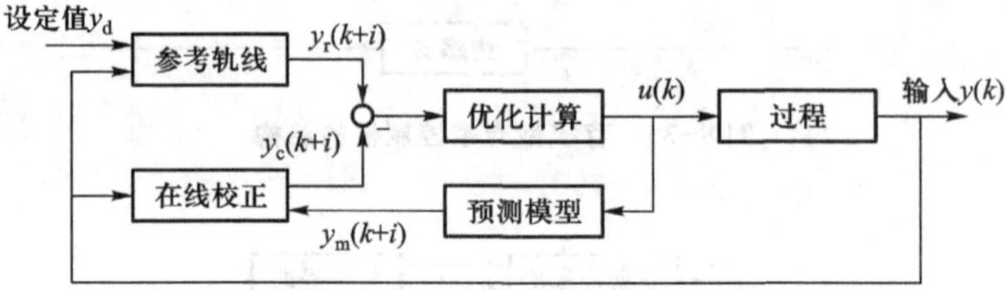

图 8-37 预测控制的基本结构

(1) 预测模型

预测控制需要一个描述系统动态行为的模型称为预测模型。它应具有预测功能,即能够根据系统现时刻的控制输入以及过程的历史信息,预测过程输出的未来值。在预测控制中各种不同算法采用不同类型的预测模型,如最基本的模型算法控制(MAC),动态矩阵控制(DMC)等,通常采用在实际工业过程中较易获得的脉冲响应模型和阶跃响应模型等非参数模型或传递函数。随着预测控制的发展,除了上述两种非参数模型外,目前经常采用易于在线辨识并能描述不稳定过程的受控自回归滑动平均模型(Controlled Auto-Regressive Moving Average,简称 CARMA)、受控自回归积分滑动平均模型(Controlled Auto-Regressive Integrated Moving Average,简称 CARIMA)以及能反映系统内在联系的状态空间模型。

(2) 反馈校正

在预测控制中,采用预测模型进行过程输出值的预估只是一种理想的方式,对于实际过程,由于存在非线性、时变、模型失配和干扰等不确定因素,使基于模型的预测不可能准确地与实际相符。因此,在预测控制中,通过输出的测量值与模型的预估值进行比较,得出模型的预测误差,再利用模型预测误差来校正模型的预测值,从而得到更为准确的将来输出的预测值。正是这种由模型加反馈校正的过程,使预测控制具有很强的抗干扰和克服系统不确定性的能力。

(3) 滚动优化

预测控制是一种优化控制算法。它是通过某一性能指标的最优化来确定未来的控制作用。这一性能指标还涉及过程未来的行为,它是根据预测模型由未来的控制策略决定的。

然而,预测控制中的优化与通常的离散最优控制算法不同,不是采用一个不变的全局最优目标,而是采用滚动式的有限时域优化策略。也就是说,优化过程不是一次离线完成的,而是反复在线进行的，即在每一采样时刻，优化性能指标只涉及从该时刻起到未来有限的时间，而到下一个采样时刻，这一优化时段会同时向前推移。因此，预测控制不是用一个对全局相同的优化性能指标，而是在每一个时刻有一个相对于该时刻的局部优化性能指标。不同时刻优化性能指标的形式是相同的，但其所包含的时间区域是不同的。这就是滚动优化的含义。这种局部的有限时域的优化目标，只能得到全局的次优解。但是由于这种优化过程是在线反复进行的，而且能更为及时地校正因模型失配、时变和干扰等引起的不确定性，始终把优化过程建立在从实际过程中获得的最新信息的基础上。因此，只要预测范围选择得合适，可以使控制保持实际上的最优。

2. 参考轨线

在预测控制中，考虑到过程的动态特性，为了使过程避免出现输入和输出的急剧变化，往往要求过程输出 $y(k+i)$ 沿着一条所期望的、平缓的曲线达到设定值 y_r。这条曲线通常称为参考轨线 $y_r(k+i)$。它是设定值经过在线“柔化”后的产物。最广泛采用的参考轨线为一阶指数变化形式，可写为

$$y_r(k+i)=\alpha^i y(k)+(1-\alpha^i)y_r \quad i=1,2,\cdots \tag{8-50}$$

式中：$\alpha=e^{\frac{-T_s}{T}}$；$T_s$ 为采样周期；T 为参考轨迹的时间常数；下标 r 为参考轨线；$y(k)$ 为现时刻过程输出；y_r 为设定值，当 $y_r=y(k)$，则对应着镇定问题，而 $y_r\neq y(k)$ 则对应着跟踪问题。

显然，T 越小，则 α 越小，参考轨迹就能越快地达到设定值 y_r。α 是预测控制中的一个重要设计参数，它对闭环系统的动态特性和鲁棒性都有重要作用。

3. 在线滚动优化的实现方式

在预测控制中，通过求解 $\min J=\|Y_P(k)-Y_r(k)\|_Q^2+\|U_2(k)\|_R^2$ 优化问题，可得到现时刻所确定的一组最优控制 $\{u(k),u(k+1),\cdots,u(k+M-1)\}$，其中 M 为控制的时域长度。在现时刻 k 只施加第一个控制作用 $u(k)$，等到下一个采样时刻 $(k+1)$，再根据采集到的过程输出，重新进行优化计算，求出新一组最优控制作用，仍只施加第一个控制作用，如此类推，“滚动”式推进。它可以有效地克服过程的一些不确定性因素，提高控制系统的鲁棒性。

4. 预测控制的一些优良性质

预测控制的一些基本特征使其产生许多优良性质：对数学模型要求不高；能直接处理具有纯滞后的过程；具有良好的跟踪性能和较强的抗干扰能力；对模型误差具有较强的鲁棒性。

这些优点使预测控制更加符合工业过程的实际要求，这是 PID 控制或现代控制理论无法相比的。因此，预测控制在实际工业中已得到广泛重视和应用，而且必将获得更大的发展，特别是多变量有约束预测控制的推广应用将会改变过去传统的单变量设计方法，而展现多变量设计的新阶段，使工业过程控制出现新的面貌。

8.7.2 预测控制算法

1. 模型算法控制（MAC）

模型算法控制(Model Algorithmic Control 简称 MAC)是基于脉冲响应模型的预测控制,又称模型预测启发式控制(MPHC)。适用于渐近稳定的线性过程。MAC 控制算法由预测模型、参考轨迹、反馈(在线)校正、滚动优化等部分组成。

(1) 预测模型

MAC 的预测模型是采用脉冲响应模型:

$$y_m(k+j)=\sum_{i=1}^{N}h_iu(k+j-i)\quad j=1,2,\cdots,p \tag{8-51}$$

(2) 反馈校正

为了克服扰动和模型失配等因素对模型预测值的影响,采用当前的过程输出的测量值 $y(k)$ 与模型的计算值 $y_m(k)$ 进行比较,用其差 $e(k)$ 来修正模型输出的预估值。设修正后的输出预估值记为 $y_p(k+j)$,则有

$$y_p(k+j)=y_m(k+j)+\beta[y(k)-y_m(k)] \tag{8-52}$$

式中:$y(k)$ 为当前时刻 k 的测量值,β 为加权系数。

(3) 设定值与参考轨迹

假定设定值为 y_d。在预测控制中,有时并不是要求输出迅速地跟踪设定值,而是使输出变量按一定的轨迹缓慢地跟踪设定值,以便使控制作用跳动较小,获得平稳的输出特性,通常取式(8-50)的一阶指数变化形式,则有

$$y_r(k+j)=\alpha^jy(k)+(1-\alpha^j)y_d\quad j=1,2,\cdots,P$$

(4) 最优控制作用

设优化控制的目标函数为

$$\begin{aligned}\min J&=\|Y_P(k)-Y_r(k)\|_Q^2+\|U_2(k)\|_R^2\\&=[Y_P(k)-Y_r(k)]^{\mathrm{T}}Q[Y_P(k)-Y_r(k)]+U_2^{\mathrm{T}}(k)RU_2(k)\end{aligned} \tag{8-53}$$

对于无约束时的上述优化可用最小二乘法求解。

(5) MAC 在实施中应注意的若干问题

① 脉冲响应系数长度 N 的选择。N 的选择显然与采样周期有关,对于给定的过程,采样周期短,则 N 会相应增大。通常选 $N=20\sim60$ 为宜。②输出预估时域长度 P 的选择。P 是预测控制中极为重要的设计参数之一。通常 P 越大,预测控制的鲁棒性就越强。但相应的计算量和存储量也增大。一般,P 选择等于过程单位阶跃响应达到其稳态值所需过渡时间的一半所需的采样次数。③ 控制时域长度 M 的选择。M 也是预测控制中极为重要的设计参数之一。M 越大,系统的鲁棒性也就越强。但是为了避免优化过程的寻优困难,M 不宜选得太大,一般 M 取小于 10 为宜。④ 参考轨迹的收敛参数 α 的选择。由前所述,α 大,则预测控制的鲁棒性强,但导致闭环系统的响应速度变慢。相反,若 α 过小,则过渡过程较易出现超调与振荡。因此,α 的选择应全面考虑过程的非线性、模型误差等大小以及闭环系统相应的动态要求。通常采用分段取值的试差方法。α 值是 $0\leqslant\alpha\leqslant1$。⑤ 误差权矩阵 Q 的选择。性能指标中的误差权矩阵 Q 的物理意

义显而易见。q_j 作为权系数,反映它们对不同时刻逼近的重视程度。对于 q_j 的取值是为了使控制系统稳定,对纯滞后部分控制作用是无能为力的,在这些时刻,取 $q_j=0$;其他时刻,取 $q_j=1$。

⑥ 控制权矩阵 R 的选择。权矩阵 R 的作用是对控制作用变化加以适度的限制,它是作为一种软约束加入到性能指标中去的。引入 r 的主要作用在于防止控制量过于剧烈的变化。因此,在整定中,当控制量变化太大时,可先置 $r=0$,待系统稳定且满足要求后则加大 r 值。事实上,只要取一个很小的 r 值,就足以使控制量的变化趋于平缓。

2. 动态矩阵控制 (DMC)

动态矩阵控制(Dynamic Matrix Control, DMC)是基于阶跃响应模型的一种预测控制算法,它是由 Culter 提出来的一种有约束多变量优化控制算法。它采用工程上易于测试的阶跃响应模型,算法比较简单,计算量较少,鲁棒性较强,适用于纯滞后、开环渐近稳定的非最小相位系统。近年来已在化工、炼油、石油化工、冶金等企业中得到成功应用,已有商品化软件出售。DMC 算法包含预测模型、在线反馈校正、滚动优化等几部分。

3. 广义预测控制 (GPC)

广义预测控制(Generalized Predictive Control, GPC)是由克拉克(Clarke)等人提出的,它考虑过程随机噪音,采用易于在线辨识并能描述不稳定过程的受控自回归滑动平均模型(CARMA)和受控自回归积分滑动平均模型(CARIMA)。广义预测控制不仅能用于开环稳定的最小相位系统、不稳定系统和变时滞、变结构系统,它在模型失配情况下仍能获得良好的控制性能。

预测控制虽然有较快的跟踪性能,并对模型失配有较强的鲁棒性,但其抗干扰性却比不上传统的 PID 控制,这是因为预测控制一般采样周期较大(1~5 min),对随机突发性干扰难于及时克服。为此一般采用预测控制与 PID 串级控制。

8.7.3 预测控制软件包的发展

目前,国外已经形成许多以预测控制为核心思想的先进控制商品化软件包,成功应用于石油化工中的催化裂化、常减压、连续重整、延迟焦化、加氢裂化等许多重要装置。预测控制的软件产品至今已经走过了四代。

第一代模型预测控制技术产品主要以 Adersa 公司的 IDCOM 和 Shell Oil 公司的 DMC 为代表,主要处理无约束的预测控制问题。

第二代模型预测控制产品以 Shell Oil 公司的 QDMC 为代表。该预测控制软件包采用二次规划方法(QP)求解,可以系统地处理输入、输出约束问题。其主要特点包括采用线性阶跃响应模型、采用有限预测时域上的二次型性能指标、过程的输出尽可能接近期望的设定值、用二次规划方法求解最优输入值。

随着 MPC 技术应用不断扩大和深入,QDMC 在实际应用中发生了新问题,由于系统受外界干扰,可能会造成 QP 无可行解的情况;系统输入输出可能会失效而丢失,这就产生了自由度可控制结构变化问题;容错能力拟待提高,需要处理子系统病态问题;控制要求向多样化和复杂化发展,用单目标函数中的权系数来表示所有的控制要求是非常困难的。

为了解决无可行解的问题,控制结构能随情况发生变化,预测控制软件能使用于过程动态特性以及更高的品质要求,国外公司技术人员开发了第三代 MPC 产品。第三代模型预测控制技术主要特点是:处理约束的多变量、多目标、多控制模式和基于模型预测的最优控制器。在国内应用较多有:IDCOM-M、DMC、SMCA 等控制软件包。

第四代模型预测控制产品以 ASPEN 公司的 DMCplus 和 Honeywell 公司的 RMPCT 等为代表,其特点是基于 Windows 的图形用户界面;采用多层优化,以实现不同等级目标控制;采用灵活的优化方法;直接考虑模型不确定性(鲁棒控制设计);采用改进的辨识技术等。

8.8 推断控制与软测量技术

生产过程的被控变量(过程的输出)有时不能直接测得,因而就难于实现反馈控制。这时可以采用推断控制或者软测量技术。他们都是利用数学模型,或者由可测信息来估计不可测的输出变量(软测量),或者由可测信息来推断不可直接测量的扰动对过程输出的影响(推断控制)。进而,基于软测量估计的结果构成反馈控制系统,或者基于推断估计量来确定控制输入,以消除不可直接测量的扰动对过程主要输出的影响,改善控制品质。

8.8.1 推断控制

对于过程输出不可测的系统,如果扰动可测,则尚能采用前馈控制。假若扰动也不能直接测得,则可以采用推断控制。对于不可测扰动的推断控制是美国学者 C.B.Brosilow 等于 1978 年提出来的。它利用过程的辅助输出,如温度、压力、流量等测量信息,来推断不可直接测量的扰动对过程主要输出(如产品质量、成分等)的影响。

1. 推断控制系统

推断控制系统的基本组成如图 8-38 所示。

由于过程的主要输出 $y(s)$ 是不易测量的被控变量,因此引入易测量的过程辅助输出 $\theta(s)$。

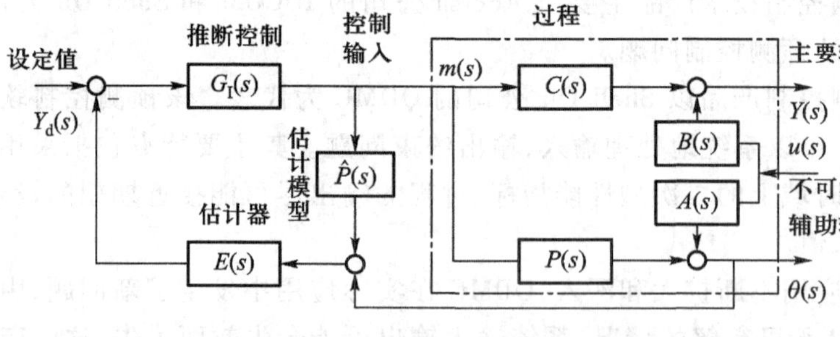

图 8-38 推断控制系统组成方块图

它们与不可直接测量扰动 $u(s)$ 以及控制输入 $m(s)$ 的关系可描述为

$$y(s)=C(s)m(s)+B(s)u(s)$$

$$\theta(s)=P(s)m(s)+A(s)u(s) \tag{8-54}$$

推断控制系统通常包括三个部分。

(1) 信号分离

引入估计模型 $\hat{P}(s)$,将不可测扰动 $u(s)$ 对 $\theta(s)$ 的影响分离出来,若 $\hat{P}(s)=P(s)$,则送入估计器 $E(s)$ 的信号为

$$\alpha(s)=\theta(s)-\hat{P}(s)m(s)=A(s)u(s) \tag{8-55}$$

从而实现了信号分离。

(2) 估计器 $E(s)$

估计器用于估计不可直接测量扰动对过程主要输出 $y(s)$ 的影响,由于估计器的输入信号为 $A(s)u(s)$,设估计器为

$$E(s)=B(s)A^{-1}(s) \tag{8-56}$$

或采用最小二乘估计器

$$E(s)=B(s)(A^{\mathrm{T}}(s)A(s))^{-1}A^{\mathrm{T}}(s) \tag{8-57}$$

则估计器输出为

$$\beta(s)=E(s)A(s)u(s)=B(s)u(s) \tag{8-58}$$

它等于不可直接测量扰动 $u(s)$ 对过程主要输出 $y(s)$ 的影响估计值。

(3) 推断控制器 $G_{\mathrm{I}}(s)$

它的设计应能使系统对设定值变化具有良好的跟踪性能,对外界扰动具有良好的抗干扰能力,由图 8-38 可知

$$y(s)=C(s)G_{\mathrm{I}}(s)[y_{\mathrm{d}}(s)-E(s)(\theta(s)-\hat{P}(s)m(s))]+B(s)u(s) \tag{8-59}$$

因此当推断控制器 $G_{\mathrm{I}}(s)$ 设计为

$$G_{\mathrm{I}}(s)=C^{-1}(s) \tag{8-60}$$

或

$$G_{\mathrm{I}}(s)=C^{\mathrm{T}}(s)(C(s)C^{\mathrm{T}}(s))^{-1}$$

时,在不可直接测量扰动 $u(s)$ 作用下,主要输出 $y(s)=0$,而在设定值发生变化时,$y(s)=y_d(s)$。

然而对于实际系统,这样设计的控制系统式(8-60)有时难于实现(受元器件的物理约束),为此需加入滤波器 $F(s)$,即

$$G_{\mathrm{I}}(s)=C^{-1}(s)F(s) \tag{8-61}$$

或者

$$G_{\mathrm{I}}(s)=C^{\mathrm{T}}(s)(C(s)C^{\mathrm{T}}(s))^{-1}F(s)$$

在此条件下,系统的主要输出 $y(s)$ 为

$$y(s)=F(s)y_{\mathrm{d}}(s)+(\mathrm{I}-F(s))B(s)u(s) \tag{8-62}$$

对于单输入单输出系统,滤波器可选用 $F(s)=\dfrac{e^{-\tau s}}{(Ts+1)^n}$ (8-63)

式中:T 为时间常数,它的选择直接影响系统的动态行为。很显然,加入滤波器 $F(s)$ 之后,要实现设定值变化的动态跟踪以及不可直接测量扰动的完全动态补偿是不可能的。但从式(8-63)可见:只要滤波器的稳态放大倍数为 1,则系统的稳态性能就能够得到保证,实现稳态无差控制。

图 8-38 所示推断控制,其实质是估计出不可测的扰动以实现前馈性质的控制。从这个意义上讲它是开环的。

必须说明,推断控制系统的成功与否,在于是否有可靠的不可测变量(输出)估计器,而这又取决于对过程的了解程度。如果过程模型 $A(s)$、$B(s)$ $P(s)$ 和 $C(s)$ 很精确,就能得到理想的估计器,从而实现完善的控制。当过程模型只是近似知道时,推断控制的控制品质将随过程模型的精度不同而不同。由于推断控制是基于模型的控制,要获得精确的过程模型难度较大,所以这类推断控制应用不多。

2. 输出可测条件下的推断控制

推断控制最初是为了解决主要输出不可测和扰动不可测的问题而提出来的,其基本思想后来又被广泛用于输出可测而扰动不可测的情况,构成输出可测条件下的推断控制。

(1) 系统组成

在输出可测而扰动不可测的情况下,推断控制系统简化成图 8-39 所示结构。

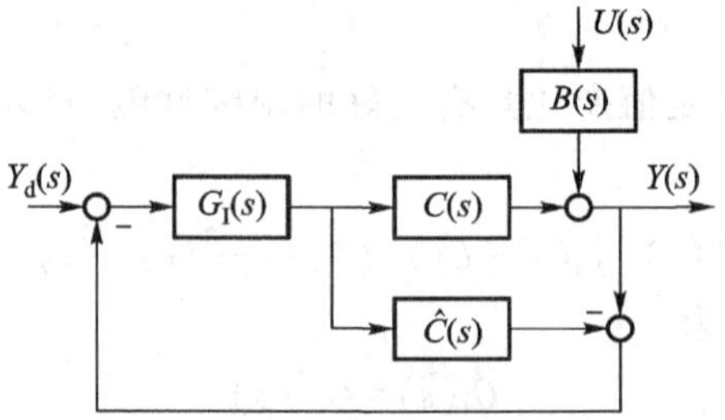

图 8-39 输出可测条件下的推断控制

这里不需要二次输出,也不需要估计器。对系统设计来说,仅需要一个估计模型 $\hat{C}(s)$。

由图 8-39 可得系统输出

$$Y(s)=\frac{G_I(s)C(s)}{1-G_I(s)[\hat{C}(s)-C(s)]}Y_d(s)+\frac{B(s)[1-G_I(s)\hat{C}(s)]}{1-G_I(s)[\hat{C}(s)-C(s)]}U(s)$$

控制器 $G_I(s)=F(s)/\hat{C}(s)$,滤波器 $F(s)$ 的设计原则同式(8-63)。当 $\hat{C}(s)=C(s)$ 时,

$$Y(s)=F(s)Y_d(s)+[1-F(s)]B(s)U(s)$$

就是说,在模型准确的情况下,输出响应与输出不可测情况下的推断控制一样。

(2) 模型误差对系统性能的影响

设 $\hat{C}(s)\neq C(s)$,则系统输出

$$Y(s)=\frac{F(s)C(s)/\hat{C}(s)}{1-F(s)[\hat{C}(s)-C(s)]/\hat{C}(s)}Y_{\mathrm{d}}(s)+\frac{1-F(s)}{1-F(s)[\hat{C}(s)-C(s)]/\hat{C}(s)}B(s)U(s)$$

因为滤波器的静态增益 $F(0)=1$,在设定值阶跃作用下,系统输出的稳态增益偏差为

$$Y_{\mathrm{d}}(0)-Y(0)=\left[1-\frac{C(0)/\hat{C}(0)}{C(0)/\hat{C}(0)}\right]=0$$

在阶跃不可测扰动作用下,系统输出的稳态偏差为

$$Y(0)=0$$

从上面的分析可以得到一个很有用的结论,即不管模型有什么样的误差,系统输出总是稳态无偏的。这种系统为什么能有这样好的稳态性能呢?图 8-40 是等效于图 8-39 的反馈控制器。

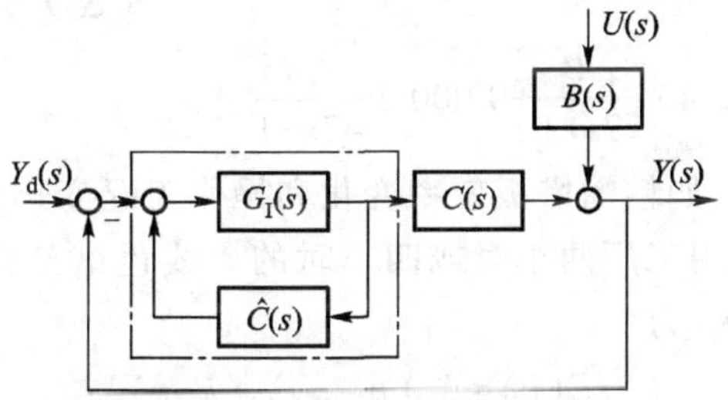

图 8-40 等效反馈控制器

图中虚线框内的部分相当于一个反馈控制器,其等效传递函数为

$$\frac{G_{\mathrm{I}}(s)}{1-G_{\mathrm{I}}(s)\hat{C}(s)}=\frac{F(s)}{\hat{C}(s)[1-F(s)]}$$

因为滤波器的静态增益 $F(0)=1$,故在稳态时,等效反馈控制器在理论上具有无穷大的增益。这就是这种结构的控制系统能消除稳态偏差的原因。

图 8-40 所示的推断控制系统,无论在设定值作用还是不可测扰动作用下,其稳态性能不受模型误差的影响。从克服扰动影响的角度,它可以看成是前馈-反馈控制的一种延伸和发展。与前馈-反馈控制相比,它具有如下特点:不要求扰动是可测量的;只需要建立控制通道的模型,而无需建立扰动通道的模型。而且前馈控制只对特定的扰动有效,推断控制则不然;可调参数少。

3. 工业应用实例

丙烯精馏塔的非线性推断控制系统,某大型气体分馏装置的丙烯丙烷精馏塔,其产品为聚合

级丙烯,要求丙烯纯度>99.6%,同时要求塔底丙烯含量<5%。在建立机理模型的基础上,经数字仿真研究表明温差 ΔT 与产品成分的关系是非单值的,用温差 ΔT 表明产品成分是不合适的;而双温差 $\Delta^2 T$ 与产品成分的关系在正常操作范围内是单值的。因此 $\Delta^2 T$ 被选为主要二次变量,同时考虑到精馏段温差 ΔT_1 和提馏段温差 ΔT_2 可以有针对性地表示塔顶和塔底的产品成分,所以 ΔT_i 也被选为二次变量。此外还有塔压 P 和回流比 R,它们的动态响应也需加以考虑。

综合以上分析,并通过对严格气液平衡模型的简化和现场动态测试得到以下估计模型:

塔顶丙烯纯度(摩尔分数):

$$x_D = -1.826\ 378 + 1.448\ 686\Delta^2 T - 0.186\ 703\ 3\ (\Delta^2 T)^2 + 3.229\ 49\ \frac{1}{\Delta^2 T}$$

$$-1.564\ 3\Delta T_1 + 0.008\ 5\ \frac{\Delta P}{16s+1} + 0.001\ 3\ \frac{\Delta R}{36s+1}$$

塔底丙烯含量(摩尔分数):

$$x_B = 0.037\ 014 + 0.007\ 033\ (\Delta^2 T)^2 + 1.894\ 01\ \frac{1}{\Delta^2 T} + 0.007\ 8\Delta T_2$$

$$+0.000\ 43\ \frac{\Delta P}{27s+1} + 0.000\ 3\ \frac{\Delta R}{47s+1}$$

由于过程特性是时变的,如精馏塔板效率变化和操作工况变化都可能导致估计的偏离,因此必须在线校正。校正信号采用工厂两小时或四小时的离线色谱分析值记为 $X_D(k)$,估计器的输出记为 $X_E(k)$,于是偏差 $E(k)$ 为

$$E(k) = X_D(k) - X_E(k-n)$$

式中:n 为色谱分析的滞后时间。

经校正后的估计器输出

$$X_C(k) = X_E(k) + \omega[X_D(k) - X_E(k-n)]$$

式中:ω 为校正速率,它反映了校正过程的快慢,根据实际生产情况可以加以调整。

该推断估计器已经投入在线运行,精度满足要求,并且已成功应用于丙烯精馏塔产品成分推断控制,取得了明显的经济效益。

8.8.2 软测量技术

在线分析仪表(传感器)不仅价格昂贵,维护保养复杂,而且由于分析仪表滞后大,最终将导致控制质量的性能下降,难以满足生产要求。还有部分产品质量目前无法测量等。近年来,为了解决这类变量的测量问题,各方面在深入研究,目前应用较广泛的是软测量方法。

软测量的基本思想是对于难于测量或暂时不能测量的重要变量(或称之为主导变量),选择另外一些容易测量的变量(或称之为辅助变量),通过构成某种数学关系来推断和估计,以软件来代替硬件(传感器)功能。这类方法具有响应迅速,连续给出主导变量信息,且具有投资低,维

护保养简单等优点。

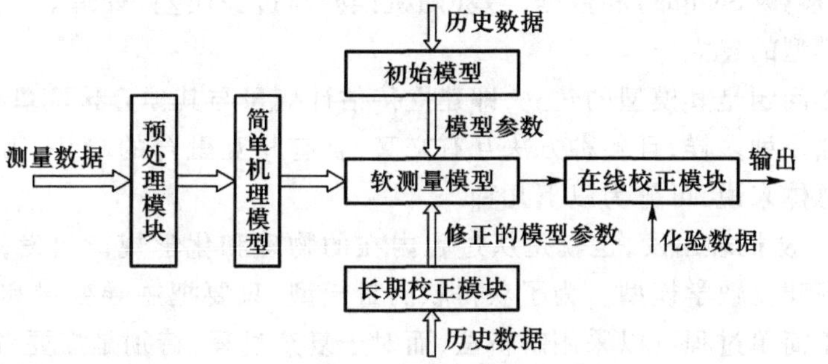

图 8-41 软测量结构

图 8-41 所示为软测量结构,用以表明在软测量中各模块之间的关系。软测量技术的核心是建立工业对象的可靠的模型。初始软测量模型是对过程变量的历史数据进行辨识而来的。在现场测量数据中可能含有随机误差甚至显著误差,必须经过数据变换和数据校正等预处理,将真实信号从含噪声的混合信号中分离出来,才能用于软测量建模或作为软测量模型的输入。软测量模型的输出就是软测量对象的实时估计值。在应用过程中,软测量模型的参数和结构并不是一成不变的,工况和操作点可能随时间迁移而发生改变,需要对它进行在线或离线修正,以得到更适合当前状况的软测量模型,提高模型的适应性。

1. 软测量技术框架

软测量技术主要包括辅助变量的选择,数据采集和处理,软测量模型建立及在线校正等部分,现简述如下。

(1) 机理分析与辅助变量的选择

首先要明确软测量的任务,确定主导变量。在此基础上深入了解和熟悉软测量对象及有关装置的工艺流程,通过机理分析可以初步确定影响主导变量的相关变量——辅助变量。辅助变量的选择包括变量类型、变量数目和检测点位置的选择。这三个方面是互相关联、互相影响,由过程特性所决定的。在实际应用中,还受经济条件、维护的难易程度等外部因素制约。

如果辅助变量个数太多,为了实时运行方便需要对系统进行降维,降低测量噪声的干扰和软测量模型的复杂性。降维的方法可以根据机理模型,用几个辅助变量计算得到不可测的辅助变量,如分压、内回流比等;也可采用主元分析(PCA)、部分最小二乘法(PLS)等统计方法进行数据相关分析,剔除冗余的变量,降低系统的维数。

(2) 数据采集和处理

从理论上讲,过程数据包含了工业对象的大量相关信息。因此数据采集量多多益善,不仅可以用来建模,还可以检验模型。实际需要采集的数据是与软测量主导变量对应时间的辅助变量的过程数据。其次,数据覆盖面在可能条件下尽可能宽一些,以便软测量具有较宽的适用范围。

为了保证软测量精度,数据正确性和可靠性十分重要。采集数据必须进行处理。数据处理包含两个方面,即换算(Scaling)和数据误差(随机误差与过失误差)处理。

(3) 软测量模型的建立

软测量的核心问题是其模型的建立,即建立待估计变量与其他直接测量变量间的关联模型。软测量建模的方法多种多样,且各种方法互有交叉,且有相互融合的趋势,因此很难有妥当而全面的分类方法。总体来说,可分为以下几种。

① 机理建模。从机理出发,也就是从过程内在的物理和化学规律出发,通过物料平衡与能量平衡和动量平衡建立数学模型。为了获得软测量模型,只要把主导变量和辅助变量作相应调整就可以了。对于简单过程可以采用解析法,而对于复杂过程,特别是需要考虑输入变量大范围变化的场合,采用仿真方法。典型化工过程的仿真程序已编制成各种现成软件包。

机理模型优点是可以充分利用已知的过程知识,从事物的本质上认识外部特征;有较大的适用范围,操作条件变化可以类推。但也有弱点,对于某些复杂的过程难于建模。必须通过输入输出数据验证。

② 经验建模。通过实测或依据积累操作数据,用数学回归方法、神经网络方法等得到经验模型。

进行测试,理论上有很多实验设计方法,如常用的正交设计等,在工程实施上可能会遇到困难。因为工艺上可能不允许操作条件作大幅度变化。如果选择变化区域过窄,不仅所得模型的适用范围不宽,而且测量误差也相对上升。模型精度成问题。有一种办法是吸取调优操作经验,即逐步向更好的操作点移动,这样可能一举两得,既扩大了测试范围,又改进了工艺操作。测试中另一个问题是稳态是否真正建立。否则会带来较大误差。还有数据采样与产品质量分析必须同步进行。

最后是模型检验,检验分自身检验与交叉检验。建议提倡进行交叉检验。

经验建模的优点与弱点与机理建模正好相反,特别是现场测试,实施中有一定难处。

③ 机理建模与经验相结合。把机理建模与经验建模结合起来,可兼容两者之长,补各自之短。结合方法有:主体上按照机理建模,但其中部分参数通过实测得到;通过机理分析,把变量适当结合,得出数学模型函数形式,这样使模型结构有了着落,估计参数就比较容易,其次可使自变量数目减少;由机理出发,通过计算或仿真,得到大量输入数据,再用回归方法或神经网络方法得到模型。

机理与经验相结合建模是一个较实用的方法,目前被广泛采用。

(4) 软测量模型的在线校正

由于软测量对象的时变性、非线性以及模型的不完整性等因素,必须考虑模型的在线校正,才能适应新工况。软测量模型的在线校正可表示为模型结构和模型参数的优化过程,具体方法有自适应法、增量法和多时标法。对模型结构的修正往往需要大量的样本数据和较长的计算时间,难以在线进行。为解决模型结构修正耗时长和在线校正的矛盾,提出了短期学习和长期学习的校正方法。短期学习由于算法简单、学习速度快便于实时应用。长期学习是当软测量仪表在线运行一段时间积累了足够的新样本模式后,重新建立软测量模型。

2. 软测量工程设计

虽然软测量模型具有核心地位,其他辅助过程的设计和应用也是不可忽视的,它们能帮助我们成功实现软测量,如建模数据的选择、数据预处理、模型校正、模型评价等,软测量工程设计步骤如图 8-42 所示。

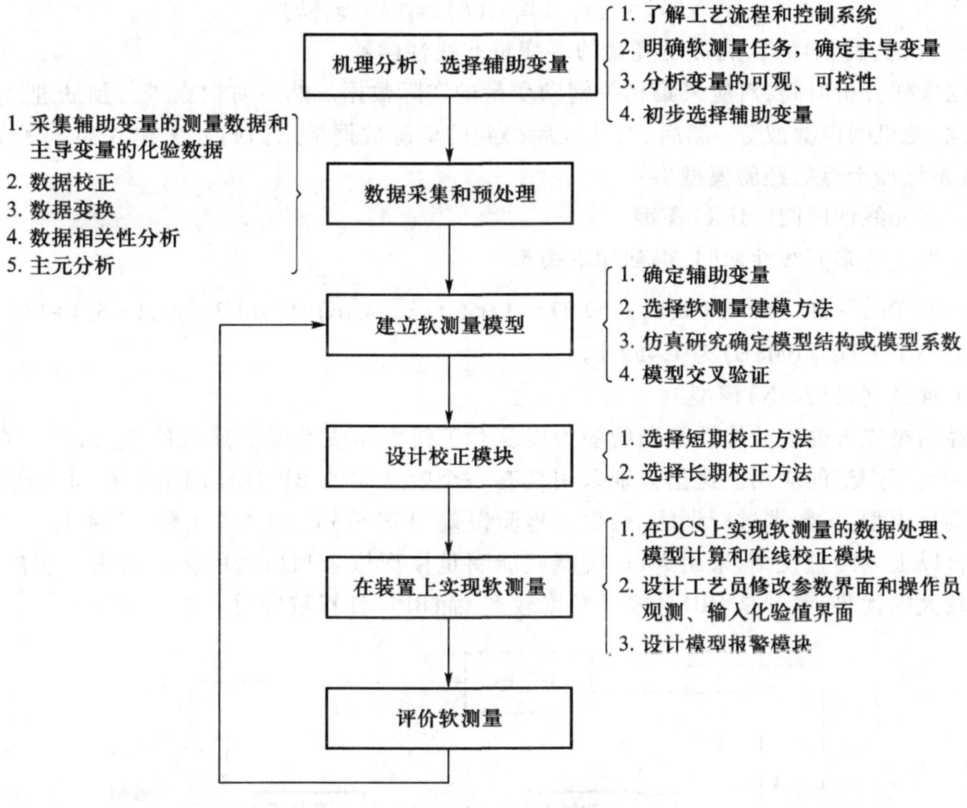

图 8-42 软测量开发流程图

3. 工业应用实例

软测量技术工业应用成功实例不少。国外有 Inferential Control 公司、Setpoint 公司、DMC 公司、Profimatics 公司、Simcon 公司、Applied Automation 公司等以商品化软件形式推出各自的软测量仪表,例如:测量 10%、50%、90%和最终的 ASTM 沸点、闪点、倾点、粘点和雷得蒸汽压等,这些已广泛应用于常减压塔、FCCU 主分馏塔、焦化主分馏塔、加氢裂化分馏塔、汽油稳定塔、脱乙烷塔等先进控制和优化控制。它增加了轻质油收率,降低了能耗并减少了原油切换时间,取得了明显的经济效益。

国内引进催化裂化、常减压等装置的先进控制软件也有软测量技术,但这些引进软件价格昂贵。国内有关高等院校、科研院所和企业等自行开发了不少软测量技术并进行了工业应用。

在此介绍催化裂化分馏塔粗汽油干点的软测量。影响粗汽油干点的因素很多,通过机理分析,选择和粗汽油干点 y 相关的辅助变量包括分馏塔塔顶温度 x_1、分馏塔塔顶粗汽油分压 x_2、内回流比 x_3、油气分离器液位 x_4。设粗汽油干点与辅助变量的关系为

$$y(k)=f(x_1(k),x_2(k),x_3(k),x_4(k))$$

其中 $f()$ 为待估函数,通常是复杂的多变量非线性函数。

根据采样分析时间,对应采集相关辅助变量的实际数据。然后对数据进行预处理,包括显著误差剔除,随机噪声滤波等。然后,对处理后得到的训练数据采用回归方法和 ANN 分别建立 FCCU 装置粗汽油干点的经验模型。

(1) 多元线性回归(MLR)模型

对数据进行多元线性回归,得到如下模型:

$$\tilde{y}=0.697\,0(x_1-113)+0.007\,7(x_2-469.87)-1.066\,6(x_3-4.16)+0.014\,3(x_4-305.53)+182.193\,3$$

模型的最小平方误差(MSE)为 1.459 7。

(2) 神经网络(ANN)模型

神经网络先天处理非线性问题的能力以及对于任意非线性函数逼近的能力,使其在软测量建模中得到了广泛的应用。这里分别采用具有一个隐含层的 BP 神经网络及径向基网络 RBFN 建立软测量模型,对数据进行训练后,模型检验误差 MSE 分别为 1.452 4 和 1.204 1。

综合以上软测量模型,采用 MLR 模型就能满足模型拟合和检验的精度要求。当然 ANN 模型具有较大的优势,尤其是 RBFN 模型精度较高,而 BPN 计算较费时。

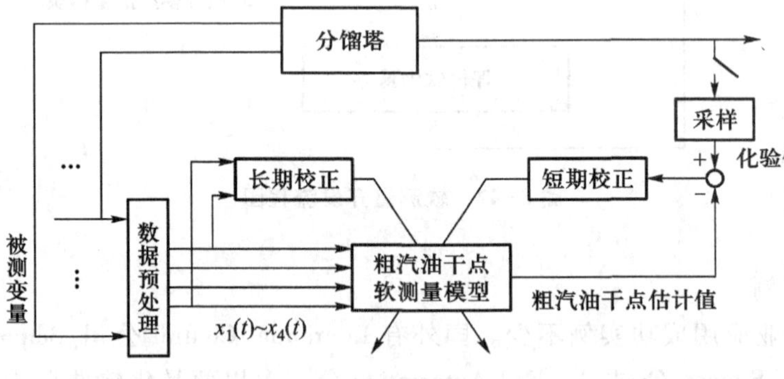

图 8-43 粗汽油干点软测量模型在线校正

软测量在线校正模块如图 8-43 所示,由短期校正和长期校正两部分组成,可以克服装置操作条件或原料性质变化对模型精度的影响,使之能应用在较宽的操作区间内。短期学习采用线

性递推以某时刻的粗汽油干点化验值与估计值比较之差为动力，更新模型常数项。校正算式如下：

$$\Delta=k_1e(k)+k_2[e(k)+e(k-1)]+k_3[e(k)-e(k-1)]$$

为了保证软测量模型的稳定，可对上式中的 Δ 进行了严格的上下限幅，而且若偏差在工艺要求的误差允许范围之内(1℃)，就不需要对模型进行校正了。

长期学习是在软测量模型运行一段时间后，用累计的新样本数据计算软测量模型的各项系数。

8.9 自适应控制和鲁棒控制

复杂工业过程往往具有不确定性（环境结构和参数的未知性、时变性、随机性、突变性），在此介绍对过程和环境的不确定性有一定适应能力的自适应控制和鲁棒控制。

8.9.1 自适应控制概述

自适应控制是建立在系统数学模型参数未知的基础上，而且随着系统行为的变化，自适应控制也会相应地改变控制器的参数，以适应其特性的变化，保证整个系统的性能指标达到令人满意的结果。自适应控制系统是一个具有适应能力的系统，它必须能够辨识过程参数与环境条件变化，在此基础上自动地校正控制规律。一个自适应控制系统至少应有下述三个部分：

(1) 具有一个测量或估计环节，能对过程和环境进行监视，并有对测量数据进行分类以及消除数据中噪音的能力。这通常体现为：对过程的输入输出进行测量，并基于这些测量进行某些参数的实时估计。

(2) 具有衡量系统的控制效果好坏的性能指标，并且能够测量或计算性能指标，判断系统是否偏离最优状态。

(3) 具有自动调整控制规律或控制器参数的能力。

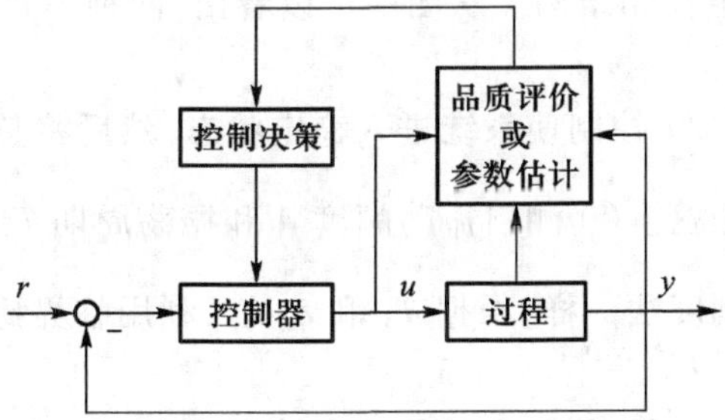

图 8-44 自适应控制系统的一般框图

实质上,自适应控制是辨识与控制技术的结合,自适应控制系统的一般框图如图 8-44 所示。自适应控制的结构可以非常简单,也可以相当复杂。主要有简单自适应控制系统;模型参考型自适应控制系统;自校正控制系统三种类型。

8.9.2 自整定调节器

简单自适应控制系统对环境条件或过程参数的变化用一些简单的方法辨识出来,控制算法也很简单。在不少情况下,实际上是一种非线性控制系统或采用自整定调节器的控制系统。

自 70 年代以来,自整定调节器发展相当迅速,特别是随着计算机技术、人工智能、专家系统技术的发展,利用专家经验规则进行 PID 参数的自整定。目前不少分散控制系统或可编程调节器中有自整定调节器,采用各种方法实现 PID 参数自整定。PID 控制器参数的自整定技术的本质是,设法辨识出过程的特性,然后按某种规律进行参数整定。以下介绍几种自整定的策略。

1. 继电型自整定

继电型自整定的基本思想是在控制系统中设置两种模式:测试模式和控制模式。在测试模式下,用一个滞环宽度为 h、幅值为 d 的继电器代替控制器(如图 8-45 所示),利用其非线性,使系统处于等幅振荡(极限环)。测取系统的振荡周期和振幅,以便能利用临界比例度法的经验公式。在控制模式下,控制器使用整定后的参数,对系统的动态性能进行控制。如果对象特性发生变化,可重新进入测试模式,再进行测试,以求得新的整定参数。

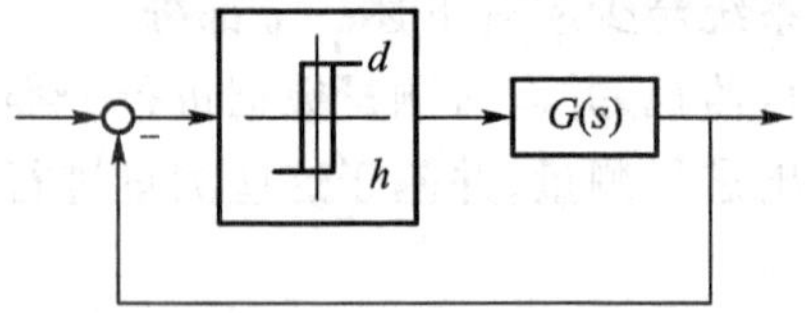

图 8-45 继电控制时的系统等效框图

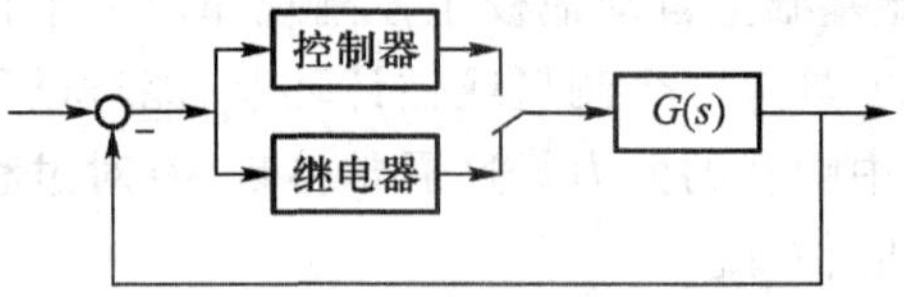

图 8-46 继电型 PID 自整定控制结构

图 8-46 是继电型自整定控制结构。从图中可以看出,两种模式的切换是靠开关来实现的。整定步骤如下:

① 在控制模式下,通过人工控制使系统进入稳定状态,然后将整定开关 S 拨向测试模式,接通继电器,使系统处于等幅振荡。② 测出振荡幅度 A 和振荡周期 T_K,并根据公式 $\delta_K=\dfrac{\pi A}{4d}$求出临界比例度 δ_K。③ 与临界比例度法一样,根据 T_K 和 δ_K 值,利用临界比例度法的经验公式,求出控制器的各整定参数。

继电型自整定方法简单、可靠,需要预先设定的参数就是继电特性的参数 h 和 d。该方法的缺点是,被控对象须能在开关信号作用下产生等幅振荡,从而限制了其使用范围。另外,对于时间常数较大的被控对象,整定过程将很费时间;对一些干扰因素多且较频繁的系统,则要求振荡幅度足够大,严重时将影响稳定的等幅振荡的形成,从而无法加以整定。

2. YEWSERIES-80 自整定 PID 控制器

YEWSERIES-80 自整定 PID 控制器如图 8-47 所示。图中虚线部分为控制器所配置的专家系统 STC 的结构。其中:

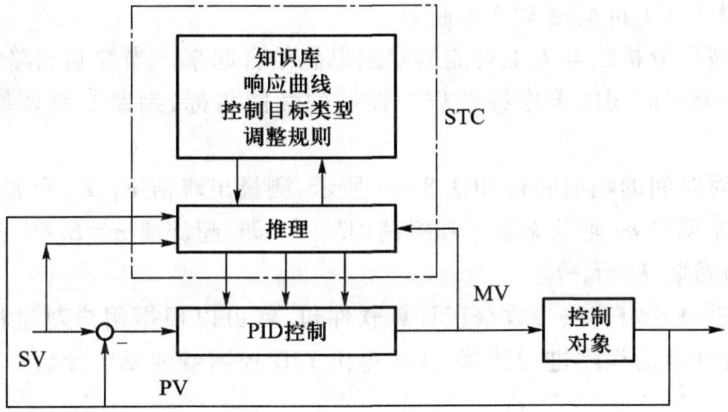

图 8-47 STC 的结构图

知识库:相当丁一部 PID 参数整定的选择手册。手册记载有许多种基本控制规律及其对应的最佳参数,即专家整定经验数据。

响应曲线:根据设定值 SV、测量值 PV、控制器输出值 MV 的变化情况,经过推理所得到的过程响应曲线。

控制目标:有四种目标类型,

0 类型　　超调 0　　无超调

1 类型　累积误差面积最小 $\min\int_0^\infty |e|t\mathrm{d}t$　超调小(约 5%),整定时间短

2 类型　控制面积最小 $\min\int_0^\infty |e|\mathrm{d}t$　超调中(约 10%),上升时间略快

3 类型　平方控制面积最小 $\min\int_0^\infty e^2\mathrm{d}t$　超调大(约 15%),上升时间快

调整规则:根据过程响应曲线,从知识库中选择适当的调节规则,求出相应 PID 变化量。

推理:根据设定值 SV、测量值 PV、控制器输出值 MV,推导出对象的阶跃响应或脉冲响应,并给出响应曲线的特征参数。

专家系统 STC 随时观察测量值、设定值和控制器输出信号。当控制偏差超过 STC 启动临界值时,控制器开始观察测量信号的波形,并将其与已存入专家 STC 知识库中的十几种响应曲线加以对照。知识库中的响应曲线为目标整定波形,根据不同的整定目标,按最佳条件进行整定。

在判别测量信号的波形与目标整定波形的一致程度时,以信号的超调量和衰减比作为评价

的指标标准，即只要测量信号波形的这两个指标满足目标曲线，就被看作为是最佳整定，否则控制器就要进行 PID 最佳参数值的计算。

控制器内存有 100 多种可供选用的整定规律，使控制器可以按照响应特性或响应特性的发展趋势从中选择最佳整定规律。

3. FOXBORO-EXACT 自整定 PID 控制器

这种控制器把波形分析法与人工智能的专家思想结合起来。当控制回路的设定值或干扰发生变化时，将控制偏差对时间的响应特性作为控制的性能指标，判断是否要修改现行的 PID 参数。

假定控制偏差对时间的响应特性如图 8-48 所示，测量出峰值 E_1、E_2 和 E_3，用于计算自整定过程中所要使用的超调量 σ、阻尼系数 ζ 和振荡周期 T_P，即：超调量 $\sigma=E_2/E_1$；阻尼系数 $\zeta=(E_3-E_2)/(E_2-E_1)$；振荡周期 $T_P=t_3-t_1$。

把这些参数引进自整定算法参数修正计算软件包，就可以根据用户对过程控制的性能指标的要求，按照预先设计好的程序进行计算，从而得出 PID 控制器的整定参数。

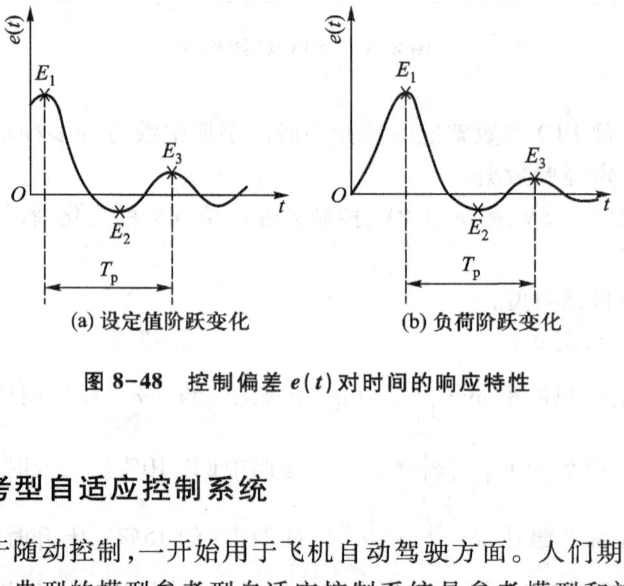

图 8-48 控制偏差 $e(t)$ 对时间的响应特性

8.9.3 模型参考型自适应控制系统

这类系统主要用于随动控制，一开始用于飞机自动驾驶方面。人们期望随动控制的过渡过程符合一种理想模式。典型的模型参考型自适应控制系统是参考模型和被控系统并联运行，参考模型表示了控制系统的性能要求。

如图 8-49 所示为模型参考型自适应控制系统，输入 $r(t)$ 一方面送到控制器，产生控制作用，对过程进行控制，系统的输出为 $y(t)$；另一方面 $r(t)$ 送往参考模型，其输出为 $y_m(t)$，体现了预期品质的要求。把 $y(t)$ 和 $y_m(t)$ 进行比较，其偏差送往适应机构，进而改变控制器参数，使 $y(t)$ 能更好地接近 $y_m(t)$。设计控制规律的方法目前有三种：参数最优化方法，基于李雅普诺夫稳定性理论的方法，利用超稳定性来设计自适应控制系统的方法。

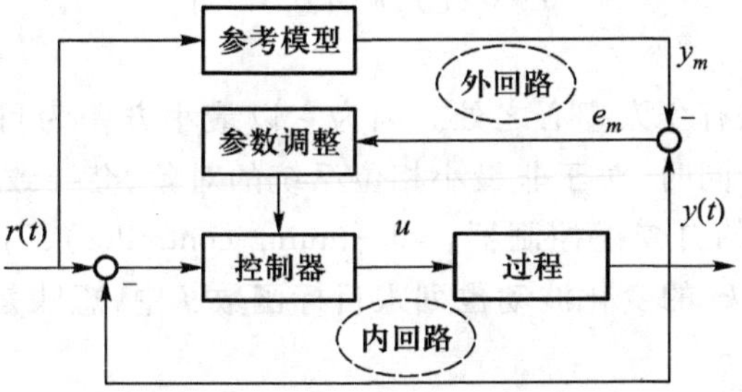

图 8-49 模型参考型自适应控制系统

模型参考自适应控制方法的应用关键是如何将一类实际问题转化为模型参考型自适应问题。该方法在过程控制中的应用也在不断发展，如用于间歇反应器的程序控制，取得了良好的效果。

8.9.4 自校正控制系统

自校正控制系统是自适应控制中一个相当活跃的分支。自校正控制器的基本结构如图8-50所示。

自校正控制器也有两个回路组成。内回路包括过程和普通线性反馈控制器。外回路用来调整控制器参数，它由递推参数估计器和控制器参数调整机构组成。递推估计器可以采用递推最小二乘法、广义最小二乘法、辅助变量法等实时在线参数估计方法。最优控制器可以采用最小方差控制、线性二次型最优控制、极点配置和广义最小方差控制等。

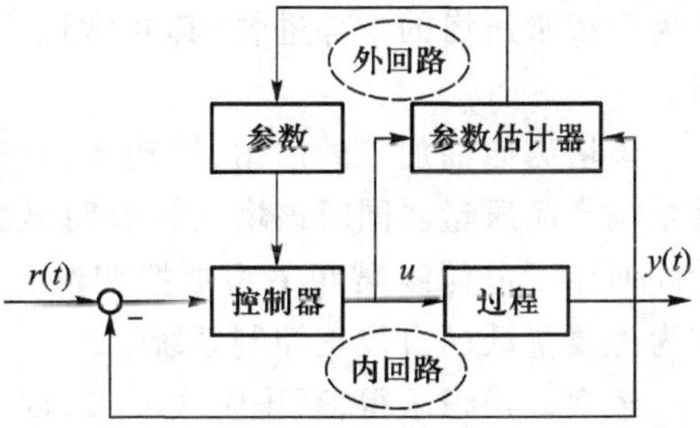

图 8-50 自校正控制器的基本结构

设过程是单输入单输出类型，它的输入输出关系可用下列差分方程表示：

$$A(z^{-1})y(k)=z^{-d}B(z^{-1})u(k)+\lambda C(z^{-1})e(k) \tag{8-64}$$

其中，$A(z^{-1})=1+a_1z^{-1}+\cdots+a_nz^{-n}$；$B(z^{-1})=b_0+b_1z^{-1}+\cdots+b_nz^{-n}$，$b_0\neq 0$；$C(z^{-1})=1+c_1z^{-1}+\cdots+c_nz^{-n}$。并假设 $A(z^{-1})$、$B(z^{-1})$ 及 $C(z^{-1})$ 的全部 z^{-1} 零点都在单位圆内或单位圆上。$y(k)$ 为输出变量；$u(k)$ 为控制变量；$e(k)$ 为白噪音，其均值为 0，方差为 1；λ 为决定随机干扰强度系数；d 为时滞的拍数。

设 y 的设定值为 y_r。现在要决定在 k 拍的控制作用 $u(k)$，因为过程有时滞，$u(k)$ 的作用要在 $(k+d)$ 拍才影响到输出变量；同时，由于随机干扰存在，而且在 $(k+1)$ 拍以后的干扰是无法预知的，所以只能使 $y(k+d)$ 在统计意义上最接近 y_r。如把目标函数定为

$$J=E\{[y(k+d)-y_r]^2\} \tag{8-65}$$

则称为最小方差控制。

但是,这种控制规律也有令人担心之处。因为它以最小方差为目标函数,有时候 $u(k)$ 的变化很大,工业界难以接受。同时,对于非最小相位系统的对象,会导致不稳定。

英国 Clarke 教授提出的自校正控制器(self-tuning controller),可以说是最著名的一种。这类算法的不同之处是把 $u(k)$ 的变化波动也列入目标函数 J 中,想法是使 $u(k)$ 变得比较平稳,此时:

$$J=E\{[y(k+d)^2-y_r]^2+\Lambda u^2(k)\} \tag{8-66}$$

式中:$y(k+d)$ 是 d 拍以后的 y 值,Λ 是对控制变量波动项的权系数。这也可看成是实行二次型最优控制。

这时候,最优控制作用 $u^*(k)$ 式和系统的闭环特征方程式与最小方差控制时都有差别。随着权系数 Λ 的增加,$u^*(k)$ 的幅值下降,波动减小,系统稳定程度提高,也可应用于非最小相位系统的过程。

8.9.5 自适应控制工业应用实例

下面介绍炼油厂蒸馏塔的自校正控制系统。

炼油厂蒸馏装置中的初馏塔有 13 层塔板,一路进料,三路出料,塔顶产品为轻汽油,侧线产品为后续常压塔的中部进料,其对常压塔产品质量影响极大,为此对侧线产品质量要求严格控制。

该塔为原油加工的前站,扰动多,波动大,进料、塔顶压力、原油成分尤其是含水量等都会严重影响产品质量。同时该塔又具有明显的非线性和时变性。为了保证侧线和塔顶产品质量,设计并使用了以侧线温度 T 为被控变量、以塔顶回流 R 为操纵变量、把进料流量 Q 与塔顶压力 P 作为主要扰动的自校正控制系统。

经离线辨识求得,系统阶次 $n=2$,回流流量通道的滞后 $d_1=2$,进料流量通道的滞后 $d_2=3$,塔压通道的滞后 $d_3=2$,则该塔侧线温度的 $d+1$ 步预测为

$$\begin{aligned}T(k+3)=&-a_1T(k)-a_2T(k-1)+b_{10}R(k)+b_{11}R(k-1)+b_{12}R(k-2)+b_{13}R(k-3)+b_{20}Q(k-1)+b_{21}Q(k\\&-2)+b_{22}Q(k-3)+b_{23}Q(k-4)+b_{30}P(k)+b_{31}P(k-1)+b_{32}P(k-2)+b_{33}P(k-3)+e(k+3)\end{aligned} \tag{8-67}$$

于是,自校正控制律为

$$R(k)=\frac{1}{b_{10}[T-T(k+3)]} \tag{8-68}$$

这样,利用带遗忘因子的递推最小二乘法在线求得估计参数后,就可获得自校正控制律 $R(k)$。

该控制律相当于比例控制作用,输出会有余差,这是不希望的。为消除这个余差,可考虑在

上述控制器输出端增加一个比例积分环节，即

$$\frac{R^*(k)}{R(k)}=1+\frac{r}{z-1}=\frac{1-(1-r)z^{-1}}{1-z^{-1}}$$

从而，对回流实施的控制作用为

$$R^*(k)=R^*(k-1)+R(k)-(1-r)R(k-1) \tag{8-69}$$

其中 $0\leqslant r\leqslant 1$，r 愈大积分作用愈强。

基于式(8-67)，式(8-68)，式(8-69)对塔实施自校正控制，当出现一些中小程度的扰动时，例如进料温度波动，该系统能很好地将侧线温度控制在的1℃范围内，并且没有余差。

8.9.6 鲁棒控制

从本来的意义来说，不确定性指的是事物的特性中含有不确定性。对过程数学模型，往往将实际特性与数学模型在某些场合下的差别都看作不确定性。从产生不确定性原因看，可以分为两大类：一类是对象特性的确具有不确定性，有些场合是这样，有些场合是那样，具有偶然性、随机性或不可预估性；另一类是数学模型未能完全符合客观实际，有许多简化模型就是这样，例如用线性化模型来描述非线性对象，在离原定工作点较远时就会产生偏差。又如用确定性模型来描述时变性对象，在不同时间将会有不同偏差。还有在建立模型时作了一些假设、略去了一些次要的因素，这些因素的变化也将引起偏差。这些不确定性应该是可以预见的，然而，如果导致对象数学模型过于复杂，仍无法用现代控制理论。

鲁棒控制的任务是设计一个固定控制器，使得相应的闭环系统在指定不确定性扰动作用下仍能维持预期的性能，或相应的闭环系统在保持预期的性能前提下，能允许最大的不确定性扰动。鲁棒控制的研究是近年来非常热门的研究课题。鲁棒控制的研究历史可追溯到40年代的单变量控制系统设计，利用奈奎斯图等经典工具可以容易地解决单变量系统的鲁棒控制问题，多变量系统低灵敏度控制器的设计也是旨在使闭环系统对不确定性扰动不敏感。一般认为，多变量系统鲁棒控制的研究始于1976年，其研究的最重要的特点是讨论参数在有界扰动（而不是无穷小扰动）下系统性能保持的能力。以下几方面的开创性工作大大推动了鲁棒控制的发展。

(1) Davison 等人提出的鲁棒调节器设计方法，使得闭环系统稳定且达到输出调节，而且当对象的参数发生微小摄动（保证闭环稳定性）时，仍然到达输出调节。

(2) Youla 等人于1976年针对一个特定对象给出了所有镇定补偿器的参数化表示。该参数化方法使得控制器自动产生一个闭环稳定系统。

(3) Kharitonov 于1978年针对区间多项式族，提出由四个区间端点作为系数的多项式的稳定性判别区间多项式族的哈氏定理。

(4) Zames 于1981年提出控制系统的 H_∞ 设计方法。在假定干扰属于某一已知信号集的情况下，Zames 提出用其相应的灵敏度函数的 H_∞ 范数作为指标，设计目标是在可能发生的最坏干扰下使系统的误差在这种范数意义下达到极小，从而将抗干扰问题化为求解使闭环系统稳定，并

使相应的 H_∞ 范数指标极小化的输出反馈控制器问题。

(5) Doyle 等人提出可根据范数界限扰动有效地描述模型不确定性,由此他发展了判别鲁棒稳定性和鲁棒性能的强有力工具——结构奇异值。

(6) Vidyasagar 等人于 1982 年提出了同时镇定化问题:给定 r 个被控对象 $P_1, P_2, \cdots, P_r$,能否找到一个控制器 C,镇定所有受控对象。这里,被控对象由多个模型描述,主要是由故障或由非线性系统在多个工作点线性化造成的。

(7) 李雅普诺夫函数在鲁棒性分析与控制器设计中的应用。根据所研究基于模型的不同,系统鲁棒性研究方法主要有两类:研究对象是闭环系统的状态矩阵或特征多项式的,一般用代数方法;研究是从系统的传递函数或传递函数矩阵出发的,常采用频率城的方法。

8.10 现场总线控制系统

自 1975 年第一套分布式工业控制计算机系统诞生以来,历经近 20 年,各 DCS 生产厂家的产品大多不能兼容,最后终于联手共同推出一种国际标准的现场总线(FIELDBUS)控制系统,它被公认为具有时代特点的新一代分布式计算机控制系统。现场总线控制系统必将逐步取代传统的独立控制系统、集中采集控制系统等,成为自动控制系统的主流。由于现场总线控制系统适应了工业控制系统向分散化、网络化、智能化发展的方向,它将越来越成为全球工业自动化技术的热点,受到全世界的普遍关注。

现场总线导致了传统控制系统结构的变革,形成了新型的网络集成式全分布控制系统——现场总线控制系统 FCS(Fieldbus Control System)。它就是将挂接在总线上、作为网络节点的智能设备连接为网络系统,并进一步构成自动化系统,实现基本控制、补偿计算、参数修改、报警、显示、监控、优化及管控一体化的综合自动化功能。这是继基地式气动仪表控制系统、电动单元组合式模拟仪表控制系统、集中式数字控制系统、集散控制系统后的新一代控制系统。

新型的现场总线控制系统突破了 DCS 系统中通信由专用网络的封闭系统来实现所造成的缺陷,把封闭、专用的解决方案变成了公开化、标准化的解决方案,即可以把来自不同厂商而遵守同一协议规范的自动化设备,通过现场总线网络连接成系统,实现综合自动化的各种功能;同时把 DCS 集中与分散相结合的集散系统结构,变成了新型的全分布式结构,把控制功能彻底下放到现场,依靠现场智能设备本身便可实现基本控制功能。

8.10.1 现场总线控制系统的主要特点

现场总线打破了传统控制系统的结构形式。传统模拟系统采用一对一的设备连线,按控制回路分别进行连接。位于现场的测量变送器与位于控制室的控制器之间,控制器与位于现场的执行器、开关、马达之间均为一对一的物理连接。现场总线由于采用了智能现场设备,能够把原先 DCS 系统中处于控制室的控制模块、各输入输出模块置入现场设备,加上现场设备具有通信能力,现场的测量变送仪表可以与阀门等执行机构直接传送信号,因而控制系统功能能够不依赖控制室的计算机或控制仪表,直接在现场完成,实现了彻底的分散控制。现场总线控制系统具有如下特点:

(1) 开放性。现场总线采用同一种国际标准的通信协议,不同厂家的产品可方便地互联,可与局域网相连。

(2) 智能化现场仪表。除了一般现场控制,检测仪表功能以外,还具有诊断、自补偿、现场组态、现场校验功能。

(3) 现场仪表采用数字信号传输。数字信号传输提高了传输的可靠性,节约了传输线的投资。

(4) 彻底的分散性。简单控制回路基本分散在现场实现,关键数字信号进中央控制室,中央控制室主要完成信息管理、先进控制和优化。

8.10.2 现场总线控制系统

1. 现场总线控制系统组成

一般来说,现场总线控制系统是由被控过程(对象)和三类部件组成的实时反馈系统,即被控过程、现场总线网络节点、现场总线网络设备、监控设备以及相关软件等组成的闭环控制系统。

(1) 现场总线网络节点:现场总线网络节点是现场设备或现场仪表,如传感器、变送器、执行器等。这些仪表不是传统的单功能仪表,而是具有综合功能的智能仪表。变送器既有检测、变换和补偿功能,又有 PID 控制和运算功能等。执行器的基本功能是信号驱动和执行,还内含控制阀特性补偿、PID 控制和运算等功能,阀门特性自校验和自诊断功能等。

(2) 现场总线网络设备:现场总线网络设备是指基于现场总线的数据服务器、网桥(网关)、中继器、安全栅、总线电源、便携式编程器等。

(3) 监控设备:监控设备主要有工程师站、操作员站和计算机站。工程师站提供现场总线控制系统组态;操作员站提供工艺操作与监视。计算机站则用于建模和优化控制。

2. 现场总线控制系统软件

当现场信号传入计算机后还要进行一系列处理。现场总线控制系统软件主要有:

(1) 组态软件。组态软件包括通信组态与控制系统组态,用于生成各种控制回路和通信关系,明确系统要完成的控制功能,各控制同路的组成,各控制回路的控制方式;明确节点与节点之间的通信关系。以便实现各现场仪表之间、现场仪表与监控计算机之间以及计算机与计算机之间的数据通信。

(2) 维护软件。维护软件用于对现场控制系统软、硬件的运行状态进行监测、故障诊断以及某些软件测试维护等。

(3) 仿真软件。仿真软件用于现场总线控制系统的部件,如通信节点、网段、功能模块等进行仿真,作为对系统组态、调试、研究的工具。

(4) 现场设备管理软件。现场设备管理软件用于对现场设备进行维护管理的工具。

(5) 监控软件。这是必备的直接用于生产操作和监视的控制软件包,其功能十分丰富:实时数据采集与处理;常规控制、先进控制与优化控制;操作与参数修改等。

现场总线控制系统大多采用工业计算机作为监控计算机,因而其人机接口部分与普通计算机差异不大,画面显示主要采用显示器、液晶显示;人机交互的输入接口主要是键盘、鼠标、触摸屏;输出接口主要指打印机、声光报警装置等。

3. 现场总线控制系统

以锅炉汽包水位的三冲量控制系统为例,介绍现场总线控制系统在设计、安装、运行方面的特色以及如何实现现场总线控制系统。

图 8-51 为汽包水位三冲量控制系统的典型的控制方案,它把与水位控制相关的三个主要因素,即汽包水位、给水流量、蒸汽流量,都引入到控制系统,作为控制计算的依据,可以取得较好的控制效果。这里采用的是由两个控制器按串级方式构成的控制系统。

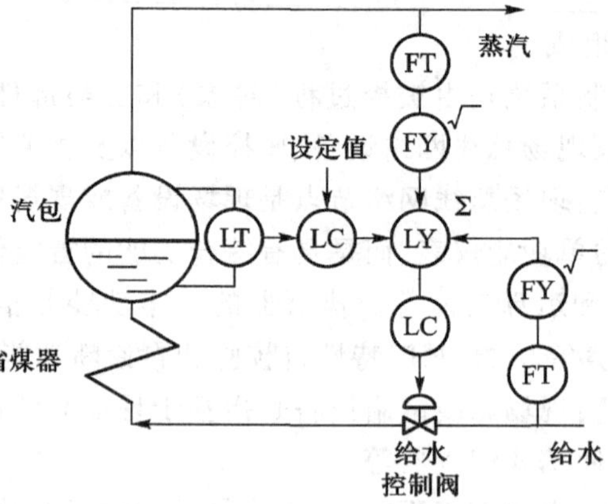

图 8-51 锅炉汽包水位的三冲量控制系统

(1) 根据控制方案选择必需的现场智能仪表。一个经典的三冲量水位控制系统需要一个液位变送器、两个流量变送器和一个给水控制阀。现场总线控制系统同样也需要这些变送、执行器。对一般模拟仪表控制系统来说,由于汽包水位、蒸汽流量、给水流量的测量信号本身波动频繁,需要阻尼器对测量信号进行预处理;按工厂常规采用的孔板加差压变送器测量流量的办法,要使测量信号与流量成线性关系,需加开方器;此外,还需要形成串级的主、副两个控制器。而对现场总线控制系统来说,实现阻尼、开方、加减和 PID 运算等功能完全靠嵌入在现场变送、执行器中的功能块软件完成,可减少硬件投资,节省安装工时与费用。

(2) 选择计算机与网络配件。为满足现场智能设备组态、运行、操作的需求,一般还需要选择一台或多台与现场总线网段连接的计算机。随着工业 PC 机在控制领域的日趋普及,许多不同通信协议的现场总线控制系统都采用安插在PC总线插槽中的PC现场总线接口板,把工业PC机与现场总线网段连接为能完成组态、运行和操作等功能的完整的控制与网络系统。PC现场总线接口板可有几个现场总线通道,能把几条现场总线网段集成在一起。电源、终端器、缆线等也是现场总线的基本硬件。图8-52(a)为现场总线基本硬件构成图。图中两台配置相同的工业PC机主要是为系统的安全冗余而设置的。图中所表示的现场总线PCI接口卡具有4个通道,每个PCI接口卡可与4条总线网段相接。

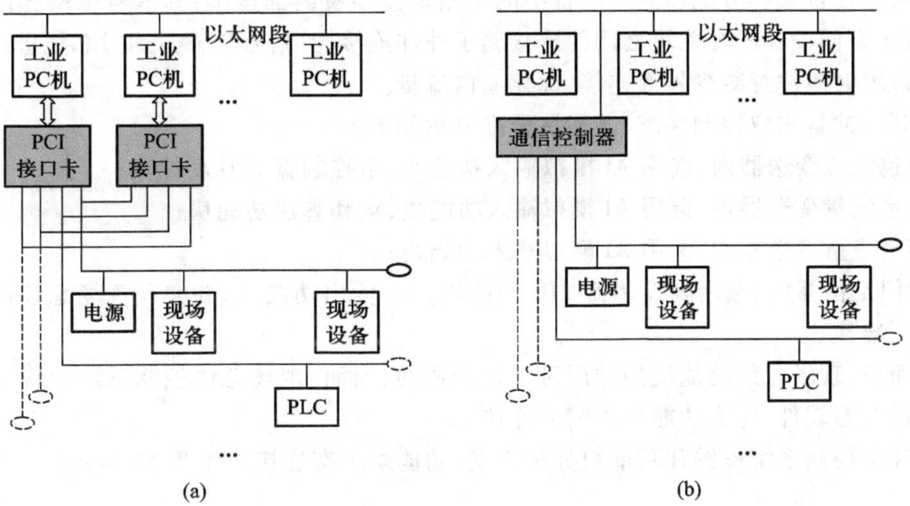

图8-52 控制系统的硬件配置示意图

当然,采用插接在PC机总线插槽中的现场总线PCI卡,把现场总线网段直接与PC机相连,只是方案之一。考虑到方便现场配线等原因,另一种流行的硬件配置办法是设计某种通信控制器,其一侧与现场总线网段连接,另一侧按通常采用的PC机联网方式,如通过以太网方式,采用TCP/IP协议、网络BIOS协议,完成现场总线网段与PC机之间的信息交换。图8-52(b)表示了这种控制系统的硬件配置。

为优化通信,减少信号的往返传递,尽可能将同一控制系统中信号相关的现场设备就近安排在同一总线段上。除了上面提到的水位变送器、流量变送器、给水控制阀外,由于锅炉控制系统中还有用于联锁系统开关量控制的PLC,它也需要与现场变送器等交换信息,可采用PLC与现场总线网段接口,使PLC成为现场总线网段的节点成员。

另外,现场总线网段作为工厂底层网络,还要考虑到它与工厂其他层次网段间的连接与数据交换。

(3) 选择开发组态软件、控制操作的人机接口软件MMI。软件是控制系统资源中不可缺少的。现场总线作为开放系统,希望软件尽可能摆脱专用软件的束缚,走上规范、开放的软件平台。

鉴于硬件采用了 PC 机,因而 Windows 系列的应用软件为不可弃之的强大资源。

已经有多个操作界面友好、颇具影响的人机接口软件成为商品供用户选择。在选择中要注意到 MMI 软件平台的开放性,能与多个应用软件共享数据信息。

窗口式软件采用图形化界面,易于操作,简单明了,便于用户熟悉掌握,因此,组态工具一般采用窗口式软件。

(4) 根据控制系统结构和控制策略所需功能块以及现场智能设备具备的功能块库的条件,分配功能块所在位置。分配在同一设备中的功能块连接属内部连接,其信号传输无需通过总线通信;而位于不同设备的功能块之间的连接属于外部连接,其信号传输需通过总线进行通信。分配功能块位置时应注意减少外部连接,优化通信流量。

具体到三冲量水位控制系统,功能块分配方案如下:

- 汽包液位变送器内,选用 AI 模拟输入功能块,主控制器 PID 功能块;
- 给水流量变送器内,选用 AI 模拟输入功能块,求和算法功能块;
- 蒸汽流量变送器内,选用 AI 模拟输入功能块;
- 阀门定位器内,选用副控制器 PID 功能块,AO 输出功能块,并实现现场总线信号到控制阀门的气压转换。

一般而言,现场总线功能块的选用可以是任意的,因而,现场总线控制系统的设计具有较大柔性。通过组态软件,完成功能块之间的连接。

按三冲量控制系统框图和功能块分配方案,功能块组态连接如图 8-53 所示。

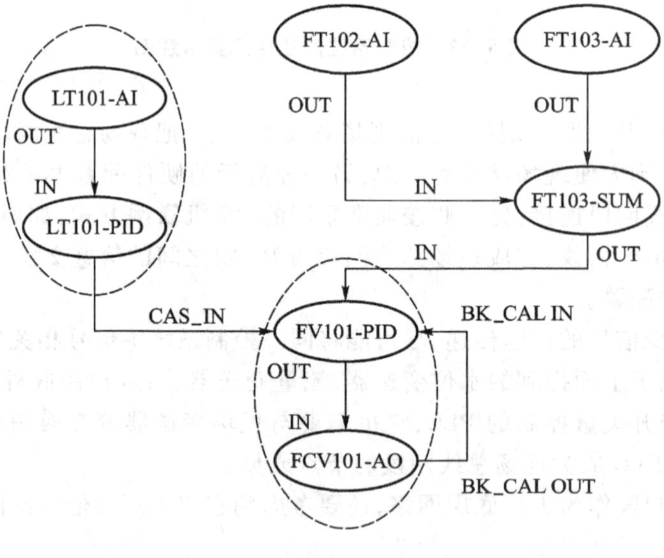

图 8-53 功能块的分布与连接

图中虚线表示物理设备,实线表示功能块,实线内标有位号和功能块名称。这里,水位变送器的位号为 LT101,蒸汽、给水变送器的位号分别为 FT102、FT103,给水控制阀的位号为 FV101。BK_CAL IN,BK_CAL OUT 分别表示阀位反馈信号的输入与输出;CAS_IN 表示串级输入。实行组态时,只需在窗口式图形界面上选择相应设备中的功能块,在功能块的输入输出间简单连线,便可建立信号传递通道,完成控制系统的连接组态。

(5) 通过功能块的特征化,为每个功能块确定相应参数。每种功能块有各自的功能,也有各自的特征参数,组态的另一项任务就是要确定功能块中的特性与参数。图 8-54 为给水流量测量变送器的 AI 功能块,可以通过组态决定 AI 功能块的特征参数,如测量输入范围、输出量程、工程单位、滤波时间、是否需要开方处理等。

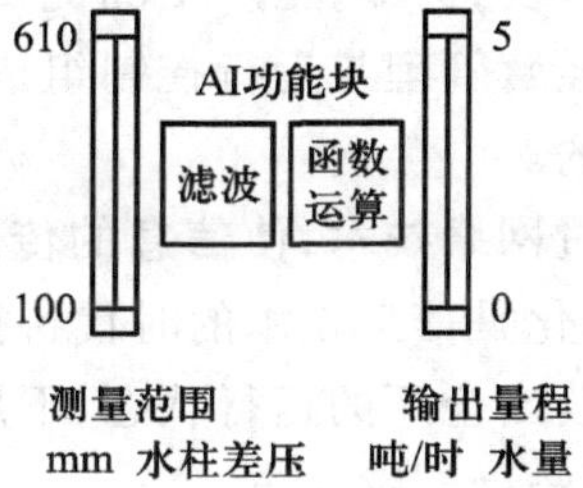

图 8-54 AI 功能块的特征化

(6) 网络组态。由于现场总线是工厂底层网络,网络组态的范围包括现场总线网段,也包括作为人机接口操作界面的 PC 机及与它相连的网段。内容有分配网络节点号,决定链路活动主管、后备链路活动主管等。

(7) 下载组态信息。组态的最后操作是下载组态信息,即将组态信息的代码送到相应的现场设备,并启动系统运行。

8.11 综合自动化系统

8.11.1 综合自动化的意义

综合自动化、CIMS(计算机集成制造系统,Computer Integrated Manufacturing Systems)和 CIPS(计算机集成过程系统,Computer Integrated Process Systems)是三个涵义基本相同的术语。

先从 CIM 说起。美国的 Joseph Harrington 于 1973 年在《Computer Integrated Manufacturing》一书中提出这个术语,并阐述了两个基本概念:

(1) 企业生产的各个环节,即从市场分析、产品设计、加工制造、经营管理到销售直至服务,是连接在一起的整体,需要统一考虑。

(2) 整个生产过程实质上是一个数据采集、传递和加工的过程,最后形成的产品可看作是数据的物质表现。

在机电制造行业，贯彻这种思想、用计算机和网络集成、包括决策计划、生产调度、产品生产控制以及经营销售、物流输送、直至售后服务管理在内的自动化系统已发展起来了，在80年代已形成一定规模。显然CIMS技术尚不够成熟，但代表了当代的一种技术浪潮，一种发展趋势。

在过程工业中，是否需要建立CIMS呢？回答是肯定的，理由有：

（1）在市场经济条件下，企业一方面要追求产品高质量低成本，另一方面更要注意市场需要，由单纯的按上级规定的计划，按企业生产能力转为按市场、按需要来组织生产。经营管理越来越变得重要。对产品的计划和调度决定出具体生产过程的产品类型和数量，而过程的工况信息又反过来影响于经营和生产管理系统，例如，生产工况优良时可适当增产，而当出现不正常工况时可能要缩减产量计划的数字。经营管理与运行控制组成一个整体，由计算机持续地进行通信、分析和决策，这显然是很有好处的。

（2）计算机技术突飞猛进。通过网络技术，使信息的传送速度与区域无比扩大。人称正进入信息时代。数字化、智能化和网络化是信息技术的时代特征。今天，一个企业的技术领导人不仅应能在他办公室的计算机屏幕上读出全厂的运行状态，不用每天早上到各个车间逐一巡视，甚至当他身在外地时，也能通过网络系统做到这一点。

（3）自动化的理论与方法有了许多新的成果。在控制方面，除了基层控制以外，以约束多变量预测控制为代表的先进控制有了很大的进步，操作优化与工况监测的技术也日趋成熟。在生产管理方面，计划和调度也已有很多算法。而且，它们几者在信息通道上正好是递阶的关系。同时，对这样一个综合自动化系统，可以从整体的角度去考虑优化问题，整体的优化并不简单地是各个系统优化的集合，其经济效益将优于各个孤立的优化子系统。

（4）自动化控制装置已引入了计算机技术，DCS、PLC与工业用微机在今天是控制装置的主流，如用网络连接，已具备了实现CIMS的物质条件。对全数字化的现场总线系统，许多仪表制造厂商都显出了极大的积极性，现场总线系统品质优越，投资却低于DCS等系统，对CIMS更显得合适。

（5）机电制造行业CIMS发展的道路和效果，也吸引了过程工业界人士。

在过程工业中的CIMS，有人将其中的M（制造）字改为P（过程），称之为CIPS（计算机集成过程系统）。这里的过程集成这个术语更早就出现了，是指设计中按优化的要求选择生产流程，把若干个单元组合在一起，以实现规定的生产要求。

在中国，还有一个可能是更合适的名词，那就是综合自动化系统，综合意味着管理与控制一体化，意味着这类系统具有综合性的功能，意味着这类系统综合地考虑问题，追求整体的优化。

正由于综合自动化能带来巨大的经济效益，各国都对之十分关注，努力把各个自动化孤岛联结成为一个有机的整体。大多数企业都有计划或打算，但由于技术复杂，工作规模大，投资金额高，故只能分步进行。至今似乎都只完成了一部分，还没有哪个企业说已很好实现了综合自动化。一个典型企业在各层的投资与经济收益比例见图8-55。

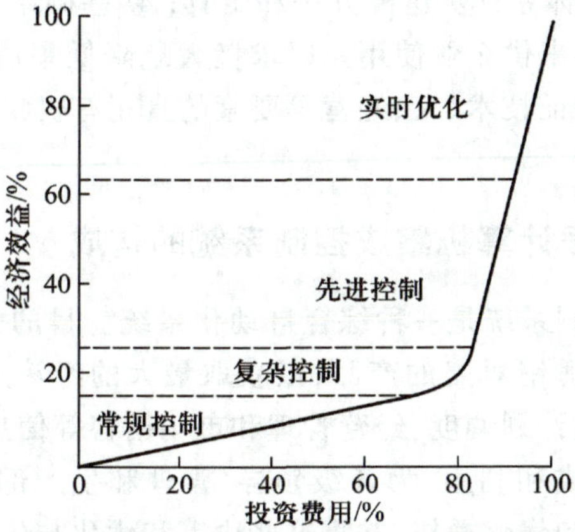

图 8-55 一个典型企业在各层的投资与经济收益比例

8.11.2 综合自动化系统的特点

以下是这类系统得到公认的几个特点：

(1) 系统主线采用递阶系统结构的形式。人的介入程度是自上而下逐步增加的，人工智能的应用程度也是自上而下逐步增加的，但是，工作频率的周期却是自上而下逐步减少的，如基层控制层的周期在秒级，操作优化的周期在小时级，调度的周期以天计，计划的周期以月、季、年计。

(2) 系统的主线是控制与管理两个方面。综合自动化系统需要选择合适的计算机和网络，实行结构集成。通常由 DCS 或现场总线系统完成控制任务，由中、小型机或微机完成管理任务。

(3) 对于物流储运、劳动工资和财务会计等方面，也可建立相应的计算机系统，与系统主线并行连接。

(4) 系统的信息集成也至关重要。现在，生产控制系统已大量地应用了计算机控制装置，管理方面的管理信息系统(Management Information System，MIS)也已纷纷建立。在综合自动化系统中，必须使两个方面的信息能灵活方便地相互传送，合适的网络系统，编程方便的软件平台和良好的数据库都是在设计时须缜密考虑的关键技术。

(5) 除了系统的结构集成和信息集成外，系统的功能集成是取得经济效益的关键一环。可以认为，在系统之内，信息贯通是前提，可靠运行是基础，整体优化是目标。整体优化算法贵在画龙点睛，出奇制胜，从十分复杂的情况中找到关键命题，用力求简单的方法去解决。

(6) 综合自动化系统涉及的领域相当宽，工作的进行需要有一个各类专门人才组成的班子，特别是自动化专业、工艺专业和计算机专业的技术专家。

为了使 CIMS 的设计能有完整的规范可循，以建立一个合理且有效的系统结构和一套指导设计实施和运行的有效方法体系，现在已有多种关于 CIMS 体系结构的研究成果。他们的思路是对① 系统模型集;② 方法体系;③ 建模方法和工具;④ 基础结构这些共同需要解决的问题,用通用的方式开发,并综合起来供企业使用。以求极大地降低集成工程的成本,减少复杂性,缩短开发周期,减少风险。并保证技术、人、经营等要素的真正有机集成。为了通用性,体系结构是抽象化、模块化和开放性的。

8.11.3 工业生产过程计算机集成控制系统的构成

工业过程计算机集成控制系统是一种综合自动化系统。目的是使企业用最短的周期、最低的成本、最优的质量,生产出适销对路的产品,以获取最大的经济效益,增强国内外市场的竞争力。其实质就是将过程控制、计划调度、经营管理和市场销售等信息进行集成,并求得全局优化,也就是实现企业中信息的集成和利用,为各级领导、管理和生产部门提供辅助决策与优化的手段,进行经营决策、优化调度和优化操作,并将这些决策和优化与生产控制联结起来,成为一体化的信息集成系统。它可由信息、优化、控制和对象模型等组成。

工业过程计算机集成系统的核心是信息的获取、处理与加工。来自基本控制级的直接测量信息,经过浓缩处理及加工后变成高级控制的不可测变量的估计信息以及车间核算信息和工况信息,经统计、分析和汇总后送到调度级和管理级,再经深度加工后进入决策级作为企业领导决策的依据。决策级除来自企业内部的综合信息外,还要掌握市场信息、同行信息等外部信息。

改革开放和市场经济的发展,必然使封闭市场解体和世界市场形成,把企业推向激烈的国内、国际竞争中。面对机遇与危机并存的严峻挑战,采用各种先进的控制技术,有利于企业提高经济效益,适应市场变化。我们一定要抓住机遇,迎接挑战,为实现工业过程计算机集成系统奠定良好的基础。

习题和思考题

1. 什么是差拍控制系统?

2. 简述 Smith 预估补偿器及应用场合?

3. 什么是系统间的关联?简述解除耦合的途径。

4. 给出典型的模糊控制器的框图,并说明各个模块的作用。

5. 给出 M-P 神经元模型的结构及其输入-输出数学模型,并说明其对生物神经元的模拟。

6. BP 学习算法的基本思想是什么?应用该学习算法的 BP 神经网络有哪些主要优点?有哪些主要缺点?

7. 概要介绍神经网络应用于控制领域的吸引力有哪些?神经网络在控制领域有哪些方面的应用?

8. 说明用神经网络进行系统辨识的基本原理和步骤。

9. 专家控制的基本思想是什么?

10. 预测控制与 PID 控制有什么不同?
11. 简述预测控制的三个特征。
12. 何时采用推断控制?
13. 软测量技术主要由哪几部分组成?
14. 什么是自适应控制? 自适应控制有哪三类?
15. 现场总线有哪些特点? 现场总线控制系统与一般控制系统相比有什么好处。
16. 综合自动化系统的特点是什么?

第 9 章　工业生产过程监控与操作优化

随着工业生产装置规模的扩大和生产精密化的发展，自动控制的内容正不断向宽度和深度发展。生产的可靠性和安全性至关重要，工况监测、操作优化、故障检测和诊断以及容错控制等近年来有了很大发展，本章将作介绍。

9.1　工业生产过程监控技术

过程监控一词，从广义上讲，是指对过程变量巡回检测，对被控变量进行控制，并对各关键变量的实时值进行监测，将数据记录（或贮存）并报告给操作人员，并配有一定的报警功能；从狭义上讲，是指依据所能获得的各项测量情况，分析和判断生产工况是否正常，如出现不正常工况或其预兆，则找出原因，提出对策。本章所讨论的过程监测，是指狭义概念上的过程监控。过程监控是过程自动化和过程控制领域的重要组成部分，是实现系统可靠性、安全性、维修性的关键技术之一。

9.1.1　过程监控的意义

过程监控技术在现代工业生产过程中有着深刻的理论价值和不容忽视的重要性。已有研究成果证实，技术过程和工程系统中很多与过程异常变化或系统故障有关的问题以及可转化成为这类问题的问题，诸如设备运行过程的状态检测、计算机集成制造系统维护、生产流水线质量监测、核电站安全保障、测控系统管理、航天器轨道与姿态监视、导航系统监视、地震等灾变事件预警、控制系统故障检测与诊断、图像边界确定、语音信号分段以及气候与环境监测等，都可以在过程监控理论下得到解决。

过程控制需要设置监控系统，至少有下列几点理由：

（1）生产过程及设备有时会出现故障，有的甚至是不可避免的，如反应器的结焦，换热器的结垢、管道的漏泄或堵塞。另一方面，即使生产过程及设备本身没有故障，但遇到特大扰动时，将不能维持正常工况，例如，遇到环境温度的大幅度上升或生产负荷的大幅度提高，空气冷却器的出口温度无论如何降不到设定数值。

（2）虽然目前的控制装置可靠性已经很高，如有的 DCS 的平均无故障时间已达 10 万小时以上或更高的数量级，而且还设有自检装置，但是检测元件和变送器以及执行器的可靠性没有控制装置那么高，故障发生的频率还较高。

（3）人为的操作失误还时有发生。

(4) 人们对 DCS 有时有过分的信赖心理,疏于检查工况的事情也属常见。

(5) 一般的报警和联锁保护系统虽然有持续不断地完成任务的优点,但是它却只能在工况偏离正常状态较远时才发布声光信号,在生产发生故障的萌芽时期就无法及时地作出判断,同时它只能按照较简单的逻辑关系工作,不能满足复杂系统的需要。换句话说,这类系统的自动监测水平较低,远不如业务成熟的操作工人和技术人员。

(6) 过程工业现在正向着大型化和精密化两个不同的方向发展。发生一次故障的经济损失往往很大,停车一天要造成高达数百万元损失。某厂的大型芳烃装置因有水进入吸附装置,停车损失接近一亿元。故障本身有一个发生过程,发现得早,处理及时,损失小;延误时机,将会造成严重的经济损失,甚至引起人身事故。

9.1.2 过程监控的一般步骤

过程监控任务的完成,主要由信号采集、数据处理、故障检测与诊断以及监控决策等阶段组成,如图 9-1 所示。

1. 数据采集

采集数据的主要工具是传感器。对动态系统运行过程而言,传感器或测量设备输出信息通常是以等间隔或不等间隔的采样时间序列的形式给出的。

监控过程的数据采集,必须同时兼顾到采集过程的工程可实现性和采样数据有效性。此处所谓数据有效性,主要是指采样的测量数据与过程系统故障之间必须有内在关联性。

2. 信号处理

一般地,在对过程进行故障检测与诊断之前必须借助滤波、估计或其他形式的数据处理与特征信息技术对过程系统采样时间序列进行信息压缩,使之更适合于故障检测和诊断。

出于监控目的的过程信号处理,实质上是选择合适的过程监控指标函数,使得过程正常信号与过程故障信号之间存在显著差异,从而使过程监控准确、有效地运行。

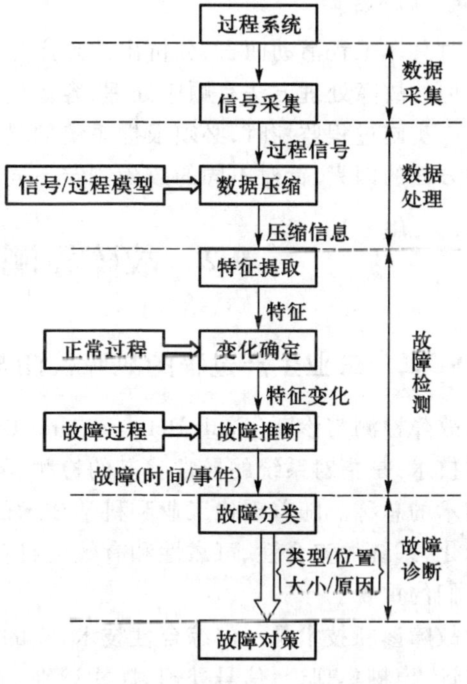

图 9-1 过程监控的一般步骤

3. 故障检测

变化检测就是判断并指明系统是否发生了异常变化及异常变化发生的时间。例如,对于正在运行的系统或按规定标准进行生产的设备,辨别其是否超出预先设定或技术规范规定的无故障工作门限。

过程故障检测的首要任务是依据压缩之后的过程信息或借助直接从实时测量数据中提取的反映过程异常变化或系统故障特征的信息,判断系统运行过程是否发生了异常变化,并确定异常变化或系统故障发生的时间。

通常,依据处理方式和处理时限不同,过程监控可区分为在线监视和离线检测两大类。其中在线监视可以对设备运行状况或系统功能进行及时的检测,一旦发现有异常征兆则及时报警,是实时监控系统和过程安全控制系统的核心。

4. 故障诊断

所谓故障诊断,是指通过足够数量测量设备(例如传感器)观测到的数据信息、过程系统动力学模型、系统结构知识以及过程异常变化的征兆与过程系统故障之间的内在联系,对系统的运行状态进行分析和判断,查明故障发生的时间、位置、幅度和故障模式。

依据故障诊断时所凭借的冗余信息类型的不同,过程故障诊断可划分为基于硬件冗余、解析冗余和知识冗余以及基于多种冗余信息融合等不同方式。

5. 故障对策

对具体工程活动而言,分析出故障产生的原因及部位后,下一步必须考虑故障的处理方法。较典型的故障处理方法有顺应处理、容错处理和故障修复等三大类。

在实施过程监控时,必须根据系统的具体情况,并综合考虑研究对象、故障特点和影响程度等多方面的因素,针对不同的故障制定不同的处理对策。

9.2 故障检测诊断与容错控制技术

9.2.1 工业生产过程的故障检测与诊断的一些概念

故障检测与诊断(Fault Detection and Diagnosis,FDD)技术是在20世纪中叶发展起来的一门科学技术,是指对系统的异常状态的检测、异常状态原因的识别以及包括异常状态预测在内的各种技术的总称。随着现代工业和科学技术的迅速发展,生产设备日趋大型化、高速化、自动化和智能化,系统的安全性、可靠性和有效性日益变得重要和复杂,故障检测与诊断技术也愈来愈受到人们的重视。

故障诊断技术是一门综合性技术,它的开发涉及多门学科,如现代控制理论、可靠性理论、数理统计、模糊集理论、信号处理、模式识别、人工智能等。

故障定义为系统至少一个特性或参数出现较大偏差,超出了可以接受的范围,此时系统的性能明显低于其正常水平,已难以完成预期的功能。从系统的观点来看,故障包含双层含义:① 系统参数偏离可允许的操作范围,使整个系统的性能指标明显低于正常范围,而难以完成预期的系统功能;② 系统功能偏离正常运行范围的程度加剧,造成系统或设备本身的功能失效,从而使系统的功能得不到保证。

故障一般分为三个类型：

(1) 被控过程(对象)的故障：对象的某部分器件失效，如容器或管道的破裂、阀门的泄露、催化剂的失效、反应器结焦等现象；

(2) 仪表器件的故障：包括检测元件、变送器、执行器、联接管线、控制装置和计算机接口的故障，如传感器发生卡死、损坏、掉电和完全失效的硬故障，执行机构卡死、恒增益或恒偏差造成不能正确执行控制命令等的变化，以及执行机构非线性特性恶化、粘滞效应等；

(3) 软件故障：指计算机诊断程序和控制程序的故障，也包括染入计算机病毒的故障。

FDD 的任务是识别故障有没有，在哪里，怎么办。由低级到高级，可分为几个方面的内容：

(1) 故障预报(Fault prediction)：研究系统的故障征兆，预测即将发生的故障，预防发生大的故障，及时采取措施。

(2) 故障检测(Fault detection)：对导致动态系统操作异常的各个功能单元故障离线或在线检测，判断系统是否发生了故障。一旦系统发生意外变化，应立即报警。

(3) 故障分离(Fault isolation)：在故障检测完成后对检测出的系统故障确定其种类和发生的部位，区别出故障原因是执行器、传感器和被控对象等或者是特大扰动。

(4) 故障重构(Fault reconstruction)：对检测的故障直接获取相关信息，在线或离线重构故障。

(5) 故障分析或辨识(Fault analysis or identification)：在分离出故障后确定故障的大小和产生的原因。

(6) 故障诊断(Fault diagnosis)：从广义概念来讲其为故障检测、分离和辨识的统称；从狭义上特指故障分离、故障重构和故障辨识。

(7) 故障评价、决策(Fault evaluation)：判断故障的严重程度，以及故障对系统的影响和发展趋势，根据故障的类别、严重程度，确定是否采取措施，以防故障的传播，预防灾难性的事故发生。

图 9-2 为故障检测与诊断流程图。

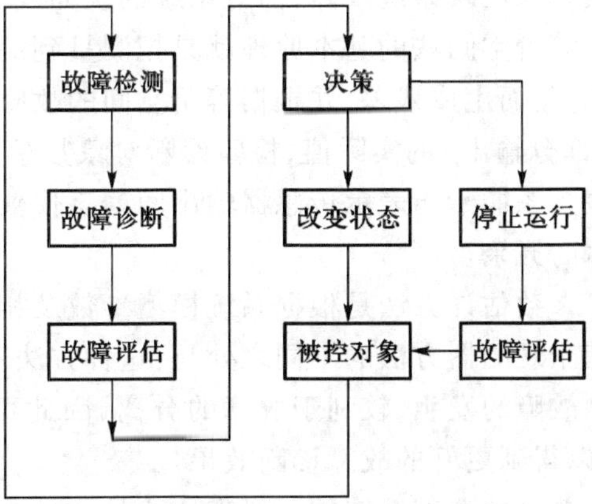

图 9-2 故障检测与诊断流程图

任何一种系统都会存在误差，故障检测与诊断系统也不例外。对故障检测诊断系统的可靠性要求要高于一般的控制系统。故障检测诊断系统要提高故障的正确检测率。要降低故障的漏报率和误报率，漏报指发生了故障未报警，误报指未发生故障反而报警。

9.2.2 故障检测与诊断的主要方法

一般认为,1971年美国麻省理工学院的Beard教授提出用解析冗余代替硬件冗余,通过系统的自组织使系统闭环稳定,并通过比较观测器的输出得到系统故障信息的新思想,标志着这门技术的开端。数十年来,作为一门综合性的技术,在理论、算法、工程软件和应用等方面都已有了长足的发展,并创造了显著的经济效益。到目前为止已经出现了基于各种不同原理的众多方法。同以前相比,这些方法不论是检测性能、诊断性能,还是鲁棒性都有很大提高,而且对于线性时不变系统已经形成了相对较为完整的体系结构。

常用的故障检测和诊断方法有如下几类:

1. 基于解析模型的方法

基于解析模型的方法作为故障检测与诊断技术发展最早的方法,其基本原理是建立被诊断动态系统的数学模型,将实际动态系统的特性和系统数学模型表达的预期系统特性进行比较,产生残差,对残差进行分析和处理达到故障检测与诊断的目的。残差与被诊断系统的正常运行状态无关,通过其输入输出信息所构成的线性或非线性函数,判断系统是否产生故障。根据残差产生形式的不同,基于解析模型的FDD方法又分为等价空间方法、状态估计方法和参数估计方法,三种方法相辅相成,独立发展。

状态估计方法又称基于观测器(或滤波器)的方法,其基本思想是利用被诊断系统的数学模型和可测信息,设计相应的观测器或滤波器,然后由观测器(滤波器)的输出与实际系统的输出的差值构造残差发生器,再对残差进行评价、分析和处理,实现系统的故障检测与诊断。一般要求残差只反映系统故障,而对系统的扰动或者不确定性的敏感要小。

等价空间法的基本原理就是把测量到的系统输出信号投影到与系统能观测性子空间的正交补上,从而生成残差,并根据等价空间的故障方向确定故障的位置。也就是通过系统输入、输出(或部分输出)的实际值,检验诊断对象数学关系的等价性(即一致性),以实现检测和分离故障。这些关系能给出表示传感器输出间静态代数关系的直接冗余,或诊断对象输入输出间动态关系的瞬时冗余。

参数估计方法是根据系统模型参数及相应的物理参数变化来达到检测和分离故障的目的。与基于观测器方法的不同之处是:这种方法不需计算残差序列,直接根据参数变化的统计特性来检测故障的发生,较利于故障的分离,因此可以和一些状态估计法相结合对非线性系统进行诊断,以得到更好的故障诊断效果。

非线性动态系统的一般表达式是

$$\begin{cases} x(k+1)=f[x(k),\theta(k),u(k)]+w(k) \\ y(k)=h[x(k),\theta(k),u(k)]+v(k) \end{cases} \tag{9-1}$$

式中:$x(k)$和$y(k)$是系统的状态向量和测量向量,$w(k)$和$v(k)$分别是系统噪声和观测噪声,通常假设为零均值的高斯型白噪声;$\theta(k)\in R^n$是系统参数向量;$u(k)$是控制向量。

在发生故障时,参数向量 $\theta(k)$ 会显著变化,状态向量 $x(k)$ 会偏离正常值,按上式计算的滤波器新息(残差)将不再是白噪声。因此,可通过参数估计、状态估计等方法作为故障检测的手段。

例如,用参数估计方法时,可以用任何合适的算法估计 $\hat{\theta}(k)$,如增广 Kalman 滤波算法,取 $z(k)$ 为增广状态向量,$\hat{z}(k)=[\hat{x}^{\mathrm{T}}(k),\hat{\theta}^{\mathrm{T}}(k)]^{\mathrm{T}}$,从而得到 $\hat{x}(k)$ 和 $\hat{\theta}(k)$ 的递推估计值。

2. 基于知识的方法

随着动态系统复杂性的增加,造成获取系统精确数学模型的困难,同时系统故障的多样性,使故障与征兆之间的关系不是简单的一对一的对应关系,往往需要通过探索过程实现故障检测与诊断。基于知识的方法避免了对精确数学模型的过分依赖,引入了许多诊断对象多方面的信息,特别是可以充分利用领域专家的诊断知识,从而实现定性、定量知识的有机结合。基于知识的方法可分为基于症状的方法和基于定性模型的方法两大类,主要方法有专家系统方法、模糊逻辑方法、神经网络方法、模式识别方法、基于定性/半定性模型的方法、粗糙集理论方法等。

(1) 基于专家系统的方法

专家系统方法是利用专家积累的丰富实践经验,模拟专家分析和解决问题思路进行一系列的推理、解释、判断,得出故障诊断结论。专家系统的优点在于知识的显式表示、严密的逻辑推理以及诊断结果的可靠性,但是受到知识获取的“瓶颈”和“窄台阶”等困难的限制,使其在应用过程中有一定的局限性。专家系统中常用的知识表示方法有逻辑因果图、产生式规则、语义网络、框架理论、概念从属等,其中以产生式规则应用最广,它的一般形式是:IF(前提),THEN(动作)。专家系统可以实现由简单限值条件构成的逻辑关系,也可以与较复杂的 FDD 方法结合在一起,大大地丰富了规则的内涵。有学者构建了早期的化工过程故障预测、诊断和补偿专家系统 FEDCS 以及化工过程异常诊断的实时专家系统;也有学者利用分布式人工智能的知识共享和重用原理,提出了依层次化对象分解构建化工过程的面向对象的集成故障检测与诊断专家系统的方法;尽管新的专家系统的故障诊断方法不断涌现,但是解决专家系统存在的缺陷如诊断知识的获取和学习、组合爆炸等问题依然是专家系统故障诊断方法研究的重点,将来的发展趋势可以使基于模型的方法和基于经验的方法相结合,取长补短。

在 FDD 的应用中,需要的是实时专家系统,这样可以在线地给出故障信息。与一般的专家系统相比,有着下面三方面的要求:

① 可靠性。专家系统是为提高生产系统的安全可靠性而设置的,FDD 系统本身必须可靠。一方面是要能准确地发现故障,防止错报与漏报,这主要通过提高知识描述的正确性和完备性,以及保证推理策略的正确性来实现;另一方面是要确保专家系统结构本身的可靠性,即各种算法软件自身的合理性和准确性,这要求在软件设计和编码中不出错误,并在软件完成后进行充分的测试。② 开放性。为减少专家系统开发的工作量,该系统应该独立于计算机控制系统的类型之外。选择比较成熟而且性能优良的工控软件作为软件平台是较好的选择,目前国内外均有许多成熟的软件包。FDD 专家系统就嵌入该系统之中。这些软件平台通常可适用于不同类型的计

算机控制系统，软件接口或硬件接口都已解决。③ 实时性。发现故障越早越好，为了不贻误时机，应每1~2s将测量数据巡回检查一遍。余下的时间将用于专案诊断、结果显示和人机交互等操作。因此，实时性至关重要。实时性的改进可以通过选用简单直接的规则，提高知识库的结构化程度，提高推理机的搜索效率等措施来实现。

（2）基于模糊逻辑的方法

模糊逻辑诊断方法就是通过某些症状的隶属度求出各种故障原因的隶属度，与模糊规则进行模糊推理，实现故障检测与诊断。在故障诊断的过程中，将故障征兆显示出的模糊性，以及故障与征兆关系的模糊，以模糊集的模糊语言变量来表示具有模糊特性的故障和征兆，从而处理诊断中的不确定因素。模糊诊断方法处理的问题一般分为两大类：一类是采集的样本，其征兆与故障的关系已知，按照模糊集和模糊关系矩阵，应用模糊模式识别方法和模糊综合判定方法进行故障诊断；另一类是样本的征兆与故障的关系不完全了解，则可利用模糊聚类的方法进行故障诊断。有学者利用高木-关野（Takagi-Sugeno）模糊模型的参数产生用于故障诊断的等价方法，比较适合非线性系统的突变和缓变故障的诊断；也有学者则是将阈值的调节按照模糊规则和模糊关系进行，根据适当的隶属度函数确定模糊规则中的阈值。但是不管何种方法，利用模糊逻辑诊断故障也有一定的局限性，为了得到更好的诊断效果，目前有效的措施之一是将模糊方法与神经网络、小波变换、数学模型（观测器的方法）等方法有机的结合。

（3）基于神经网络的方法

神经网络具有以任意精度拟合任何连续非线性函数和自学习的能力，以及并行处理方式、全局作用能力等，使其在非线性系统故障诊断在线估计等方面具有很强的优势，得到学术界和工程界的广泛重视和研究。神经网络用于故障检测与诊断主要有：① 用神经元网络作为非线性函数估计器重构系统的特定参数，并与系统的实际值比较，得到残差，达到故障诊断的目的；② 利用神经网络对残差进行聚类分析，直接得到系统的故障情况，从而实现对故障的检测、诊断和分离；③ 用神经元网络评价残差，在线应用神经网络对残差进行评价，直接判断系统可能发生的故障；④ 用神经元网络作自适应误差补偿，与线性观测器主体结合，实施对非线性系统的故障诊断；⑤ 将神经网络与模糊逻辑相结合，构成模糊神经网络，在神经网络框架下引入定性知识，同时又保留神经网络的学习机制，较一般神经网络有更大的针对性，对非线性系统的故障诊断更具有优势；⑥ 直接采用神经网络作为故障诊断的分类器，采集具有故障信息和正常工况的过程数据，对神经网络进行训练，网络输出代表了是否发生故障。近年来，神经网络在故障诊断中获得了广泛的应用，如从预测角度应用神经网络进行故障预测、从模式识别角度应用神经网络作为分类器进行故障诊断以及从知识处理角度建立基于神经网络的诊断专家系统等。神经网络作为智能信息处理系统，直接进行故障诊断，也可作为非线性函数的拟合器，代替实现基于定量模型方法中的状态观测器、参数估计、残差发生器以及残差评价等功能，同时作为一种知识学习系统，从一定的故障实例中发现新的故障诊断知识是解决“知识挖掘”问题的一条途径。

（4）基于定性/半定性模型的方法

基于定性/半定性故障检测和诊断方法的基础是定性模型和定性推理，其基本思想是利用不完备的先验知识，采用定性的方法，对系统结构和功能进行描述，建立定性模型，然后对系统进行定性推理，预测系统的定性行为，并与实际的系统行为比较，检测系统是否发生故障以及诊断系统的故障原因。基于定性/半定性模型的方法可以分为：定性仿真理论的方法、定性观测器的方法、知识观测器的方法、符号有向图（SDG）的方法、随机-定性方法、模糊-定性方法、模糊-有向图及其他方法等。有文献提出定性观测器或知识观测器的故障诊断方法，类似于基于定量模型的故障诊断方法中状态观测器，通过构造系统的定性模型，对系统行为进行预测，将预测的结果与系统实际的输出相比较，利用差异检测器衡量预测与实际之间的差异，通过候选者发生器生成候选故障，反馈给定性模型，构成故障模型诊断故障。

随着智能控制理论的不断发展，基于知识的故障诊断方法研究特别在提高故障诊断的可靠性和实用性、算法通用性和适应性等方面将会越来越广泛深入。

3. 基于信号分析的方法

基于信号处理方法的故障检测与诊断技术可以部分地回避建立动态系统数学精确模型的难点，直接利用信号模型进行故障诊断，如相关函数、频谱分析、自回归滑动平均过程以及小波变换技术等，是一种具有应用前景的故障检测与诊断技术。主要方法包括根据 Kullback 信息准则检测未建模动态特性的动态系统的故障，利用遗传算法和梯度方法辨识系统参数，同时在 KDI 引入新的指标评价未建模动态特性，设计判断决策，达到鲁棒故障检测的目的；采用自适应格形滤波器生成残差序列，通过构造检验统计量对序列进行假设检验，实现在线检测系统故障；将小波变换与神经网络相结合构成小波网络，利用观测器信号的奇异性以及利用观测器信号频率结构的变化进行故障诊断。总之，基于信号处理方法的故障检测与诊断技术尽管不直接涉及动态系统的动态模型，但必须对故障产生的机理进行透彻的研究和分析，这也是成功实现故障检测与诊断技术的关键。

4. 基于数据驱动的方法

基于数据驱动的方法是直接利用过程数据进行故障诊断的方法。现代工业系统中产生大量的数据，数据驱动技术的优势在于它们能将高维的数据变换成低维的数据，并从中获取重要的信息。基于数据驱动的监控方法不需要精确的数学模型，而是采用多元投影方法，将过程数据和质量数据从高维数据空间投影到低维特征空间，所得到的特征变量保留了原始数据的特征信息，摒弃了冗余信息，是一种高维数据分析处理的有效工具。基于数据驱动的方法又可以分为单变量统计方法和多变量统计方法。单变量统计方法只对生产过程的一些重要指标单独地实施统计过程监控，主要方法有 Shewhart 控制图、累计图和指数加权平均图等。随着现代工业技术的发展，单变量统计方法逐渐被多变量统计方法所取代。多变量统计监控方法主要包括主元分析（Principal Component Analysis，PCA）、部分最小二乘（Partial Least Squares，PLS）、独立成分分析（Independent Component Analysis，ICA）和 Fisher 判别式分析（Fisher Discriminant Analysis，FDA）等。

5. 基于限值条件和逻辑关系的方法

本方法的具体内容一般可用 IF…THEN…的产生式规则表示。专家系统的规则库很多属于这一类型。这些规则可以被认为是专家知识,但实际上可以从工艺内在规律推演出来。看来简单浅显,却很实用。举几个例子:

(1) 精馏塔的塔板是自上而下逐步递升的。如果第 i 板的温度高于下面第 $i+n$ 板的温度,或是低于上面第 $i-m$ 板的温度,那么在这三个相邻的测量点中,至少有一个存在故障。

(2) 对于控制阀,如果控制器输出信号和操纵变量的流量都有检测,我们虽然不能得出两者间确定的关系曲线,但是工作点必然位于如图 9-3 所示的阴影区域内。这一区域的具体界限可通过已有的操作数据和计算得出。如果工作点位于该区域之外,则阀位指示、电气转换器、控制阀本身、被控流量检测、或阀前后压降等诸项中至少有一个存在故障。

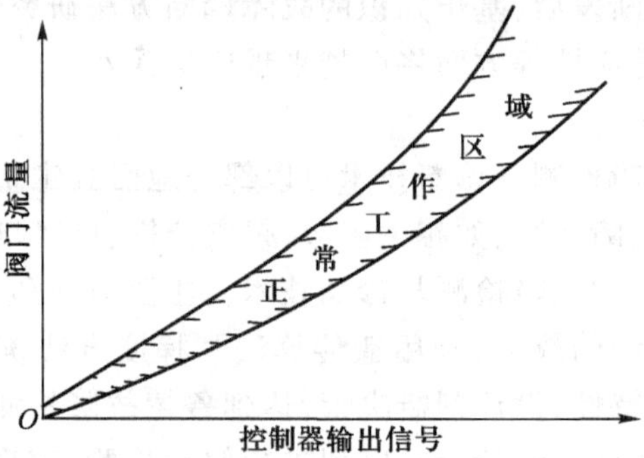

图 9-3 控制阀的流量与控制器输出信号之间的正常可能区域

(3) 当输入功率、排气量和出入口压差都有测量数据时,压气机的总效率很好计算。效率超出正常数值范围显然表示压气机或各测量点有故障。

(4) 一个绝热化学反应器的温升与反应的转化率间有着简单的函数关系。绝热温升超出正常范围表示该反应器或各测量点有故障。

除了上述的专家规则方法外,常用于故障诊断的故障树法似也可划入本类范畴。

6. 混合故障诊断方法

上述几种故障诊断方法都具有各自的优缺点,因此,没有哪一种方法对所有的应用来说都是最优的。随着工业系统的日益复杂化,单独一种故障诊断方法往往难以满足诊断要求,因此在实际故障诊断中越来越多采用多种故障诊断方法,利用各种方法的组合实现优势互补来提高故障诊断的性能。如利用模糊理论与神经网络的结合建立模糊神经网络故障诊断模型;利用小波变换、PCA 等方法对原始数据进行去噪、特征变换后采用 SVM 或神经网络进行故障诊断等。

9.2.3 工业生产过程容错控制技术

容错控制系统是在元部件(或分系统)出现故障时仍具有完成基本功能能力的系统,要尽量保证动态系统在发生故障时仍然可以稳定运行，并具有可以接受的性能指标。

容错控制是提高系统安全性和可靠性的一种新的途径，由于任何系统都不可避免地会发生故障，因此，容错控制可以看成是保证系统安全运行的最后一道防线。从目前发展看，控制系统的故障诊断和容错控制有着密切的关系，故障诊断是容错控制的基础和准备，容错控制则为故障诊断研究注入了新的活力。容错控制的研究目前尚处于初创阶段，从理论到应用也将需要一个发展过程。

在介绍容错控制技术时，有几个概念很重要，即系统的可靠性、有效性和可靠度概念。

系统的可靠性是指系统在规定的条件下，规定的时间内完成规定功能的能力。系统的有效性是指可维修系统能维持功能的能力，即系统保持良好工作状态的能力。

$$\text{有效性}=\frac{\text{系统可能工作时间}}{\text{系统可能工作时间}+\text{系统不能工作时间}}$$

系统的可靠度是指它在一定的时间里完成预定功能的概率，即对于任意一时刻，系统的可靠度函数是它正常工作时间随机变量大于 t 的概率，即

$$R(t)=P(x>t),t>0$$

容错控制器的设计方法有硬件冗余方法和解析冗余方法两大类。

硬件冗余方法是通过对重要部件及易发生故障部件提供备份，以提高系统的容错性能。对于某些系统，可以采用双重或更高重备份的办法来提高系统的可靠性，这也是一种有效的容错控制方法，在控制系统中得到了广泛的应用。只要能建立起冗余的信号通道，这种方式可用于对任何硬件环节失效的容错控制。如在 DCS 系统中，系统电源至关重要，所以往往有冗余电源，一旦一个电源出现故障，立即切换至备用电源；或者由两个（或多个）电源同时工作，只要一个电源正常工作，就能保证整个系统的供电。

解析冗余方法主要是通过设计控制器来提高整个控制系统的冗余度，从而改善系统的容错性能。基于解析冗余上的考虑：与“硬件冗余”相对的是“软件冗余”，软件冗余又可分为解析冗余、功能冗余和参数冗余三种，它是利用系统中不同部件在功能上的冗余性，通过估计，以实现故障容错。通过估计技术或其他软件算法来实现控制系统的容错性，具有性能好、功能强、成本低和易实现等特点，因而近年来得到研究者们的广泛关注。

基于“解析冗余”的容错控制方法有被动容错控制和主动容错控制两种。

被动容错控制是设计适当固定结构的控制器，该控制器除了考虑正常工作状态的参数值以外，还要考虑在故障情况下的参数值。被动容错控制是在故障发生前和发生后使用同样的控制策略，不进行调节。被动容错控制包括：完整性控制、联立镇定、可靠镇定等几种类型。

完整性控制（integral control）是指系统中一个或多个部件发生故障时，系统并不进行重构，而是利用余下的部件仍可使系统稳定地工作，并保持相应的性能。

联立镇定是指给定 N 个线性时不变对象 $P_1(s),P_2(s),\cdots,P_N(s)$，构造一个固定的控制器 C，使其可以分别镇定上述的任意一个被控对象。联立镇定有两个主要作用：其一，当被控对象

发生故障时,可以使其仍然保持稳定,具有容错控制的功能;其二,对于非线性系统,经常采用线性化控制方法在某一工作点上对其进行控制,当工作点发生变动时,对应的线性化模型也会发生变化,此时,具有联立镇定能力的控制器仍然可以镇定被控对象。

可靠镇定问题。是指采用两个或更多的补偿器(控制器)来并行地镇定同一个对象。当任意一个或多个补偿器失效,而剩余的补偿器正常工作时,闭环控制系统仍然保持稳定。

主动容错控制是在故障发生后需要重新调整控制器参数,也可能改变控制器结构。主动容错控制包括:控制律重新调度方法、控制律重构方法和基于自适应控制的主动容错控制方法等。

(1) 控制律重新调度方法。控制律重新调度方法的基本思想是离线计算出各种故障情况下所需的合适的控制律的增益参数,并立表储存在计算机中。当基于在线的故障诊断系统得到新的故障信息后,就可以挑选一个合适的增益参数,得到容错控制律。

(2) 控制律重构方法。其基本思想是故障诊断系统诊断出故障后,在线重构控制律,使系统在新的控制律控制下能稳定工作。

(3) 基于自适应控制的主动容错控制方法。其基本原理是:采用模型参考自适应的思想,使得被控过程的输出始终跟踪参考模型的输出,而不管是否发生了故障。因此这种容错控制不需要故障诊断单元,当故障发生后,实际被控过程会随之发生变化,控制律会相应自适应地进行重组(重构),保持被控对象对参考模型的跟踪。

主动容错控制方法中,基于故障检测与诊断子系统可以在线检测整个系统的运行状态。当控制系统发生某些局部故障时,可以迅速报警,并分离出发生故障的部位,以帮助维修人员迅速查找出故障源,进行排除,以防局部故障在系统中的传播而导致灾难性故障的发生。再进一步,基于故障检测与诊断子系统还可以构造一种新的容错控制系统,即根据故障诊断信息,可知道被控对象的结构与参数变动情况,在此基础上可以重构控制律,确保控制系统稳定。

9.3 工业生产过程操作优化方法

9.3.1 操作优化的概念

工业生产过程中涉及很多优化问题,例如,在对流体输送的管径进行选择时,口径越粗,投资费用越高,但摩擦损耗所消耗的功率越小,操作费用越低。这两个效应是相反的,当选择某一口径时,可使总的费用为最小。精馏塔回流比的选择是另一个典型例子,为达到规定的分离要求,回流比选得越大,则塔板数可以越少,投资费用越低,但与此同时,能量消耗越大,操作费用越高。这两个效应是相反的,在最优的回流比下,总的费用为最小。

1. 工业过程优化问题的分类

工业系统的最优化命题具有以下特点:

(1) 最优化命题的核心是使一个目标函数(J)成为最大值或最小值,如收益最大,成本最低等等。通常这个目标函数总与经济效益有关,即使像处理量、收率等技术指标,也有着明确的经济意义。

(2) 求解目标函数的最优值可以是最大值,也可以是最小值,视目标函数和优化要求而定。

(3) 目标函数的值取决于一些可以调整的自变量($\boldsymbol{x}=[x_1,x_2,\cdots,x_n]^{\mathrm{T}}$),同时也受一些环境条件变量($\boldsymbol{f}=[f_1,f_2,\cdots,f_p]^{\mathrm{T}}$)影响,但这些环境条件变量是不能自由调整的。

(4) 在最优化命题中,往往有约束条件存在,例如某个自变量的值必须低于某一限值等。

在工业生产过程中,需要求解的优化问题很多。常见的有两大类,一是设计中的优化,上面举的两个例子都属此类,此时工艺流程、设备类型和尺寸,生产中的操作条件都可以调整,但一经确定后,不需随时修改;二是运行中的优化,此时工艺流程、设备类型和尺寸都已固定,只有操作条件可以变动,它们也就是生产优化命题中的运行变量。

运行中的优化又可分为三个方面:

(1) 控制优化(或称最优控制),其目标函数是被控过程的某项动态品质指标,如 ISE 或 ITAE 等积分鉴定准则或是兼顾动态偏差与控制作用的二次型函数(LQR)等,运行变量是控制作用 u。其解可将控制作用表述为时间 t 或采样次数 k 的函数,也可表述为状态或输出变量的函数。前者是开环表述形式,后者是状态反馈或输出反馈形式。另外,预测控制是采用滚动优化策略的控制,自校正控制是系统辨识与最优控制的结合,浅言之,在简单控制系统中,PID 参数的最优整定也是控制系统的优化。

(2) 操作优化,其目标函数是体现经济效益的某项指标,如追求产量最高,成本最低,能耗最小。而以一个或几个关键被控变量的设定值为运行变量。

操作优化常采用递阶控制系统结构,优化层位于直接控制层之上,由上位机给出几个控制器的设定值。它与设计优化的区别是工艺流程、设备类型和尺寸都已确定,可调整的是生产中的操作条件。为什么即使进行了优化设计,在运行中还要进行操作优化呢? 这是因为在很多情况下,环境条件会发生变动,如原料成分变化、生产负荷变化、设备性能变化(如催化剂活性衰退、炉管表面结垢等),运行变量值需要及时作相应的调整。

为了实现工业过程的实时优化,希望用计算机进行在线的优化计算。由于遇到环境条件经常发生变动的情况,一次性地用计算机进行离线操作指导,不能处理环境条件经常变动的复杂情况。生产过程优化也可能人工进行,知识和经验丰富的行家也有能力出色地完成优化任务,但由于被优化过程的高度复杂性,而且优化需要实时地持续进行,用计算机来实现实时在线优化更具优越性。

(3) 生产计划与调度的优化,这是生产管理层次的优化。计划是决定年、季、月的产品产量,以及原料、辅料、水、电和燃料(或蒸汽)的需要性;调度是计划的具体实现方案,确定在每个时刻、每个设备的生产内容和任务,并确定原料、燃料、水、电和蒸汽的调配等。

另一些实际优化命题也可划入调度范畴,例如催化反应器中的催化剂会逐渐老化,需要更新或活化;裂解炉管内壁会逐渐结垢,需要清焦;蒸发器和换热器管壁会逐渐结垢,需要清洗,更新或清洗周期的选择,显然也属优化命题。

计划和调度的目标函数(或称评价函数)应该是经济效益,或与之紧密相关的指标,如产量最大、生产时间最短等。目标函数的最优化通过生产序列和作业时刻表的调整来达到。特别是在市场经济条件下,计划和调度的优化所带来的经济效益相当突出。

总的来说,运行中的优化有可能带来显著的经济效益,理论分析和现场的成功经验都证实了这一点。优化是一种不需增加设备投资的“软件”获益手段。

然而也须指出,运行优化的推行,必须谨慎选择。至少有如下原因:① 并非所有的过程和设备都须优化,有些过程或设备的运行,只要工况平稳,能确保物料和能量的平衡,就达到了目的;② 各个子系统都实现最优化,整体系统不一定是最优的,相反,为了整体效益的提高,有时需要牺牲局部的利益;③ 如果环境条件变动不多,或者虽有变动但对目标函数影响不大,这时可以一次性地求出最优的运行变量值,不必更改,没有必要用计算机进行在线的持续优化。优化的点求精而不求多。

下面举两个例子来说明:

(1) 精馏是最常用的分离过程,是用能耗去换取组分的分离,产品纯度超过规定指标是没有必要的,能保证合格就可以了。能量的节约除了其直接效益外,还由于塔内蒸汽量和回流量的减少,使塔的处理能力增大,生产负荷可以增加,精馏塔的动态优化控制在不少场合下是有明显效益的,如果产品浓度能更好地保持在设定值附近,则设定值与合格规定值间的裕度可以留得更小。例如,合格规定值是轻组分浓度不低于 99.0%,而控制的精确度只能到±0.5%,则设定值需要设定在 99.5%,才能保持全部产品合格。如果控制精确度能提高到±0.1%,则设定值可降为 99.1%,仍能保证获得合格的产品。设定值由 99.5%降为 99.1%,则在同样的进料情况下,产量可增加 0.4%以上。同时,由于降低了要求的分离程度,导致了能量的节约,所需蒸汽量的节约远不止 0.4%,将达到 10%或 20 %,甚至更多。

然而,也有许多过程,没有必要进行动态优化。例如,容器液位的控制,在很多情况下是为了保持物料平衡。这时候,液位控制的精确度在一定范围内的差别,在生产效益上影响不大。

(2) 精馏也常作为稳态优化的对象,在正常操作范围内,产品的浓度主要是通过物料平衡关系来调整的,馏出液流量减少,其轻组分的含量将增大。能量平衡关系则用来调整馏出液与残液的分离程度,蒸汽量或回流量增大,则分离程度也将提高。精馏过程的稳态优化命题常常这样描述:在保证馏出液与残液浓度合格的条件下,将加入系统的热量减少到最低数值。

这是一个典型的“卡边”问题,就是求取正好满足产品合格要求的加入热量值。为安全起见,应稍留裕量。这个命题也可以改为求取这时候所需的回流量,因为加入热量与上升蒸汽量有直接的函数关系,而上升蒸汽量与回流量、馏出液流量间存在着物料平衡关系。

对于一个具体的精馏塔,如果它的能耗很大,通过计算或仿真,验明有很大的节约潜力,而且经常发生进料成分变动及环境因素变动时,进行以节能为目标的在线实时稳态优化是很有意义的。但是如果这个塔的节能潜力不大,或者它从余热利用为热源,则没有必要进行以节能为目标的优化;如果环境条件平稳少变,则一次性的离线优化已完全足够了。由于事物的多样性,精馏塔也可能有其他的优化目标。

2. 目标函数和运行变量的选择

工业过程的优化问题可表示为

$$\begin{aligned} &\min_{x} J(x,f) \\ s.t.\quad &g(x,f)\leqslant 0 \\ &h(x,f)=0 \end{aligned} \tag{9-2}$$

上式中,x 为运行变量,即自变量向量,是使目标函数 J 成为最小值的可调整向量;f 为环境向量,是由环境条件和外界条件组成的,是不能自由调整的向量。g 和 h 是约束条件,其中 g 为不等式约束条件,是 x 和 f 的函数;h 为等式约束条件,同样也是 x 和 f 的函数。

操作优化取得成功的关键是优化问题的表述是否得当,以及方法是否可靠高效。对哪个过程或设备进行优化,用什么作目标函数,选哪些量作为运行变量的问题上,要注意以下问题:

(1) 对于不同的运行变量 x 值,目标函数 J 值应有较为明显的差异;

(2) 环境条件变量 f 的变动,会明显地导致目标函数 J 值的变动,并且明显地引起最优运行变量值 x^* 的变动,而且这种环境条件变量 f 的变动是经常发生的;

(3) 该设备或过程优化的效益对整个车间或全装置的收益占有较显著的比例。同时,该优化问题不会对其他子系统的优化(特别是全局的优化)起明显的负面影响。这里有两层意思,一是要抓大放小,要捡西瓜,不要捡芝麻,二是不要顾此失彼,不能得了芝麻,丢了西瓜。

(4) J 和 x 的选择要在工艺上和经济上都合理。x 的维数不宜高,否则会造成优化计算量过大,或最优解的质量不高。

下面分别讨论 J 和 x 选取中的问题和方法:

目标函数 J 的选择很重要,从原则上说,目标应该是在安全可靠的前提下追求最高的经济收益,J 将涉及产量和成本各方面许多因素,也就是说,是一个多目标优化问题。

多目标优化的求解是目前面临的一个困难,通常有如下的处理方法:

(1) 用直接表征经济收益的函数作为 J,缺点是比较复杂;

(2) 用各个目标值的加权代数和作为 J,但权系数的确定没有明确合理的规则可以遵循;

(3) 把主要目标值作为 J,其他目标值改用约束条件形式表示,这些约束条件在优化时需予以满足;

(4) 将各个目标值列为一个目标向量,以向量的某种范数作为 J。

选取时应注意 J 的实际意义,不要导致增产不增收等不良结果出现;同时也要注意进行优化计算时的方便性,不宜过于复杂。

x 的选择也很重要。首先,应该在工艺上合理,这些变量应该对 J 起重要影响,同时,以独立调整的自变量为宜。其次,x 的维数不宜高,较多的运行变量会给优化的求解造成困难。现在已有一些方法可用来降低 x 的维数,如:

（1）略去次要的变量，或者是非独立的运行变量。

（2）将几个变量组合成一个综合性的变量，可采用类似于准数的函数，也可以是像质量流量那样需将温度和压力变量一同测量和考虑的复合变量。本法应基于工艺分析，立论有据。

（3）采用统计分析手段，像主元分析法（PCA-Principle Component Analysis）和部分最小二乘法（PLS-Partial Least Squares）都可用来确定主要变量。

3. 约束条件

有否约束条件，如何处理，这也是优化命题必须考虑的重要问题。约束条件有多种情况，一般可分为三大类，即无约束条件、等式约束条件和不等式约束条件。其中，不等式约束条件的情况可分别划入前两种类型中去，例如，要求 $g_i(x,f)\leqslant 0$，则在 $g_i(x,f)<0$ 的区域内，x 的变动是自由的，而在这个区域的边缘，$g_i(x,f)=0$，这就成为等式约束条件了。实际计算中需要注意的是，在某组 x 值下，是否满足 $g_i(x,f)\leqslant 0$ 的条件，需经过验算，在 $g_i(x,f)<0$ 的区间，不必加约束条件，可像无约束条件一样处理，但当进入 $g_i(x,f)\geqslant 0$ 的区域，则应加入 $g_i(x,f)=0$ 的约束条件，使新的 x 值不越出许可区域。

为了说明以上论点，以精馏塔的塔压选择为例，并用图解法表示，如图 9-4 所示。在精馏塔的操作中，降低塔压往往可以提高组分的相对挥发度，便于分离。为满足规定的分离要求，降低塔压可以减小回流比，节约能耗。给出了蒸汽发生量 V 与压力 P 平面上的一些约束条件，包括：① 塔压上限，这受到设备本身强度的限制。② 液泛点的约束，当蒸汽量和回流量升达一定限值后，将产生液泛现象，因此存在蒸汽量的上限；同时，塔压越低，则蒸汽的线速度越大，也越容易液泛，因此，液泛点曲线是一条向上倾斜的曲线。③ 冷凝器的约束，由于传热面积及温度差的限制，存在蒸汽量的上限；同时，塔压越低，则塔顶蒸汽的冷凝温度越低，冷凝器壁的温度差越小，蒸汽量的上限也越低，因此，蒸汽上限线表现为一条向上倾斜的直线。④ 再沸器的约束，同样由于传热面积及温度差的限制，存在蒸汽量的上限，同时，塔压越高，则塔釜内液体的沸腾温度越高，再沸器的温度差越小，蒸汽量的上限也越低，蒸汽量上限表现为一条向下倾斜的直线。这样，选择的塔压必须在可行区域 ABCDE 以内。

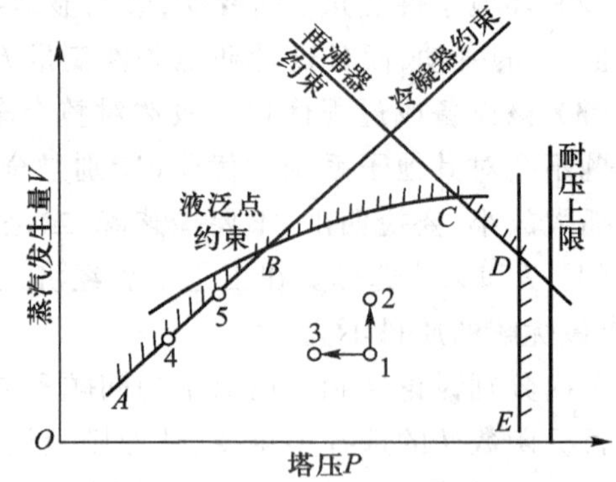

图 9-4 精馏塔塔压的可行区域

假定说，塔的操作点原来在点 1，如果进料量有了变化，蒸汽发生量需作相应的调整，那么，由点 1 向点 2 或点 3 等方向移动都是自由的，不受约束。但是，如果操作点原来在点 4，现在如要增加蒸汽发生量，塔压就必须相应提高，因受到不等式约束条件的制约，这时要保持最低塔压，只能沿 ABC 线移动，如移向点 5。

由于约束条件的存在,使得最小值(或最大值)的出现有两类不同情况。有的函数确实反映出“过犹不及”的现象,确有极值存在,例如,在图 9-5 中,画出了收益(目标函数)与自变量 x 间的几种关系曲线,其中曲线 B 属于这一类,与 x^* 点相应的 J 值高于所有的其他值;有的函数却没有极值,或者极值不在可行区域之内,这时就由约束条件来确定最大值或最小值,像曲线 A,J 的最大值在 x_1 处,这是受上限约束条件规定的;曲线 C,J 的最大值在 x_2 处,这是由下限约束条件所决定的。

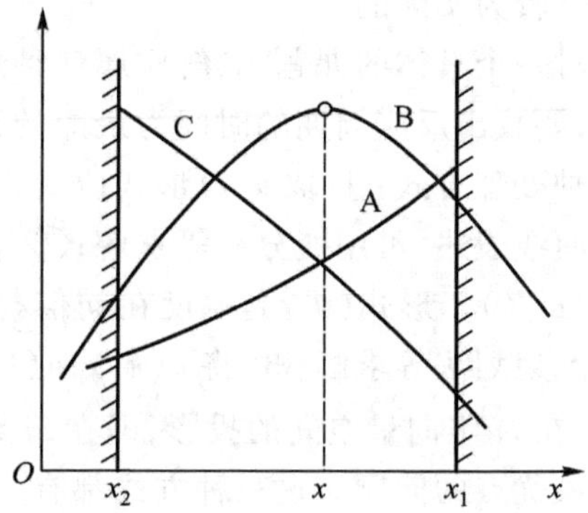

图 9-5 不同类型的收益函数曲线

对有约束的优化命题,须很好注意约束条件的处理问题。

9.3.2 常用的最优化方法

1. 最优化方法的类型和算法性能的评价

选择合适的优化算法也是工业过程操作优化的关键之一,特别是遇到模型的方程数目众多而且性质复杂的情况,求解的困难更大。最优化方法的提出,从 17 世纪牛顿发明微积分的时代求取极值算起,已有 300 多年历史。后来又出现 Lagrange 乘子法,1847 年法国数学家 Cauchy 提出最速下降法,1939 年前苏联数学家卡恩托维奇提出线性规划中的求解方法。到 19 世纪 40 年代以后,由于生产和科学研究突飞猛进的发展,特别是由于计算机日益广泛的应用,使最优化问题的研究不仅成了一种迫切需要,也有了求解的有力工具,到了 60 年代,最优化理论和算法形成了一个新的学科,出现了线性规划、整数规划、非线性规划、几何规划、动态规划、随机规划、网络流等许多分支。近几十年以来,随着优化问题复杂程度的不断提高以及问题规模的不断扩大,原有的优化方法已难以完全满足实际需要,例如,一些连续量优化问题难以找到全局最优解,或者缺乏模型结构中的信息(如梯度不存在),离散量优化问题面临超大维数带来的“组合爆炸”难题,因此,人们一方面致力于传统优化方法的改进,另一方面则把目光投向一些新的优化理论和方法,如智能优化方法、并行计算法、随机优化等。本节将介绍一些基本的和重要的优化方法。

在选择优化方法的时候,首先必须确定解的形式。当解为一个标量时,在解析法中,就是求取 $\partial J/\partial x=0$ 的点,如果向量 x 为 n 维,那就是在 n 维超曲面体上的一个点。有时需要求取的是 x 在不同几何位置的数值,即 x 的分布,如反应器的温度分布曲线,或是 x 在不同时刻的数值,如以时间函数表述的最优控制作用。当几何位置、时间为连续量时,其解是一条或一组曲线。这时候,在解析法中,就成为一个泛函极值命题,不能再用微分法,而应采用变分法求解。当几何位置、时间等为离散量时,其解将是一个或一组序列。从本来的意义上说,动态规划法适用于这类命题。例如,在处理生产调度问题时,要解决的就是离散优化命题,割平面法、分枝定界法、隐枚举法等是 19 世纪 50、60 年代提出的成熟方法。在很多时候,在最优点附近的 J 值相当接近,变动不多,这个区域可以用作优化命题的次优解。因为扰动和不确定性难以排除,所以区域优化的想法是较为实际的。

对一个具体的课题,其解应属何种形式,有时可以有多种选择。例如,有一个间歇式化学反应釜,要找出反应周期的时间为最短的操作策略,以调整加热蒸汽量为控制手段,这一题目就可有多种处理方式:① 取 $u(t)$形式(t 为时间)或取 $u(\theta)$形式(θ 为釜内温度,是状态变量),即是用最优曲线表述,可用变分法等求解;② 取 $u(k)$形式(k 为采样次数),或取 $u=[u(\theta^{(1)}),u(\theta^{(2)}),\cdots,u(\theta^{(m)})]^{T}$形式($\theta^{(i)}$是温度在初值与终值间的某种数值,共 m 个),即是用最优序列表述,可用动态规划法等求解;③ 将 $u(k_1),u(k_2),\cdots,u(k_m)$或 $u(\theta^{(1)}),u(\theta^{(2)}),\cdots,u(\theta^{(m)})$看做是最优点 $\boldsymbol{u}^*$ 在 m 维向量空间的投影,即在 m 维 k_i 坐标或 $\theta^{(i)}$ 坐标上的投影,那就成为在 m 维空间搜寻一个最优点的问题。这三种方式都有人研究,但求解的复杂程度不尽相同,何者为宜,需通过分析和比较得出。

优化方法的评价是选择优化方法时的又一重要问题。评价一个优化算法性能的好坏,一方面要看它能否找到全局最优解,另一方面要看它达到最优解所需的计算工作量(计算时间和计算空间)。

能否找到全局最优解这句话有三层含意:一是能否得解,算法必须具有收敛性;二是得到的应是最优解;三是它应该是全局最优解。在只有一个最优点的情况,局部最优点就是全局最优点。但是,很多系统具有多个极值,有多个局部最优点,正像地形图上有多个谷底,但是谷底的深度不同,搜索到某一个局部最优点,会误认为已经到了全局的最低点,以为求得了全局最优点。许多优化算法不具备跳出局部最优点的能力,如果系统具有多个极值点,那么从不同的初值出发,比较所得的结果,是一个相对实用的方法。

最优解的质量有两个常用的指标:

(1) 偏差 δ

$$\delta=\frac{J^{(i)}-J^*}{J^*}\times 100\% \tag{9-3}$$

式中,$J^{(i)}$是最终获得解的目标函数值,J^*是全局最优解的目标函数值。$\delta=0$ 表示最终解就是全局最优解。

(2) 最优率

$$\text{最优率}=\frac{\text{找到全局最优解的次数}}{\text{优化求解总次数}}\times 100\% \tag{9-4}$$

最优率以接近100%为最好。为使最优率数据可靠,测定的优化求解总次数要大一些,一般应为50~100次或更大。

计算工作量的问题比较复杂。计算机的机型,语言和编程技巧都会影响工作量,同一算法的运算时间因人、因机、因系统也会有较大差异。不同算法的搜索方式不同,有的采用单点搜索,有的采用群体搜索,迭代同样的次数所需工作量并不相同,计算时间也完全不同。通常要考虑这样两个指标：

（1）达到最优解的总迭代次数；

（2）达到最优解所搜索的解空间，对于离散优化问题，可以定义解空间的搜索率为

$$解空间搜索率=\frac{算法搜索过的可行解个数}{可行解总数}\times 100\%$$

对于连续优化问题，一般采用搜索过的解空间。迭代次数、解空间搜索率和搜索过的解空间都是越低越好。

枚举法是寻找最优点最原始的方法，它的总迭代次数和解空间都是很大的，显然不是一种好的优化方法。

求导法是一种求取最优点的解析法，但是，遇到复杂情况，求解会有很大困难。

2. 线性规划（LP）法

该方法适用于 J 与 x 间成线性关系，并有不等式约束条件的情况。

在线性规划的基本算法中，要解决的命题是找出使

$$J=b^{\mathrm{T}}x \tag{9-5}$$

为最小值或最大值的 x 值，约束条件为

$$A^{\mathrm{T}}x+C\leqslant 0 \tag{9-6}$$

式中的 x 为 n 维，C 为 m 维，而 $m>n$。这里 b 为 n 维向量，A 为 $n\times m$ 维矩阵。

这里，J 与 x 成线性关系，出现最小值或最大值，显然是由约束条件式所引起。如果 A 的秩为 n，而且 b^{T} 与 A^{T} 各行并不线性相关，如果有最小（大）值存在，则最优点必然是在同时满足以上几个约束条件的可行域之内，而且满足 $A^{\mathrm{T}}x+C=0$ 式中的几个等式条件。

线性规划已有工程化的软件，本来用以处理线性问题，经过改进，也可处理某些非线性问题。

3. 数值搜索法

遇到较为复杂的非线性命题时，可考虑选用非线性规划方法。数值搜索法是最容易想到的办法。先以一个自变量的情况，即一维问题作为讨论的起点。

设自变量的范围为 0~1，现在要求取 $J(x)$ 为最小值的 x^*。如果要进行大范围的搜索，一种办法是在 0~1 的区间内划分成若干方格，例如在 x 为 0、0.1、0.2、…、1 这样 11 个点上都求取 J 值，找出 J 值最小的格子，然而再在其中分成若干小格，继续进行搜索。

为了减少所选点数，不一定那样均匀地分布，采用 0.618 法（也称为优选法），即黄金分割法可以有更高的效率。

另一种方法是走一步试一步，如果搜索了一步后，目标函数有所改进，则继续前进；如果目标函数变差，则向反方向后退一步。倘使要寻找更精确的最优值，则可以在有利时加大步长，不利时缩减步长，直到达到极值为止。需要指出，这种搜寻方式对存在多个局部最优点的情况会出错误，初值的选择至关重要。

当自变量不止一个，需要进行多维搜索时，应该选择合适的搜索策略。依据文献介绍以及实

践经验，当自变量数不太多，例如在 5 或 6 个以内时，改进的单纯形法是一种简单而有效的算法。

在二维情况，用图示方法说明最为清楚。图 9-6 是一个例子。

一开始在 x_1-x_2 平面上找三个点，构成一个等边三角形作为单纯形，即图中的 1,2,3 点。比较这三点的 J 值后，必然可找出最差的一点（如点 1）。接着取最差点对面的对称点 4，并放弃最差点 1，构成一个新的单纯形。再比较 2、3、4 点，如点 2 最差，则取点 5，构成下一个新的单纯形。

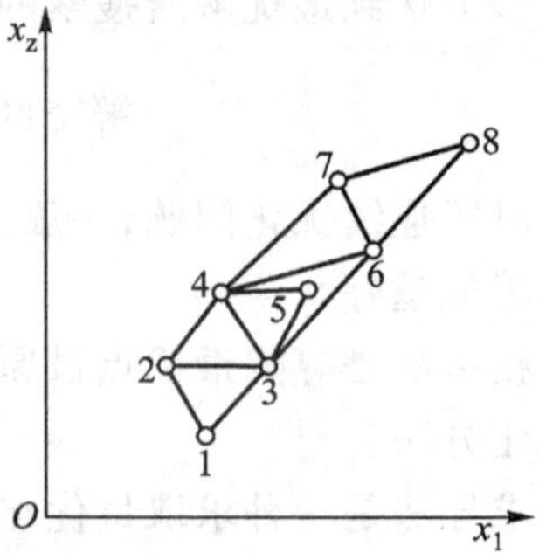

图 9-6　单纯形法搜索路线示意图

然而，如果只采用以上一条反射法则，在搜索中会出现问题，为此需要补充一些规则：

（1）如果反射后得到的点是最好的点，这时如果仍机械地执行上述反射法则，则对新构成的单纯形来说，下一步移动往往不能抓住最合适的方向，此时以沿原来的反射方向开拓为宜。例如，在点 3、4、5 构成单纯形后，新点 5 的 J 值最优，则可沿原反射方向延伸一倍，到达点 6。当然，如果点 6 成为最差点，则不必开拓。

（2）如果反射后得到的点在新的单纯形中是最差点，此时倘只有简单的反射法则，则将在最差的两点间循环，徘徊不前。遇到这种情况，应回向收缩。如果收缩后得到的点仍然是最差点，则将整个单纯形向最优点压缩。也就是说，新的单纯形是以最优点作为顶点之一，而各边的长度较原来压缩。

（3）等边三角形是个图形上的概念。调整坐标的比例尺，显然会得到不同的点。坐标比例尺很重要，一般希望如按各个方向移动同样距离，应对 J 产生相同数量级的影响。换句话说，如把等 J 线画在 x_1-x_2 平面上，希望能接近一簇圆，而不希望成为狭带。这样，搜索的迭代效果好，次数少。

单纯形搜索进行到单纯形各点的 J 值相近，即接近最优值为止。

如果维数为 3 维，则等边三角形化为等边四面体；维数为 n 维，则单纯形为等边的 $(n+1)$ 面体。在 $n>2$ 后，用图示法就困难了，但算法的基本规律不变。

单纯形法也可用于有约束条件的情况。这时候应使搜索点不越出可行域。惩罚函数法是一种可以同时处理等式和不等式约束条件的方法，在多种优化方法中都可以应用。

此时，对目标函数 J 加上惩罚函数项，产生新的目标函数

$$J' = J + \sum \phi_i(g_i) + \sum \varphi_j(h_j) \tag{9-7}$$

式中：$\phi_i(g_i)$ 是关于不等式约束条件的惩罚函数，$\varphi_j(h_j)$ 是关于等式约束条件的惩罚函数。

当搜寻 J 的最小值时：如果不满足约束条件，就对 J 加上一个正的数值，使 J' 增加，目标函数变差；如果满足约束条件，则惩罚函数为 0，$J' = J$。当搜寻 J 的最大值时，则在不满足约束条件时，对 J 加上一个负的数值，使目标函数变差。目标函数变差的结果，是使搜寻点离开该点。

约束条件的惩罚函数可写成

$\phi_i(g_i)=c_ig_i$ 或 $\phi_i(g_i)=c_ig_i^2$ 或其他形式

$\varphi_j(h_j)=d_jh_j$ 或 $\varphi_j(h_j)=d_jh_j^2$ 或其他形式

c_i 和 d_j 的数值和符号,要使得在不满足约束条件时,会形成一个影响显著的惩罚项。

数值搜索法后来又有了许多发展。总之,要鼓励搜索点向 J 值变好的方向移动。各种启发式方法都是这样做的,但技巧各有不同。

4. 梯度法

梯度法是非线性规划的一个大类。

梯度指的是$\partial J/\partial x=[\partial J/\partial x_1\partial J/\partial x_2\cdots\partial J/\partial x_n]^{\mathrm{T}}$。

现以两个自变量 x_1 和 x_2 的情况为例,说明梯度在图形上的表示。图 9-7 画出了 x_1-x_2 平面和 J 的等值线。设初始点在(x_{10},x_{20}),以该点为切点,可画出一条与 J 等值线相切的直线。显然,它是小范围内 J 等值线的线性近似,即

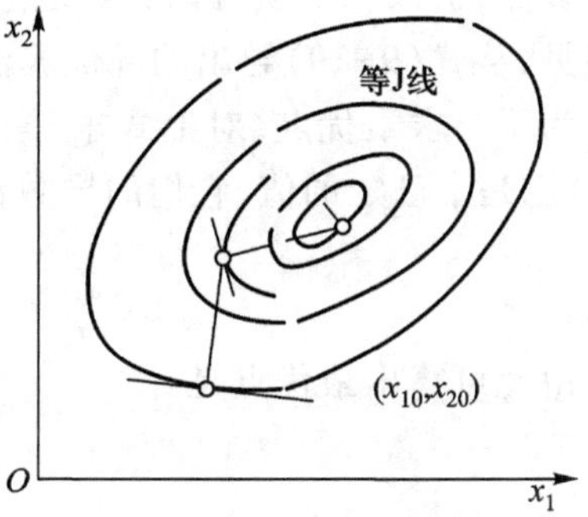

图 9-7 梯度法的示意图

$$\left.\frac{\partial J}{\partial x_1}\right|_0\Delta x_1+\left.\frac{\partial J}{\partial x_2}\right|_0\Delta x_2=0 \tag{9-8}$$

线的斜率是$\dfrac{\Delta x_2}{\Delta x_1}=-\left[\dfrac{\partial J}{\partial x_1}\Big/\dfrac{\partial J}{\partial x_2}\right]_0$,再通过切点,作垂直于切线的法线,其斜率是

$$m=\frac{\Delta x_2}{\Delta x_1}=\left[\frac{\partial J}{\partial x_2}\Big/\frac{\partial J}{\partial x_1}\right]$$

由式(9-8)可知,沿切线方向移动,J 几乎不变。由此可知,沿法线方向移动,将使 J 发生最大的变化。现在要寻找 J 的最小值,所以要选择在 x_1 和 x_2 增加时,J 值减小的方向,此方向是

$$\begin{bmatrix}\Delta x_1\\ \Delta x_2\end{bmatrix}=\begin{bmatrix}-\dfrac{\partial J}{\partial x_1}\\ -\dfrac{\partial J}{\partial x_2}\end{bmatrix}=-\frac{\partial J}{\partial x} \tag{9-9}$$

沿梯度负方向搜索的这种方法,称为最陡下降法。如果目标是求 J 的最大值,则应沿$\dfrac{\partial J}{\partial x}$的正方向搜索,这时可称最陡上升法。

采用这种原始的梯度时,如果 J 的各个等值线是一簇圆,则可以一次直抵最优点。但实际情况较此复杂得多,因此在寻优时,按梯度负方向每次行进到该线上 J 值最优的一点后,要重新计算梯度,进行新的搜索。

该方法的缺点是,虽然一开始 J 值下降得比较快,但随着迭代次数的增加,梯度会变得越来越小,J 值下降得越来越慢,甚至会无法抵达最优点。因此必须进行改进。改进的方法很多,要点是如何确定搜索方向,同时如何确定搜索的步长。下面介绍两种成熟的算法。

(1) 二阶梯度法——牛顿-拉夫森方法

把泰勒展开式应用到 $J=f(x)$ 函数上来。在第 i 次迭代值 x^i 附近

$$J(x)\approx J(x^i)+(x-x^i)^{\mathrm{T}}\frac{\partial J}{\partial x}+\frac{1}{2}(x-x^i)^{\mathrm{T}}H(x-x^i) \tag{9-10}$$

式中的 H 是二阶偏导数组成的对称矩阵，$H=[\partial^2 J/\partial x_1\partial x_2]$，也称黑森矩阵。

显然，引入二阶项可以更好地逼近 $J(x)$，即使在一阶导数项很小时，仍能保持这一性质。可以想见，从式(9-10)导出的寻优算法会比简单梯度法好些。

为了寻求最优点，对上式求导，并令 $\partial J(x)/\partial x=0$，然后对 x 求解。注意 x^i 是个已定的值，$J(x^i)$ 也是个已定的值，它们的导数都等于 0。因此，

$$0=\frac{\partial J}{\partial x}+H(x-x^i) \tag{9-11}$$

由此可算出最优点是

$$x=x^i-H^{-1}\frac{\partial J}{\partial x} \tag{9-12}$$

在多数情况下，H 是正定的，有逆矩阵存在。

不过，式(9-12)是一种近似，大范围的精确度不一定高，因此宜引入一个因子 ρ，取

$$x^{i+1}=x^i-\rho H^{-1}\frac{\partial J}{\partial x} \tag{9-13}$$

ρ 值可以通过一维搜索找到最合适的数值。然后从 x^{i+1} 开始，重新求取一阶和二阶导数，迭代寻优。

本法缺点之一是 H 有时不是正定矩阵，二是二阶导数的计算比较复杂。

(2) 变尺度方法

用 Q 表示梯度 $\frac{\partial J}{\partial x}$，用 H 表示黑森矩阵 $H=\partial^2 J/\partial x^2=\partial Q/\partial x$，现在要从牛顿-拉夫森方法找出一种比较容易的 H_i^{-1} 计算方法。

对 $H_i=\partial Q/\partial x|_{x=x^i}$ 作一阶近似，

$$Q^{i+1}-Q^i=H_i(x^{i+1}-x^i) \tag{9-14}$$

现有 $\eta_i=Q^{i+1}-Q^i$，$\sigma_i=x^{i+1}-x^i$，则式(9-14)也可写成

$$\sigma^i=H_i^{-1}\eta_i \tag{9-15}$$

如取 $Q^{i+1}=0$，上式就成为牛顿-拉夫森法的另一种表述形式，如再取 $H_i^{-1}=cI$，那就成为简单梯度法的另一种表述形式。

现在要用一个较易计算的矩阵 A_i 来代替 H_i^{-1}，并要求对 A_i 只要加一个易于计算的修正量 ΔA_i，就能得到进一步迭代用的 A_{i+1}，即

$$A_{i+1}=A_i+\Delta A_i \tag{9-16}$$

理想的 A_i 应使下式得到满足：

$$\sigma_i=A_{i+1}\eta_i \tag{9-17}$$

因此有

$$\sigma_i = A_i \eta_i + \Delta A_i \eta_i \tag{9-18}$$

按照 DFP(Davison-Fleteher-Powell)校正方法,校正矩阵 ΔA_i 的解是

$$\Delta A_i = \frac{\sigma_i \sigma_i^{\mathrm{T}}}{\sigma_i^{\mathrm{T}} \eta_i} - \frac{A_1 \eta_i \eta_i^{\mathrm{T}} A_i}{\eta_i^{\mathrm{T}} A_i \eta_i} \tag{9-19}$$

上式等号右侧两项的分子都是矩阵,分母都是标量。通过式(9-18)很易验证,上式得到的 ΔA_i 的确满足式(9-17)的要求。

变尺度法的算法步骤如下:

① 给出 x 的初值 x^1,A 的初值 $A_1 = I$,并计算梯度 $Q^1 = \left.\frac{\partial J}{\partial x}\right|_{x^1}$。如果 Q^1 已经很小,则停止计算。否则取 $i=1$,进入② ;

② 令 $x^{i+1} = x^i - \rho_i v^i$,而 $v^i = A_i Q^i$,其中的因子 ρ_i 需要寻找,以使 J 为最小,即

$$J(x^i - \rho_i v^i) = \min_{\rho} J(x^i - \rho v^i) \tag{9-20}$$

③ 计算梯度 Q^{i+1},若 Q^{i+1} 足够小,则停止计算,否则进入④;

④ 计算校正矩阵 $\Delta A_i = \frac{\sigma_i \sigma_i^{\mathrm{T}}}{\sigma_i^{\mathrm{T}} \eta_i} - \frac{A_1 \eta_i \eta_i^{\mathrm{T}} A_i}{\eta_i^{\mathrm{T}} A_i \eta_i}$,取 $A_{i+1} = A_i + \Delta A_i$,然后转入② 。

变尺度法也非尽善尽美,特别是初值选择会有较大的影响。

5. 智能优化算法

自 19 世纪 80 年代以来,一些新颖的优化算法,如人工神经网络、混沌、遗传算法、模拟退火、禁忌搜索、群智能算法等得以发展,它们大多以模拟或揭示某些自然现象为思路,为解决复杂优化问题提供了新的方法。由于这些算法构造的直观性与自然机理,通常被称为智能优化算法,或现代优化算法。

模拟退火算法(Simulated Annealing,SA)最早由 Kirkpatrick 等应用于组合优化领域,它是基于 Mente-Carlo 迭代求解策略的一种随机寻优算法,其出发点是基于物理中固体物质的退火过程与一般组合优化问题之间的相似性。模拟退火算法来源于固体退火原理,将固体加温至充分高,再让其徐徐冷却,加温时,固体内部粒子随温升变为无序状,内能增大,而徐徐冷却时粒子渐趋有序,在每个温度都达到平衡态,最后在常温时达到基态,内能减为最小。模拟退火算法从某一较高初温出发,伴随温度参数的不断下降,结合概率突跳特性在解空间中随机寻找目标函数的全局最优解,即在局部最优解能概率性地跳出并最终趋于全局最优。模拟退火算法是一种通用的优化算法,理论上算法具有概率的全局优化性能,目前已在工程中得到了广泛应用,诸如 VLSI、生产调度、控制工程、机器学习、神经网络、信号处理等领域。

遗传算法(Genetic Algorithm)是一类借鉴生物界的进化规律(适者生存,优胜劣汰遗传机制)演化而来的随机化搜索方法。它是由美国的 J.Holland 教授于 1975 年首先提出,其主要特点是直接对结构对象进行操作,不存在求导和函数连续性的限定;具有内在的并行性和更好的全局

寻优能力;采用概率化的寻优方法,能自动获取和指导优化的搜索空间,自适应地调整搜索方向,不需要确定的规则。遗传算法的这些性质,已被人们广泛地应用于组合优化、机器学习、信号处理、自适应控制和人工生命等领域。它是现代有关智能计算中的关键技术。遗传算法的基本运算过程包括初始化、个体评价、选择运算、交叉运算、变异运算等步骤。

蚁群优化(Ant Colony Optimization, ACO)算法是由意大利学者 M. Dorigo, A. Colorni, V. Maniezzo 受到人们对自然界中真实的蚁群集体行为的研究成果的启发而首先提出来的一种基于种群的模拟进化算法。当时称之为蚁群算法,并利用该方法去解决旅行商问题等,取得了较好的实验结果。后来 M.Dorigo 等人为了其他学者研究方便,将各种蚂蚁算法统称为蚁群优化算法,并为该算法提出了一个统一的框架结构模型。M.Dorigo 等人充分利用了蚁群搜索食物的过程与旅行商问题之间的相似性,通过人工模拟蚂蚁搜索食物的过程,即通过个体之间的信息交流与相互协作最终找到从蚁穴到食物源的最短路径,来求解旅行商问题。

粒子群优化算法(Particle Swarm Optimization, PSO)又翻译为粒子群算法、微粒群算法或微粒群优化算法,是通过模拟鸟群觅食行为而发展起来的一种基于群体协作的随机搜索算法。通常认为它与蚁群算法都是群集智能(Swarm Intelligence, SI)的一种。它可以被纳入多主体优化系统(Multiagent Optimization System, MAOS)。粒子群优化算法是由 Eberhart 博士和 Kennedy 博士发明。PSO 模拟鸟群的捕食行为:一群鸟在随机搜索食物,在这个区域里只有一块食物。所有的鸟都不知道食物在哪里。但是他们知道当前的位置离食物还有多远。那么找到食物的最优策略是什么呢? 最简单有效的就是搜寻目前离食物最近的鸟的周围区域。

9.3.3 操作优化示例

汽油产品是炼油厂的一个重要经济来源。如何充分利用现有油品资源,以更低的成本生产出更多的高质量汽油,是油品调和一直致力于解决的问题。在我国汽油的主要调和组分为催化裂化汽油,其辛烷值偏低,为满足大量生产高标号汽油的需要,通常是依靠提高 MTBE、重整生产的高辛烷值组分产量的手段,但这也相应地增加了汽油的生产成本。由此可见,如何充分利用现有的调和组分、油品罐容等资源提高炼油效益,是炼油企业急需解决的问题。特别是随着对燃油指标要求的严格化,许多炼油厂采用的传统人工试凑的配方计算方式,已经难以生产满足指标的汽油产品。

采用手工试凑的计算方法,由于缺少有效的模型支持,因此造成了在调和过程中,调和一次成功率低,调合质量过剩大,调和成本高等一系列问题。因此,如何能够利用目前的生产模式,只是通过升级配方的计算方式来部分提高调和的效益,成为需要研究的课题。为了解决这个问题,需要精确有效的汽油调和模型与优化算法,完成配方优化。

本例中提出了一种基于组分油调和效应的辛烷值模型,在提高精度的同时,能够保证形式简单易懂的特点。在调和效益模型的基础上,还提出了相应的优化策略,并进行了现场应用。

1. 辛烷值调和效应模型

该模型的基本思想为:首先对各组分油的辛烷值属性进行相应的调和效应补偿;其次对补偿后的辛烷值属性按照调和配方进行线性叠加得到预测的成品油辛烷值属性;各组分油的辛烷值调和效应通过历史数据回归得到。

根据现场调和经验,各组分油的辛烷值对最终成品油的辛烷值贡献度,除去线性部分以外,往往表现出额外的正效应或者负效应。因此在现场调和过程中,技术人员经常会根据调和经验定性地估计各组分油的正负效应,用以指导配方的计算。本模型的提出正是将这种定性的经验定量化,根据历史数据定量的回归得到各组分油的调和效应。因此假设有 n 个组分油参与调和,其调和后的辛烷值可以按照以下方式预测。首先,对各组分油的辛烷值属性进行补偿:

$$Qx(O_{j,i})=O_{j,i}+pb_{j,i},j\in\{RON,MON\} \tag{9-21}$$

其中,$i=1,2,\cdots,n$ 为各组分油编号;$j\in\{RON,MON\}$ 为油品的研究法与马达法辛烷值属性;$pb_{j,i}$为组分油 RON 和 MON 属性的调和效应;$O_{j,i}$为第 i 种组分油的 RON 或 MON 属性;$Qx(O_{j,i})$为调和效应补偿函数。

其次,对补偿后的各组分油辛烷值进行线性叠加,以得到成品油辛烷值的预测值:

$$O_j=\sum_{i=1}^{n}(r_i\cdot Qx(O_{j,i})) \tag{9-22}$$

其中,r_i 为第 i 种组分油的配方;O_j 为成品油辛烷值属性预测值。

在上述模型中,仅有调和效应 $pb_{j,i}$为待定参数,参数数量由参与调和的组分油个数决定。根据调和的历史数据可以通过线性回归的方法求得调和效应参数。假设共有 m 组历史调和数据,包括 m 组调和配方,m 组组分油与成品油的辛烷值测量值,根据式(9-21)和式(9-22)可得

$$\begin{bmatrix}O_j^1\\O_j^2\\\vdots\\O_j^l\\\vdots\\O_j^m\end{bmatrix}=\begin{bmatrix}r_{1,1}&r_{1,2}&\cdots&r_{1,n}\\r_{2,1}&r_{2,2}&\cdots&r_{2,n}\\\vdots&\vdots&r_{l,i}&\vdots\\r_{m,1}&r_{m,2}&\cdots&r_{m,n}\end{bmatrix}*\left(\begin{bmatrix}pb_{j,1}\\pb_{j,2}\\\vdots\\pb_{j,i}\\\vdots\\pb_{j,n}\end{bmatrix}+\begin{bmatrix}O_{j,1}\\O_{j,2}\\\vdots\\O_{j,i}\\\vdots\\O_{j,n}\end{bmatrix}\right) \tag{9-23}$$

其中,O_j^l 为第 l 组数据中成品油的辛烷值,$[r_{m,1},\quad r_{m,2}\quad\cdots\quad r_{m,n}]$为历史调和配方。若式(9-23)中的配方矩阵记为 $R_{m,n}$,则有线性回归形式 $R_{m,n}PB=Y,PB=[pb_{j,1},\quad pb_{j,2}\quad\cdots\quad pb_{j,n}]^{\mathrm{T}}$ 和

$$Y=\begin{bmatrix}O_j^1\\O_j^2\\\vdots\\O_j^l\\\vdots\\O_j^m\end{bmatrix}-\begin{bmatrix}r_{1,1}&r_{1,2}&\cdots&r_{1,n}\\r_{2,1}&r_{2,2}&\cdots&r_{2,n}\\\vdots&\vdots&r_{l,i}&\vdots\\r_{m,1}&r_{m,2}&\cdots&r_{m,n}\end{bmatrix}*\begin{bmatrix}O_{j,1}\\O_{j,2}\\\vdots\\O_{j,i}\\\vdots\\O_{j,n}\end{bmatrix} \tag{9-24}$$

因此,调和效应参数的解为

$$PB=(R_{m,n}^{\mathrm{T}} * R_{m,n})^{-1} * (R_{m,n}^{\mathrm{T}} * Y) \tag{9-25}$$

除以上提到的辛烷值属性以外,汽油调和过程中还需要考虑其他关键属性,如雷德蒸汽压(RVP),硫含量(SULF),密度(SPGR),烯烃含量(OLE),芳烃含量(AROM)和苯含量(BENZ)。对各属性采用的调和预测模型为 RON 与 MON 采用式(9-21)~式(9-25)描述的调和效应模型;抗爆指数 DON 为 RON 和 MON 的平均数;雷德蒸汽压 RVP 采用雪夫模型;此外的 SULF,SPGR,OLE,AROM,以及 BENZ 属性均采用线性叠加模型。在此模型基础上,本例进一步提出了计算调和最优配方的优化策略。

2. 调和配方优化策略

本例将辛烷值的调和效应模型以及其他属性模型与现场要求结合起来,设置优化问题。通过使用优化算法求解该优化问题,得出最优调和配方。在优化问题的设置过程中,考虑的优化目标为调和成本与质量过剩:

$$\min_{\eta}\left[w_c \cdot \sum_{i=1}^{n} c_i \cdot r_i + w_g \cdot \sum_{j\in S} sc_j \cdot g_j(P_j, s_j) \right] \tag{9-26}$$

其中,c_i 为各组分油的单位体积成本;sc_j 为各属性单位质量过剩成本;w_c,w_g 为优化算法中调和成本与质量过剩 2 个目标的相应权重;S 为油品属性集合;$g_j(P_j,s_j)$ 为根据属性 j 的调和预测值 P_j 和质量标准 s_j 计算该属性质量过剩的函数:

$$h_j(P_j,s_j)=\mathrm{sgn}(s_j)\cdot\left(\frac{\begin{pmatrix} P_j \cdot (targetvol-heelvol) \\ +P_j^h \cdot heelvol \end{pmatrix}}{targetvol}-s_j\right)$$

$$g_j(P_j,s_j)=\max(h_j(P_j,s_j),0) \tag{9-27}$$

其中,$targetvol$ 为调和目标体积;$heelvol$ 为调和罐底油体积;P_j^h 为罐底油 j 属性值;$\mathrm{sgn}(s_j)$ 为符号函数,如成品油第 j 种属性要求大于等于相应指标,函数输出为+1,反之函数输出为-1。

在优化问题设置过程中,需要考虑的约束条件为

$$\begin{aligned} \text{s.t.}: & \sum_{i=1}^{n} r_i = 1 \\ & r_{i\_\min} < r_i < r_{i\_\max} \\ & 0 \leqslant h_j(P_j,s_j) \end{aligned} \tag{9-28}$$

上式分别为物料平衡约束、组分油库存约束和调和质量合格约束。

通过求解式(9-26)的优化问题,可以解出最优配方 r_i,使得调和过程符合生产库存,调和成品油在达到国标规定的质量指标的同时,能够拥有最低的调和成本以及最小的质量过剩。

3. 应用结果

为了验证提出的模型和相应的优化策略,本例按照下述方案来进行现场应用:

首先，采集现场调和历史数据，通过式(9-24)回归出辛烷值调和效应参数，建立调和模型。将建立的辛烷值调和效应模型与传统的乙基模型进行对比，验证模型精度。结果表明，调和效应模型对 RON 和 MON 的预测值同传统的乙基模型预测值相比，较为靠近实际调和测量结果。

然后进行现场应用。在汽油调和现场计算调和配方，并按照配方进行汽油生产。通过调和后成品油化验数据，以及与厂方给出的配方进行对比，验证配方的有效性和经济性。在现场应用中，已经完成 11 个批次的汽油调和，共生产汽油 6 万吨。调和结果经化验后全部一次性达到国Ⅲ标准。通过成本核算，前 2 个批次通过优化，提高了调和成功率，在后 9 个批次的调和过程中，优化配方平均每批次节省 4.25 万元。按照该炼油厂 93#汽油产量，如使用离线优化软件在保证调和合格的基础上，每年将节省成本约 1275 万元。

习题和思考题

1. 过程监控的含义是什么？
2. 什么是故障检测与诊断技术？常用的故障检测与诊断方法有哪些？
3. 什么是容错控制？
4. 工业过程优化可分为哪几类？
5. 为什么要对工业过程进行操作优化？
6. 常用的操作优化方法有哪些？

第 10 章　典型工业生产过程的控制

10.1　合成氨过程的控制

合成氨过程是一个典型化工生产过程。装置规模日趋扩大,生产技术和工艺过程日趋复杂,对过程的控制也提出更高要求。在此就合成氨生产过程中的主要装置控制系统作简要介绍。

10.1.1　变换炉的控制

合成氨生产过程中变换工序是一个重要环节,它将一氧化碳和水蒸气进行反应,变换为氢气和二氧化碳。变换反应的直接质量指标是出口气中 CO 含量,目前大多数是通过稳定触媒层温度来进行控制,图 10-1 是常用一段触媒层温度与蒸汽-半煤气变比值控制系统。

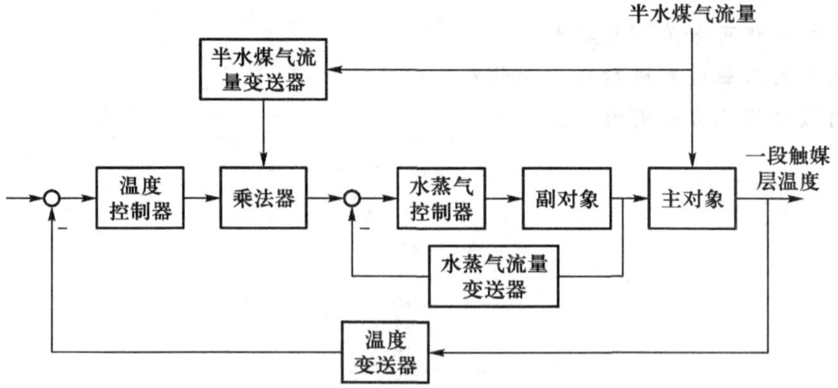

图 10-1　变换炉一段触媒层温度控制系统

有时用变换炉出口气体中 CO 浓度作为被控变量,采用变比值控制系统,控制变换炉出口气体中 CO 浓度。控制系统投运后,对半水煤气成分变化、触媒活性变化等扰动的影响都有较好克服能力。变换炉出口气体应进行净化处理,并对分析仪表进行定期维护是控制系统正常运行的前提。因该系统控制通道时间常数较采用入口温度或一段温度控制的控制通道时间常数小,因此,控制质量较好。

变换炉还可以进行优化控制,变换炉的生产过程流程简图如图 10-2 所示。变换炉的控制目标是变换炉出口气体中 CO 浓度 X_{CO},影响的扰动变量有:变换炉入口气体温度 T_{in},入口气体

组成 C_{in},空速 S_v,触媒活性 AF 等,选择操纵变量为入口气体温度 T_{in}(通过调节废热锅炉旁路流量来控制)。控制目标 X_{CO} 与扰动变量、操纵变量间的函数关系表示为

$$X_{CO}=f_1(T_{in},C_{in},S_v,AF) \tag{10-1}$$

优化目标函数为

$$J=\min(X_{CO}) \tag{10-2}$$

求得的最优化入口温度设定值为

$$T_{inop}=f_2(C_{in},S_v,AF) \tag{10-3}$$

对上式线性化,得到近似的增量式线性控制模型为

$$\Delta T_{inop}=\frac{\partial f_2}{\partial C_{in}}\Delta C_{in}+\frac{\partial f_2}{\partial S_v}\Delta S_v+\frac{\partial f_2}{\partial AF}\Delta AF=k_1\Delta C_{in}+k_2\Delta S_v+k_3\Delta AF \tag{10-4}$$

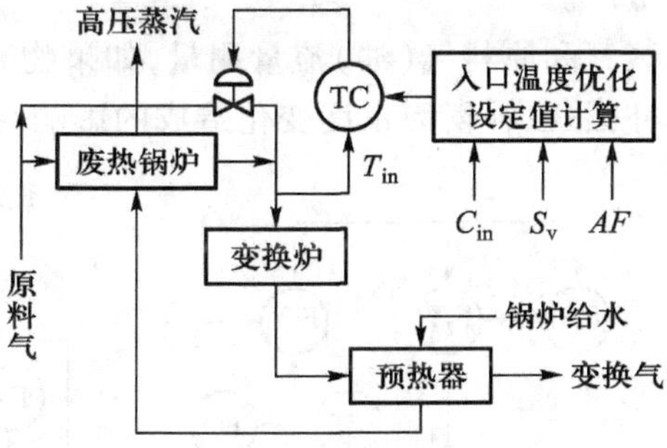

图 10-2 变换炉的最优控制系统

图 10-2 显示了该生产过程的优化控制框图。图中,根据式(10-4)计算变换炉入口温度优化设定值,组成变换炉入口温度的监督控制系统,实现静态优化控制。该控制系统的实质是多变量前馈控制系统。

10.1.2 转化炉水/碳比控制

水/碳比控制是转化工段一个十分关键的工艺控制参数。水/碳比指进口气中水蒸气和含烃原料中碳分子总数之比。水/碳比过低会造成一段转化炉触媒的结碳。由于进口气中总碳量的分析与测定有一定困难,因此,总碳量通常用进料原料气流量作为间接被控变量。

一段转化炉水/碳比控制可采用水蒸气和原料气两个流量的单闭环控制系统,但因没有比值计算和显示,通常需要设置相应的水/碳比报警和联锁系统,防止水碳比过低造成结碳。

通常,一段转化炉水/碳比控制采用水/碳比的比值控制系统。有三种不同的实施方案。

1. 以水定碳的比值控制系统

该比值控制系统的主动量是水蒸气流量,原料气(油)流量作为从动量,组成双闭环比值控制系统,如图 10-3(a)所示。图中,乘法器 FY 实现比值函数运算,该控制方案能够保证水/碳比

恒定,当水蒸气不足时,能够使原料气(油)随之减小。

2. 以碳定水的比值控制系统

该比值控制系统的主动量是原料气(油)流量,水蒸气流量作为从动量,组成双闭环比值控制系统,如图 10-3(b)所示。图中,乘法器 FY_1实现比值函数运算,增加高选器 FY_2和滞后环节 FY_3。当原料气(油)流量增加时,经高选器使水蒸气流量也增加,但当原料气(油)流量减小时,由于滞后环节输出还在高值,因此,水蒸气流量要滞后一段时间再减小,因此,不会因水/碳比过低使触媒结碳。

3. 水/碳比的逻辑提量和减量控制系统

图 10-3(c)所示比值控制系统是逻辑提量和减量控制系统。当提量时,能够保证先增加水蒸气流量,再增加原料气(油)流量;减量时,先减原料气(油)流量,再减小水蒸气流量。防止了触媒结碳的发生,保证了安全生产。

在比值控制系统中,对水蒸气和原料气(油)流量测量,如果物料的温度、压力或成分有较大变化时,需要进行温度和压力补偿,以补偿因重度变化造成的影响,提高测量精确度。

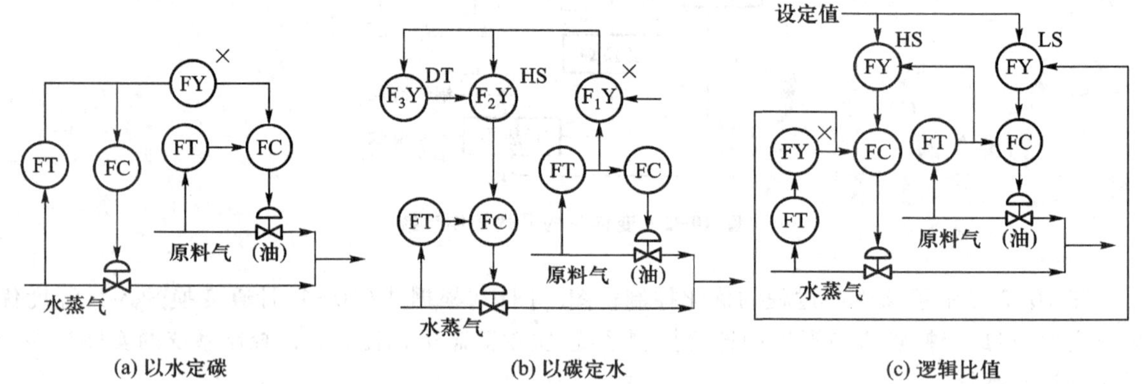

图 10-3 一段转化炉水碳比控制系统

10.1.3 合成塔的控制

合成塔的控制主要有氢氮比控制、合成塔温度控制和合成弛放气控制等。

1. 氢氮比控制

合成氨的反应方程式为:$3H_2 + N_2 \longleftrightarrow 2NH_3 + Q$

由于合成反应的转化率较低(约 12%),必须将产品分离后的未反应物料循环使用,即循环气加到新鲜合成气中再进入合成塔进行反应。氢气和氮气需按 3∶1 比例混合,然后进行反应。

以天然气为原料的大型合成氨厂中,氢/氮比控制的操纵变量是二段转化炉入口加入的空气量。从空气加入，经二段转化炉、变换炉、脱碳系统、甲烷化及压缩，才能进行合成反应，因此，整个调节通道很长，时间常数和时滞很大，这表明被控过程是大时滞过程。为此，设计如图 10-4 所示的以合成塔进口气中氢/氮比为主被控变量，以新鲜合成气中氢/氮比为副被控变量的串级控制系统。考虑到天然气原料流量波动的影响，引入了原料流量的前馈信号，组成串级前馈控制系统。

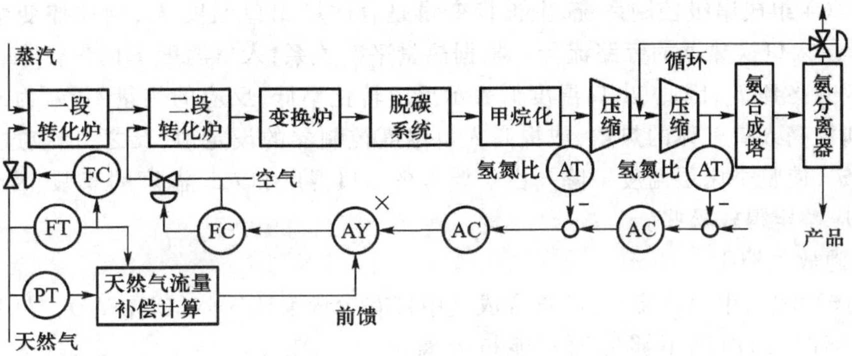

图 10-4 合成反应过程的氢氮比串级变比值控制系统

考虑到上述控制方案中副控制通道的时间常数还较大，对变换氢扰动的影响要到甲烷化后才能反映，因此，有些合成氨厂组成三个环的串级控制系统，即在上述串级变比值控制系统的基础上，将变换气中的氢含量作为最里面的副被控变量，组成第三个副环控制回路，可有效地克服前面部分过程扰动的影响，最终，使氢/氮比保持在 3±0.07 的范围内，满足了工艺控制的要求。

2. 合成塔温度控制

为保证合成反应稳定运行，要求控制好合成塔触媒层的温度，以便提高合成转化率，延长触媒使用寿命。有多种控制方案，图 10-5 是其中的一种控制方案。

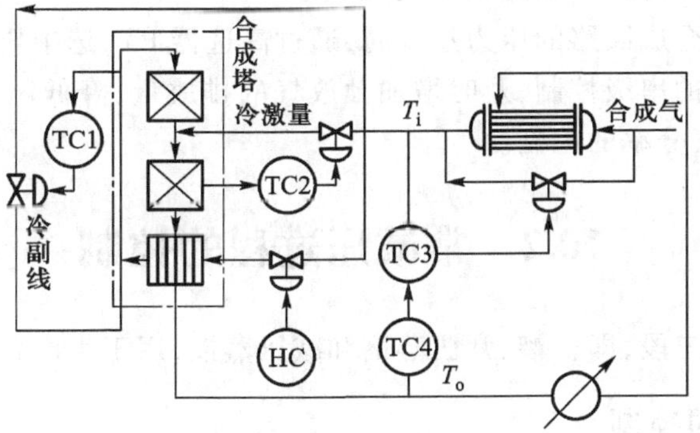

图 10-5 合成塔温度控制

图 10-5 中,TC1 是合成塔入口温度控制器,被控变量是合成塔入口温度,操纵变量是冷副线流量。因合成气刚入塔,离化学平衡有距离,应提高反应速率。入口温度过低,不利于反应进行,入口温度过高,则反应速率过快,床温上升过猛,影响触媒使用寿命。

TC2 是合成塔触媒床层温度控制器,被控变量是触媒床层温度,操纵变量是冷激量,因第二层触媒中化学平衡成为主要矛盾,因此,应控制床层温度,以反映化学平衡的状况。

TC3 和 TC4 组成串级控制系统,主被控变量是合成塔出口温度 T_o,副被控变量是入口温度 T_i,操纵变量是入口换热器的旁路流量。根据热量平衡关系,入口温度 T_i的气体在合成反应中获得热量,温度升高到 T_o,因此,出口温度低表示反应转化率低,反应的热量不够,为此应提高整个床层温度,即提高入口气体的热焓,或提高入口温度控制器的设定值,反之,反应过激时,应降低入口温度设定,使整个床层温度下降。由于要考虑出口温度和入口温度的兼顾,因此,对主、副控制器的参数应整定得较松些。

3. 合成驰放气控制

合成生产过程采用循环流程,新鲜合成气中带有少量惰性气体(CH_4+Ar),它们不参加反应,但在氨气分离时,因温度不够低而不能被分离出来,随着循环过程的进行,惰性气体将不断累积,不利于反应的进行,为此应采用驰放的方式适量排放惰性气体,使合成塔运行在较高转化率的工况。

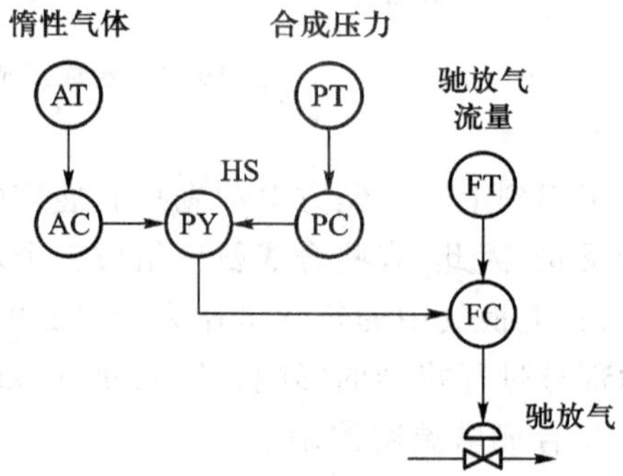

图 10-6 驰放气控制系统

图 10-6 是驰放气控制示意图。采用选择性控制系统和串级控制结合的控制方案。正常情况下,由回路中惰性气体分率作为主被控变量,驰放气流量作为副被控变量,操纵变量是驰放气流量。惰性气体分率是采用全组分色谱仪测出合成回路中各组分分率,再将甲烷和氩分率相加后作为主被控变量,采用串级控制可改善被控对象的动态特性,获得较好的控制品质。当合成回路的压力过高时,通过高选器 PY,选中压力控制器输出,组成合成回路压力与驰放气流量的串级控制,及时增加驰放气的排放量,降低压力,直到压力恢复到正常范围后,再切回到惰性气分率的控制。

10.2 常减压过程的控制

常减压蒸馏过程分三段,即初馏、常压蒸馏和减压蒸馏,用于生产各种燃料油和润滑油馏分。

10.2.1 常压塔的控制

常压系统生产燃料油,要求严格的馏分组成,因此,常压系统的控制以提高馏分精确度为主。

常压塔常用控制回路见图 10-7。

主要控制回路如下：

(1) 塔顶温度控制。塔顶温度 T_1C 与回流量 F_4C 组成串级控制系统，保证塔顶馏出产品汽油的质量。

(2) 侧线控制。当塔顶温度恒定，各循环回流量固定时，侧线温度变化不大，因此，采用控制循环回流量恒定的方法间接保证侧线产品质量。控制方法是：加大循环回流量，使侧线馏出量减小，侧线温度就下降，反之亦然。近年来采用软测量技术间接推断侧线产品的质量指标，例如，柴油干点、常三线 90%点等，因此，也可采用这些指标进行控制。侧线的采出量采用定值控制。

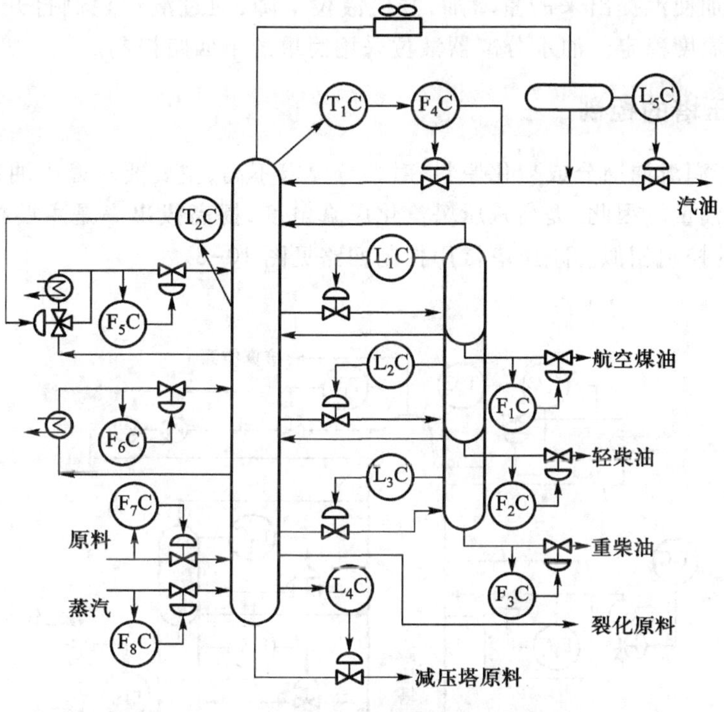

图 10-7 常压塔装置基本控制回路

(3) 塔压控制。常压塔的塔压可不进行控制，直接将冷凝器开口通大气。当采用风冷时，由于受到环境温度变化的影响较大，会造成冷凝量的改变。当塔顶温度恒定后，常压塔的塔压可保持基本不变。

(4) 过热蒸汽控制。进入塔底的过热蒸汽量应控制恒定，它主要用于将原油中的轻组分吹出。汽提塔的过热蒸汽通常控制其压力，以保证汽提塔稳定操作。此外，加热炉出口过热蒸汽温度应控制在 400 ℃。

(5) 原料量控制。控制原料量主要是控制负荷的大小，根据常压塔设备的生产能力可调整其设定值。由于控制阀安装在加热炉前,因此,油温不高,不会出现气相进料。必要时可设置前馈控制,与过热蒸汽量按一定比例变化。进料温度通常由加热炉控制燃料量来调节。例如,组成加热炉出口温度(原料进口温度)与炉膛温度的串级控制。

(6) 液位控制。塔底产品是减压塔的进料,因此,对塔底液位采用简单均匀控制或串级均匀控制。汽提塔的液位直接影响汽提塔轻组分的采出,因此,汽提塔液位采用单回路控制系统。它与侧线产品采出量的定值控制系统一起,能够保证侧线温度的稳定。例如,扰动使侧线采出量增大时,侧线温度上升,汽提塔液位也随之上升,液位控制回路关小控制阀,减小了采出量,侧线温度也随之下降,反之亦然。当侧线产品中轻组分增加,侧线温度下降,汽提塔的入塔流量虽然不变,但因轻组分增加使汽提出来的量增加,并使液位下降,通过液位控制打开控制阀,加大采出量,从而保持侧线温度稳定。油水分离器液位采用简单的单回路控制。

10.2.2 减压塔的控制

减压系统生产润滑油馏分或裂化原料,对馏分要求不高,主要要求馏出油残炭合格前提下提高拔出率,减少渣油量。因此,提高减压塔汽化段真空度,提高拔出率是主要控制目标。减压塔的控制与常压塔的控制相似。减压塔常用控制回路见图 10-8。

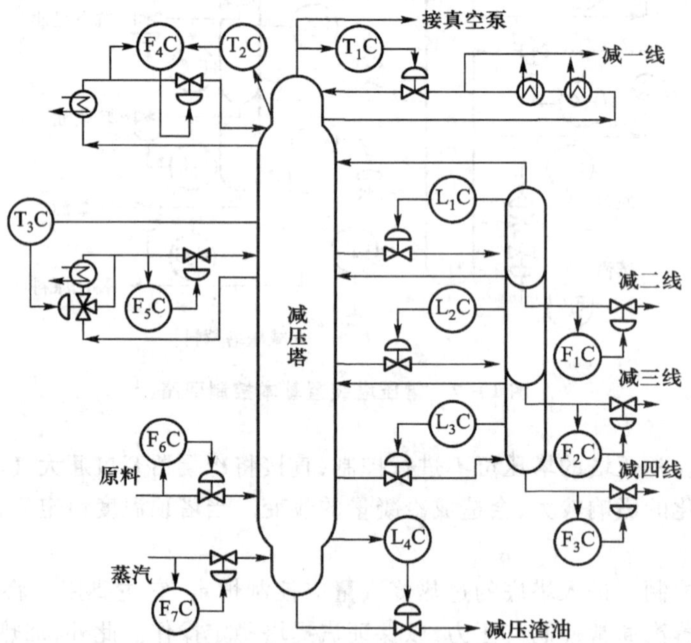

图 10-8 减压塔装置基本控制回路

(1) 塔压控制。采用二级蒸汽喷射泵,控制蒸汽压力和真空度。

(2) 塔顶温度控制。塔顶不出产品,采用一线油打循环,回流控制塔顶温度,组成一线温度和回流量的串级控制。

(3) 液位控制。与常压塔液位控制相似,汽提塔液位采用单回路控制系统。它与侧线产品采出量的定值控制系统一起,能够保证侧线温度的稳定。

(4) 原料和过热蒸汽的控制。与常压塔控制类似。

10.3　催化裂化过程的控制

催化裂化过程是以重油馏分油为原料,在催化剂和 450 ℃~530 ℃,0.1~0.3 MPa 条件下,经过裂化为主的一系列反应,生成气体、汽油、柴油、重质油及焦炭的工艺过程。其工艺主要特点是轻质油收率高,可达 70%~80%,气体产率,主要是 C_3、C_4,达 10%~20%,其中,烯烃含量达 50%,因此,是石油加工过程中重要的二次加工手段。催化裂化过程通常由反应-再生系统、分馏系统和吸收-稳定系统等三部分组成。

10.3.1　催化裂化过程反应-再生系统的控制

反应-再生系统是催化裂化过程中最重要的部分,其反应机理和工艺动态过程复杂。要使反应-再生系统参数中所有被控变量处于受控状态,同时某些重要操纵变量又能处于其理想的经济目标,是反应-再生系统过程控制的难点。图 10-9 所示是分子筛提升管催化裂化装置的反应-再生系统控制流程。

原料经换热后与回炼油混合到 250 ℃~279 ℃,再与来自分馏塔底 350 ℃油浆混合进入筒式反应器的提升管下部。在提升管内,原料油与来自第二密相床的再生催化剂(700 ℃左右)接触、迅速汽化并进行反应,生成的油气同催化剂一起向上流动,经提升管出口快速分离进入沉降器,经三组旋风分离器分离油气和催化剂。油气在分馏塔进行产品的分离,催化剂在汽提段经过蒸汽汽提,其中夹带的大部分油气被蒸汽汽提。经汽提后的待生催化剂进入烧焦罐下部。汽提段藏量由待生电动滑阀控制,第二密相床经外循环管进入烧焦罐下部的再生催化剂与待生催化剂一起,与主风机提供的主风混合并烧焦,使催化剂再生恢复活性,再生后的催化剂与空气、烟气并流进入稀相管进一步烧焦,稀相管出口设置 4 组粗旋风分离器,分离烟气和催化剂。带催化剂的再生烟气再经 6 组旋风分离器进一步分离,回收的催化剂进入第二密相床。第二密相床中再生催化剂分两路,一路经再生斜管去提升管反应器,其量由提升管出口温度控制再生滑阀调节。另一路经循环管返回烧焦罐,其量由二密藏量控制循环量滑阀调节。再生烟气经外集气室进入余热炉,燃烧后排空。再生器压力由双动滑阀控制,反应器本身不设置控制,而通过反应沉降器的压力反映,并由富气压缩机调速控制。应保持反应器与再生器之间的压差,通常,反应器压力略高于再生器压力,因再生器为烧去积炭,需送入空气,如再生器压力高于反应器压力,就可能使空

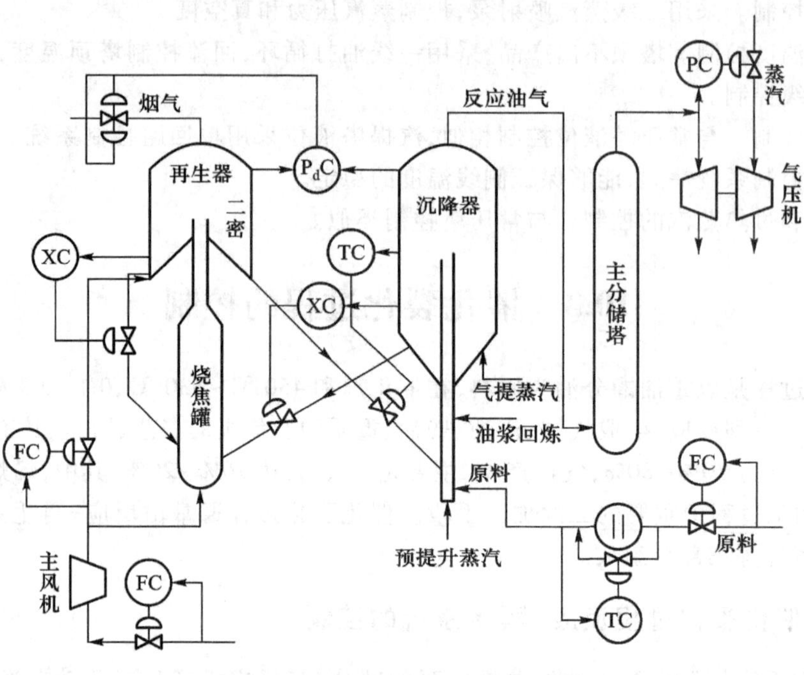

图 10-9 反应-再生系统控制流程简图

气进入反应器发生爆炸,其压差通过再生器出口烟气量调节。

除了图示控制系统外,还设置了约束控制,使部分控制成为卡边控制,保证经济运行与设备安全。一些装置对重要的过程变量,例如,催化剂循环量、剂油比等采用软测量技术进行推断和估计并应用于生产过程指导或控制,取得了很好的效果。

10.3.2 裂解气分馏塔的控制

裂解气分馏塔的进料来自催化反应器的460 ℃以上带有催化剂粉末的裂解气,经换热、降温和除尘后,从分馏塔底部以气相进料,经分馏后,塔顶得到富气和粗汽油,侧线在汽提塔中经汽提、换热、冷却后得到轻柴油和重柴油,侧线还产出回炼油,塔底得到渣油。与一般的分馏塔控制类似,采用循环回流控制侧线温度,保证侧线馏分的组分。汽提塔的蒸汽从汽提段底部送入,根据汽提液位控制产品的采出量。塔顶温度采用塔顶温度和回流量的串级控制。与一般分馏塔不同,由于全塔剩余的热量大,因此,塔顶采用循环回流、中段也采用两个回流、塔底采用渣油回流的方法,为此,设置相应的温度控制系统,或温度和回流量的串级控制系统,塔底则采用液位和流量的单回路控制。塔压控制采用排放富气量控制,粗汽油量采用回流罐液位和馏出量的串级控制。再沸器加热量和塔底采出量采用定值控制。再沸器液位控制进入的载热体流量,保证一定的加热量。裂解气分馏塔的基本控制回路如图 10-10 所示。

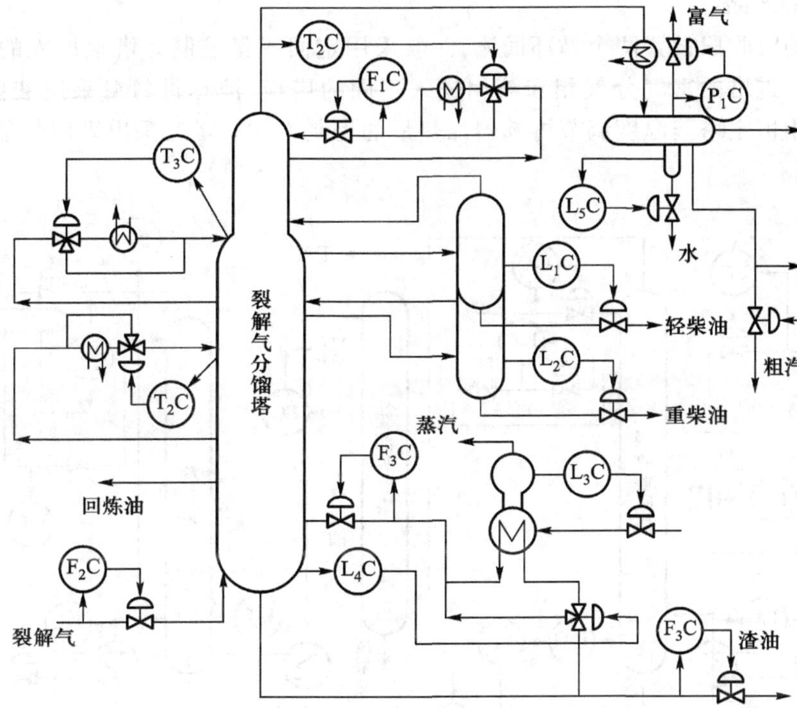

图 10-10 裂解气分馏塔装置基本控制回路

10.3.3 吸收-稳定系统的控制

吸收-稳定系统包括吸收解吸塔和稳定塔。吸收-稳定系统的控制系统简图如图 10-11 所示。

吸收解吸塔用稳定汽油（C_3以上组分）为吸收剂，吸收富气中的 C_3、C_4馏分，全塔分两段，上段是吸收段，下段是解吸段。富气从塔中部进入，稳定汽油由塔顶打入，在塔内逆向接触，稳定汽油吸收富气中的 C_3、C_4馏分。下到解吸段的汽油除含 C_3、C_4馏分，还含 C_2馏分，它与塔底来的高温蒸汽接触，使汽油中的 C_2馏分解吸，从塔顶出来的馏出物是基本脱除 C_3以上组分的贫气。

柴油吸收塔的进料是吸收解析塔的贫气，它从塔底进入，与塔顶进入的来自分馏塔的贫柴油逆向接触，贫柴油作为吸收剂吸收贫气中的汽油，经吸收汽油后的干气从塔顶引出，吸收汽油后的柴油从塔底采出，送回分馏塔。

稳定塔实质是一个精馏塔。来自吸收解吸塔的吸收了 C_3、C_4馏分的汽油从稳定塔的中部进入，塔底产品是蒸汽压合格的稳定汽油，塔顶产品经冷凝后分为液态烃（主要是 C_3、C_4馏分）和气态烃（≤C_2馏分）。液态烃再进行分离，脱除丙烷（脱丙烷塔）、丁烷（脱丁烷塔）、丙烯（脱丙烯塔）等，获得相应的产品。

吸收解吸塔的吸收段设置两个循环回流，一般采用定回流量控制。塔顶加入的稳定汽油量也采用定值控制。进塔的富气分气相和液相进入不同的塔板，液相进料量采用液位均匀控制。再沸器的控制采用恒定塔釜温度调节再沸器加热量的控制方式。塔底采出采用塔釜液位和出料的串级均匀控制。

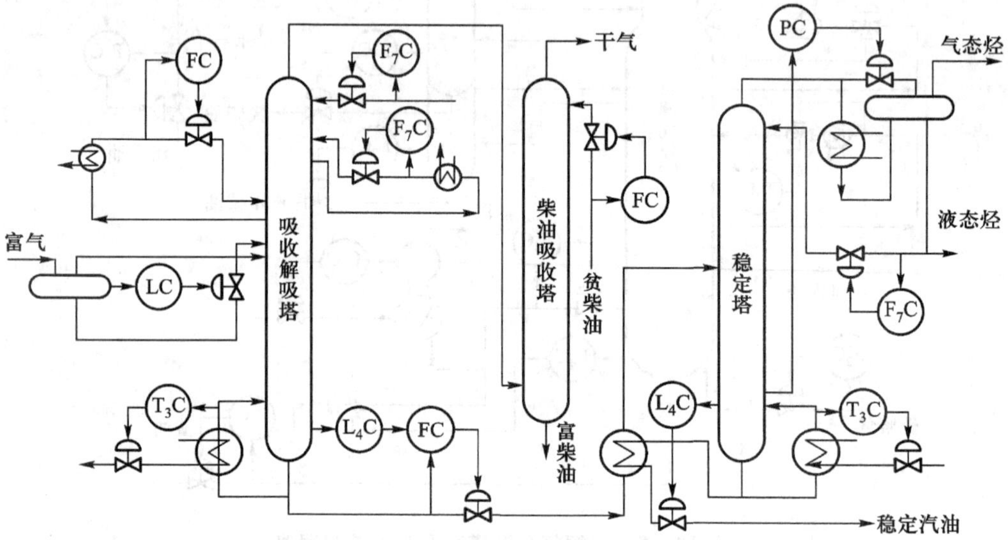

图 10-11 吸收-稳定系统的基本控制回路

10.4 乙烯生产过程的控制

乙烯生产工艺复杂，既有物理过程，又有化学反应过程，既有高温（1 300 ℃），又有低温（-170 ℃），但均属于典型化工单元过程。这些单元之间衔接紧密，中间缓冲余地较小，因此，操作参数允许变化的范围很小，操作难度大，对自动控制提出了很高的要求。

乙烯生产过程分为裂解、分离和制冷等三部分。乙烯过程（裂解和分离）有多种工艺路线。裂解过程是裂解原料在管式裂解炉中与水蒸气以一定的汽烃比配比，并在 800 ℃以上的温度下进行裂解反应，反应后的产物是原料裂解气和乙烷裂解气，它们经急冷和淬冷后进入汽油分离塔。分离过程是原料裂解气和乙烷裂解气在汽油分离塔冷却分离，塔釜的产品是裂解柴油和裂解燃料油，裂解气经冷却和干燥后进脱甲烷塔、脱乙烷塔，经乙烯精馏塔得到高压和低压乙烯，经脱丙烷塔、甲烷汽提塔、丙烯精馏塔、脱丁烷塔等得到相应的产品。制冷过程包括丙烯、乙烯和甲烷制冷系统。丙烯制冷系统用于提供-40 ℃、-23 ℃、2 ℃、18 ℃等四种不同制冷温度等级的丙烯,乙烯制冷系统用于提供-101 ℃、-75 ℃、-62 ℃等三种不同制冷温度等级的乙烯,甲烷制冷系统用于提供-136 ℃制冷温度等级的甲烷。这些制冷剂被用作为乙烯过程中有关单元操作的冷剂。

10.4.1 裂解过程的控制

不同的裂解炉类型,其控制方案也有所不同。由于乙烯装置裂解过程的特点,其控制大多数已经采用 DCS 实施。一些生产过程已采用先进控制技术。

1. 裂解炉出口温度控制

某乙烯装置裂解炉原理图如图 10-12 所示。它有 4 组并联的炉管(图中仅画出一组),每组炉管对应 8 个烧嘴,炉体侧面墙砌成 2~3 层台阶,烧嘴安装在台阶上,其轴线与辐射管沿管长方向相平行,烧嘴火焰向下喷射,原料和稀释用蒸汽经对流段预热到 590 ℃后,进入裂解炉辐射管,炉墙辐射热量使裂解原料发生反应,生成乙烯、乙烷、丙烯等。裂解温度的控制因受到临近炉管温度的影响,因此,是耦合系统,早期设计解耦控制系统。

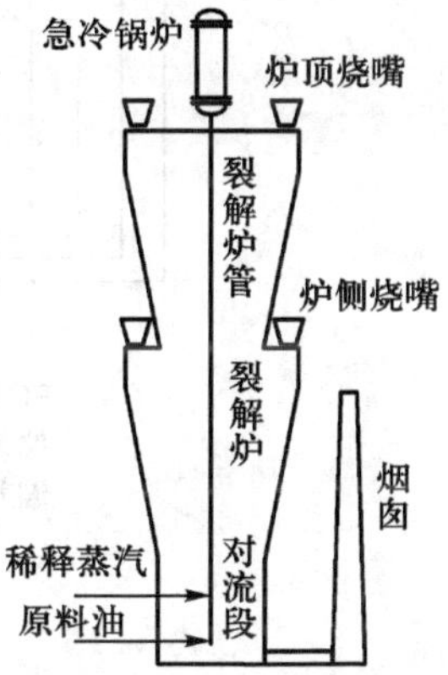

图 10-12 乙烯装置裂解炉原理

目前不少裂解炉出口温度控制不采用解耦控制而采用图 10-13 所示控制方案,每组炉管出口温度与相应的进料流量组成串级控制系统(图中仅画出一组),调整某组炉管进料量不会影响其他炉管出口温度,即相互之间没有耦合,且响应速度快,能保持炉出口温度符合要求。采用这个控制方案最大的问题是如何保证进料负荷的稳定,一般情况下炉管出口温度微小波动,只需调整进料量的 1%~2%,最多小于 5%。为保证进料负荷的稳定,设计了总进料负荷(总进料流量)与燃料总管压力的串级控制,总进料流量控制器采用间隙控制器,偏差小于 5% 控制器输出不变,防止了温度控制系统与压力控制系统之间关联作用。

2. 裂解炉生产能力控制

当裂解炉各炉管总进料量波动超过+2%时,用调节炉膛压力来控制,即用燃料气压力的变化调节来消除总进料量的变化。它用总量控制器输出作为燃料气压力控制器的设定,通过改变燃料气总管控制阀开度,使炉管的热交换量变化,并经调节进料量使出口温度稳定,并使总量能够平稳而缓慢变化。为防止炉管出口温度控制系统与燃料气压力控制系统之间的相互关联,总量控制器采用"间隙作用"的 PI 控制算法。实际应用,需对烃密度校正,得到质量流量。密度的校正可直接用 VGO 密度计数据,也可根据 AGO 密度和 EA-112、EA-113 出口温度数据进行密度和温升的补偿计算获得。图 10-14 是总通量控制系统的框图。

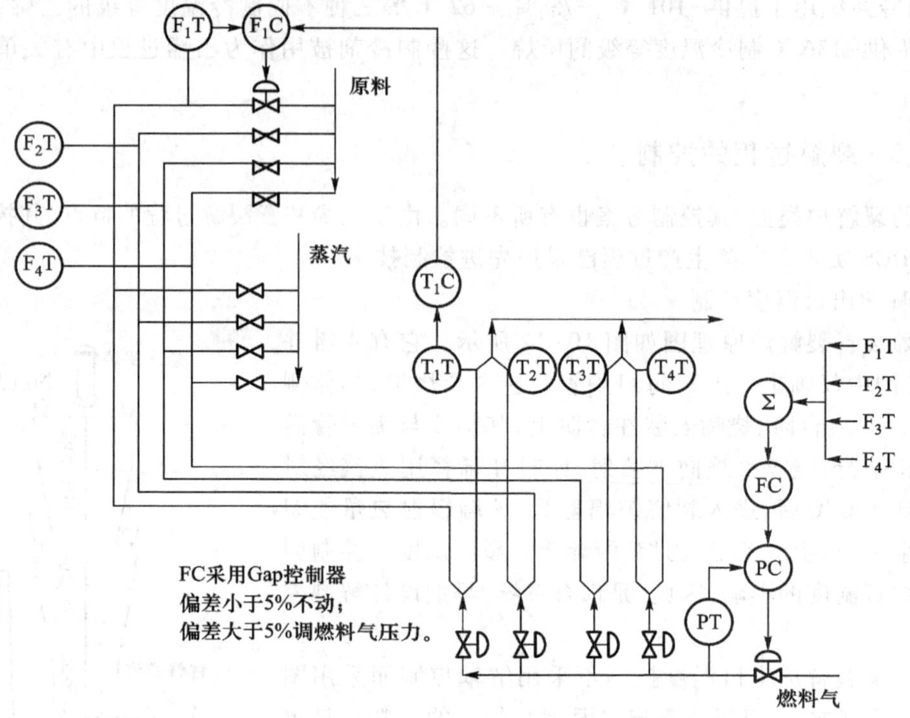

图 10-13 裂解炉出口温度控制系统

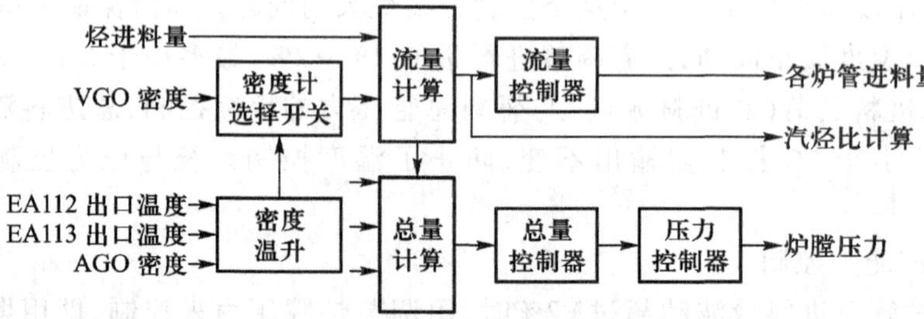

图 10-14 总通量控制

3. 裂解炉汽烃比控制

为有利于反应进行，希望有较低的烃分压，除可在较低的压力下操作外，还可采用加入适量的稀释剂。汽烃比控制有两种控制方案。

(1) 简单比值控制方案。根据进料量与蒸汽量组成简单比值控制系统。烃进料量是主动量,蒸汽流量是从动量,烃流量进行密度补偿,蒸汽流量进行温度压力补偿计算。

(2) 双交叉限幅比值控制方案。即逻辑提量和逻辑减量比值控制系统。用出口温度代表负荷,出口温度高表示提量,应先提蒸汽,然后提烃进料量;出口温度低表示减量,应先减烃进料量,再减蒸汽量。

4. 裂解炉燃烧控制

为保证裂解炉的燃烧完全,采用烟气氧含量作为主被控变量,用燃料量和空气组成变比值控制系统。根据烃进料总通量与燃料热值,计算裂解炉总热需。图 10-15 是燃料和空气的逻辑比值燃烧控制系统。

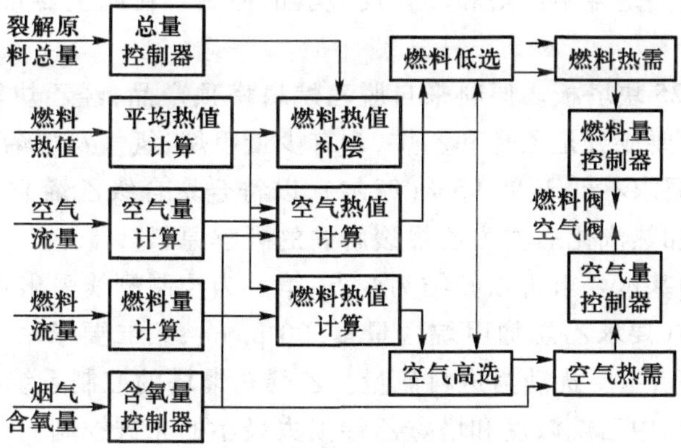

图 10-15 逻辑比值燃烧控制系统

燃料热值由燃料热值分析仪测量。空气量包括底部和侧壁空气量,燃料量包括底部和侧壁燃料量,燃料热值计算模块根据燃料总量和平均热值计算燃料总热量,空气热值计算模块根据平均热值、燃料空气热值当量及空燃比将空气流量转换为空气总热值。总烃进料量经燃料热值补偿(超前滞后环节)后作为裂解炉总热需,并作为燃料低选和空气高选的输入。燃料低选和空气高选的另一输入分别是空气热值和燃料热值。烟气含氧量控制器输出作为空气热需的输入。控制过程如下:

当总量比设定值低时,总量控制器(反作用)输出增加,燃料热需输出增加,被空气高选选中,使空气热需增加,经后续的底部和侧壁空气分配后,增加空气量。空气量增加后,根据空气燃料热值当量计算的空气热值也增加,使燃料低选选中燃料热值补偿的输出,从而根据总量控制器的输出使燃料量增加,经后续的底部和侧壁燃料分配后,增加燃料量。达到总量低时先提空气后提燃料的控制目的。反之,当总量比设定值高时,先减燃料后减空气。

燃料量的增加和减少,使裂解炉出口温度随之升高和降低,为保持出口温度,经出口温度控制系统自动地在燃料量增加时增加烃进料量，燃料减少时自动减少烃进料量。最终使总进料量保持与设定一致。

烟气中含氧量控制器输出反映燃烧系统的空燃比，它作为空气热需比率的设定和空气热值计算的输入。当烟气含氧量高于设定值，烟气含氧量控制器（反作用）输出降低，空气热需输出减小，使空气量减小，最终使烟气含氧量降低，反之亦然。

10.4.2 分离过程的控制

分离过程也有多种工艺路线。它用于将裂解气分离，获得裂解柴油和燃料油、富氢气、乙烷、乙烯、乙炔、丙烷、丙烯、丁烷等产品。

分离过程的控制主要是各精馏塔和转化反应器的控制。在此主要介绍乙烯精馏塔控制。

1. 控制要求

乙烯精馏塔共有125块塔板。原料来自脱乙烷塔塔顶产品，经乙炔转换器及乙烯干燥器后从第98块塔板进入，主要成分是乙烯和乙烷，含有少量甲烷、氢气及丙烯。乙烯产品由第九块塔板侧线采出，乙烯产品要求不低于99.95%（摩尔），以符合聚合级乙烯质量标准。塔底产品主要为乙烷，经回收冷量及加热汽化后作为乙烯裂解炉的裂解原料。

乙烯精馏塔控制的基本要求可以归结为两点：第一为控制侧线采出乙烯产品中乙烷浓度，使之符合聚合级产品规格（要求乙烷加甲烷含量≤500 ppm）；第二要求塔底排出的釜液乙烯损失最小（要求≤1.5%摩尔），主要扰动为进料流量。乙烯精馏塔的控制系统由常规仪表和计算机构成，计算机实现塔顶产品中乙烷浓度和塔釜乙烯损失最小的先进控制。

2. 乙烯产品中乙烷浓度控制系统

根据乙烯产品中乙烷浓度测量值（采用在线色谱分析仪得到）与设定值间的偏差，求出消除该偏差所需的回流比初值，同时根据112塔板上乙烯浓度标出一个回流比调整量，将此调整量与由反馈控制求出回流比初值相叠加，其代数和作为回流比控制块的设定值。从工艺分析可知，当112塔板上的乙烯浓度大于设定值时，可以适当减小回流比（FIC-428/FFRC-425），增加采出量，反之亦然。该回路的控制逻辑图如图10-16所示。

输入块AR40212从在线气相色谱仪中读入乙烯产品中的乙烷浓度。控制块CC1811根据乙烯产品中乙烷浓度的测量值与设定值之差，求出回流比设定值的初值，送往偏置控制块CC1813。

XC1810是一个计算模块，为控制模块CC1810提供设定值，并确保该设定值与CC1822的设定值始终相同。因此，操作员只需为CC1822输入设定值。

控制块CC1810就是112塔板乙烯浓度补偿器，起着前馈补偿作用，它根据112塔板上乙烯浓度的测量值与设定值之差求出回流比的调整量送至CC1815。CC1810采用间歇作用算法（Gap-Action Algorithm），即当测量值与设定值之差的绝对值大于某一数据时，控制块的输出才发生变化，以帮助保持塔的平衡操作。

计算控制块 CC1815 接收并保存 CC1810 的输出，作为对 CC1811 提供的回流比设定值初值的偏置，CC1815 还监视 CC1814 的状态，并设置自身与 CC1814 相同的串级状态标志。当 CC1815 在串级状态时，CC1810 的输出通过 CC1815 连续地送至 CC1813。当 CC1815 不在串级状态时，CC1810 跟踪。CC1815 置零为块的初始化作准备。

偏置控制块 CC1813 将来自 CC1811 的回流比设定值的初值，与来自 CC1815 的回流比的调节量相叠加，其代数和作为最终的回流比设定值送往比率控制块 CC1814。

输入块 FIC428 读入回流量 FIC-428，并将其送往 CC1812。CC1812 是一个简单的超前滞后块，采用一阶滞后算法对输入回流量信号处理，处理后的输出信号送往 CC1814。CC1814 将来自 CC1812 的经一阶滞后算法处理后的回流量 FIC428，乘以来自 CC1813 的回流比值设定值。乘积经输出块 FFRC425P，送往常规仪表采出量调节器 FFRC-425 作为设定值，实现设定值控制，通过调节采出量来控制产品乙烯中的乙烷浓度。

当计算机不投用时，采出量 FFRC-425 与回流量实现比值控制，直接根据回流量来调节采出量。

3. 塔釜乙烯损失最小控制

计算机根据灵敏板（112 塔板）上乙烯浓度测量值与设定值偏差，求出为消除该偏差所需再沸器热负荷设定值的初值，同时根据塔进料流量变化，引入前馈补偿，对反馈控制求出的再沸器热负荷设定值的初值进行修正，经修正后的值作为再沸器热负荷的设定值。计算机根据丙烯压力 PRC510，得出丙烯的汽化热，然后再乘以丙烯流量 FIC-510，乘积为再沸器的热量输入。计算机根据热负荷设定值与测量之间偏差，求出为消除该偏差所需的丙烯流量的设定值，通过调整再沸器的丙烯流量来控制再沸器的热负荷，使塔釜乙烯损失最小。

输入块 ARC406 从在线红外气体分析仪中读入灵敏板上的乙烯浓度。PID 控制块 CC1822 根据乙烯浓度的测量值与设定值（人工）之差，求出再沸器热负荷设定值送往 CC1825。为减少对产品中乙烷浓度控制回路的扰动，控制块 CC1822 也采用间隙作用算法。输入块 FRC410 读入脱乙烷塔塔顶出料流量，并进行温度（TUI-400）和压力（PRC401）补偿计算。计算块 XC1610 按下式将流量 FRC410 从 Nm^3/h 换算成 t/h。

$$XC1610 = FRC410 \times C018 \times C071 / C121 (t/h)$$

C018 = 0.04462 $kmol/Nm^3$ 理想气体，$Nm^3 \rightarrow kmol$ 转换常数。

C071 = 28.67 kg/kmol，脱乙烷塔塔顶出料气体分子量。

C121 = 1 000 kg/t

CC1825 是一个超前/滞后块，有前馈控制作用，它根据乙烯塔进料流量变化进行动态补偿，减少进料流量变化对 112 板乙烯浓度影响。同时实现反馈控制与前馈控制作用叠加。

输入块 FIC510 用来计算至再沸器的丙烯蒸汽的质量流量。

计算块 XC1821 按下法计算再沸器的热量输入。XC1821 的输出送到控制块 CC1821 作为再沸器热负荷测量值，控制块 CC1821 根据热负荷测量值与设定值之差，求出为消除该偏差所需的

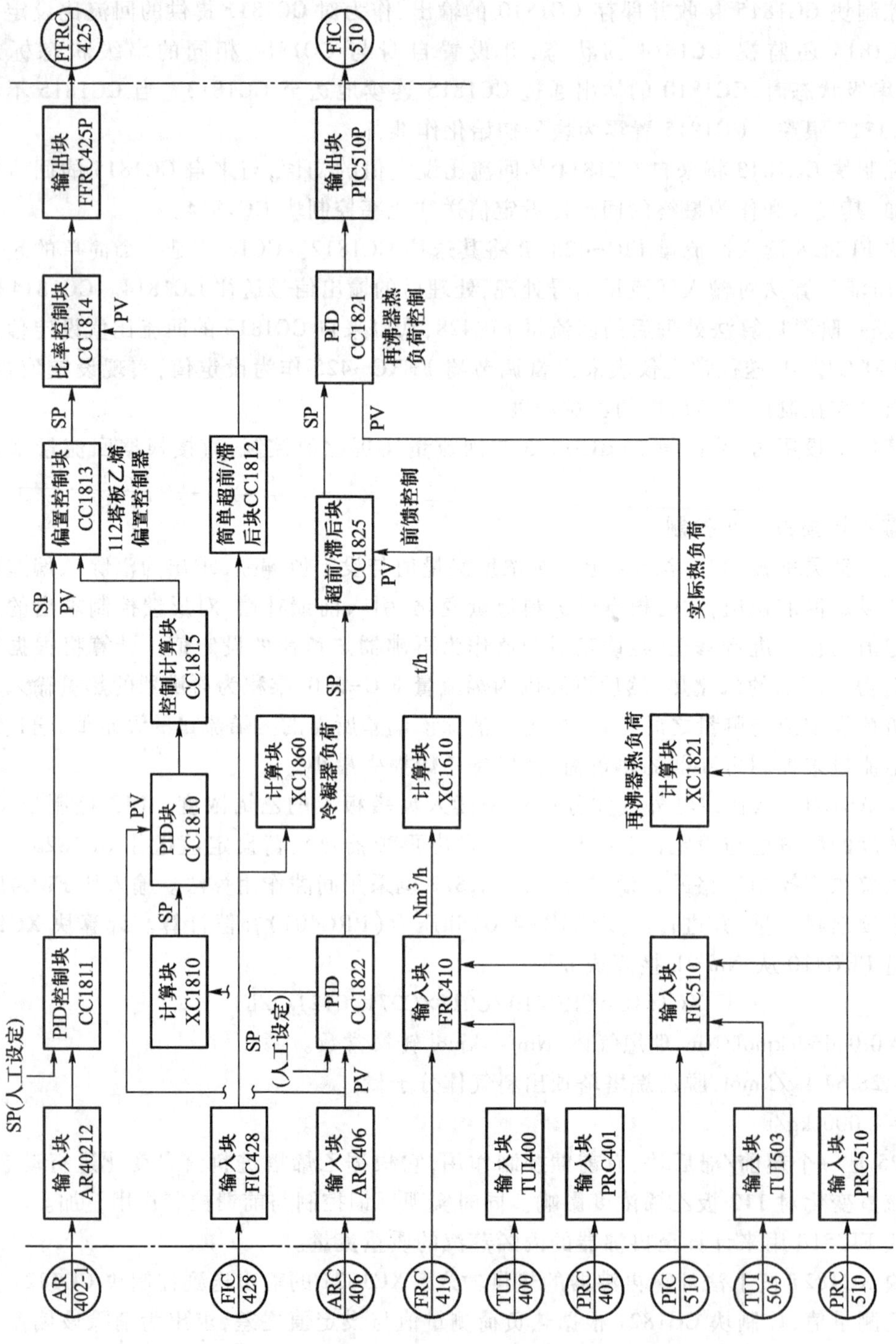

图10-16 乙烯精馏塔计算机控制逻辑框图

丙烯蒸汽流量,通过输出块 FIC510P 送至常规 SPC 调节器 FIC510 作为设定值,调节再沸器的丙烯流量来控制再沸器的热负荷。

当计算机不投运时,ARC406 和 FIC510 构成串级控制,直接根据 112 塔板上的乙烯浓度来调节再沸器的丙烯流量。

4. 其他控制系统

塔压控制系统。乙烯精馏塔塔压控制对于平稳操作十分重要,正常操作压力为 1.92 MPa(表压),正常运行时,由压力控制回路 PRC421 通过调节进冷凝器 EA405 的丙烯冷剂流量来控制塔压。如果控制回路 PRC421 调节仍不能使塔压回降,当塔压升高至 1.97 MPa 时,控制回路 PIC422 迅速使回流罐 FA403 上的放空火炬阀 PV422 打开,使塔压回落。PIC422 控制回路是一种超压保护性回路,需采用防积分饱和型控制器,正常运行时,控制阀 PV422 严密关闭。如果 PIC422 动作后,塔压仍继续上升,当压力达到 2.02 MPa 时,压力报警单元 PSW436 动作,通过联锁系统使控制阀 FV510 和 FV427 关闭,切断再沸器热源——丙烯蒸汽及中间再沸器的进料,迫使塔压回落。

10.5 聚合过程的控制

聚合过程是在聚合反应釜内,在分散剂、缓冲剂、链转移剂、防粘剂、热稳定剂、引发剂和终止剂等助剂作用下,单体在一定温度和压力下聚合成为高分子聚合物的过程。以几种聚合过程的控制为例说明聚合过程的控制。

10.5.1 聚对苯二甲酸乙二酯(聚酯)过程的控制

聚酯生产方法很多,但原料仍以对二甲苯为主。对二甲苯(PX)制成对苯二甲酸(PTA)的直接酯化缩聚法是广泛应用的方法。聚酯切片是合成纤维原料及感光胶片片基材料。生产过程主要由缩聚和回收两部分。

酯化反应由三个酯化釜串接组成,原料 PTA 和乙二醇(EG)的混合浆料从第一酯化釜底部进入,酯化温度 260 ℃~270 ℃,反应压力从 0.25 MPa 递减至 0.02 MPa,总酯化率达 96%~97%。缩聚反应分预缩聚和后缩聚,反应温度随流程进展而升高,反应压力逐步下降。缩聚反应中游离的 EG 从釜顶以气相逸出,经喷淋冷凝器至丁二醇回收装置。EC 的回收包括废 EG 蒸发、蒸馏塔和精馏塔等。图 10-17 是酯化、缩聚工艺控制流程简图。

PTA 粉料经称重仪称重,与设定值比较,改变螺旋输送器电机转速,用于控制进入混合槽的 PTA 粉料量,这是以称重量为主被控变量,转速为副被控变量的串级控制系统。同时,称重信号经信号转换后,经比值运算后作为 EG 物料控制器的设定,控制 EG 的加入量,达到 PTA 与 EG 的一定摩尔分率配比要求,这是定比值控制系统,图中略去。

混合后的浆料从第一酯化釜底部进入,在管道上安装流通式放射性铯密度计,间接检测配比

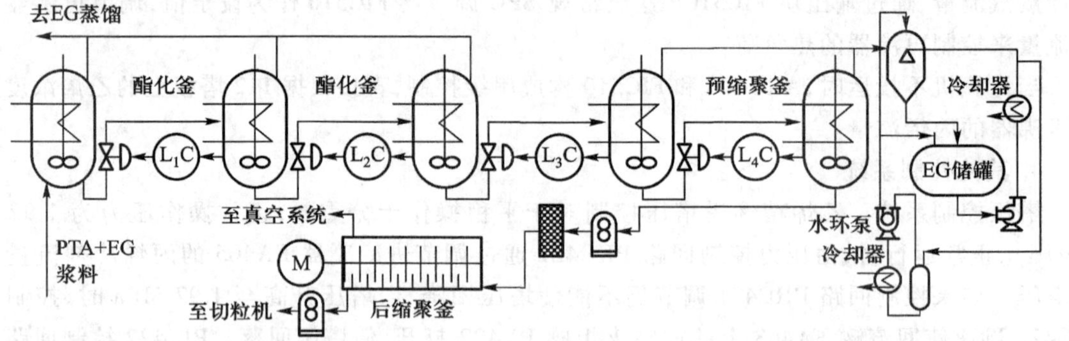

图 10-17 酯化、缩聚工艺控制简图

情况。第二和第三酯化釜、两个预缩聚釜都采用液位控制进料量的控制方案,如图中所示。调节后缩聚釜的出料泵电机的转速控制出料量。第一酯化釜液位通过浆料泵电机转速控制进料浆量。由于液位稳定,因此,反应停留时间恒定。

反应釜温度通过调节进入反应釜夹套的道生蒸汽量控制。反应釜压力(或真空)通过调节釜顶排出(或吸入)的 EG 蒸汽量控制。

后缩聚釜是圆盘反应釜,它是卧式结构的圆筒容器,内有 12 个小室,其中,11 个室内有圆盘,由电机带动缓慢旋转,用于作为搅拌和增大残留乙二醇蒸发表面积,使产品达到合格的黏度。在一定转速、反应釜真空度和温度下,釜内液位影响反应停留时间、乙二醇蒸发表面积,从而影响缩聚反应速度。所采用的控制系统如图 10-18 所示。

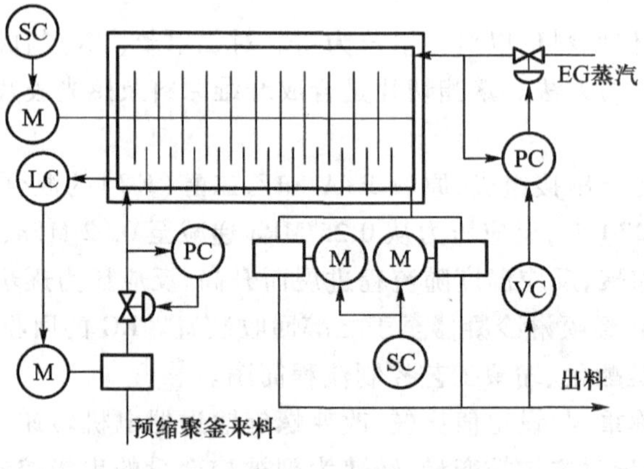

图 10-18 后缩聚釜的控制系统

图中,用手动控制两个出料泵电机的转速,用手动控制后缩聚反应釜的电机转速。出料黏度与反应釜真空度组成串级控制系统，控制进入反应釜的 EG 蒸汽量。反应釜温度用进入夹套的道生蒸汽量控制。根据反应釜的液位控制进料量。

10.5.2 聚氯乙烯过程的控制

生产聚氯乙烯的主要方法是悬浮法。聚合过程是在有搅拌的反应器内进行的，采用间歇操作。下面介绍部分控制系统。

1. 无离子水计量控制系统

聚合过程采用热水入料方式操作，即无离子水加热到 48 ℃左右后加入聚合釜，以提高釜内原料温度缩短升温时间的操作方式。无离子水尽量采用两个涡轮流量计串联连接在水平的同一加料管道，其间有 2.5 m 距离，如图 10-19 所示。

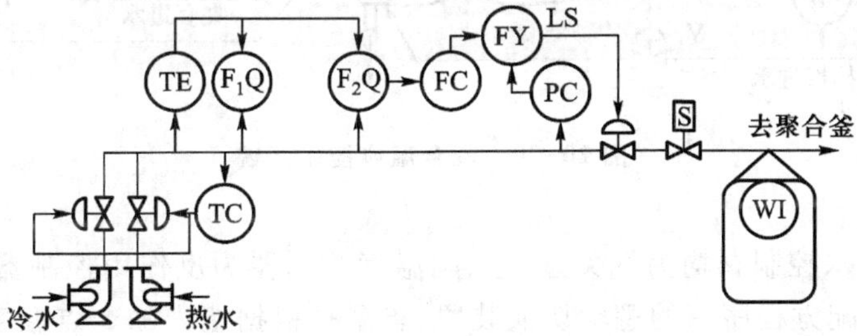

图 10-19 无离子水计量控制系统

图中，冷、热无离子水混合后的无离子水温度采用分程控制分别控制冷、热无离子水控制阀。混合后温度对进料无离子水流量进行温度补偿，F_1Q 是进料体积检测用仪表，F_2Q 是进料表，用于计量，并经 FC 控制进料控制阀的开度。进料压力有一个最低软限值，当进料压力低于该设定值时，由压力控制器 PC 取代流量控制器，控制进料量，防止涡轮流量计因出口压力低引起的进料汽化，造成流量计读数的误差。如果计量仪表故障时，系统还设置计量罐，用称重仪表 WI 进行校正。为使计量正确，控制系统设置了满流速和微流速两种进料流速设定，满流速时可达 136 m^3/h，微流速时仅 23 m^3/h，当计量接近设定的计量值时，控制系统改用微流速控制进料，直到达到设定的计量值时关闭进料控制阀。整个控制系统采用计算机控制装置实施，因此，进料控制阀后还设置进料切断电磁阀，用于自动开启和关闭计量控制系统。

2. 聚合釜温度控制系统

PVC 的聚合反应是放热反应。因此，应及时将反应热移走，保持釜内温度恒定。通常采用釜温作为主被控变量，夹套温度为副被控变量的串级控制系统。图 10-20 是聚合温度控制系统示意图。

聚合反应开始，95 ℃热水直接加入夹套，并在釜内添加引发剂，不同牌号的树脂，对温度、原料量等有不同的要求，即配方程序不同。

当聚合反应开始后，就要向夹套通入冷却水，根据需要可增大冷却水量，直到达到最大的经济流速。这时，可向釜内的挡板内供水，并按反应温度调节供水量。当挡板也达到最大经济流速时，表示已经达到该聚合釜的最大移热能力。

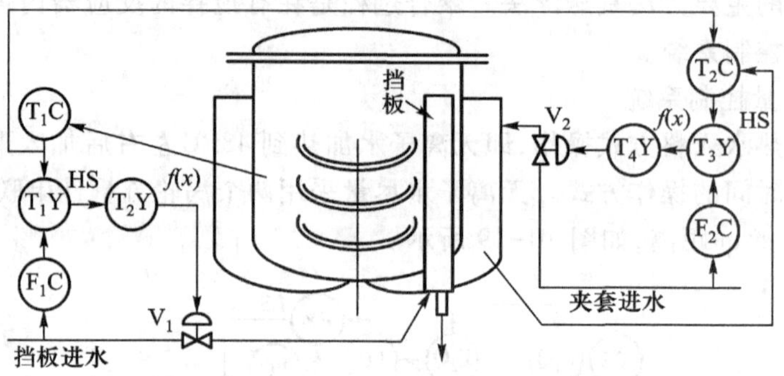

图 10-20　聚合温度控制系统

图 10-20 中，进水控制阀均为气关型，主、副温度控制器为反作用控制器。T_1Y 和 T_3Y 是高选器，T_2Y 和 T_4Y 是配方程序用的逻辑切换装置，釜温是根据釜内的 5 点温度确定的，其中，4 点温度测量液相温度，1 点温度测量气相温度，气相温度应低于液相温度，如果 4 点温度的偏差大于程序设定值，则配方程序自动定时全开进水控制阀，减少温度测量值与设定值的偏差，如果仍不能减少则发出报警信号，以便操作人员处理。

当反应生成热不高时，釜温控制器 T_1C 的输出作为夹套温度控制器 T_2C 的外设定，组成串级控制系统，并根据 T_2C 的输出控制 V_2的开度。当反应生成热很大时，夹套控制阀全开，直到夹套进水达到最大经济流速。最大经济流速由夹套水流量控制器 F_2C 的设定值确定。它通过高选器选中流量控制器 F_2C 输出实现。同样，釜温控制器输出低，高选器选中挡板流量控制器 F_1C 的输出，使挡板进水流量控制阀开到最大经济流速。经上述温度控制系统调节后，釜温波动范围可保持在±0.2 ℃内，满足了工艺操作的要求。

夹套和挡板的冷却水量及冷却水的温升经计算机根据聚合釜的数学模型，计算获得聚合釜的放热速度，并进而得到 VCM 生成 PVC 的转化率。

夹套和挡板的冷却水量及冷却水的温升经计算机根据聚合釜的数学模型，计算获得聚合釜的放热速度，并进而得到 VCM 生成 PVC 的转化率。

聚合釜的升温控制采用逻辑控制与 PID 控制结合的方法进行。根据不同配方所确定的升温温度确定直接加热温度设定值、PID 切换点等。

当聚合温度过高或反应过程中发生停电等事故时，控制系统中的事故处理系统会自动打开终止剂控制阀，加入终止剂，停止反应。

3. 缓冲剂计量控制系统

PVC 聚合反应的缓冲剂是磷酸三钙白色颗粒固体，因此，计量过程要不断搅拌，由于是间歇反应，因此，计量过程是间歇进行的，整个计量过程采用逻辑顺序控制，由配方控制程序给出。

10.5.3 聚乙烯过程的控制

聚乙烯是乙烯聚合而成的高分子化合物。产品分高、中、低压聚乙烯和低压低密度聚乙烯等。高压聚乙烯又称为低密度聚乙烯(LDPE)，指在 100 ~ 300 MPa 下生产的密度为 0.91 ~ 0.935 g/cm^3的聚乙烯。高压聚乙烯生产按反应器类型可分为管式和釜式反应器两大类。管式反应器的反应压力高，反应温度高，但转化率也较高，反应时间较短，停留时间较短，分子量分布较宽，对过程控制和安全控制的要求也高。

高压聚乙烯过程控制采用模拟量和逻辑控制紧密结合方式，主要控制系统如下：

1. 氧和乙烯配比控制

引发剂纯氧消耗量少，故用乙烯稀释来降低浓度，氧浓度影响聚合反应速度和转化率，并影响反应产品的性能。浓度高，聚合速度快，转化率高。产品熔融指数上升，产品密度、分子量和屈服强度下降。不同牌号产品的耗氧量也不同。为此，采用两套热质量流量计检测流量，用小量程、大量程或小量程加大量程测量以满足不同生产规模的要求。乙烯量采用整体喷嘴测量，并采用温度补偿和上游稳压，保证流量信号与质量流量成正比。图 10-21 是配比控制系统和联锁安全系统图。

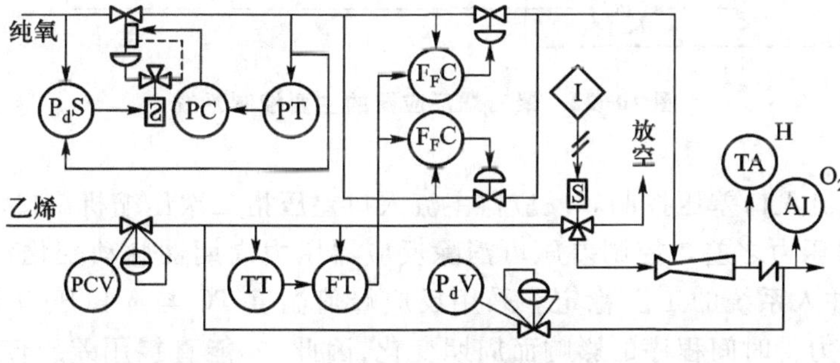

图 10-21 聚乙烯聚合反应中氧和乙烯配比控制

由于乙烯在氧中的爆炸性混合物浓度范围在 3% ~ 80%容积，引发剂中乙烯浓度要大于爆炸上限或接近上限运行，为防止配比失控，需设置有关联锁控制系统。

系统局部停车联锁系统先经电磁阀切断乙烯三通阀，使乙烯流量迅速降到零，并经比值系统将纯氧进料阀关闭。而氧流量停止流动后，使纯氧总管上的压力控制阀前后压降下降到零，P_dS 动作，经电磁阀动作来切断氧压力控制阀，为纯氧系统事故切断提供双重保险，提高整个系统的可靠性。即使系统有泄漏，还可经乙烯三通控制阀放空，防止在系统中积累，使氧浓度升高。

P_dV 自力式差压控制阀在两端压差大于 50 kPa 时，自动打开，乙烯经旁路进入引发剂压缩机。正常运行时，压差小于 50 kPa，因此，该控制阀关闭。该控制阀用于防止联锁动作时，因乙烯进料阀关闭，使压缩机入口形成负压，将空气吸入压缩机的事故。

2. 反应器综合控制

反应器综合控制包括主流入口差压控制、反应峰值温度和反应压力串级控制、冷侧流温度和流量控制等常规控制和时间程序、逻辑程序等顺序控制。图 10-22 是反应器主要控制系统图。

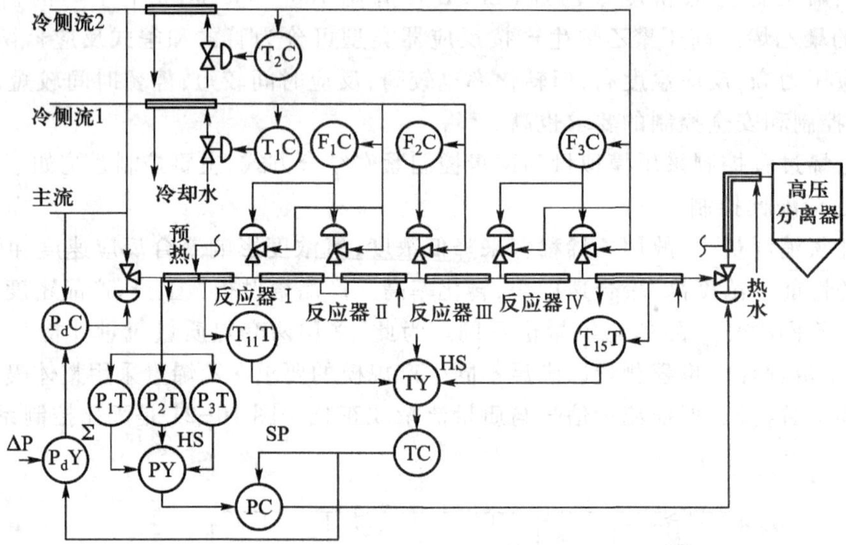

图 10-22 聚乙烯反应器的主要控制系统

(1) 反应器主流入口差压控制。反应器主流入口差压指二次压缩机出口压力与反应器入口(管式反应器首部)压力之差。控制差压可消除反应器压力周期性脉动变化对冷侧流注入流量的影响，使冷侧流注入系统的工况稳定。采用反应峰值温度 TC 与入口压力 PC 的串级控制系统。由于反应器压力受时间程序的影响而周期变化，因此，不能直接用差压值。为此，将温度控制器输出叠加差压的偏置值后作为二次压缩机出口压力控制器的设定，使压缩机出口压力与反应器设定压力之间保持一个恒定压差。

(2) 反应器压力控制。反应器的操作压力对聚合反应影响很大，为确保压力检测信号的正确，采用三重检测元件和变送器(图中的 P_1T、P_2T 和 P_3T)，经高选器 PY 后获得反应器最大压力作为压力控制器的测量信号。控制器 PID 和 PD 功能的切换由时间逻辑程序控制，用于配合脉冲周期降压控制。PID 切换到 PD 时，积分作用被记忆，不会因测量与设定之间的偏差而变化，副控制器的输出控制反应器末端的脉冲控制阀。压力控制器设定等于反应器压力设定减去反应器峰值温度控制器输出。

（3）反应器周期脉冲降压控制。反应生成的聚合物黏度大，易黏附在反应器管壁，影响传热效果，为清除黏附的聚合物，采用周期脉冲降压控制，使管内流体呈现脉动流，从而冲刷黏附物，脉冲周期约 60~100 s，降压深度约 0~20 MPa。为消除脉动压力对反应器压力的影响，对压力控制器的控制算法进行切换，即当反应器实际压降达到降压深度设定值 B 时，控制器是 PD 控制，微分输出使出料控制阀迅速关小，反应器压力回升。这阶段内，原有的积分输出被保持，但不再有偏差积分的累积输出。当反应器实际压降上升到降压深度设定值 C 时，控制器是 PID 控制，由于反应压力与设定的偏差较小，反应压力可迅速和平稳地在 PID 控制作用下恢复到设定值，避免了衰减振荡的过渡过程，有较满意的操作效果。

图 10-23 显示了反应压力和控制器控制作用的关系。降压深度可直接设置，也可如图中所示由周期脉冲信号宽度确定。

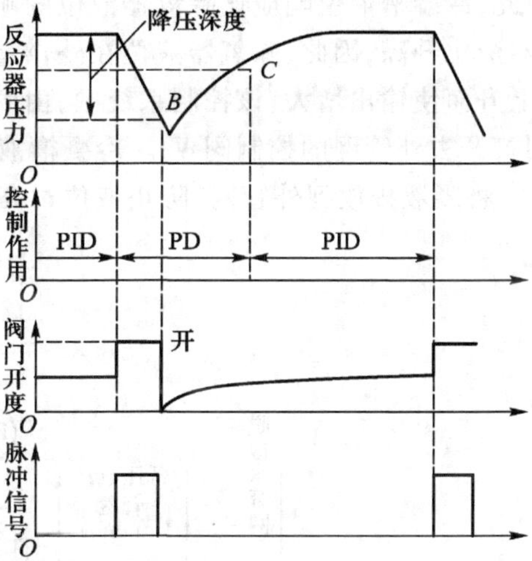

图 10-23　脉冲降压曲线与控制作用切换

（4）聚合反应温度控制。沿反应器管长（1 500 m）设置 40 个温度检测点，反应器入口和高压分离器管道上设置 6 个温度检测点，这些温度信号送高选器，得到反应器峰值温度，因此，反应器温度控制实质是峰值温度控制。聚合反应器压力与聚合反应速率呈现线性关系，因此，反应器峰值温度作为主被控变量，反应器压力作为副被控变量组成串级控制系统。

（5）主控制器的安全控制。氧与乙烯聚合存在临界压力，低于该临界压力时，几乎不发生聚合反应，只有大于该临界压力，即使氧含量低于 2 ppm，仍可进行聚合反应。因此，临界压力的控制是安全控制的基础。安全控制就是当工艺参数异常时，将压力降到临界压力以下的控制方法。根据工艺不同的事故条件，安全控制的方式不同，例如，可直接切断脉冲周期信号，停止脉冲降压控制；可直接切断进料控制阀；可将反应器压力控制器的设定直接降到安全压力，或以一定速率降低压力设定值等。一旦故障消除后，压力要逐步由人工恢复到正常操作压力。

3. 反应器的节水控制

反应器需用热水作为传热介质，根据操作和控制的要求，由三路不同蒸汽压力的热水各自组成闭合循环系统。热水温度通过热水槽上压力分程控制系统控制。热水吸收热量产生蒸汽，使热水槽压力升高。共有三套热水槽，液位以分程控制系统为主，另有压力的分程控制和单回路控制，流量的单回路控制等。反应器的节水控制系统图见图 10-24。

图中，热水槽的压力随热水吸收热量的大小而变化，当热水槽压力升高时，通过 P_1C 使 V_1 打开，蒸汽送入管网，压力随之下降。反之，若放出热量，则回水温度下降，热水槽压力下降，通过

P_1C 先关闭 V_1，如果压力继续下降，则打开 V_2，由于外管网蒸汽压力大于热水槽压力，用外管网蒸汽加热热水，使热水槽压力维持在设定的压力。

压力控制的引入，使闭环循环系统开了口，循环系统中水量随换热工况的变化而变化，当蒸汽外排时，热水槽液位下降，为维持系统中水量的恒定，维持热水槽液位，采用 L_1C 的液位分程控制。水量不足时，开大除氧器来的补偿水阀 V_1，否则，将多余的水经 V_2 送冷凝槽。

（1）除氧器和冷凝槽液位同时升高。为维持热水槽的压力，从蒸汽管网补充加热蒸汽。使热水槽液位升高，经 L_1C，开大该控制系统中的 V_2，关小 V_1。使除氧器的外供水减小，冷凝槽的进水增加，从而使除氧器和冷凝槽的液位随之升高。由于冷凝槽是立式容器，除氧器是卧式容积，因此，冷凝槽液位响应比除氧器液位的响应要迅速，使 L_3C 动作，开大该控制系统中的 V_1，使除氧器液位升高，因此，除氧器液位在外供量减小和由冷凝槽的供量增大而进一步上升。L_2C 因液位上升而使输出增大，该控制系统中，由脱盐水管网来的新鲜软水阀 V_1 关小，如果液位继续上升，则打开去外管网的控制阀 V_2。冷凝槽液位在 L_3C 控制系统中的阀 V_1 全开后仍上升时，经控制阀 V_2 将凝液排放到外管网，防止液位过高使低压蒸汽带水。

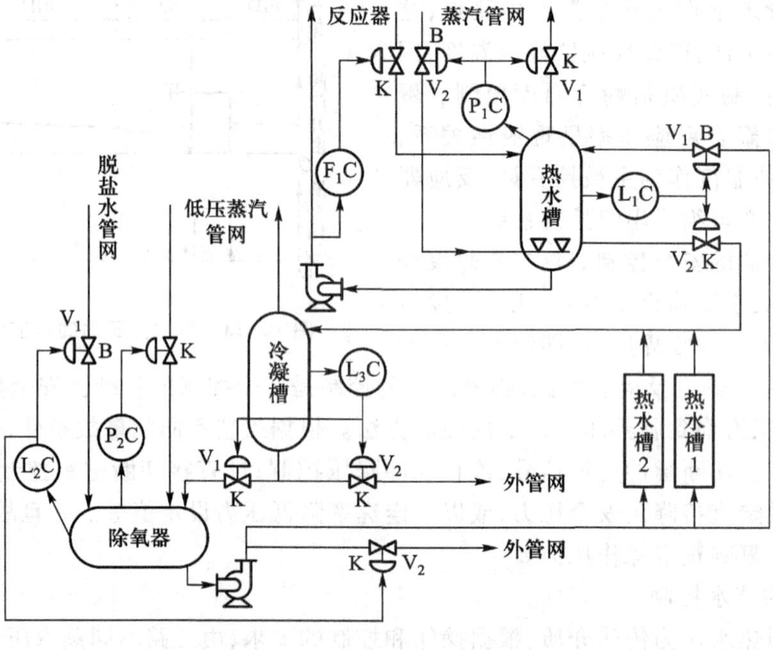

图 10-24 聚乙烯反应器节水控制系统

（2）除氧器和冷凝槽液位同时降低。热水槽产生的蒸汽过多，热水循环系统的热水过量汽化，使热水槽液位下降，经热水槽液位控制系统的调节，关小出水阀 V_2，并打开进水阀 V_1，冷凝槽液位因凝液减小而下降，L_3C 输出也随之下降，首先关闭该液位控制系统的控制阀 V_2，然后关小

控制阀 V_1。减小回除氧器的凝液。除氧器液位因凝液减小而下降，同时因热水槽的补充水量增大而下降。在 L_2C 的调节作用下，先关闭控制阀 V_2，进而打开控制阀 V_1。增加补充的软水量。从而使补给水量降到最低，达到节水控制目的。图 10-25 是三个液位控制器输出与控制阀开度的关系。需注意，该控制系统中热水槽有三个液位的分程控制系统，它们都用于调节热水槽液位，并影响冷凝槽和除氧器的液位。

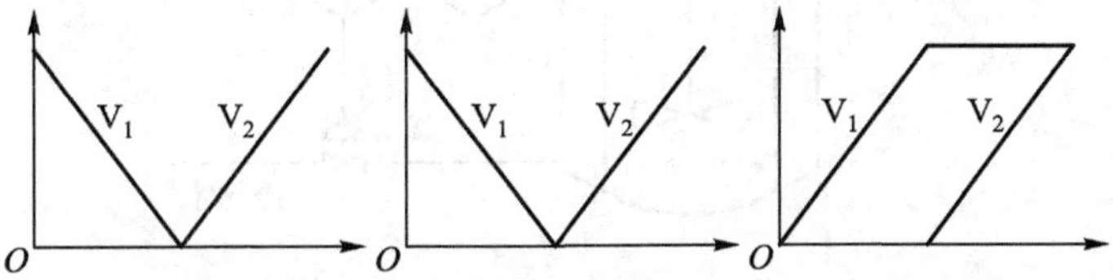

(a) L_1C控制系　(b) L_2C控制系　(c) L_3C控制系

图 10-25　节水控制系统控制器输出与阀开度的关系

10.6　生化过程的控制

生化过程十分复杂，涉及生物化学、化学工程等诸多学科。生化过程的基础是发酵，利用微生物发酵可为人类提供大量食品和药品，如啤酒、谷氨酸、抗生素等。生化过程涉及微生物细胞的生长代谢，是一个具有时变性、随机性和多变量输入输出的动态过程。生化过程需要检测的参数包括物理参数、化学参数、生物参数。物理参数通常有生化反应器温度、生化反应器压力、空气流量、冷却水流量、冷却水进口温度、搅拌马达转速、搅拌马达电流、泡沫高度等。化学参数有 pH 值和溶解氧浓度。生物参数包括生物物质呼吸代谢参数、生物质浓度、代谢产物浓度、底物浓度、生物比生长速率、底物消耗速率、产物形成速率等。这些参数中，温度、压力、流量等运用常规检测手段就能检测，而对有些参数（如成分浓度、糖、氮、DNA 等）的检测缺乏在线检测仪表，这些参数不能直接作为被控变量，因此主要可采用与质量有关的变量，如温度、搅拌转速、pH、溶解氧、通气流量、罐压、泡沫等作为被控变量。随着软测量技术发展，不少生物参数可用软测量技术来解决，例如呼吸代谢参数的软测量、发酵热和比生长速率的软测量等，为实现闭环控制创造了条件。另外，生化过程大多采用间歇生产过程，与连续生产过程有较大差别。总体上讲，生化过程控制难度较大。

10.6.1　常用生化过程的控制

1. 发酵罐温度控制

一般发酵过程均为放热过程，温度多数要求控制在 30 ℃～50 ℃（±0.5 ℃）。过程操纵变量为冷却水，一般不需加热（特别寒冷地区除外）。图 10-26 为发酵罐温度控制流程图。测温元件

多数采用 Pt_{100} 热电阻。由于发酵过程容量滞后较大，因此多数采用PID控制规律。

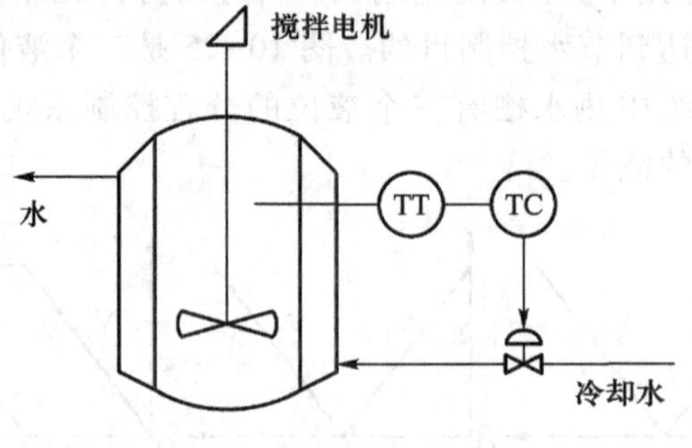

图 10-26 发酵罐温度控制

2. 通气流量、罐压和搅拌转速控制

当搅拌转速、罐压和通气流量进行单回路控制时，其流程图如图10-27所示。由于在同一发酵罐中通气流量和罐压相互关联影响严重，因此这两个控制回路不宜同时使用。图10-27(a)中控制罐压，而图10-27(b)中控制通气流量。此外，搅拌转速、罐压（或通气流量）控制常作为副回路与溶氧组成串级控制系统。

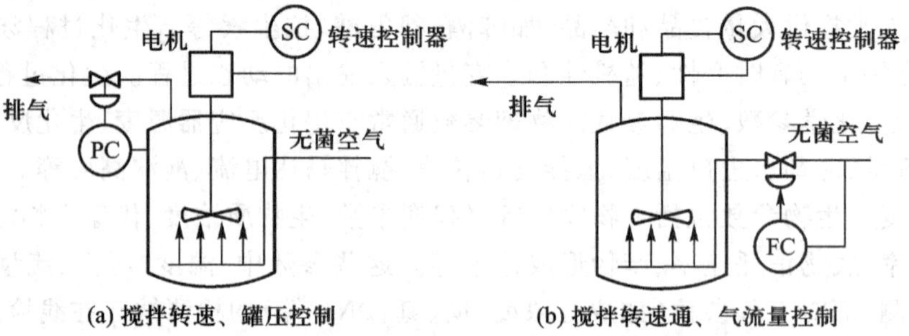

图 10-27 发酵罐搅拌转速、罐压（或流通气量）控制

3. 溶氧浓度控制

在好气菌的发酵过程中，必须连续地通入无菌空气，使空气中的氧溶解到培养液中，然后在液流中传给细胞壁进入细胞质，以维持菌体生长和产物的生物合成。在发酵过程中必须控制溶解氧浓度，使其在发酵过程的不同阶段都略高于临界值，这样既不影响菌体的正常代谢，又不致为维持过高的溶氧水平而大量消耗动力。

培养液的溶解氧水平其实质为供氧和需氧矛盾的结果。影响溶氧浓度有多种因素，在控制中可以从供氧效果和需氧效果两方面加以考虑。需氧效果方面要考虑菌体的生理特性等。供氧效果方面要考虑通气流量、搅拌速率和气体组分中的氧分压、罐压、罐温以及培养液的物理性能。通常控制供氧手段来控制溶氧浓度，最常用的溶氧浓度控制方案是改变搅拌速率和改变通气速率。

（1）改变通气速率。在通气速率低时改变通气速率可以改变供气能力，加大通气量对提高溶氧浓度有明显效果。但是在空气流速已经较大时，再提高通气速率则控制作用并不明显，反而会产生副作用，如泡沫形成、罐温变化等。

（2）改变搅拌速率。该方案控制效果一般要比改变通气速率方案好。这是因为通入的气泡被充分破碎，增大有效接触面积，而且液体形成涡流，可以减少气泡周围液膜厚度和菌丝表面液膜厚度，并延长气泡在液体中停留时间，提高供氧能力。图 10-28 是改变搅拌转速的溶氧串级控制系统。

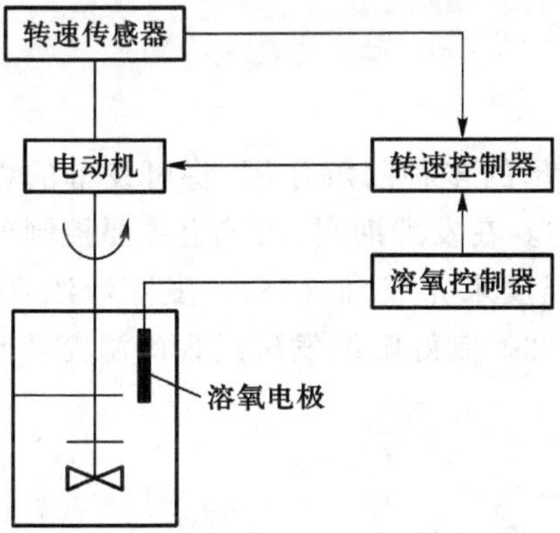

图 10-28 改变搅拌转速的溶氧串级控制系统

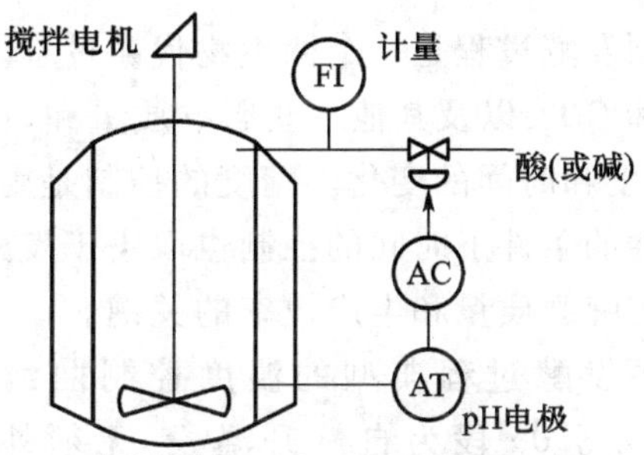

图 10-29 连续流加 pH 控制

4. pH 控制

在发酵过程中为控制 pH 值而加入的酸碱性物料，往往就是工艺要求所需的补料基质，所以在 pH 控制系统中还须对所加酸碱物料进行计量，以便进行有关离线参数的计算。图 10-29 是采用连续流加酸碱物料方式控制 pH。

图 10-30 是采用脉冲式流加方式控制 pH。在这种控制方式中，控制器将 PID 运算的输出转换成在一定周期内开关信号，控制隔膜阀（或计量杯）。该控制方式在目前应用较为广泛。

5. 自动消泡控制

在很多发酵过程中，由于多种原因会产生大量泡沫，从而引起发酵环境的改变，甚至引起逃液现象，造成不良后果。通常在搅拌轴的上方安装机械消泡浆，少量的泡沫会不断地被打破。但当泡沫量较大时，就必须加入消泡剂（俗称“泡敌”）进行消泡，采用位式控制方式。当电极检测到泡沫信号后，控制器便周期性地加入消泡剂，直至泡沫消失。在控制系统中可以对加入的消泡剂进行计量，以便控制消泡剂总量和进行有关参数计算。控制流程见图 10-31。

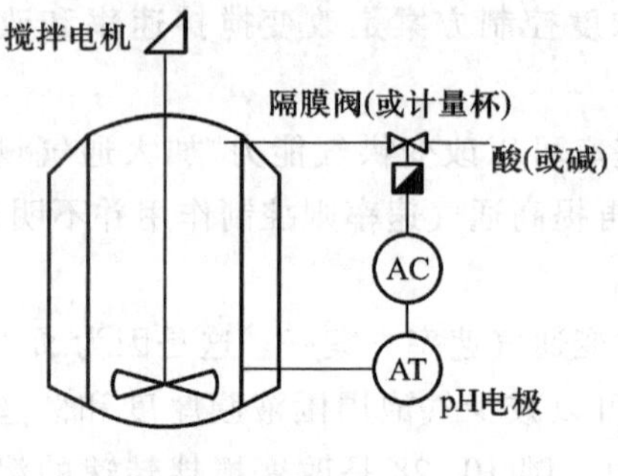

图 10-30 脉冲式流加 pH 控制

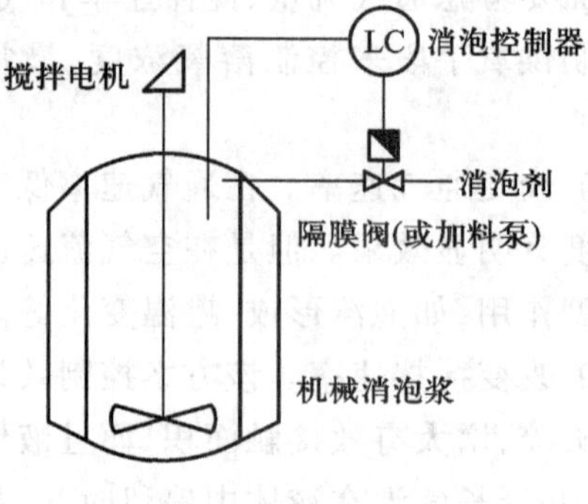

图 10-31 消泡控制

10.6.2 啤酒发酵过程的控制

啤酒发酵过程是一个微生物代谢过程。它通过酵母的多种酶解作用,将可发酵的糖类转化为酒精和 CO_2,以及其他一些影响质量和口味的代谢物。在发酵期间,工艺上主要控制的变量是温度、糖度和时间的变化。糖度的控制是由控制发酵温度来完成,而在一定麦芽汁浓度、酵母数量和活性的条件下时间的控制也取决于发酵温度。因此控制好啤酒发酵过程的温度及其升降速率是决定啤酒质量和生产效率的关键。

啤酒发酵过程典型的温度控制曲线如图10-32所示。0*a* 段为自然升温段,无须外部控制;*ab* 段为主发酵阶段,典型温度控制点是12 ℃;*bc* 段为降温逐渐进入后酵,典型的降温速度为 0.3 ℃/h;*cd* 段为后酵阶段,典型温度控制点是 5 ℃;*de* 段为降温进入贮酒阶段,典型的降温速度为 0.15 ℃/h;*ef* 为贮酒,典型温度控制点是 0~-1 ℃。

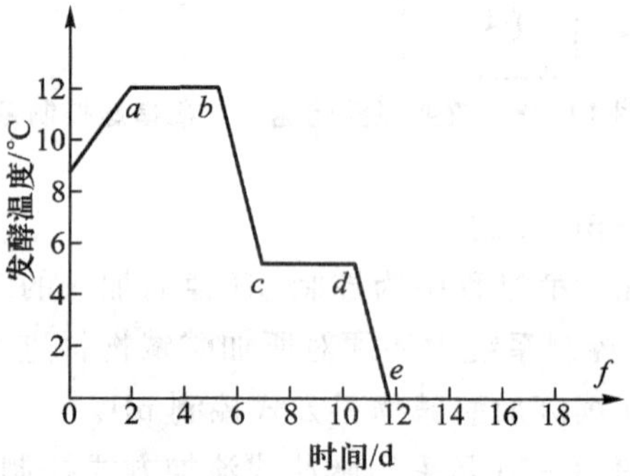

图 10-32 啤酒发酵温度控制曲线

啤酒发酵生产工艺对控制的要求主要是:

(1) 控制罐温在特定阶段时与标准的工艺生产曲线相符。

(2) 控制罐内气体的有效排放,使罐内压力符合不同阶段的需要。

(3) 控制结果不应与工艺要求相抵触,如局部过冷、破坏酵母沉降条件等。

图 10-33 是带控制点的工艺流程图,采用计算机控制方案。TR_1~TR_3 为均衡测定罐内上中下三点温度的铂电阻,PR_1、PR_3 为罐顶气压及罐底压力测量的压力变送器,SV_1 为气动开关阀,执行控制器下达的气压排放命令。RV_1~RV_3 三台流量控制阀将根据 TR_1~TR_3 测定的罐内温度

并依据一定的控制规律来控制环绕罐体的三段冷媒换热带内流过冷媒的流量，以达到控制罐温的目的。

发酵工艺过程对温控偏差要求很高，但由于采用外部冷媒间接换热方式来控制体积较大的发酵罐温度，极易引起超调和持续振荡，整个过程存在大时滞环节。使用普通的PID控制是无法满足控制要求的。因此采用了一些特殊的控制方法，如工艺曲线分解、温度超前拦截、连续交互式PID控制技术等，以获得较高的控制品质。

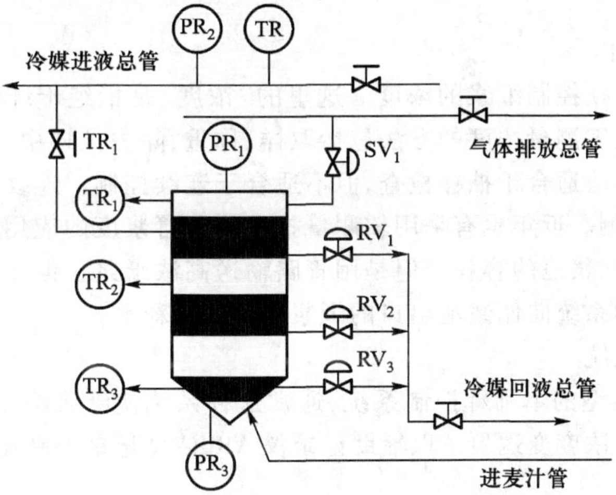

图 10-33 啤酒发酵过程带控制点工艺流程图

整个控制系统硬件结构见图10-34。控制系统分为二级。第一级是PC监控站，用于提供操作界面，并且向控制器下装控制组态软件，便于系统功能和控制算法的修改。第二级是控制器和I/O，每个控制器可以完成对十个发酵大罐的全部测控任务。

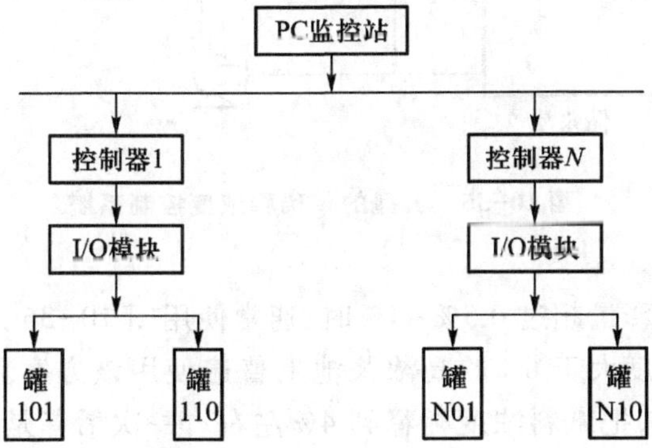

图 10-34 系统硬件结构

10.7 制浆造纸过程的控制

造纸过程分为制浆和造纸两大过程。制浆过程用于制备纸浆；造纸过程是用纸浆抄造成为纸张。在此介绍制浆造纸过程控制和硫酸盐法制浆过程的控制。

10.7.1 制浆造纸过程浓度与配浆的控制

1. 纸浆浓度的控制

纸料制备过程中必须控制纸浆的浓度。这里的"浓度"是指绝干纤物料在纸浆和水的混合物中的重量百分数。人工测量浓度的方法包括取样、称重、除去试样中的水分、再称出剩余试样的重量等步骤。这种方法适合于抽样检查，但不适合于连续控制。连续控制时要求对浓度的变化进行实时、在线的检测。近年也有采用软测量技术检测打浆度的应用。工艺上一般要在高浓度下储存纸浆，以减小储浆池的容积。但是用管路输送高浓纸浆不但比较困难，而且效率低下。因此通常采用浓度控制系统向储浆池出口的纸浆中加入稀释水。

（1）单稀释控制系统

图 10-35 是一个典型的单稀释控制系统，通常这种系统使纸浆浓度降低 0.5%～1%。该系统由浓度检测单元 CE、浓度变送器 AT、辅助记录仪 AR、浓度记录控制器 AC，以及安装在稀释水管上的控制阀所组成。

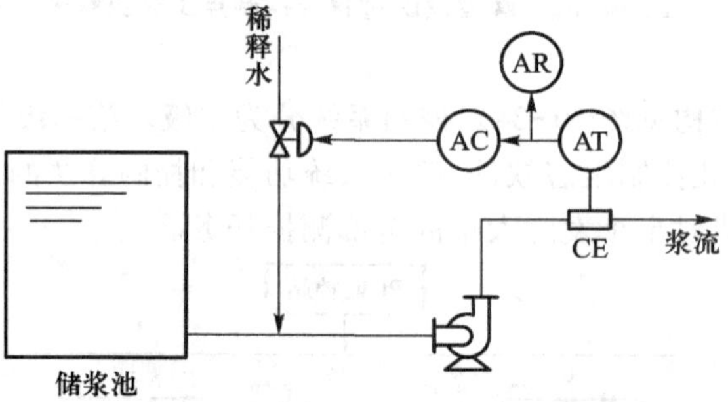

图 10-35 典型的单稀释浓度控制系统

（2）双稀释控制系统

当要求纸浆浓度的稀释量超过 0.5%～1%时，通常使用图 10-36 所示的双稀释控制系统，通过两步加水来实现。在浓度大于 6%的高浓浆池上普遍使用该方案。为了便于泵输送纸料，在储浆池底部即稀释区加水，把纸料浓度稀释到 4%左右。一次稀释是通过控制器 A_2C 和控制阀加入大部分水来完成的。这个一次浓度控制器一般可使用标准比例控制器或位式控制器。该控制器的输入信号来自二次回路中的控制器 A_1C 向控制阀输出的信号。

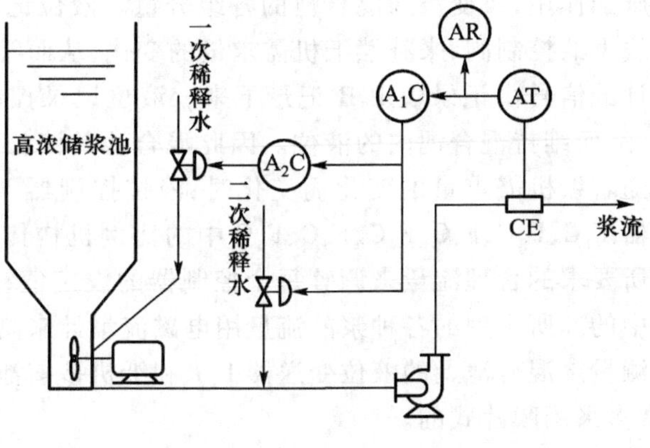

图 10-36 双稀释浓度控制系统

2. 纸料配浆的比值控制

不同性质的浆料要按一定比例进行混合。另外在混合池里还要按比例加入一些化学添加剂和染料。

图 10-37 为一种典型的连续管道计量配浆系统。安装在混合池上的液位控制器的输出信

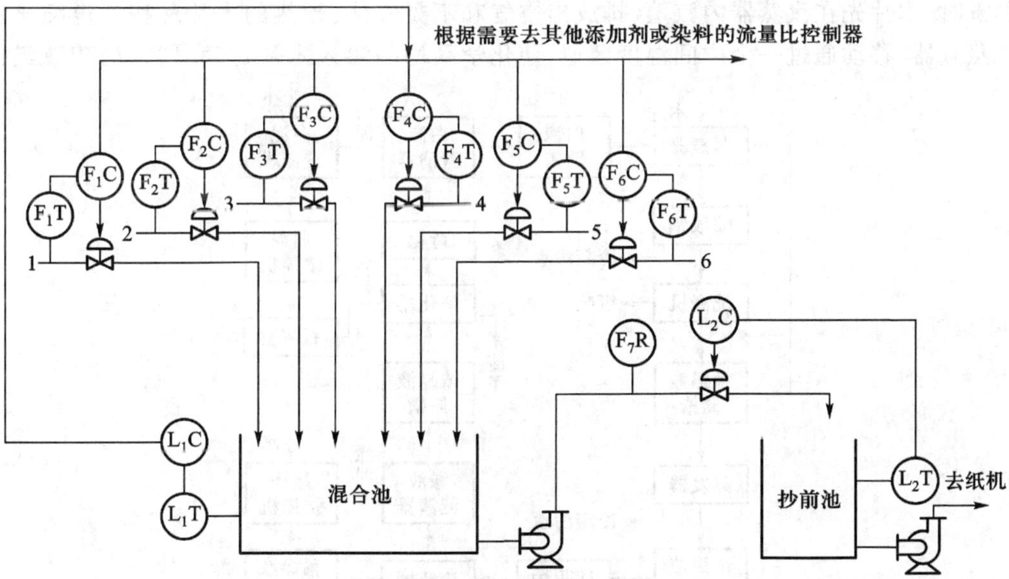

1—松木浆；2—硬木浆；3—损纸浆；4—来自染料储槽；5—来自添加剂储槽；6—来自淀粉储槽

图 10-37 纸料配浆控制系统

号对各组分流量控制器施加作用，改变流入混合池的各组分量。液位记录控制器 L_2C 驱动从混合池到纸机抄前纸料管线上的控制阀，来补偿纸机需求量的变化，从而维持抄前池的液位。而此处的流量根据电磁流量计的信号由记录仪 F_7R 记录下来。液位记录控制器 L_1C 根据混合池出料量变化的情况而动作，从而维持混合池内的液位。因此混合池的液位也将反映出纸机需求量的变化。当混合池液位随着纸机需求量的变化而变化时，液位控制器 L_1C 将改变其输出，即改变向装在各流量比控制器 F_1C、F_2C、F_3C、F_4C、F_5C、F_6C 中的比例机构传送的信号。比例装置根据各组分相对于总流量所要求的合理流量来调整每个控制器的设定值，而这个合理流量是预先确定并输入到比例装置中的。所配用的各种浆的流量用电磁流量计来测量，染料、添加剂和淀粉的流量用电磁流量计来测量。混合池上的液位变送器 L_1T 和纸机抄前池上的液位变送器 L_2T 虽然可用吹气式的，但通常多采用膜片式的。

10.7.2　硫酸盐法制浆过程的控制

制浆造纸过程的控制因所采用的工艺流程不同而不同。硫酸盐法制浆在制浆法中占主导地位。其工艺流程见图 10-38。其中，蒸煮工艺分间歇和连续两种。间歇蒸煮时，木片和按规定的液木比和碱木比计量的黑液和白液送蒸煮器内，按一定的程序将蒸煮器内容物加热，蒸煮液用加热器加热和强制循环，空气和不凝性气体从蒸煮器顶部排放，蒸煮 1～1.5 h 后，达到最高温度并保温 2 h 后排放到喷放锅，木片被离解为纤维，排出的蒸汽在热交换器内冷凝，作为纸浆洗涤用。连续蒸煮时，木片先在汽蒸器内汽蒸，排放出空气和不凝气体，预热的木片和按一定配比的蒸煮液进入蒸煮器，移动通过一个中间温度区域，使化学品均一渗入木片，蒸煮器内的药液经加热器

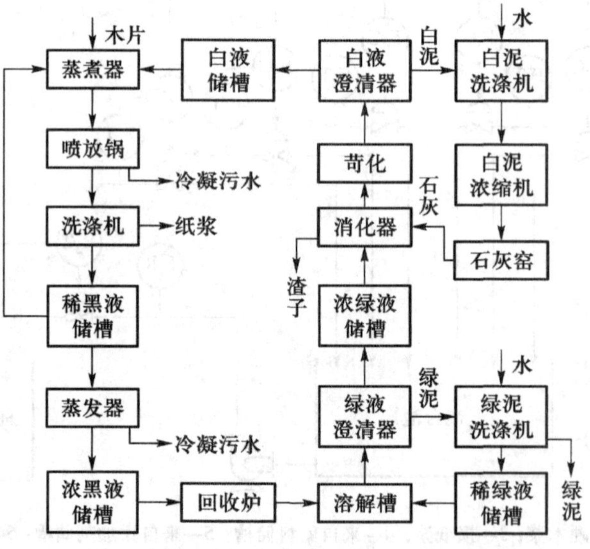

图 10-38　硫酸盐法工艺流程图

加热和强制循环,或直接通汽,使混合物达到蒸煮温度,并维持 1~1.5 h 后,完成蒸煮,热废液被抽送到低压罐,低压罐内的闪蒸蒸汽用于汽蒸器,回收热量,纸浆用冷黑液骤冷,防止纤维降级。纸浆经洗涤,分离出黑液,并经筛选和净化,作为抄纸原料。

化学品的回收包括对白液、黑液和绿液的回收。经洗涤机洗涤后得到的稀黑液经一系列蒸发器后得到含 70%~75%固形物的浓黑液;浓黑液在碱回收炉内燃烧,形成熔融物,在溶解槽用水溶解,获得绿液;绿液用再烧石灰苛化,形成供下次蒸煮用的白液。

1. 蒸煮器温度控制

蒸煮过程中蒸煮温度需要按规定的温度变化,图 10-39是简化的蒸煮温度程序控制曲线。蒸煮温度过高,使纸浆黏度下降,并使纸浆的强度下降,纸张得率下降。影响蒸煮的因素有木片的树种类型、木片总质量、木片含水量、蒸煮液的硫化度(Na_2S 与活性碱 AA 或总滴定碱 TTA 之比);控制蒸煮的操纵变量有化学品用量、液木比、温度程序的设定等。被控变量是脱木素程度(通常用高锰酸盐值或 Kappa 值表示)和残碱。

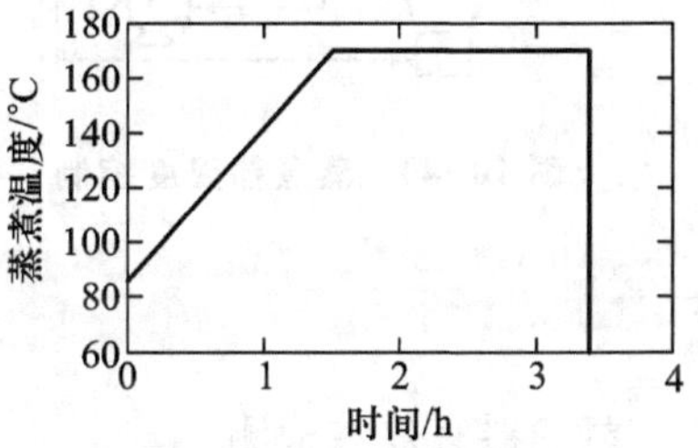

图 10-39 蒸煮温度程序控制曲线

蒸煮器温度控制包括蒸煮器温度程序控制、温度设定曲线的随动控制、蒸煮终点控制等。温度的程序控制可采用程序设定仪表或计算机控制装置设置相应的温度折线。温度设定曲线的随动控制可按随动控制系统的要求设置控制器参数。蒸煮终点控制与脱木素程度有关。根据反应动力学数学模型,相对反应速率:$K=e^{B-\frac{E}{RT}}$

H 因子:$H=\int_0^t K\mathrm{d}t$

式中,K 是相对反应速率,E 是脱木素化学反应的活化能,R 是气体常数,T 是蒸煮的绝对温度,B 是常数,对用木材制作硫酸盐木浆的情况,$B=43.2$。H 因子是反应速率曲线下的面积,它与蒸煮温度 T 和蒸煮时间 t 有关,与原料及有效碱等有关。通常,可如图 10-40 所示设置温度控制系统,蒸煮温度设置在加热器入口,但对循环泵能力低,蒸煮器容量大时,有较大的容量滞后,因此,可在加热器出口设置副被控变量的温度检测点,以减小滞后效应。

由于普通硫酸盐纸浆含一定量碳水化合物,影响纤维素用化学方法转化成粘胶纤维和醋酸纤维产品,因此,可采用预水解工艺流程,其实际时间程序如图 10-41 所示。

2. 蒸煮器压力控制

与蒸煮器温度控制类似,蒸煮器压力也包括程序控制和随动控制。

3. 蒸煮循环药液的配比控制

经加热的循环药液分上下两路进入蒸煮器,它们的流量应按一定的配比分配,使装煮器内部的温度场分布均匀,避免出生浆或半生浆事故发生。为此可采用单闭环或双闭环比值控制系统,也可根据蒸煮器温度作为主被控变量,组成变比值控制系统。

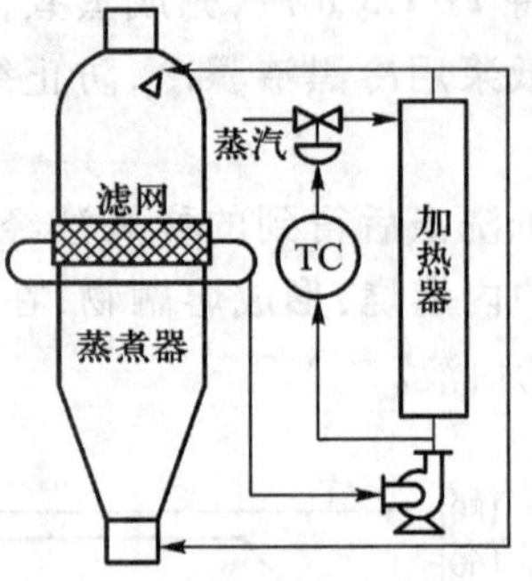

图 10-40 蒸煮器温度控制

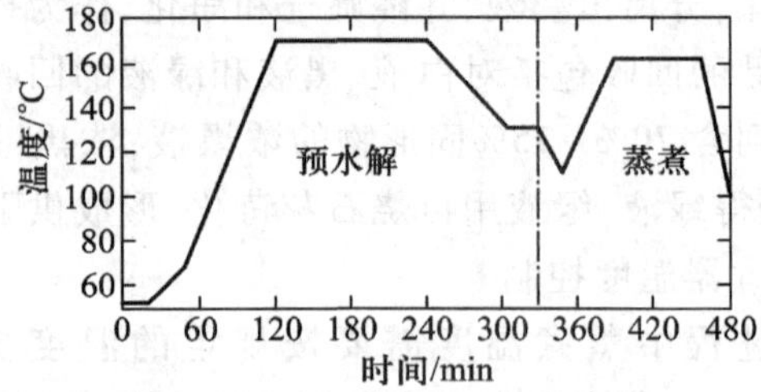

图 10-41 预水解硫酸盐法蒸煮时间程序

4. 蒸煮器有效碱检测

有效碱量增加使 Kappa 值下降,半纤维得率下降。但可使纸浆的白度提高,筛渣量减小。因此,对有效碱的检测十分重要。例如,采用利用电导滴定原理的有效碱分析器、利用滴定时的溶解热和反应热分析的热化学式有效碱分析器等。

10.8 冶金过程的控制

钢铁生产过程包括从矿石原料的冶炼直到生产出钢材的各个工序。大体分为炼铁、炼钢和轧钢三个工序。

转炉炼钢的转炉是用铁皮外壳内衬耐火砖的炉子。原料为铁水和废钢,装入废钢约为总装料量的 15%~30%,然后兑入铁水,从上部降下氧枪,开始顶吹冶炼。氧浓度约 98.5% ~ 99.5%,流速约为音速的 2~3 倍。在氧气流冲击溶池的点开始急剧反应,中心温度可达 2 500~3 000 ℃。氧化反应过程中,铁水中的碳、磷、锰、硅、硫等燃烧,放出热量。为燃烧成渣,送入辅助原料石灰石作为造渣剂,燃烧后它们杂质成为氧化物,作为炉渣排出。碳被氧化成为 CO 或 CO_2,使溶池沸腾,加速氧化反应的进行,过剩的氧与高温铁结合成为灰尘逸出炉外。吹炼终止需根据氧气吹入量、吹炼时间和火焰状况等确定。当溶池温度高时需加入碳酸钙或轧制铁磷和矿石。

转炉炼钢过程的特点是:高温氧化反应;所需钢种不同,对铁水成分、加料量,氧量、吹炼时间等的操作控制要求不同;反应时间短。

10.8.1 转炉炼钢过程的控制

转炉炼钢过程的控制包括加料控制、氧枪的枪位控制、一次除尘控制煤气回收控制及转炉终点控制等。转炉控制的目的是能够在最短的操作周期内获得成分和温度合格的定量钢水。

1. 加料控制

加料控制以固体物料控制为主,各原料经储料罐送称重料斗,经计量后送汇总斗,由操作人员手动加入转炉,如图 10-42 所示。在自动加料方式下,当各称重料斗的储料量达到设定值后就自动汇入汇总斗,再由操作人员开闭汇总斗出料阀门进行加料。

2. 氧枪枪位控制

氧枪枪位控制是使氧气的吹炼能够在短时间内完成,使喷溅量最小。氧枪的枪位升降控制是按图 10-43 所示的氧枪速度要求进行控制。在自动操枪方式下,氧枪能自动回复到等待位或下至开氧点,还可由操作人员通过点击'▲'、'▼'按钮进行枪位微调;在手动操枪方式下,则可直接点击'↑'、'↓'按钮实现氧枪大范围的快速移动。该控制系统和加料控制系统在 DCS 系统的一个操作画面显示,极大地方便了监视、操作和控制。

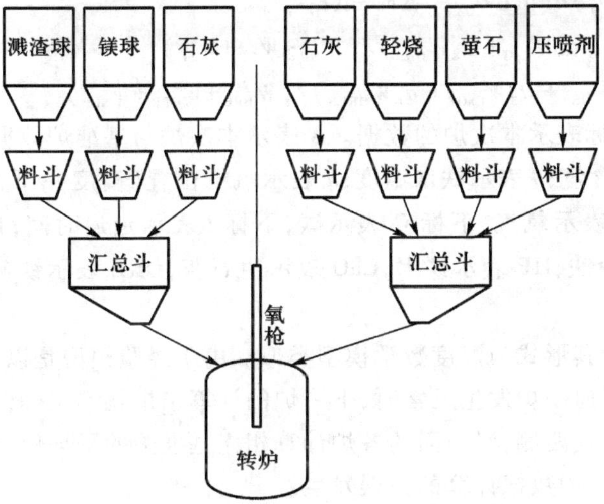

图 10-42 转炉炼钢工艺过程简图

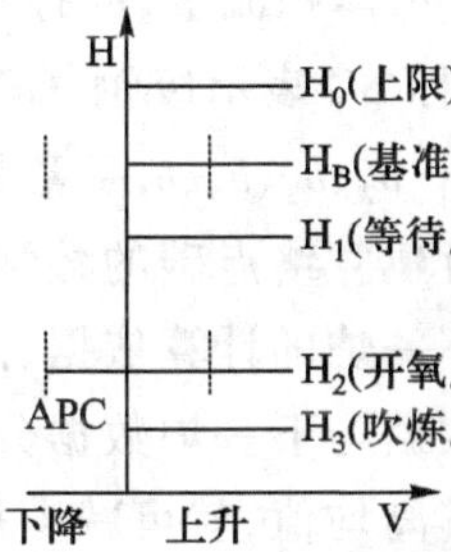

图 10-43 氧枪升降控制

通常情况下,氧枪停在等待点(H_1)处,开始吹炼时,操作人员按氧枪下降'↓'按钮,氧枪开始快速下降,直至开氧点(图中 H_2处),计算机进入自动位置控制方式,即根据氧枪距离吹炼点的位置不断改变氧枪下降速度,离吹炼点越近速度越慢,最后准确地停在吹炼点上。吹炼结束时,操作人员按氧枪上升'↑'按钮,氧枪按上升曲线很快上升到等待点,并自动关闭氧气控制阀。为保证枪位准确,采用 P+F 公司的绝对值编码器检测枪位,其控制精度达±1 cm,满足了工艺控制要求。H_1点以上用于换枪,无特殊要求,采用恒速控制。

3. 终点控制

终点控制的目标是使停吹温度控制在某一温度范围内,例如,1 600±12 ℃,停吹的方法可以采用改变废钢混合比或改变石灰石、铁磷和铁矿石加入量实现。溶池温度控制的目的是保证吹炼的反应能够按标准情况进行,保证钢锭浇铸温度合适。浇铸温度对钢锭质量影响较大,钢的凝固温度主要随含碳量变化,还与浇铸方式、脱氧方式、浇包内夹杂物的浮起时间、浇包加热状况等有关。

终点控制分静态终点控制和动态终点控制。静态终点控制根据吹炼开始前与反应有关的物料平衡和热量平衡关系,计算需加入的原料、辅助原料量及加入的氧量,按计算的结果进行吹炼的控制。在吹炼过程中不作任何修正,因此,静态终点控制是离线指导的控制。动态终点控制在开始阶段与静态终点控制相同,但根据吹炼过程中的情况预测和判断吹炼终点,使控制终点命中。例如,可根据吹炼末期的火焰情况进行判断。由于动态终点控制不断获得实际过程的信息,及时进行调整,因此,它是在线操作指导控制,有可能组成闭环控制系统。

根据前一炉(作为基准炉)的吹炼结果,可建立本次吹炼的终点温度数学模型:

$$\Delta\theta=\Delta W-b_1\Delta Si_{\mathrm{P}}-b_2\Delta C_{\mathrm{P}}-b_3\Delta\theta_{\mathrm{P}}-b_4\Delta h-b_5\Delta F_{\mathrm{O_2}}-\Delta F_{\mathrm{C}}-\Delta F_t$$

式中,

$$\Delta W=(W_{\mathrm{SC}}+a_1W_{\mathrm{CP}}+a_2W_{\mathrm{MS}}+a_3W_{\mathrm{CaO}}+a_4W_{\mathrm{ORE}})/(W_{\mathrm{HP}}+W_{\mathrm{CP}}+W_{\mathrm{SC}})-(W_{\mathrm{SCB}}+a_1W_{\mathrm{CPB}}+a_2W_{\mathrm{MSB}}+a_3W_{\mathrm{CaOB}}+a_4W_{\mathrm{OREB}})/(W_{\mathrm{HPB}}+W_{\mathrm{CPB}}+W_{\mathrm{SCB}})$$

下标B表示基准炉的数据,无下标表示本次炉的数据。Δ表示本次炉与基准炉数据之差,如上式所示。Si表示硅含量;C表示碳含量;θ表示铁水温度;h表示氧枪位置(高度);下标P表示铁水。F表示体积流量,F的下标O_2表示氧气,下标C表示碳,下标t表示延迟时间;W表示重量,W的下标SC表示废钢,CP表示冷铁,HP表示铁水,CaO表示生石灰,ORE表示铁矿石。a_1、a_2、a_3、a_4、b_1、b_2、b_3、b_4、b_5是常数。

同样可建立终点碳的数学模型。其形式与温度数学模型类似。由于经验模型是以前一炉的数据作为下一炉的计算依据,因此,当前一炉发生反常时,下一炉的计算结果就不正确,为此也可将基准炉数据与下一炉数据分列在等式两侧,对前面的各炉计算相应基准炉的平均值,如果前一炉的数据偏离均值,就可减少根据前一炉数据计算的失误发生。

从静态控制的效果看,对低碳钢冶炼,命中率达75%~79%,中碳钢冶炼的命中率达64%~65%。

动态终点控制根据溶池的火焰分析终点,例如,吹炼终点时火焰低落。但它受操作人员的经验影响。通常,可根据炉气分析,即根据鼓风机压入和炉口吸入的空气量比从炉口逸出的CO和CO_2的量多,因此,炉气量大致相同条件下,从炉气中的CO和CO_2可测出脱碳量。

动态终点控制有两种控制方式:

(1)对含碳量进行调整,温度进行连续测量的控制方式。该方式不断检测温度,控制吹炼过程,预先设置含碳量稍偏低,然后根据温升相应地加碳。

(2)对含碳量进行连续测量,温度进行调整的控制方式。该方式不断测量含碳量,用含碳量控制吹炼过程。预先设置温度偏高,然后控制含碳量时加入冷却物料,调整温度。

采用动态终点控制后,低碳钢的命中率提高约13%,中碳钢提高约24%。

10.8.2 氧化转炉炼钢控制

氧化转炉炼钢是炼钢生产的主要工艺,其冶炼过程是:将高炉铁水及石灰石、萤石等一些辅助原料装入炉内,从顶部插入氧枪向炉内喷吹氧气,与铁水中的杂质反应成渣并从铁水中除去,获得所要求的钢种。为生产低碳钢和超低碳钢,采用顶吹和底吹同时进行的复合吹炼工艺。

1. 顶吹供氧控制系统

影响转炉生产的产量、质量、炉膛和能耗的重要参数是氧气压力和供氧流量。提高氧气压力和供氧流量,就增加了氧气对铁水的穿透深度,缩短了吹氧时间,提高了产量。但是,氧气压力太高,会造成铁水喷溅,损坏转炉炉衬而降低炉龄。而转炉炼钢冶炼周期短(约 35 min),又是断续过程,吹氧、停吹操作频繁。因此对氧气压力和供氧流量的控制非常重要。该控制系统的难点是必须同时稳定地控制氧气压力和氧气流量,而供氧系统氧气压力和氧气流量在同一管道上工作,相互之间有干扰,致使控制系统无法稳定。图 10-44 是顶吹供氧控制系统流程图,它较好地解决了两个控制系统在同一管道上的相互干扰问题。

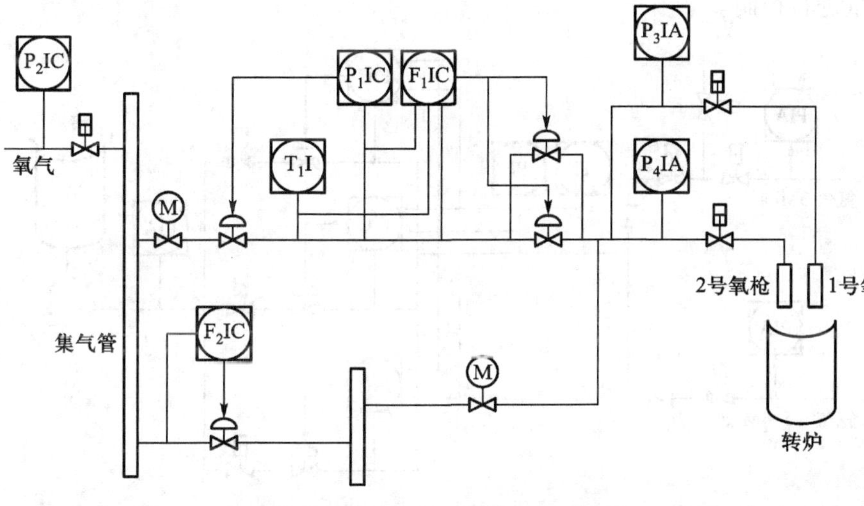

图 10-44 顶吹供氧控制系统流程图

控制系统第一级为压力控制,用 PID 控制器,氧气压力经调节阀减压至 1.3~1.6 MPa;第二级为氧气流量控制,也用 PID 控制器。由于两个控制系统在同一管道上,转炉吹炼或停吹、转炉吹炼时间的长短等因素均会使氧气总管的压力波动,而压力波动又会引起氧气流量的变化。因此采取两个措施:

(1) 压力控制系统内设置了阀门的计算规定开度控制

阀门计算规定开度控制方式是指转炉吹炼开始后,由在系统中增设的加减运算器 RB 按氧气总管压力和吹氧设定值大小进行运算后输出控制信号,使压力控制阀处于某一开度。经过规定时间后,压力控制器才根据输入的氧气压力信号大小自动控制阀开度。

(2) 流量控制系统内设置了固定开度控制

氧气流量固定开度控制是指转炉吹炼开始后,不使流量变化很大,使控制系统处于比较稳定状态,因此设法在刚打开氧气切断阀时使流量控制阀固定在某一开度,经过一定时间后,控制系统才投入自动,来调节 CV_2阀的开度。规定开度是通过设定器 SET_2的旋钮设定的。

为提高吹氧流量的测量精度,应对吹氧量进行温度、压力修正。氧气流量的设定值一般情况下由计算机设定。

2. 底吹供气控制系统

图10-45控制从转炉底部送入炉内搅拌气体的流量。虽然系统结构并不复杂,但由于转炉底吹工艺过程冶炼周期短、炉况变化快,且不同冶炼钢种每个炉次的各阶段供给的气体种类和强度是变动的,因此本控制系统具备了多样控制功能,主要有四个方面:

(1) 控制系统有多种模式,在转炉吹炼过程中根据不同钢种、不同吹炼时间,对底吹供给的氮气、氩气流量进行控制。

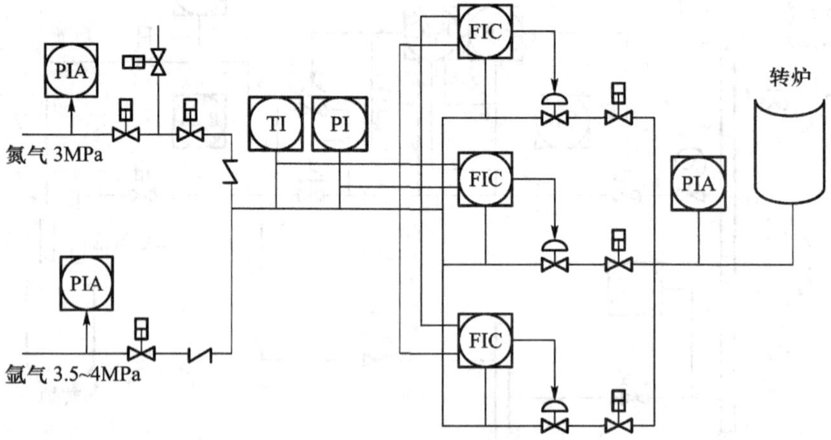

图 10-45 底吹供气控制系统程图

(2) 控制系统紧跟工序快速实时切换供气管路(HF——大流量管路,MF——中流量管路,LF——小流量管路)和供气种类(氩气、氮气)。

(3) 控制系统对转炉底吹供给的不同气体使用同一套节流装置能进行计算和处理。

(4) 控制系统有多重保护的安全联锁功能,以防止底吹堵塞、失电等,确保转炉安全可靠工作。

由此而知,底吹供气控制系统是底吹气体流量连续控制和气体切换顺序控制综合为一体化的控制系统。具体实施时采用DCS。

控制系统中虽然有三个并行的流量控制系统,但在转炉冶炼过程中的任何时间只有一个管路供给一种气体，即只有一个流量控制系统工作。流量控制器都采用PID控制器。

当转炉开始准备冶炼时，HF、MF、LF三个管路切换为LF低流量管路，供给氮气，防止转炉残渣堵塞供气管路，直到装入铁水。当氧枪下降吹氧后，供气管路切换到MF中流量管路并继续吹入氮气，直到吹炼期60%以前。当吹炼到达吹炼期60%已接近后期，再切换到HF大流量管路，供给的气体切换为氩气，直至吹炼终了准备出钢，再切换为LF管路，供给气体又切换为氮气，准备下炉吹炼。

为保证转炉安全生产和提高钢的质量，切换联锁时序的要求很严格，即在切换时先行气体阀门必须等待后续气体阀门打开后才能关闭，不允许停止供气。另外氮气与氩气切换时机要根据冶炼钢种要求而定，如由氮气切换为氩气时间过早，必然增加氩气耗量，增加钢的成本。如由氮气切换为氩气时间过晚，则使钢中含氮量超标，降低钢的质量。

10.8.3 初轧生产过程的控制

初轧生产过程处于炼钢生产过程和成品轧制生产过程之间。它用于将炼钢工序提供的钢锭加热并均热到轧钢温度，再轧制成形状符合成品要求的钢坯，提供给成品轧制工序。

初轧生产过程处于炼钢和成品轧制之间，因此，起缓冲作用。该过程的特点如下：

(1) 均热炉将内外温度不均匀的钢锭加热，使钢锭温度均匀，因此，需要消耗大量热量，不同温度的钢锭所需的热量不同。因此，被控对象的特性变化。

(2) 均热炉的温度过高或在炉内停留时间过长都会造成钢锭表面氧化层增厚，并影响到烧损和成品钢材的质量。

1. 均热炉的控制

均热炉的控制系统见图10-46。均热炉的控制系统主要包括下列过程变量的控制：

(1) 均热炉温度上升速率控制和温度控制；

(2) 高炉和焦炉煤气的流量控制；

(3) 空气流量控制及燃烧控制，包括烟道气氧含量控制过剩氧气；

(4) 炉内压力控制；

(5) 排气温度控制；

(6) 同流热交换器的温度控制；

(7) 均热炉加热周期的确定等。

2. 轧制规程自动控制

初轧与带钢热轧的区别是高效率进行可逆轧制，以发挥轧机能力，减少道次数；平稳咬入；减少轧件过运转；增大加速度和减速度；减少翻钢操作等。轧制控制包括：

(1) 根据在线数据，对各钢锭计算最佳道次规程；

(2) 根据HMD(热金属检测器)和压力传感器信息，进行图形识别和顺序控制。

轧机控制系统框图如图10-47所示。首先，经轧机操纵台进行自动轧制的设定，控制系统

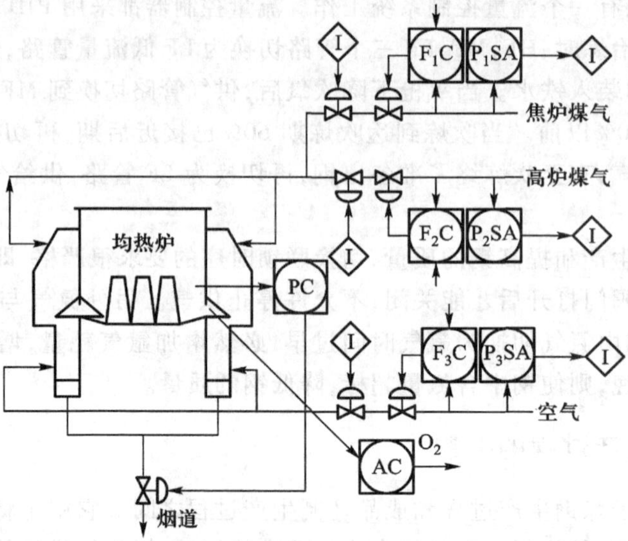

图 10-46 均热炉的控制系统

对自动轧制情况进行判别，轧制规程计算任务根据钢锭信息给出轧制规格。

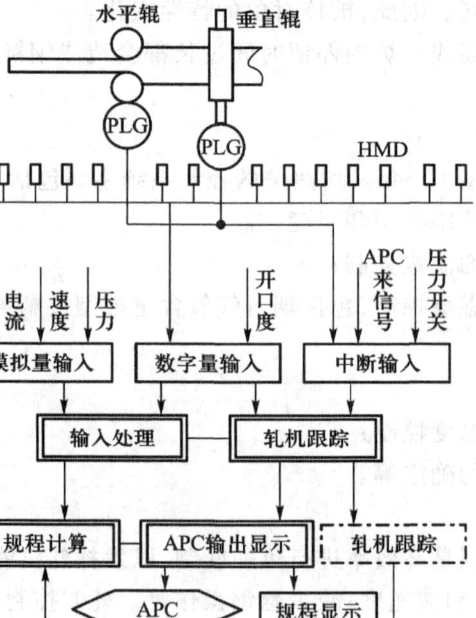

图 10-47 轧机任务的控制框图

道次规程计算分为两个阶段。第一阶段计算确定三个道次的规程。即根据不同品种的标准变形抗力进行各道次计算，通过自动位置控制 APC 装置发出运行指令；APC 装置确定万能轧机的水平轧辊、垂直轧辊和侧导板位置，驱动轧机及前后辊道；轧制过程中，跟踪轧制任务，采集有关输入信息，例如，HMD、压力、水平和垂直辊位置、旋转脉冲计数器、压下位置、电流、轧制力和速度等检测信号。

第二阶段根据第 2 道次的实际轧制数据，计算钢锭真正变形抗力，确定第 4 道次以后的最佳规程。它是在充分考虑轧制限制、轧制负载、咬入控制、压下量及因压下引起的展宽等因素的基础上确定最短轧制时间的轧制规程。

自动轧制规程控制系统根据接受的订单确定初轧时间最短的规程，它也通过适当分配总道次的压下量，选择能够提高初轧收得率的轧制规程。因此，它可以以效率为中心或以收得率为中心来确定轧制规程。具有较大的灵活性。此外，可根据水平和垂直轧辊之间的压下量进行速度差的调整，进行压下补偿，压下的补偿量可根据压下规程，对不同的道次取不同数值。

习题和思考题

1. 转化炉水碳比控制方案有哪些？各有什么特点？
2. 氢氮比有哪些控制方案？各有什么特点？
3. 常减压精馏塔的主要控制指标是什么？
4. 催化裂化过程主要包括哪三部分控制系统？
5. 反应-再生系统中的主要控制系统有哪些？
6. 裂解深度是什么？常用什么来衡量裂解深度？
7. 乙烯精馏塔控制的基本要求是什么？
8. 聚合过程的主要特点是什么？
9. 生化过程控制有何特点？
10. 发酵过程有哪些变量需要检测、控制？
11. 转炉生产过程主要包括哪些控制系统？
12. 比较纸浆浓度控制中单稀释和双稀释控制的异同点。
13. 简述纸料配浆比值控制方案。

附录1 工程设计表达与图例符号规定

自控工程设计是根据各种条件,根据对这些条件的详细分析,设计、规划自控技术方案。技术方案有各种不同的表达,例如有技术语言表达、数学语言表达等。工程设计是采用规范的工程语言来表达技术方案。即采用标准图例与符号,用各种设计文件表达技术方案。不同专业有不同的标准图例与符号规定,不同行业的自控专业,其图例与符号规定也有差别。自控专业常用标准与规范,请参见附录2、附录3。

过程工业的自控,一般采用化工标准(HG)、石油标准(SY)、石化标准(SH)、机械工业标准(JB)、国家标准(GB)等。其中采用最多的是化工标准和石化标准。下面就这两个标准做一个简要说明。

行业标准《过程测量与控制仪表的功能标志及图形符号 HG 20505-2000》中功能标志和图形符号主要用于初步设计/基础设计、工程设计/施工图设计中仪表位号编制、管道仪表流程图以及监控系统原理图等设计工作。另外,在新体制的设计规定中,专有一个分规定《自控专业工程设计用图形符号和文字代号 HG/T 20637.2-1998)》,列出了适用于化工装置自控工程设计的仪表回路图、仪表位置图、仪表电缆桥架布置图、仪表电缆(管缆)及桥架布置图、现场仪表配线图、逻辑图、半模拟流程图和 DCS 过程显示、仪表常用电器设备等图形符号的绘制。

1. 仪表功能标志

仪表的功能标志由一个首位字母及一至三个后继字母组成,功能字母代号如附表-1所示。如,PI,首位字母P表示被测变量,后继字母I表示读出功能。又如,FFICA,首位字母FF表示变量字母+修饰字母,后继字母ICA表示读出功能+输出功能+读出功能。

仪表功能标志首位字母与后继字母的选用应符合附表的规定,仪表功能标志的所有字母均应大写。

附表-1 功能字母代号

	首位字母(1)		后继字母(2)		
	被测变量或引发变量	修饰词	读出功能	输出功能	修饰词
A	分析(3)		报警		
B	烧嘴、火焰		供选用(4)	供选用(4)	供选用(4)
C	电导率			控制	
D	密度	差			
E	电压(电动势)		检测元件		

续表

	首位字母[1]		后继字母[2]		
	被测变量或引发变量	修饰词	读出功能	输出功能	修饰词
F	流量	比率(比值)			
G	毒性气体或可燃气体		视镜、观察[5]		
H	手动				高[6]
I	电流		指示		
J	功率	扫描			
K	时间、时间程序	变化速率[7]		操作器[8]	
L	物位		灯[9]		低[6]
M	水分或湿度	瞬动			中、中间[6]
N	供选用[4]		供选用[4]	供选用[4]	供选用[4]
O	供选用[4]		节流孔		
P	压力、真空		连接或测试点		
Q	数量	积算、累积			
R	核辐射		记录、DCS趋势记录		
S	速度、频率	安全[10]		开关、联锁	
T	温度			传送(变送)	
U	多变量[11]		多功能[12]	多功能[12]	多功能[12]
V	振动、机械监视			阀、风门、百叶窗	
W	重量、力		套管		
X	未分类[13]	X轴	未分类[13]	未分类[13]	未分类[13]
Y	事件、状态[14]	Y轴		继动器(继电器)、计算器、转换器	
Z	位置、尺寸	Z轴		驱动器、执行元件	

对功能字母代号的说明如下：

(1)"首位字母"在一般情况下为单个表示被测变量或引发变量的字母(简称变量字母),在首位字母附加修饰字母后,首位字母则为首位字母+修饰字母。

(2)"后继字母"可根据需要为一个字母(读出功能)、或两个字母(读出功能+输出功能)、或三个字母(读出功能+输出功能+读出功能)等。

(3)"分析(A)"指本表中未予规定的分析项目,当需指明具体的分析项目时,应在表示仪表位号的图形符号(圆圈或正方形)旁标明。如分析二氧化碳含量,应在图形符号外标注 CO_2,而不能用 CO_2代替仪表标志中的"A"。

(4)"供选用"指此字母在本表的相应栏目处中未规定其含义,可根据使用者的需要确定其含义,即该字母作为首位字母时表示一种含义,而作为后继字母时则表示另一种含义。应在具体工程的设计图例中做出规定。

(5)"视镜、观察(G)"表示用于对工艺过程进行观察的现场仪表和视镜,如玻璃液位计、窥视镜等。

(6)"高(H)"、"低(L)"、"中(M)"应与被测量值相对应,而并非与仪表输出的信号值相对应。H、L、M 分别标注在表示仪表位号的图形符号(圆圈或正方形)的右上、下、中处。

(7)"变化速率(K)"在与首位字母 L、T 或 W 组合时,表示测量或引发变量的变化速率。如 WKIC 可表示重量变化速率控制器。

(8)"操作器(K)"表示设置在控制回路内的自动-手动操作器,如,流量控制回路中的自动-手动操作器为 FK,它区别于 HC 手动操作器。

(9)"灯(L)"表示单独设置的指示灯,用于显示正常的工作状态,它不同于正常状态的"A"报警灯。如果"L"指示灯是回路的一部分,则应与首位字母组合使用,例如表示一个时间周期(时间累计)终止的指示灯应标注为 KQL。如果不是回路的一部分,可单独用一个字母"L"表示,如,电动机的指示灯,若电压是被测变量,则可表示为 EL;若用来监视运行状态,则表示为 YL。不要用 XL 表示电动机的指示灯,因为未分类变量"X"仅在有限场合使用,可用供选用字母"N"或"O"表示电动机的指示灯,如 NL 或 OL。

(10)"安全(S)"仅用于紧急保护的检测仪表或检测元件及最终控制元件。如"PSV"表示非常状态下起保护作用的压力泄放阀或切断阀。也可用于事故压力条件下进行安全保护的阀门或设施,如爆破膜或爆破板用 PSE 表示。

(11)首位字母"多变量(U)"用来代替多个变量的字母组合。

(12)后继字母"多变量(U)"用来代替多种功能的字母组合。

(13)"未分类(X)"表示作为首位字母或后继字母均未规定其含义的字母,它在不同地点作为首位字母或后继字母均可有任何含义,适用于一个设计中仅一次或有限的几次使用。如,XR-1 可以是应力记录,XX-2 则可以是应力示波器。在应用 X 时,要求在仪表图形符号(圆圈或正方形)外注明未分类字母"X"的含义。

(14)"事件、状态(Y)"表示由事件驱动的控制或监视响应(不同于时间或时间程序驱动),也可表示存在或状态。

(15)"继动器(继电器)"表示是自动的,但在回路中不是检测装置,其动作由开关或位式控制器带动的设备或器件。表示继动、计算、转换功能时,应在仪表图形符号(圆圈或正方形)外

(一般在右上方)标注其具体功能。但功能明显时也可不标注,如执行机构信号线上的电磁阀就无需标注。

功能标志只表示仪表的功能,不表示仪表的结构。如,要实现 FR(流量记录)功能,可采用差压记录仪,也可采用单笔或多笔记录仪。

功能标志首位字母的选择应与被测变量或引发变量相符,可以不与被处理的变量相符。如,调节流量的控制阀,用在液位控制系统中的功能标志是 LV,而不是 FV。

仪表功能标志的首位字母后面可以附加一个修饰字母,这时原来的被测变量就变成一个新变量。如,在首位字母 P、T 后面加 D,变成 PD、TD,原来的压力、温度就变成压差、温差。

仪表功能标志的后继字母后面也可以附加一个或两个修饰字母,以对读出功能进行修饰。如,功能标志 PAH 中,后继字母 A 后面加 H,表示限制读出功能 A 的报警为高报警。

功能标志的字母编组的字母数,一般不超过 4 个。为了减少字母编组的字母数,对于一台仪表同时用于指示和记录同一被测变量时,可以省略 I(指示)。

仪表位号由仪表功能标志与仪表回路编号两部分构成。例如:FIC-116,FIC 为功能标志,116 为回路编号。回路编号可以用工序号+仪表顺序号组成,也可以用其他规定的方法进行编号。例如:

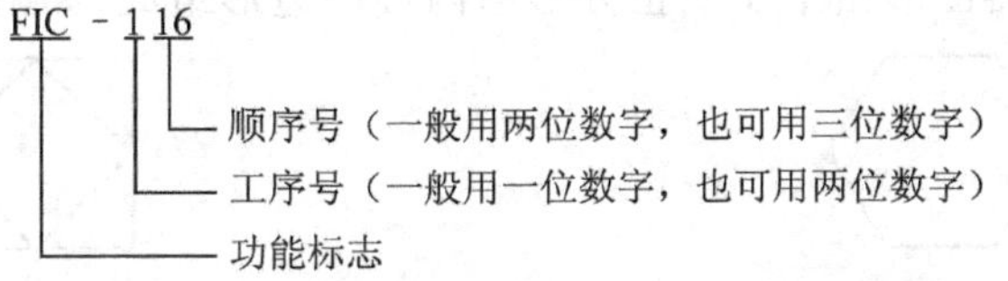

仪表位号按不同的被测变量分类,同一个装置(或工序)中同类被测变量的仪表位号中顺序编号是连续的,顺序号中间可以空号;不同被测变量的仪表位号不能连续编号。

如果同一仪表回路中有两个以上功能相同的仪表,可用仪表位号附加尾缀字母(尾缀字母应大写)的方法以示区别。如,FT-201A、FT-201B 表示同一回路中有两台流量变送器;FV-403A、FV-403B 表示同一回路中有两台控制阀。

多个检测元件共用一台显示仪表时,显示仪表的位号不表示工序号,只编顺序号;检测元件的位号是在共用显示仪表编号后加后缀。如多点温度指示仪的位号为 TI-1,其检测元件的位号为 TE-1-1、TE-1-2 等。

当一台仪表由两个或多个回路共用时,各回路的仪表位号都应标注。如,一台双笔记录仪要记录流量 FR-121 和压力 PR-131 时,仪表位号为 FR-121/PR-131。

多机组的仪表位号一般按顺序编制,不采用同一位号加尾缀字母的表示方法。如,压缩机组 106-JA、106-JB、106-JC 的测轴温仪表位号分别是:TI-1~TI-10(106-JA)、TI-11~TI-20(106-JB)、TI-21~TI-30(106-JC)。

可用回路代号(也称回路标志)表示一个监控回路,回路代号由首位字母与回路编号组成。如,用回路代号 T-105 表示 TI-105 这个检测回路;用回路代号 F-303 表示 FIC-303 这个控制回路。

在自控专业表格类的设计文件中,编写仪表位号的要求是,一般情况下功能标志后继字母不再附加修饰字母,如带上、下限报警(联锁)的指示、控制系统的位号,只编写 PIA-101、TIS-213 或 FICA-502、LICS-201,不需将报警(联锁)的修饰字母 H、L 编写出来。

2. 仪表图形符号

常规仪表图形为细实线圆圈,如附图-1 所示。

DCS 图形由细实线正方形与内切圆组成,如附图-2 所示。

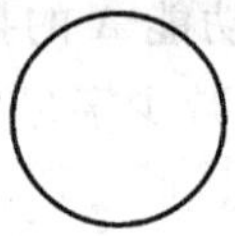

附图-1 常规仪表图形符号

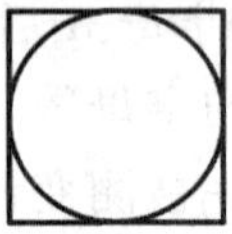

附图-2 DCS 仪表图形符号

控制计算机图形为细实线正六边形,如附图-3 所示。

可编程序逻辑控制器图形由细实线正方形与内接四边形组成,如附图-4 所示。

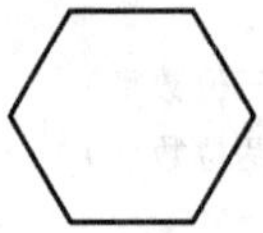

附图-3 控制计算机仪表图形符号

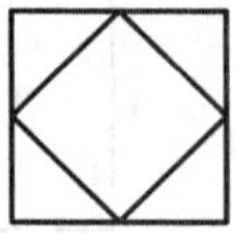

附图-4 可编程序逻辑控制器仪表图形符号

联锁系统图形为细实线菱形,菱形中标注"I"(Interlock),在局部联锁系统较多时,应将联锁系统编号,如附图-5 所示。

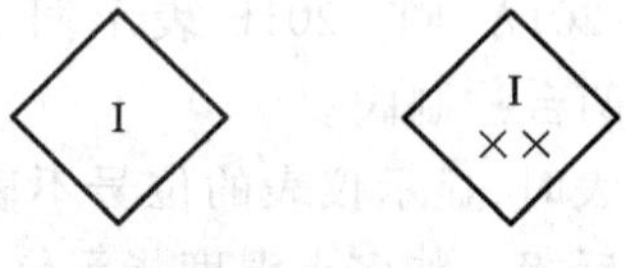

附图-5 联锁系统仪表图形符号

表示仪表安装位置的图形符号见附表-2。

附表-2　表示仪表安装位置的图形符号

	现场安装	现场盘装	盘后装或后台实现	控制室安装
单台常规仪表	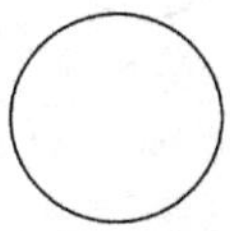	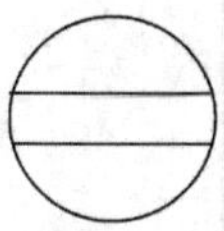	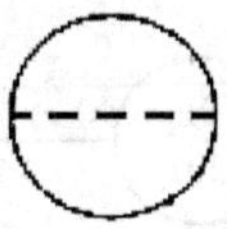	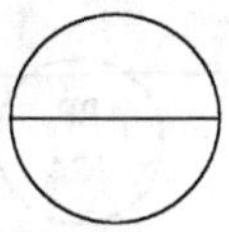
DCS	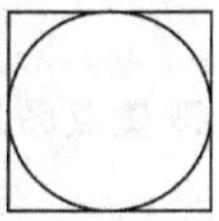	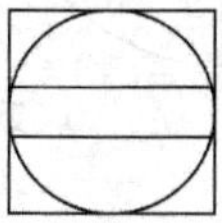		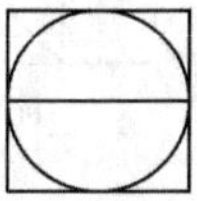
计算机功能	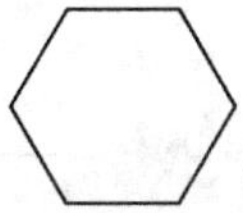	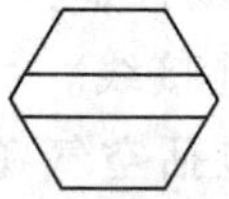	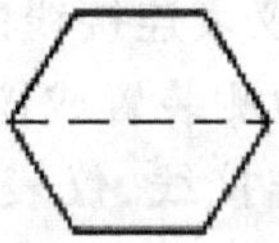 ①	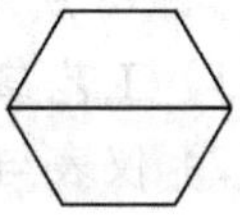
可编程逻辑控制		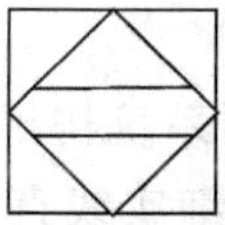	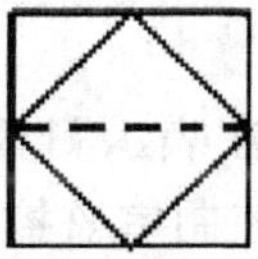 ②	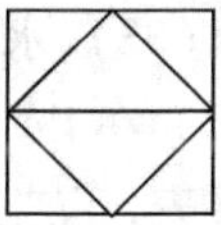
继电器执行联锁	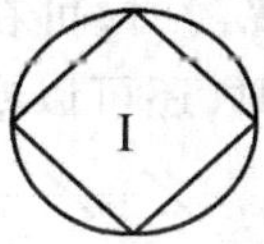 或 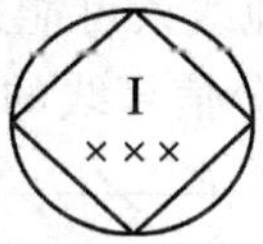			
PLC 执行联锁	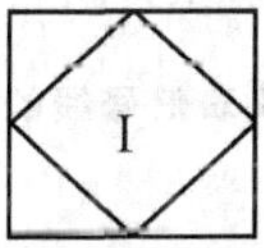 或 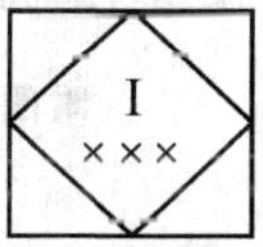			
DCS 执行联锁	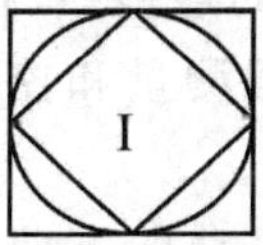 或 			

① 不与 DCS 进行通信联接的计算机功能组件。

② 不与 DCS 进行通信联接的 PLC。

测量点(包括检出元件)是由过程设备或管道符号引至检测元件或就地仪表的起点,一般不单独表示。需要时,检出元件或检出仪表可用细实线加字母代号 PP、LP、AP 等表示,如附图-6 所示。

若测量点位于设备中,当需要标出测量点在设备中的位置时,可用细实线或虚线表示,如附图-7 所示。

附图-6 测量点图形符号

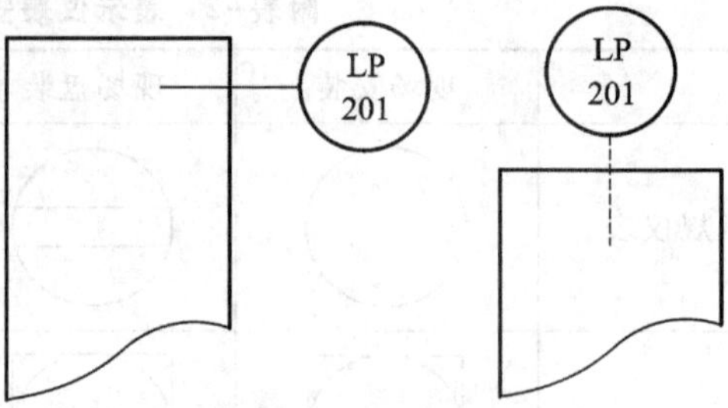

附图-7 测量点图形符号

附图-8 所示细实线作为仪表连接线的应用场合是：

（1）工艺参数测量点与检测装置或仪表的连接线。

（2）仪表与仪表能源的连接线，仪表能源包括空气源（AS）、仪表空气（IA）、电源（ES）、气体源（GS）、液压源（HS）、氮气源（NS）、蒸汽源（SS）、水源（WS）等。

附图-8 细实线连接线

（3）在 P&ID 上用简化方法表示测量和控制系统构成的连接线，即 P&ID 上不表示变送器等检测仪表，工艺参数测量点与控制室监控仪表用细实线直接连接。

当上述细实线与其他线条可能造成混淆时，可在细实线上加斜短划线（斜短划线与细实线成 45°角）。当有必要区分信号线的类别时，还可以专门的图形符号来表示，如附图-9 所示。

(a) 加斜短划线的信号线　(b) 气压信号线　(c) 电信号线

附图-9 仪表信号线的一些图形符号

就地仪表与控制室仪表（包括 DCS）的连接线、控制室仪表之间的连接线、DCS 内部系统连接线或数据连接线的图形符号参见《过程测量和控制仪表的功能标志及图形符号（HG 20505-2000）》。

在复杂系统中，当有必要表明信息流动的方向时，应在信号线符号上加箭头，如附图-10 所示。

信号线的交叉为断线，信号线相接不打点，如附图-11 所示。

附图-10 信号线加箭头

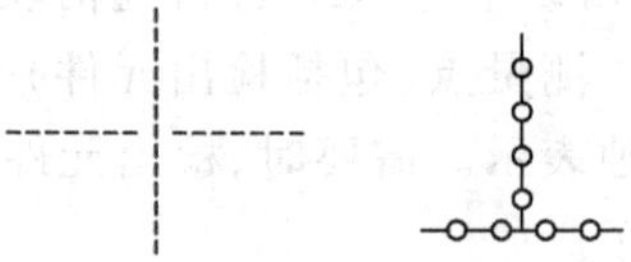

附图-11 信号线的交叉与连接

执行机构图形符号见附表-3。

附表-3　执行机构图形符号

带弹簧的薄膜执行机构	不带弹簧的薄膜执行机构	电动执行机构	数字执行机构

活塞执行机构单作用	活塞执行机构双作用	电磁执行机构	带手轮的气动薄膜执行机构
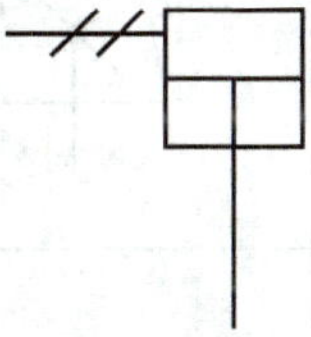	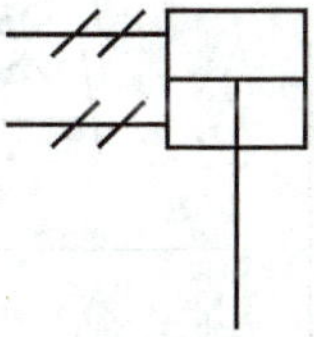	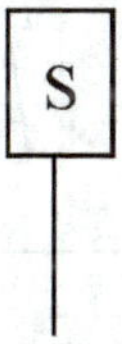	
带气动阀门定位器的气动薄膜执行机构		带电气阀门定位器的气动薄膜执行机构	
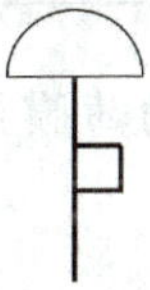		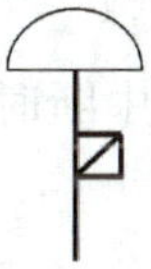	
带人工复位装置的执行机构(以电磁执行机构为例)		带远程复位装置的执行机构(以电磁执行机构为例)	
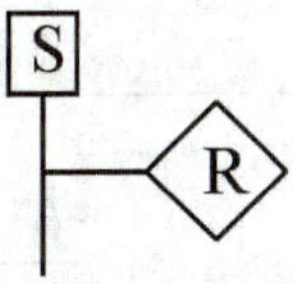		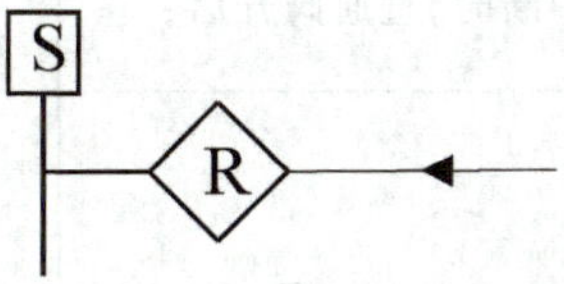	

控制阀体图形符号、风门图形符号见附表-4。

附表-4 控制阀体图形符号、风门图形符号

截止阀	角阀	三通阀	四通阀
	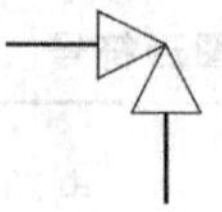	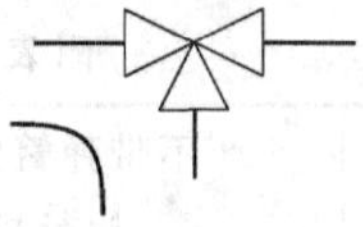	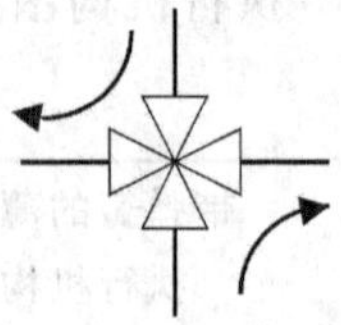
球阀	蝶阀	旋塞阀	其他形式的阀（X表示阀的型号）
			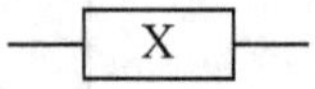
隔膜阀	风门或百叶窗		
	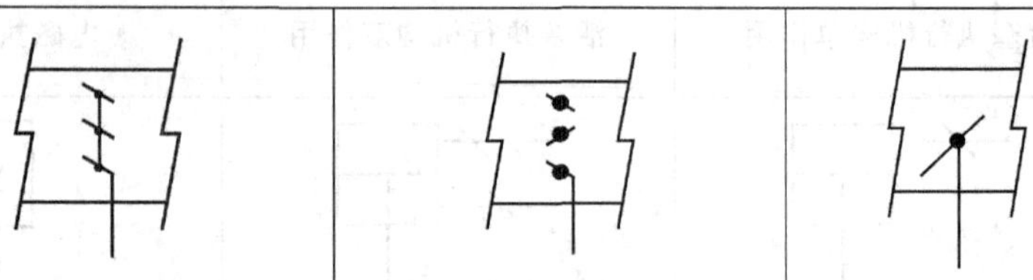		
闸阀			
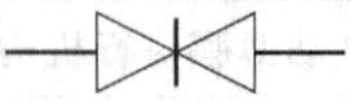			

执行机构能源中断时控制阀位置的图形符号（以带弹簧的气动薄膜执行机构控制阀为例）如附表-5所示。

附表-5 能源中断时阀位的图形符号

能源中断时，直通阀开启	能源中断时，直通阀关闭	能源中断时，三通阀流体流通方向A-C
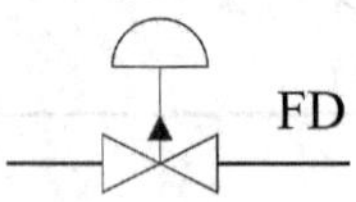	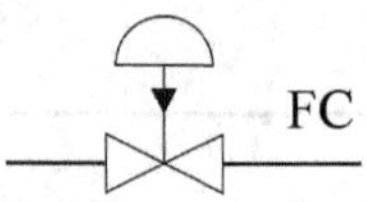	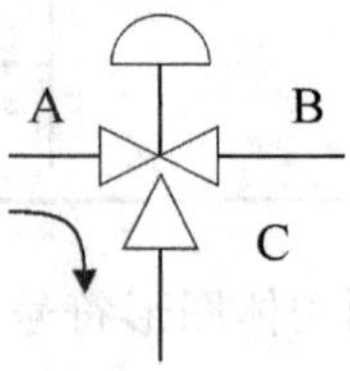

续表

能源中断时，四通阀流体流动方向 A-C 和 D-B	能源中断时，阀保持原位	能源中断时，不定位
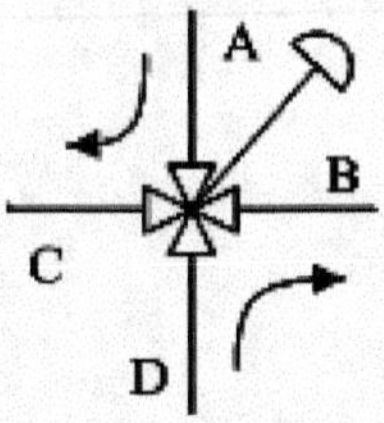	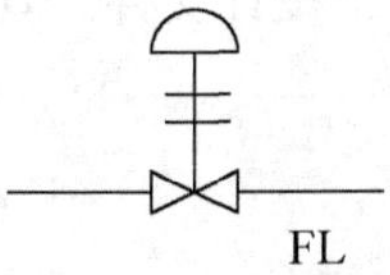	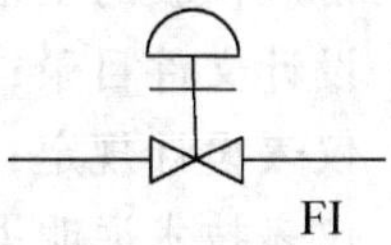

注：上述图形符号中，若不用箭头、横线表示，也可以在控制阀体下部标注下列缩写词；

FO——能源中断时，阀开启；FC——能源中断时，阀关闭；FL——能源中断时，阀保持原位；FI——能源中断时，不定位。

节流装置、非压差型流量测量仪表、自力式控制阀、仪表辅助设施的图形符号参见《过程测量和控制仪表的功能标志及图形符号（HG 20505-2000）》。

附录 2　控制系统设计文件目录

采用常规仪表的工程设计文件有 37 个设计文件。具体文件目录为：

(1) 设计文件目录；
(2) 仪表设计规定；
(3) 仪表技术说明书；
(4) 仪表施工安装要求；
(5) 仪表索引；
(6) 仪表数据表；
(7) 报警联锁设定值表；
(8) 电缆表；
(9) 管缆表；
(10) 铭牌表；
(11) 仪表伴热绝热表；
(12) 仪表空气分配器表；
(13) 仪表安装材料表；
(14) 控制室内电缆表；
(15) 电缆分盘表；
(16) 联锁系统逻辑图；
(17) 顺序控制系统时序图；
(18) 继电器联锁原理图；
(19) 仪表回路图；
(20) 控制室布置图；
(21) 仪表盘布置图；
(22) 闪光报警器灯屏布置图；
(23) 半模拟盘流程图；
(24) 继电器箱布置图；
(25) 端子配线图；
(26) 半模拟盘接线图；
(27) 仪表供电系统图；
(28) 供电箱接线图；
(29) 仪表穿板接头图；

(30) 控制室电缆(管缆)布置图;
(31) 仪表位置图;
(32) 仪表电缆桥架布置总图;
(33) 仪表电缆(管缆)及桥架布置图;
(34) 现场仪表配线图;
(35) 仪表空气管道平面图(或系统图);
(36) 仪表接地系统图;
(37) 仪表安装图。

采用 DCS 的工程项目,设计文件的组成如下:

(1) 设计文件目录;
(2) DCS 技术规格书;
(3) DCS-I/O 表;
(4) 联锁系统逻辑图;
(5) 仪表回路图;
(6) 控制室布置图;
(7) 端子配线图;
(8) 控制室电缆布置图;
(9) 仪表接地系统图;
(10) DCS 监控数据表;
(11) DCS 系统配置图;
(12) 端子(安全栅)柜布置图。

附录3 自控专业工程设计用标准及规范

1 行业法规及管理规定

1.1 化工厂初步设计内容深度规定[(88)化基设字第251号]

1.2 化工厂初步设计内容深度规定中有关内容更改的补充[(9-2)化基发字第695号]

1.3 自控专业施工图设计内容深度规定(HG 20506)

1.4 化工装置自控工程设计规定(HG/T 20636~20639)

1.4.1 自控专业设计管理规定(HG/T 20636)

(1) 自控专业的职责范围(HG/T 20636.1)

(2) 自控专业与工艺、系统专业的设计条件关系(HG/T 20636.2)

(3) 自控专业与管道专业的设计分工(HG/T 20636.3)

(4) 自控专业与电气专业的设计分工(HG/T 20636.4)

(5) 自控专业与电信、机泵及安全(消防)专业的设计分工(HG/T 20636.5)

(6) 自控专业工程设计的任务(HG/T 20636.6)

(7) 自控专业工程设计的程序(HG/T 20636.7)

(8) 自控专业工程设计质量保证程序(HG/T 20636.8)

(9) 自控专业工程设计文件校审提要(HG/T 20636.9)

(10) 自控专业工程设计文件的控制程序(HG/T 20636.10)

1.4.2 自控专业工程设计文件的编制规定(HG/T 20637)

(1) 自控专业工程设计文件的组成和编制(HG/T 20637.1)

(2) 自控专业工程设计用图形符号和文字代号(HG/T 20637.2)

(3) 仪表设计规定的编制(HG/T 20637.3)

(4) 仪表施工安装要求的编制(HG/T 20637.4)

(5) 仪表请购单的编制(HG/T 20637.5)

(6) 仪表技术说明书的编制(HG/T 20637.6)

(7) 仪表安装材料的统计(HG/T 20637.7)

(8) 仪表辅助设备及电缆、管缆的编号(HG/T 20637.8)

1.4.3 自控专业工程设计文件的深度规定(HG/T 20638)

1.4.4 自控专业工程设计用典型图表及标准目录(HG/T 20639)

(1) 自控专业工程设计用典型表格(HG/T 20639.1)

(2) 自控专业工程设计用典型条件表(HG/T 20639.2)

(3) 自控专业工程设计用标准目录(HG/T 20639.3)

1.5 化工装置工艺系统工程设计规定(HG 0557-20559)

1.5.1 工艺系统设计管理规定(HG 20557)

1.5.2 工艺系统设计文件内容的规定(HG 20558)

1.5.3 管道仪表流程图设计规定(HG 20559)

1.6 石油化工装置基础设计(初步设计)内容规定(SHSG-033)

1.7 石油化工自控专业工程设计施工图深度导则(SHB-Z01)

2 图形符号

2.1 过程检测和控制流程图用图形符号和文字代号(GB 2625)

2.2 过程检测和控制系统用文字代号和图形符号(HG 20505)

2.3 Instrumentation Symbols and Identification 仪表符号和标志[SHB-Z02(等同于 ISA S5.1)]

2.4 Binary Logic Diagrams for Process Operations 用于过程操作的二进制逻辑图[SHB-Z03(等同于 ISA S5.2)]

2.5 Graphic Symbols for Distributed Control/Shared Display Instrumentation, Logic and Computer Systems 分散控制/共用显示仪表、逻辑和计算机系统用图形符号[SHB-Z04(等同于 ISA S5.3)]

2.6 Instrument Loop Diagrams 仪表回路图图形[SHB-Z05(等同于 ISA S5.4)]

2.7 Graphic Symbols for Process Displays 过程显示图形符号等同于(ISA S5.5)

2.8 分散型控制系统硬件设备的图形符号(JB/T5539)

2.9 Process Measurement Control Function and Instrumentation-Symbolic Representation (ISO 3511)过程测量控制功能及仪表符号说明

2.10 Recommended Graphical Symbols Part 15: Binary Logic Elements(IEC 117-15)推荐的图形符号:二进制逻辑元件

2.11 Graphic Symbols for Logic Diagrams(two state devices)(ANSI Y32.14)逻辑图用图形符号(二状态元件)

2.12 Symbolic Representation for Process Measurement Control Functions and Instrumentation(BS 1646)过程测量控制功能及仪表用符号说明

2.13 Bildzeichen für messen, steuern, regeln: Allgemeine bildzeichen. 自控图例:一般图形(DIN19228)

2.14 仪表符号(JIS Z8204)

3 工程设计规范

3.1 计算站场地技术要求(GB 2887)

3.2 计算机机房用活动地板技术条件(GB 6650)

3.3 城乡燃气设计规范(GB 50028)

3.4 氧气站设计规范(GB 50030)

3.5 乙炔站设计规范(GB 50031)
3.6 工业企业照明设计标准(GB 50034)
3.7 锅炉房设计规范(GB 50041)
3.8 小型火力发电厂设计规范(GB 50049)
3.9 电子计算机机房设计规定(GB 50174)
3.10 氢气站设计规范(GB 50177)
3.11 压缩空气站设计规范(GBJ 29)
3.12 冷库设计规范(GBJ 72)
3.13 洁净厂房设计规范(GBJ 73)
3.14 石油库设计规范(GBJ74)
3.15 工业用软水除盐设计规范(GBJ 109)
3.16 工业电视系统工程设计规范(GBJ 115)
3.17 化工厂控制室建筑设计规范(HG 20556)
3.18 石油化工储运系统罐区设计规范(SH3007)
3.19 炼油厂燃料油燃气锅炉房设计技术规定(SHJ 1026)
3.20 加油站建设规定(SHQ1)
4 自动化仪表
4.1 工业自动化仪表电源、电压(GB 3368)
4.2 不间断电源设备(GB 7260)
4.3 工业自动化仪表用模拟气动信号(GB 777)
4.4 工业自动化仪表用模拟直流电流信号(GB 3369)
4.5 工业过程测量和控制系统用电动和气动模拟记录仪和指示仪性能测定方法(GB 3386)
4.6 工业过程测量和控制用检测仪表和显示仪表精度等级(GB/T13283)
4.7 工业自动化仪表用气源压力范围和质量(GB 4830)

参考文献

[1] 俞金寿,蒋慰孙.过程控制工程[M].3 版.北京:电子工业出版社,2007.

[2] 何衍庆,俞金寿,蒋慰孙.工业生产过程控制[M]. 北京:化工出版社,2004.

[3] 黄德先,王京春,金以慧.过程控制系统[M].北京:清华大学出版社,2011.

[4] 孙优贤,褚健.工业过程控制技术-方法篇[M]. 北京:化工出版社,2006.

[5] 孙优贤,邵惠鹤.工业过程控制技术-应用篇[M].北京:化工出版社,2006.

[6] 俞金寿.工业过程先进控制技术[M]. 上海:华东理工大学出版社,2008.

[7] 王树青,戴连奎,于玲.过程控制工程[M]. 北京:化工出版社,2008.

[8] 俞金寿,孙自强.过程控制系统[M]. 北京:机械工业出版社, 2009.

[9] 陆德民主编.石油化工自动控制手册[M]. 3 版.北京:化工出版社,2000.

[10] 孙洪程,马昕,谢非编.控制工程项目指南——过程自动化工程[M].北京:高等教育出版社,2011.

[11] 孙洪程,李大字.过程控制工程设计[M].北京:化学工业出版社,2009.

[12] 潘立登.过程控制[M].北京:机械工业出版社,2008.

[13] 孙洪程,翁维勤,魏杰.过程控制系统及工程[M].3 版.北京:化工出版社,2011.

[14] Shinskey F G.过程控制系统——应用、设计与整定[M].3 版.北京: 清华大学出版社, 2004.

[15] 方崇智,萧德云. 过程辨识[M]. 北京:清华大学出版社,1994.

[16] 顾幸生,刘漫丹,张凌波. 现代控制理论及应用[M].上海:华东理工大学出版社,2008.

[17] 俞金寿,刘爱伦,张克进.软测量技术及其在石油化工中的应用[M].北京:化工出版社,2000.

[18] 诸静.模糊控制原理与应用[M].北京:机械工业出版社,2005.

[19] 孙增圻.智能控制理论与技术[M].北京:清华大学出版社,2003.

[20] 周东华,孙优贤.控制系统的故障检测与诊断技术[M]. 北京:清华大学出版社,1994.

[21] 周东华,叶银忠.现代故障诊断与容错控制[M].北京:清华大学出版社,2000.

[22] 葛建华,孙优贤.容错控制系统的分析与综合[M].杭州:浙江大学出版社,1994.

[23] 江长洪,江楠,王贵成,蔡庆春.谷氨酸发酵过程先进控制[J].化工自动化及仪表,2004,31(21):28-30.

[24] 宋云霞,朱学峰.大时滞过程控制方法及应用[J].化工自动化及仪表,2000,27(2):5-10.

[25] 赵宏等.大型炼油厂蒸馏塔多输入预报自校正控制[J].自动化学报,1988,14(4):

270-276.

[26] 程辉,刘朝,钱锋.新的汽油调合辛烷值模型及其现场应用[J]. 计算机与应用化学,2010,27(10):1317-1320.

[27] 陈玉东.非线性系统的故障辨识与容错控制的研究[D].上海:上海交通大学,2002.

[28] 赵瑾.基于观测器的动态系统故障检测与诊断[D].上海:华东理工大学,2007.

[29] 黄海燕.基于文化算法的故障诊断方法及其在工业过程中的应用研究[D].上海:华东理工大学,2007.

[30] 薄翠梅,李俊.基于软测量技术的先进控制在精馏塔上的应用[J].化工学报,2004,55(2):331-334.

[31] 席裕庚,李德伟.预测控制定性综合理论的基本思路和研究现状[J].自动化学报,2008,34(10):1225-1234.

[32] Shinsky F G.Distillation Control for Productivity and Energy Conservation[M].McGraw-Hill Companies,Inc.1977.

[33] Smith,O J H. A Controller to Overcome Dead Time[J].ISA J,1958(2):28-33.

[34] Qin S J ,Badgwell T A. A Survey of Industrial Model Predictive Control Technology[J]. Control Engineering Practice,2003,11(7):733-764.

[35] Mahra R. K Model Algorithmic Control(MAC),Basic Theoretical Properties[J].Automatica,1982,18(4):401-404.

[36] Wills M J et al.. Artificial Neural Networks in Process Estimation and Control[J]. Automatica,1992,26(6):1181-1187.

[37] Zadeh L A . Fuzzy Sets. Information Control ,1965,8:338-353.

[38] Lee C C. Fuzzy Logic in Control Systems:Fuzzy Logic Controller. IEEE Trans.,on SMC,1990,20(2) .

[39] Hunt K J et. Neural networks for Control Systems—A Survey[J]. Automatica,1992,28(6).

[40] Mamdani E H. An Experiment in Linguistic Synthesis with a Fuzzy Logic Controller,Int. J. Man Mach Studies,1975,7(1):1-13.

[41] Takagi T et al. Derivation of Fuzzy Control Rules from Human Operator's Control Actions[C]. Proc. Of the IFAC Symp. on Fuzzy Information, Knowledge Representation and Decision Analysis.Marseilles:1983:55-60.

[42] Sugeno M et al. Fuzzy Control of Model Car[J].Fuzzy sets Syst.,1985,16:103-113.

[43] Hopfield J.Neurons with Graded Response Have Collective Computational Properties Like Those of Two-State Neurons[C]. Proceedings of the National Academy of Science,1984.

[44] Rumelhart D,Meclelland J. Parallel Distributed Processing:Explorations in the Microstructure of Cognition[M]. Cambridge:Bradford Books,MIT Press,1986.

[45] Albus J S. A New Approach to Manipulator Control:The Cerebellar Model Articulation Controller(CMAC)[J]. Trans. ASME,J.Dyn.Syst. Meas. Control,1995,(97):220-227.

[46] Miller T W et al.Neural Networks for Control[M].Cambridge: MIT Press,1990.

[47] Barr A,Feigenbaum E A. Handbook of Artificial Intelligence[M].Vol. 1. William Kaufmann,Inc.,1981.

[48] Barr A,Feigenbaum E A. Handbook of Artificial Intelligence[M].Vol. 2. William Kaufmann,Inc.,1982.

[49] Åström K J et al.Expert Control. Automatica,1986.

[50] Cutler C R,Ramaker B L.Dynamic matrix control—a computer control algorithm.In:Proceedings of the Joint Automatic Control Conference.San Francisco.USA:AACC.1980.

[51] Garcia C E,Morari M .Internal model control:a unifying review and some new results[J]. Industrial and Engineering Chemistry Process Design and Development,1982,21(2):308-323.

[52] Joseph B, Brosillow C B. Inferential control of process [J]. AICHE J., 1978, 24 (3): 485-509.